U0420269

空间生命保障系统译丛

名誉主编　赵玉芬　　主编　邓玉林

植物工厂

一种优质高效食物生产的室内垂直农业系统

Plant Factory:
An Indoor Vertical Farming System for Efficient Quality Food Production

[日]古在丰树（Toyoki Kozai）
[美]钮根花（Genhua Niu）　　编
[日]高垣美智子（Michiko Takagaki）

郭双生　译

北京理工大学出版社
BEIJING INSTITUTE OF TECHNOLOGY PRESS

图书在版编目（CIP）数据

植物工厂：一种优质高效食物生产的室内垂直农业系统／（日）古在丰树，（美）钮根花，（日）高垣美智子编；郭双生译. -- 北京：北京理工大学出版社，2024.5

书名原文：Plant Factory：An Indoor Vertical Farming System for Efficient Quality Food Production

ISBN 978-7-5763-4108-9

Ⅰ.①植… Ⅱ.①古… ②钮… ③高… ④郭… Ⅲ.①设施农业-研究 Ⅳ.①S62

中国国家版本馆 CIP 数据核字（2024）第109141号

本书版权登记号：图字　01-2024-2237

Plant Factory：An Indoor Vertical Farming System for Efficient Quality Food Production，2nd Edition

Toyoki Kozai，Genhua Niu，Michiko Takagaki

ISBN：9780128166918

《植物工厂——一种优质高效食物生产的室内垂直农业系统》（郭双生译）

ISBN：9787576341089

责任编辑：钟　博　　**文案编辑**：钟　博
责任校对：周瑞红　　**责任印制**：李志强

出版发行／北京理工大学出版社有限责任公司
社　　址／北京市丰台区四合庄路6号
邮　　编／100070
电　　话／（010）68944439（学术售后服务热线）
网　　址／http://www.bitpress.com.cn

版 印 次／2024年5月第1版第1次印刷
印　　刷／三河市华骏印务包装有限公司
开　　本／710 mm×1000 mm　1/16
印　　张／34.25
彩　　插／1
字　　数／526千字
定　　价／128.00元

译者序

植物工厂（plant factory，PF），又叫作垂直农业（vertical farming，VF），是现代设施农业中的一个重要组成部分，在推动农业现代化（可在室内的人工环境中高效生产优质、营养可控、洁净、无公害的蔬菜等农作物）方面发挥着越来越重要的作用，因此日益受到世界很多国家和地区的重视。植物工厂不仅能够促进地面农业的快速发展，而且对于推动太空农业（space farming 或 space agriculture）的发展也具有重要的借鉴意义。目前，国际上在植物工厂技术领域已经取得了长足进展，并实现了广泛应用，但在发展光照技术（主要指节能降耗）和降低运营成本等方面仍存在一定的提升空间。

目前，国际上已出版多部有关植物工厂技术的专著，但《植物工厂——一种优质高效食物生产的室内垂直农业系统》(*Plant Factory——An Indoor Vertical Farming System for Efficient Quality Food Production*）这本专著很新，且较为系统和深入，本次翻译出版的是它的第二版（第一版于 2015 出版）。该书由植物工厂学术界著名的日本植物工厂研究会名誉会长古在丰树（Toyoki Kozai）牵头编写（另外两位编者分别来自美国得克萨斯农工大学和日本千叶大学），于 2020 年由 Elsevier 旗下的学术出版社（Academic Press）出版。共有国际上著名的相关领域的 50 位学者参加了本书编写，包括我国中国农业科学院农业环境与可持续发展研究所和中国农业大学水资源与土木工程学院等的相关著名专家。

该书包括 4 个部分共 32 章（对第一版的内容进行了大幅补充、修改与完善），较为深入和系统地介绍了植物工厂的基本概念、当前国际上该关键技术的发展情况（包括硬件研制技术、作物种植技术、作物光照技术、果蔬收获/包装/储藏和运输等技术以及系统运营技术等方面的进展和所面临的挑战）以及未来该技术的发展方向与展望等。另外，该书分析了大量国际上著名的大型植物工厂成功运营的实操案例。可以说，该书对于全面了解当代植物工厂技术的发展情况及掌握其核心技术和经验教训等相信会发挥很好的积极作用。

该书由译者全面组织翻译工作。需要说明的是，译者在该书的翻译和校对过程中得到了很多同志的关心、鼓励与支持。这里，首先要感谢合肥高新区太空科技研究中心的熊姜玲和王鹏两位工程师，他们分别参加了该书的翻译和初步校对工作，并参加了部分图片的绘制。另外，衷心感谢家人的默默关心、帮助与支持。

由于译者的水平有限，书中翻译不准确之处在所难免，敬请广大读者和植物工厂及太空垂直农业爱好者不吝批评指正！

译　者

作者序

我们怀着感激之情向大家介绍第二版《植物工厂——一种优质高效食物生产的室内垂直农业系统》(*Plant Factory——An Indoor Vertical Farming System for Efficient Quality Food Production*)。我们的第一版于2015年出版，是同类主题中的第一本英文书籍。2017年年底，当Elsevier出版社的高级策划编辑南希·马拉吉奥格里欧（Nancy Maragioglio）女士告知我们这本书非常畅销时，我们感到十分震惊，而且她邀请我们撰写第二版。

自2015年以来，人们对室内垂直农业（indoor vertical farming）和都市农业（urban agriculture）的兴趣与关注不断增加，因此全球人工光照型植物工厂（plant factories with artificial lighting，PFAL）在研发、产业拓展和学术研究等方面均取得了显著进展。在第二版中，我们增加了几个新章节，并更新了原有章节的相关信息。新章节包括第4章“欧洲垂直农业：现状与展望”、第9章“植物对光的反应”和第10章“面向PFAL的LED技术进展”。在第四部分中增加了几个章节，分别介绍了美国、荷兰、中国大陆、中国台湾地区和日本具有代表性的PFAL。

值得一提的是，正如一些评论家所指出的，本书是室内垂直农场的动力源泉。它包含的信息涵盖了室内垂直农业系统的各个方面，从研究生阶段的核心科学研究，到为什么需要室内垂直农业系统的一般理由，再到商业运营的例子，以及全球室内垂直农业系统的状况。由于本主题的性质特殊，所以很难集中在某个单一方面论述。

我们衷心感谢所有的作者。本书是50位作者①共同撰稿的结果。如果没有他们的及时撰稿，就不可能出版第二版。我们感谢高野德子（Tokuko Takano）女士孜孜不倦的帮助。我们感谢 Elsevier 出版社的南希·马拉吉奥格里欧（Nancy Maragioglio）女士邀请我们出版第二版，也非常感谢 Elsevier 出版社的卢比·斯密斯（Ruby Smith）女士，在我们遇到任何问题的时候她都能够及时回复并指导我们找到正确的答案。

古在丰树（Toyoki Kozai）

钮根花（Genhua Niu）

高垣美智子（Michiko Takagaki）

2019年4月

① 译者注：原书中为53位作者，经核实为50位作者。

撰稿人名单

姓名	单位英文名称	单位中文名称
Tae In Ahn	Department of Plant Science, Seoul National University, Seoul, Korea	韩国首尔国立大学植物科学系
Takuji Akiyama	PlantX Corp., Kashiwa, Chiba, Japan	日本千叶县柏市PlantX公司
Michele Butturini	Wageningen University, Horticulture and Product Physiology Group, Wageningen, The Netherlands	荷兰瓦格宁根大学园艺与产品生理学研究组
Watcharra Chintakovid	Division of Agricultural Science, Mahidol University, Kanchanaburi Campus, Kanchanaburi, Thailand	泰国北碧府玛希隆大学北碧府校区农业科学系
Changhoo Chun	Department of Plant Science, Seoul National University, Seoul, Korea	韩国首尔国立大学植物科学系
Haijie Dou	Former graduate student, Texas A&M University, Dallas, TX, United States	美国得克萨斯农工大学前研究生
Wei Fang	Department of Bio – Industrial Mechatronics Engineering, Center of Excellence for Controlled Environment Agriculture, Taiwan University, Taipei, China	中国台湾大学生物–工业机械工程系受控环境农业卓越中心

续表

姓名	单位英文名称	单位中文名称
Kazuhiro Fujiwara	Graduate School of Agricultural and Life Sciences, The University of Tokyo, Bunkyo, Tokyo, Japan	日本东京大学农业与生命科学研究生院
Kazuhiro Fukuda	Osaka Prefecture University, Sakai, Osaka, Japan	日本大阪府立大学
Eiji Goto	Graduate School of Horticulture, Chiba University, Matsudo, Chiba, Japan	日本千叶县松户市千叶大学园艺研究生院
Hiromichi Hara	Graduate School of Engineering, Chiba University, Chiba, Yayoi, Japan	日本弥生千叶大学工程研究生院
Ed Harwood	AeroFarms, Newark, New Jersey, United States	美国新泽西州纽瓦克市 AeroFarms 公司
Dongxian He	College of Water Resources and Civil Engineering, China Agricultural University, Beijing, China	中国北京中国农业大学水利与土木工程学院
Eri Hayashi	Japan Plant Factory Association (NPO), c/o Center for Environment, Health and Field Sciences, Chiba University, Kashiwa, Chiba, Japan	日本千叶县柏市千叶大学日本植物工厂协会暨环境、健康与大田科学中心
Masahumi Johkan	Graduate School of Horticulture, Chiba University, Matsudo, Chiba, Japan	日本千叶县松户市千叶大学园艺研究生院
Yuichiro Kanematsu	The University of Tokyo, Ito International Research Center, Tokyo, Japan	日本东京大学伊藤国际研究中心
Yasunori Kikuchi	Integrated Research System for Sustainability Science, The University of Tokyo Institutes for Advanced Study, Tokyo, Japan	日本东京大学高级研究所可持续科学综合研究系统部

续表

姓名	单位英文名称	单位中文名称
Hak Jin Kim	Department of Biosystems Engineering, Seoul National University, Seoul, Korea	韩国首尔国立大学生物系统工程系
Toyoki Kozai	Japan Plant Factory Association (NPO), c/o Center for Environment, Health and Field Sciences, Chiba University, Kashiwa, Chiba, Japan	日本千叶县柏市千叶大学日本植物工厂协会暨环境、健康与大田科学中心
Chieri Kubota	Department of Horticulture and Crop Science, The Ohio State University, Columbus, OH, United States	美国俄亥俄州哥伦布市俄亥俄州立大学园艺与作物科学系
Leo F. M. Marcelis	Wageningen University, Horticulture and Product Physiology Group, Wageningen, The Netherlands	荷兰瓦格宁根大学园艺与产品生理学研究组
Toru Maruo	Graduate School of Horticulture, Chiba University, Matsudo, Chiba, Japan	日本千叶县松户市千叶大学园艺研究生院
Cary A. Mitchell	Department of Horticulture & Landscape Architecture, Purdue University, West Lafayette, IN, United States	美国印第安纳州西拉法叶市普渡大学园艺与景观建筑系
Quynh Thi Nguyen	Institute of Tropical Biology, Vietnam Academy of Science and Technology, Ho Chi Minh City, Vietnam	越南胡志明市越南科学与技术学院热带生物学研究所
Yoshikazu Nishida	Itoh Denki Co., Ltd., Kasai, Hyogo, Japan	日本兵库县开赛伊藤电气有限责任公司
Genhua Niu	Texas AgriLife Research at Dallas, Texas A&M University, Dallas, TX, United States	美国得克萨斯农工大学得克萨斯达拉斯AgriLife研究中心
Osamu Nunomura	Japan Plant Factory Association (NPO), c/o Center for Environment, Health and Field Sciences, Chiba University, Kashiwa, Chiba, Japan	日本千叶县柏市千叶大学日本植物工厂协会暨环境、健康与大田科学中心

续表

姓名	单位英文名称	单位中文名称
Toichi Ogura	Osaka Prefecture University, Sakai, Osaka, Japan	日本大阪府立大学
Keiko Ohashi – Kaneko	Research Institute, Tamagawa University, Tokyo, Japan	日本东京都玉川大学研究所
Kazutaka Ohshima	PlantX Corp., Kashiwa, Chiba, Japan	日本千叶县柏市PlantX公司
Takahiro Oshio	Japan Plant Factory Association (NPO), c/o Center for Environment, Health and Field Sciences, Chiba University, Kashiwa, Chiba, Japan	日本千叶县柏市千叶大学日本植物工厂协会暨环境、健康与大田科学中心
Nadia Sabeh	Dr. Greenhouse, Inc., Sacramento, CA, United States	美国加利福尼亚州萨克拉门托温室博士公司
Shunsuke Sakaguchi	PlantX Corp., Kashiwa, Chiba, Japan	日本千叶县柏市PlantX公司
Fatemeh Sheibani	Department of Horticulture & Landscape Architecture, Purdue University, West Lafayette, IN, United States	美国印第安纳州西拉法叶市普渡大学园艺与景观建筑系
Toshio Shibuya	Graduate School of Life and Environmental Sciences, Osaka Prefecture University, Osaka, Japan	日本大阪府立大学生命与环境科学研究生院
Hiroshi Shimizu	Graduate School of Agriculture, Kyoto University, Kyoto, Japan	日本京都府立大学农业研究生院
Yutaka Shinohara	Japan Plant Factory Association (NPO), c/o Center for Environment, Health and Field Sciences, Chiba University, Kashiwa, Chiba, Japan	日本千叶县柏市千叶大学日本植物工厂协会暨环境、健康与大田科学中心

续表

姓名	单位英文名称	单位中文名称
Kimiko Shinozaki	Japan Plant Factory Association (NPO), c/o Center for Environment, Health and Field Sciences, Chiba University, Kashiwa, Chiba, Japan	日本千叶县柏市千叶大学日本植物工厂协会暨环境、健康与大田科学中心
Jung Eek Son	Department of Plant Science, Seoul National University, Seoul, Korea	韩国首尔国立大学植物科学系
Kanyaratt Supaibulwatana	Faculty of Science, Mahidol University, Bangkok, Thailand	泰国曼谷玛希隆大学曼谷校区理学院
Michiko Takagaki	Center for Environment, Health and Field Sciences, Chiba University, Kashiwa, Japan	日本千叶县柏市千叶大学环境、健康与大田科学中心
Yuxin Tong	Institute of Environment and Sustainable Development in Agriculture, Chinese Academy of Agricultural Sciences, Beijing, China	中国北京中国农业科学院农业环境与可持续发展研究所
Satoru Tsukagoshi	Center for Environment, Health & Field Sciences, Chiba University, Kashiwa, Chiba, Japan	日本千叶县柏市千叶大学环境、健康与大田科学中心
Yulan Xiao	College of Life Sciences, Capital Normal University, Beijing, China	中国北京首都师范大学生命科学学院
Kosuke Yamada	PlantX Corp., Kashiwa, Chiba, Japan	日本千叶县柏市PlantX公司
Toshitaka Yamaguchi	Japan Plant Factory Association (JPFA), Kashiwanoha, Kashiwa, Chiba, Japan	日本植物工厂协会(JPFA)

续表

姓名	单位英文名称	单位中文名称
Wataru Yamori	Institute for Sustainable Agro - ecosystem Services, Graduate School of Agricultural and Life Sciences, The University of Tokyo, Nishitokyo, Tokyo, Japan; PRESTO, Japan Science and Technology Agency (JST), Kawaguchi, Japan	日本东京都西石桥东京大学农业与生命科学研究生院可持续农业-生态系统研究所;日本川口日本科学与技术局(JST)PRESTO
Qichang Yang	Institute of Environment and Sustainable Development in Agriculture, Chinese Academy of Agricultural Sciences, Beijing, China	中国北京中国农业科学院农业环境与可持续发展研究所
Sma Zobayed	Segra International, BC, Canada; SMA Biotech Research & Development, Langley, BC, Canada	加拿大不列颠哥伦比亚省国际 Segra 公司;不列颠哥伦比亚省 SMA 生物技术研究与发展公司
Miho Takashima	—	—

目 录

第一部分　密闭植物生产系统概述

第二部分 物理学和生理学基础——环境及其影响

第三部分 系统设计、建设、栽培与管理

第四部分 PFAL 的运行及展望

第一部分

密闭植物生产系统概述

第1章 概　论

古在丰树[1]（Toyoki Kozai），钮根花[2]（Genhua Niu）
（[1] 日本千叶县柏市千叶大学日本植物工厂协会暨环境、
健康与大田科学中心；[2] 美国得克萨斯农工大学
得克萨斯达拉斯 AgriLife 研究中心）

作物生产日益受到异常天气、水资源短缺和可用土地不足等的威胁。世界人口预计将从2018年的76亿增加到2050年的93亿，而都市人口将从41亿增加到63亿。由于自然资源有限，预计全球作物产量增长的90%将来自产量的提高和种植强度的增加，其余10%将来自生产性土地的扩张（世界粮农组织，2009年）。发展中国家几乎所有的土地扩张都将在撒哈拉以南的非洲和拉丁美洲进行，而淡水资源的可用性也遵循类似的趋势，即在全球范围内绰绰有余但分布不均。为了养活世界、保护环境、改善健康和实现经济增长，需要一种新的农业种植形式——室内垂直农业，即利用植物工厂系统和人工光照来高效生产食用作物。

"人工光照植物工厂"（plant factory with artificial lighting，PFAL）这一术语，是指具有隔热和几乎封闭的仓库式结构的植物生产设施（Kozai，2013）。该设施具有多个栽培架，每个架子上都有电灯，并被垂直堆叠在里面。PFAL的其他必要设备是空调机、循环风机、CO_2和营养液供应装置以及环境控制装置。垂直堆放的培养架越多土地的利用效率越高。荧光灯（fluorescent lamp，FL）因其体积小而主要被应用于PFAL，而发光二极管（light - emitting diode，LED）灯正引起行业界和研究人员的广泛关注。LED 灯由于具有体积小、表面温度低、光利用率高和发光光谱宽等优点而越来越多地被应用于最近建成的 PFAL 中。有关 LED 光源及其优点的更多信息将在第 8 章中予以详细介绍。

PFAL 并不能替代传统的温室或露天生产设施，相反，PFAL 的快速发展创造了新的市场和商机。在日本和其他亚洲国家，PFAL 正被用于进行绿叶蔬菜（leafy green）、药草（herb）和移栽苗（transplant）等的商业化生产。室内垂直农场是在北美用于描述类似 PFAL 概念的另一个术语，欧洲、美国和加拿大也在建造这类农场。

在露天种植植物时，产量和质量受天气条件的影响，因此稳定可靠的植物源性食品供应始终处于危险之中。温室生产的能源效率不高，因为入射光不受调控。在黎明、日落、夜晚、阴天、雨天以及整个冬季，太阳光强度往往都很低，而在晴天的中午前后，太阳光强度却可能很高。温室内的温度和相对湿度受太阳光强度的影响较大，因此很难优化环境。然而，为了降低温度，对温室经常进行通风，但这会导致温室内出现虫害和病害。此外，在打开通风装置的温室中，无法使室内的 CO_2 浓度高于室外。同时，光照质量（简称光质，译者注）和光照方向是不可控制的。在温室和露天生产中，经常会使用过量的农药（agrochemical），而且对温室进行加热和制冷以及将农产品从生产地点运往消费者处都需要化石燃料。化石燃料是一种不可再生能源，过度使用不仅会导致资源枯竭，还会导致包括 CO_2 在内的环境污染物的过量排放。

相反，PFAL 是一种室内、先进并集约化的水培生产系统，其生长环境得到了最佳控制。PFAL 是"密闭植物生产系统"（closed plant production system，CPPS）的一种形式，提供给 PFAL 的所有输入物都由植物固定，这样对外界环境的污染物排放量最小。如果设计和管理得当，则 PFAL 与传统生产系统相比具有以下潜在优势。

（1）PFAL 可以被建在任何地方，因为其既不需要太阳能，也不需要土壤。

（2）生长环境不受外界气候和土壤肥力的影响。

（3）可全年生产，生产能力是田间生产的 100 倍以上。

（4）通过控制生长环境，尤其是光照质量，可以提高植物营养素浓度等产品质量。

（5）农产品不含农药，食用前无须清洗。

（6）农产品保质期较长，因为细菌载量一般小于 300 菌落形成单位（colony forming units）（$CFU \cdot g^{-1}$），是田间农产品的 1/1 000～1/100。

（7）在城市地区附近建造 PFAL 可减少运输所需的能源。

（8）在向外部环境排放污染物最少的情况下，可以实现较高的资源利用效率（水、CO_2、肥料等）。

适合在 PFAL 中种植的是那些高度为 30 cm 或更矮的植物，如绿叶植物、移栽苗和药用植物，这是因为垂直层之间的距离通常在 40 cm 左右，而这是最大限度利用空间的最佳高度。此外，适合在 PFAL 中种植的植物应该在相对较低的光照强度下生长良好，并在较高的种植密度下茁壮成长。主要为了获得热量而被食用的主食作物，如小麦、水稻和马铃薯，则不适合在 PFAL 中生产，因为它们每千克干重的经济价值通常低得多，而且它们较绿叶蔬菜需要更长的生长时间。

除了绿叶蔬菜的商业化生产外，在日本，占地面积为 15～100 m^2 的小型 PFAL 已被广泛应用于种苗的商业化生产，因为种苗可在短时间内以较高的种植密度被生产出来。在日本，用于水培栽培的番茄、黄瓜、茄子、菠菜和生菜的嫁接苗和非嫁接苗以及高价值观赏植物的种苗和插枝，都是用这些小型 PFAL 进行商业化生产的。

另外，甚至还有更小的 PFAL，被称为微型 PFAL（micro－PFA）或迷你型 PFAL（mini－PFAL）（两者被统称为 m－PFAL），第 5 章将对其予以详细描述。m－PFAL 是为没有户外花园的都市居民设计的，也适用于餐馆、咖啡馆、购物中心、学校、社区中心、医院和办公楼等。m－PFAL 主要用于娱乐（作为一种绿色室内物品），并被作为种植和收获植物的一种爱好。

然而，PFAL 还存在许多必须克服的缺点，其中最重要的是高昂的初始成本和生产成本。据估计，目前建造外部结构的成本与安装内部装置的成本一样高（Kozai，2013）。但是，通过采取更好的设计可以显著减少初始投资。令人高兴的是，随着运营和管理经验的积累，生产成本在逐年下降。电力、人工和材料（种子、化肥、包装、运输等）占生产成本的比例相似。在总用电量中，光照占 70%～80%，而空调机、水泵和风机占其余部分。通过设计更高效的光照系统，可以在很大程度上降低光照成本。其他降低生产成本的方法包括增加垂直层数、通过优化环境控制措施来缩短栽培周期、合理制订生产计划以确保全年生产无时间损失、提高种植密度和减少生产损失。PFAL 所面临的挑战包括各种类型作物的栽培信息和最佳环境控制策略、农产品的销售和适合 PFAL 的新作物培育。第 32 章将详细描述 PFAL 所面临的挑战和 PFAL 的前景。

本书是为了响应人们对 PFAL 和室内垂直农业各个方面的信息日益增长的兴趣和需求而编写的。本书的组织结构如图 1.1 所示。从历史上看，在日本和北美人们都曾多次尝试仅使用人工光源在室内种植植物。然而，这些努力并没有导致实现成功的商业化生产，主要是因为其设备和运营成本高，以及与传统生产的竞争激烈。不过，最近 PFAL 的迅速发展与以往不同，其更加现实。我们希望本书成为有用信息的来源，并为 PFAL、与 PFAL 相关的各种各样的机会以及 PFAL 对未来生活方式的影响等提供一种愿景。

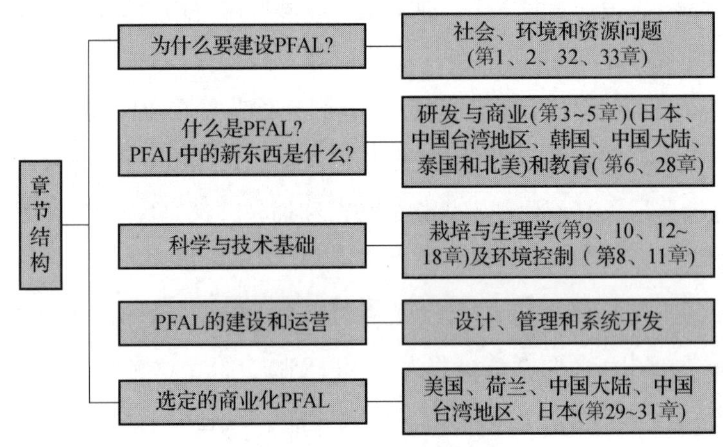

图 1.1　本书的组织结构

参 考 文 献

FAO, 2009. Global Agriculture Towards 2050, How to Feed the World 2050. http://www.fao.org/fileadmin/templates/wsfs/docs/expert_paper/How_to_Feed_the_World_in_2050. pdf.

Kozai, T., 2013. Plant factory in Japan: current situation and perspectives. Chron. Hortic. 53 (2), 8−11.

第2章 人工光照植物工厂在城市地区中的作用

古在丰树[1]（Toyoki Kozai），钮根花[2]（Genhua Niu）
（[1] 日本千叶县柏市千叶大学日本植物工厂协会暨环境、
健康与大田科学中心；[2] 美国得克萨斯农工大学
得克萨斯达拉斯 AgriLife 研究中心）

2.1 前言

本章讨论了城市地区生鲜食品生产日益重要的问题，并描述了实现高效生产的方法。首先，描述了城市地区的资源输入和废物输出；其次，指出都市废物中有很大一部分可被作为都市生态系统中植物生长的重要资源，从而显著减少资源输入和废物输出；再次，讨论了 PFAL 的作用，并描述了适合和不适合 PFAL 的植物；最后，分析了 PFAL 存在的问题，并探讨了实现 PFAL 可持续发展的方法。

2.2 需要同时解决的相互关联的全球问题

在不断增长的世界人口和气候变化下，世界正面临有关食物/农业、环境/生态系统、社会/经济、资源/能源等相互关联的问题（图 2.1）。由于这四个问题密切相关，所以必须基于共同的概念和方法来同时解决他们（Kozai，2013a）。

换句话说，我们必须找到一种有效生产高质量食品的概念和方法，从而以最低限度的资源消耗和环境污染物排放来提高社会福利和生活质量。

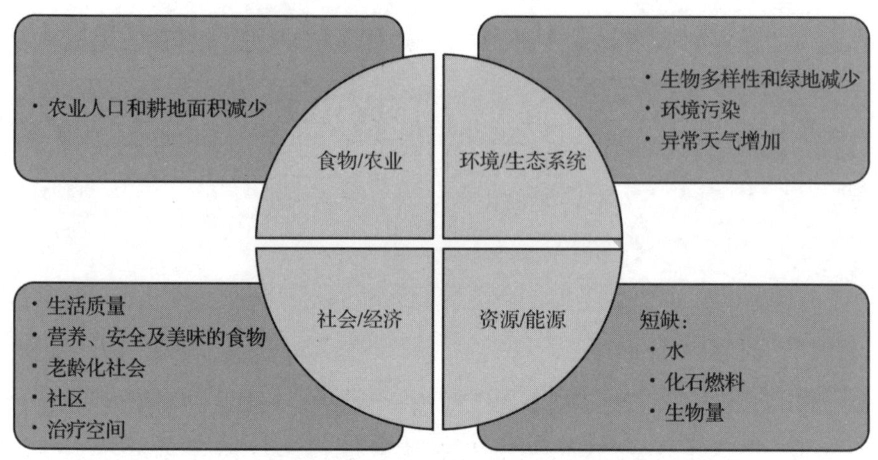

图 2.1 四个相互关联的全球性问题需要同时解决以提高地球和人类的可持续性发展以及生活质量

与食物/农业有关的问题包括都市人口的增加以及老龄化导致农民数量减少（图 2.2）、都市化和沙漠化导致耕地面积减少、土壤表面盐分积累和土壤被有毒物质污染。到 2050 年，全球人口预计将达到 93 亿，其中 70% 将生活在城市地区（UN，2009，2017）。到 2050 年，都市人口对食物的需求将比 2009 年增加约 70%。

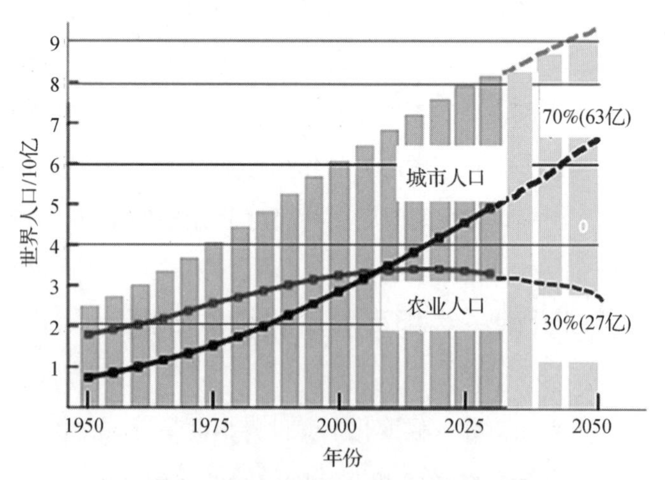

图 2.2 世界人口、城市人口和农业人口的发展趋势

（引自 World Population Prospects，2017）

与环境/生态系统有关的问题包括生物多样性和绿地减少以及环境污染和异常天气增加（大雨/洪水、干旱和大风等，可能是全球变暖所致）。这些问题常常使生态系统变得不稳定。

与资源/能源有关的问题包括水、化石燃料和植物（或植物生物）在内的资源短缺日益严重。生产主食的大片地区已经面临灌溉用水不足、干旱和/或降雨不稳定的问题，而不断扩大的都市化以及对更高生活质量的渴望导致对生活用水的需求继续增加。

植物量（phytomass）作为化石燃料的替代品正在成为工业产品的重要原材料来源，而区域植物量的减少影响了当地生态系统的稳定性。作为农业基本肥料磷酸肥（phosphatic fertilizer）（PO_4^-，或 P）的原料，磷矿石的短缺将在未来几十年变得越来越严重。另外，在农田中过量施用的磷（磷酸盐）正在污染淡水河流和湖泊，从而导致富营养化（eutrophication）（Sharpley，et al.，2003）。

有关社会/经济的问题包括营养、安全和美味的食物供应不足，相互支持的社区的社会福利不足，治疗空间和活动不足，以及教育、终身自学和人工资源开发系统缺乏。

所谓的“食物沙漠”（food desert）是最近出现的另一个相关问题，即指人们无法获得新鲜的蔬菜和水果。相反，人们会在当地的便利店购买各种含糖和脂肪的加工食品。在都市或郊区生产的新鲜食物被运送到远离生产现场的食品加工厂，一些被加工后的食品又被运回生产现场。因此，生活在生产区的人们失去了享受新鲜而健康的蔬菜和水果的机会，而大量的资源被用于食品加工和运输。

戴斯波米耶（Despommier，2010）提出了“垂直农业”的概念，以解决上述四个相互关联的全球问题，这对科学家、工程师、政策制定者和建筑师均产生了强烈的影响。艾伦（Allen，2012）提出了“优质食品革命”，以种植健康食物来造福人民和社区，并建立了一个旨在当地生产且以在当地消费农业食品为目标的社会企业。

本书描述了“垂直农业”和“本地生产以供本地消费”等方面的技术、工程和科学，并特别强调了 PFAL 这样一种新兴的概念和技术。

2.3 城市地区的资源输入和废物输出

大量的资源被带入城市地区，同时城市地区也产生大量的废物。这些废物在都市和郊区进行处理（图 2.3）。这些资源包括食物、水、化石燃料、电力、各种产品、工业原料和车辆。此外，大气中大量的 O_2 被人类、动物、微生物和工厂中的化学反应所吸收。废物包括热量、CO_2、废水、食物垃圾、草屑，公园/街道/花园中修剪过的植物树枝、有机固体废物和无机固体废物（包括塑料、纸张、金属、玻璃等）。

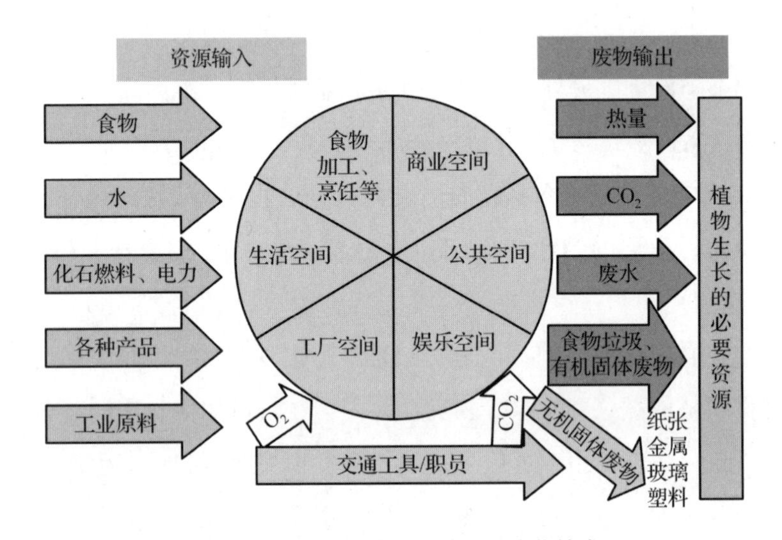

图 2.3 城市地区的资源输入和废物输出

（城市地区产生的大多数废物是植物通过光合作用实现生长的重要资源。另参见图 2.6）

食物大致可分为植物源性食物（plant - derived food）、动物肉、鱼肉和蘑菇，还可分为新鲜（或生的）食品、冷冻食品、干燥食品和加工食品。植物源性食物可分为功能性食物（来自蔬菜、食用药草、水果等特殊作物）、主食（来自小麦、马铃薯、水稻和玉米等商品作物）和糖食（如薯片、饼干和馅饼）（图 2.4）。在城市地区，可以种植并销售的经济和商品作物，基本上是那些被用作新鲜功能性食物的作物。

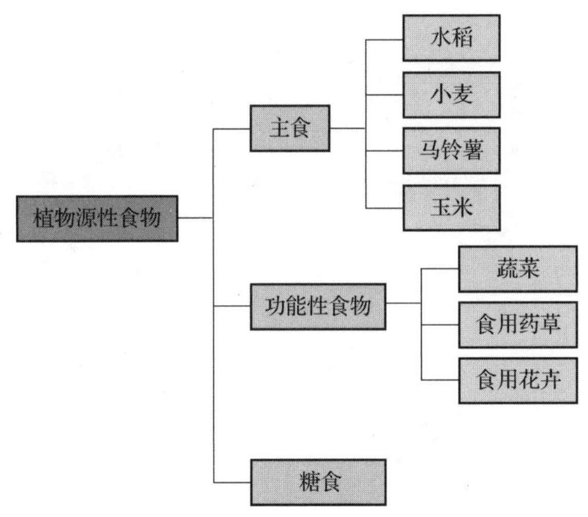

图 2.4　植物源性食物的分类

含水量为 90%~95% 的新鲜食物如果不冷藏或冷冻并小心包装，就会很重且很容易腐烂。在使用普通和小型商用卡车从偏远地区运输新鲜食物进入城市地区的情况下，运输中的 CO_2 排放强度分别为 0.8 kg/(t · km) 和 1.9 kg/(t · km)(Ohyama et al.，2008)。美国超市中的食物在其生产和消费地点之间的平均距离约为2 000 km（Smit 和 Nasr，1992）。加利福尼亚州（一个主要的生菜产区）和纽约之间的距离是 4 500 km。

食物在运输过程中冷藏时会释放出额外的 CO_2。因此，将易变质的新鲜食物长途运输到城市地区既消耗资源又污染环境（图 2.5）。另外，如果新鲜食物在长途运输中没有冷藏和/或没有仔细包装，则会损失很多。因此，减少食物里程或“本地生产供本地消费”对于新鲜食物尤为重要。

城市地区所产生的食品垃圾和废水必须经过处理才能回归自然或回收利用。在这一过程中消耗了大量的化石燃料和/或电力。因此，减少资源输入可以减少城市地区的废物输出和 CO_2 排放。换句话说，需要减少城市地区资源的“吞吐量”(throughput)（Smit 和 Nasr，1992）。这可以通过将当前的“消耗—处理开环”(consume - dispose open loop）更改为新的“消耗—加工/回收/再利用—生产闭环”(consume - process /recycle/ reuse - produce closed loop）来实现（图 2.6）。同样的

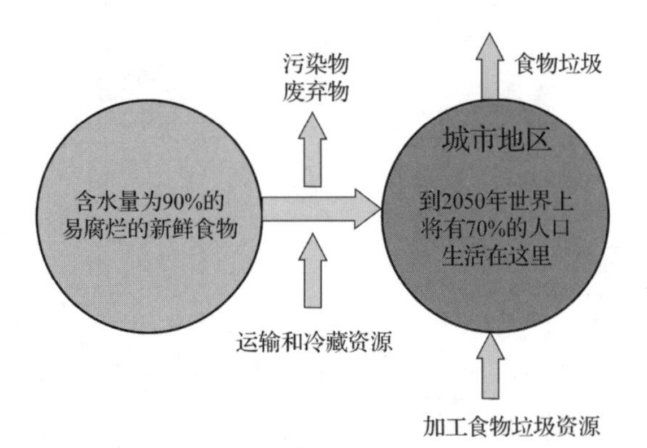

图 2.5 将易腐烂的新鲜食物长途运输到城市地区所导致的资源消耗和环境污染情况

(处理食物垃圾会消耗额外的资源)

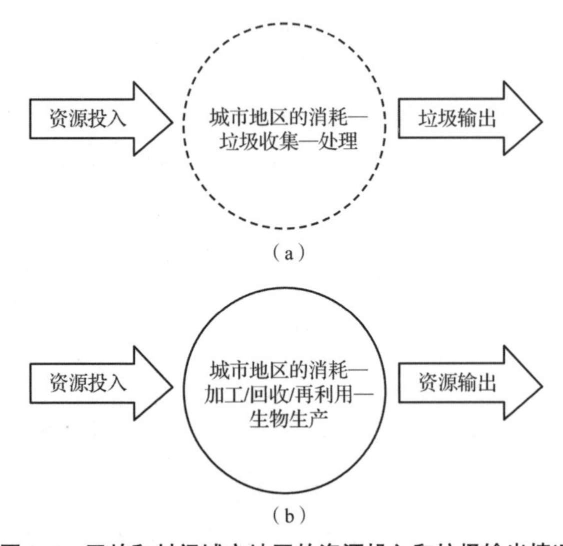

图 2.6 开放和封闭城市地区的资源投入和垃圾输出情况

(a) 消耗—处理(资源吞吐量)开环系统;(b) 消耗—加工/回收/再利用—生物生产闭环系统

概念也适用于植物生产系统,即从“开放式植物生产系统”转变为“封闭式植物生产系统”,这将在第 4 章中予以论述。

2.4 城市生态系统中的能量和物质平衡

2.4.1 光合自养生物(植物)和异养生物(动物和微生物)

含有叶绿素的绿叶植物,只需要光、CO_2、水(H_2O)和无机或矿物元素通过光合作用来生产碳水化合物（主要代谢物）（图2.7），其被称为“光合自养生物”（photoautotroph）。光合自养生物利用根部吸收的碳水化合物、矿物质和水分，合成生长发育所需的氨基酸、维生素、蛋白质和脂类等有机化合物。也就是说，植物生长不需要有机营养元素，尽管植物根系可能吸收非常少的氨基酸（不到无机元素吸收量的0.1%）、葡萄糖和其他存在于根系周围土壤中的元素。

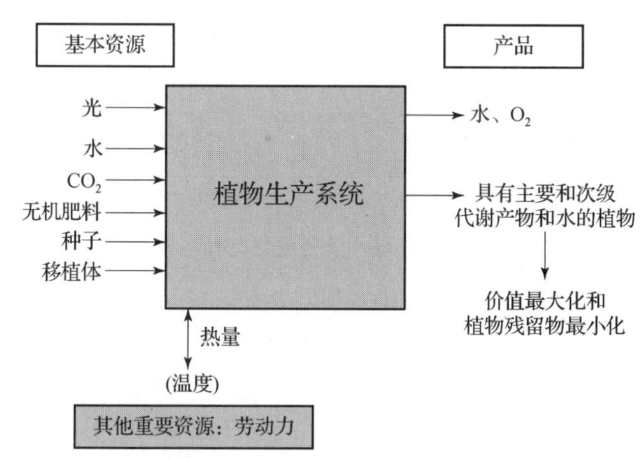

图2.7　通过光合作用种植绿色植物的基本资源（左）以及从植物生产系统获得的产品（右）

另外，动物和微生物需要有机元素作为生长的必需食物，因此被称为“异养生物”（heterotroph）。一些异养生物除了要吸收有机元素外，还必须吸收某些无机元素，如盐类。一些异养生物（草食性）以植物为食，而另一些异养生物（肉食性）以肉类为食。其余的异养生物既吃植物又吃肉类和/或微生物。植物、动物和微生物之间的这些营养关系经常被表示为“食物链金字塔”（food chain pyramid）（图2.8）。在这个金字塔中，CO_2 和 O_2 之间存在一种互补关系，即光合自养生物吸收 CO_2 并产生 O_2，而异养生物吸收 O_2 并产生 CO_2（图2.9）。

2.4.2　城市地区产生的废物作为种植植物的基本资源

城市地区和鱼/蘑菇养殖系统产生的废物，经过适当处理后可被用作城市地区种植植物的基本资源。图2.10显示了图2.6（b）所示的废物回收/再利用生物生产封闭系统的一个例子。目前，人们已经开发出净化废水、从食物垃圾和鱼/蘑菇废物中生产堆肥和肥料，以及利用热泵和/或热交换器收集和分配热能等的技术。将办公室和植物产生的富含 CO_2 的空气运输到附近的植物生产系统并不困难。

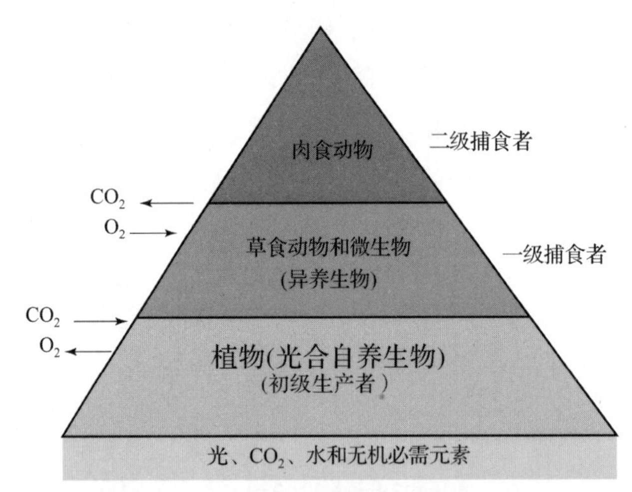

图 2.8 生态系统中食物链之间的基本关系

[动物和微生物需要植物或植物源性食物才能生长，人类也是如此。另外，植物只需要光、CO_2、水和矿物质元素就能生长（另参见图 2.7）]

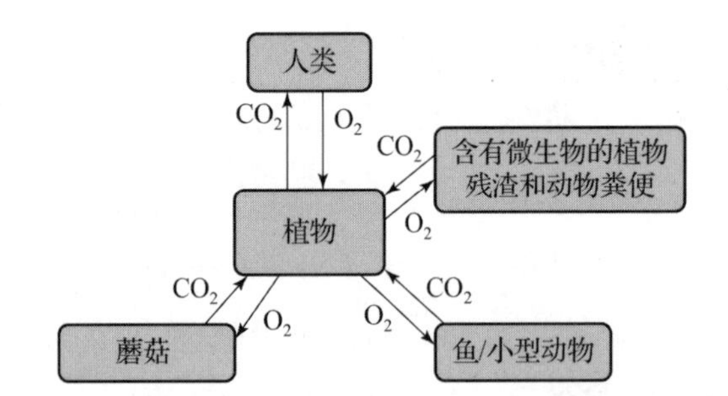

图 2.9 城市生态系统中 CO_2 和 O_2 流动的互补性关系

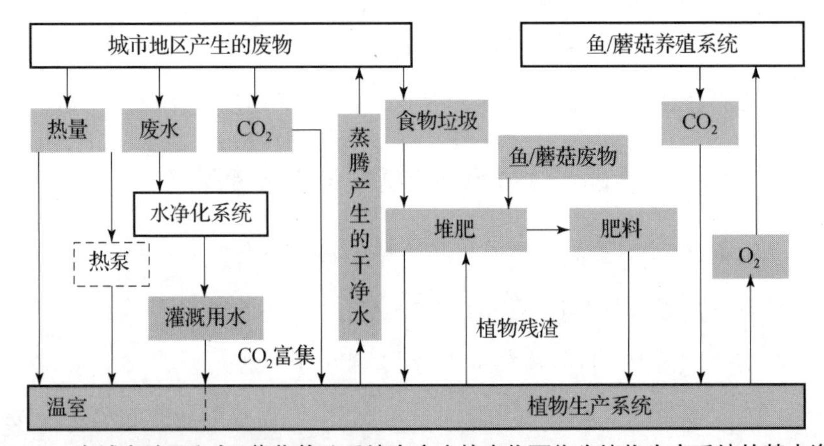

图 2.10 在城市地区和鱼/蘑菇养殖系统中产生的废物可作为植物生产系统的基本资源

为了有效利用城市废物而引入各种植物生产系统将涉及许多挑战。通过将废物作为植物生产的基本资源，可以降低废物处理以及生产和运输新鲜食物的成本。此外，城市地区的水、CO_2、热量、食物垃圾和其他物质的循环利用将提高食物、环境、社会和资源的可持续性。

2.4.3　与其他生物系统集成的植物生产系统

新鲜食物的植物生产系统可被大致分为大田、具有或不具有环境控制单元的温室和室内系统（图 2.11），其中有些被用于商业生产，有些则被用于个人、家庭和团体成员活动。

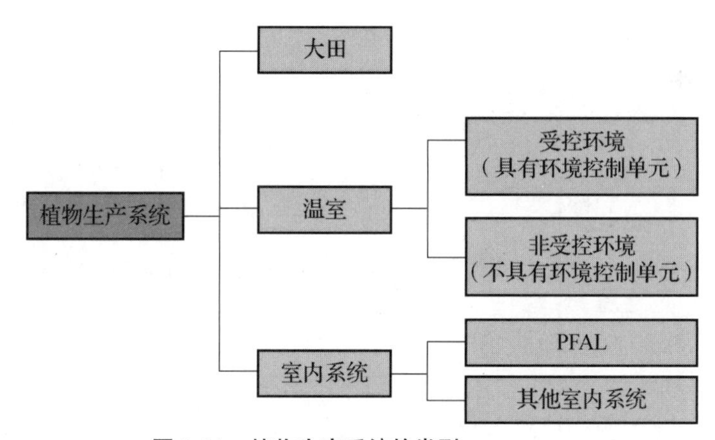

图 2.11　植物生产系统的类型

（PFAL 指的是“人工光照植物工厂”，本章 2.4.7 节对其进行了详细论述）

可以将这些植物生产系统与其他生物系统进行集成（图 2.12）。图 2.13 所示为这些生物系统中物质和能量流动的示例。通过这样的集成，可以进一步减少废弃物和环境污染物的数量，也可以减少从都市以外地区运输的用于生产新鲜食物和处理废物的资源数量。

鉴于许多国家的人均每日蔬菜消耗量约为 300 g（FAOSTAT，http://faostat.fao.org/，2009 年），那么一个 1 000 万人口的都市每年消耗约 100 万 t 蔬菜[=0.3 kg(鲜重)/(天・人) ×1 000 万人 ×365 天]。据估计，在城市地区购买的蔬菜中约有 25% 直接成为垃圾。

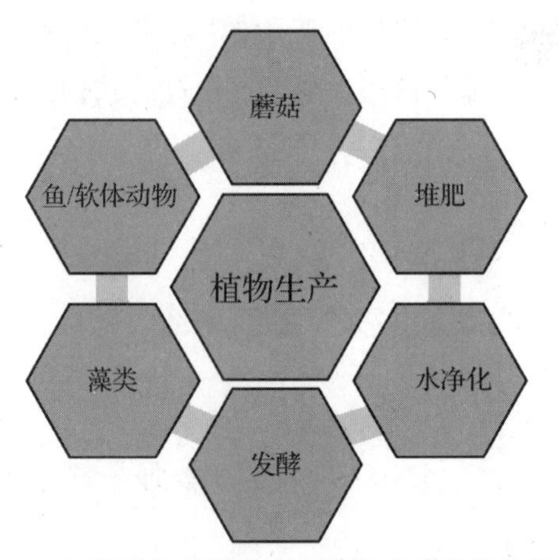

图 2.12 与不同的植物生产系统集成的各种生物系统

（在城市地区将废物作为一种资源加以再利用）

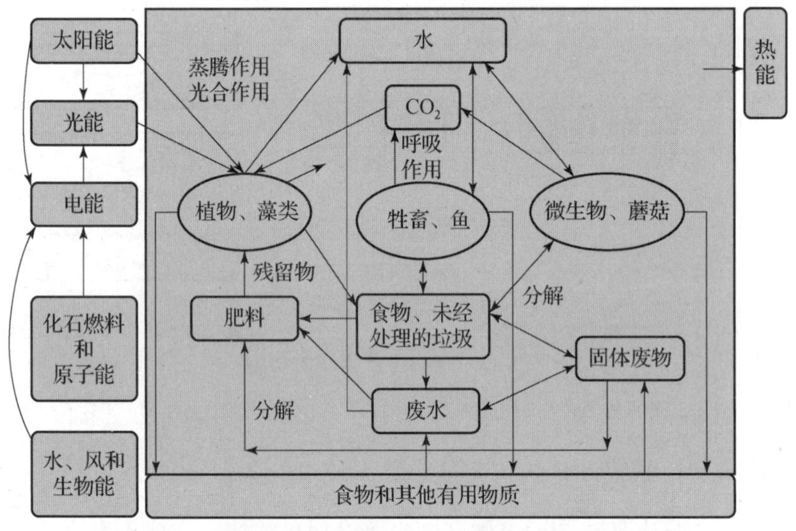

图 2.13 城市农业中物质和能量的转换与循环利用关系

2.4.4 土壤中有机肥和微生物的作用

食物垃圾、植物残渣、鱼/动物粪便和其他生物废弃物可被转化为堆肥或有机肥，或用于发电的生物能（甲烷气体）。未来，人们将开发出一种从这些废物中提取有价值物质的系统。

在温室和大田（农民的田地、社区花园、都市农场和后院花园）的土壤栽培中，土壤肥力对稳定根区环境和提高作物产量与质量至关重要。一般来说，施用有机肥可以提高土壤肥力，这可以通过土壤的化学、物理学和生物学特性来表达和评价。

有机肥在植物生产中的作用是间接的。有机肥是土壤中微生物生长的必要元素，并随着微生物的生长而分解成无机肥。有机肥分解成无机肥的速度受到土壤温度、含水量、pH 值（酸度）以及微生物生态系统特性等的显著影响。这就是为什么有机肥对产量和品质的影响有所不同。有机肥需要相当长的时间才能在土壤中发挥作用，并使土壤肥沃且具有很高的稳定性。无论如何，应该注意的是植物根系吸收的是无机肥，而不是有机肥（图 2. 14）。

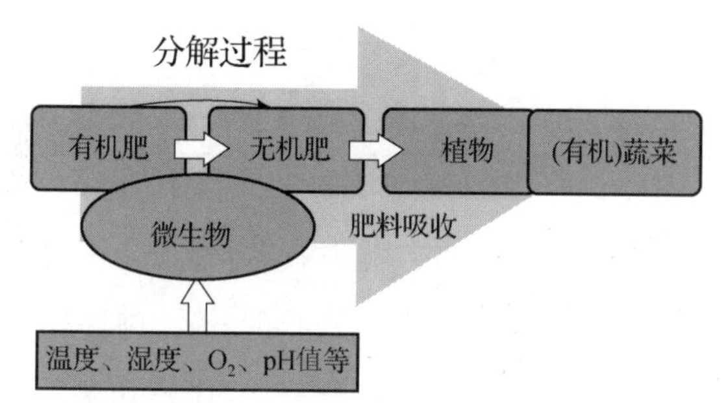

图 2. 14　微生物分解作用的影响因素以及肥料的转化与利用关系

（有机肥被微生物分解为无机肥，植物主要吸收无机肥而不是有机肥。
微生物的活动受到温度、湿度、O_2、pH 值和其他因素的显著影响）

鱼菜共生技术（aquaponics）是水培法（hydroponics）和水产（鱼）养殖的一种结合方式，在美国和其他国家越来越流行。在鱼菜共生系统中，鱼的排泄物在微生物的作用下被分解成无机肥（见第 5 章的图 5. 13）。日本鱼菜共生技术公司（Japan Aquaponics）在阿布扎比运营了一个占地 4 800 m^2 的室内鱼菜共生养殖场。

2. 4. 5　植物生产系统中环境的稳定性和可控性

植物生产系统的特点是具有自然和人工的稳定性，以及自然和人工的可控性（表 2. 1）。为了在不断变化的气候和社会条件下保持社会的整体可持续性，需要不同的植物生产系统（其稳定性和可控性存在差异）。所选择的植物生产系统取决于其在给定的社会、环境、经济和资源条件下的用途。

表 2.1 基于相对稳定性、可控性和其他因素的 4 种植物生产系统类型

稳定性和可控性	大田	温室		室内系统[a]
		土壤栽培	水培[a]	
气生区的自然稳定性	很低	低	低	低
气生区的人工可控性	很低	中等	中等	很高
根区的自然稳定性	高	高	低	低
根区的人工可控性	低	低	高	高
产量和质量的脆弱性	高	中等	相对较低	低
单位土地面积上的初期投资	低	中等	相对较高	极高
产量	低	中等	相对较高	极高

[a] 高/低评价只有在管理人员的能力相当高的情况下才有效。

在大田，保持土壤（根区）环境的自然稳定性最为重要，因为这种稳定性弥补了气生环境（天气）的低自然和人工的可控性。施用有机肥通常会提高根区稳定性，因为它对土壤含水量、空气孔隙度、pH 值和温度具有较大的缓冲作用，而且微生物的种群密度和多样性也较高（并非所有种类的微生物都有利于植物生长，因此，保持有益微生物在土壤中的优势地位是很重要的）。

室内植物生产系统的特点通常是其气生区（aerial zone）和根区环境的人工可控性高，或气生区和根区环境的自然稳定性与自然可控性低。为了使人工的稳定性和可控性保持在较高水平，有必要采用智能环境控制器，以尽量减少资源消耗和环境污染。

温室的稳定性和可控性介于大田与室内系统之间。就根区环境而言，土壤栽培比水培具有更高的自然稳定性。另外，城市地区的土壤经常受到重金属、农药和其他有毒物质的污染（Garnett，2001），而利用水培温室可以避免这个问题，因为水培温室的栽培床（根区）与土壤是被隔离的。另外，由于多年来过量施用化肥和/或粪肥，所以在温室中的土壤表面会积聚盐分，从而导致作物减产。这种产量的降低也可以通过采用水培系统来避免。

温室供暖成本高是影响温室作物冬季生产的主要因素。然而，在城市地区，

工业工厂和办公室的废热可以作为供暖的热源（图 2.3 和图 2.13）。在热源量充足但温度过低（10 ℃~20 ℃）的情况下，可以有效利用热泵将废热温度提高到 40 ℃~60 ℃以用于加热。

2.4.6　食物生产可持续性的关键指标

评价生鲜食物生产系统可持续性的关键指标有 3 个：①资源利用效率（resource use efficiency，RUE；其为产品固定的资源量与资源总投入量之间的比率）；②生产率（productivity）或成本效益（cost performance，CP；其为销售额与生产成本的比值）；③脆弱性（vulnerability，V）或产量与单位价值（质量）之间的年偏差（图 2.15 和第 5 章）。如果需要，生命周期评估（life cycle assessment，LCA；第 27 章）可以包括系统构建阶段的资源投入。在新鲜食物生产系统的设计和运营中，对其可持续性应主要通过这些指标进行评估。

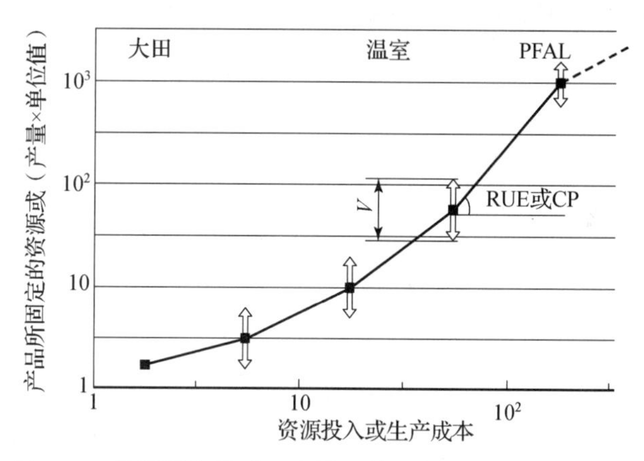

图 2.15　资源投入量对（产量×单位值）和脆弱性的影响

［只有当曲线的梯度（RUE 和 CP）增大而 V 减小时，初始和操作资源投入量的增加才是合理的］

2.4.7　什么是 PFAL？

2.4.7.1　定义

室内植物生产系统的光源可分为两种类型：①纯人工光源；②人工光源和（补充）太阳能光源。在本书中，基于前者室内植物生产系统被分为两类。一类是主要用于商业生产的 PFAL，其由表 2.2 所列的基本组成部分组成。另一类是通风型 PFAL 和 m－PFAL（小型和微型 PFAL，第 5 章），其主要用于商业生产以外的其他用途。

表 2.2 本书中定义的 PFAL 的基本组成部分

序号	PFAL 的基本组成部分
1	密封（换气频率低于 0.015 次 · h^{-1}）
2	隔热良好的屋顶和墙壁（传热系数小于 0.15 W · m^{-2} · $℃^{-1}$）
3	在培养和操作间的风淋室或热水淋浴室
4	带有光照系统和水培栽培床的多层式架构
5	空调机，主要用于制冷（同时除湿）和空气循环
6	CO_2 升高以保持其浓度在 1 000 μmol · mol^{-1}左右
7	在地板上覆盖环氧树脂层以保持清洁
8	空调机冷却板（蒸发器）冷凝水的收集和再利用系统
9	营养液供应的循环和消毒系统
在本书中，其他只具有人工光源的室内植物生产系统被称为“o－PFAL”（open－PFAL）或“m－PFAL”（mini－PFAL 或 micro－PFAL）。	

利用 PFAL 的目标是种植具有最大 RUE 和 CP、最小产量和产品质量脆弱性以及最小环境污染物排放量的高价值产品（产量和单位值或质量的乘积）。然而，PFAL 是一种新兴的、技术不成熟的室内植物生产系统，因此其商业应用仍然非常有限。

另外，PFAL 具有实现高 RUE、CP 和 V 的潜力，并将在未来几十年在城市地区发挥重要作用。除了第 6 章中的 m－PFAL 和第 7 章中的屋顶植物生产系统，本书主要关注 PFAL。

2.4.7.2 PFAL 的科学效益

在天气和气候变化的情况下，种植者每年可以进行 1～2 轮的大田作物栽培。对于温室水果和蔬菜栽培，在大多数情况下，在受控的环境下每年可以进行 1～4 轮栽培，尽管栽培技术取决于季节和经常由害虫引起的疾病严重程度。

在 PFAL 种植绿叶蔬菜或其他药草的情况下，种植者可以在精确控制的环境下体验幼苗生产和幼苗种植，直到每年收获 10～20 次。因此，与大田和温室栽培相比，种植者可以更快地积累关于 PFAL 栽培的经验和技术。

在 PFAL 栽培过程中，种植者可以仅通过改变一种因素来进行简单的试验，例如光源、品种或营养成分，而使其他因素保持不变，这使种植者能够很容易地了解因果关系。此外，由于 PFAL 试验结果不受天气的影响，所以这比在大田和温室试验中更具有重现性。如果研究人员利用全培养系统的一部分进行试验，则结果很有可能在全培养系统中重现。PFAL 管理人员还可以与大学或其他组织的研究人员轻松地开展合作。这是 PFAL 的主要优势之一。

2.4.8　适合或不适合在 PFAL 中栽培的植物

适合用于商业化生产的 PFAL 植物具有以下特点：①株高小（约 30 cm 或以下），以适应栽培床垂直距离为 40 ~ 50 cm 的多层栽培架；②在高 CO_2 浓度下快速生长（移植后 10 ~ 30 d 可收获）；③在低光照强度和高种植密度下生长良好；④为新鲜、干净、美味、营养和无农药的高价值产品；⑤通过环境控制可有效提高农产品的价值；⑥约 85% 的植株鲜重可作为农产品出售（如叶用生菜的根重比应低于 10%~15%，图 2.16）；⑦可成为任何一种移栽苗（第 22 章）。

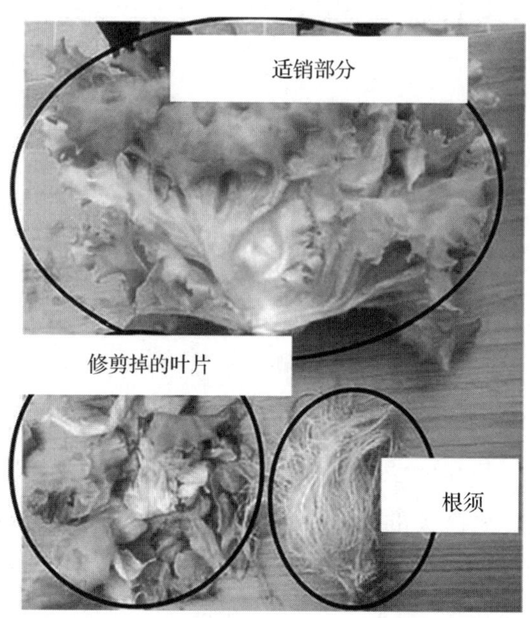

图 2.16　生菜适销部分、修剪掉的叶片以及根须之间的质量百分比关系

（适销部分的鲜重占植株总重的百分比应在 85% 或以上，以尽量减少每千克适销部分的耗电量）

适合在温室中使用阳光栽培而不适合在 PFAL 中栽培以提高质量和产量的植物包括：①含有大量的功能成分的水果蔬菜，如番茄、青椒和黄瓜；②草莓和蓝莓等浆果类植物；③蝴蝶兰（*Phalaenopsis*）和矮枇杷（dwarf loquat）等高档花卉；④在滴灌（trickle irrigation）容器中栽培的芒果和葡萄等；⑤非木本或一年生药用植物，如当归（*Angelica*）、药用矮石斛（medicinal dwarf *Dendrobium*）、亚洲人参（Asian ginseng）、藏红花（saffron）、大麻（cannabis）和日本獐牙菜（*Swertia japonica*）。

不适合在 PFAL 中栽培的植物还包括：①主要被用作人和家畜的热量来源（碳水化合物、蛋白质和脂肪）的大宗农作物，如水稻、小麦、玉米、马铃薯；②主要被用作燃料源（能源）的植物，如甘蔗和油菜等植物；③较大的果树；④被用作木材的树木，如雪松和松树；⑤其他植物，包括萝卜（daikon）、牛蒡（burdock）和荷花（lotus）。

这些植物的生长需要较大面积，收获周期为几个月到 10 年甚至更长，但它们的价值（价格）与质量比值很小。

2.5 对 PFAL 日益增长的社会需求和兴趣

目前，尽管 PFAL 被限于叶类蔬菜的生产，但预计它将有助于满足以下社会关切的需求（Kozai，2013 年 3 月）。

（1）对新鲜蔬菜的安全、保障、供应一致性和价格稳定性的担忧，特别是针对老年人和独居者的餐饮服务（餐馆等）和家庭膳食替代行业（预制食品和便当零售商）对购买一致性的不断增加的需求。

（2）出于对健康和生活质量提高的担忧而对高功能新鲜蔬菜和药用植物的需求。

（3）在寒冷、炎热和干旱地区对全年稳定生产新鲜蔬菜的需求。

（4）提高当地新鲜蔬菜的自给率，以增加老年人、残疾人和失业者的就业机会的需求（PFAL 提供了一种安全愉快的工作环境，并实现全年就业）。

（5）对生活方式和社会人口结构变化的需求，以及对便利店、超市、餐馆、医院和社会福利设施、公寓楼等的需求。

（6）对电气、信息、建筑、医疗保健和食品行业等新型业务发展的需求。

（7）城市地区对空地、未使用的储物空间、阴影区、屋顶和地下室等进行有效利用的需求（Hui，2011）。

（8）对用于园艺、农业、重新造林、景观美化和沙漠恢复等的高质量移栽苗的需求。

（9）在灌溉水不足或含盐灌溉水的地区和城市地区对节水型培养系统的需求（PFAL 只需要温室所需灌溉水的 50% 左右）（Kozai，2013b）。

最近的技术进步有助于启动 PFAL 业务，其中包括提高电能效率以及光照、空调机和小型信息控制系统的性价比，包括云计算，隔热，电能存储与使用太阳能、风能、生物质能和地热能等自然能源进行发电（Komiyama，2014）。

考虑到这里所描述的社会关注和需求，根据日本千叶县柏市柏之叶区智慧都市项目（Smart City Project），人们正在进行一项将 PFAL 引入都市农业的社会试验（图 2.17）。自 2003 年该项目建成以来，该都市一直是一座可持续发展的都市。

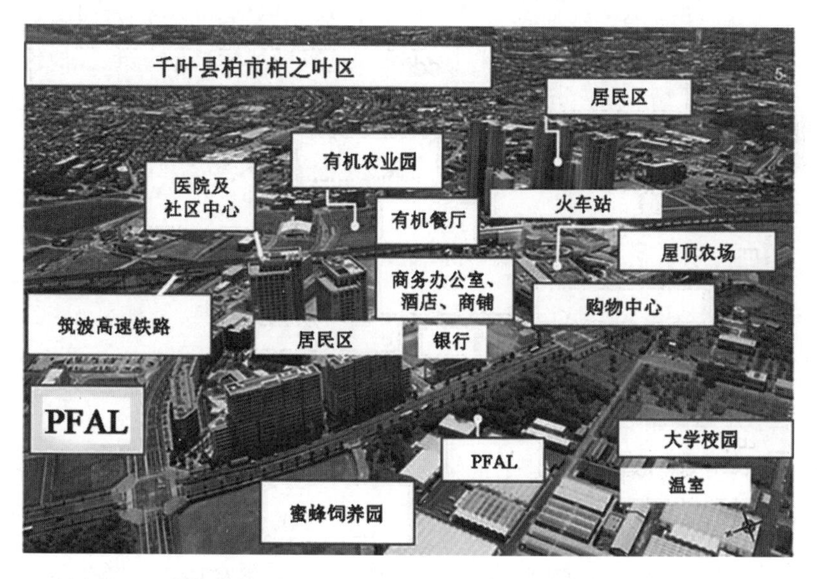

图 2.17 在日本千叶县柏市正在开展的一个城市农业开发示范项目

（该项目所在地距离东京市中心为 30 min 的车程）

2.6 对 PFAL 的批评及其回应

2.6.1 引言

如前所述，近年来社区对 PFAL 的兴趣有所增加。另外，PFAL 也引起了相当多的批评和关注。我们要认真接受和分析批评，从各方面研究问题，并寻求解决措施。当批评是基于误解和技术不成熟时，我们应该根据事实清楚地说明真实情况，并应该改进技术。

本节讨论了人们对 PFAL 和都市农业的一些典型评论（Garnett，2001；Martin，2013）。在以下部分中，所给出的数据是关于 2014 年日本 PFAL 的代表性数据。

2.6.2 初始成本过高

2014 年，在日本，一座包含所有必要设施的 PFAL 建筑初始成本约为 4 000 美元 · m^{-2}（土地面积，1 美元 = 120 日元），其中包括 15 层，层间垂直距离为 50 cm。这一初始成本大约是安装有加热器、通风设备、隔热屏和其他设备的温室成本的 15 倍。2014 年，日本叶类生菜的批发价格为 0.7 ~ 0.8 美元 · 棵$^{-1}$，最大年销售额为 2 100 ~ 2 400（ = 3 000 × 0.7 ~ 0.8）美元 · m^{-2}，而初始成本为 4 000 美元 · m^{-2}。

另外，现有 PFAL 的年产量约为 3 000 棵 · m^{-2}（土地面积）· 年$^{-1}$（每颗叶类生菜鲜重为 80 ~ 100 g），而大田的年产量为 32 棵（ = 16 棵 · 次$^{-1}$ × 2 次收成）· m^{-2} · 年$^{-1}$。PFAL 的年产量大约是大田的年产量的 100 倍、温室的年产量的 15 倍（200 株 · m^{-2} · 年$^{-1}$）。

因此，PFAL 的单位生产能力的初始成本与温室的基本相同，尽管这一估计是粗略的，并且会因许多因素而变化。很难将 PFAL 的初始成本与大田的初始成本进行比较，因为后者的成本变化很大。此外，在大田栽培的叶类生菜的大小和质量通常是在 PFAL 中栽培的 2 ~ 3 倍。另外，尽管两者的质量差异很大，但在日本，在大田和 PFAL 中栽培的叶类生菜的零售价格并没有显著差异。

上述 PFAL 的年生产能力可计算为：［20 株植物 · m^{-2}（栽培床面积）× 15

层 ×20 次收获 · 年$^{-1}$] ×0.9（可销售植株与被移植植株比值）×0.5（楼层与总楼层面积的有效楼层比例）。另外 50% 的占地面积被操作室、走道、苗木生产场地和设备等所占用。从移植到收获（80 ~ 100 g · 株$^{-1}$地上部分）的天数为 12 ~ 15 d，而从播种到预备好移植的幼苗的天数为 20 ~ 22 d。

PFAL 的年生产能力将在环境控制、适合 PFAL 的品种、层次布局和培养方法等的改进的基础上，基于“持续改善”（kaizen）和平面检查行动（plane - do - check - action，PDCA）循环（第 24 章），在 5 ~ 10 年内提高约 20%。因此，预计日本 PFAL 的初始成本将继续以每年几个百分点的速度下降。

2.6.3　生产成本过高

在日本，采用荧光灯的 PFAL 的电力、人工、折旧和其他成本平均分别占 25%~30%、25%~30%、25%~35% 和 20%。计算折旧的经济寿命因国家而异。在日本，PFAL 建筑为 15 年，设施为 10 年，LED 灯为 5 年。

图 2.18 所示为带有 LED 灯的 a - PFAL 组件的一个生产成本示例（Ijichi，2018）。电力、人工和折旧是生产成本的三个主要组成部分。在另一个带有荧光灯的 PFAL 中（位于距离任何大城市 500 ~ 700 km 的地方城市），包装和运输成本占生产成本的 12%（Ohyama，2015）。如果 PFAL 位于或靠近大都市，则包装和运输成本将占生产成本的 6%~8%。在 PFAL 中的大多数常规手工操作都是由兼职工作人员进行的，他们每小时的实得工资为 8 ~ 10 美元。对于 LED - PFAL，电力成本占总生产成本不到 20%（Kozaiet al.，2016；Kozai，2018）。

在日本，结球生菜的批发价格为每棵 80 ~ 100 日元（0.67 ~ 0.83 美元），零售价格为 150 ~ 200 日元（1.25 ~ 1.67 美元），在中国台湾地区的批发价格和零售价格分别为 0.39 ~ 0.46 美元和 0.67 ~ 3.5 美元（第 3 章 3.2 节）。

结球生菜和罗勒在日本的批发价格分别为 8 美元 · kg^{-1}和 23 美元 · kg^{-1}左右。芝麻（rocket，*Eruca sativa*）、豆瓣菜（watercress）、欧芹（parsley）和低钾叶类生菜（针对肾病患者）的批发价格约为 35 美元 · kg^{-1}。香菜（coriander）的批发价格约为 40 美元 · kg^{-1}，而薄荷（peppermint）和留香兰（spearmint）的批发价格约为 70 美元 · kg^{-1}。在日本，有专家详细讨论了日本 PFAL 的资源和货币生产能力（Kozai et al.，2019）。

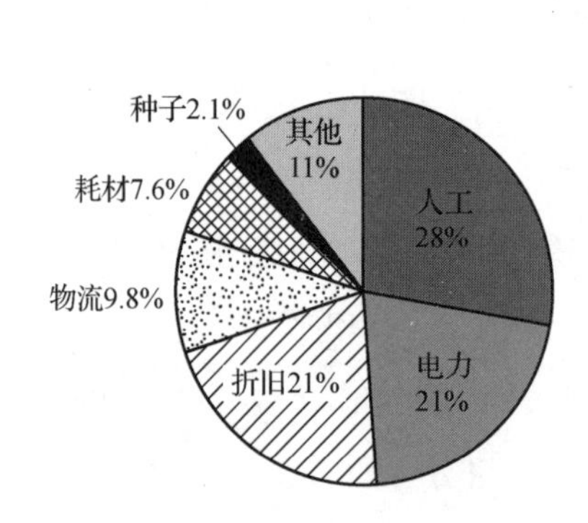

因素	数值
鲜重（颗）/g	80
单价（颗）/USD	0.73
成本（颗）/USD	0.65
$\frac{收入}{销售}$/%	11
收益率[①]/%	97
出售/%	100
出售给超市/%	70
出售给商业用途/%	30

[①]收益率：生产的可销售植物数量占移栽的幼苗数量的百分比

图 2.18 在日本采用 LED 灯生产叶类生菜的 PFAL 的成本构成百分比（Ijichi，2018）

（以上不包括建筑物折旧成本和广告及土地等费用）

需要注意的是，在日本，每月的基本电费是 10～12 美元·kW^{-1}，消费费用是 0.10～0.12 美元·kW^{-1}。也就是说，日本是世界上电价最高的国家之一。与许多其他国家相比，日本与建筑、光照和文化层次相关的成本也很高。

在 PFAL 生产成本管理中，可食或可用部分的质量占植物总质量的百分比是提高 CP 的一项重要指标（图 2.16）。在 PFAL 中，电能被转化为光能，并在植物体内被进一步转化为化学能。因此，在进行绿叶蔬菜生产的情况下，需要进一步减少植物残渣（根和修剪掉的叶片）中所含的电能。不过，这与大田栽培的情况相反——一般来说，根越大，生长和质量就越好（图 2.19 和图 2.20）。

总质量：130 g
可销售部分：120 g (92%)

（a）

总质量：500 g
可销售部分：200 g (40%)

（b）

图 2.19 在 PFAL 和大田中栽培的结球生菜的总质量与可销售部分的比例比较

（a）在 PFAL 中生长的结球生菜，在结球前收获，鲜重约为 130 g，总质量的 92% 是可以销售的；
（b）在大田生长的结球生菜，结球后收获，鲜重为 500 g，只有总质量的 40% 是可以销售的

（a）　　　　　　　　　　（b）

图 2.20　在 PFAL 和大田中栽培的大白菜的总质量与可销售部分的比例比较

（a）在 PFAL 中生长并在结球前收获的大白菜，总质量为 250 g，供火锅食用；

（b）在大田中生长的大白菜，在结球后收获，总质量约为 5 kg

另外，根部对于吸收水分、无机肥和 O_2 来保障地上部分生长是不可或缺的。将根重控制在最低限度但不限制地上部分生长，是 PFAL 生产成本管理的关键栽培技术。

2.6.4　电费过高而太阳光是免费的

电力成本占总生产成本的 18%~21%（图 2.18）。每千克农产品的耗电量可以被相对容易地降低 20%~30%，而理论上可以降低 50%~80%。图 2.21 所示为 FL－PFAL 栽培室中的能量转换过程。以化学能形式被固定在植物可销售部分的电能最高为 2%，而在大多数传统的 PFAL 中不到 1%。剩余的（98%~99%）电能在栽培室中被转化为热能［这就是即使在非常寒冷的冬夜（－40℃），隔热良好的 PFAL 的加热成本仍为 0% 的原因］。

可以通过以下方式减少电费：①采用先进的 LED 灯，以增大电能向光能的转换系数；②采用精心设计的反射器来改进光照系统，以提高灯具发出的光能与被植物叶片吸收的光能的比例；③改善光质，以促进植物的生长及其品质；④优化控制温度、CO_2 浓度、营养液、湿度等因素；⑤改进栽培方法和品种选择，以提高植株可销售部分的比例。一旦部分使用太阳光，则 PFAL 中的所有可控因素都变得不稳定和不可预测，因此这不是一种明智的选择。

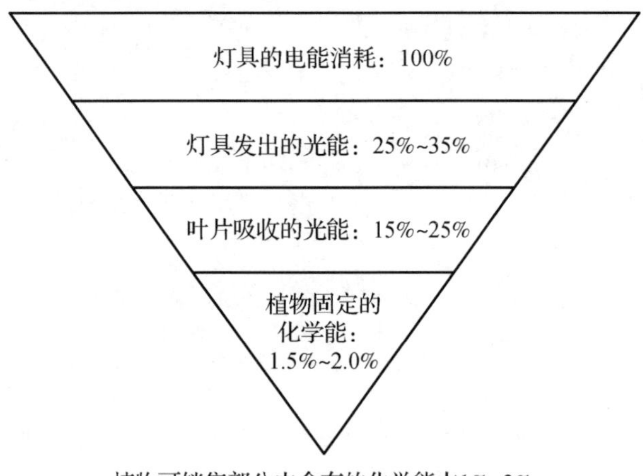

图 2.21　当前具有代表性的 PFAL 中的能量转换过程

（每一步的数值表示电能消耗的百分比，未转化为化学能的电能变成热能）

2.6.5　人工成本过高

人工成本占 PFAL 总生产成本的 25%~30%，因为大多数 PFAL 都是小规模的，并且大多数处理操作都是手动进行的。据估计，如果大部分处理操作都是手动进行的，那么一个占地面积为 1 $hm^2$①的 15 层 PFAL 则需要超过 300 名全职员工。从这个意义上讲，即使小规模的 PFAL 也创造了大量的就业机会，并促进了当地产业的发展。大多数手动操作是在舒适的环境条件下进行的安全且轻便的工作，适合所有人，无论其年龄、性别和残疾与否。

另外，在荷兰，在占地 10 hm^2 或以上的温室综合体（greenhouse complex）中，用于生产绿叶蔬菜、花坛植物和移栽苗的大多数处理操作都是自动化的，因此每公顷只需要几名员工。然而，不幸的是，这些自动处理系统太大而无法被安装在当前的 PFAL 中。

在最近生产能力超过 1 万棵叶绿菜头的 PFAL 中，处理操作的自动化对于降低生产成本以及自动收集和分析各种数据变得至关重要。这些数据包括环境、植

① 1 hm^2（公顷）$=10^4$ m^2。

物生长、移植、收获、资源消耗、成本、运输和销售。先进的机器人技术，包括遥感、图像处理、智能机器人手、云计算、大数据分析和三维建模，正在使PFAL实现自动化。

2.6.6　在PFAL中种植的蔬菜既不可口还缺营养

新鲜蔬菜的口感和营养受到植物的遗传特性，植物所遇到的物理、化学和生物环境的时间历程，培养系统和方法以及采后处理等的影响。理论上，在PFAL中种植的蔬菜更容易控制口感和营养。

然而，在现实中，PFAL中的环境与某一特定蔬菜的口感/营养之间的因果关系仍不清楚，因此PFAL管理人员并不确切地知道他们应该如何控制环境来改善植物的口感、营养和生长；而PFAL中的环境控制仍处于试错阶段（trial and error stage）。这是在PFAL中种植的蔬菜的口感和营养有时不稳定的主要原因。

另外，越来越多的大学、公共机构和民间企业的研究人员正在积累因果关系的试验结果和知识，以通过环境控制来改善在PFAL中种植的蔬菜和药草的味道和营养。一旦这种因果关系被搞清楚，则PFAL就可以不受天气影响而一年四季都能够生产出既美味又有营养的蔬菜。就利用PFAL进行植物生产的知识和经验而言，商业化研究仍处于初级阶段。

PFAL研究人员的一种优势是，他们可以用较少的研究经费、时间和人力来获得明确的因果关系。在不可控的天气和季节变化下，即使在品种、栽培系统和采后处理相同的情况下，也需要时间来确定与环境和大田中栽培蔬菜的口感/营养有关的因果关系。

蔬菜的品质和经济价值不仅受口感和营养的影响，还受其安全性的影响，这需要通过可追溯性来保证（图2.22）。在PFAL中种植的蔬菜的可追溯性几乎是100%，并且大部分可以自动完成。

另一个问题是，口感和偏好受到社会和家庭文化、个人历史、健康状况、品牌形象等诸多因素的影响。因此，许多人很自然地更喜欢在大田中种植的蔬菜而不是在PFAL中种植的蔬菜。

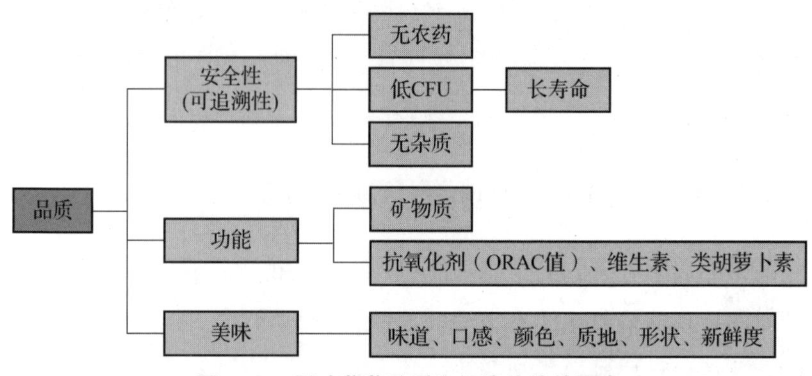

图 2.22 影响蔬菜品质和经济价值的因素

［ORAC 代表 Oxygen Radical Absorbance Capacity（氧化自由基吸收能力）］

2.6.7 大多数 PFAL 未能盈利

日本农林水产部 2014 年 2 月的调查结果显示，在 165 座 PFAL 中，只有 25%盈利，有 50% 收支平衡和 25% 亏损。2018 年的调查报告显示，在 215 座 PFAL 中，约 50% 实现了盈利。2018 年以来，盈利的 PFAL 数量在不断增加，2018 年建成了几座大型 PFAL（第 29 章）。

对亏损 PFAL 的调查结果表明，PFAL 管理人员并不知道植物需要 CO_2 来进行光合作用，他们也不知道在封闭的 PFAL 中增加 CO_2 的必要性。这种知识的缺乏并不令人惊讶，因为农民从不向他们的大田供应 CO_2 气体，而只有少数种植者通过打开通风机向温室供应 CO_2 气体。这些发现表明了对 PFAL 管理人员进行人工资源开发与培训以提高其技能的重要性。

为了盈利，在 PFAL 中种植的超过 90% 的蔬菜必须以合理的价格出售。然而，事实上，在 PFAL 中种植的蔬菜产量太低，无法做到这一点，因为它们正在亏损。此外，为了销售所有产品，“市场进入”策略比“产品输出”策略更重要。换句话说，在生产成本、产能和销售策略等方面仍有相当大的提升空间。

2.6.8 土地价格过高

城市地区的土地价格通常非常高，而在阴凉、贫瘠的土地和闲置的地域可以建设 PFAL，并且几乎没有什么劣势。可以在空的建筑物、空的房间和厂房中毫不费力地将它们建造起来。与大田和温室相比，PFAL 分别只需要大约 1% 和 10% 的土地面积就能够获得相同数量的叶类生菜和其他绿叶蔬菜。

2.6.9　灌溉用水量过大

如后面第 4 章所述，PFAL 灌溉的净耗水量约为温室的 2%，因为 95% 的植物叶片所蒸发的水蒸气在空调机的冷却盘管面板（蒸发器）上冷凝为液态水，后者被收集并经消毒后被回收至营养液箱。

从栽培床排出的营养液在灭菌后也返回营养液箱。因此，要添加到水箱中的水量几乎等于被收获的植物中保持或容纳的水量以及作为水蒸气通过空气间隙逃逸到外部的水量。同样，要添加的养分量几乎等于被收获植物吸收的养分量。因此，在大多数情况下，水和养分的利用效率分别超过了 95% 和 90%。

此外，在 PFAL 中种植的蔬菜无须在食用前清洗，因为它们不含农药、昆虫和外来物质，因此与在温室和大田中栽培的蔬菜（其必须用自来水、电解水和/或添加了次氯酸盐的水进行清洗）相比，可以节省大量的水。由于在 PFAL 中种植的蔬菜在收获后立即用塑料袋或纸袋包装，所以将水分流失和细菌生长所造成的蔬菜损失降至最低。总体而言，对在 PFAL 中种植的蔬菜进行灌溉和洗涤的总耗水量比对在温室中种植的蔬菜进行灌溉和洗涤的总耗水量相比减少了 99%。

2.6.10　PFAL 只能生产小型绿叶蔬菜和经济型蔬菜

目前，大多数 PFAL 只生产包括药草在内的绿叶蔬菜（图 2.23），因为它们易于种植，而且对在 PFAL 中种植的绿叶蔬菜的需求量很大。截至 2017 年，在日本 PFAL 每天大约生产 15 万棵叶类生菜（1 800 万棵·年$^{-1}$），这仅占在大田中种植的叶类生菜消费量的 2%。目前，PFAL 中用于新鲜沙拉的菠菜和其他绿叶蔬菜的商业化生产非常有限，但将在几年内显著增加。因此，随着生产成本的下降，在 PFAL 中种植的绿叶蔬菜的总产量预计将大幅增加。

近来，人们开始尝试生产小型根菜和药用植物，例如芜菁（turnip）、胡萝卜、小萝卜（miniradish）、人参（*Panax ginseng*）和东当归（*Angelica acutiloba*）

图 2.23 通常在 PFAL 中种植的叶类蔬菜/药草植物

(a) 散叶生菜；(b) 褶皱生菜；(c) 绿芥末；(d) 芝麻菜；(e) 紫花罗勒；(f) 日本芜菁

(图 2.24)。这些植株高度均为 30 cm，叶片展开的幼苗和根都是可食用或可销售的。这些植物可以在播种后几周或移植后几周内收获。在该生长阶段，幼苗柔软可口，可以成为主菜的适宜配菜。这种带幼苗的小根不能在大田中种植，从而消除了与在大田中种植的蔬菜的竞争。

图 2.24 在现代 PFAL 中生产的小型根类蔬菜和药用植物

(a) 芜菁；(b) 红萝卜；(c) 东当归；(d) 人参；(e) 胡萝卜；(f) 山葵的叶片、叶柄和根

(带叶片和根的幼苗都可以食用，而且味道鲜美且营养丰富)

在最佳的环境条件下，块根类蔬菜的生长速率通常比叶类蔬菜高，尤其是在高浓度 CO_2 环境下。这是因为叶片通过光合作用所产生的碳水化合物（carbohydrate，被称为“源”）可以通过茎中的筛管（sieve tube）被有效地转移（转运）到块根（被称为“库”）。当叶片［被称为“源箱”（source tank）］中的碳水化合物含量趋于0%时则光合作用增强，这是由于向块茎转运的速率提高。

如表2.3所示，如果在PFAL中种植的蔬菜在商业上不仅被用于制作新鲜沙拉，而且被用作原料，那么它们的市场规模将急剧增加，从而创造出“都市农业的一个新分支”或“食品工业的一个新领域”。如果对PFAL的设计和管理得当，则可以实现以下目标：①每千克生产成本可降低30%；②每千克经济价值可提高15%；③到2023年，其初始成本可被轻松降低30%（Kozai，2018）。

表2.3　未来几十年内在PFAL中种植的植物的用途

编号	预期用途
1	新鲜沙拉和切碎（切片）蔬菜
2	冷冻蔬菜和脱水蔬菜
3	糊状物、酱汁、软饮料、饮料添加剂、果酱和果汁
4	普通泡菜（pickle）、咸菜和韩国泡菜（kimchi）
5	火锅、油炸和汤菜的蔬菜
6	化妆品、染料、芳香剂和香料
7	用作草药和补品的药用植物
8	功能性食品和药物（例如疫苗）
9	各种移栽苗、繁殖用母株
10	草莓、蓝莓、山莓和黑莓

如果能够实现这些目标，那么PFAL就可以在任何地方被用于种植加工食品材料的高价值作物。收获的植物会被干燥（煮沸后），在某些情况下会被磨成粉末，并被储存1~6个月。然后，它们被运到食品工厂以进行进一步的加工。通过这种方式，PFAL可被在远离城市地区的任何地区使用，这样生活在寒冷、炎热或干燥地区的人们可以在舒适的条件下在PFAL中工作。

2.7 迈向可持续的 PFAL

2.7.1 可持续的 PFAL 的要求

必须改进 PFAL，以建立可持续的植物生产系统。本书提出了一种系统和科学的方法来实现可持续的 PFAL，尽管该方法还需要被不断地修订和完善。为了使 PFAL 具有可持续性，PFAL 必须满足以下要求。

（1）PFAL 应该同时并平行地为解决全球粮食、环境、资源和社会问题做出贡献。

（2）从生产到消费的整个植物供应链应该节约资源，并达到低 CO_2 排放，特别是 PFAL 应大幅减少对水和石化产品的使用并完全取消使用杀虫剂和化石燃料取暖（即使在非常寒冷的冬夜），从而大幅减少对石油产品的直接使用。

（3）PFAL 应通过尽量减少环境污染物的排放来对保护环境做出贡献。

（4）PFAL 应最大限度地提高资源投资的利用效率（效用价值率或资源转化为产品与承诺的资源量比值），并最大限度地提高自然能源的利用效率。

（5）面对异常天气模式和污染物的存在，PFAL 应该提高生产系统的稳定性，并全年达到有计划的高质量和高产目标。

（6）系统对经营者和当地居民来说应该是安全和舒适的，并有助于创建一个环境健康与福利共存的产业。

（7）PFAL 应扩大就业机会，为包括老年人和残疾人在内的广大人群赋予生活的意义。

（8）整个系统，包括其经营者，应随着自然环境和多样化社会环境的变化而适当发展。

（9）PFAL 应通过发展标准化系统来促进国际技术转让。

第 4 章对 PFAL 的科学和工程问题进行了介绍。

2.7.2 影响 PFAL 可持续性的因素

本节总结了影响 PFAL 的环境、资源、社会和经济可持续性的积极方面，以及提高 PFAL 可持续性需要解决的问题。

2.7.2.1　影响 PFAL 的环境、资源、社会和经济可持续性的积极方面

1. 环境和资源可持续性

（1）在以下方面实现减少（减小）：①灌溉用水；②洗涤农产品用水；③农药施用；④肥料浸出至排水沟；⑤植物不宜使用和/或不宜销售的部分；⑥食物运输的距离。

（2）促进排水和营养液的回收利用。

（3）提高 RUE。

2. 社会可持续性

增加当地就业。

3. 经济可持续性

（1）在以下方面实现增加（提高或延长）：①农产品的产量和质量及其脆弱性的降低；②本地新鲜食物的生产和销售；③本地食物的安全性；④无须清洗即可食用的新鲜绿叶蔬菜产量；⑤保质期。

（2）在以下方面实现减小（减少）：①单位产量所需的土地面积（为锻炼和娱乐提供更多便利空间，图 2.25）；②农产品损失；③单位产量的植物生产工时。

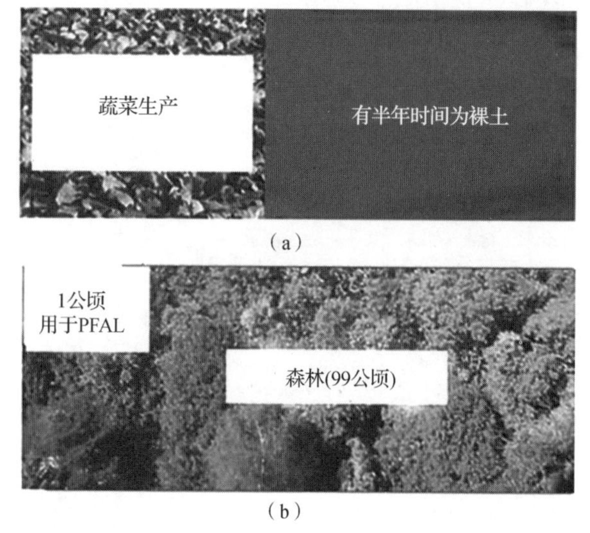

图 2.25　达到相同蔬菜产量所需要的 PFAL 和大田面积比较

（a）100 公顷大田用于种植绿叶蔬菜，但有半年时间为裸土；（b）1 公顷 PFAL 用于生产绿叶蔬菜，而 99 公顷森林用于提供公共绿地空间（利用 PFAL 所实现的绿叶蔬菜产量是大田的 100 倍以上）

2.7.2.2 提高 PFAL 可持续性需要解决的问题

（1）在以下方面实现减少：①生产和产品冷却的电力消耗；②建筑施工材料和能源消耗。

（2）在以下方面实现增加（提高）：①有机废物的循环利用，包括用于堆肥的植物残渣、生物燃料、促进植物光合作用的 CO_2 和其他用途；②城市地区 PFAL 周边的生物多样性；③PFAL 周边用于锻炼和娱乐的舒适空间；④审美价值。

（3）在以下方面实现促进：①积极的社区参与；②社会包容：为人们提供新鲜食物；③教育；④为设计和生产管理进行的软件开发。

2.7.3 地球、太空农场、自治城市和 PFAL 之间的相似性

在对 PFAL 与其他生物系统向可持续系统发展的设计和运行中，地球和月球上带有太空农场的虚拟住宅分别是很好的自然和人工模型（图 2.26）。就物质而言，两者都是封闭系统，而就辐射热能而言它们都是开放系统——接收太阳辐射（短波）和发射热辐射（长波）。所有的系统都要求具有高产量和高质量的植物生产系统，并在有限的空间内使用最小的资源和进行最小的环境污染物排放。控制系统内部以及系统与环境之间的物质和能量流动平衡，对于创建一个可持续系统至关重要。迫切需要通过更有效地利用自然能源，在不降低土壤和 PFAL 中作物产量和质量的情况下最大限度地减少化石燃料的消耗。

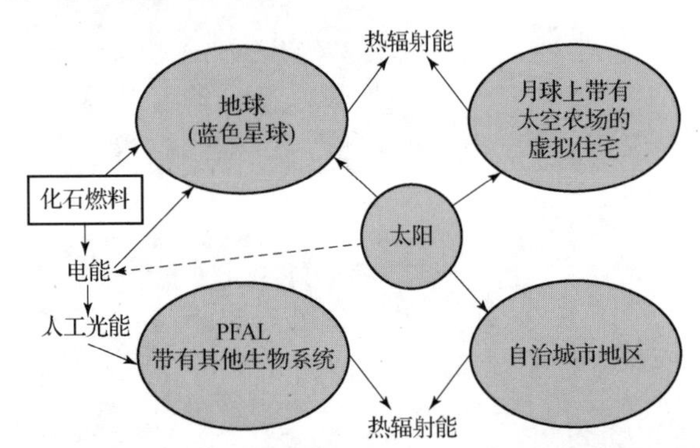

图 2.26 地球、太空农场、自治城市和 PFAL 之间的相似性比较

［地球和月球上带有太空农场的虚拟住宅和地球在物质方面都是封闭系统，而在接收太阳辐射和发射热辐射方面都是开放系统。它们是 PFAL 与其他生物系统和自治（本地生产供本地消费）城市地区的模型。所有这些系统都要求在有限的空间内使用最少的资源并排放最少的环境污染物，从而实现高产量和高质量的植物生产系统的可持续性］

2.8　结论

本章讨论了城市地区新鲜食物生产日益重要背后的原因，并举例说明了如何实现高效生产。首先，阐释了城市地区的资源投入和废物产出情况。其次，指出都市废弃物中有很大一部分可被作为都市生态系统中植物生长的重要资源，从而大幅减少资源的投入量和废弃物的产出量。本章对于都市农业在经济上不可行、PFAL 大量使用电力、生产成本高、在资金上不可行等的批评也进行了回应。研究表明，PFAL 能够以最少的资源消耗和最小的环境污染生产出高附加值的植物，并可以通过将其与其他生物系统联合来生产新鲜食物，从而有助于部分解决城市地区存在的若干重要问题。

参考文献

Allen, W., 2012. Good Food Revolution: Growing Healthy Food, People and Communities. Gotham Books, USA, p. 256.

Despommier, D., 2010. The Vertical Farm: Feeding the World in the 21st Century. St. Martin's Press, New York, 305 pp.

Garnett, T., 2001. Urban agriculture in London: rethinking our food economy. City Case Study London. 477–500. In: Bakker, N., Dubbeling, M., Guendel, S., Sabel Koshella, U., deZeeuw, H. (Eds.), Growing Cities, Growing Food: Urban Agriculture on the Policy. DSE, Feldafing, Germany.

Hui, C.M.S., 2011. Green roof urban farming for buildings in high-density urban areas. In: Proceedings of Hainan China World Green Roof Conference. March 11-21. China, pp. 1–9.

Ijichi, H., 2018. Plant factory business in Japan. Agric Biotechnol 2 (6), 19–23 (in Japanese).

Komiyama, H., 2014. Beyond the Limits to Growth: New Ideas for Sustainability from Japan. Springer Open, Heidelberg, p. 100.

Kozai, T., 2013a. Sustainable plant factory: closed plant production system with artificial light for high resource use efficiencies and quality produce. Acta Hortic 1004, 27–40.

Kozai, T., 2013b. Resource use efficiency of closed plant production system with artificial light: concept, estimation and application to plant factory. Proc. Japan Acad. Ser. B 89, 447–461.

Kozai, T., 2013c. Plant factory in Japan: current situation and perspectives. Chron. Hortic. 53 (2), 8–11.

Kozai, T., Fujiwara, K., Runkle, E. (Eds.), 2016. LED Lighting for Urban Horticulture. Springer, p. 454.

Kozai, T. (Ed.), 2018. Smart Plant Factory: The Next Generation Indoor Vertical Farms. Springer, 456 pages.

Kozai, T., Uraisami, K., Kai, K., Hayashi E., 2019. Some thoughts on productivity indexes of plant factory with artificial lighting (PFAL). Proceedings of International symposium on environment control technology for value-added plant production, Aug. 28–30. Beijing, China, 29 pages.

Martin, G., 2013. Urban agriculture's synergies with ecological and social sustainability: food, nature and community. In: Proceedings of the European Conference on Sustainability, Energy and the Environment, p. 12.

Ohyama, K., 2015. Actual management conditions on a large-scale plant factory with artificial lighting (written in Japanese: Dai-kibo keiei de no keiei jittai). JGHA Prot. Hortic. (JGHA Shisetsu to Engei) 168, 30–33.

Ohyama, K., Takagaki, M., Kurasaka, H., 2008. Urban horticulture: its significance to environmental conservation. Sustain. Sci. 3, 241–247.

Sharpley, A.N., Daniel, T., Sims, T., Lemunyon, J., Stevens, R., Parry, R., 2003. Agricultural Phosphorous and Eutrophication, second ed., vol. 149. USDA Research Service ARS, Washington, DC, p. 38.
Smit, J., Nasr, J., 1992. Urban agriculture for sustainable cities: using wastes and idle land and water bodies as resources. Environ. Urban. 4 (2), 141–152.
UN, 2017. Planning Sustainable Cities: Global Report on Human Settlements. UN-Habitat, United Nations, Nairobi.
World Population Prospects, 2007. The 2017 Revision. Department of Economic and Social Affairs, United Nations, New York.

第3章

PFAL 在亚洲和北美洲的业务与研发：现状和前景分析

3.1 前言

本章简要介绍了日本、中国台湾地区、中国大陆、泰国和北美的 PFAL 的发展历史、现状和前景，包括研究、开发和商业运营。在日本，政府出台了对 PFAL 研发和商业运营的补贴政策。中国台湾地区的公司已开始向国外出口和建造“交钥匙”的 PFAL。自 2010 年以来，PFAL 在中国发展迅速。中国农业科学院（Chinese Academy of Agricultural Sciences，CAAS）于 2013 年启动了由科技部支持的“智能植物工厂生产技术”这一国家项目。2018 年，在中国农业科学院的支持下，都市农业研究所（Institute of Urban Agriculture）在四川省成都市建成。2009 年，在韩国，知识经济部（Ministry of Knowledge Economy，MKE）启动了一项名为“基于 IT - LED 的植物工厂的主要部件开发”的研究项目。2014 年，韩国 PFAL 业务的年国内市场价值接近 6 亿美元。在美国，最近建立了几套大型商业设施，用于生产绿叶蔬菜、药草和微型蔬菜。最近，在美国新泽西州纽瓦克等大都市附近建造了大型商用的 PFAL 设施。另外，本章讨论了 PFAL 在亚洲和北美的业务和研发前景。

3.2 日本

古在丰树（Toyoki Kozai）
（日本千叶县柏市千叶大学日本植物工厂协会暨环境、
健康与大田科学中心）

本节简要介绍了日本的 PFAL 业务和研发的历史和现状。在此基础上，对 2009 年出台的 PFAL 研发和业务补贴政策进行了说明。最后，概述了 PFAL 最近的公共服务活动情况。

3.2.1 PFAL 业务的发展历史和现状

1983 年，日本静冈县建立了第一家商业性的 PFAL——三浦农园（Miura Nouen）。随后，1985 年在千叶县一家购物中心的蔬菜销售区建成了一座 PFAL。20 世纪 90 年代中期，高压钠灯（high pressure sodium lamp）被用作植物光源。由于该灯具的表面温度超过 100℃，所以必须将其安装在距离植物群落冠层超过 1 m 的上方。

20 世纪 90 年代后期，荧光灯成为首选，主要是因为其具有较高的每瓦光合有效辐射（photosynthetically active radiation，PAR；波长为 400～700 nm）输出功率。然后，出现了由多层机架（包括 4～15 个机架）组成的垂直 PFAL，多层之间的垂直间隔约为 40 cm。从 2005 年开始，在日本出现了利用 LED 灯作为光源的商用化 PFAL，但其直到 2015 年才开始得到普及。

日本用于商业化生产的 PFAL 数量在 2009 年为 34 个；在 2011 年为 64 个；在 2012 年为 106 个；在 2013 年为 125 个；在 2014 年为 165 个；在 2017 年为 186 个。直到 2015 年，大多数 PFAL 都安装了荧光灯。然而，自 2015 年以来，带有 LED 灯的 PFAL 数量有所增加，而带有荧光灯的 PFAL 数量则有所减少。在 2015—2017 年，PFAL 的总数量几乎没有变化。

此外，带有人工光照装置的 CPPS 的占地面积为 16.2 m^2，用于移栽苗（用作插条的幼苗和小植株）生产，于 2004 年商业化，并于 2014 年在日本的约 300 个地点投入商业化应用。另外，在澳大利亚也建成了一些 CPPS，并得到应用（第 21 章）。

在2018年年底，斯普莱特有限公司（Spread Co. , Ltd）在京都府建成世界上最大的装有LED灯的PFAL——技术农场（Techno Farm™），其日产能力为3万颗生菜（每棵120 g，第28章）。2014年3月，宫城县田加城的未来公司（Mirai Co. , Ltd. in Tagajoh，Miyagi Prefecture）建成一座配有全LED灯的PFAL，该PFAL每天可以生产10 000颗生菜。图3. 1所示为2011年6月在千叶大学柏市校区建造并由未来公司运营的PFAL。2014年9月，日本圆顶屋有限公司（Japan Dome House Co. , Ltd）在千叶大学的同一校区建造了另一座PFAL（第28章）。另外，2014年9月，在大阪府立大学（Osaka Prefecture University）的校园内建成了一座配有全LED灯的PFAL，其每天可以生产5 000棵绿叶蔬菜（第25章）。

图3.1　日本千叶大学的一座PFAL局部图

［于2011年建成，由未来公司经营。总占地面积为406 m^2；栽培室占地面积为338 m^2；10层，9排；主要种植叶用生菜和长叶生菜；每天生产3 000棵（100万棵·年$^{-1}$或2 800棵·m^{-2}·年$^{-1}$）］

PFAL商业市场的规模仍然非常有限，2014年的可能价值为120亿日元，而2017年的可能价值为250亿日元。预计到2021年，其价值将达到500亿~600亿日元。2014年3月，农林水产部（Ministry of Agriculture，Forestry and Fisheries，MAFF）公布了一项调查结果：①75%的PFAL由私营企业经营（其余大部分由法人农业组织经营）；②55%的PFAL的占地面积小于1 000 m^2，其中包括操作室和办公室；③75%的PFAL年销售额在5 000万日元以下；④75%的PFAL使用荧光灯作为光源；⑤35%的PFAL既获得了补贴又获得了贷款，30%的PFAL既没有获得补贴也没有获得贷款，20%的PFAL获得了贷款，而15%的PFAL未予回答。第2章给出了初始成本和运行成本。自2017年以来，上述负面情况发生了变化，盈利的 PFAL 数量和比例均显著增加。

3.2.2 研究与开发

20 世纪 70 年代中期，Takakura 等（1974）和 Takatsuji（1979）在日本开始了以商业化为目标的人工光源下植物生产的研究。日本农业高技术学会（Japanese Society of High Technology in Agriculture）成立于 1989 年，专注于植物工厂研究，于 2005 年与日本农业、生物和环境工程师和科学家学会（Japanese Society of Agricultural, Biological and Environmental Engineers and Scientists）合并。该学会从 1990 年开始，每年 1 月组织为期一天的植物工厂研讨会［简称“什塔研讨会”（SHITA Symposium）］。1991—2007 年，Takatsuji 在东海大学沼津（Numazu）校区担任 PFAL 研发小组组长。

2000 年，在千叶大学松户校区建立了一套用于研发的 PFAL（Kubota and Chun，2000；Chun and Kozai，2001）（图 3.2 和图 3.3）。该 PFAL 是基于 CPPS 的概念设计和经营的（Kozai and Chun，2002；Kozai et al.，2006）。在这个 PFAL 中，栽培托盘的处理和精确灌溉系统的操作均是自动化的（Ohyama et al.，2005）。利用 PFAL，人们研究无病甘薯移栽苗、番茄幼苗和药用植物的生产（Afreen et al.，2005，2006；Zobayed et al.，2006，2007）（图 3.4）。

图 3.2 2000 年在千叶大学松户校区建成的 7 层高 CPPS

（用于无病虫害移栽苗生产。在该系统中安装了自动托盘处理/运输系统、自动精准灌溉系统和分布式智能控制系统）

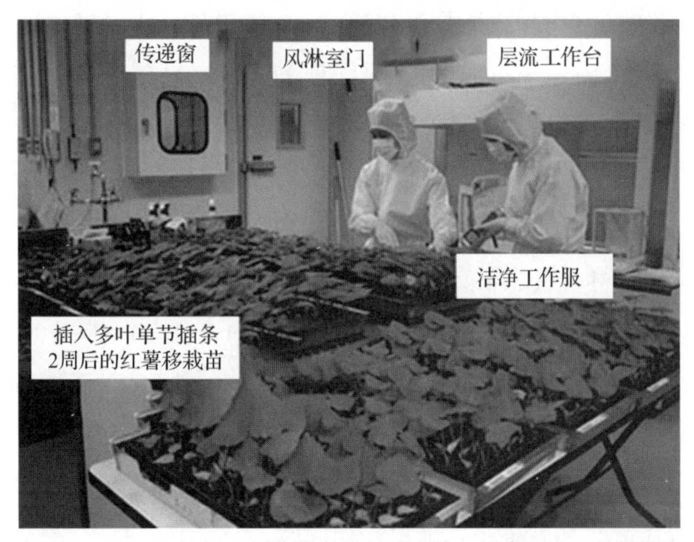

图 3.3　2000 年在千叶大学松户校区建成的 7 层高 CPPS 的操作室

（操作室紧邻栽培室。对无病害、无虫、无农药的甘薯移栽苗进行繁殖。使用前对栽培基质进行高压灭菌）

（a）　　　　　　　　（b）

图 3.4　在 CPPS 中生产药用植物

（a）圣约翰草［St. John's wort，又叫作贯叶连翘（*Hypericum perforatum* L.）（Zobayed et al.，2006，2007）］；（b）乌拉尔甘草（*Glycyrrhiza uralensis*）（Afreen et al.，2005，2006）

基于上述概念，2004 年用于移栽苗（幼苗）商业化生产的带有荧光灯的 CPPS 被开发出来（Kozai，2007）。同样的概念也被用于开发基于无糖培养基（光合自养）的微繁殖系统（Kozai et al.，2005）。

2009 年，MAFF 和经济贸易产业部（Ministry of Economy，Trade and Industry，

METI）启动了国家项目“人工光和/或太阳光植物工厂”（plant factory with artificial light and/or solar light），其5年的总预算为150亿日元。前者为示范、培训、推广和宣传提供补贴，后者为基础研究提供补贴。私营部门企业可以从上述预算中申请50%的补贴，以用于建造商业用途的PFAL。该国家项目于2014年被终止。

大阪府立大学和千叶大学分别从MAFF和METI获得了PFAL的预算。明治大学（Meiji University）、信州大学（Shinshu University）和岛根县大学（Shimane University）获得了METI的PFAL预算。国家农业粮食研究机构（National Agriculture and Food Research Organization，NARO）获得了MAFF的PFAL预算，其中包括PFAL大楼和基本基础设施的建设，而建筑内部设施的费用则由各项目所在地的联盟成员（私营企业）承担。

此外，自2010年以来，玉川大学（Tamagawa University）、山口大学（Yamaguchi University）和京都府大学（Kyoto University）等多所大学一直在进行PFAL的研发。另外，很多私营企业也开始用自己的预算对PFAL业务进行研究。

在2011年3月，东日本大地震袭击了日本主岛的东北海岸，而随后的海啸袭击了福岛县、宫城县和岩手县的太平洋海岸（摧毁了福岛的三座核电站）。由于农业和园艺是这些地区的重要产业，所以日本政府在2012年和2013年为建造新的温室和PFAL提供了补贴。2014年11月，在京都府和大阪府举行的国际植物工厂会议（International Plant Factory Conference），吸引了160名与会者，其中包括60名海外与会者（http://www.shita.jp/ICPF2014/）。

3.2.3 公共服务

2010年6月，非营利组织日本植物工厂协会（Japan Plant Factory Association，JPFA）在千叶大学柏市校区成立。2010年JPFA企业会员数量为60家，在2014年为98家，而到2017年增加为145家。JPFA有两种角色：一种是与千叶大学合作；另一种是与国内和国际组织合作，每月提供半天的研讨会，每月22 d或23 d的培训课程咨询服务，为参观校园的游客提供导游，并与企业成员公司合作研发（第27章）。2018年10月，JPFA举办了为期5 d的PFAL英语培训课程。2012年，PFAL管理者协会成立，并于2016年更名为日本植物工厂行业协会（Japan Plant Factory Industry Association，JPFIA），其拥有 12 家企业成员。

与 PFAL 业务相关的展览和会议有：①日本管理部门（Japan Management Organization）每年在东京国际展览中心（Tokyo Big Sight）举办的农业创新展览会（http://www.jma.or.jp/ai/en/）；②由日本温室园艺协会（Japan Greenhouse Horticulture Association）组织的每 2 年在东京国际展览中心举办的温室园艺与植物工厂展览会（Greenhouse Horticulture & Plant Factory Exhibition）（http://www.gpec.jp/english/）；③由励展日本有限公司（Reed Exhibitions Japan Ltd.，简称：励展）在日本东京幕张展览馆（Makuhari Messe）举办的日本国际农业展览会（http://www.agritechjapan.jp/en/tokyo/）。

3.3 中国台湾地区

方伟（Wei Fang）

（中国台湾地区台北市台湾大学生物－工业机械工程系）

全球人口扩张的趋势很明显：预计将在不到 40 年的时间里，世界人口将从 70 亿增加到 96 亿。据估计，与目前的 50% 相比，70% 的人口将生活在城市地区（Kozai，2014）。毫无疑问，都市农业将扩大，而 PFAL 可以在养活日益增长的人口方面发挥重要作用。正如 Glaeser（2011）所指出的，为了节约土地和资源，城市地区的发展应该是垂直的，而不是水平的。都市农业的发展也是如此，因此使用 PFAL（或垂直农业）是必不可少的。自 2010 年以来，PFAL 行业在全球范围内蓬勃发展。目前，其在日本是第三波，而在中国台湾地区则是第一波。由于技术的进步，LED 灯的发展使 PFAL 不仅在技术上可行，而且在经济上也具有吸引力。许多企业已经使用各种商业模式尝试了这种新技术。近 10 年来积累的宝贵经验使我们能够回答具有挑战性的问题，例如“是什么导致了公司失败?”“是什么导致了生产失败?”以及“有什么风险?”。本节简要讨论中国台湾地区 PFAL 的现状及与 PFAL 有关的展览会，并更多地关注与 PFAL 相关的研究以及在中国台湾地区 PFAL 行业中所采用的商业模式。

3.3.1 中国台湾地区 PFAL 的现状

2013—2018 年 6 月，在中国台湾地区从事基于 PFAL 生产绿叶蔬菜的机构由 61 家增加到 134 家。其中，在高校和科研院所建立的与 PFAL 相关的实验站/实验室/中心从 12 个增加到 17 个。然而，追溯到 1993 年，只有一所大学参与了 PFAL 的研究，而且没有一家商业化 PFAL 公司存在。

由高校和科研院所建立的 PFAL 由内部资金和政府资助；但是，私营企业没有得到政府的资金支持。在这些 PFAL 中，分别有 62%、17% 和 21% 位于中国台湾地区的北部、中部和南部。假设种植密度为 25 株 · m^{-2}，根据日收获量将 PFAL 分为 3 种大小，即从最小的（<300 株 · d^{-1}）到最大的（>10 000 株 · d^{-1}）。其中，有一半的规模较小，日产量不足 300 株，只有一家日产量超过 10 000 株。最大的 PFAL 其日产量可达 2.5 t 绿叶蔬菜。超过 90% 的 PFAL 小到可以在大型办公楼或工业工厂中占据一个房间或地下室。在中国台湾地区的农业区，唯一的 PFAL 被建在温室内。

人们已将废弃资产成功改建成 PFAL，这可以通过提供就业机会和生产当地的新鲜食物来振兴地方经济，同时，可以降低运输成本和减少碳足迹（carbon footprint）。

一些公司开始建造"交钥匙"的 PFAL，到目前为止，共开展了 15 个项目，并已完成了几个项目。在这 15 座 PFAL 中，有 4 座是由相关公司在中国大陆的分支机构建造的。其中最大的一座由富士康建造，位于中国大陆深圳。该工程由中国台湾地区的一家公司承建，这是中国台湾地区的第一家使用有机液肥的 PFAL 公司。厂区占地面积为 5 000 m^2，日生产蔬菜 2.5 t。有关这两家公司的更多信息见第 31 章。

3.3.2 中国台湾地区的 PFAL 展览会

为了进一步推动 PFAL 的应用，人们对与其相关的技术书籍进行了翻译（Kozai，2009，2012；Takatsuji，2007；Fang，2011a，2011c，2012）。此外，还出版了面向大众的小册子和书籍（Fang，2011b；Fang and Chen，2014）。由中国台湾光子学产业与技术发展协会（Photonics Industry & Technology Development

Association，PIDA）组织了展览和会议，并已连续27年在中国台湾的台北举办了光子学节（Photonics Festival）。PIDA是为协助中国台湾光电产业而设立的一个非营利组织。除举办展览会外，PIDA还为行业和市场提供行业研究、咨询、推广、沟通等服务。

多年来，在PFAL展台中，大多数公司展示了在PFAL中所采用的硬件。其中一些公司展示了LED灯管和面板的各种光谱与控制方式，有些公司则展示了当地开发或进口的养分控制系统。来自日本的多个展台展示了建造PFAL的“交钥匙”能力和自动灌溉施肥设备。来自韩国的展台展示了无线LED光源和LED芯片。此外，几家当地企业展示了它们在海外建设PFAL的能力。超过7家公司展示了家用电器式植物生长桌面设备（plant growth desktop device），并有3家公司展示了植物生长工作台（plant growth bench），它们具有或不具有环境控制能力，可用于商店/餐馆/超市。2014年的展览会包括一面具有空气净化功能的LED光照绿墙。该公司与建筑公司合作，将该系统嵌入建筑物。一家公司展示了鱼菜共生系统（aquaponics system），而另一家公司则展示了各种含有PFAL种植蔬菜成分的加工食品。直到2015年，它们每年都参加展览会，并且非常成功。2016年，它们在中国大陆的厦门开设了分公司，用于销售它们的加工食品，并计划于2018年在新加坡建立一座PFAL生产基地、一个研究中心和一套营销办公室。

3.3.3　PFAL研究

3.3.3.1　PFAL的成本比较

在PFAL中生长的作物可分为4种类型：即煮（ready to cook，RTC）、即食（ready to eat，RTE）、洗后煮（cook after washing，CAW）和洗后吃（eat after washing，EAW）。RTE生菜和CAW小白菜（pak choi）的零售价分别为新台币500～2 000元·kg^{-1}及200～300元·kg^{-1}不等。表3.1所示为日本和中国台湾地区类似的PFAL生产的生菜的平均零售价格和成本比较。生产成本的巨大差异有一些根本原因，主要是建筑和设备的高成本，尤其是LED灯，导致了高折旧和劳动力成本。电力成本也增加了高昂的运营成本。

表 3.1 在日本和中国台湾地区 PFAL 生产的生菜的平均零售价格和成本比较

生菜	日本/日元	中国台湾地区/元新台币
零售价[a]	150～200	81～420[b]
成本[a]	80～100	47～56[b]

[a] 以每 70 g 新鲜批量生产的日元计。

[b] 汇率：1 元新台币兑换 3 日元。

3.3.3.2 用于 PFAL 的 LED 光谱

图 3.5 所示为中国台湾地区用于 PFAL 的人工光源的光谱。假设栽培床尺寸相同（1.8 m×1.2 m），则安装后和种植任何植物前在不同光照条件下的光能利用效率比较见表 3.2。带阴影背景的行表明，与在管之间有反射膜的 LED 灯管相比，LED 面板的效率通常较低。此外，灯管越长，以 $\mu mol \cdot J^{-1}$ 为单位的定量测量的整体效率越高。该值被定义为量子能量（quantum energy，QE）比率。根据定义，QE 比率与制造商提供的光效率（PPF/W）并不相同，尽管两者的单位（$\mu mol \cdot J^{-1}$）相同。目前，PPF/W 小于 2.5，但使用反射镜和白色生长板（white grow panel）后，QE 比率可高达 4.2。

3.3.3.3 PFAL 中的无线传感器网络

利用无线传感器网络（wireless sensor network，WSN）在水平方向和垂直方向上评估 PFAL 各层的空气温度、湿度和光照强度的均匀性（Cheng et al.，2011；Juo et al.，2012）。在每个无线传感器模块上都装有温度、湿度和光传感器，并被悬挂在栽培架的每一层作物上方，以证实光线和空气分布的均匀性。如图 3.6 所示，温度分布与收获鲜重的分布明显相关。这意味着增加温度的均匀性有助于减少最终鲜重的变化，而智能风扇系统可以实现这一功能（Lee et al.，2013）。

3.3.3.4 用于营养检测的离子选择性传感器

传统的离子选择性传感器（ion - selective sensor）非常昂贵，并且使用寿命很短。然而，科学家已经开发了较新的离子选择性传感器，并利用其检测营养液中的大量元素。图 3.7 所示为丝网印刷离子选择性电极（ion - selective electrode，ISE）对 Ca^{2+}、K^{+}、Mg^{2+}、NH_4^{+} 和 NO_3^{-} 的传感响应情况。

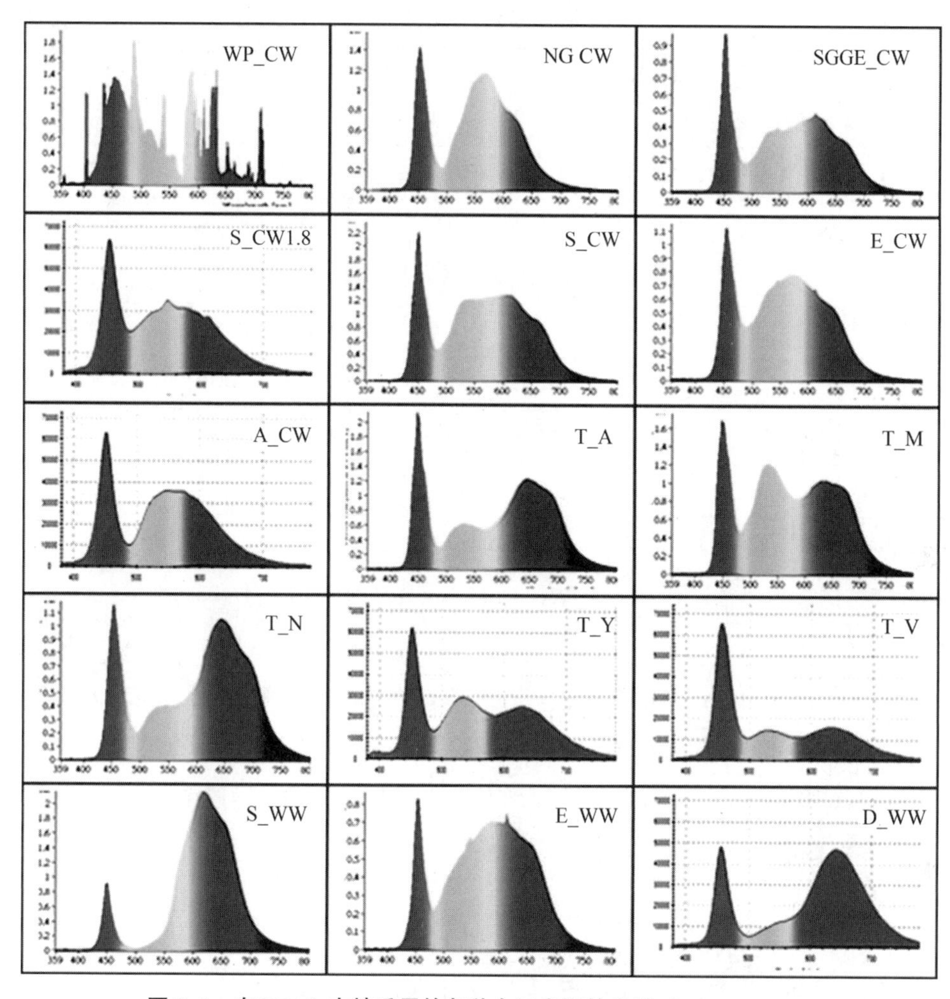

图 3.5　在 PFAL 中被采用的各种人工光源的光谱（Fang，2014）

表 3.2　在 PFAL 中被采用的各种人工光源的量子能量（QE）比率比较（Fang，2014）

光源[a]	顶部反射镜	管或面板数量	PPFD[b]/($\mu mol \cdot m^{-2} \cdot s^{-1}$)	PPFD×面积[c]/($\mu mol \cdot s^{-1}$)	能耗/W	QE 比率/($\mu mol \cdot J^{-1}$)
S_CW1.8	Y	6 管	334.9±86.6	723.4	172.97	4.2
T_V	Y	9 管	281.6±59.4	608.4	195	3.1
H_CW	Y	9 管	273.9±79.8	73.9	212	3.1
T_A	Y	9 管	225.8±49.1	487.8	189	2.6
E_CW	Y	9 管	263.8±64.2	569.8	228	2.5

续表

光源[a]	顶部反射镜	管或面板数量	PPFD[b]/(μmol·m⁻²·s⁻¹)	PPFD×面积[c]/(μmol·s⁻¹)	能耗/W	QE 比率/(μmol·J⁻¹)
T_A	不需要	12 面板	411.5±103.2	888.9	432	2.1
T_N	Y	9 管	186.7±39.3	403.2	196	2.1
E_WW	Y	9 管	210.8±51.0	455.3	229	2.0
T_N	不需要	12 面板	378.4±95.4	809.6	428	1.9
T_M	Y	9 管	168.0±39.1	326.9	193	1.9
T_M	不需要	12 面板	387.3±99.4	836.5	442	1.9
T_Y	Y	9 管	168.3±34.7	363.5	188	1.9
S_R	不需要	12 面板	291.0±71.3	628.6	334	1.9
T5FL_CW	Y	9 管	250.0±57.5	540	283	1.9

CW 1.8：管长为 1.8 m 的冷白光 LED 灯；V、A、N、M、Y 和 R：T 公司 LED 灯管或面板代码；WW：暖白色 LED 灯管；R：S 公司的 LED 灯管或面板代码；FL：荧光灯。

[a]下划线“_”前的字符表示公司名称；下划线“_”后的字符表示光源的类型。

[b]除 T5FL 处理以外（在灯光下 20 cm 距离处测量），在灯光下 10 cm 距离处测量。

[c]每层栽培床面积 = 1.8 m × 1.2 m = 2.16 m^2。

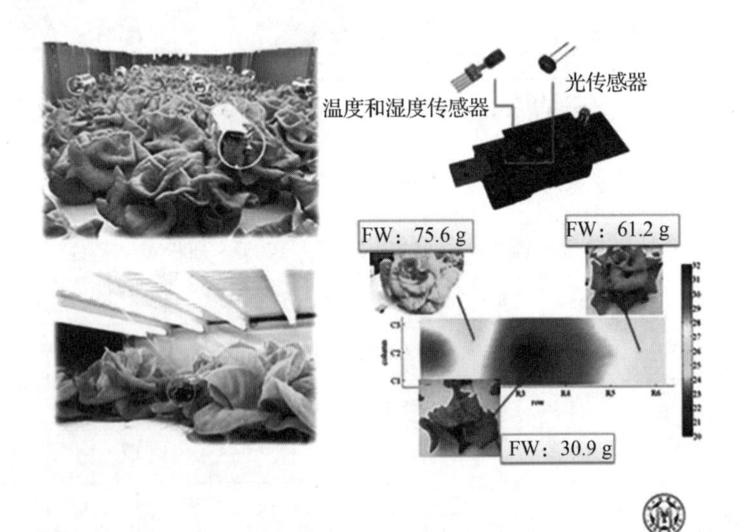

图 3.6 PFAL 中的无线传感器节点

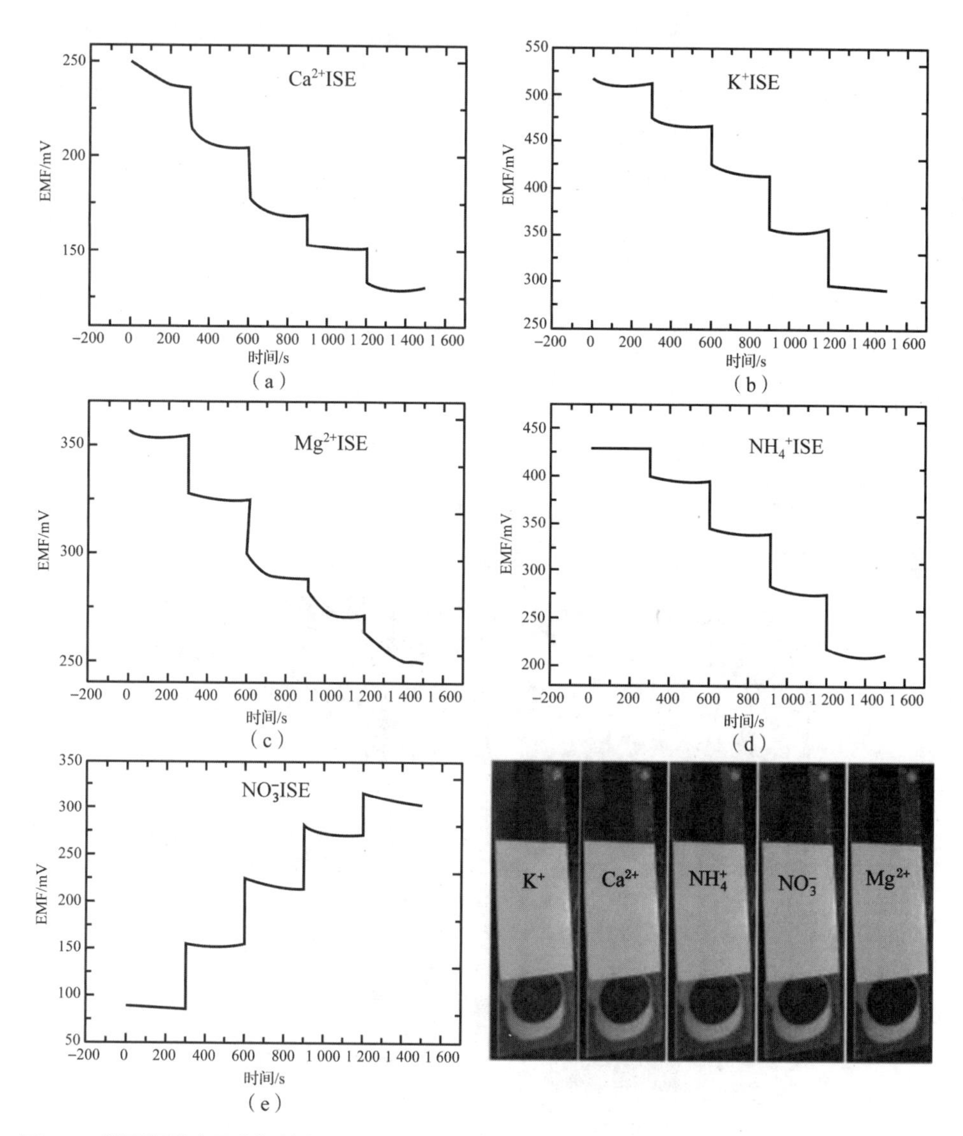

图 3.7　丝网印刷离子选择性电极（ISE）对 Ca^{2+}、K^{+}、Mg^{2+}、NH_4^{+} 和 NO_3^{-} 的传感响应情况

（EMF 代表感应电动势）

3.3.3.5　无创植物生长测量系统

为了实现植物生长的连续和自动测量，人们开发了一种测量系统，该测量系统将摄像机安装在栽培床每一层的滑轨上，并为每株植物配备称重装置。该测量系统可以按照预设的时间间隔拍摄图像，然后通过具有图像处理能力的计算机将栽培床上的所有图像拼接在一起形成栽培床的全景。在记录过程中，摄像机在整个培养床上移动以获取图像。成像系统还集成了温度和湿度传感器，以获取植物生长期间的时空环境信息。计算几何特征的图像处理算法（如计算投影叶面积、植物高度、体积和直径）被开发并纳入该测量系统（Yeh et al.，2014）。此外，人们还开发了利用称重传感器的配套自动称重系统，以记录整个生长期中单个植株的鲜重。自动称重系统也可以作为一个独立的系统用于测量植物的生长。图3.8所示为无创植物生长测量系统基本结构。对于自动称重系统，其中称重传感器的信号被实时校准、采集和显示。根据从成像系统获得的植物几何特征对数据进行分析，从而可以推导出各种受控环境条件下的植物生长模型。与传统的植物生长测量方法相比，该测量系统提供了一种无损的实时处理方法。此外，该测量系统的自动化特性使它可以很容易地收集大量的植物测量数据。因此，该测量系统是优化植物工厂系统中生长环境参数的有效且实用的工具。

图3.8 无创植物生长测量系统基本结构

(a) 系统原理示意；(b) 与温度和湿度传感器集成的成像系统；(c) 植物称重量测量装置

3.3.3.6　光谱和强度可调的 LED 灯管

众所周知，对于育苗，蔬菜更喜欢蓝光而不是红光，但在移植后的营养生长阶段，蔬菜更喜欢红光而不是蓝光。人们很容易错误地认为绿叶反射绿光而因此不需要绿光。根据最近的研究，建议宽光谱比只有红色（波长为 600 ~ 700 nm）和蓝色（波长为 400 ~ 500 nm）的窄光谱更好。然而，众所周知，植物不需要太多绿光。对于常规的室内光照，冷白、暖白和日光型 LED 灯管会发出过多（超过 45% 的 PAR）的绿光（波长为 500 ~ 600 nm）。尽管这些光源可能是最便宜的，但对植物来说却不是最好的。

在我们的研究中，我们开发了 4 种类型的 LED 灯管：红光/蓝光（R/B）、红光/白光（R/W）、红光/白光/蓝光（R/W/B）和红光/远红光（R/FR）。无须更换灯或改变灯到植物之间的距离即可调节光的光谱和强度。图 3.9 所示分别为在不同 R/B 比例下的"R/B 可调"和"R/W/B 可调"LED 灯管的光谱。对于 R/B 调节，可以通过在有线控制器中选择所需的 R/B 值或使用带有无线模块的智能手机来选择 21 种光谱。对于 R/W/B 调整，可获得 19 种光谱。

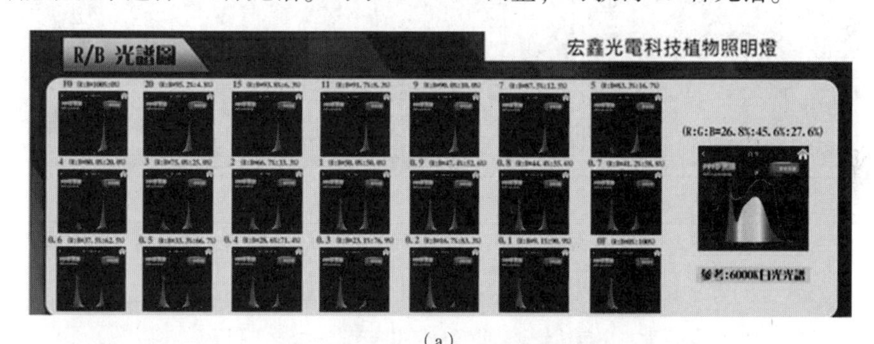

（a）

（b）

图 3.9　"R/B 和 R/W/B 可调"LED 灯管在不同 R/B 比例下的光谱

（a）"R/B 可调"LED 灯管在不同 R/B 比例下的光谱；（b）"R/W/B 可调"LED 灯管在不同 R/B 比例下的光谱

图3.10所示为R/B比例为1，4，7时（从左到右）LED灯管的R/W/B（上部3个光谱）和R/W（下部3个光谱）的光谱比较。光谱背景中包括显示绿叶光合作用反应的麦克里曲线（McCree curve）。如图3.10下部所示，对于R/W调节，绿色光子总是多于蓝色光子。这可能对植物不利，因此，人们开发了“R/W/B可调”LED灯管。如图3.10上部所示，对于R/W/B调节，绿色光子总是比蓝色光子少。产生绿光的能量现在被转移为产生红光和蓝光。

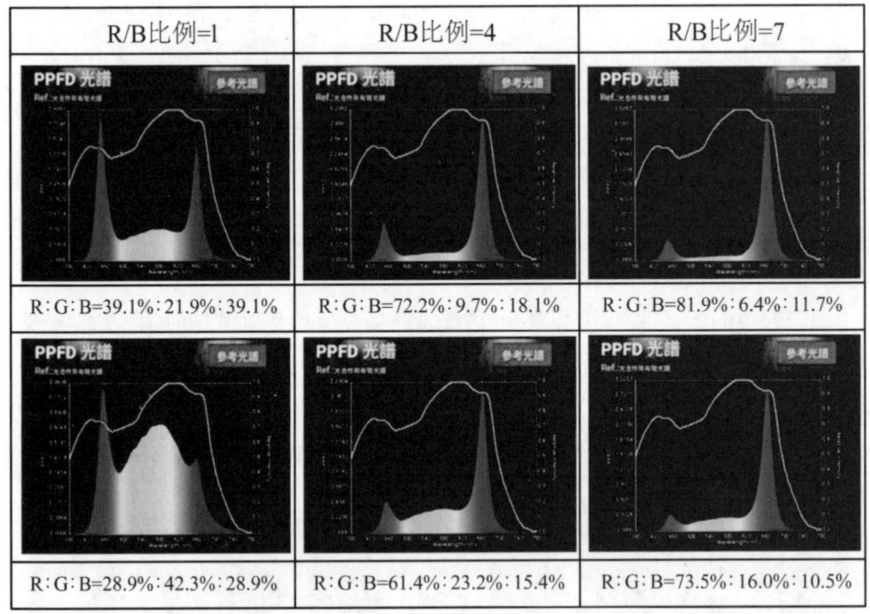

图3.10 从左到右R/B比例分别为1，4，7时“R/W/B可调”（上部3个光谱）和“R/W可调”（下部3个光谱）LED灯管的光谱比较

（背景中包括显示绿叶光合作用响应的麦克里曲线）

除了R/B、R/W、R/W/B可调光谱外，我们还开发了“R/FR可调”LED灯管。这些灯管的功率可以在每管5～25 W范围内进行调节，以提供不同的强度。这些产品现在可以在中国台湾地区的公司买到。

3.3.3.7 用于植物化学生产和形态建成研究的UV和FR

紫外线（UV）促进植物化学物质的产生，尤其是UVA波段（315～400 nm）和UVB波段（280～315 nm）。UVC波段（100～218 nm）不应被用于植物生产。然而，与UVA波段相比，UVB波段更耗能，因此需要谨慎使用。UV剂量的计算应基于类似的日光照积分［daily light integral（DLI），为PPFD乘以每天的光照小时数］的概念，即 UV 剂量等于强度乘以 UVB 的持续分钟数和 UVA 的持续小时数。这里，应用 UV 旨在生产某些药用植物和红叶生菜。

在受控环境条件下，对远红光（FR，波长为 700～800 nm）的研究是近年来国内外关注的一个焦点。一些研究侧重于日终（end－of－day，EOD）的处理效果，而另一些研究则侧重于观赏植物的开花诱导。我们热衷于抑制当地菠菜品种这种长日照作物的开花。如果光照持续时间超过 12 h，则植株就会开花。鉴于此，在受控环境条件下，防止这种情况发生的传统方法是使用 11 h 的人工光照进行生产。然而，在植物工厂，我们希望能提供较长的光照时间以增大鲜菜上市时的质量。因此，我们开展了利用 FR 抑制开花的研究，结果表明很有希望。我们能够提供 14 h 的光照而达到开花不到 10%。鲜重从采用冷白（CW）LED 灯 11 h 时的 60 g·株$^{-1}$增加到采用 CW LED 灯和 FR 14 h 时的 160 g·株$^{-1}$。

3.3.3.8 为 ESRD 病人生产低钾生菜

对于终末期肾病（end－stage renal disease，ESRD；也叫作肾功能衰竭）患者，需要血液透析以及谨慎饮食，包括低钾（K）摄入。成人钾的主要来源之一是蔬菜（生菜的钾含量为 300 ppm 或更高）。钾是植物健康生长所需的 3 种大量元素［氮（N）、磷（P）、钾（K）］之一。日本和中国台湾地区的两家公司正在以牺牲鲜重（每株不超过 60 g）为代价来生产低钾（低于 100 ppm）生菜。然而，它们的生产方法是在营养液中用钠代替钾。这样，虽然最终产物中钾含量较低，但钠含量却较高，这对肾病以及高血压或心脏病患者也不利。

中国台湾地区的一些公司用“健康盐”的口号来宣传它们的产品，声称与其他品牌相比只含有 50% 的盐。然而，人们并不知道它们是用氯化钾代替氯化钠，这和上面的想法是一样的，即在营养液中用钠代替钾来生产低钾生菜。

我们没有用钠代替钾，而是在营养液中使用了铵（NH_4^+），这使生菜不仅钾含量低，而且钠和硝酸盐的含量也低，而且不会导致鲜重减小太多（Fang and Chung，2018）。

3.3.4 PFAL 在中国台湾地区的商业模式

PFAL 之所以受到关注，是因为它对一般公众来说是一种新事物，而且它的好处是吸引了注重环境和具有健康意识的消费者。然而，如果没有合适的商业模式或计划不周到，则可能出现资金问题。此外，对于硬件安装，需要可靠的工程；对于生产、运输和装卸的管理，需要熟练的工作人员来确保成功的操作；对于市场营销和银行业务来说，财务上的成功至关重要。为了取得财务上的成功，管理者应该问以下问题：产品的销售情况如何？产品的价格如何？这些产品能维持多久不贬值？生产和销售风险有哪些？

在中国台湾地区市场，人们正在对各种商业模式进行尝试。产品可以是植物本身，如整株、散叶或幼叶的形式。产品展示是非常重要的，例如包装的类型：密封的软塑料袋、带小孔的软塑料袋或密封的硬塑料盒。客户可以针对不同的情况采用不同的包装方式，因此其成本也不同。此外，强调产品是当地生产的，而不是从全国各地进口或运输的事实也很重要。一些新鲜的产品可以提供沙拉酱，这当然必须是美味的。另一个简单的特点是精心设计的包装袋和包装盒，它们使产品比传统的农产品更具吸引力。

销售渠道可以是会员制的，可以通过网站、公司内部或在当地社区销售，重要的是要限制通过第三方销售的数量。在连锁超市（他人所有）销售产品应该只是一种暂时的做法，因为货架费用通常太高。对于 PFAL 产品，B2C（企业到消费者）比 B2B（企业到企业）更受欢迎。

如果公司不能销售所有的产品，那么可以考虑另一条产品线。中国台湾地区的一家公司开发了十多种以蔬菜为原料的加工产品，包括冰淇淋、蛋卷、面包、面条、面膜、护肤皂等。公司也可以生产各种形式的营养添加剂，如果汁、粉末和片剂。对同一种产品，不同种类的蔬菜添加剂具有不同的价格。例如，黄油生菜面条和卷心生菜面条的价格就不一样。

一家建筑公司将 PFAL 概念纳入其社区建设计划。该公司将给每个社区家庭配备一台家用电器式蔬菜种植设备，社区设立服务部门，以向社区居民提供种子、幼苗、营养液母液等。这倡导了一种绿色生活方式。

考虑一家拥有 PFAL 并销售新鲜当地产品的商店或餐馆。这在中国台湾地区将是一种流行的商业模式。这些商店通常是连锁商店，分布在都市的各个地方。多家公司专注于开发和销售家用电器风格的植物生产装置与室内绿化墙。一家公司为业余种植者和房主生产鱼菜共生装置。

一些公司为其他公司建造 PFAL，其中大多数公司都有一台演示单元（demo

unit）以供潜在客户观看。成功的公司通常有一台更大规模的演示单元，每天生产不少于 100 株植物，且稳定运行至少几个月。这需要建立成熟的销售渠道。不幸的是，很少有公司能达到这些要求，这就使它们的产品缺乏说服力。

许多与 PFAL 相关的硬件公司包括那些供应 LED，建造洁净室，供应空调机系统、水培系统、电源和隔热材料的公司。这些公司开始建造 PFAL 演示单元，并学习如何种植植物，其所有的目标都是成为"交钥匙"PFAL 的供应商。

简而言之，在中国台湾地区有以下几种截然不同的商业模式。

（1）PFAL 为自己生产绿叶蔬菜，例如员工人数超过1 000 人的公司。

（2）PFAL 为网络客户和会员生产绿叶蔬菜。有些公司非常灵活，甚至与瑜伽俱乐部等其他与健康相关的组织交换会员资格。

（3）PFAL 生产绿叶蔬菜和带有植物添加剂的加工产品。

（4）PFAL 生产绿叶蔬菜以作为一种吸引眼球的产品，但同时有其他盈利方式，如制备有机脱水食品或以连锁店方式进行销售。

（5）带有演示单元的家用电器式 PFAL 模块供应商。

（6）与建筑行业联盟的家用电器式 PFAL 模块供应商。

（7）与 PFAL 相关的硬件供应商建立 PFAL 演示单元来销售其产品，并计划成为"交钥匙"PFAL 供应商。

（8）带有或不带有 PFAL 演示单元的"交钥匙"PFAL 建筑商和顾问。

如前文所述，中国台湾地区的 PFAL 公司虽然规模较小，但它们很灵活，且愿意尝试各种商业模式。目前来看，有些公司前景看好，但有些公司则失败了。即使采用相同的商业模式，一些公司仍在盈利，而另一些公司则在亏损，这与其他任何新兴行业都是一样的。

3.3.5　结论

在中国台湾地区，PFAL 产业正蓬勃发展。在没有政府资金和政策支持的情况下，私营企业对这个新兴行业非常感兴趣并愿意涉足。中国台湾地区已经建立了与 PFAL 相关的 NPO 组织，并实现了企业的横向和纵向的连接与整合。

目前，中国台湾地区还没有私人农业组织参与 PFAL。一些农民协会曾考虑将闲置的仓库改造成 PFAL，但最终放弃了这个想法。其首要问题是高昂的初始成本；另一个问题是，能否找到足够数量的有能力的工作人员和管理人员来运行PFAL。除了在中国台湾地区的本科和研究生院进行学术培训外，我们的团队还分别提供每年两次和每个季节一次的 30 h 和 18 h 讲习班。到目前为止，已经有 900 多人接受了培训，但只有不到 10% 的人后来真正进入了这个行业，而具有农业背景的人还不到 5%。为 PFAL 行业培训合格的管理人员和工作人员是一个需要解决的关键问题，以便在全球范围内创造商机。

许多公司参与进来，是为了抓住“交钥匙”项目的商机。然而，一些公司未能证明它们的系统能够有效种植优质植物。不幸的是，部分企业认为 PFAL 是一种快速赚钱的方式，因此引发了诉讼和公众困惑。到目前为止，在所有的国际“交钥匙”项目中，大约有 15 个 PFAL 项目是由中国台湾地区的 PFAL 公司建造的，其中大部分在中国大陆，还有一个在东南亚国家。

一些消费者对人工光照和水培法的使用提出了质疑，而且 4 年前就有关于使用非天然化学物质的投诉。公众意识、食品安全问题、环境问题以及媒体对 PFAL 的频繁曝光等，均有助于消费者学习、欣赏及信任 PFAL 技术和产品。然而，仍有许多工作要做，例如降低成本、增加价值以及增加适合在 PFAL 中种植的品种数量。PFAL 可以与有机农业和传统农业共存。此外，PFAL 必定能够在都市农业和城市现代化中发挥关键作用。

3.4 韩国

昌厚春（Changhoo Chun）

韩国首尔国立大学植物科学系

3.4.1 PFAL——一种未来生产和消费创新的象征

韩国第四次产业革命政策中经常提到的领域之一就是智能农业（smart farming）。在韩国政府 2017 年宣布的“融入第四次产业革命的五年计划”中，智能农业与智能医疗服务、智能工厂以及智能交通一起，是其重要组成部分。韩国政府计划到 2022 年总投资 20 亿美元用于开发相关技术。信息与通信技术

(information and communications technology，ICT) 融合和基于人工智能的农业业务也被视为是应对气候变化的解决方案，这能够带来农业生产的范式转变，并创造新的增长引擎。

韩国农业、食品和农村事务部宣布，到 2022 年将建立 4 个智能农场创新谷 (smart farm innovation valley，SFIV)。庆尚北道尚州市和全北道金堤市被选定为 SFIV 的地点。两个联盟提出的 SFIV 总体规划已获批准，设施的建设将于 2019 年开始。SFIV 将成为基于 ICT 的农业集群，通过培养青年人才和促进技术创新，以促进包括 PFAL 在内的农业产业和相关行业的共同发展。

韩国政府为了将 ICT 应用于农产品的生产、流通及消费领域，从 2013 年开始就实施了 "农业食品和 ICT 融合促进计划" (Plan for Promotion of Agri – Food and ICT Convergence)。该计划目前正在实施的主要项目之一是 "智能温室系统" (Smart Greenhouse System)，该系统通过向农场提供高科技的传感、监测和控制设备，从而支持通过智能手机对植物栽培环境进行监测和控制。PFAL 作为最先进的农业系统，其已被广泛接受为 ICT 融合智能农业系统成功应用的理想领域。之所以制定这些政策和项目，是因为 PFAL 不仅被认为是向国外出口的有前景的产品，而且是解决叶菜供应不足问题的一种解决方案，尤其是在冷热季节。

3.4.2　研究与技术开发 (RTD)

韩国已经开发出多种蔬菜育种技术、水培技术、温室结构技术、温室环境控制的硬件和软件技术，而且这些技术可以很容易地被应用到 PFAL 的蔬菜生产中。不过，虽然韩国已经开发出了许多可被用于 PFAL 的基本技术，并发表了相关研究成果，但直到 2009 年才实现了商业化，而温室蔬菜生产已成为韩国园艺的核心。大学、国家和地方研究机构是受控环境农业 (controlled environment agriculture，CEA) 领域中 RTD 的主要推动者，它使种植者能够将种植环境控制在所需的条件下，并有助于分离特定的环境变量，从而对植物反应进行更精确的研究。在 PFAL 与 CEA 之间的研究领域具有明显的共性。

在 2009 年之前，大多数关于 PFAL 或 CPPS 的实际研究都是采用荧光灯作为人工光源进行的。当时与 RTD 相关的一些代表性样本是用于生产苗圃，以用种子繁殖蔬菜插塞移栽苗 (plug transplant) 的 CPPS；为巩固国家增殖计划而生产无性繁殖草莓移栽苗的 CPPS；生产大葱作为方便面公司原料的 CPPS；用于为连锁餐厅、汉堡连锁店和蔬菜加工和配送公司生产沙拉蔬菜的 CPPS。为每个系统开发并交付签约企业的总解决方案，包括种植系统、品种选择、种子灭菌、种子发芽、移栽苗培养（transplant raising）、移栽（transplanting）、种植密度、空气和营养液温度设定、光暗周期设定、PPF 设定以及收割计划等。

在 2009 年前后，RTD 的最大变化是 LED 灯作为 PFAL 的唯一光源应用。从 20 世纪 90 年代末开始，研究植物在红、蓝、绿甚至 FR 等单色光源下以及在这些单色光源组合下的生理学和形态学响应。然而，由于 LED 灯存在亮度低和成本高等问题，所以它们并未被广泛用作 PFAL 的光源。

自 2009 年以来，利用 LED 灯光照的 PFAL 的研究和开发取得了显著进展，这主要得益于政府在 2009 年实施的"基于 IT 的 LED 灯植物工厂的主要组件开发"项目。由政府资助的其他 4 个主要研究项目都与使用 LED 灯光照的 PFAL 有关，分别是"开发基于 LED - IT 的环保园艺产品植物生产技术""开发利用具有促进植物生长的特殊光谱的 LED 光照技术""植物工厂出口的商业化"和"都市型 PFAL 技术的开发"。

随着具有不同波长和瓦数的各种类型的 LED 芯片和具有不同形状、光谱组合和亮度的光照灯具的上市，不仅在大学和公共研究机构，而且在私营公司对具有 LED 光照的 PFAL 的研究急剧增加。许多关于不同 PPF 比例的蓝色和红色 LED 灯对各种蔬菜的光合作用、生长和形态响应的研究结果已被发表在国际期刊以及国内期刊，包括《园艺》、《环境》、《生物工程》《园艺科学与技术》（韩国园艺学会的官方期刊）、《园艺保护与植物工厂》（韩国生物 - 环境控制学会的官方期刊）。

随着 PFAL 业务在世界范围内的扩展，私营企业开始积累有关光照设备的机密研究资料，例如白色 LED 灯，重点关注其不同的光谱、生产率、种植系统、栽培方法、专业素质甚至盈利能力。三星电子有限公司（Samsung Electronics Co.，Ltd.，2018）是先进的数字元件解决方案（digital component solution）的全球领导者，它宣布了新的园艺 LED 系列，包括全光谱封装和模块以及单色 LED。作为价格较高的红色 LED 的高效和经济的替代品，全光谱 LED 可以帮助种植者降低整个光照系统的成本。全球专业材料和零部件制造商 LG Innotek（2018）也推出了用于植物生长的 LED 系列产品。

国家研究机关在以下单位建成用于研究的 PFAL：①韩国海洋科学研究所（Korea Institute of Ocean Science）南极世宗王站（Antarctic King Sejong Station）（55 m^2）；②国家农村发展管理局（Rural Development Administration，RDA）农业科学研究院（National Academy of Agricultural Science）（水原市，446 m^2；完州郡，1 506 m^2）；③RDA 保护园艺研究站（Protected Horticulture Research Station）（哈曼郡，142 m^2）；④RDA 国立园艺和药草科学研究所（National Institute of Horticultural and Herbal Science）（阴城郡，55 m^2）；⑤韩国科学技术研究所（Korea Institute of Science and Technology）（江陵市，33 m^2）。另外，各地方研究机构也建立了 PFAL，如京畿道农业研究推广院（Agricultural Research & Extension Services of Gyeonggi – do）（华都市，115 m^2）、忠清北道（清州，413 m^2）、庆尚北道（大邱市，132 m^2）、庆尚南道（198 m^2）和诸多大学也已经这样做了，如首尔市和水原市的首尔大学、清州市的忠北大学、礼山郡的公州大学、晋州市的庆尚大学、全州市和益山市的全北国立大学以及天安市的 Yenam 大学。

3.4.3　PFAL 业务中的私营公司和农场

如上所述，自 2009 年以来，已有几家私营公司开始了 PFAL 业务，目前约有 40 家公司正在运营用于示范和/或生产的 PFAL。其中一些企业还为国内的客户建立了 PFAL，包括当地都市和行政区、地方政府机关农业研究中心、大学和中小学、咖啡厅、餐厅、医院、商场、百货商店、公寓、农场等的社区中心，以及在包括日本、中国、蒙古国和卡塔尔在内的其他国家建立 PFAL。目前，已建成用于研究、示范、生产的 PFAL，并正在运营的公司主要是中小企业，其中包括帕鲁（顺天市，20 m^2）、Insung Tec（龙仁市，165 m^2）、太渊生态农产产业（首尔市，165 m^2）、KAST 农业系统与技术（龟尾市，132 m^2）、韩国冷藏食品（金海市，50 m^2）、Cham 农场（高城郡，50 m^2）、Jinwon 农场（光州市，330 m^2）、智慧控制（龙仁市，33 m^2）、Vegetechs（高阳市，661 m^2）、未来绿色（水原市，50 m^2）、农场八号（平泽市，1 314 m^2）、Miraewon 农场（平泽市，654 m^2）、Agtonics（蔚州郡，318 m^2）、享福农场（庆山市，200 m^2）、Maxfor（龙仁市，115 m^2）、Alga Farm Tech（坡州市，33 m^2）和 Eum 农场（金浦市，226 m^2）。

另外，Dongbu Lightec（富川市，9 m^2）、Nongshim Engineering（安阳市，

230 m^2)、乐天研发中心（首尔市，17 m^2)、Pulmuwon（阴城郡，495 m^2）等被划分为大型企业的公司正在运营主要用于研究的 PFAL。2007 年，同样被归类为大型企业的 Kyowon 集团建立了 Wells 农场（坡州市，2 314 m^2)，以种植各种蔬菜和药草植物，并将后者运送给室内基于 LED 灯种植者的租赁承包商。

3.4.4 成就与挑战

韩国的 PFAL 和相关产业在短短几十年的时间里取得了巨大的发展。RDA 的一份报告（Lee，2014）估计，国内 PFAL 业务的年市场价值约为 5.77 亿美元，PFAL 业务本身和具有前向/后向联系的产业的附加值分别约为 777 亿美元和 5 亿美元。

PFAL 的所有基本技术都是多学科专家通过系统设计的一系列联合研究被成功开发出来的。在实践中，韩国的 PFAL 光照技术跳过了荧光灯而直接采用了 LED 灯，从而导致初期投资高、信息缺乏而难以种植等问题。另外，这为韩国 PFAL 行业提供了一次绝佳的机会，从而可以自信地与 PFAL 先进国家竞争（Chun，2014)，尤其是最近推出如上所述园艺解决方案的韩国世界领先的 LED 制造商。配备有新开发的 LED 的小型家用 PFAL 将很快被主要家电制造商引入。

政府制定的政策支援项目也对韩国的 PFAL 初期发展起到了作用。私营和公共部门需要进一步投资，通过将较小的 PFAL 联网以确保其产品的成功营销和开发高附加值产品以满足老龄化社会的各种需求，从而确保该行业的稳定增长。与日本不同，韩国的 PFAL 业务不受国家或地方政府的补贴。随着 PFAL 相关技术在商业规模上的成功部署，如果引入补贴计划，则 PFAL 行业将进一步发展。

3.5 中国

仝宇欣（Yuxin Tong）和杨其长（Qichang Yang）
（中国农业科学院农业环境与可持续发展研究所）

3.5.1 中国 PFAL 的发展和现状

2002 年，在中国科技部的支持下，在中国建立了第一座 PFAL，主要研究水培技术及其控制系统。此后，中国 PFAL 的研发工作迅速发展。2009 年，吉林省长春市建成了第一座商用 PFAL，而在 2010 年的上海世博会上展出了第一台家用迷你型 PFAL。自 2010 年以来，PFAL 越来越受欢迎（主要是在东部海岸的大城市）。

到 2013 年，北京、上海、山东、江苏、吉林和广东等地共有约 35 座 PFAL。目前，估计 PFAL 的总数已超过 200 座，而且数量还在不断增加。随着 PFAL 的发展，PFAL 产业正从科研院所和设施园艺公司扩展到非农业领域，如电子商务（京东、天猫、淘宝）、房地产、LED 产业等。

3.5.2　研究活动

从 2002 年开始，水培技术、LED 技术、物联网等与 PFAL 相关的项目逐渐得到了中国政府的支持。由中国农业科学院（Chinese Academy of Agricultural Sciences，CAAS）牵头，中国科技部支持的国家智能植物工厂生产技术先进科技项目（National Advanced Science and Technology Project on Intelligent Plant Factory Production Technology；2013 - 17；4 600 万元）启动，该项目包括来自 15 所高校、研究机构和公司的参与者。该项目主要推动了以下关键 PFAL 技术的发展：①节能 LED 光源和智能光环境控制；②具有多层栽培系统的设备；③基于光温耦合的节能环境控制；④营养液管理和蔬菜品质控制；⑤基于网络管理的智能控制系统。根据该项目成果，中国科技部支持了中国和罗马尼亚的科技合作伙伴计划（2018 - 20）。在该项目中，中国农业科学院将在罗马尼亚布加勒斯特农学与兽医大学建立示范园，以出口与 PFAL 相关的关键技术。此外，2017 年，中国科技部资助了 PFAL 中 LED 光照国家重点研发项目（2017 - 20），有 24 所大学以及多家研究院所和公司参与了该项目。

3.5.3　典型的 PFAL 及案例研究

目前，在中国的 PFAL 主要用于以下方面：①科研机构和/或大学的科学研究，如中国农业科学院、北京市农林科学院和华南农业大学；②企业的商业应用（如 AgriGarden、AEssense、京鹏、中科三安）；③高技术的示范和教育。

3.5.3.1 中国农业科学院

自2002年以来，中国农业科学院农业环境与可持续发展研究所（Institute of Environment and Sustainable Development in Agriculture，IESDA）的科研人员一直在开展PFAL技术研究。从2005年开始，带有荧光光照、半LED光照和全LED光照的PFAL相继在IESDA建成。2013年，在IESDA的屋顶上建造了一个占地面积为100 m^2 的LED-PFAL。在这些PFAL中，所进行的研究主要集中在节能、LED光照、营养液管理和蔬菜质量控制等方面。2015年，在IESDA建造了两座试验性的LED-PFAL，总建筑面积为60 m^2（图3.11）。目前，正在PFAL中开展的研究包括优化不同作物在不同生长阶段的光照配方，以及增加电场以提高叶菜的光利用效率和质量。

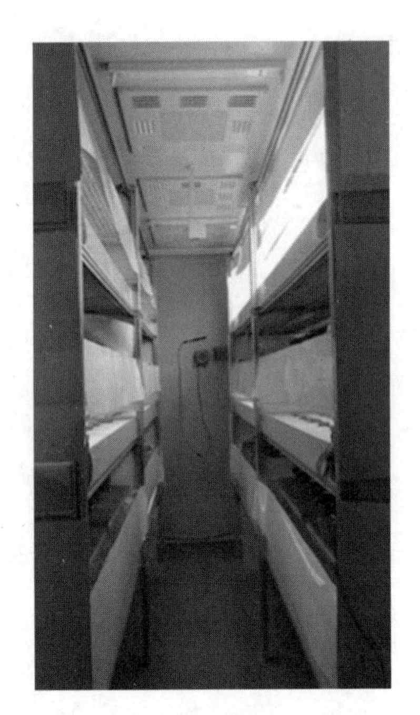

图3.11 在IESDA建造的LED-PFAL内视图

2016年，在中国农业科学院示范中心的温室综合体内，建造了2座总建筑面积为160 m^2 的PFAL（图3.12）。该示范中心由北京中环易达设施园艺有限公司运营，总建筑面积为4 hm^2，分为7个展厅，以分别展示都市园艺、家庭园艺和/或办公园艺的新PFAL技术、新种植方法和新理念。最近，在示范中心建成了一套3层垂直农业模型。其中，地下一层用于蘑菇生产，中层用于人工光照下的叶菜生产，而上层用于日光下的果菜生产。

（a）

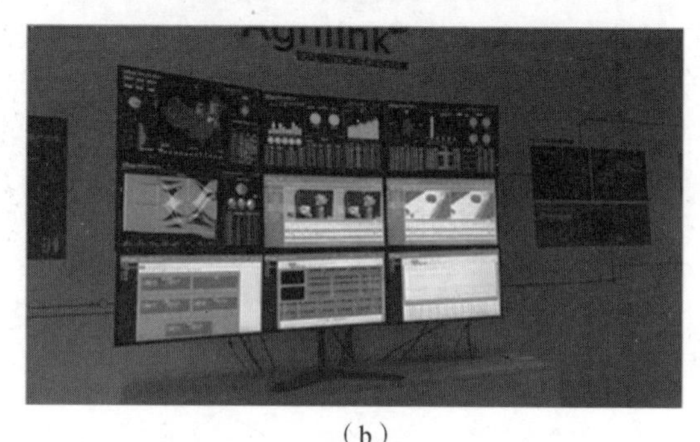

（b）

图3.12　2016年在中国农业科学院示范中心建造的PFAL

（a）演示性PFAL的外部；（b）在PFAL中利用物联网进行集成环境控制

2016年，中国农业科学院在四川省成都市成立了都市农业研究所。规划建筑面积为19 hm^2，实验占地面积为200 hm^2。2019年建成占地面积为12 000 m^2的都市农业研究中心和占地面积为5 600m^2的智能垂直农业展示中心（图3.13）。与都市农业相关的研究主要集中在智能园艺设备、光生物学与人工光栽培、垂直农业、功能性与观赏性植物生产、有机废物回收利用、植物与人体健康以及都市农业创新模式等方面。预计在不久的将来，其有望在都市农业领域建立一个内部领导者研究中心。

3.5.3.2　北京市农林科学院北京农业智能装备研究中心

2010年，北京市农林科学院北京农业智能装备研究中心（Beijing Academy of Agriculture and Forestry Sciences，BAAFS）开始对PFAL进行研究。2014年，基

(a)

(b)

图 3.13 位于四川省成都市的中国农业科学院都市农业研究所

(a) 都市农业研究所布局；(b) 都市农业研究中心（12 000 m^2）和智能垂直农业展示中心（5 600 m^2）

于两个 40 ft① 的集装箱 BAAFS 建造了具有可调光谱 LED 面板的 PFAL。2016 年，在与 BAAFS 相连的温室地下空间建造了一座占地面积为 150 m^2 的 PFAL（图 3.14）。该 PFAL 的特点是其具有高精度可调 LED 光源和控制系统。

在 BAAFS 的研究主要集中在叶菜质量控制技术、光照节能技术和基于植物光生理的光照配方。人们已经对暴露在不同光谱（单色或混合的红、蓝、黄、绿、红外和白色）和不同光照模式（连续、交替、间歇和梯度光照）下的植物进行了研究。在此基础上，人们在该 PFAL 中分析了植物在不同生育期、不同能耗和不同光能利用率等条件下对光环境的响应机制。试验植物包括叶用蔬菜、药用蔬菜和果实蔬菜幼苗。

① 1 ft（英尺）=0.304 8 m。

图 3.14　2016 年在 BAAFS 建造的 PFAL 外观

3.5.3.3　华南农业大学

2017 年，华南农业大学建造了一座试验性 LED 植物工厂，总建筑面积为 150 m^2，包括 6 层叶菜种植和 7 层苗圃（图 3.15）。该植物工厂是由一个研究受控环境园艺的研究小组运营的，其研究课题是利用光环境和营养液相结合的方法生产功能性蔬菜（如抗氧化剂含量较高的蔬菜）。试验品种为生菜（10 个以上生菜品种）、芸苔属叶菜（小白菜、菜心、芥蓝、羽衣甘蓝等）、绿叶蔬菜和微型蔬菜。

图 3.15　2017 年在华南农业大学建造的 LED 植物工厂

[主要生产生菜（10 多个品种）、芸苔属叶菜（小白菜、菜心、芥蓝、羽衣甘蓝等）、绿叶蔬菜和微型蔬菜]

3.5.3.4 AEssense

AEssense是一家位于美国硅谷的中国高科技公司，总部设在上海。该公司成立于2014年，专注于智能PFAL/垂直农业和农业物联网系统的开发。2015年，该公司在上海建造了占地面积为1 200 m^2 的高新技术示范和科研基地（图3.16）。该公司将传感器和精密自动化软件与气培技术平台集成，从而为PFAL提供完整的解决方案，包括基于物联网、模块化、可扩展、智能化和数据驱动等的增长系统，以满足不断扩大的室内农业市场。该公司还在中国运营一项以认购为基础的服务，目的在于提供新鲜、纯净、安全的产品，其采用AEssense植物种植系统，并通过了认证，可满足最高的食品安全标准。

（a）

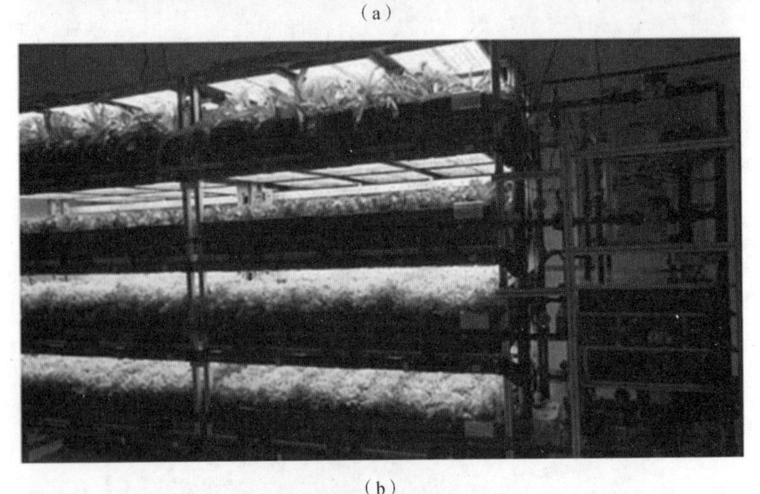

（b）

图3.16 2015年AEssense在上海建造的PFAL

（a）利用LED灯光照种植生菜；（b）AEssense开发的气培系统

3.5.3.5　北京京鹏环球科技公司

北京京鹏环球科技公司（以下简称“京鹏”）是一家领先的温室制造商，是北京农业机械研究所（Beijing Agriculture Machinery Institute，BAMI）的一家附属公司。2010 年，京鹏建造了占地面积为 1 300 m^2 的 PFAL（图 3.17）。该 PFAL 包括组织培养室、育苗室、带有太阳能发电系统的人工光照培养室和蔬菜储藏室。

（a）

（b）

图 3.17　京鹏于 2010 年建造的一座 PFAL

（a）PFAL 的外部；（b）PFAL 的内部

该公司在北京郊区通州区宋庄（Song Town）建成了总占地面积为 22.7 hm^2 的北京植物工程技术研究中心（Beijing Plant Engineering Technology Research Center）。该中心用于科学研究、生产和高科技示范。京鹏专门从事 PFAL 及温室的研究、设计、制造、安装、销售和售后服务。目前，京鹏为中国 30 多个省份和海外 30 多个国家提供与设施园艺（如植物工厂）相关的服务。

3.5.3.6 中科三安光电生物技术有限公司

中科三安光电生物技术有限公司（以下简称“中科三安”）是由福建三安集团与中国科学院植物研究所于 2015 年共同创办的一家风险投资公司。中科三安依托中国科学院植物研究所的植物科学优势和福建三安集团的 LED 技术优势，在植物光照、生物工程、天然化合物、医药中间体和智能设备的开发与利用等领域进行研究、集成和示范。

2016 年，中科三安建造了第一座 PFAL，总占地面积为 3 000 m^2，种植面积为 10 000 m^2，用于生产叶菜，日产 15 000 株（图 3.18）。2017 年，中科三安又新建了一座总占地面积为 5 000 m^2 的用于生产药用植物的 PFAL。与此同时，中科三安在美国拉斯维加斯建造了一座总占地面积为 10 000 m^2 的用于生产叶菜的 PFAL。中科三安还向其他国家出口与 PFAL 相关的服务。因此，中科三安有望成为 PFAL 生产、示范和信息技术传播的国际领导者。

（a）

图 3.18 中科三安于 2016 年建造的用于生产叶菜的 PFAL

(b)

图 3.18　中科三安于 2016 年建造的用于生产叶菜的 PFAL（续）

3.5.3.7　山东寿光蔬菜种植基地

山东省寿光市在中国设施园艺的发展中发挥着重要作用。每年 4 月 20 日—5 月 30 日在山东省寿光市举行的中国国际蔬菜博览会，吸引了超过 200 多万游客。该博览会上展出设施园艺的新技术。2009 年，在第 10 届中国国际蔬菜博览会上首次展出了一座带有 LED 灯的 PFAL（40 m^2）。这套新型植物生产系统吸引了数以百万计的参观者。在 2010 年的第 11 届和 2017 年的第 18 届中国国际蔬菜博览会上，其种植面积分别被扩大到 200 m^2 和 400 m^2。在中国国际蔬菜博览会上，人们对 PFAL 中的 LED 灯新型节能技术、水培法、果菜和叶菜的复合栽培技术（multi - cultivation）以及智能控制系统等进行了展示（图 3.19）。

(a)

图 3.19　在中国国际蔬菜博览会上展出的 PFAL

(b)

图 3.19 在中国国际蔬菜博览会上展出的 PFAL（续）

3.5.4 结论

PFAL 在中国发展迅速（特别是 2010 年以来）。在过去的几年中，中国科技部为多个旨在发展 PFAL 的项目提供了资金支持。中国对外进行了关键技术出口。电子商务（京东、天猫、淘宝）、房地产、LED 等其他行业的私营企业也纷纷进入 PFAL 行业。建立与 PFAL 相关的 NPO 组织，如中国智能植物工厂创新联盟，有助于实现企业的横向和纵向连接与整合。因此，在各方面的热情支持下，中国的 PFAL 数量和功能不断增加。毫无疑问，PFAL 将在中国主要城市的都市农业中发挥关键作用。

3.6 泰国

瓦加拉·钦塔科维德[1]（Watcharra Chintakovid）；
坎亚拉特·苏佩布尔瓦塔纳[2]（Kanyaratt Supaibulwatana）
（[1] 泰国北碧府玛希隆大学北碧府校区农业科学系；
[2]泰国曼谷玛希隆大学曼谷校区理学院）

3.6.1 泰国 PFAL 的研发情况

泰国的 PFAL 研发始于 21 世纪初，在配备空调机的半密闭建筑中，在辅以人工光照的水培系统中生产药草和叶菜。在早期，人们开展了基础研究，以了解两种类型的作物——热带/亚热带作物和温带作物对受控环境的响应，因为这些作物在泰国的气候下通常不能在户外生长。自 2015 年以来，PFAL 变得知名和流行，因此政府和国家资助机构开始资助 PFAL 的研究。几所大学和研究机构已经对 PFAL 中的植物生产进行了基础和应用研究。此外，人们还开发了用于 PFAL 中光源、传感器、控制系统、数据库服务、移动应用、隔热材料和冷却系统等的创新技术。

玛希隆大学（Mahidol University）理学院的 PFAL 项目始于 2002 年。迷你型 PFAL 模型“Plantopia”获得了泰国创新奖的第二名（Fongsirikul and Supaibulwatana，2003）。此后，相关研究主要集中在了解人工环境对药用植物生长和代谢组学（metabolomics）的影响。具体来说，人们针对几个物种研究了气生和根区环境（如光谱、光强、光周期、CO_2 浓度、营养物质等）对生理和形态响应、生长，特别是对生物活性化合物的影响（Supaibulwatana et al.，2011；Cha - um et al.，2011）。其中一些研究是与日本千叶大学合作进行的（Maneejantra et al.，2016；Joshi et al.，2017）。大约在同一时间，来自玛希隆大学理学院的一组科学家开发了许多自动化设备，包括用于 PFAL 和精确农业的机器人、无人驾驶飞机和传感器（Wongchoosuk et al.，2013，2014a，2014b；Subannajui et al.，2012）。2005 年，在玛希隆大学北碧府校区启动了另一个 PFAL 项目，即在水培系统中种植高价值叶菜。2016 年，一些初创公司、资助机构，如国家创新局（National Innovation Agency，NIA）、超级集群倡议局（Super Cluster Initiative）、国家科学与技术发展局（National Science and Technology Development Agency，NSTDA）和农业研究发展署（Agricultural Research Development Agency，ARDA）的 STEM Workforce（致力于泰国 4.0 项目），以及玛希隆大学组建了一个合作团队，致力于开展有关 PFAL 的栽培系统、光照系统、控制系统、营养供应时间表和基于云的应用等研究。2018 年，玛希隆大学和千叶大学合作建立了 MU - CU PFAL 研究与培训中心。该联合单位的主要目的是建立用于生产工业化规模的高价值叶菜和药草的 PFAL 以及集装箱式和移动式 PFAL 试验模型（图 3.20）。

图 3.20 在玛希隆大学北碧府校区拖车集装箱中的 PFAL 试验模型

梅州大学（Maejo University）是泰国北部领先的农业机构之一。2012 年，该大学与美洲种子国际有限公司（Ameriseed International Co.，Ltd）合作开展了 PFAL 研究，以减少泰国矮牵牛种子生产的限制——在高原地区，矮牵牛种子每年只能在冬季有效生产一次（Sakhonwasee et al.，2017；Phansurin et al.，2017）。通过优化光照、营养液、CO_2 浓度和空气循环等参数，梅州大学成功实现了矮牵牛的全年生产，在 4 个月的种植期内，每平方米优质种子的产量达到了 5 万粒。梅州大学与美洲种子国际有限公司还计划利用 PFAL 来加速矮牵牛和其他花卉作物的育种计划（图 3.21）。

图 3.21 泰国梅州大学用于矮牵牛种子生产的 PFAL

另一个领先的农业机构泰国农业大学（Kasetsart University）也在利用 PFAL 开展基础研究。2018 年，泰国农业大学 Chalermphrakiat Sakon Nakhon 省校区工程学院开发了一种迷你型 PFAL 和一种集装箱型 PFAL，以促进采用人工智能方法进行植物表型研究。在园艺学院的一套简易系统中，人们在 LED 灯下持续研究每个生产阶段的兰花和药草的植物生长与发育（图 3.22）。2018 年，泰国农业大学农业与农工产品改良研究所（Kasetsart Agricultural and Agro – Industrial Product Improvement Institute，KAPI）获得了在曼谷建造两个 8 m×8 m 的 PFAL 的拨款，用于生产高品质的植物，以作为化妆品行业的原材料。

图 3.22　泰国农业大学 Chalermphrakiat Sakon Nakhon 省校区中的 PFAL

2015 年，泰国国王科技大学（King Mongkut's University of Technology Thonburi，KMUTT）工程学院启动了一个关于家庭 PFAL 的系统设计项目。2016 年，该大学的研究人员利用安装在建筑物内隔热房间中的水培系统种植草莓。2018 年，在泰国国家科学与技术发展局的资助下，泰国国王科技大学生物资源与技术学院启动了一个有关泰国药草幼苗生产的 PFAL 项目。

作为泰国领先的研究机构，BIOTEC（隶属于泰国国家科学与技术发展局）与千叶大学共同启动了一个项目，目的是在政府资助的可持续农业创新计划（Innovative Program for Sustainable Agriculture）的带动下开发一种 PFAL 原型。该 PFAL 由一个生产面积为 690 m^2（4 排×4 层×1.2 m 宽×36 m 长）的生产单元和三个生产面积为 225 m^2 的研究单元组成，总建筑面积为 600 m^2。该 PFAL 为四套水培系统配备了 LED 灯，可在受控环境下调节光强和光谱。另外，该 PFAL 还具有其他设施，如自动移植机器人和移栽苗生产间、收获间、提取间和生物活性化合物检测间（图 3.23）。

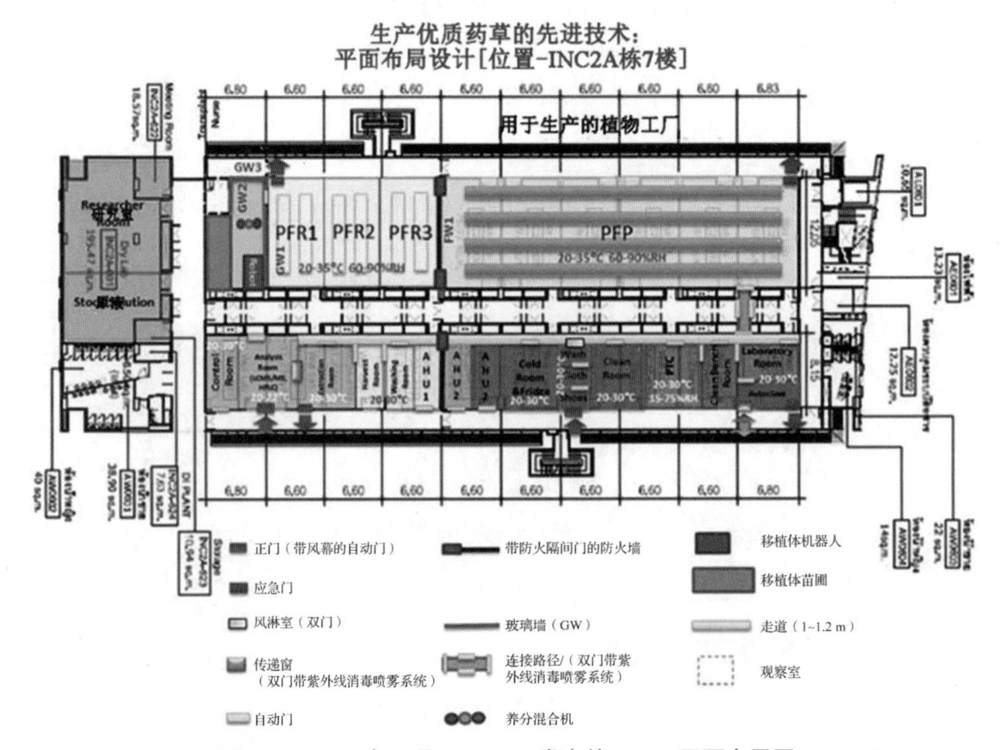

图 3.23　2019 年 3 月 BIOTEC 发布的 PFAL 平面布局图

（在该平面布局图中，PFR 和 PFP 分别代表用于研究的 PFAL 和用于生产的 PFAL）

BIOTEC 还为当地药材生产和技术转移建设了示范性社区规模的 PFAL。集装箱型 PFAL 的占地面积为 56 m^2，配备有 8 层植物栽培架（1.2 m 宽 × 6.0 m 长 × 5.4 m 高）和 LED 光源。通过政府和私营部门的合作，该模型首次以商业规模在那空帕农（Nakhon Phanom）省实施，用于生产药草。作为资助机构，泰国国家科学与技术发展局还在财政上资助泰国国王科技大学和泰国农业大学 Kamphaeng Sean 校区的两个研究集群与项目。此外，公共卫生部下属的政府制药组织有兴趣在一栋建筑内的一座占地面积为 1 100 m^2 的封闭式 PFAL 中种植大麻。

3.6.2　私营部门的研发和业务

从泰国的 PFAL 发展趋势来看，有 10 多家中小型初创公司采用 PFAL 来提高它们的植物产量和生产效率，并避免农药残留和不可预测的气候变化。PFAL 中最受欢迎的作物是叶类蔬菜和含有保健品（nutraceutical）的药草。预计有几家公司将利用 PFAL 来生产高品质的民族蔬菜，以供出口到世界各国。一些灯具光照公司也开始计划研发用于植物生产的 LED 灯，以及用于测量和监测 PFAL 环境的传感器，以更好地控制 PFAL 中产品的生长和质量。

格鲁拉布农业科技（泰国）有限公司［Growlab Agritech（Thailand）Co.，Ltd］于 2010 年开始了它的业务：在专门设计的 LED 光照系统下生产室内啤酒花，以提供所需水平的葎草酮 α 酸（humulone alpha acid）和羽扇豆酮 β 酸（lupulone beta acid）。格鲁拉布农业科技（泰国）有限公司是第一家由国家创新局（National Innovation Agency，NIA）资助进行 PFAL 开发的公司。玛希隆大学是该项目中 PFAL 光照系统设计的抓总单位（图 3.24）。

图 3.24　由格鲁拉布农业科技（泰国）有限公司开发的用于研究的 PFAL

农业智能有限公司（Agro Intelligent Co.，Ltd.，AI）于 2015 年在泰国曼谷成立，是 PFAL 领域的领军企业。该公司有两项主要业务："植物工厂与智能农业"和"研究与开发"。第一项业务旨在为植物工厂和智能农业实现创新，主要集中在建设和控制系统方面。农业智能有限公司与日本汉模公司合作解决按需施工设计、光照和控制系统；第二项业务涉及与玛希隆大学、国家创新局、泰国研究基金、日本汉模公司和 Nekkoya 有限公司的合作。农业智能有限公司已经开发了多款家庭用 PFAL——GROBOT 模型，其具有完全受控的植物生长环境，如温度、光照、CO_2 浓度和营养液，供居住在城市地区的居民使用，包括教育功能。GROBOT 模型可以通过互联网与内置数据记录器进行连接和控制。GROBOT X 公司（与日本汉模公司合作）于 2018 年 10 月成立。GROBOT 模型基于物联网的触摸屏面板可以通过互联网的智能设备进行控制（图 3.25）。

图 3.25　GROBOT 模型具有由智能设备通过互联网控制的用户界面和触摸屏面板

（http://www.growlaboratory.com/）

在雨季的户外，全年生产高质量的有机蔬菜是不可能的。在 Wangree 度假村，私营公司 Nakhon Nayok 在 2018 年建造了一座占地面积为 100 m^2 的 PFAL，用于种植叶菜（https://www.youtube.com/watch? v = O8J9VfQpsQ）。在该 PFAL 中，同样的蔬菜和其他进口叶菜类蔬菜都可被成功种植，而且生产周期要短很多。

3.6.3　关于 PFAL 的政策和未来前景

泰国政府的科技部推出了一项利用先进技术促进农业生产的政策。PFAL 被认为是通过 EECd 和 EECi 平台支持“泰国 4.0”项目下国家发展生物经济计划的目标前沿技术之一。

王禅谷（Wang Chan Valley）的 EECi 场地由 PTT Public Company Limited（一家石油公司）所有，位于罗勇省王禅区的 Tambon Payupnai，占地约为 3 000 rai①（480 hm^2）。位于王禅谷的生命科学和生物技术研究与创新中心 BIOPLIS，专注于根据与泰国当前农业基地相关的生物经济计划发展几个产业集团，包括生物能源、生物化学品和生物塑料，以及营养品、生物医学和生物制药等产业。PFAL 被选为一种生产高价值作物的战略技术。

---

① rai 是泰国常用的面积单位，1 rai = 1 600 m^2。

3.7　北美洲国家

谢利·久保田（Chieri Kubota）
（美国俄亥俄州哥伦布市美国俄亥俄州立大学园艺与作物科学系）

3.7.1　历史

美国在20世纪80年代将PFAL用于作物生产。这些早期的设施是在建筑物内使用高强度放电（high-intensity discharge，HID）灯下的水培系统生产叶类作物。其中，位于伊利诺伊州迪卡尔布市（芝加哥向西60 mi[①]处）的一家商业生菜生产厂，在20世纪90年代初被关闭之前运营了多年。然后，在过去的几年里，随着人们对当地粮食生产的兴趣日益增加，如后面章节所述，人们将大型商业化的PFAL设施建立在靠近大型城市（如芝加哥和纽约）的地方。除了大型设施外，人们还在全国范围内开发了基于集装箱和针对当地市场的新鲜叶菜生产的小型PFAL。

在21世纪初，植物源药物的生产［production of plant-made pharmaceuticals，也被称为分子农业（molecular farming）］成为PFAL的一种可行应用之处。事实上，在美国和加拿大人们已经建立了一些大型商业化设施，利用植物的基因修饰（genetic modification）或瞬时表达（transient expression）来生产药用蛋白产品（如抗原和抗体）。在过去的10年里，美国许多州将大麻（*Cannabis sativa*）作为替代药物进行合法生产和使用，但仍然存在争议并且违反联邦法律。这些“新作物”是在高度受控的生产系统（包括温室和PFAL）中进行生产的。此外，在加拿大和美国的几个州娱乐性使用大麻现在是合法的。由于大麻的价值极高，所以这些生产设施通常配备了各种最先进的技术，从而成了在商业植物生产中引进新技术和现代技术的主要驱动力。

此外，作为一种独特的应用方式，人们开发了一座小型PFAL用于在美国南极站生产新鲜蔬菜。该设施的占地面积为22 m^2，全年为工作人员生产30多种不

① 1 mi（英里）=1 609.344米。

同类型的作物（一次生产好几种），包括番茄、生菜和药草植物（Patterson et al.，2012）。该设施还有一个相邻的房间（9 m^2），由玻璃墙隔开，以供研究站工作人员体验明亮的植物生长环境。在南极这样孤立的环境中，通过提供绿色植物为人们提供心理支持是至关重要的。PFAL 行业也经历了多样化，包括独特的商业模式，如在餐馆和自助餐厅等各种食品企业中提供独立的种植系统与完整的作物管理服务（图 3.26）。然而，就像新兴产业的性质一样，一些公司已经倒闭，这则表明有必要支持这一新兴产业的可持续发展。

图 3.26 位于美国纽约中央车站自助餐厅内的一个农场货架（farmshelf）项目

（作为用于租赁的小型且独立的 PFAL 生产装置及作物维护服务的一种新型业务；www.farmshelf.com）

3.7.2 太空科学的贡献

值得注意的是，PFAL 内的植物栽培系统所采用的许多关键技术都源自美国。其中，最重要的技术贡献是在植物生产中采用水培/无土栽培技术和 LED 光照技术。水培系统最初是作为植物营养供应的研究工具被发明的，后来被用作叶类作物生产系统而为第二次世界大战期间驻扎在西太平洋的几个岛屿上的美国军队提供新鲜蔬菜（Jones，2000），并在日本为第二次世界大战后的军人及其家属提供新鲜而清洁的蔬菜。1980 年前后，美国国家航空航天局（National Aeronautics and Space Administration，NASA）启动了受控生态生命保障系统（Controlled

Ecological Life Support System，CELSS）计划（Wheeler，2004），其中植物在人工（电力）光照下进行水培。在最大限度地减少电力使用的同时最大限度地提高作物产量，是 NASA 生命保障研究的关键重点领域。

因此，许多研究都集中在开发植物光照技术上。威斯康星州的一个科学家和工程师团队首次为 NASA 的生命保障应用项目开发了一种基于 LED 灯的高效光照系统（Bula et al.，1991）。目前，我们关于光质要求的很多知识都来自 NASA 资助的美国土地授予机构的许多研究小组的成果。例如，Bula 等人（1991）首先报道了在红光中添加少量蓝光的必要性，随后其他人也相继报道，因此人们具有了对使用单色光源种植植物所需光质的一般认识。

3.7.3　现状与未来展望

据报道，截至 2017 年，美国拥有了 30 多座用于食品生产的 PFAL（Kerslake，2017），几乎是 2015 年报道数字的 4 倍。在美国，还有 100 多家集装箱种植商（Kerslake，2017）和几家“交钥匙”集装箱供应商。与美国和加拿大相比，墨西哥被认为处于非常早期的技术引进阶段，即目前在墨西哥只进行少量商业试验（K. Garcia，个人通信）。在墨西哥的索诺拉，一家公司正在为当地市场生产微型蔬菜。

北美的大多数 PFAL 都在种植各种形式的生菜（如成熟的包心生菜、迷你包心生菜和嫩叶色拉蔬菜），以及其他绿叶蔬菜，包括羽衣甘蓝、芝麻菜和嫩绿蔬菜（baby greens）型及微绿蔬菜（micro greens）型的食用药草。罗勒是一种在 PFAL 中广泛种植的作物，以鲜切叶（fresh - cut leaves）、微型蔬菜或活体植物（living plant）（带根）等形式出售。对于嫩绿蔬菜和微型蔬菜，人们将精选的绿叶蔬菜混合在一起而开发出混合口味的“即食”沙拉（例如，带有精选芸苔类的“亚洲混合料”或“辛辣混合料”），这在北美是独一无二的。人们在 PFAL 中广泛种植选定的绿叶品种的微绿蔬菜。这是因为微绿蔬菜通常价值高但保质期有限，因此非常适合这种类型的生产系统。嫩绿蔬菜和微绿蔬菜的定义通常是模糊的，但通常微绿蔬菜只具有一片真叶，而嫩绿蔬菜却具有几片真叶。尽管由 PFAL 生产的绿叶蔬菜的市场份额仍然很小，但北美的一些 PFAL 已经冒险将所种植的作物多样化，包括番茄、黄瓜和草莓等结果作物。

对于移栽苗生产，至少有一家公司利用 PFAL 生产番茄嫁接苗（grafted tomato seedlings）。将 PFAL 应用于其他植物品种的移栽苗生产试验正在缓慢进行，例如宾夕法尼亚州的一家公司建造了一座 PFAL，以生产各种烹饪用药草的幼苗，之后使之在温室中生长并完成生长周期。这种 PFAL 和温室的结合似乎非常成功，预计将有更多不同蔬菜和观赏物种得到应用。

在设施方面，许多 PFAL 采用多层生产系统，在每一层都安装有 LED 灯。但与日本和其他亚洲国家常见的做法相比，在该系统中各栽培层之间的距离相对较大（1 m），这可能主要是为了方便物流（到植物的可达性）和确保植物周围的空气流通，尽管空间或能源利用效率均较低。PFAL 一般采用水培系统（NFT 或带营养液再循环系统的浅水栽培），并将一些 NFT 通道设计成垂直方向以提高空间利用率。许多 PFAL 利用被改造后的仓库，而不是建造新的建筑。虽然补充 CO_2 在集装箱化栽培室中是一种常见的做法，但在使用大型仓库建筑时一般不这样做。此类建筑物通常具有通风量很小的空气处理系统，以确保人的健康，并且种植空间通常与从事诸如移植、收割、混合营养液等活动的 CO_2 排放工作人员共享。因此，在该种植设施内的 CO_2 浓度据称并不像我们在真正的密闭环境中可能遇到的那样处于极低水平的状态。然而，PFAL 种植者更应该认识到补充 CO_2 能够补偿日累积光量（daily light integral，DLI）需求的好处。

需要进一步实施技术改进来提高 PFAL 的生产能力和盈利能力。其中一个关键领域是对供暖、通风与空气调节（heating ventilation and air conditioning，HVAC；特别是湿度管理）（N. Sabeh，个人通信）和光照等技术进行优化。对于后者，许多美国的园艺科学家现在正致力于开发新的光照技术，以提高生产能力和产品质量。随着高效 LED 光照技术的引入，湿度管理成了问题，因为与以前的光照技术相比，高效 LED 光照技术导致生产系统的制冷需求下降（因此导致除湿程度降低）。在利用高效 LED 光照技术的情况下，种植者在白天会经历较高的相对湿度（有时会超过 90%），而为了避免真菌疾病的暴发，他们不得不耗费额外的电源进行除湿，以达到 60%~70% 的相对湿度。通风可能是排放湿气的一种简单方法（当室外绝对湿度低于室内时）。

为了保持较高的 CO_2 利用效率（如 Yoshinaga et al.，2000），需要重新评估最小化通风率的设计建议。由于 CO_2 的成本远低于电力成本（就实现相同数量的产量增加而言），所以至少在将低成本的技术创新用于湿度管理之前，可能值得考虑采用最小通风量来释放水分，而不是最大限度地提高 CO_2 的使用效率。另外，当存在空气质量问题时，确保通风能力也至关重要。在某些情况下，识别和消除导致挥发性有机化合物（volatile organic compound，VOC）积聚的问题来源具有挑战，一些文献实际上建议每小时通风 12 次（如 Tibbitts，1996）。由于芸苔属植物对特定的 VOC 特别敏感（症状可在低于 1 ppb 时看到）（Tibbitts，1996），所以它是检测与有问题的 PFAL 设计相关的 VOC 损伤的一种良好的指标作物。

在北美，在商业化 PFAL 领域的一种突出趋势可能是得到零售商（杂货店）的大力支持，这促进了当地的食材及其产品生产。北美新鲜蔬菜和水果的传统供应链是由少数大规模生产行业和有限的开放式生产区域驱动的。例如，加利福尼亚州（大多数季节）和亚利桑那州（冬季）共同供应了美国和加拿大消费的90% 以上的生菜和其他叶类作物。采后技术对于这样一个全国性的供应链来说是至关重要的，因为使用冷藏拖车运输农产品需要 5 d 的时间。在北美杂货店里找到两周左右的“新鲜”生菜并不罕见。此外，虽然这种类型的供应链有助于降低生产成本，但很容易诱发大规模的食源性疾病。2018 年，在加利福尼亚州和亚利桑那州露天种植的长叶生菜诱发了几起大肠杆菌 O157：H7 疫情，共感染了数百名消费者。第一次疫情是由于使用了在室外生产场地所使用的受污染的运河水（CDC，2018）。对于第二次疫情，美国疾病控制和预防中心（US Centers for Disease Control and Prevention，2018）全部召回了全国所有市场上的全部长叶生菜及其产品（如沙拉）。虽然这次召回对 PFAL 和温室种植者不公平（他们显然不是全国范围内疫情暴发的原因），但这为他们提供了让公众了解水培技术的机会。从历史上看，大多数温室和 PFAL 都没有积极宣传它们的产品是在没有土壤或阳光的改良或人工环境下种植的，这可能是由于一般的公众观念对食品生产所采用的“高科技”的抗拒。有趣的是，在大肠杆菌疫情暴发后，美国食品与药物管理局（FDA）建议自愿标记收获地点和收获日期，以及诸如水培或温室种植等生产方法（FDA，2018）。这可能使人们对水培法和受控环境技术等产生更广泛的认识，并可能加速在温室和 PFAL 中种植的绿叶蔬菜的市场进一步扩大。预计更新鲜且安全的农产品将继续吸引北美消费者。

随着 PFAL 和其他类型的受控环境农业的快速发展，提高学术研究能力以支持这一新兴产业部门至关重要。组建行业协会，对促进行业和学术界的合作或许有所帮助，然而在北美，风险投资的竞争性往往让企业之间的沟通更具挑战性。在基层，人们已经开展了科学交流和网络沟通（CEPPT，2018）。学术界的另一个关键作用是可以为 PFAL 从业人员和规划人员提供教育与培训的机会。尽管这种温室作物生产的培训和教育可通过各个大学与支持行业获得，但在北美针对 PFAL 的培训和教育仍然有限。增加受控环境农业领域的在线课程机会可能有助于满足这些需求。

参 考 文 献

Afreen, F., Zobayed, S.M.A., Kozai, T., 2005. Spectral quality and UB-V stress stimulate glycyrrhizin concentration of *Glycyrrhizia uralensis* in hydroponic and pot system. Plant Physiol. Biochem. 43, 1074−1081.

Afreen, F., Zobayed, S.M.A., Kozai, T., 2006. Melatonin in *Glycyrrhiza urarensis*: response of plant roots to spectral quality of light and UB-V radiation. J. Pineal Res. 41 (2), 108−115.

Bula, R.J., Morrow, R.C., Tibbitts, T.W., Barta, D.J., Ignatius, R.W., Martin, T.S., 1991. Light-emitting diodes as a radiation source for plants. Hortscience 26, 203−205.

CDC, 2018. Outbreak of *E. coli* Infections Linked to Romaine Lettuce. U.S. Centers for Disease Control and Prevention. https://www.cdc.gov/ecoli/2018/o157h7-11-18/index.html.

Chang, Y.W., Lin, T.S., Wang, J.C., Chou, J.J., Liao, K.C., Jiang, J.A., 2011. The effect of temperature distribution on the vertical cultivation in plant factories with a WSN-based environmental monitoring system. In: 2011 International Conference on Agricultural and Natural Resources Engineering (ANRE-2011) Paper ID: 146.

Cha-um, S., Chintakovid, W., Chanseetis, C., Pichakum, A., Supaibulwatana, K., 2011. Promoting root induction and growth of in vitro macadamia (*Macadamia tetraphylla* L. 'Keaau') plantlets using CO_2-enriched photoautotrophic conditions. Plant Cell Tissue Organ Cult. 106, 435−444.

Chun, C., 2014. Selection of crops and optimized cultivation techniques in PFAL. In: Proc. KIEI Seminar 2004-42 (IoT-Based Agro-Systems and New Business Models). December 16, 2014, Seoul, Korea.

Chun, C., Kozai, T., 2001. A closed transplant production system, A hybrid of scaled-up micropropagation system and plant factory. J. Plant Biotechnol. 3 (2), 59−66.

Controlled Environment Plant Physiology and Technology, 2018. Indoor Ag Science Café (YouTube Videos). https://www.youtube.com/playlist?list=PLjwIeYlKrzH_uppaf2SwMIg4JyGb7LRXC.

Fang, W., 2011a. Plant Factory with Solar Light. Harvest farm magazine, Taiwan (in traditional Chinese).

Fang, W., 2011b. Some Remarks Regarding Plant Factory. Agriculture Extension Booklet Number 67. College of Bioresource and Agriculture. National Taiwan University.

Fang, W., 2011c. Totally Controlled Plant Factory. Harvest farm magazine, Taiwan (in traditional Chinese).

Fang, W., 2012. Plant Factory with Artificial Light. Harvest farm magazine, Taiwan (in traditional Chinese).

Fang, W., 2014. Industrialization of plant factory in Taiwan. In: Proceedings of Invited Lecture in Greenhouse Horticulture & Plant Factory Exhibition/Conference (GPEC). Japan Protected Horticulture Association, pp. 131−181 (in Japanese).

Fang, W., Chen, G.S., 2014. Plant Factory: A New Thought for the Future. Grand Times Publisher, Taiwan (in traditional Chinese).

Fang, W., Chung, H.Y., 2018. Cultivating functional (low K, Na, NO_3) lettuce for ESRD patients. In: Proceedings of the 5th Bi-annual Forum on Advanced Protective Horticulture, Shouguang, China.

FDA, 2018. FDA Investigating Multistate Outbreak of *E. coli* O157:H7 Infections Likely Linked to Romain Lettuce Grown in California. U.S. Food and Drug Administration. https://www.fda.gov/Food/RecallsOutbreaksEmergencies/Outbreaks/ucm626330.htm.

Fongsirikul, S., Supaibulwatana, K., 2003. Utilization of modified environmental conditions in aseptic cultures for clone identification of the mutant plants. In: Thailand Innovation Awards 2003: Awakening the Innovative Spirit of Thai Youths, Innovation Is to Use Knowledge to Create Money. August 17−19, 2003, Bangkok, Thailand and October 17−19, 2003, Bangkok, Thailand.

Glaeser, E.L., 2011. Triumph of the City: How Our Greatest Invention Makes Us Richer, Smarter, Greener, Healthier, and Happier. Penguin Press, USA.

Jones, B., 2000. Hydroponics. A Practical Guide for the Soilless Grower. St. Lucie Press, Boca Raton, FL, 230 pp.

Joshi, J., Zhang, G., Shen, S., Supaibulwatana, K., Watanabe, C.K.A., Yamori, W., 2017. A combination of downward lighting and supplemental upward lighting improves plant growth in a closed plant factory with artificial lighting. Hortscience 52 (6), 831−835.

Juo, K.T., Lin, T.S., Chang, Y.W., Wang, J.C., Chou, J.J., Liao, K.C., Shieh, J.C., Jiang, J.A., 2012. The effect of temperature variation in the plant factory using a vertical cultivation system. In: Proceeding of the 6th International Symposium on Machinery and Mechatronics for Agriculture and Biosystems Engineering (ISMAB2012), pp. 963−968.

Kerslake, N., 2017. Indoor Crop Production: Feeding the Future, second ed. http://indoor.ag/whitepaper.

Kozai, T., 2007. Propagation, grafting and transplant production in closed systems with artificial lighting for commercialization in Japan. Propag. Ornam. Plants 7 (3), 145−149.

Kozai, T., 2009. Plant Factory with Solar Light (written in Japanese: Taiyoko-Gata Shokubutsu Kojo). Ohmsha Ltd., Japan.

Kozai, T., 2012. Plant Factory with Artificial Light (written in Japanese: Jinkoko-Gata Shokubutsu Kojo). Ohmsha Ltd., Japan.

Kozai, T., 2014. Topic and future perspectives of plant factory. In: Proceedings of Invited Lecture in. Greenhouse Horticulture & Plant Factory Exhibition/Conference (GPEC). Protected Horticulture Association, pp. 63−96 (in Japanese).

Kozai, T., Chun, C., 2002. Closed systems with artificial lighting for production of high quality transplants using minimum resource and environmental pollution. Acta Hortic. 578, 27−33.

Kozai, T., Afreen, F., Zobayed, S.M.A. (Eds.), 2005. Photoautotrophic (Sugar-free Medium) Micropropagation as a New Micropropagation and Transplant Production System. Springer, Dordrecht, p. 316.

Kozai, T., Ohyama, K., Chun, C., 2006. Commercialized closed systems with artificial lighting for plant production. Acta Hortic. 711, 61−70 (Proc. Vth IS on Artificial Lighting).

Kubota, C., Chun, C. (Eds.), 2000. Transplant Production in the 21st Century. Kluwer Academic Publishers, Dordrecht, p. 290.

Lee, G.I., 2014. Current status and development plans for PFAL in Korea and foreign countries. In: Proc. KIEI Seminar 2004-42 (IoT-Based Agro-Systems and New Business Models). December 16, 2014, Seoul, Korea.

Lee, C.Y., Huang, Y.K., Lin, T.S., Shieh, J.C., Chou, J.J., Lee, C.Y., Jiang, J.A., 2013. A Smart Fan System for Temperature Control in Plant Factory. EFITA/WCCA/CIGR 2013, paper ID: C0154.

LG Innotek Co., Ltd, 2018. LG Innotek Introduces Plant Growth LEDs to a Global Market. http://blog.lginnotek.com/720.

Maneejantra, N., Tsukagoshi, S., Lu, N., Supaibulwatana, K., Takagaki, M., Yamori, W., 2016. A quantitative analysis of nutrient requirements for hydroponic spinach (*Spinacia oleracea* L.) production under artificial light in a plant factory. J. Fert. Pestic 7, 170.

Ohyama, K., Murase, H., Yokoi, S., Hasegawa, T., Kozai, T., 2005. A precise irrigation system with an array of nozzles for plug transplant production. Trans. ASAE 48 (1), 211−215.

Patterson, R.L., Giacomelli, G.A., Kacira, M., Sadler, P.D., Wheeler, R.M., 2012. Description, operation and production of the South Pole food growth chamber. Acta Hortic. 952, 589−596.

Phansurin, W., Jamaree, T., Sakhonwasee, S., 2017. Comparison of growth, development, and photosynthesis of Petunia grown under white or red-blue LED lights. Hortic. Sci. Technol. 35 (6), 689−699.

Sakhonwasee, S., Thummachai, K., Nimnoi, N., 2017. Influences of LED light quality and intensity on stomatal behavior of three petunia cultivars grown in a semi-closed system. Environ Control Biol. 55, 93−103.

Samsung Electronics Co, Ltd, 2018. Samsung Electronics Expands Horticulture LED Lineups to Advance Greenhouse and Vertical Farming https://www samsung com/led/about-us/news-events/news/news-detail-49/

Subannajui, K., Wongchoosuk, C., Ramgir, N., Wang, C., Yang, Y., Hartel, A., Cimalla, V., Zacharias, M., 2012. Photoluminescent and gas-sensing properties of ZnO nanowires prepared by an ionic liquid assisted vapor transfer approach. J. Appl. Phys. 112, 034311.

Supaibulwatana, K., Kuntawunginn, W., Cha-um, S., Kirdmanee, C., 2011. Artemisinin accumulation and enhanced net photosynthetic rate in Qinghao (*Artemisia annua* L.) hardened in vitro in enriched-CO_2 photoautotrophic conditions. Plant Omics 4 (2), 75–81.

Takakura, T., Kozai, T., Tachibana, K., Jordan, K.A., 1974. Direct digital control of plant growth -I. Design and operation of the system. Trans. ASAE 17 (6), 1150–1154.

Takatsuji, M., 1979. Plant Factory with Artificial Lighting (written in Japanese: Shokubutsu Kojo). Koudan-sha (Blue backs), p. 232.

Takatsuji, M., 2007. Totally Controlled Plant Factory (written in Japanese: Kanzen Seigyo-Gata Shokubutsu Kojo). Ohmsha Ltd., Japan.

Tibbitts, T.W., 1996. Injuries to plants from controlled environment contaminants. Adv. Space Res. 18, 97–201.

Wheeler, R.M., 2004. Horticulture for Mars. Acta Hortic. 642, 201–215.

Wongchoosuk, C., Subannajui, K., Wang, C., Yang, Y., Guder, F., Kerdcharoen, T., Cimalla, V., Zacharias, M., 2014a. Electronic nose for toxic gas detection based on photostimulated core-shell nanowires. RSC Adv. 4, 35084–35088.

Wongchoosuk, C., Wang, Y., Kerdcharoen, T., Irle, S., 2014b. Nonequilibrium quantum chemical molecular dynamics simulations of C60 to SiC heterofullerene conversion. Carbon 68, 285–295.

Wongchoosuk, C., Wisitsoraat, A., Phokharatkul, D., Horprathum, M., Tuantranont, A., Kerdcharoen, T., 2013. Carbon doped tungsten oxide nanorods NO_2 sensor prepared by glancing angle RF sputtering. Sensor. Actuator. B Chem. 181, 388–394.

Yeh, Y.H.F., Lai, T.C., Liu, T.Y., Liu, C.C., Chung, W.C., Lin, T.T., 2014. An automated growth measurement system for leafy vegetables. Biosyst. Eng. 117, 43–50.

Yoshinaga, K., Ohyama, K., Kozai, T., 2000. Energy and mass balance of a closed type transplant production system (Part 3): carbon dioxide balance. J. SHITA 13, 225–231.

Zobayed, S.M.A., Afreen, F., Kozai, T., 2006. Plant-Environment interactions: accumulation of Hypericin in dark glands of *Hypericum perforatum*. Ann. Bot. 98, 793–804.

Zobayed, S.M.A., Afreen, F., Kozai, T., 2007. Phytochemical and physiological changes in the leaves of St. John's wort plants under a water stress condition. Environ. Exp. Bot. 59, 109–116.

延伸阅读文献

Bayley, J.E., Yu, M., 2010. VertiCrop™ Yield and Environmental Data. Valcent EU Ltd., Launceston, Cornwall. Central Government issue 20.

Eurostat, 2011. Sustainability and Quality of Agriculture and Rural Development.

Graber, A., Durno, M., Gaus, R., Mathis, A., Junge, R., 2014. UF001 LokDepot, Basel: the first commercial rooftop aquaponic farm in Switzerland. In: International Conference on Vertical Farming and Urban Agriculture A16, p. P24.

Kozai, T., 2013. Resource use efficiency of closed plant production system with artificial light: concept, estimation and application to plant factory. Proc. Japan Acad. Ser. B Phys. Biol. Sci. 89, 447–461.

Morimoto, T., Torii, T., Hashimoto, Y., 1995. Optimal control of physiological processes of plants in a green plant factory. Contr. Eng. Pract. 3, 505–511.

Stutte, G.W., 2006. Process and product: recirculating hydroponics and bioactive compounds in a controlled environment. Hortscience 41, 526–530.

Vänninen, I., Pinto, D.M., Nissinen, A.I., Johansen, N.S., Shipp, L., 2010. In the light of new greenhouse technologies: 1. Plant-mediated effects of artificial lighting on arthropods and tritrophic interactions. Ann. Appl. Biol. 157, 393–414.

第4章
欧洲垂直农业：现状与展望

米歇尔·布图里尼（Michele Butturini），
里奥·马塞利斯（Leo F. M. Marcelis）
（荷兰瓦格宁根大学园艺与产品生理学研究组）

4.1 前言

尽管本书使用了“植物工厂”这个名称，而且该名称在亚洲更为普遍，但这样的名称在欧洲国家并不常见。相反，当提到具有垂直堆叠或垂直倾斜货架的集约化植物生产系统时，人们更喜欢使用“垂直农场”（vertical farm）这一术语（Den Besten，2019）。生活在城市中的人们往往对具有集约型或高科技农业内涵的都市农业创新形式表现出批评和低接受度，这与常规和传统的园艺生产模式不一致（Benis and Ferrão，2018；Sanyé - Mengual et al.，2016；Specht et al.，2016a，2016b）。因此，“垂直农场”一词的流行可能与欧洲消费者更喜欢使用“农场”而不是“工厂”一词来形容新鲜产品有关。其他一些人（Benis and Ferrão，2018）使用术语“零耕地农业”（zero - acreage farming，ZFarming）来指代不使用农田的都市农业类型，也包括低技术替代品。其他常用的名称是“都市农场”或“室内农场”。当（无土）栽培技术与建筑气候控制相结合时，人们也使用术语“建筑 - 综合农业”（building - integrated agriculture，BIA）（Benis and

Ferrão，2018；Caplow and Nelkin，2007）。在密闭种植系统中，使用摩天大楼进行集约化食物生产的垂直农场也可以用同义词“skyfarm”来指代（Benis and Ferrão，2018；Germer et al.，2011）。在本章中，我们使用术语“垂直农场”，或类似的“室内农场”，指的是所有在建筑物中不直接利用太阳能的植物栽培系统。这可以包括多个堆叠层或单层；系统的范围可以从适合厨房的微小移动系统到大规模的生产农场（表4.1）。

表4.1 欧洲的垂直农场类型

类型	基本特点
PFAL	垂直农业生产系统位于工业建筑的专用空间
集装箱式农场	配备有独立垂直农业系统的船运集装箱
店内农场[a]	位于消费或购买地点（即超市或餐馆）的垂直农场单元
家电农场[b]	在家庭和办公室中使用的即插即用型室内种植系统

[a,b]在亚洲，术语 micro-PFAL 和 mini-PFAL 都被缩写为 mPFAL，也被用于指代家电农场和店内农场。

目前在欧洲，垂直农场的数量和规模仍然相当小，但近年来它们的发展很快：投资不断增加，同时初创企业也在激增。随着全球趋势的发展，垂直农业行业的扩张主要是由于 LED 光源的价格同步下降，以及在投入有限的情况下，消费者对新鲜、健康和本地产品的需求不断增长。此外，2007—2008 年全球金融危机后出现的空置办公大楼推动了这一进程（Spruijt et al.，2015）。除生产商之外，垂直农业的供应行业也呈指数级增长，这包括许多初创公司以及温室产业的成熟供应公司。

集约化垂直农业的成本效益、可扩展性和环境可持续性等仍存在不确定性（Benis and Ferrão，2018）。垂直农场每平方米种植面积的初始投资可达高科技温室的10倍（Rabobank，2018）。荷兰合作银行（Rabobank，2018）估计，在荷兰，垂直农场每平方米种植面积的总运营成本是温室的2.5~5倍。荷兰合作银行估计，目前，垂直农场单位产品的成本价格大约是温室中种植生菜的 2 倍。由于垂直农业产品的成本价格相对较高，所以垂直农业产品的附加值也需要较高，只有这样才能具有成本效益。这种附加价值可以通过更好的产品（更高或更稳定的质量、无残留和新鲜度等）和良好的营销理念产生。垂直农业公司经常以溢价出售蔬菜，在某些情况下与有机产品的市场价格一致（Benis and Ferrão，2018）。然而，与美国不同的是，无土种植的作物在欧洲共同体不能被认证为有机作物（European Commission，2008；OTA，2019）。

垂直农业的发展推动了对受控环境农业的研究，现有的温室园艺产业也从中受益。温室蔬菜生产者通常与食品分销商建立关系，并且是高效率的经营者。因此，它们可能为了争夺同一个市场而与垂直农场竞争，而不是互补，特别是在温室密集的地区或国家，如荷兰。尽管垂直农业公司经常声称垂直农业是“环境友好型”，但垂直农业的实际可持续性仍在科研人员的审查中，而且似乎是针对特定场地和案例的（Benis and Ferrão，2018；Stanghellini et al.，2019）。然而，根据 Graamans 等人（2018）的研究，目前在欧洲地区，由于垂直农场大量使用人工光照，所以与垂直农场相比，温室在购买能源（purchased energy）方面更高效。此外，由于垂直农业是一个新兴产业，所以垂直农业项目的快速和成本效益的实施常常与遵守当地法规和建筑规范的需要冲突（Benis and Ferrão，2018）。

4.2　垂直农业非营利行业协会

目前，在欧洲，垂直农业有两个国际非营利行业协会：垂直农业协会（Association for Vertical Farming，AVF）和农业技术协会（Farm Tech Society，FTS）（AVF，2019；FTS，2019）。FTS 侧重于受控环境农业，其中垂直农业是一个亚类，而 AVF 只侧重于垂直农业。在国家层面上，也有积极支持垂直农业的行业协会，例如法国都市农业专业协会（Association Française d'Agriculture Urbaine Professionnelle）、英国都市农业科技集团（UK Urban AgriTech Collective）、英国受控环境用户集团（UK Controlled Environment Users' Group）（AFAUP，2019；CEUG，2019；UKUAT，2019）。

AVF 和 FTS 都在支持和促进垂直农业产业。它们的主要目标是为专业人员提供一种国际网络，制定标准，并倡导促进垂直农业发展的政策。除此之外，它们还致力于为那些立志从事垂直农业的专业人员开发行业认证的职业培训。

4.3 创业环境

4.3.1 概述

由于垂直农业是一种新兴的资本密集型行业，所以利用垂直农业技术最赚钱的方式尚未完全确立。垂直农业公司在商业和生产模式方面都有广泛的实践。此外，大多数垂直农业公司把自己定位为技术提供者，而不是种植者。表4.1概述了欧洲市场上出现的垂直农场生产模式的类型（PFAL、店内农场、集装箱式农场和家电农场）。

新兴的大麻生产市场可能是一个独特的案例，因为巨大的利润率证明公司转向垂直农场生产的选择是合理的。一些欧洲国家（例如丹麦、德国、卢森堡、马耳他、荷兰、英国）已经修改或正在讨论有关医用大麻的立法。此外，意大利和瑞士已将大麻素 THC 含量较低的大麻品种的种植和销售合法化，供娱乐使用，这引起了相关企业的极大兴趣。

欧洲垂直农业是一个充满潜力的市场，但也不是没有风险。例如，在2018年和2019年，一群处于早期阶段的风投和初创企业成功地获得了大量投资，并扩大了市场。一些成熟的公司，包括连锁超市以及家庭和办公家具公司也拓展了垂直农业业务。与此同时，其他多家公司却面临财务问题，而且在某些情况下破产了。

4.3.2 每种垂直农业示例

4.3.2.1 PFAL

琼斯食品公司在英格兰北林肯郡建造了一座相当大的PFAL（5 120 m^2）（图4.1）。该垂直农场自2018年秋季以来一直在运营，部分产品被出售给爱尔兰便利食品生产商 Greencore（Abboud，2019；Hortidaily，2018a）。

图 4.1 英国英格兰北林肯郡琼斯食品公司的 PFAL 内部（局部）

一旦该垂直农场利用先进的机器人技术满负荷运转，每年就可以生产高达约 400 t 的绿叶蔬菜。这一大型项目的实施是通过与美国通用电气子公司 Current 的合作实现的，该公司提供了 12.3 km 长的 LED 灯条。2018—2019 年，琼斯食品公司从吉尼斯资产管理公司（Guinness Asset Management）和 Ocado 集团公司（一家英国在线超市）筹集到了部分资金（Ocado，2019）。琼斯食品公司的愿景是继续在英国和国外拓展垂直农场业务（Abboud，2019）。

4.3.2.2 集装箱式农场

位于法国巴黎的 Agricool 是一家具有媒体影响力的垂直农业初创公司。该公司成立于 2015 年，开发了利用雾培法（aeroponics）种植草莓的集装箱式农场（图 4.2）。该公司在 2015—2018 年筹集的总资本为 1 790 万欧元（Crunchbase 2019a；Dillet，2018）。2019 年年初，Agricool 在巴黎运营了 5 座集装箱式农场，并在迪拜开始了全球扩张，建立了一座集装箱式农场（Dillet，2018 年）。

图 4.2 位于法国巴黎的 Agricool 的集装箱式农场外观

4.3.2.3 店内农场

总部位于柏林的初创企业 Infarm 成立于 2013 年，为零售商和餐馆开发店内农场，直接在现场生产药草、绿叶蔬菜和微型蔬菜（图 4.3）。在 2013—2019 年，Infarm 总共从投资者那里筹集了约 1.2 亿欧元。截至 2019 年 8 月，该公司进驻德国、法国、瑞士和卢森堡的 350 多家店内零售和配送中心，每月收获超过 15 万株植物。在国际上，Infarm 通过与 25 家以上主要零售商（如 Edeka、Metro、Migros、Casino、Intermarche、Auchan、Selgros 和 Amazon Fresh）的合作来实现拓展（P. Kalaitzoglou，个人通讯，2019 年 8 月 7 日）。

图 4.3 在法国巴黎 Metro 商店里 Infarm 的一家店内农场

4.3.2.4 家电农场

于 2009 年成立的 Click & Grow 是一家爱沙尼亚的初创企业，主要开发家电农场，或者用该公司的话说，就是“智能室内花园”（smart indoor gardens）（图 4.4）。欧盟是 Click & Grow 的第二大市场，仅次于美国。2018 年 10 月，Click & Grow 融资 1 100 万美元，总融资达 1 790 万美元（Click & Grow，2018；Crunchbase；2019c）。上一轮投资带来了新的战略合作伙伴：法国小型家用设备行业的领军企业赛博（Seb）、宜家（Ikea）和美国顶级创业加速器 Y Combinator（Konrad，2017）。

欧洲生产药草和叶菜的垂直农业公司名单见表 4.2。该名单不包括技术供应商［例如：Agrilution（德国）、Aponix（德国）、Aquapioneers（西班牙）、Citycrop（希腊）、Evergreen Farm（挪威）、Fresh Square（德国）、Heragreen（意大利）、Hexagro Urban Farming（意大利）、Ingrin（斯洛文尼亚）、La Grangette

图 4.4　Click & Grow 的一台家电农场

(法国)、Natufia (爱沙尼亚)、Planthive (比利时)、Onefarm (荷兰)、Ponix - systems (奥地利)、Prêt à Pousser (法国)、Refarmers (法国)、Robonica (意大利)、Tomato + (意大利)、Urbanfarm (爱尔兰)、Yard (德国)]。第 4.3.5 节介绍了一些已成立的相关技术公司 (说明：垂直农业公司发展很快，以下所列清单可能并不完整)。

表 4.2　欧洲生产药草和叶菜的垂直农业公司名单

名称	所属国家	网址
PFAL		
B - Four Agro	荷兰	http://www. b4agro. nl/
Byspire	挪威	http://www. byspire. no/
CityFarm Stockholm	瑞典	http://www. stadsbondens. se/
Deliscious	荷兰	http://www. deliscious. eu
Farmers Cut	德国	http//www. farmerscut. com/
Future Crops	荷兰	http://www. future - crops. com/
Grönska Stadsodling	瑞典	http://www. gronska. se/
Grow Bristol	英国	http://growbristol. co. uk/
Growing Underground	英国	http://growing - underground. com/
Growx	荷兰	http://www. growx. co/

续表

名称	所属国家	网址
PFAL		
Growup Urban Farm	英国	http://www.growup.org.uk/
Hydropousse	法国	http://www.hydropousse.fr/
Incifarms	挪威	http://www.incifarms.com/
Jones Food Company	英国	http://www.jonesfoodcompany.co.uk/
Jungle concept	葡萄牙	http://www.jungle.bio/
Robbe's Little Garden	芬兰	http://robbes.fi/
Tasen Microgreens	挪威	http://www.tasenmicrogreens.no/
Tuinderij Bevelander	荷兰	http://www.tuinderijbevelander.nl/
Urbanika Farms	波兰	http://www.urbanikafarms.com/
Urbanoasis	瑞典	http://www.urbanoasis.life/
Van Namen Specialties	荷兰	http://www.vannamenspecialties.nl/
Vitro Plus	荷兰	http://www.vitroplus.nl/
店内农场(餐馆)(括号内为合作方)		
De Zusters(Vaversa)	荷兰	http://www.dezusters.nl/
Emma(Light4Food)	荷兰	http://emmarestaurant.nl/
Good Bank(Infarm)	德国	http://good-bank.de/
Restaurant of the Future(Vaversa)	荷兰	http://vaversa.com/
Suncraft(Hydrogarden)	英国	http://www.suncraft.co.uk/
The Green House(Hrbs.)	荷兰	http://www.thegreenhouserestaurant.nl/
店内农场(零售商)(括号内为合作方)		
Auchan(Agricooltor)	意大利	http://auchan-retail.com/
Auchan(Infarm)	卢森堡	http://auchan-retail.com/
Coop Butiker & Stormarknader (Grönska Stadsodling)	瑞典	http://www.coop.se/
Edeka(Infarm)	德国	http://www.edeka.de/

续表

名称	所属国家	网址
店内农场（零售商）(括号内为合作方)		
Casino(Infarm)	法国	http://www.groupe-casino.fr/
Jumbo(Own Greens)	荷兰	http://www.jumbo.com/
Metro(Infarm)	德国、法国	http://www.metrogroup.de/
Migros(Infarm)	瑞士	http://www.migros.ch/
集装箱式农场(括号内为合作方)		
Agricool	法国	http://agricool.co/
Ikea(Bonbio and Urban Crop Solutions)	瑞典	http://www.ikea.com/

4.3.3　荷兰垂直农业概况

在过去的几年里，荷兰一直是与垂直农业相关的伟大企业家活动的地方。Plantlab 成立于 2010 年，是荷兰最早专注于开发垂直种植概念和策略的公司之一，它还对育种和生产领域的合作伙伴开展了研究。成立于 2016 年 4 月的 Growx 是一家专注于开发 PFAL 的公司。该公司位于阿姆斯特丹的一座仓库，向当地餐饮行业供应药草、微型蔬菜和嫩叶蔬菜，特别关注高档餐厅。该公司的启动资金（约 200 万欧元）由两个专门用于绿化的投资基金提供。在取得初步成功后，Growx 于 2018 年遇到了财务问题，并任命了新的管理层。新一轮投资预计于 2019 年进行（Nils，2018）。2018 年，在 Hoenzadriel 村，Van Namen Specialties 公司在一座占地面积为 160 m^2 的垂直农场中改造了一块蘑菇苗圃（Tiersma，2019）。Van Namen Specialties 以“皮卡惊喜”（Pika Surprisa）品牌向当地餐馆和一家超市销售药草。值得一提的是，欧洲最大的屋顶温室公司“都市农民”（Urban Farmers，位于荷兰海牙）在 2018 年宣布破产，尽管根据本章所采用的定义，它不被视为一家垂直农业公司（Sijmonsma，2018）。在此之前，其位于瑞士苏黎世的母公司也宣告破产。该公司的荷兰分公司从 2016 年 5 月开始活跃。另外，“都市农民”公司将温室园艺与鱼菜共生技术相结合来生产约 30 种蔬菜作物和罗非鱼。大约 50% 的收入来自温室的向导游览和餐饮服务（Kusterling，2018）。临近荷兰的韦斯特兰（Westland）地区——以高效温室的高度集中而闻名，可能是该公司失败的原因之一。然而，同样在韦斯特兰地区，一家大型垂直农业公司“未来作物”（Future Crops）出现了。根据该公司网站上的信息，该公司的垂直农场广泛采用自动化技术，部分能源需求来自安装在屋顶上的 16 000 块太阳能电池板，并拥有 8 000 m^2 的潜在种植空间，这使其成为目前欧洲最大的垂直农场，也是世界上最大的垂直农场之一。

当仅用于作物生命周期的一部分种植时，垂直农业的应用可能特别成功。据 Den Besten（2019）报道，Tuinderij Bevelander 利用一座垂直农场全年生产韭菜。在第一年，香葱被播种并种植在开阔的田野里，当它们失去在空中生长的部分时，人们在秋天就会收获其鳞茎。经过 3 个月的寒冷期后，人们使用带有人工光照的多层栽培系统来培养新叶片，它们在 8 d 内可以上市销售（Tuinderij Bevelander，2019）。一些郁金香生产商正在使用垂直种植途径来强迫鳞茎早熟（FloralDaily，2016）。Deliscious 利用 LED 下的 7 层栽培系统（>5 000 m）来培育生菜幼苗（Deliscious，2019；Besten，2019）。随后，这些植物被移植到温室中以完成生长周期。B－Four Agro 公司也采用了同样的方法栽培生菜（Tiersma，2019）。Vitro Plus 公司还使用垂直农业在早期发育阶段培养植物（Vitro Plus，2019）。Vitro Plus 公司在全球蕨类植物产业和产品中占有 75% 的市场份额，使用配备 LED 光照的多层系统生产和销售来自组织培养与孢子的蕨类植物，总面积超过 6 000 m^2。事实上，微繁殖（micropropagation）与垂直农业相结合是一种常见且长期存在的繁殖幼嫩植物的做法，尤其是观赏植物。

4.3.4 在不久的将来预计完成的项目

垂直农业是一种波动且充满活力的新兴行业，其特点是多家公司破产——例如 2018 年的 Urban Farmers（荷兰）或 2019 年的 Plantagon（瑞典），以及其他公司的启动或扩张（Sijmonsma，2019，2018）。在这里，我们举一些公司的例子，这些公司有具体的计划来建设或扩大它们的垂直农场。2019 年，斯泰食品集团（Staay Food Group）计划在其新鲜方便食品工厂的旁边建设一座大型垂直农场，该工厂位于荷兰的一片圩田内，在那里制作鲜切水果和蔬菜沙拉（Staay Food

Group，2019）。根据斯泰食品集团最初的计划，垂直农场应该在2017年6月完工，由于在建筑物中种植植物的立法问题和获得补贴等原因导致长时间的延误，最终这一计划未能实现。“七步登天”公司（Seven Steps To Heaven，位于荷兰埃因霍温）已经在一个旧飞利浦发电厂的七楼拥有一个150 m^2 的PFAL，将在2019年建造一个2 500 m^2 的食物生产农场，用于生产叶菜和药草，以及高线番茄、黄瓜和辣椒等作物（Seven Steps To Heaven，2019）。

在比利时布鲁塞尔，“都市收获”公司（Urban Harvest）正在建设一个大型垂直农场，并计划于2019年投入运营（A. Van Deun，个人通讯，2019年2月4日）。在意大利米兰，初创公司“星球农场”（Planet Farms）经营着一个占地面积为60 m^2 的垂直农业研究实验室。该公司计划在2019—2020年建设大规模的PFAL。该PFAL一旦建成，将实现全自动化，每年可在约10 000 m^2 的总种植面积上生产约1 000 t绿叶蔬菜（L. Travaglini，个人通讯，2019年8月6日）。该项目的战略合作伙伴有：Signify（飞利浦光照，Philips Lighting）、Woodbeton（一家专门从事大型木结构的意大利公司）、Sirti（一家专门从事大型电信网络的意大利公司）、255 Hec（一家意大利“交钥匙”工厂、机械供应商及知识流程外包供应商）、Repower（一家从事能源业务的瑞士公司）、Netafim（一家以色列灌溉和作物管理技术制造商和分销商）和Travaglini（一家意大利气候控制设备与腊肉、鱼和奶酪工业自动化制造商）（Fresh Plaza，2019）。

4.3.5 垂直农业作为老牌欧洲企业新市场的范例

对于寻找增长机会的欧洲老牌企业，垂直农业这个新兴产业日益重要的地位并未被忽视。温室行业的历史参与者正在将扩展垂直农业作为一种市场发展战略，从而为现有产品寻找新的用户。同样，以前对园艺领域陌生的公司正在迅速向垂直农业领域扩张。

荷兰光源制造商“飞利浦光照”公司（Philips Lighting）的新公司Signify一直积极开发垂直农业（他们称之为“都市农业”）领域的知识。该公司的目标是成为一家高度依赖光照技术行业的领先供应商（Signify，2019）。该公司有两套研究和示范设施：一套是位于荷兰芬洛的Brightbox（与植物学和HAS应用科学大学合作），另一套是位于荷兰埃因霍温的飞利浦智慧种植中心（Philips

Growwise Center)。在欧洲，还有很多光照公司活跃在垂直农业领域（如 Bjb、Bssled、Fiberli、Genesis Scientific、Heliospectra、Hortilux Schréder、Osram、Pj Industries、Prolite、Sanlight、Valoya)。另外，一些欧洲蔬菜育种公司也开始对垂直农业表现出兴趣（如 Basf、Bayer、Cn seed、Enza Zaden、Keygene、Rijk Zwaan)（Den Besten，2019)。在温室园艺的自动化和气候控制技术领域，许多公司已经将它们的技术应用于垂直农业（如 Bosman Van Zaal、Cambridgehok、Certhon、Codema、Cogas、Hoogendoorn、Idromeccanica Lucchini、Logiqs、Priva、Ridder)。由荷兰公司组成的财团发起了“都市农业合作伙伴计划”(Urban Farming Partners)，其将在新加坡建设一座大型垂直农场（Urban Farming Partners，2019 年)。2019 年 6 月，Priva、Ocado 和总部位于美国的垂直农场 80 Acres Farms 等公司成立了 Infinite Acres，这是一家合资企业，旨在为自动化“交钥匙”垂直农场提供全方位服务解决方案（Infinite Acres，2019)。

随着垂直农业应用于家庭和办公室成为一种有前景的趋势，家具领域的大型欧洲公司已经表现出了兴趣。正如前面提到的，截至 2018 年，Seb 除了是投资者，还与爱沙尼亚的初创企业 Click & Grow 共同出资，并成为其分销商合作伙伴。此外，宜家还投资了 Click & Grow。2016 年，宜家推出了一款垂直农业套件，即利用人工光源水培药草和绿叶蔬菜（Ikea，2019)。此外，在 2017 年和 2019 年，它们投资了美国著名的垂直农场 Aerofarms。在致力于艺术和设计的活动中，宜家创新实验室 Space10 提出了基于垂直农业的创新家具概念(Caspersen，2018；Space10、2019、2018)。宜家宣布，它在 2019 年将为家庭推出一系列新的室内农产品，以鼓励可持续的生活方式（Yalcinkaya，2018)。该产品将于 2021 年上市。2019 年年初，宜家在瑞典赫尔辛堡和马尔默的门店旁边安装了两座集装箱式垂直农场，以便为餐厅种植生菜（Hortidaily，2019；Thomasson，2019)。瑞典循环农业公司“宝标”(Bonbio）和比利时垂直农业技术供应商“都市作物解决方案”(Urban Crop Solutions）开发了使用有机废物产生的营养液种植植物的集装箱式农场系统。另一个家具领域的公司对家电农场感兴趣的例子是意大利的 Comprex 公司。该公司与博洛尼亚大学、里维埃拉(Riviera 家用电器的设计者和制造商）和 Flytech（定制光照产品的设计者和制造商）合作，正在开发一种小型水培系统，其允许根据作物品种的具体特征来设置光照、气候、灌溉管理等条件（F. Orsini，个人通讯，2019 年 1 月 13 日）。

许多食品服务供应商正在其经营场所安装店内农场。其目标是在提供药草和微型蔬菜方面实现自给自足，并提供新鲜清洁的产品。此外，店内农场为顾客提供娱乐。在德国柏林，Good Bank 餐厅利用 Infarm 的店内农场，在柜台旁根据菜谱种植沙拉叶片。在英国的布里斯托尔，Suncraft 餐厅拥有一座由 Hydrogarden 开发的店内农场。在荷兰的乌得勒支，“绿色房子”（Green House）拥有一座屋顶温室，在其内配有由 Hrbs 提供的人工光照和垂直农业设施。屋顶温室是一个引人注目的展示场所，也为客户生产药草。在荷兰的埃因霍温，艾玛餐厅/酒吧/糕点店利用 Light4food 公司提供的店内农场种植绿叶蔬菜。在荷兰瓦赫宁根大学的校园里，未来餐厅（Restaurant of the Future）采用由 Vaversa 公司提供的垂直农场生产部分绿叶蔬菜，该公司专注于为餐厅建造店内农场。2019 年年初，Vaversa 在荷兰拥有 10 个单位，并与法国食品服务和设施管理公司 Sodexo 进行合作（Sodexo，2018）。Vaversa 与位于荷兰马尔森（Maarsen）的高档餐厅 De Zusters 合作，启动了一个试点项目（O. Francescanangeli，私人通讯，2019 年 2 月 4 日）。

为了满足客户对新鲜健康农产品日益增长的需求，以可持续的理念和小的生态足迹为遵循，欧洲零售业的大公司开始测试店内垂直农业的概念。德国麦德龙（Metro）公司是欧洲最大的零售和批发商之一。2016 年，麦德龙与 Infarm 合作，启动了一个试点项目，在其柏林的批发商店中就地种植药草和蔬菜（Maxwell，2016）。2018 年年底，作为柏林体验的有益标志，它们在巴黎麦德龙的主店内开设了一座新的 80 m^2 的店内农场（O'Hear，2018）。2018 年 11 月，法国大众零售商 Casino 也在其位于瓦朗圣希莱尔的商店中设置了一个 Infarm 单元（Cadoux，2018）。德国最大的超市公司 Edeka 与 Infarm 合作，在德国的 71 个销售点引进了店内农场。同样，瑞士最大的零售公司 Migros 在瑞士各地的商店中引入了 7 个 Infarm 店内农场（Infarm，2019）。Jumbo 是荷兰最大的连锁超市之一，它于 2018 年 12 月在维吉尔镇启动了其第一个店内农场，其中多层水培系统是由荷兰公司 Own Greens 开发的（Jumbo，2018）。2018 年 12 月，比利时零售公司 Colruyt 宣布计划在 2019 年秋季引入店内农场，以其自有品牌 Boni Selection 提供新鲜和可持续的药草（Hortidaily，2018b）。从 2018 年 10 月开始，瑞典连锁超市 Coop

Butiker & Stormarknader 与垂直农业初创企业 Grönska Stadsodling 合作，在商店中直接种植药草（Coop，2018）。在 2018 年，法国国际零售商欧尚（Auchan）超市在马德里的一家大型超市中引入了一种水培设施，以便为顾客提供新鲜的生菜（Hortidaily，2018c）。此外，欧尚超市与意大利初创企业 Agricooltur 正在意大利的一家大型超市测试一种基于雾培技术的店内农场（Souissi，2019）。还有，2019 年欧尚超市将 Infarm 的一些店内农场安置在卢森堡的一家门店中（Sawers，2019）。美国著名城市温室公司 Auchanin Gotham Greens 创始人的私募股权基金 Creadevd 的投资反映了欧尚超市对室内农业市场的战略方针（Burwood – Taylor，2018）。

4.4 最后的意见和结论

垂直农业仍然是一个拥有改进空间的新兴行业。虽然目前在欧洲，这一行业的公司数量相对较少，但它正在吸引许多愿意投资的公司。而且，利用垂直农业技术最赚钱的方式还尚未建立。现在就欧洲垂直农业的市场成功做出任何影响深远的结论还为时过早。在未来几年降低产品的成本价格和减少能源消耗是很重要的。在很多情况下，种植的作物都是绿叶蔬菜和药草。然而，也有一些多样化的作物，如草莓和番茄。垂直农业也可能非常适合生产具有特定代谢物的植物，以用作药物、营养品或护肤品。除了在专门设施中生产植物的垂直农场外，在餐厅和超市的店内农场、家具企业支持的家电农场等其他领域，也出现了利用垂直农业概念的有趣趋势。

致谢

作者感谢 Luuk Graamans（荷兰瓦格宁根大学和研究中心）、Gus van der Feltz（农场技术协会）、Francesco Orsini（意大利博洛尼亚大学）、John Bijl（Own Greens 的 Vitro Plus）、Cecilia Stanghellini（荷兰瓦格宁根大学和研究中心）、Olivier Francescanangeli（Vaversa）、Jon van Wagenen（美国 Aerofarms 垂直农场公司）、Pavlos Kalaitzoglou（Infarm）、Luca Travaglini（Planet Farms）、Berjelle van

Namen（van Namen Specialties）和 Henry Gordon - Smith 提供了非常有用的信息。

作者还感谢 James Lloyd - Jones（琼斯食品公司）、Josephine Ceccaldi（Agricool）、Kahina Bekouche（Infarm）和 Matthew Lombart（Click & Grow）分别提供了图 4.1 ~ 图 4.4。

此外，作者特别感谢 Julia Winkeler 对本章原稿的审阅和修改。

参考文献

Abboud, L., 2019. Farm labs that grow crops indoors race to transform future of food. Financ. Times [WWW Document]. https://www.ft.com/content/6a940bf6-35d4-11e9-bd3a-8b2a211d90d5.

AFAUP, 2019. Association Française d'Agriculture Urbaine Professionnelle [WWW Document]. Assoc. Française d'Agriculture Urbaine Prof. http://www.afaup.org/.

AVF, 2019. Association for vertical farming. Assoc. Vert. Farming. [WWW Document] https://vertical-farming.net/.

Benis, K., Ferrão, P., 2018. Commercial farming within the urban built environment — taking stock of an evolving field in northern countries. Glob. Food Sec. 17, 30—37. https://doi.org/10.1016/j.gfs.2018.03.005.

Burwood-Taylor, L., 2018. Gotham Greens Raises $29m Series C for Urban Greenhouses. AgFunderNews [WWW Document]. https://agfundernews.com/breaking-gotham-greens-raises-29m-series-c-urban-greenhouses.html.

Cadoux, M., 2018. Casino supermarché lance la production d'herbes aromatiques sous serre en magasin. LSA Commer. Consomm [WWW Document]. https://www.lsa-conso.fr/casino-supermarche-lance-la-production-d-herbes-aromatiques-sous-serre-en-magasin,304586.

Caplow, T., Nelkin, J., 2007. Building-integrated greenhouse systems for low energy cooling. In: 2nd PALENC Conference and 28th AIVC Conference on Building Low Energy Cooling and Advanced Ventilation Technologies in the 21st Century. Crete Island, Greece, pp. 172—176.

Caspersen, S., 2018. Space10 Open Sources the Growroom. Space10 [WWW Document]. https://space10.io/space10-open-sources-the-growroom-2/.

Coop, 2018. Coop Satsar På Stadsodling I Butik [WWW Document]. https://pressrum.coop.se/coop-satsar-pa-stadsodling-i-butik/.

CEUG, 2019. UK Controlled Environment Users' Group [WWW Document]. UK Control. Environ. Users' Gr. https://www.ceug.ac.uk/.

Click&Grow, 2018. Click & Grow Raises $11 Million in Investment. Click&Grow, [WWW Document]. https://eu.clickandgrow.com/blogs/news/click-grow-raises-11-million-in-investment.

Crunchbase, 2019a. Agricool. Crunchbase [WWW Document]. https://www.crunchbase.com/organization/agricool.

Crunchbase, 2019b. Infarm. Crunchbase [WWW Document]. https://www.crunchbase.com/organization/infarm#section-overview.

Crunchbase, 2019c. Click & Grow. Crunchbase [WWW Document]. https://www.crunchbase.com/organization/click-grow.

Deliscious, 2019. Deliscious. Deliscious [WWW Document]. https://www.deliscious.eu/.

Den Besten, J., 2019. Vertical farming development; the Dutch approach. In: Anpo, M., Hirokazu, F., Teruo, W. (Eds.), Plant Factory Using Artificial Light. Elsevier, pp. 307—317. https://doi.org/10.1016/B978-0-12-813973-8.00027-0.

Dillet, R., 2018. Agricool Raises Another $28 Million to Grow Fruits in Containers. TechCrunch [WWW Document]. https://techcrunch.com/2018/12/03/agricool-raises-another-28-million-to-grow-fruits-in-containers/.

European Commission, 2008. Commission Regulation (EC) No 889/2008 of 5 September 2008 laying down detailed rules for the implementation of Council Regulation (EC) No 834/2007 on organic production and labelling of organic products with regard to organic production, labelling and co. Official J European Union.

FloralDaily, 2016. Sercom Automated Vertical Farming Long before the Hype. FloralDaily [WWW Document]. https://www.floraldaily.com/article/5507/Sercom-automated-Vertical-Farming-long-before-the-hype/.
Fresh Plaza, 2019. Planet Farms announce largest vertical farming facility in Europe [WWW Document]. Fresh Plaza. https://www.freshplaza.com/article/9111377/planet-farms-announce-largest-vertical-farming-facility-in-europe/.
FTS, 2019. FarmTech Society. FarmTech Soc [WWW Document]. https://farmtechsociety.org/.
Germer, J., Sauerborn, J., Asch, F., de Boer, J., Schreiber, J., Weber, G., Müller, J., 2011. Skyfarming an ecological innovation to enhance global food security. J. für Verbraucherschutz und Leb. 6, 237. https://doi.org/10.1007/s00003-011-0691-6.
Graamans, L., Baeza, E., van den Dobbelsteen, A., Tsafaras, I., Stanghellini, C., 2018. Plant factories versus greenhouses: comparison of resource use efficiency. Agric. Syst. 160, 31−43. https://doi.org/10.1016/j.agsy.2017.11.003.
Hortidaily, 2018a. UK: 5.120 M2 Indoor Farm Comes to North Lincolnshire. Hortidaily [WWW Document]. https://www.hortidaily.com/article/43902/UK-Europes-biggest-indoor-farm-comes-to-North-Lincolnshire/.
Hortidaily, 2018b. Belgian Supermarket to Introduce In-Store Vertical Farms. Hortidaily [WWW Document]. https://www.hortidaily.com/article/9049883/belgian-supermarket-to-introduce-in-store-vertical-farms/.
Hortidaily, 2018c. Spain: Alcampo Introduces Floating Live Lettuce. Hortidaily [WWW Document]. https://www.hortidaily.com/article/9033528/spain-alcampo-introduces-floating-live-lettuce/.
Hortidaily, 2019. Ikea Harvest First Lettuce from Stores Helsingborg and Malmö [WWW Document]. https://www.hortidaily.com/article/9087905/ikea-harvest-first-lettuce-from-stores-helsingborg-and-malmoe/.
Ikea, 2019. Indoor Gardening Products. IKEA [WWW Document]. https://www.ikea.com/gb/en/products/indoor-gardening/.
Infarm, 2019. Find Us - Infarm. Infarm [WWW Document]. https://infarm.com/find-us/.
Infinite Acres, 2019. Infinite Acres [WWW Document]. Infin. Acres. https://www.infinite-acres.com/.
Jumbo, 2018. Jumbo Starts Test with Self-Cultivation of Herbs. Jumbo news [WWW Document]. https://nieuws.jumbo.com/persbericht/jumbo-start-test-met-zelf-kweken-van-kruiden/361/.
Konrad, A., 2017. The Best Startup Accelerators of 2017. Forbes [WWW Document]. https://www.forbes.com/sites/alexkonrad/2017/06/07/best-accelerators-of-2017/#65b4ebe310cb.
Küsterling, S., 2018. In der Schweiz sind alle Bauern Urban Farmers. Startupticker [WWW Document]. https://www.startupticker.ch/en/news/april-2018/in-der-schweiz-sind-alle-bauern-urban-farmers.
Maxwell, M., 2016. Metro Cash & Carry Trials In-Store Farms. Fruitnet [WWW Document]. http://www.fruitnet.com/eurofruit/article/168307/metro-cash-carry-trials-in-store-farms.
Nils, E., 2018. Groente Kweken in Voedselflats: Kansrijk, Maar Kostbaar. Trouw [WWW Document]. https://www.trouw.nl/groen/groente-kweken-in-voedselflats-kansrijk-maar-kostbaar～a591e239/.
Ocado, 2019. Ocado Brings its Innovation and Automation Expertise to Sustainable Vertical Farming − Ocado Group [WWW Document]. Ocado. https://www.ocadogroup.com/news-and-media/news-centre/2019/ocado-brings-its-innovation-and-automation-expertise.aspx.
OTA, 2019. Hydroponics [WWW Document]. https://ota.com/advocacy/organic-standards/emerging-standards/hydroponics.
O'Hear, S., 2018. Infarm Expands its 'in-Store Farming' to Paris. TechCrunch [WWW Document]. https://techcrunch.com/2018/11/08/infarm-paris/.
Rabobank, 2018. Vertical Farming in the Netherlands. Rabobank. Lambert van Horen, Venlo, the Netherlands lecture 27 June 2018.
Sanyé-Mengual, E., Anguelovski, I., Oliver-Solà, J., Montero, J.I., Rieradevall, J., 2016. Resolving differing stakeholder perceptions of urban rooftop farming in Mediterranean cities: promoting food production as a driver for innovative forms of urban agriculture. Agric. Hum. Val. 33, 101−120. https://doi.org/10.1007/s10460-015-9594-y.
Sawers, P., 2019. Infarm raises $100 million to expand its urban farming platform to the U.S. and beyond | VentureBeat [WWW Document]. Ventur. Beat. https://venturebeat.com/2019/06/11/infarm-raises-100-million-to-expand-its-urban-farming-platform-to-the-u-s-and-beyond/.
Seven Steps To Heaven, 2019. Seven Steps to Heaven, Indoor Farming, Vertical Farming, Controlled Environment Agriculture. Seven Steps To Heaven [WWW Document]. https://seven-steps-to-heaven.com/.
Signify, 2019. City Farming. Signify [WWW Document]. http://www.lighting.philips.com/main/products/horticulture/city-farming.
Sijmonsma, A., 2018. Vertical Farming Is Difficult in the Netherlands. Hortidaily [WWW Document]. https://www.hortidaily.com/article/44518/Vertical-farming-is-difficult-in-the-Netherlands/.

Sijmonsma, A., 2019. Swedish Vertical Farming Company Plantagon International Bankrupt. Hortidaily [WWW Document]. https://www.hortidaily.com/article/9075157/swedish-vertical-farming-company-plantagon-international-bankrupt/.

Sodexo, 2018. Betting on Innovation by Sodexo Is Rewarded. Sodexo [WWW Document]. https://nl.sodexo.com/home/media/newsListArea/nieuwsarchief/inzetten-op-innovatie-door-sodex.html.

Souissi, M., 2019. A Greenhouse in an Auchan Hypermarket. Int. Supermark. News [WWW Document]. https://www.internationalsupermarketnews.com/a-greenhouse-in-an-auchan-hypermarket/.

Space10, 2018. The Growroom: Exploring How Cities Can Feed Themselves. Space10 [WWW Document]. https://space10.io/the-growroom/.

Space10, 2019. Lokal — Serving You Fresh Food, Right where It's Grown. Space10 [WWW Document]. http://lokal.space10.io/.

Specht, K., Siebert, R., Thomaier, S., 2016a. Perception and acceptance of agricultural production in and on urban buildings (ZFarming): a qualitative study from Berlin, Germany. Agric. Hum. Val. 33, 753−769. https://doi.org/10.1007/s10460-015-9658-z.

Specht, K., Weith, T., Swoboda, K., Siebert, R., 2016b. Socially acceptable urban agriculture businesses. Agron. Sustain. Dev. 36, 1−14. https://doi.org/10.1007/s13593-016-0355-0.

Spruijt, J., Jansma, J.E., Vermeulen, T., de Haan, J.J., Sukkel, W., 2015. Stadslandbouw in kantoorpanden: Optie of utopie?.

Staay Food Group, 2019. Staay Vertical Farming. Staay Food Gr. [WWW Document]. https://www.verticalfarmconsortium.com/

Stanghellini, C., Van 't Ooster, B., Heuvelink, E., 2019. Vertical farms. In: Greenhouse Horticulture. Wageningen Academic Publishers, The Netherlands. https://doi.org/10.3920/978-90-8686-879-7.

Thomasson, E., 2019. IKEA to Start Serving Salad Grown at its Stores - the New York Times. New York Times [WWW Document]. https://www.nytimes.com/reuters/2019/04/04/business/04reuters-ikea-sustainability.html.

Tiersma, T., 2019. First Harvest Lettuce on Water: Now Still by Hand but Later Fully Automatic. groenten nieuws [WWW Document]. https://www.groentennieuws.nl/article/9068448/eerste-oogst-sla-op-water-nu-nog-met-de-hand-maar-straks-volautomatisch//.

Tiersma, T., 2019. Eerste kruiden uit champignoncel liggen in het schap [WWW Document]. AGF. https://www.agf.nl/article/9126847/eerste-kruiden-uit-champignoncel-liggen-/.

Tuinderij Bevelander, 2019. Tuinderij Bevelander. Tuinderij Bevelander [WWW Document]. https://www.tuinderijbevelander.nl/.

UKUAT, 2019. UK Urban AgriTech collective [WWW Document]. UK Urban AgriTech Collect. https://www.ukuat.org/.

Urban Farming Partners, 2019. Opportunities for Urban Farming in Singapore. Urban Farming Partners [WWW Document]. https://www.urbanfarmingpartners.sg/.

Vitro Plus, 2019. Vitro Plus, the Fern Firm. Vitr. Plus. [WWW Document]. https://www.vitroplus.nl/

Yalcinkaya, G., 2018. Ikea and Tom Dixon Announce Ikea Urban Farming Collection. dezeen [WWW Document]. https://www.dezeen.com/2018/11/29/ikea-tom-dixon-urban-farming-gardens/.

第 5 章
植物工厂——作为一种资源高效型的密闭植物生产系统

古在丰树[1]（Toyoki Kozai），钮根花[2]（Genhua Niu）
（[1] 日本千叶县柏市千叶大学日本植物工厂协会暨环境、健康与大田科学中心；[2] 美国得克萨斯农工大学得克萨斯达拉斯 AgriLife 研究中心）

缩略词表

COP	冷却性能系数（coefficient of performance for cooling）
CPPS	密闭植物生产系统（closed plant production system）
CTPS	密闭移栽苗生产系统（closed transplant production system）
EC	电导率（electrical conductivity）
FL	荧光灯（fluorescent lamp）
LAI	叶面积指数（leaf area index）
LCA	生命周期评估（life cycle assessment）
LED	发光二极管（light - emitting diode）
PAR	光合有效辐射（photosynthetically active radiation）
PFAL	人工光照植物工厂（plant factory with artificial lighting）
RUE	资源利用率（resource use efficiency）
SPPS	可持续植物生产系统（sustainable plant production system）
VAD	水蒸气分压差（water vapor partial pressure deficit）

符号、变量和系数名称、单位和等式编号列表

符号	名称
$A_A(MJ \cdot m^{-2} \cdot h^{-1})$	空调机（热泵）耗电量[式(5.9)、式(5.11)、式(5.12)]
$A_L(MJ \cdot m^{-2} \cdot h^{-1})$	光源耗电量[式(5.8)、式(5.11)、式(5.12)]
$A_M(MJ \cdot m^{-2} \cdot h^{-1})$	水泵和风扇等耗电量[式(5.11)和式(5.12)]
$A_T(MJ \cdot m^{-2} \cdot h^{-1})$	总耗电量（$A_A + A_L + A_M$）[式(5.11)]
CUE	CO_2 利用率[式(5.3)]
COP	制冷热泵的性能系数[式(5.9)和式(5.12)]
$C_{内}(\mu mol \cdot mol^{-1})$	室内空气中 CO_2 浓度[式(5.4)和式(5.13)]
$C_{外}(\mu mol \cdot mol^{-1})$	室外空气中 CO_2 浓度[式(5.4)和式(5.13)]
$C_L(\mu mol \cdot m^{-2} \cdot h^{-1})$	CO_2 外泄率[式(5.3)和式(5.4)]
$C_P(\mu mol \cdot m^{-2} \cdot h^{-1})$	植物 CO_2 固定率[式(5.3)和式(5.13)]
$C_R(\mu mol \cdot m^{-2} \cdot h^{-1})$	在室内空气中人体呼吸的 CO_2 释放率[式(5.3)和式(5.13)]
$C_S(\mu mol \cdot m^{-2} \cdot h^{-1})$	从 CO_2 气瓶向室内空气中的 CO_2 供给率[式(5.3)、式(5.7)和式(5.13)]
$D(\mu mol \cdot m^{-2} \cdot h^{-1})$	植株干重增加率[式(5.5)和式(5.6)]
EUE_L	电能利用率[式(5.7)]
$F(m^2)$	栽培室建筑面积[式(5.13)~式(5.17)]
$f(MJ \cdot kg^{-1})$	从植物干重到化学能的转换系数，20 $MJ \cdot kg^{-1}$[式(5.5)~式(5.7)]
FUE_I	无机肥料利用率[式(5.10)]
h	从电能到 PAR_L 的转换系数[式(5.7)和式(5.8)]
$H_h(MJ \cdot m^{-2} \cdot h^{-1})$	热泵从栽培室中移走的热能[式(5.9)和式(5.12)]
$H_V(MJ \cdot m^{-2} \cdot h^{-1})$	通过空气渗入和穿透墙壁进行的热能交换[式(5.12)]
$I_{内}(mol \cdot mol^{-1})$	栽培床营养液入口处无机肥料离子元素“I”的离子浓度[式(5.17)]
$I_{外}(mol \cdot mol^{-1})$	栽培床营养液出口处无机肥料离子元素“I”的离子浓度[式(5.17)]

续表

I_S(mol · m^{-2} · h^{-1})	向 PFAL 供应的无机肥料离子元素“I”的供应率[式(5.10)]
I_U(mol · m^{-2} · h^{-1})	植物对无机肥料离子元素“I”的吸收率[式(5.10)和式(5.17)]
k_C(kg · m^{-3})	CO_2 体积向质量的换算系数（在 25℃和 101.3kPa 的条件下为 1.80 kg · m^{-3}）[式(5.4)和式(5.13)]
k_{WV}(kg · m^{-3})	液态水的体积与质量的换算系数（在 25℃和 101.3 kPa 的条件下为 0.736 kg · m^{-3}）[式(5.2)]
k_{LW}(kg · m^{-3})	液态水体积与质量的换算系数（在 25℃和 101.3 kPa 的条件下为 997 kg · m^{-3}）[式(5.16)]
LUE_L	PAR_L 的光能利用率[式(5.5)和式(5.7)]
LUE_P	PAR_P 的光能利用率[式(5.6)]
N(次 · h^{-1})	空气交换次数[式(5.2)、式(5.4)、式(5.13)、式(5.14)]
PAR_L(MJ · m^{-2} · h^{-1})	光源发射出的光合有效辐射[式(5.5)、式(5.7)和式(5.8)]
PAR_P(MJ · m^{-2} · h^{-1})	植物群落表面接收的光合有效辐射[式(5.6)]
V_A(m^3)	室内空气的体积[式(5.2)、式(5.4)、式(5.13)和式(5.14)]
V_{LW}(m^3)	栽培床内的营养液体积[式(5.16)和式(5.17)]
$X_{内}$(kg · m^{-3})	室内空气的水蒸气密度[式(5.2)和式(5.14)]
$X_{外}$(kg · m^{-3})	室外空气的水蒸气密度[式(5.2)和式(5.14)]
W_C(kg · m^{-2} · h^{-1})	被收集后用于在 PFAL 中循环使用的液态水[式(5.1)和式(5.14)]
W_L(kg · m^{-2} · h^{-1})	从 PFAL 到外部的水蒸气损失率[式(5.1)和式(5.2)]
W_P(kg · m^{-2} · h^{-1})	PFAL 中植物体内持有的水分[式(5.1)]
W_S(kg · m^{-2} · h^{-1})	PFAL 中的液态水供应率[式(5.1)和式(5.15)]
W_T(kg · m^{-2} · h^{-1})	PFAL 中植物的蒸腾速率[式(5.14)和式(5.15)]
W_U(kg · m^{-2} · h^{-1})	PFAL 水培床中植物的水分吸收速率[式(5.15)和式(5.16)]
$W_{向内}$(kg · m^{-2} · h^{-1})	PFAL 水培床中的进水速率[式(5.16)和式(5.17)]
$W_{向外}$(kg · m^{-2} · h^{-1})	PFAL 水培床中的出水速率[式(5.16)和式(5.17)]
WUE	水利用率[式(5.1)]

5.1　前言

本章首先介绍了 PFAL 这样一种 CPPS 的特点和主要组成部分，然后介绍了各个组成部分的 RUE 的概念和定义，主要从 RUE 的角度，将 PFAL 的特性与温室的特性进行了比较。结果表明，在 PFAL 中的水、CO_2 和光能的利用率要明显高于温室。另外，PFAL 在光能和电能利用率方面还有很大的改进空间。此外，本章还讨论了 PFAL 在 RUE 方面具有挑战性的问题。本章是 Kozai（2013 年）的拓展和修订版本。

5.2　PFAL 的定义和主要组成部分

PFAL 是 CPPS 的一种类型，被定义为覆盖不透明隔热层的类似仓库的结构，在其中将通风保持在最低限度，并使用人工光作为植物生长的唯一光源（Kozai，1995，2005）。在 PFAL 中，无论天气如何，都可以根据需要精确控制植物生长的环境。除了水培系统中的循环营养液，还可以将植物蒸腾的水分通过空调机的冷却板进行冷凝和收集，然后循环用于灌溉。密闭移栽苗生产系统和密闭微繁殖系统是 PFAL 的两种不同类型（Kozai et al.，2000，2005）。

PFAL 由 6 个主要的结构部分组成（图 5.1）：①隔热良好且几乎密闭的仓库式结构，覆盖不透明的墙壁；②多层系统（多为 4 ~ 16 层或多层；层间垂直高度为 40 ~ 60 cm），并在栽培床上方安装 LED 等光照装置；③空调机（也称为热泵，主要用来降温和除湿，以消除栽培室内灯具所产生的热量和植物蒸腾的水蒸气）以及风扇，后者被用于循环空气以增强光合作用和蒸腾作用，并实现均匀的空间空气分布；④CO_2 供应单元，使室内 CO_2 浓度在光周期内保持在 1 000 $\mu mol\ mol^{-1}$（或 ppm）左右，以增强植物的光合作用；⑤营养液供给单元；⑥环境控制单元，包括营养液的电导率（electrical conductivity，EC）和 pH 值等的控制器（Kozai，2007；Kozai et al.，2006）。

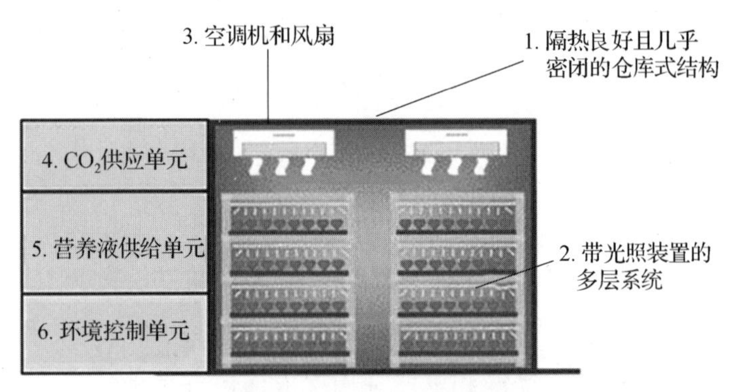

图 5.1 PFAL 的结构示意

（为包含 6 个主要组成部分的 CPPS。图中第 2 ~ 6 号组成部分的运行需要电力）

PFAL 的设计和运行必须达到以下目标：①利用最少的资源，使植物的可用或可销售部分的数量达到最大化；②维持最高的 RUE；③尽量减少向环境排放污染物；④在实现前 3 个目标的同时最小化成本（Kozai，2007；Kozai et al.，2006）。

在这些资源中，相当多的电能被消耗在 PFAL 中，主要用于光照和空调机。因此，电能和光能是提高 PFAL 使用效率的两种最重要的资源。

5.3 RUE 的定义

RUE 的概念示意如图 5.2 所示。对于在 PFAL 中种植植物的基本资源，即水、CO_2、光能、电能和无机肥料，单位时间间隔的 RUE（本章中单位时间用 h 表示）定义如式（5.1）~式（5.10）所示，并如图 5.3 所示（Li et al.，2012a，2012b；Ohyama et al.，2000；Yokoi et al.，2003，2005；Yoshinaga et al.，2000）。它们分别是水分利用率（water use efficiency，WUE）、CO_2 利用率（CO_2 use efficiency，CUE）、相对于 PAR_L 的光能利用率（light energy use efficiency with respect to PAR_L，LUE_L）、相对于 PAR_P 的光能利用率（light energy use efficiency with respect to PAR_P，LUE_P）、电能利用率（electrical energy use efficiency，EUE_L）和无机肥料利用率（inorganic fertilizer use efficiency，FUE_I）。PAR_L 和 PAR_P 分别是光源发出和植物群落表面接收的光合有效辐射。式（5.1）和式

（5.3）右侧所有变量的单位均为 $kg \cdot m^{-2}$（建筑面积）$\cdot h^{-1}$。这些使用效率是针对含有植物的 PFAL 来定义的。值得注意的是，在植物生态学和农学领域，WUE 是根据植物或植物群落来定义的（Salisbury and Ross，1991）。对于式（5.3）中的 CUE，仅在 PFAL 中进行 CO_2 供应或 CO_2 浓度升高时予以定义。Li（2012a，b，c）等人描述了估算式（5.1）~式（5.7）右侧变量值的方法。

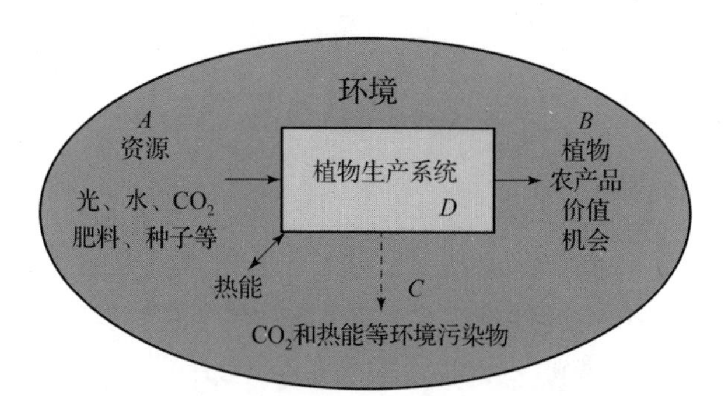

图 5.2　植物生产系统 RUE 的概念示意

（RUE 被定义为 B 与 A 的比值，其中 $A = B + C + D$。针对每个资源组成部分而进行 RUE 估算。当每种资源都被以最高水平转化为产品时，植物生产系统即 CPPS，以便使资源消耗和环境污染物排放达到最小化，从而产生最高的 RUE 和最低的资源与污染处理成本。PFAL 是 CPPS 的一种类型）

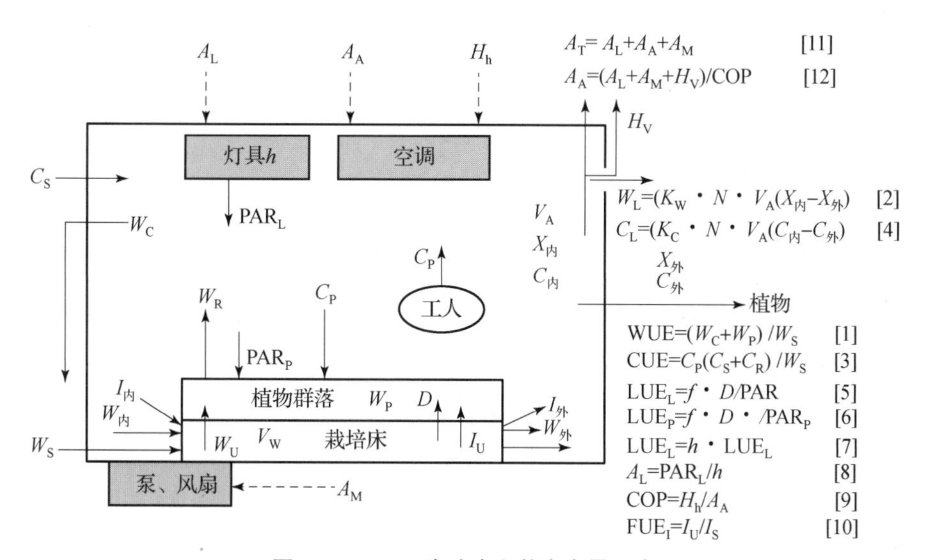

图 5.3　PFAL 中速率和状态变量示意

（实线代表物质流，虚线代表能量流。括号内的数字代表正文中的公式编号。有关符号的含义参见符号列表）

5.3.1 WUE

WUE 的估算方法如下：

$$\mathrm{WUE}=\frac{W_{\mathrm{C}}+W_{\mathrm{P}}}{W_{\mathrm{S}}}=\frac{W_{\mathrm{S}}+W_{\mathrm{L}}}{W_{\mathrm{S}}} \tag{5.1}$$

$$W_{\mathrm{L}}=V_{\mathrm{A}}N\frac{X_{内}-X_{外}}{F} \tag{5.2}$$

其中，W_C 为在空调机冷却板上收集到的供循环使用的水的质量（$kg \cdot m^{-2} \cdot h^{-1}$）；$W_P$ 是植物和基质中含水量的变化（$kg \cdot m^{-2} \cdot h^{-1}$）；$W_S$ 为灌溉（或供给）到 PFAL 的水量（$kg \cdot m^{-2} \cdot h^{-1}$）；$W_L$ 是空气通过入口/出口和墙壁上的小缝隙渗透到外部的水蒸气的质量（$kg \cdot m^{-2} \cdot h^{-1}$）。在式（5.2）中，$N$ 为栽培室内每小时的空气交换次数（次 $\cdot h^{-1}$）；V_A 为栽培室内的风量（m^3）；F 为栽培室的建筑面积（m^2）；$X_{内}$和 $X_{外}$分别是栽培室内外每单位空气体积中含有水蒸气的质量（$kg \cdot m^{-3}$）。一般情况下，不会从栽培室向室外排放液体废水；如果有，则必须将其作为变量加到式（5.1）的右侧。

在式（5.2）中，假设 t 时刻的 $X_{内}$与（$t+\Delta t$）时刻相同，其中 Δt 为估计时间间隔。如果不是，将$\frac{X_{内}(t)-X_{内}(t+\Delta t)V_A}{\Delta t}$这一项加在式（5.2）的右侧末端，在大多数情况下这一项的值小得可以忽略不计。在估计时间间隔内 $X_{外}$随时间变化时，则将其平均值用于式（5.2）。

PFAL 的 WUE 为 0.93 ~ 0.98（图 5.4、表 5.1），温室的 WUE 为 0.02 ~ 0.03，即 PFAL 的 WUE 为温室的 30 ~ 50 倍（几乎等于 0.95/0.03 ~ 0.98/0.02）（Ohyama, et al., 2000；Kozai, 2013）。也就是说，与温室相比，PFAL 是一种高度节水的植物生产系统。值得注意的是，WUE 随着叶面积指数（LAI）的增加和空气交换次数（N）的减少而增加（图 5.5）。因此，CPPS 的气密性对实现高 WUE 至关重要。

具有隔热墙体和高度气密性（N 为 0.01 ~ 0.02 次 $\cdot h^{-1}$）的 PFAL 必须在开灯时通过空调机降温，即使在寒冷的冬季夜晚，也要通过去除灯产生的热量来保持合适的内部温度。在冷却过程中，被蒸发掉的水，即式（5.1）中的 W_C，其很

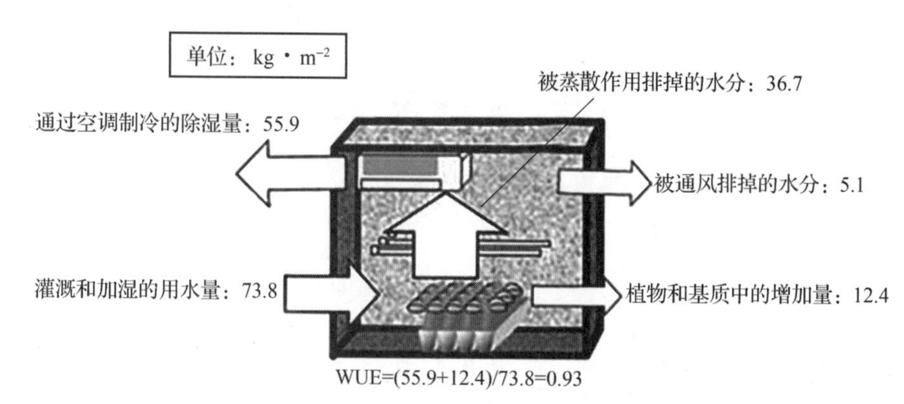

图 5.4　CPPS 中 14 d 的 WUE 试验结果

（在温室中通过蒸散作用排出的水分不能被重复利用。空气相对湿度被保持在 80% 左右，温度被保持在 30℃）（Ohyama et al.，2000）

表 5.1　PFAL 中 WUE、CUE、LUE_L 和 EUE_L 以及在通风设备关闭和/或打开时温室的 WUE、CUE 和 LUE_P

利用率	PFAL	通风设备关闭并使 CO_2 浓度升高的温室	通风设备打开时的温室	PFAL 的理论最大值
WUE	0.95～0.98	N/A	0.02～0.03	1.00
CUE	0.87～0.89	0.4～0.6	见图 5.7	1.00
LUE_L（灯、PAR_L）	0.027	—	—	约 0.10
LUE_P（植物群落）	0.032～0.043 0.05	N/A	0.017 0.003～0.032	约 0.10
EUE_L	0.007	—	—	约 0.40

LUE_L 和 EUE_L 仅适用于使用人工灯的 PFAL。N/A（不可用）表示 WUE、CUE 和 LUE_P 可以通过试验获得，但在文献中找不到数据。基于对每种利用率的理论考虑，PFAL 的最大值也在“PFAL 的理论最大值”一栏中给出。关于 WUE、CUE、LUE_L、EUE_L 和 EUE_P 的定义，参见正文中的式（5.1）～式（5.7）。

本表中的数值数据引用自（或基于）以下文献：Bugbee and Salisbury（1988）；Chiapale et al.（1984）；Li et al.（2012a，b，c）；Mitchell et al.（2012）；Ohyama et al.（2000）；Sager et al.（2011）；Shibuya and Kozai（2001）；Yokoi et al.（2003，2005）；Wheeler（2006）；Wheeler et al.（2006）。

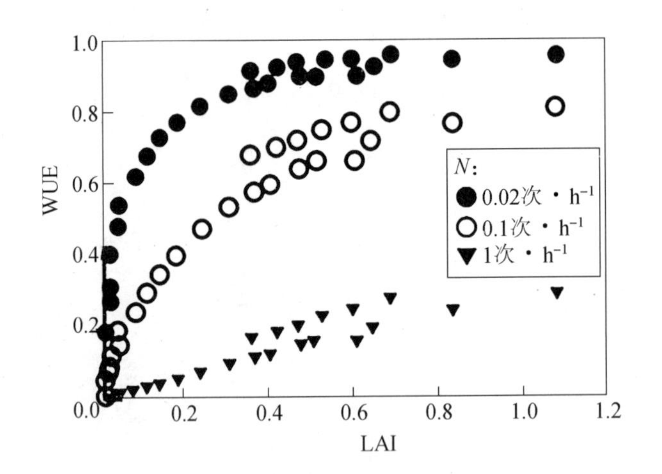

图 5.5 CPPS 的 WUE 受 LAI 和 N 的影响情况

（假设 CPPS 内、外的水蒸气密度分别为 16 g・m^{-3}和 6 g・m^{-3}。所有数值均为模拟值；Yokoi et al.，2005）

大一部分可以作为冷凝物被收集在热泵的冷却板上，并回收用于灌溉。由于 PFAL 的高气密性，只有一小部分 W_S 流失到外部。N 应小于 0.02 次・h^{-1}左右，以尽量减少 CO_2 向外界流失，并防止昆虫、病原体和灰尘等进入栽培室。

另外，温室内被蒸散的水蒸气无法回收利用，因为大部分水蒸气通过通风流失到室外，而其余的水蒸气大多凝结在温室墙壁的内表面。损失到外部的水蒸气量，即式（5.2）中的 W_L，随着通风设备打开的温室的（$X_{内} - X_{外}$）和 N 的增加而增加。N 的变化范围为 0.5～100 次・h^{-1}，具体取决于通风设备的数量、开度以及室外风速（Chiapale，et al.，1984）。

在关掉所有灯的情况下，PFAL 的室内空气相对湿度接近 100%，因此蒸腾作用很小，这可能导致植物生理紊乱。因此，为了避免出现这种情况，往往将 PFAL 中的栽培层分为 2～3 组，并使每组中的灯每天轮流打开 12～16 h，以在一天中的任何时候从灯中产生热量，从而使热泵运行 24 h 而对室内空气进行除湿和冷却。

5.3.2　CUE

CUE 被定义为

$$\mathrm{CUE}=\frac{C_{\mathrm{P}}}{C_{\mathrm{S}}-C_{\mathrm{R}}}=\frac{C_{\mathrm{S}}-C_{\mathrm{L}}}{C_{\mathrm{R}}-C_{\mathrm{S}}} \tag{5.3}$$

$$C_{\mathrm{L}}=k_{\mathrm{C}}N\frac{V_{\mathrm{A}}(C_{内}-C_{外})}{F} \tag{5.4}$$

其中，C_{P} 为净光合速率（μmol · m^{-2} · h^{-1}）；C_{S} 为 CO_2 供给率（μmol · m^{-2} · h^{-1}）；C_{R} 为栽培室工作人员的呼吸速率（μmol · m^{-2} · h^{-1}）（如果有的话）；C_{L} 为由于空气渗透而向外界流失的 CO_2 的速率（μmol · m^{-2} · h^{-1}）。利用工作人员数量、每人的工作时间和每人每小时呼吸释放的 CO_2 量（约 0.05 kg · h^{-1}）等数据，可以估算出 C_{R}（Li，et al.，2012b）。式（5.4）中，N、F、V_{A} 与式（5.2）相同，$C_{内}$和 $C_{外}$分别为栽培室内、室外的 CO_2 浓度（μmol · mol^{-1}）；k_{C} 为 mol 与体积的换算系数（25℃时为 0.024 5 m^3 · mol^{-1}）。应该注意的是，CO_2 通常是按质量购买的。在 25℃时，体积与质量的换算系数是 1.80 kg · m^{-3}。

在式（5.4）中，假设时刻 t 的 $C_{内}$与时刻（$t+\Delta t$）的相同，其中 Δt 为估计时间间隔。否则，将$\frac{C_{内}(t)-C_{内}(t+\Delta t)V_A}{\Delta t}$这一项加在式（5.4）的右侧，而且在大多数情况下这一项的值小得可以忽略不计。在 $C_{外}$在估计时间间隔期间随时间变化的情况下，在式（5.4）中使用平均值。

PFAL 中的 CUE 为 0.87 ~ 0.89，N 为 0.01 ~ 0.02 次 · h^{-1}，CO_2 浓度为 1 000 μmol · mol^{-1}（图 5.6、表 5.1），而在通风设备关闭时的温室内的 CUE 大约为 0.5，N 大约为 0.1 次 · h^{-1}，CO_2 浓度为 700 μmol · mol^{-1}（Yoshinaga，et al.，2000；Ohyama，et al.，2000）。因此，PFAL 的 CUE 大约是所有通风设备关闭且高 CO_2 浓度的温室中的 1.8 倍（=0.88/0.50）（Yokoi，et al.，2005）。这是因为释放到外部的 CO_2 量，即式（5.4）中的 C_{L} 随着 N 和（$C_{内}-C_{外}$）的增加而增加（图 5.6）。因此，高 CO_2 浓度的设定值在 PFAL 中一般会高于 1 000 ~ 2 000 μmol · mol^{-1}，而温室中为 700 ~ 1 000 μmol · mol^{-1}。

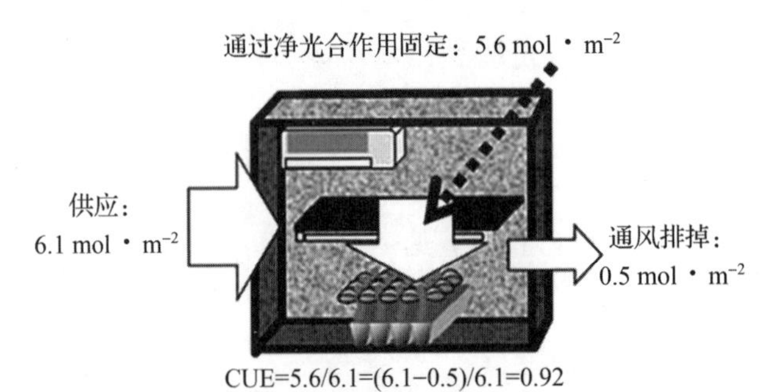

图 5.6　在 CPPS 中，在 $N=0.01$ 次 · h^{-1} 时 15 d 内 CUE 的试验结果

[在光照周期内，CO_2 浓度被保持在 1 000 μmol · mol^{-1} 左右（Yoshinaga, et al., 2000）。1 mol CO_2 等于 44 g]

当 PFAL 中的 N 和（$C_{内}-C_{外}$）随着时间的推移而恒定时，则 CUE 在 0～0.3 范围内随 LAI（叶面积指数或叶面积与栽培面积比值）的增加而增加（Yoshinaga, et al., 2000）。这是因为在式（5.3）中，C_P 随 LAI 的增加而增加，但 C_L 不受 LAI 的影响。另外，CUE 也会随着单位种植面积净光合速率的增加而增加（图 5.7）。为了在不影响 LAI 的情况下保持较高的 CUE，CO_2 浓度的设定点应随着 LAI 和/或净光合速率的增加而增加。

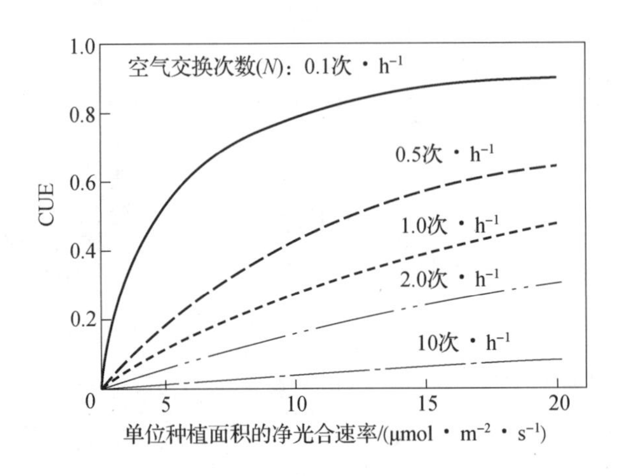

图 5.7　CUE 受净光合速率和 N（空气交换次数）的影响情况

[计算假设——建筑面积：1 000 m^2，房间风量：3 000 m^3；N：0.1，0.5，2.0，10（次 · h^{-1}）；CO_2 浓度：内、外分别为 1 000 和 350（μmol · mol^{-1}）；温度：内、外均为 27℃；种植区域被植物覆盖；土壤呼吸可以忽略不计（Yoshinaga, et al., 2000）；当屋顶和/或侧面的通风设备打开时，N 为 10～100 次 · h^{-1}]

5.3.3 光源和植物群落的光能利用率

将光源和植物群落的光能利用率（LUE_L 和 LUE_P）分别定义为：

$$LUE_L = \frac{fD}{PAR_L} \tag{5.5}$$

$$LUE_P = \frac{fD}{PAR_P} \tag{5.6}$$

其中，f 为从干重向固定在干重中的化学能的转换系数（约 20 $MJ \cdot kg^{-1}$）；D 为 PFAL 中整株或整株可售部分的干重增长率（$kg \cdot m^{-2} \cdot h^{-1}$）；$PAR_L$ 和 PAR_P 分别是在 PFAL 中光源发出的和被植物群落表面接收的光合有效辐射（PAR）（$MJ \cdot m^{-2} \cdot h^{-1}$）。

LUE_L 和 LUE_P 也可分别定义为 $b \times C_P/PAR_L$ 和 $b \times C_P/PAR_P$，其中 b 为植物固定 1 mol CO_2 的最小 PAR 能量（0.475 $MJ \cdot mol^{-1}$），C_P 为植物净光合速率（$\mu mol \cdot m^{-2} \cdot h^{-1}$）。在光照工程中，$PAR_P$ 与 PAR_L 的比值通常称为“利用系数”（utilization factor）。

温室中番茄幼苗生产的平均 LUE_P 为 0.017（Shibuya and Kozai，2001）。另外，PFAL 中番茄幼苗生产的平均 LUE_L 为 0.027（Yokoi，et al.，2003）。然而，应该指出的是，式（5.5）中 PFA_L 的 LUE_L 是根据光源发出的 PAR_L 估算的（Takatsuji and Mori，2011；Yokoi，et al.，2003），而式（5.6）中温室的 LUE_P 是根据在群落表面接收到的 PAR_P 估算的。PAR_P/PAR_L 估计为 0.63 ~ 0.71（Yokoi，et al.，2003）。因此，PFAL 中的 LUE_P 为 0.038（=0.027/0.71）~0.043（=0.027/0.63），比温室中的高 1.9（=0.032/0.017）~2.5（=0.043/0.017）倍。

与“量子产率”（quantum yield）的倒数密切相关的最大 LUE_P 估计为 0.1（Salisbury and Ross，1991；Bugbee and Salisbury，1988）。NASA 在太空研究中发现各种作物的 LUE_P 为 0.05 左右（Massa，et al.，2008；Sager，et al.，2011；Wheeler，2006；Wheeler，et al.，2006）。需要注意的是，在图 5.8 中 LUE_P 和 LUP_L 显著高于 NASA 所发现的值，这需要进一步深入开展试验来验证测量的准确性。然而，无论如何，PFAL 的 LUE_L 和 LUE_P 应该具有改进的空间。稍后，本章将介绍这样做的方法。

5.3.4 光照的电能利用率

将光照的电能利用率（EUE_L）定义为

$$EUE_L = hLUE_L = \frac{fhD}{PAR_L} \tag{5.7}$$

其中，h 为从电能到 PAR_L 能量的转换系数，白色荧光灯的转换系数约为 0.25，新开发的 LED 灯的转换系数为 0.3～0.4（Mitchell, et al., 2012；Takatsuji and Mori, 2011）。光源消耗的电能 A_L 可以表示为

$$A_L = \frac{PAR_L}{h} \tag{5.8}$$

在 LAI 为 0～2.5 时，PFAL 的 EUE_L，LUE_L 和 LUE_P 随 LAI 几乎呈线性增加（Yokoi, et al., 2003）（图 5.8）。

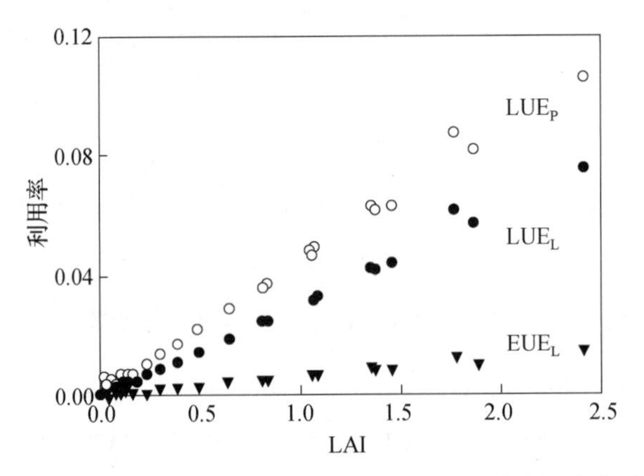

图 5.8　LUE_P（植物群落水平上 PAR 的 LUE）、LUE_L（荧光灯发出的 PAR 的 LUE）和 EUE_L（电能利用率）受 LAI 的影响情况（Yokoi, et al., 2003）

（PAR：光合有效辐射。通过采用 LED 灯，LUE_L 可提高 30%～40%）。

5.3.5 热泵制冷的电能利用率

将热泵制冷的电能利用率（COP，亦即热泵性能系数）定义为

$$COP = \frac{H_h}{A_A} \tag{5.9}$$

其中，H_h 为热泵（空调机）从栽培室输出的热能（$MJ \cdot m^{-2} \cdot h^{-1}$）；$A_A$ 为热泵

的耗电量（$MJ \cdot m^{-2} \cdot h^{-1}$）。这种效率通常称为热泵制冷的性能系数（coefficient of performance，COP）。在本章的后面还会对 COP 做进一步的介绍。

5.3.6　无机肥料利用率

将无机肥料利用率（FUE_I）定义为

$$FUE_I = \frac{I_U}{I_S} \tag{5.10}$$

其中，I_U 为植物对无机肥料中离子成分的吸收率；I_S 为离子成分向 PFAL 的供给率。I 包括氮（N，包括 NO_3^- 和 NO_4^+ 两种形式）、磷（PO_4^-）、钾（K^+）等。N 以 NH_4^+ 或 NO_3^- 的形式溶解在水中，但在式（5.10）中被记作 N。因此，可以为每种营养元素定义氮的利用率、磷的利用率、钾的利用率等。

将 PFAL 中的栽培床与土壤进行隔离，将从栽培床输出的营养液返回到营养液池中进行循环。人们很少将营养液排放到外面，通常大约一年换一到两次，只有当某些离子（如 Na^+ 和 Cl^-）不能被植物很好地吸收、过度积累在营养液中或当栽培床意外被某些病原体污染时才这样做。在这些情况下，在将植物从栽培床上移除之前，需要提前几天停止肥料供应，以便栽培床和营养液箱中的大多数营养元素被植物吸收。结果，从 PFAL 排放到外部的水是相对清洁的。因此，PFAL 的 FUE_I 应该是相当高的，尽管未能找到关于这方面的文献。

另外，温室和大田的 FUE_I 相对较低，这偶尔会引起在土壤表面上出现盐分积累（Nishio，2005）。在大田，硝酸盐和磷酸盐的过量供应有时会导致养分流失和沥滤（leaching），从而引起河流和湖泊富营养化（Nishio，2005；Sharpley，et al.，2003）。

5.4　资源利用率的代表值

在表 5.1 中，总结了文献中发现的 PFAL 的 WUE、CUE、LUE 和 EUE，并与通风设备的关闭和/或打开的温室的 WUE、CUE、LUE 和 EUE 及其理论最大值进行了比较。在该表中，LUE_L 和 EUE_L 仅适用于使用光源的 PFAL；N/A（不可用）意味着可以通过试验获得 WUE 和 LUE_P，但在文献中未能找到数据。

从表 5.1 可以看出，PFAL 的 WUE 和 CUE 显著高于打开通风设备时的温室。PFAL 的 LUE_P 范围为 0.032 ~ 0.043，而通风温室的 LUE_P 范围为 0.003 ~ 0.032。对于 PFAL，0.027 的 LUE_L 是 0.032 ~ 0.043 的 LUE_P 的 63%~84%，即 PAR_P 是 PAR_L 的 63%~84%。

在表 5.1 中，LUE_L 和 EUE_L 分别为 0.027 和 0.007，即 2.7% 的 PAR 能量和 0.7% 的电能转化为植物干物质中所含的化学能。干物质中所含的化学能为 20.0 $MJ \cdot kg^{-1}$ [式(5.5)和式(5.6)]。因此，生产 1 kg 干物质所需的电力是 2 857（=20.0/0.007）$MJ \cdot kg^{-1}$ 或 794（=2 857/3.6）kW·h。同样，生产 1 kg 干物质所需的 PAR 能量为 740（=20.0/0.027）$MJ \cdot kg^{-1}$ 或 205（=740/3.6）kW·h。

Yokoi 等人测定了用于番茄幼苗生产的 PFAL 中的 WUE 和 CUE。结果表明，WUE 和 CUE 随 LAI 的增加而增加，并且随空气交换次数的减少而增加。在最大 LAI 为 1.2 和最小换气次数为 0.02 $\cdot h^{-1}$ 时，获得了最大的 WUE（0.95 ~ 0.98）和 CUE（0.87 ~ 0.89）。

5.5 用电量及成本

PFAL 的商业生产局限于增值植物，因为用于增加植物干重的光照耗电量的消耗较为显著：电力成本通常占总生产成本的 25%（Kozai，2012）。因此，适合在 PFAL 中生产的植物是那些能够在较低的光照强度（100 ~ 300 $\mu mol \cdot m^{-2} \cdot s^{-1}$）下在较短的栽培期内（30 ~ 60 d）以较高的种植密度（50 ~ 1 000 株 $\cdot m^{-2}$）生长到收获期的种类。另外，为了提高单位建筑面积的年生产能力，必须使用多层栽培系统，因此成熟植株的长度必须小于 30 cm。

PFAL 单位建筑面积的栽培室耗电量（$MJ \cdot m^{-2} \cdot h^{-1}$）$A_T$ 及其各组成部分如下：

$$A_T = A_L + A_A + A_M \tag{5.11}$$

$$A_A = \frac{A_L + A_M + H_V}{COP} = \frac{H_h}{COP} \tag{5.12}$$

其中，A_L 表示为 $PAR_L \cdot h^{-1}$ [见式（5.8）]，为光照的耗电量；A_A 为空调机的

耗电量；A_M 为其他设备（如空气循环风扇和营养液泵）的耗电量；H_V 是空气渗入和热渗透墙体所产生的冷却负荷，两者仅占 A_A 的很小比例；H_h 是使用热泵从 PFAL 中除去的热能；COP 是由式（5.9）所给出的热泵制冷的电能利用率，在一定的室温条件下，热泵制冷的电能利用率随外界温度的降低而增大。

关于年平均值，PFAL 的 A_L，A_A 和 A_M 分别占东京 A_T 的 80%，16% 和 4%（Ohyama，et al.，2002b）（表 5.2）。在年平均温度约为 15 ℃的东京，在室内空气温度为 25 ℃的 PFAL 中用于冷却的年平均 COP 为 5～6；COP 在夏季约为 4，在冬季约为 10（Ohyama，et al.，2002a）（图 5.9）。因此，为了降低总用电量，通过提高 LUE_L 来降低 A_L 是最有效的，其次是提高 COP。

表 5.2　不同组分所占的用电量比例（Ohyama，et al.，2002b）

%

目的	百分比	设备
光照	80	40 W 荧光灯
制冷	16	热泵（空调机）
其他	4	水泵、风扇等

1. LED 灯的百分比保持不变，但耗电量减少；
2. COP 估计约为 5.25[=(80 + 4)/16 =5.25]。

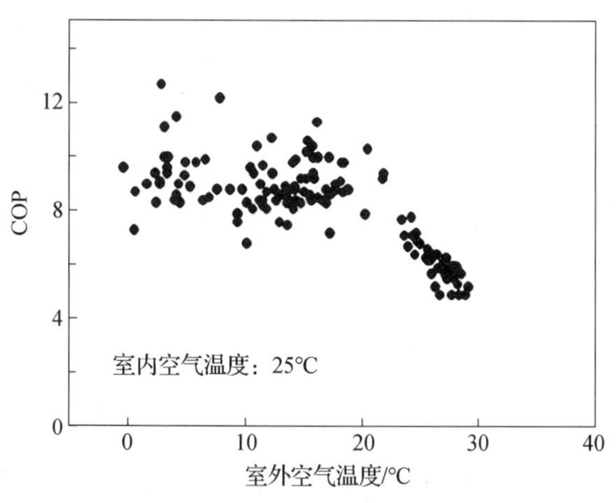

图 5.9　受室外空气温度影响的 COP（Ohyama，et al.，2002a）

5.6 提高光能利用率

5.6.1 前言

有多种方法可以提高式（5.5）中的 LUE_L，并因此提高式（5.6）中的 EUE_P（Kozai, 2011）。然而，由于关于提高 LUE_L 的研究很少，下文中介绍的一些方法并不是基于试验数据，而是基于使用 PFAL 的商业植物生产中的理论思考和实践经验。

图 5.10 显示了将电能转换为化学能的过程，用于具有当前代表值的植物的可销售部分。目前，只有不到 1% 的电能被转化为植物的可销售部分，而剩余的约 99% 被转化为热能，然后由空调机排到室外。以下介绍的研究结果表明，这种转换系数可被提高到 3% 或更高（图 5.11）。

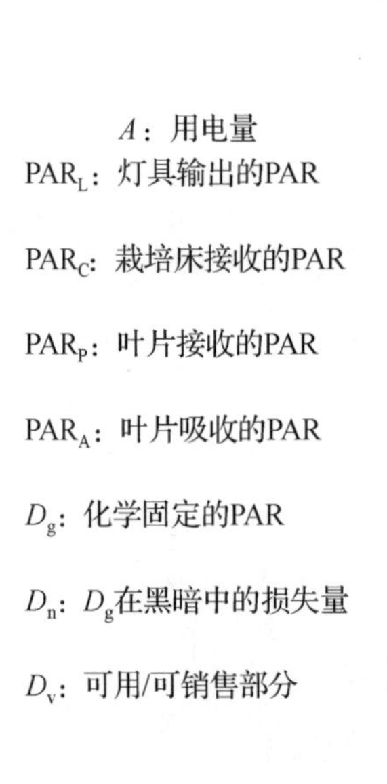

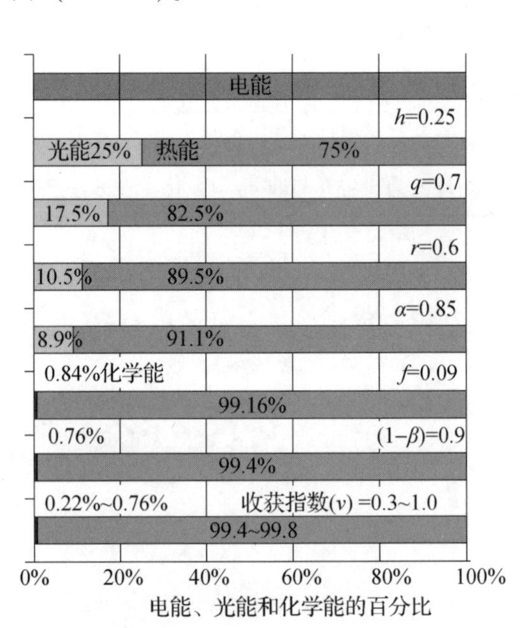

图 5.10 将带有荧光灯的 PFAL 光照电能转换为植物可销售部分所含化学能的过程

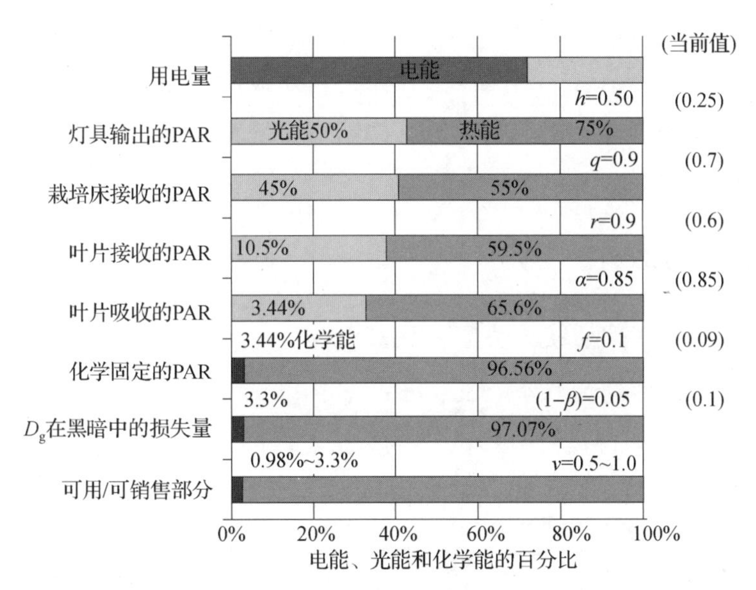

图 5.11　将 PFAL 光照电能转换为植物可销售部分所含化学能的最大可能和现有过程

5.6.2　株间光照和向上光照

传统的顶灯光照提供了一种不均匀的光分布，并导致密集的冠层相互遮阴和下部叶片的衰老。相反，株间（interplant）或冠层内（intracanopy）光照可以为下部叶片提供更多光，并能改善光的分布，从而增强整个冠层的光合作用。这是因为下部叶片的净光合速率通常为负或接近零，但通过株间光照其会变为正（Dueck，et al.，2006）。

在温室植物生产和受控环境下，株间光照的好处已经被报道。例如，在豇豆冠层内增加额外的光照会显著延缓冠层内部叶片的衰老（Frantz，et al.，2000）。在加拿大和欧洲，温室黄瓜产量通过树冠内补充光照而增加（Hao，et al.，2012；Pettersen，et al.，2010）。与其他光源相比，LED 灯体积小，表面温度低，是一种可行的株间光照光源。

5.6.3　提高叶片接收光能的比例

LUE_L 随叶片接收的光能与光源发出的光能比值的增大而增大。这一比例可以通过设计良好的光反射器、减小光源与植株之间的垂直距离、随着植株生长而增加植株之间的距离（或降低种植密度）以及其他类似措施来提高（Massa，et al.，2008）。随着 LAI 从 0 增加到 3，比值从 0 线性增加到 1（Yokoi，et al.，2003）。因此，通过自动或手动间隔植物而在整个培养期内将 LAI 保持在 3 左右，可以显著提高 LUE_L。

5.6.4 采用 LED 灯

提高 EUE_L 的一种直接方法是采用式（5.7）中具有高 h 值的光源。最近开发的 LED 灯的 h 值约为 0.4（Liu，et al.，2012），而荧光灯的 h 值约为 0.25（Kozai，2011）。尽管截至 2013 年，h 约为 0.4 的 LED 灯的价格比荧光灯高出数倍，但价格每年都在大幅下降，而且这种趋势将会持续下去。LED 灯的光谱分布或光质会影响植物的生长发育，从而影响 LUE_L（Jokinen，et al.，2012；Liu，et al.，2012；Massa，et al.，2008；Mitchell，et al.，2012；Morrow，2008）。有关 LED 光照的最新进展可参阅 Kozai 等人（2016）和 Kozai（2018）。

5.6.5 控制光照以外的环境因素

LUE_L 在很大程度上受到植物环境和植物生理生态（ecophysiological）状况以及植物遗传特性的影响。为了提高每种作物的 LUE_L，必须找到温度、CO_2 浓度、空气流速、水汽压差、营养液的组成、pH 值和电导率（EC）之间的最佳组合（Bugbee and Salisbury，1988；Evans and Poorter，2001；Dueck，et al.，2006；Kozai，2011；Liu，et al.，2012；Morrow，2008；Nederhoff and Vegter，1994；Sager，et al.，2011；Thongbai，et al.，2011；Wheeler，2006；Wheeler，et al.，2006；Yabuki，2004）。

植物生长发育的最佳光照水平因种类和生长阶段而异。例如，当植物太小时，高光照强度和高 CO_2 浓度对增加生物量的影响可能有限。同样，当植物对光的反应达到一定的平稳期时，也不需要进一步提高光照强度。因此，为了提高 LUE_L，重要的是要在 PFAL 中为作物找到最经济的最低光照水平。

5.6.6 控制气流速度

植物群落内 0.3～0.5 $m \cdot s^{-1}$ 的水平气流速度会促进室内空气中 CO_2 扩散到

叶片气孔中以及促进植物通过气孔释放水蒸气，如果蒸气压差（vapor pressure deficit，VPD）被控制在最佳水平，则能够促进光合作用、蒸腾作用和植物生长（Yabuki，2004；Kitaya，2018）。根据植物的生长阶段，通过改变风扇转速来控制气流速度，是 PFAL 改善植物生长的优点。Yokoi 等人（2007）表明，在 CPPS 中番茄幼苗的生长和均匀性在较高的气流速度（0.7 $m \cdot s^{-1}$）下比在较低的气流速度（0.3 $m \cdot s^{-1}$）下得到增强。他们还报道称，在较高的气流速度下，种植密度较高时生长会受到抑制，且均匀性较差。

5.6.7　增加植株的可销售部分

叶柄、根、茎需要消耗电力，有时花茎和花蕾组成的整株植物也需要消耗电力。因此，为了提高植物可销售部分的 EUE_L 和 LUE_L，应尽量减小不可销售部分的干重。对于叶类蔬菜如生菜等植物，所种植的种类或其品种应具有最小比例的根质量，通常小于总质量的 10%。这并不困难，因为通过控制 PFAL 室内空气的 VPD 和栽培床中营养液的水势，可以最大限度地减小植物的水分胁迫。就芜菁等根茎作物而言，通过提早收割以便其地上部分可以食用，能够显著增加其可销售部分。在商业 PFAL 中经常采用这种做法（图 5.12）。

图 5.12　在 PFAL 中栽培的生菜植株的可销售部分和不可销售部分（根和被剪掉的叶片）

（被剪掉的叶片为变黄、微小和/或损伤的外叶。根和被剪掉叶片的鲜重分别占总鲜重的不到 10% 和约 5%）

5.6.8 提高单位土地面积的年生产能力和销量

现有10层的PFAL的单位土地面积相对年产量是大田的100~150倍，而通过改进以下因素则可以达到200~250倍：①通过优化环境控制，缩短从移植到收获的栽培周期；②提高各层的种植面积与建筑面积的比例；③增加可销售植物及其可销售部分的比例。在PFAL中种植的生菜由于其品质得到提高，所以其相对年销售价格一般是大田生菜的1.2~1.5倍，从而导致相对年销量增加。

5.7 光合作用、蒸腾作用、水分和养分吸收速率的估算

5.7.1 前言

与温室和露天栽培系统相比，配备水培栽培系统的PFAL中植物与其环境之间的相互作用相对简单。这是因为PFAL具有良好的隔热性能，并且几乎是密闭的，环境不受天气，特别是太阳辐射随时间波动的影响。因此，PFAL的能量和质量平衡以及相关的速率变量（即包括单位时间维度的流量），如式（5.1）和式（5.2）给出的那些，可被相对容易地测量、评估和控制（Li，et al.，2012a，b，c）。

通过监测、可视化、了解和控制式（5.1）~式(5.10）中的RUE（WUE、CUE、LUE_L、EUE_L和FUE）和速率变量，将显著提高环境控制的质量。速率变量包括净光合作用（总光合作用减去暗呼吸和光呼吸）、暗呼吸、蒸腾作用、水分吸收和养分吸收的速率，它们代表植物群落的生理生态状态。另一组速率变量包括PFAL中各组成部分的CO_2、灌溉用水和肥料成分的供给率以及电力消耗。

例如，可以以最小的资源消耗或最低的成本来确定环境因素的设定点，以使LUE_L实现最大化（Kozai，2011）。为了最大限度地提高成本效益（经济效益与生产成本的比值），而不是最大限度地增加LUE_L，必须引入综合环境控制的概念和方法（Dayan，et al.，2004；Kozai，et al.，2011）。速率变量和RUE的连续监测、可视化和控制将成为使用PFAL进行植物生产综合环境控制的重要研究课题（Dayan，et al.，2004；Kozai，et al.，2011）。

5.7.2　植物的净光合速率

在 Δt 的时间间隔内的 t 时刻，可以通过修改式（5.3）和式（5.4）来对净光合速率（C_P）进行估计：

$$C_P = C_S + C_R - \left(kCN\frac{V_A}{F}\right)(C_{内} - C_{外}) + \frac{(K_C V_A)\left(C_{内}\left(t+\frac{\Delta t}{2}\right) - C_{内}\left(t-\frac{\Delta t}{2}\right)\right)}{\Delta t} \tag{5.13}$$

其中，第 4 项表示在 $t-\frac{\Delta t}{2}$ 到 $t+\frac{\Delta t}{2}$ 之间的 Δt 时间间隔内栽培室空气中 CO_2 质量的变化。在实际应用中，Δt 为 0.5～1.0 h。利用式（5.13）能够相当准确地估计 C_P，因为①K_C 和 V_A 是常数；②C_S，$C_{内}$，$C_{外}$ 能够被准确测量；③N 可以用后面介绍的等式（5.13）来估算。黑暗期间的暗呼吸率可以用同样的式（5.15）估算。在稳态条件下，式（5.13）被简化，则 C_P 和 CUE 易于被估算（图 5.13）。

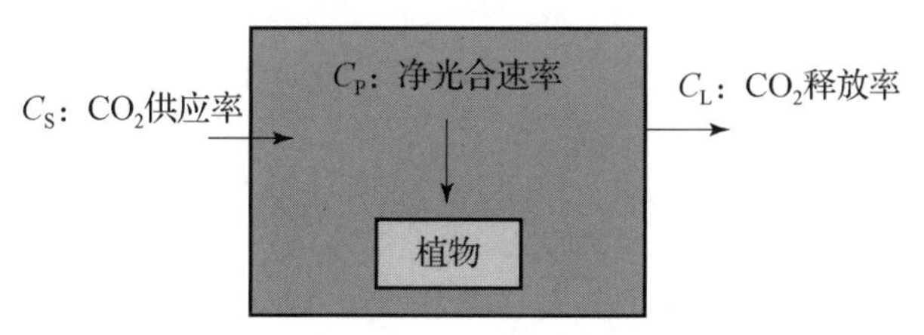

图 5.13　在稳态条件下基于 PFAL 的 CO_2 平衡估算每小时净光合速率（C_S）和 CUE 的基本方法

［对于非稳态条件见式（5.13）。$C_{内}$ 的设定值是通过考虑 CUE、C_S 和 C_L 的成本以及 C_P 的效益来确定的］

5.7.3　植物的蒸腾速率

在 PFAL 中，在 Δt 的时间间隔内的 t 时刻，在 PFAL 栽培床上生长的植物的蒸腾速率（W_T）可通过下式进行估算：

$$W_{\mathrm{T}} = W_{\mathrm{C}} + \left(N \frac{V_{\mathrm{A}}}{F}\right)(X_{内} - X_{外}) + \frac{\left(\frac{V_{\mathrm{A}}}{F}\right)\left(X_{内}\left(t + \frac{\Delta t}{2}\right) - X_{内}\left(t - \frac{\Delta t}{2}\right)\right)}{\Delta t} \tag{5.14}$$

其中，第 3 项表示在 $t - \frac{\Delta t}{2}$到 $t + \frac{\Delta t}{2}$之间的 Δt 时间间隔内，栽培室空气中水蒸气质量的变化。由于 V_{A} 和 F 是常数，而且 W_{C}，$X_{内}$和 $X_{外}$可被相对准确地测量，所以可以利用式（5.15）估计 $t - \frac{\Delta t}{2}$到 $t + \frac{\Delta t}{2}$时间间隔内的 N（Dayan，et al.，2004；Kozai，et al.，2011；Li，et al.，2012a）：

$$N = \frac{W_{\mathrm{T}} - W_{\mathrm{C}} - \frac{\left(\frac{V_{\mathrm{A}}}{F}\right)\left(X_{内}\left(t + \frac{\Delta t}{2}\right) - X_{内}\left(t - \frac{\Delta t}{2}\right)\right)}{\Delta t}}{\left(\frac{V_{\mathrm{A}}}{F}\right)(X_{内} - X_{外})} \tag{5.15}$$

在 PFAL 中，可以假设培养基中的基质不会蒸发，因为在栽培床上覆盖着带有小孔的塑料板以供植物生长。此外，由于墙壁和地板具有良好的隔热性能，所以无法假设在墙壁和地板之间有蒸发和冷凝的情况发生。

5.7.4 植物的水吸收速率

通过对式（5.14）进行修改，可以将水吸收速率（W_{U}）表示为

$$W_{\mathrm{U}} = W_{\mathrm{P}} + W_{\mathrm{T}} \tag{5.16}$$

其中，W_{P} 是在时间间隔 Δt 内植物的水量变化，且很难被准确估算。另外，W_{U} 可通过下式相对容易地估算：

$$W_{\mathrm{U}} = W_{内} - W_{外} + \frac{\left(\frac{k_{\mathrm{LW}}}{F}\right)\left(V_{\mathrm{LW}}\left(t + \frac{\Delta t}{2}\right) - V_{\mathrm{LW}}\left(t - \frac{\Delta t}{2}\right)\right)}{\Delta t} \tag{5.17}$$

其中，$W_{内}$ 和 $W_{外}$ 分别是营养液流入和流出栽培床的流速。k_{LW}是液态水的体积和质量的换算系数（在 25 ℃ 和 101.3 kPa 的条件下为 997 kg · m^{-3}）。$V_{\mathrm{LW}}\left(t + \frac{\Delta t}{2}\right) - V_{\mathrm{LW}}\left(t - \frac{\Delta t}{2}\right)$为 Δt 时间间隔内栽培床和/或营养液池中营养液体积的变化。可以通过改变 $W_{内}$ 和 $W_{外}$ 的测量点来估计式（5.17）中针对每张栽培床或所有栽培床的 W_{U}。

5.7.5　植物的离子吸收速率

栽培床中植物的离子吸收速率 I_U 可通过下式进行估算：

$$I_U = I_{内} W_{内} - I_{外} W_{外} + \frac{\left(\frac{\frac{I_{内}+I_{外}}{2}}{F}\right)\left(V_{LW}\left(t+\frac{\Delta t}{2}\right) - V_{LW}\left(t-\frac{\Delta t}{2}\right)\right)}{\Delta t} \tag{5.18}$$

其中，$I_{内}$和$I_{外}$分别为栽培床入口和出口处离子的浓度。$W_{内}$和$W_{外}$分别为栽培床入口和出口处营养液的流速。第三项表示在 Δt 的时间间隔内，栽培床中离子量的变化。可以对每个栽培床、多个栽培床或所有栽培床的 I_U 进行测量。

5.7.6　应用领域

先前给出的估计速率变量的方法可被用于研究、教育、自学和爱好等目的的小型 PFAL 式的植物生长室（Kozai，2013b），以及商业植物生产的 PFAL。由于 PFAL 中所有主要的速率和状态变量都可以被测量和图形化显示，所以可以相对容易地分析和了解这些变量之间的定量关系。可以通过将这些关系与植物的摄像头图像一起显示来增加这种益处。PFAL 的主要速率和状态变量如图 5.3 所示。

5.8　热泵性能系数

热泵是一种将热能从热源提供给被称为“散热器”（heat sink）的目的地的设备。热泵的设计目的是通过从寒冷的空间吸收热量并将其释放到温暖的空间，使热能向与自发热流相反的方向移动，反之亦然。热泵使用外部电源来完成将能量从热源传递到散热器的工作。电动热泵通常用于供暖、通风和空调机。

COP 如式（5.9）所定义，是提供的加热或冷却能量与电能消耗的比值。较高的 COP 等同于较低的运营成本。COP 高度依赖于运行条件，特别是热泵的内、外机组（或蒸发器和冷凝器）之间的温度差和实际的冷/热负荷比。用于加热和冷却的 COP 是不同的，因为感兴趣的储热器不同。对于冷却来说，

COP是指从冷源中移出的热量与输入功（input work）之间的比值。然而，对于加热来说，COP是指从冷源中移出的热量加上添加到热源的热量与输入功的比值。

在人工光源下的PFAL中，由于光源产生热量，即使在寒冷地区的冬季，热泵也主要在冷却模式下工作。然而，为了防止高湿度，将PFAL中不同层的灯交替打开，使部分灯一直亮，以保持热泵运行。在这种情况下，用于冷却的COP范围为8～12，内部空气温度为25 ℃，外部温度为0～15 ℃（Kozai，2012）。制冷的电力消耗通常是光照的1/15～1/10，因为需要80%的冷却负荷除去光照产生的热量。

由于技术进步，COP近年来有了很大提高。例如，在室外温度为34 ℃及室内温度为27 ℃时，用于制冷的家用热泵（空调机）的COP从1994年的2.5～3.0被提高到2009年的5～6，即在15年内其效率翻了一番（Kozai，2012）。研究证明了利用热泵控制温室环境的潜力。Tong等人（2010）报道称，当使用热泵来加热温室，以使室内温度保持在16 ℃，而室外温度为5 ℃～6 ℃时，平均每小时的COP为4.0。在加热模式下，COP随外界温度的降低而降低。为了使温室降温，使室内温度保持在18 ℃而室外温度为21 ℃～28 ℃，平均每小时的COP为9.3（Tong，et al.，2013）。同样，在冷却模式下，COP随外界温度的升高而降低。

参考文献

Bugbee, B.G., Salisbury, F.B., 1988. Exploring the limits of crop productivity I. Photosynthetic efficiency of wheat in high irradiance environments. Plant Physiol. 88, 869−878.

Chiapale, J.P., de Villele, O., Kittas, C., 1984. Estimation of ventilation requirements of a plastic greenhouse. Acta Hortic. 154, 257−264 (in French with English abstract).

Dayan, E., Presnov, E., Dayan, J., Shavit, A., 2004. A system for measurement of transpiration, air movement and photosynthesis in the greenhouse. Acta Hortic. 654, 123−130.

Dueck, T.A., Grashoff, C., Broekhuijsen, G., Marcelis, L.F.M., 2006. Efficiency of light energy used by leaves situated in different levels of a sweet pepper canopy. Acta Hortic. 711, 201−205.

Evans, J.R., Poorter, H., 2001. Photosynthetic acclimation of plants to growth irradiance: the relative importance of specific leaf area and nitrogen partitioning in maximizing carbon gain. Plant Cell Environ. 24, 755−767.

Frantz, J.M., Joly, R.J., Mitchell, C.A., 2000. Intracanopy lighting influences radiation capture, productivity, and leaf senescence in cowpea canopies. J. Am. Soc. Hortic. Sci. 125 (6), 694−701.

Hao, X., Zheng, J., Little, C., Khosla, S., 2012. LED inter-lighting for year-around greenhouse mini cucumber production. Acta Hortic. 956, 335–340.

Jokinen, K., Sakka, L.E., Nakkila, J., 2012. Improving sweet pepper productivity by LED interlighting. Acta Hortic. 956, 59–66.

Kitaya, Y., 2018. Air current around single leaves and plant canopies and its effect on transpiration, photosynthesis, and plant organ temperatures. In: Kozai, T., Fujiwara, K., Runkle, E. (Eds.), LED Lighting for Urban Agriculture. Springer, Singapore, pp. 177–190.

Kozai, T., 1995. Development and Application of Closed Transplant Production Systems. Yoken-Do, Tokyo, 191 pp. (in Japanese).

Kozai, T., 2005. Advanced Transplant Production Technology—Commercial Use of Closed Transplant Production System. Noh-Den Kyokai, Tokyo, 150 pp. (in Japanese).

Kozai, T., 2007. Propagation, grafting, and transplant production in closed systems with artificial lighting for commercialization in Japan. J. Ornam. Plants 7 (3), 145–149.

Kozai, T., 2011. Improving light energy utilization efficiency for a sustainable plant factory with artificial light. In: Proceedings of Green Lighting Shanghai Forum 2011, pp. 375–383.

Kozai, T., 2012. Plant Factory with Artificial Light (Written in Japanese: Jinkoko-Gata Shokubutsu Kojo). Ohm Publishing Company, Tokyo.

Kozai, T., 2013a. Sustainable plant factory: closed plant production systems with artificial light for high resource use efficiency and quality produce. Acta Hortic. 1004, 27–40.

Kozai, T., 2013b. Plant factory in Japan: current situation and perspectives. Chron. Hortic. 53 (2), 8–11.

Kozai, T., 2013c. Resource use efficiency of closed plant production system with artificial light: concept, estimation and application to plant factory. Proc. Japan Acad. Ser. B 89, 447–467.

Kozai, T., Kubota, C., Chun, C., Afreen, F., Ohyama, K., 2000. Necessity and concept of the closed transplant production system. In: Kubota, C., Chun, C. (Eds.), Transplant Production in the 21st Century. Kluwer Academic Publishers, The Netherlands, pp. 3–19.

Kozai, T., Afreen, F., Zobayed, S.M.A. (Eds.), 2005. Photoautotrophic (Sugar-free Medium) Micropropagation as a New Micropropagation and Transplant Production System. Springer, Dordrecht, The Netherlands.

Kozai, T., Ohyama, K., Chun, C., 2006. Commercialized closed systems with artificial lighting for plant production. Acta Hortic. 711, 61–70.

Kozai, T., Ohyama, K., Tong, Y., Tongbai, P., Nishioka, N., 2011. Integrative environmental control using heat pumps for reductions in energy consumption and CO_2 gas emission, humidity control and air circulation. Acta Hortic. 893, 445–449.

Kozai, T., Fujiwara, K., Runkle, E. (Eds.), 2016. LED Lighting for Urban Agriculture. Springer, Singapore, 454 pp.

Kozai, T. (Ed.), 2018. Smart Plant Factory: The Next Generation Indoor Vertical Farms. Springer.

Li, M., Kozai, T., Niu, G., Takagaki, M., 2012a. Estimating the air exchange rate using water vapour as a tracer gas in a semi-closed growth chamber. Biosyst. Eng. 113, 94–101.

Li, M., Kozai, T., Ohyama, K., Shimamura, S., Gonda, K., Sekiyama, S., 2012b. Estimation of hourly CO_2 assimilation rate of lettuce plants in a closed system with artificial lighting for commercial production. Eco-engineering 24 (3), 77–83.

Li, M., Kozai, T., Ohyama, K., Shimamura, D., Gonda, K., Sekiyama, T., 2012c. CO_2 balance of a commercial closed system with artificial lighting for producing lettuce plants. Hortscience 47 (9), 1257–1260.

Liu, W.K., Yang, Q., Wei, L.L., 2012. Light Emitting Diodes (LEDs) and Their Applications in Protected Horticulture as a Light Source. China Agric. Sci. Tech. Pub, Beijing (in Chinese).

Massa, G.D., Kim, H.-H., Wheeler, R.M., 2008. Plant productivity in response to LED lighting. Hortscience 43 (7), 1951–1956.

Mitchell, C.A., Both, A.J., Bourget, C.M., Burr, J.F., Kubota, C., Lopez, R.G., Morrow, R.C., Runkle, E.S., 2012. LEDs: the future of greenhouse lighting! Chron. Hortic. 52 (1), 6–11.

Morrow, R.C., 2008. LED lighting in horticulture. Hortscience 43 (7), 1947–1950.

Nederhoff, E.M., Vegter, J.G., 1994. Photosynthesis of stands of tomato, cucumber and sweet pepper measured in greenhouses under various CO_2-concentrations. Ann. Bot. 73, 353–361.

Nishio, M., 2005. Agriculture and Environmental Pollution: Soil Environment Policy and Technology in Japan and the World (Written in Japanese: Nogyo to Kankyo Osen: Nihon to Sekai No Dojo Kankyo Seisaku to Gijutsu). Nohbunkyo.

Ohyama, K., Yoshinaga, K., Kozai, T., 2000. Energy and mass balance of a closed-type transplant production system (Part 2): water balance. J. SHITA 12 (4), 217−224 (in Japanese with English abstract and captions).

Ohyama, K., Kozai, T., Kubota, C., Chun, C., 2002a. Coefficient of performance for cooling of a home-use air conditioner installed in a closed-type transplant production system. J. SHITA 14, 141−146 (in Japanese with English abstract and captions).

Ohyama, K., Kozai, T., Kubota, C., Chun, C., Hasegawa, T., Yokoi, S., Nishimura, M., 2002b. Coefficient of performance for cooling of a home-use air conditioner installed in a closed-type transplant production system. J. Soc. High Technol. Agric. 14 (3), 141−146.

Pettersen, R.I., Torre, S., Gislerød, H.R., 2010. Effects of intracanopy lighting on photosynthetic characteristics in cucumber. Sci. Hortic. 125, 77−81.

Sager, J.C., Edwards, J.L., Klein, W.H., 2011. Light energy utilization efficiency for photosynthesis. Trans. ASAE 25 (6), 1737−1746.

Salisbury, F.B., Ross, C.W., 1991. Plant Physiology. Wadsworth Publishing Company, USA, p. 609.

Sharpley, A.N.T., Daniel, T., Sims, J., Lemunyon, R., Stevens, R., Parry, R., 2003. Agricultural Phosphorous and Eutrophication. US Department of Agriculture, Agricultural Research Service, ARS-149, second ed.

Shibuya, T., Kozai, T., 2001. Light-use and water-use efficiencies of tomato plug sheets in the greenhouse. Environ. Control Biol. 39, 35−42 (in Japanese with English abstract and captions).

Takatsuji, M., Mori, Y., 2011. LED Plant Factory (Written in Japanese: LED Shokubutsu Kojo). Nikkan Kogyo Co., Tokyo, p. 4.

Thongbai, P., Kozai, T., Ohyama, K., 2011. Promoting net photosynthesis and CO_2 utilization efficiency by moderately increased CO_2 concentration and air current speed in a growth chamber and a ventilated greenhouse. J. ISSAAS 17, 121−134.

Tong, Y., Kozai, T., Nishioka, N., Ohyama, K., 2010. Greenhouse heating using heat pumps with a high coefficient of performance (COP). Biosyst. Eng. 106, 405−411.

Tong, Y., Kozai, T., Ohyama, K., 2013. Performance of household heat pumps for nighttime cooling of a tomato greenhouse during the summer. Appl. Eng. Agric. 29 (3), 414−421.

Wheeler, R.M., 2006. Potato and human exploration of space: some observations from NASA-sponsored controlled environment studies. Potato Res. 49, 67−90.

Wheeler, R.M., Mackowiac, C.L., Stutte, G.W., Yorio, N.C., Rufffe, L.M., Sager, J.C., Prince, R.P., Knott, W.M., 2006. Crop productivities and radiation use efficiencies for bioregenerative life support. Adv. Space Res. 41, 706−713.

Yabuki, K., 2004. Photosynthetic Rate and Dynamic Environment. Kluwer Academic Publishers, Dordrecht, 126 pp.

Yokoi, S., Kozai, T., Ohyama, K., Hasegwa, T., Chun, C., Kubota, C., 2003. Effects of leaf area index of tomato seedling population on energy utilization efficiencies in a closed transplant production system. J. SHITA 15, 231−238 (in Japanese with English abstract and captions).

Yokoi, S., Kozai, T., Hasegawa, T., Chun, C., Kubota, C., 2005. CO_2 and water utilization efficiencies of a closed transplant production system as affected by leaf area index of tomato seedling populations and the number of air exchanges. J. SHITA 18, 182−186 (in Japanese with English abstract and captions).

Yokoi, S., Goto, E., Kozai, T., Nishimura, M., Taguchi, K., Ishigami, Y., 2007. Effects of planting density and air current speed on the growth and that uniformity of tomato plug seedlings in a closed transplant production system. J. SHITA 19 (4), 159−166.

Yoshinaga, K., Ohyama, K., Kozai, T., 2000. Energy and mass balance of a closed-type transplant production system (Part 3): carbon dioxide balance. J. SHITA 13, 225−231 (in Japanese with English abstract and captions).

第 6 章 用于改善城市地区生活质量的微型和小型 PFAL

高垣美智子[1]（Michiko Takagaki），原弘道[2]（Hiromichi Hara），
古在丰树[3]（Toyoki Kozai）
（[1]日本千叶县柏市千叶大学环境、健康与大田科学中心；
[2]日本弥生千叶大学工程研究生院；
[3]日本千叶县柏市千叶大学日本植物工厂协会暨环境、
健康与大田科学中心）

6.1 前言

2018 年，全球城市人口为 42 亿人（占总人口的 55%），预计到 2030 年将超过 50 亿人。另外，随着老年农民和种植者的比例不断增加，预计生活在农业地区的人口将减少到 30 亿人。因此，在农业地区生产几乎所有食物（包括新鲜农产品）并将其运输到城市地区的传统系统在未来几十年内将发生改变（Despommier，2010；United Nations，2017）。

如第 2 章和第 3 章所述，为了促进在本地生产新鲜而清洁的蔬菜供本地消费，都市农业，特别是 PFAL 在日本和其他城市人口密集的国家变得越来越重要。

在日本、中国和其他亚洲国家和地区，在利用 PFAL 进行叶菜商业化生产的

同时，很少有机会在户外种植植物的城市居民开始享受使用家庭 PFAL 或微型 PFAL（micro－PFAL）进行室内种植（Takagaki，et al.，2014）。

此外，最近在餐馆、咖啡馆、购物中心、学校、社区中心和医院等地设置了用于各种用途的小型 PFAL（mini－PFAL）。在本章中，将 mini－PFAL 和 micro－PFAL 统称为“m－PFAL”。m－PFAL 及其网络有可能帮助生活在城市地区的人们创造一种新的生活方式。

6.2 m－PFAL 的特点和类型

m－PFAL 是密闭或半密闭的室内植物种植系统，用于商业植物生产和销售以外的各种用途。m－PFAL 的特点如下：①采用水培或无土栽培方式；②植物多生长在 LED 灯下；③具有精心设计的家具或绿色内饰（美观、安全、坚固）；④易于使用和维护；⑤不使用农药；⑥光照周期、浇水、温度等可根据用户的选择自动或手动控制。大多数 micro－PFAL 的大小范围（植物生长空间的空气体积）为 0.03（如 0.2 × 0.5 × 0.3）~1（如 1.0 × 0.5 × 2）m^3，而大多数 mini－PFAL 的大小范围为 2（如 2 × 0.5 × 2）~30（如 2 × 5 × 3）m^3。

m－PFAL 分为 3 种：①A 型，不使用空调机，而是通过覆盖细网的气隙进行自然通风或强制通风，以防止昆虫进入；②B 型，空调机采用风冷或水冷系统，也采用一定程度的自然通风，但没有 CO_2 增施系统；③C 型，为密闭结构，配有空调机和 CO_2 增施装置。A 型和 B 型生产的蔬菜和（或）药草可以用自来水清洗后食用。C 型生产的蔬菜不需要清洗就可以食用，因为它们保持了高度洁净。大多数 m－PFAL 是 A 型或 B 型，而大多数进行商业植物生产的 PFAL 是 C 型。

B 型和 C 型 m－PFAL 的空调机是用来制冷的，用以去除灯具产生的热量。叶片蒸腾出来的水蒸气在空调机的冷却板上凝结成液态水，再被返回到营养液箱中从而循环使用。因此，用户添加到营养液箱的淡水量被最小化，并且不需要排水管道系统。

6.3　各种场景中的 m－PFAL

6.3.1　家庭

m－PFAL 可供个人在家里使用（图 6.1、图 6.2）。通过使用 m－PFAL 代替户外农场，初学者可以相对容易地全年种植各种绿叶蔬菜、药草、小根蔬菜和食用花卉。用户可以选择支持模式来表示种植植物需要多少 m－PFAL 软件的辅助。这些 m－PFAL 有助于创造绿色的室内环境，照料植物并观察它们的生长而有利于人们的健康，并且其产物还可以作为新鲜的农产品。

图 6.1　供个人使用的桌面 m－PFAL（由 H. Hara 提供植物环境设计方案）

在适宜的天气条件下，在户外种植和收获植物是一种享受。然而，有些人生活在太冷或太热的地区，这些地区不适合户外耕种，而有些人只有在晚上才有空闲时间。因此，有了 m－PFAL，人们可以随时在室内种植植物，即使在寒冷、刮风、下雨的夜晚或炎热潮湿的日子。

一台 m－PFAL（可生产出足够两个成年人食用的新鲜沙拉所需的绿叶蔬菜）的月度电能消耗为 50 kW·h（$=0.1\ \text{kW}\times16\ \text{h}\cdot\text{d}^{-1}\times30\ \text{d}\cdot\text{月}^{-1}$），每月的电费在美国约为 5 美元，或在日本约为 10 美元。

图 6.2 可在互联网上购买的 3 种 m－PFAL 绿色家具

［U－ING 有限公司的农产品（http://www.greenfarm.uing.u－tc.co.jp/tritower）］

6.3.2 餐厅和购物中心

可以将 m－PFAL 放置在餐馆、咖啡馆和购物中心的入口处，以吸引人们的注意（图 6.3～图 6.6）。在餐厅里种植蔬菜、药草和药用植物，以便为顾客服务。厨师在上菜前 5 min 采摘植物，而且顾客可以在 m－PFAL 中看到蔬菜是如何生长的。Café Agora 餐厅创造了一种可持续的商业模式（图 6.4）。

图 6.3 位于日本千叶县柏市的 Café Agora 餐厅入口处的 m－PFAL（左图和中图）以及将蔬菜供应给顾客的场景（右图）

（由 H. Hara 和 T. Hatta 设计）

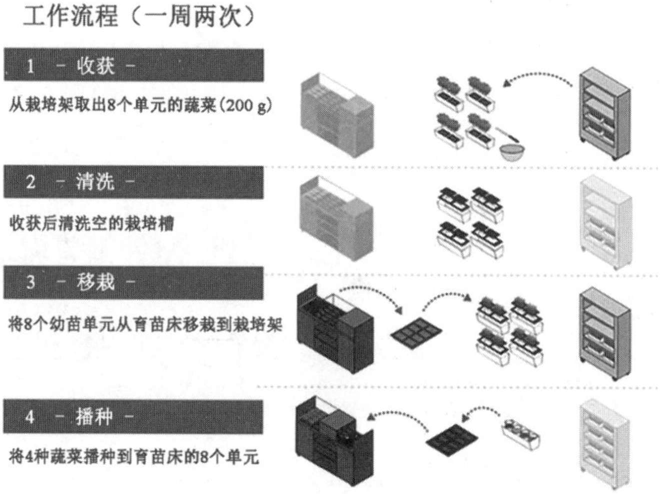

工作流程（一周两次）

1 - 收获 -
从栽培架取出8个单元的蔬菜(200 g)

2 - 清洗 -
收获后清洗空的栽培槽

3 - 移栽 -
将8个幼苗单元从育苗床移栽到栽培架

4 - 播种 -
将4种蔬菜播种到育苗床的8个单元

图 6.4　位于 Café Agora 餐厅中 m-PFAL 的可持续商业模式

图 6.5　建在银座伊藤屋一家文具店第 11 层楼（左）的 m-PFAL 以及利用这些农产品制作沙拉的位于第 12 层楼的餐厅（中和右）

图 6.6　位于某座购物中心以吸引人们注意的 m-PFAL

（由 H. Hara 设计）

6.3.3　学校和社区中心

m-PFAL 还被用作一种教育工具（图 6.7 和图 6.8）和一种交流工具（图

6.9)。在亲身体验种植植物乐趣的同时，学生们对环境、自然资源以及在粮食生产和生态系统中起作用的科学原理有了全面的了解。m - PFAL 可以成为终生自我学习饮食、环境、自然、能源和自然资源的实用工具。利用 m - PFAL 将加强人们对食物和植物对环境的重要性、减少自然资源的消耗以及保护环境等意识。

图 6.7　m - PFAL 于 2016—2017 年在日本千叶县的 Irifune 初中被用作课外活动的试验教育工具

图 6.8　m - PFAL 在宫城市农业高中被用作人工光照下植物生产的教育工具

(由 H. Hara 设计)

图 6.9　m - PFAL 被用作 2011 年 3 月 11 日发生地震和海啸的宫城市高中生和临时住房居民之间开展合作活动的沟通工具

(由 H. Hara 设计)

在美国纽约，使用太阳光和人工光的植物工厂数量正在增加。地方政府、企业、学校共同合作，与学生一起经营工厂以普及当地食品。来自纽约市中心（布朗克斯、曼哈顿、布鲁克林）公立初中和高中的300多名学生参加了“青少年争取食物公正”项目，该项目致力于确保人们获得新鲜、健康和负担得起的食物（Teens for Food Justice，2018）。

6.3.4 医院

m－PFAL也可被用在医院（图6.10）。图6.10所示的m－PFAL位于日本东京榊原纪念医院（Sakakibara Memorial Hospital）的大厅中。这些蔬菜由康复患者（rehabilitation clients）种植，并提供给住院患者。种植植物可以成为康复患者的一种园艺疗法。该医院的m－PFAL是患者和医院员工（如护士）之间的一种交流工具。该医院计划将m－PFAL的实施作为医院替代综合医学的一部分。

图6.10　位于日本东京榊原纪念医院大厅中的m－PFAL

（这些蔬菜由康复患者种植，并提供给住院患者；由H. Hara和J. Hashimoto设计）

6.3.5 办公室

有时，人们整天在计算机旁工作，没有机会接触绿色植物，也很少有机会与同事聊天，这会给人们带来压力。图6.11所示的m－PFAL作为一种入口隔断，可以作为同事之间的一种沟通工具并可使人放松心情。

图 6.11　位于千叶大学主办公室入口处的 m－PFAL

6.3.6　小型商铺和供出租的 m－PFAL

位于日本千叶县长山市的一家公司在附近的展览现场展示了占地面积为 3 m^2 或 6 m^2 的 m－PFAL，以供出租（较低的价格为每月 50 美元）（图 6.12）。可以将这种 m－PFAL 用起重机吊起，并用小型卡车运输。该公司还在展览现场使用更大的 m－PFAL 生产和销售蔬菜。

图 6.12　位于日本千叶县长山市三共边疆区供出租的 m－PFAL［宽 2 m × 长（2～3）m × 高 2.5 m（左）］及在生产现场出售在 m－PFAL 中种植的蔬菜的摊贩（右）

6.4　m－PFAL 的设计理念

m－PFAL 的目标是从用户的角度弥合植物使用和栽培之间的差距，并使这两个要素匹配。根据 m－PFAL 是用于家庭、餐厅、学校、社区设施还是办公室，用户的情况和需求会有所不同。为了为每个案例创造一种理想的环境，有必要为用户整合一种设计，通过在功能上及在美学上实现这种整合，使 m－PFAL 在社会中的价值得以确立。设计的力量在于强调植物的美，从而激发用户种植更好的植物。这种用户与植物的良性循环应该是 m－PFAL 的基本设计理念。

6.5　通过互联网连接 m－PFAL

2012 年，在日本千叶县柏市柏之叶区启动了一个使用 m－PFAL 的社会试验项目（图 6.13；Kozai，2013）。该项目由千叶大学、三井不动产公司、松下公司和丰田公司组成的“柏之叶城镇植物工厂联盟”工作组（Working Group of the “In－Town Plant Factory Consortium Kashiwa－no－ha”）负责实施，与作为项目的最终用户的当地居民开展合作。

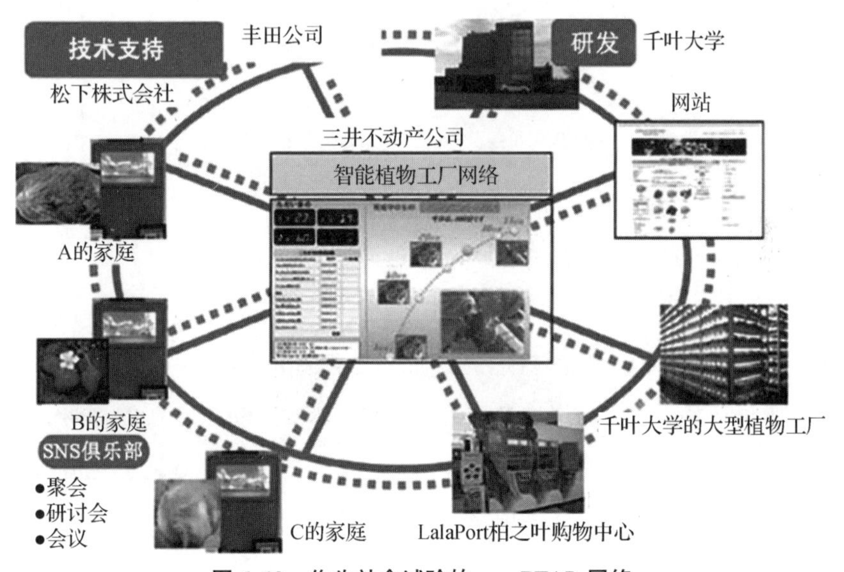

图 6.13　作为社会试验的 m－PFAL 网络

该项目旨在探究：①人们如何在家庭空间中种植蔬菜；②提供栽培建议的有效性；③m－PFAL 操作的便利性；④创建网络所带来的附加值。此外，该项目还评估了一项专门基于网络服务的实用性和商业可行性。在这项服务中，m－PFAL 种植者可以向专家询问有关栽培管理的问题，分享有关他们自身情况和经验的信息，并安排交换他们种植的蔬菜。

通过这个项目，我们发现：①m－PFAL 的互联网连接为获取最新栽培方法信息提供了可能性；②可以从云服务器下载不同植物品种的信息；③种植者可以通过脸书（Facebook）和推特（Twitter）等社交网站交流种植和食物制作技巧；④种植者可以使用内置摄像头远程检查他们所种植植物的生长状况。该项目每隔几个月组织一次聚会，让种植者带来他们在 m－PFAL 中种植的蔬菜，以进一步加强用户活动（图 6.14）。

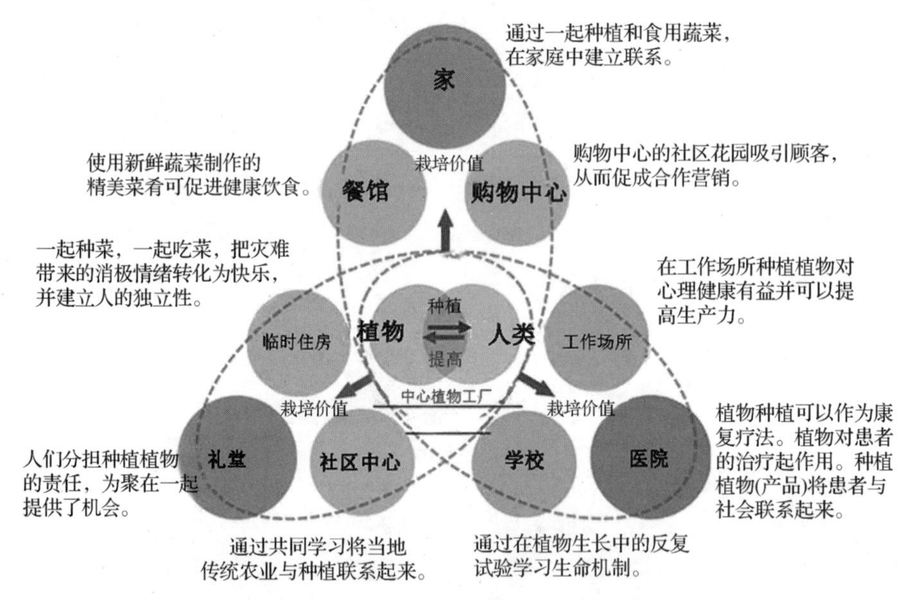

图 6.14　m－PFAL 网络的各种使用方法

该项目是将柏市柏之叶区打造为一个“智能和流线型”社区的重要组成部分，符合其“环境共生城市”（Environmentally Symbiotic City）的称号，这对保护绿色空间和保持城市与农业之间的和谐十分敏感。在这个地区，也有种植有机蔬菜的社区花园和屋顶花园。该项目可以扩展到连接学校和类似组织的网络。

6.6　m－PFAL 的高级用法

6.6.1　连接虚拟的 m－PFAL

可以将包含电子学习功能单元的虚拟 m－PFAL 系统与包含实际植物栽培的

真实 m - PFAL 系统连接为一个网络，其具有双重性质。在虚拟系统中，用户可以使用融合了植物生长、环境和商业模式的模拟器来操作 m - PFAL；在模拟器操作达到一定的熟练程度后，用户可以将新获得的知识转移到真正的 m - PFAL 中。或者，用户可以同时采用这两种方法。

6.6.2　可视化植物生长受能量和物质平衡的影响

由于 m - PFAL 代表几乎封闭（气密和隔热）的环境，所以可以定量地确定它所消耗和生产的资源量。需要强制性投入的东西是植物光合作用所必需的光能、水、CO_2 和有机肥料。还可以测量光照、空调机和营养液循环所需的确切电能。同时，通过分析植物的摄像头图像和测量植物质量，可以估计植物的生长情况。此外，通过测量 CO_2、水、电能和光能的消耗率，可以估计光合速率、蒸腾速率和鲜重增率（Li，et al.，2012a，2012b，2012c）。然后，能够可视化受输入和输出速率影响的植物生长的时间过程。

6.6.3　用最少的资源实现最高的生产效率和最大的效益

随着人们越来越熟悉 m - PFAL 作为生态系统的简化模型，它在最大化粮食生产的同时最大限度地提高生活质量的能力将成为一种习性，因为它通过减少电力和水的消耗、不产生任何废水、吸收 CO_2 和为大气制造更多的 O_2 来最大限度地减少对环境的影响。在人们的生活质量提高的同时，人们还将从支持活生物体的生命和帮助保护生态平衡中获得快乐。

6.6.4　了解生态系统的基本知识

m - PFAL 是一种简单的植物生产系统，具有相对良好的受控环境，因此环境对植物生长的影响是直接的。基于此，对环境和植物之间的生态关系是很容易理解的。下一步，我们可以将 m - PFAL 与其他生物系统联系起来，以学习和享受更为复杂的生态系统。

6.6.5　挑战

m - PFAL 的进一步应用所面临的挑战如下：①进行证明 m - PFAL 益处的循

证试验；②不同领域的设计师、居民、研究人员、教育工作者、社区规划者和建筑师之间进行合作，以设计、建造和开发 m－PFAL；③发展“以居民为中心的园艺科学”这一从居民视角构建的新科学。

6.7 m－PFAL 作为一种与其他生物系统连接的模式生态系统

可以预见与植物－蘑菇养殖系统、水产养殖系统（鱼类养殖）和鱼菜共生系统（同时养殖鱼类和水生植物）连接的网络（图 6.15 和图 6.16）。m－PFAL 是一种无机植物生产系统，而鱼菜共生系统是一种有机植物生产系统。通过比较两者，我们可以了解两种生物系统的原理及其异同。

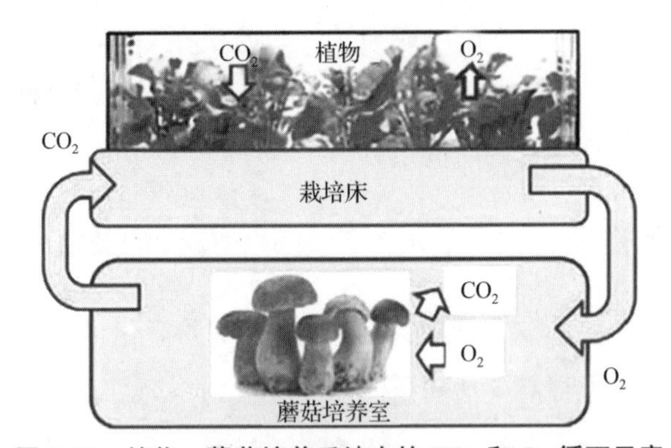

图 6.15 植物－蘑菇培养系统中的 CO_2 和 O_2 循环示意

（植物和蘑菇都可被收获。植物和蘑菇分别在高 CO_2 浓度和低 CO_2 浓度的空气中生长得更好）

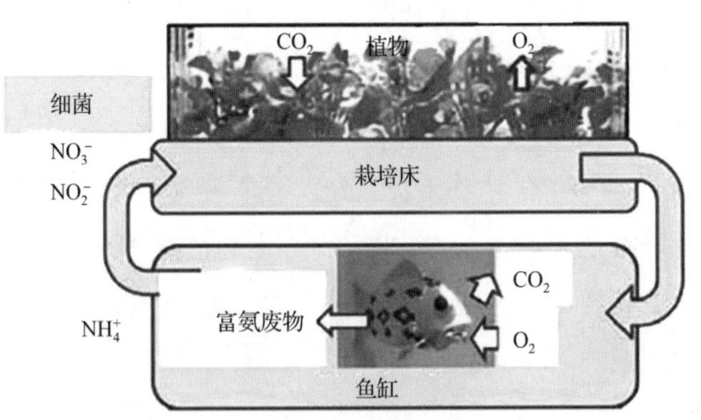

图 6.16 鱼菜共生系统（＝水产养殖＋水培）中的 CO_2、O_2 和氮的循环示意

（植物和鱼都可被收获。鱼的废物被细菌分解成硝酸盐和其他营养物质以供植物生长。鱼缸中的水被泵入栽培床，经植物和基质过滤后再返回鱼缸）

小规模的经验和成果也可应用于大规模的商业化和工业化 PFAL。通过将 PFAL 与当地社区能源管理系统连接起来，这些网络可以形成可持续城市的基础设施。这样，在不久的将来，m－PFAL 将在改善生活质量和社区质量方面发挥重要作用，即能够减少对不可再生自然资源的消耗，并减少环境污染物的排放（图 6.17）。

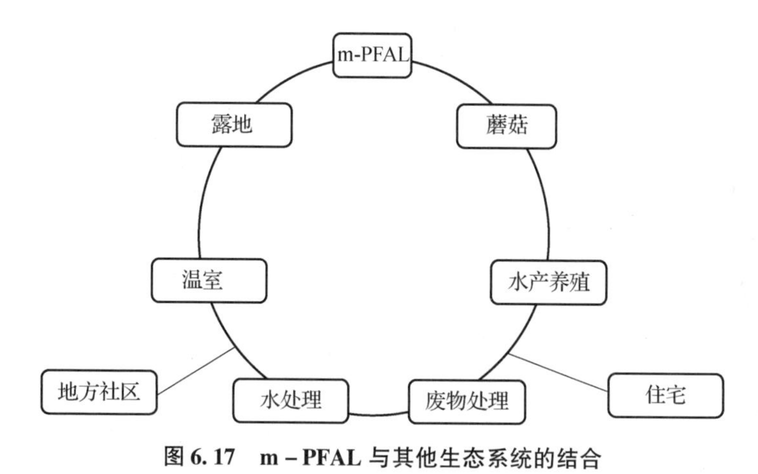

图 6.17　m－PFAL 与其他生态系统的结合

6.8　光源及光照系统设计

在为 m－PFAL 选择光源的类型和设计时，需要考虑人对光线感知的生理学和心理学问题。这是因为 m－PFAL 不仅是一种植物生产系统，还是一种绿色内饰。光源显色指数（color rendering index，CRI）是针对人的光照设计中的一个重要指标（http://en.wikipedia.org/wiki/Color_rendering_index）。

CRI 是对光源与理想的或自然的（太阳能）光源相比真实再现各种物体颜色的能力的定量测量（维基百科）。当光源与自然光一样工作时，CRI 值为 100。在人眼看来，植物的颜色在很大程度上受光源的 CRI 影响。例如，绿色生菜在红色 LED 灯下的颜色看起来是“暗红色”，植物看起来不够新鲜、美味和美观。因此，m－PFAL 光照系统的设计也很重要。针对人眼，需要考虑的其他设计因素包括：①光源的色温（冷白或暖白）；②光源发光强度的空间分布；③反射镜的三维形状和光学特性。

参 考 文 献

Despommier, D., 2010. The Vertical Farm – Feeding the World in the 21st Century. St. Martin's Press. LLC, 320 pp.
Kozai, T., 2013. Plant factory in Japan – current situation and perspectives. Chron. Hortic. 53 (2), 8–11.
Li, M., Kozai, T., Niu, G., Takagaki, M., 2012a. Estimating the air exchange rate using water vapour as a tracer gas in a semi-closed growth chamber. Biosyst. Eng. 113, 94–101.
Li, M., Kozai, T., Ohyama, K., Shimamura, S., Gonda, K., Sekiyama, S., 2012b. Estimation of hourly CO_2 assimilation rate of lettuce plants in a closed system with artificial lighting for commercial production. Eco-Engineering 24 (3), 77–83.
Li, M., Kozai, T., Ohyama, K., Shimamura, D., Gonda, K., Sekiyama, T., 2012c. CO_2 balance of a commercial closed system with artificial lighting for producing lettuce plants. HortScience 47 (9), 1257–1260.
Takagaki, M., Hara, H., Kozai, T., 2014. Indoor Horticulture Using Micro-plant Factory for Improving Quality of Life in Urban Areas – Design and a Social Experiment Approach. IHC 2014, Abstract Book.
Teens For Food Justice, 2018. http://www.teensforfoodjustice.org/.
United Nations, 2017. World Urbanization Prospects 2018. https://esa.un.org/unpd/wup/.

第7章 城市地区的屋顶植物生产系统

那迪亚·萨贝（Nadia Sabeh）
（美国加利福尼亚州萨克拉门托温室博士公司）

7.1 前言

屋顶植物生产（rooftop plant production，RPP）是在住宅、商业和工业建筑上种植植物的做法。在屋顶上所栽培的植物可能是观赏的或食用的，需要对其进行定期修剪和收割，或者免维护。许多新建筑正在设计“绿色屋顶”空间，以利用许多已证实的和潜在的好处（The City of London，2008），包括环境－雨水管理、减少热岛、碳封存、建筑绝缘和社会社区连接、k－12教育、植物治疗和康复（Mandel，2013）。

利用屋顶种植食用作物还有许多其他好处，包括保障当地食物生产和安全、减少运输食物的燃料消耗、提供农业就业培训和改善当地经济条件（Ganguly，et al.，2011）。屋顶农业作为RPP的一个分支，随着城市居民对当地可持续食物生产兴趣的增加，其在城市景观中越来越受欢迎。越来越多的城市取消历史上对城市农业的禁令，并通过法令，允许房主、社区和企业在开放空间种植食物，这不仅因为个人消费的需要，还因为这种兴趣正在增强（Engelhard，2010）。

在人口密集的城市，屋顶是种植植物的理想景观，因为它通常比地面更容易接触太阳能。此外，除用于维修建筑的机械设备外，屋顶通常是空的。阳光和空间这些因素的结合也是屋顶产生现场太阳能电力和太阳能热水的优势所在。像任何城市建筑一样，都市 PFAL 将拥有未充分利用的空间，而这些空间可被用来捕获太阳能，无论是用于食物生产还是发电。

7.2 RPP

供人类消费的 RPP 可以分为 3 类（Mandel，2013）：①屋顶园艺（rooftop gardening）（小规模而非商业化）；②屋顶耕作（rooftop farming）（中等规模而商业化）；③屋顶农业（rooftop agriculture）（大规模而商业化）。本章着重介绍用于食物的商业植物生产，而没有考虑屋顶农业的大环境，因为屋顶农业可能还包括动物、蜜蜂、鱼类、真菌、纤维和饲料等的养殖。屋顶耕作通常采用以下几种栽培方式之一：容器和高架苗床生产（raised－bed production）、连续行耕作和水培温室种植。

RPP 具有许多已证实的好处。这些好处包括减少雨水（storm water）、减少城市热岛效应（urban heat island effect）、实现屋顶隔热（insulation of the roof）以及增加蜜蜂、鸟类、蝙蝠和蝴蝶等传粉昆虫的生物多样性（The City of London，2008）。经过精心设计，RPP 还可以通过回收下方建筑的废水和废热来最大限度地提高 RUE。RPP 为低光照条件和垂直农业的空间限制反应较弱的作物提供种植空间，从而为 PFAL 提供了额外的好处。具体来说，屋顶可被用来栽培需要高光照强度和更大垂直生长的作物，以及需要授粉的开花植物、需要更深土壤床的根茎作物和更耐高温和温湿度变化的植物。

适合 PFAL 中 RPP 的一些作物品种包括番茄、黄瓜、辣椒等。此外，通常在 PFAL 中对这些植物进行育苗，然后可以很容易地将它们移植到屋顶进行全面生产，从而能够减少与运输到偏远设施相关的能源和碳足迹。

尽管许多城市开始支持都市农业和屋顶绿化建设，但在许多地方，地方政策和建筑法规仍然是一道障碍（Engelhard，2010）。在设计 RPP 系统时，需要克服的其他潜在和已知的挑战，包括屋顶的结构载荷、屋顶的可达性、公用设施连接、防水材料的渗漏和损坏以及作物和建筑维护（the City of London，2008）。然而，相关政策一旦实施，RPP 系统的好处将很快超过建设它所克服的挑战。

7.2.1　高架床生产

高架床生产可使食用作物获得中等产量，而这在 PFAL 中是不可能的。高架床是低轮廓（low - profile）结构，通常由塑料、钢铁或木材建造，并填充土壤以种植植物（Mandel，2013）。高架床的宽度和长度可能有所不同，具体取决于屋顶尺寸和空间的可用性。另外，还可以根据不同的高度和土壤深度建造高架床，这样会影响作物的选择。根茎类蔬菜和番茄需要 12 英寸（30.48 cm）或更深的土壤深度；绿叶蔬菜可被种植在 6 英寸（15.24 cm）的浅层。土壤通常由堆肥、泥炭藓、蛭石或珍珠岩组成。堆肥可以在现场从 PFAL 中未使用的植物材料（叶和茎等）以及任何食物垃圾中产生。植物可以手工或用滴液管进行灌溉。高架床的设计能够将多余的水通过土壤输出，并从底部引到屋顶甲板。因此，屋顶应该用耐用的防水材料进行保护，并将多余的水引导到收集系统或下面道路上的排雨水沟。使用土壤和沉重的框架材料，如钢或木材，会导致相对较高的结构荷载，这应该仔细考虑。此外，木材很容易腐烂，因此应该在填土和种植之前对其进行处理。

7.2.2　连续行耕

连续行耕（continuous row farming）可以使许多作物品种获得较高的产量。将土壤直接放置在屋顶结构上，采用连续行耕，这是最能与大田行耕媲美的。由于种植面积不受框架结构的限制，所以布局可以灵活且土壤深度也可以变化，这样就可以在单一的生长周期中适应不同种类的作物（Mandel，2013）。与高架床生产一样，土壤可能由堆肥、泥炭藓、珍珠岩或蛭石组成。然而，与高架床栽培不同的是，由于连续行耕不能将土壤装箱，所以在降雨期间可能面临土壤流失和养分淋洗的挑战。在屋顶和种植区域周围设置“边缘”可有助于防止风和雨造成的土壤流失。屋顶的设计必须类似传统的“绿色屋顶”，从而使之具有更强的结构能力和防水膜，同时也可以作为一种根屏障。

7.2.3　水培温室种植

在所有 RPP 系统中，在水培温室中种植粮食将导致任何特定作物单位面积的总产量最高（Mandel，2013）。水培系统使用无土基质来支持植物的根结构。这种基质是惰性的，可以由岩棉、椰壳、再生玻璃、珍珠岩、沙子和其他替代品组成。滴灌管精确地输送水分和营养物质，因此可以大大提高作物的WUE。温室结构本身可以由玻璃、硬质塑料（聚碳酸酯）或塑料薄膜（聚乙烯或ETFE等）制成，有时还可以使用丙烯酸。温室通常配备气候控制系统，如风扇、加热器、蒸发冷却和可操作的窗户，以调节室内空气并获得最佳空气温度、相对湿度和CO_2水平，而不管外部条件如何。温室是一个复杂的系统，其设计标准与PFAL类似。在3种RPP种植方法中，温室需要最高的初始投资成本和最长的建设周期。该结构会很重，而且容易受到风切变（wind shear）的影响，但在结构工程师的密切咨询下，这些挑战是可以解决的。由于灌溉和气候控制系统需要能源，所以PFAL的总用电量将增加。然而，根据位置的不同，温室可以用太阳能玻璃建造，其可以收集特定波长的太阳光进行发电，同时将其他波长传输和扩散到温室中。

7.3 建筑一体化

RPP为提高PFAL的可持续性和RUE提供了若干机会，包括进行雨水管理、减少下面建筑的供暖和制冷负荷、减少建筑的热岛效应以及利用建筑及其设备的废热。

7.3.1 进行雨水管理

雨水径流给城市带来了许多挑战，包括街道被淹没、污水输送系统和废水处理厂受到压力以及附近水体受到地下水污染。减少雨水排放已经成为城市的最高指令，因为政局希望减少对老化和规模不足的污水处理系统的影响，或者只是想推动可持续的城市规划和绿色建筑的建设。现在有一些要求或鼓励雨水管理的标准和建筑规范，其中包括加利福尼亚州的绿色建筑规范（California's Green，CALGreen）、美国绿色建筑委员会（the US Green Building Council，USGBC）的绿色建筑认证项目“能源和环境设计领导”（Leadership for Energy and Environmental Design，LEED）和国际绿色建筑规范（International Green

Construction Code，IGCC)，这里仅举几例。

RPP 系统在建筑行业通常被称为“绿色屋顶”，它已成为都市缓解雨水的公认策略。开放式种植结构，如高架床和行耕，通过吸收雨水而有助于控制雨水从屋顶流到街道（图 7.1）。例如，覆盖屋顶 80% 的开放式 RPP 系统可以在任何特定位置保留多达 40% 的雨水（表 7.1）。在大雨事件中，没有被 RPP 系统吸收的雨水可被转移到蓄水池和水箱中予以储存。这些雨水可以被过滤用于厕所冲洗或蒸发冷却和加湿；或者，其可被储存起来以用于未来的绿色屋顶灌溉或景观美化。在集成有 RPP 系统的 PFAL 中，所有雨水将被用于支持植物生产，根据需要其可被用于灌溉、蒸发冷却或加湿。

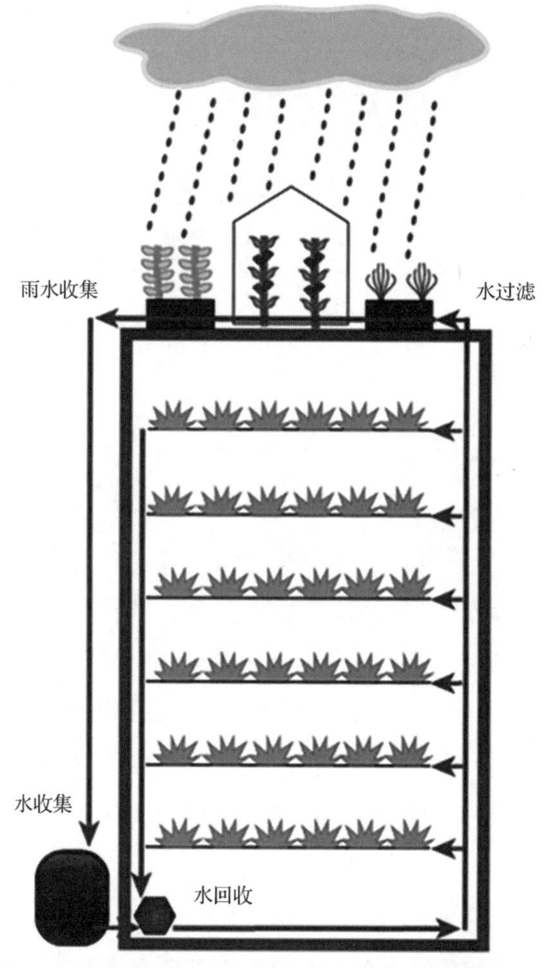

图 7.1　集成有 RPP 系统的 PFAL 中的水循环流程示意

表 7.1 在选定国际城市标准 930 m^2 屋顶上的潜在雨水收集和太阳能发电情况

位置	最大日雨量 /($kg \cdot m^{-2} \cdot h^{-1}$)	最大雨水收集量 /($kg \cdot m^{-2} \cdot h^{-1}$)	日平均太阳辐射 /($kW \cdot h \cdot m^{-2} \cdot h^{-1}$)	年太阳能发电量 /kW·h
凤凰城	1.06	0.42	6.56	48 600
伦敦	3.29	1.32	3.17	26 000
巴塞罗那	3.90	1.56	5.17	40 800
旧金山	4.63	1.85	5.45	44 100
悉尼	5.83	2.33	5.03	39 600
墨西哥城	7.63	3.05	4.44	34 000
东京	8.71	3.48	4.51	36 200
首尔	14.50	5.80	4.01	32 100

注：雨水收集假设高架床或行耕占据屋顶表面的 80%。太阳能发电假设 20% 的屋顶可用于 28.1 kW 直流额定光伏系统，固定倾斜 35°，系统损耗为 14%。

7.3.2 减少能源使用

气候控制约占 PFAL 所有能源消耗的 15%（Kozai，2013a）。尽管这种能源消耗比典型的商业建筑（约 35%）要少得多，但减少 HVAC（供暖、通风与空气调节）能源使用的策略可以转化为显著的运营成本节约（ASHRAE，2013）。在美国，白天高峰时段的电力需求给许多地区的电网带来了负担，因为这些电网试图与空调机、电灯等电器同时使用。公共事业公司和一些建筑法规正在对在需求高峰期（通常在 14：00—20：00）使用能源的消费者做出惩罚的回应。因此，在这些时期减少能源使用的策略可以大大抵消能源成本，并减小电网压力（ASHRAE，2013）。此外，利用屋顶太阳能板现场发电也可以为电灯、加热和制冷设备、计算机和其他设备供电（图 7.2）。

精心设计的 PFAL 将使用高效设备进行操作（Kozai，2013b），包括用于制冷（和加热）的热泵、用于输送水和空气的泵和风扇上的变速电动机，以及用于照

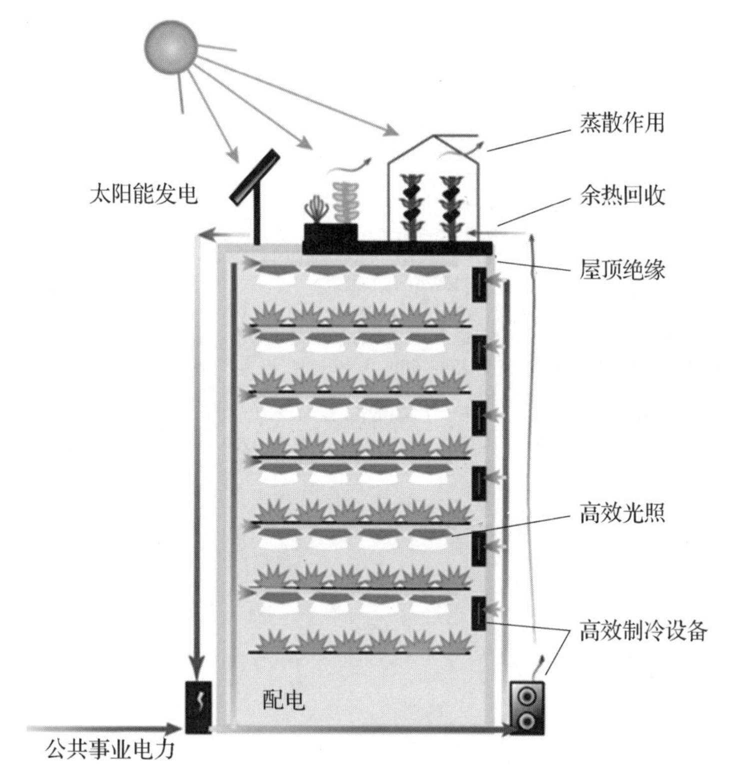

图 7.2　集成了 RPP 系统和屋顶太阳能发电的 PFAL 的能源循环基本流程示意

亮作物的 LED 灯。RPP 系统可以通过隔离屋顶和阻碍通过屋顶的直接太阳能热获取来提高 PFAL 的 RUE，这两个因素将大大减小下面生长空间的加热和制冷负荷。植物本身可以通过蒸散作用和吸收阳光（而不是将其反射到上方的大气中）来缓和建筑的微气候。这些因素的组合减轻了由许多城市建筑所引起的热岛效应，即这些城市建筑反射阳光或从建筑外部散发热量，并在空气调节过程中从建筑内部释放热量。

可以通过将建筑内部的废热再循环到 RPP 系统来进一步使之减小（图 7.2）。PFAL 的废热可能来自主气流（由建筑排出）或次气流（由电动机和设备排出）。主气流可被直接输送到屋顶温室以控制气候。次气流可以通过热交换器产生热水，用于土壤床或水培基质的根区加热以及温室的周边加热。如果建筑规划中设计了太阳能热水系统，那么次气流也可被用来预热储水箱、重新加热循环水或在阳光充足时提供主要热源。

参考文献

ASHRAE, 2013. ASHRAE Greenguide: Design, Construction and Operation of Sustainable Buildings, fourth ed. ASHRAE, Atlanta, GA.

Engelhard, B., 2010. Rooftop to Tabletop: Repurposing Urban Roofs for Food Production. thesis. University of Washington.

Ganguly, S., Kujac, P., Leonard, M., Wagner, J., Worthington, Z., 2011. Lively'Hood Farm: Strategy Plan. Presidio Graduate School, In partnership with SF Environment.

Kozai, T., 2013a. Plant factory in Japan: current situation and perspectives. Chron. Hortic. 53 (2), 8−11.

Kozai, T., 2013b. Resource use efficiency of closed plant production system with artificial light: concept, estimation and application to plant factory. Proc. Jpn. Acad., Ser. B B89, 447−461.

Mandel, L., 2013. Eat Up: The Inside Scoop on Rooftop Agriculture. New Society Publishers, Canada.

The City of London, Greater London Authority, Design for London, London Climate Change Partnership, 2008. Living Roofs and Walls—Technical Report: Supporting London Plan Policy. London.

第二部分

物理学和生理学基础——环境及其影响

第8章
光　源

藤原和弘（Kazuhiro Fujiwara）
（日本东京大学农业与生命科学研究生院）

8.1 前言

直到最近，用于 PFAL 的光源大多是荧光灯和高强度放电（high - intensity discharge，HID）灯（特别是高压钠灯）。根据 Shoji 等（2013）的研究，日本 60% 的 PFAL 使用荧光灯（其中 6% 使用冷阴极荧光灯），27% 使用 LED 灯，13% 使用 HID 灯。直到 10 年前，LED 灯还几乎只被用于植物栽培研究，但现在由于其价格稳步下降和光照效率（luminous efficacy）（lm · W^{-1}）的快速提高，LED 灯已被用作 PFAL 中实际植物栽培的光源，这是一种衡量电灯产生可见光效率的指标。

本章探讨了解 PFAL 光源所必需的基本原理，特别是受到越来越多关注的 LED 灯，以及在 PFAL 中仍被广泛使用的荧光灯。本章简要介绍了 LED 灯的脉冲光照效果（pulsed lighting effect），并给出了相关的参考文献。本章中使用的术语是基于 Mottier（2009）、Kitsinelis（2011）、IEIJ（日本光照工程研究所）（2012）、Khan（2013）和日本工业标准（Japanese Industrial Standards，JIS）手册 No. 61（2012）等出版的书籍。

表8.1给出了光环境中基于光度（luminosity）、能量和光子（photon）的物理量之间的关系，因为本章中使用了一些未予解释的物理量。

表8.1 利用SI单位描述光环境的基于光度、能量和光子的物理量

关系	光度基础	能量基础	光子基础
A	发光强度 [cd]	辐射强度 [$W \cdot sr^{-1}$]	光子强度 [$mol \cdot s^{-1} \cdot rsr^{-1}$]
A · sr = B	光通量 [cd · sr] = [lm]	辐射通量 [($W \cdot sr^{-1}$) · sr] = [W]	光子通量 [($mol \cdot s^{-1} \cdot sr^{-1}$) · sr] = [$mol \cdot s^{-1}$]
A · sr · s = B · s	光量 [lm · s]	辐射能 [W · s] = [J]	光子数 [($mol \cdot s^{-1}$) · s] = [mol]
$A \cdot sr \cdot m^{-2}$ $= B \cdot m^{-2}$	光照度 [$lm \cdot m^{-2}$] = [lx]	辐照度 [$W \cdot m^{-2}$]	光子通量密度(光子照度) [($mol \cdot s^{-1}$) · m^{-2}] = [$mol \cdot m^{-2} \cdot s^{-1}$]

8.2 光源分类

当下，可将用于一般光照的电灯的发光原理分为三类：白炽发光（incandescence）、放电发光（discharge light emission）和电致发光（electroluminescence）（表8.2）。白炽发光的原理与黑体热辐射的原理相同，黑体在受热时会辐射或发光。传统的白炽灯是白炽发光的典型例子。放电发光是指被放电激发的原子的电子由高能态跃迁到低能态（主要是基态）而发光。荧光灯和高压钠灯是放电发光的典型例子。电致发光是指通过对材料施加电场引起的光发射。在电致发光灯具中，LED灯在PFAL中的使用受到了极大关注。

表 8.2　发光原理及相应的主要电灯和装置

发光原理	相对应的电灯和装置类型
白炽发光	白炽灯 • 卤素白炽灯
放电发光	低压放电灯 • 低压钠灯 • 荧光灯 预热荧光灯 快启荧光灯 高频荧光灯 冷阴极荧光灯 高压放电灯 • 高压汞灯 • 金属卤素灯 • 高压钠灯 • 高压氙灯
电致发光	内在电致发光 • 无机电致装置 注入电致装置 • 发光二极管 • 有机电致装置

8.3　LED 灯

使用 LED 灯进行植物栽培时，必须了解以下基本原理：①一般优点；②基本发光机理；③配置类型；④表示电学和光学特性的基本术语；⑤运行时的电和热特性；⑥光照和光照强度的控制方法；⑦与使用相关的鲜为人知的优点和缺点；⑧用于 PFAL 的具有不同颜色 LED 的 LED 灯箱。由于在 PFAL 光源的讨论中通常会涉及脉冲光，所以下面对前述项目以及脉冲光及其影响进行解释。最后简要介绍植物栽培用LED灯发光性能的标准化现状。

8.3.1 一般优点

一般来说，与白炽灯、荧光灯和HID灯相比，LED灯具有以下优势：①坚固耐用；②产生稳定的输出（在电流流过后立即输出）；③寿命长、结构紧凑、质量小；④瞬间开启；⑤允许轻松控制光输出。此外，发射光的光谱分布可以通过由几种颜色的LED组成的光源来控制。对最后一点，在8.3.7节将详细介绍。

8.3.2 基本发光机理

LED是一种由P型材料和N型材料接触而形成的半导体二极管。通过对二极管施加适当的正向电压，以使P型材料一侧的空穴（带正电荷）和N型材料一侧的电子（带负电荷）向另一侧移动，空穴和电子可以在结合处复合。空穴-电子复合产生光子，其能量相当于电子在复合时通过跃迁释放的能量。光以这种方式从LED发出（图8.1）。

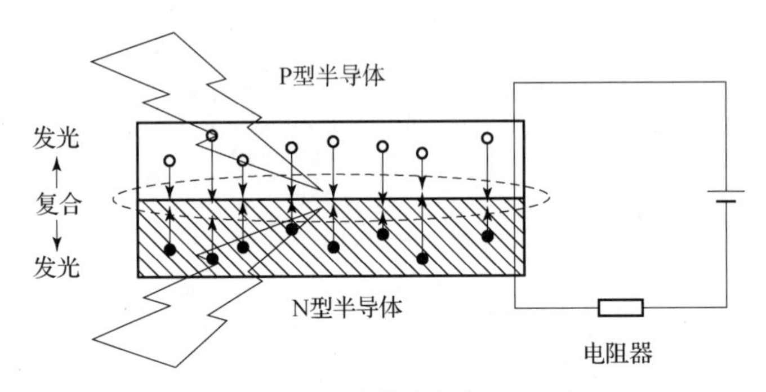

图8.1 LED的基本发光机理示意

［通电时从P型和N型半导体的结合处发光。空心圆和实心圆分别表示空穴（带正电）和电子（带负电）］

8.3.3 配置类型

灯型［或圆柱型，也被称为“通孔”（through hole或thru-hole）型］、表面贴装器件（surface mount device，SMD）型（或表面贴装（surface mount）型）以及板载芯片（chip - on - board，COB）型，是 LED 的主要配置（图 8.2）。COB 型 LED 被归类为高功率 LED，它能够在相对较小的发光区域产生较大的光通量（luminous flux）。图 8.3 所示为灯型 LED 组件的排列。

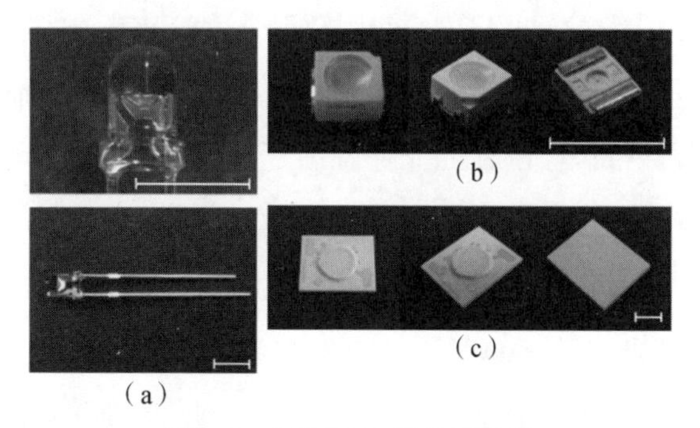

（a）（b）（c）

图 8.2 3 种 LED 的外形结构

（a）灯型 LED；（b）SMD 型 LED；（c）COB 型 LED

（灯型型号为 NSPB310B，SMD 型型号为 NESG064，COB 型型号为 NTCWT012B - V3；

均由日本的日亚公司生产；条形表示刻度约为 5 mm）

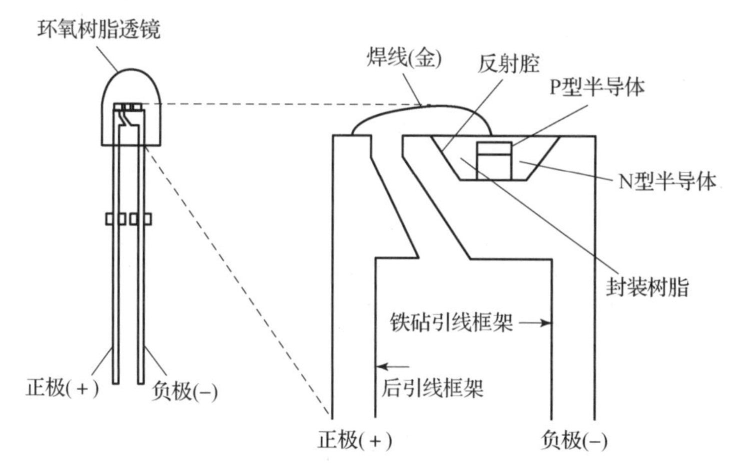

图 8.3 LED 灯的结构示意

8.3.4 表示电学和光学特性的基本术语

表示 LED 电学和光学特性的基本术语如下。

（1）正向电流（A）：从阳极到阴极流过 LED 的电流。LED 只在正向偏压下发射光子/光。在 LED 规格表中，通常描述额定最大正向电流和额定最大“脉冲”正向电流。

（2）发光强度（cd）：被定义为在特定方向（通常为 LED 的光轴方向，该值显示最大值）发射到空间立体角（solid angle，sr）的光通量（lm）。对于峰值波长在可见光波长范围之外的 LED，使用辐射强度（$W \cdot sr^{-1}$）。

（3）辐射通量/总辐射功率（W）：单位时间（s）发射的辐射能量（J）。

（4）峰值波长（nm）：LED 的光谱辐射通量分布曲线（光谱）中光谱辐射通量（$W \cdot nm^{-1}$）为最大值时的波长（图 8.4）。

（5）半宽度（nm）：在最大光谱辐射通量 50% 时的光谱辐射通量分布曲线（谱）的宽度。它是光单色度的度量（图 8.4）。

（6）视半角（°）：从 LED 光轴的角度（0°）［此时 LED 辐射强度（$W \cdot sr^{-1}$）为最大值］，LED 辐射强度降低到在 0°处最大值的一半。

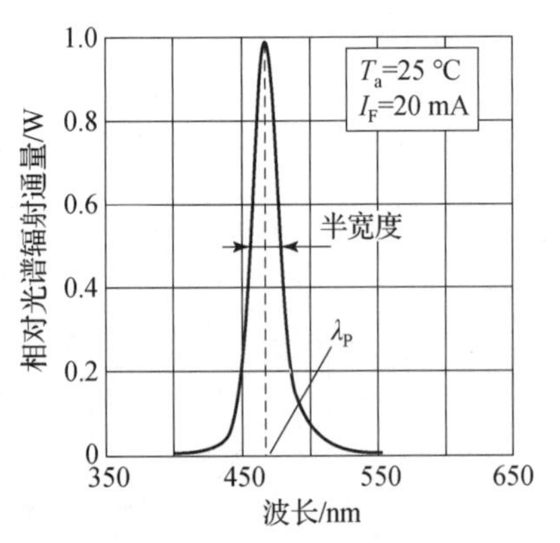

图 8.4 利用蓝色 LED 的样本光谱分布的峰值波长（λ_p）和半宽度

（该图形是根据 LED 规格表重新绘制的）

8.3.5 运行时的电和热特性

LED 具有共同的工作特性，在将 LED 用于植物生产和光环境影响的研究时，必须充分了解这些特性。主要特性如下。

（1）通过 LED 的电流随着施加在 LED 上的电压的增加呈指数增长［图 8.5（a）］。

（2）当环境温度恒定时，从 LED 发出的相对光谱辐射通量（以及相对发光强度）与流过 LED 的电流大致成正比［图 8.5（b）］。

（3）即使流过 LED 的电流是恒定的，从 LED 发出的相对光谱辐射通量（以及相对发光强度）也会随着环境温度的升高而降低［图 8.5（c）］。

（4）当环境温度升高超过一定温度（通常为 40 ℃左右）时，允许的最大正向电流（允许正向电流）急剧下降。使用 LED 存在最高环境温度（通常为 80 ℃左右）［图 8.5（d）］。

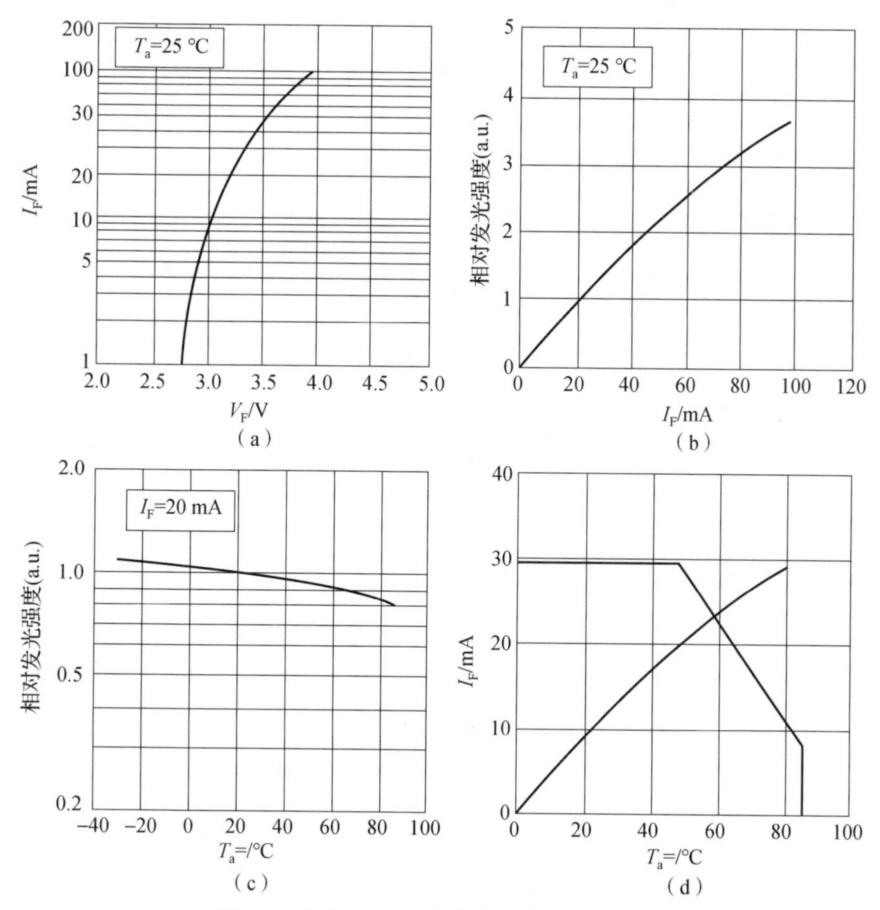

图 8.5　白色 LED 运行中的一般电和热特性

［白色 LED 灯的型号为 NSPW310DS，由日本日亚公司生产。图（a）所示为正向电压（forward voltage，V_F）和正向电流（forward current，I_F）之间的关系；图（b）所示为正向电流对相对发光强度的影响；图（c）所示为环境空气温度（T_a）对相对发光强度的影响；图（d）所示为允许正向电流（I_F）与环境空气温度（T_a）之间的关系。这些图像是根据 LED 规格表重新绘制的］

8.3.6 光照和光照强度的控制方法

在光周期内，有两种光照方法被用于植物栽培，即在光周期内“真正”或“明显”的连续光照。最常见的方法是“真正”的连续光照，即在光周期内在“严格意义上”连续发光。另一种是间歇性光照（intermittent lighting），即在短时间周期内间歇性地进行发光。虽然没有明确的定义，但间歇性光照有时被命名为脉冲光照（pulsed lighting），特别是当一个周期时间（开灯时间加上关灯时间）小于或等于 1 s 时。LED 可产生脉冲光（pulsed light），开关周期小于 10 μs。

控制光照强度（严格来说是辐射通量）或调暗 LED 的简单而通用的方法，包括控制流过 LED 的电流，称为恒流操作（constant - current operation）。恒压工作（constant - voltage operation）是一种类似的方法，但它只能在 LED 芯片和环境空气均处在恒定的温度条件下才能进行。另一种控制光照强度的方法是所谓的脉冲宽度调制法（pulse width modulation，PWM）。在这种方法中，通过施加和断开流经 LED 的恒定电流，并以极短的时间间隔反复打开和关闭 LED，从而使 LED 间歇性发光。脉冲宽度是施加电流并且灯亮的时间段。灯亮的时间段占一个周期时间段的百分比称为占空比（duty ratio,%）。占空比的变化会导致 LED 辐射通量的增大或减小。当占空比为 50% 时，LED 发出的辐射通量几乎是 100%，占空比时的一半。若间歇光的关闭时间短于一定水平，则会被人眼感知为连续光。

8.3.7 与使用相关的鲜为人知的优点和缺点

利用 LED 作为 PFAL 光源的一个重要但不太被广泛认可的好处是，与传统灯具相比，LED 为产生各种光环境提供了极大的灵活性。例如，具有不同峰值波长的几种 LED 光源可以产生光谱辐射通量随时间变化的光。这种光源系统已被开发用于研究目的，有 5 种（Fujiwara, et al., 2011）、6 种（Fujiwara and Yano, 2013）和 32 种（Fujiwara and Sawada, 2006; Fujiwara and Yano, 2011; Fujiwara, et al., 2013）类型的 LED，已被用于对光环境进行高级控制。这种 LED 光源是进行光环境控制研究以提高 PFAL 中植物产量的理想选择。

将 LED 用于 PFAL 的最大缺点是，与传统灯具相比，一组 LED 光源和灯具（“灯具”是指整个电灯配件，包括安装、操作和保护灯具所需的所有组件）的初始成本较高。这一缺点需要时间来克服。

8.3.8　用于 PFAL 的具有不同颜色 LED 的 LED 灯箱

一些 PFAL 使用了具有不同颜色 LED 的 LED 灯箱（严格来说，发光 LED 具有不同的相对光谱功率分布）。最常见的组合是峰值波长（λ_p）约为 460 nm 的蓝色 LED 和峰值波长（λ_p）约为 660 nm 的红色 LED。红色 LED 和由磷光体转换的白色 LED（由涂有黄色磷光体的蓝色 LED 芯片制成）的组合也被用于 PFAL 中的 LED 灯箱。包含蓝色、红色和远红色 LED 的 LED 灯箱已在荷兰被用于生菜幼苗的商业生产。除蓝色和红色 LED 外，具有绿色、紫色或紫外线 LED 的多色 LED 灯箱可被用于 PFAL——如果这种 LED 灯箱被证明可以改善植物生长和（或）增加有益于人类健康的营养和功能成分。如果要求为植物生产选择单芯片的 LED，那么作者会选择光谱功率分布与地面太阳光的光谱功率分布相似的由磷光体转换的白色 LED。

8.3.9　脉冲光照及其影响

LED 可以极快地完全开启和完全关闭，响应时间小于 100 ns。因此，LED 被广泛用于研究脉冲光对植物光合作用和生长的影响。Tennessen 等（1995）测量了番茄叶片在连续光照下的净光合速率（NPR），并将其结果与来自红色 LED 的具有相同平均 PPFD（50 μmol · m^{-2} · s^{-1}）的脉冲光照的结果进行了比较。结果表明，在频率（循环时间的倒数）高于 0.1 kHz 的连续光照和脉冲光照下，它们的 NPR 基本一致。然而，在 5 Hz 时，脉冲光下的 NPR 是连续光照下测量值的一半。Jishi 等（2012）报道了类似的结果：当利用白色 LED 以 100 μmol m^{-2} s^{-1}的平均 PPFD 照射时，频率（0.1～12.8 kHz）和占空比（25%～75%）的组合均未显示长叶生菜（cos lettuce）植株的 NPR 显著高于连续光照下的结果（图 8.6）。Sims 和 Pearcy（1993）以及 Pinker 和 Oellerich（2007）分别报道了脉冲光照对离体海芋属植物（*Alocasia*）、唐棣属植物（*Amelanchier*）和离体培养的椴树属植物（*Tilia*）苗的生长速率均未有积极影响。与之前的研究结果相反，Mori 等

(2002) 观察到当利用白色 LED 以 50 μmol · m^{-2} · s^{-1}的平均 PPFD 照射时，在 2.5 kHz 频率和 50% 占空比的组合下，生菜植株的 NPR 和相对生长率（质量增加率除以质量）是连续光照下的 1.23 倍。

目前来看，只要照射时光谱光子流量密度（spectral photon flux density）（或光谱辐照度）随时间保持不变，并且脉冲光照和连续光照的平均 PPFD 相同，则脉冲光照似乎通常不会促进光合作用或植物生长。最近发表的一系列论文（Jishi, et al., 2015, 2017）详细介绍了在脉冲光照下瞬时的和时间平均（time - mean）的叶片光合速率的机制。

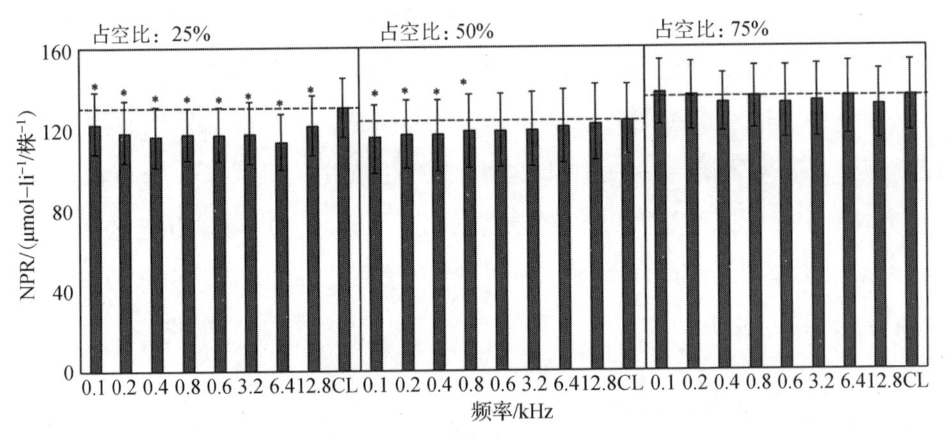

图 8.6 不同占空比和白色 LED 脉冲光照频率组合对生菜地上部 NPR 的影响情况

[虚线表示白色 LED 在连续光照（CL）下的 NPR；条形表示 S. E.（$n=6$）；带星号的平均值与当天在连续光照下得到的平均值具有显著差异（配对 t 检验，$P<0.5$）（Jishi, et al., 2012）]

8.3.10 植物栽培用 LED 灯具的性能说明

最近，市场上已经提供了种类繁多的植物栽培用的 LED 灯具。然而，对于温室种植者和植物工厂管理者来说，在其中选择一款合适或理想的 LED 灯具并不容易，因为很少有制造商和供应商提供植物栽培所需的灯具性能数据。此外，也没有既定的标准来描述 LED 灯具的性能。

美国农业和生物工程师协会（American Society of Agricultural and Biological Engineers）已经认识到植物栽培界需要一个标准化委员会来制定 LED 园艺光照

标准文件。2015 年年初，该协会成立了新的植物栽培 LED 光照委员会（Jiao，2015），并于 2018 年 9 月发布了《植物生长发育 LED 产品测量与试验的推荐方法》。可以付费下载标准文件的副本。Both 等（2017）提供了专门为植物栽培应用设计的 LED 灯具产品标签示例。配置示例组织良好，有 9 个项目组。在笔者看来，在他们的例子中应该使用“光合光子数”（波长为 400 ~ 700 nm 的光子数），而不是“PAR”（光合有效辐射），因为“辐射”的数量被归类为辐射量，并以基于能量的单位表示，而不是以基于光子的单位表示，如表 8. 1 和 Fujiwara（2016a）所示。

2016 年，JPFA 的 LED 光照委员会提出了植物栽培的 LED 灯具性能的标准说明表（standard description sheet）（Goto，et al.，2016）。该委员会在 2018 年通过其网站（http：//npoplantfactory. org/）公布了当时的最新版本（表 8. 3）。该说明表要求填写 6 个项目组中的 18 个项目。它不包括任何特殊或新颖的东西，它确实提出了一个新的术语“光合光子数功效”（photosynthetic photon number efficacy；单位为 μmol · J^{-1}），它被定义为能量－光子转换功效（energy－photon conversion efficacy；光子的波长为 400 ~ 700 nm）（Fujiwara，2016b）。

表 8. 3　植物栽培用的 LED 灯具性能说明

项目组	项目	单位	写入栏	测量仪器/方法	说明
测量条件	环境空气温度	℃			
电功率	供电电流类型	—			AC/DC
	额定电压	V			
	额定电流	A			
	额定功耗	W			光照和控制光输出的额定能耗。对每个组件的额定能耗进行单独说明是可以接受的

续表

项目组	项目	单位	写入栏	测量仪器/方法	说明
光谱特性	光谱光子通量分布	被单独显示[1]			波长：300～800 nm *X* 轴：波长（nm） *Y* 轴：光谱光子通量（$\mu mol \cdot s^{-1} \cdot nm^{-1}$）
	光谱辐射通量分布	被单独显示[1]			波长：300～800 nm *X* 轴：波长［nm］ *Y* 轴：光谱辐射通量（$W \cdot nm^{-1}$）
	光合光子通量（PPF）	$\mu mol \cdot s^{-1}$			波长：400～700 nm
	光合辐射通量	W			波长：400～700 nm
	光通量	lm			
	色温	K			仅适用于白色 LED
	显色指数	—			仅适用于白色 LED
空间分布特征	发光强度的空间分布曲线	被单独显示[1]		如果可能，“光合光子强度”的空间分布曲线要优于“发光强度”的空间分布曲线	
功效/效率	光合光子数功效	$\mu mol \cdot J^{-1}$			波长：400～700 nm
	光合辐射能效率[1]	$J \cdot J^{-1}$			波长：400～700 nm
	发光功效	$lm \cdot W^{-1}$			
可维护性	从 PPF 降低的角度看寿命	h			达到初始 PPF 90% 的时间
	防尘及防水特性	—			IP 代码（“IP”后跟两位数）

[1] 应提交图形和测量数据文件。

8.4　荧光灯

Shoji 等人（2013）报道称，日本在 60% 的 PFAL 中使用荧光灯（包括冷阴极荧光灯）作为光源。然而，日本在新建的 PFAL 中倾向于使用 LED 灯而不是荧光灯。就形状来讲，在 PFAL 中全部采用管状荧光灯，但目前没有关于所用荧光灯的启动类型（包括预热、快速启动、高频或冷阴极）或其相对百分比的报道。据推测，快速启动和高频类型占 PFAL 中所使用荧光灯的比例最大。

以下从四个方面进行概述：①一般优点；②管状荧光灯的配置；③发光的基本机制和过程；④荧光灯发出光的相对光谱辐射通量。

8.4.1　一般优点

荧光灯与包括 LED 灯在内的其他灯相比，并没有明显的单一优势。尽管如此，考虑到灯具的价格、额定寿命、发光功效、可用性和开灯时的表面温度等因素，管状荧光灯仍然是目前最适合用于 PFAL 的光源之一。

8.4.2　管状荧光灯的配置

管状荧光灯通常包括一支内部涂有荧光材料（磷光体）的玻璃管（直径大多为 25 mm，根据所需要的光通量可提供多种长度）、两个内端均涂有一种电子发射材料的两个钨电极、少量汞和封闭在玻璃管中的低蒸气压惰性气体（大部分为氩气）。

8.4.3　发光的基本机制和过程

荧光灯发出的光是汞原子电子跃迁的结果，即汞原子被电极施加的交变电压产生的放电所激发。因此，荧光灯的发光机理被归类为放电发光。但偶然间，根据荧光材料上发生的荧光过程，荧光灯的发光机理被归类为光致发光（photoluminescence）。

荧光灯产生光的过程如下：①通过插针（金属配件）向电极供电；②热电

子从电极发射出来；③热电子与汞原子碰撞；④汞原子发出紫外光（发射线：254 nm）；⑤紫外线到达涂在玻璃管内侧的荧光材料；⑥荧光材料将部分紫外线转化为可见光；⑦可见光通过灯管玻璃传输到玻璃管外侧。

8.4.4 荧光灯发出光的相对光谱辐射通量

荧光灯发出从紫外线到可见光的宽波长光，在其光谱中有汞的发射线（365 nm，405 nm，436 nm，546 nm 和 577 nm 的可见光）（图 8.7）。连续光谱显示荧光材料的光发射。具有各种光谱或相对光谱辐射通量的荧光灯中，不同类型的荧光材料被用来涂在玻璃管的内部，在商业上是可以购买到的。还有为植物生产而开发的几种类型的荧光灯也可用，尽管它们的价格比一般的白色荧光灯要高。

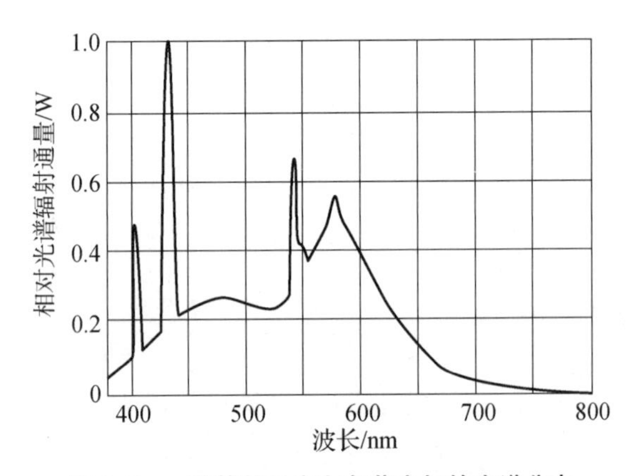

图 8.7　一种管状日光白色荧光灯的光谱分布

（该荧光灯的型号为 FLR110HN/A/100，由日本的东芝照明技术公司生产。该图像是根据荧光灯规格表重新绘制的）

参 考 文 献

Both, A.J., Bugbee, B., Kubota, C., Lopez, R.G., Mitchell, C., Runkle, E.S., Wallace, C., 2017. Proposed product label for electric lamps used in the plant sciences. HortTechnol. 27, 544–549.

Fujiwara, K., Sawada, T., 2006. Design and development of an LED-artificial sunlight source system prototype capable of controlling relative spectral power distribution. J. Light Vis. Environ. 30 (3), 170–176.

Fujiwara, K., Yano, A., 2011. Controllable spectrum artificial sunlight source system using LEDs with 32 different peak wavelengths of 385–910 nm. Bioelectromagnetics 32 (3), 243–252.

Fujiwara, K., Yano, A., Eijima, K., 2011. Design and development of a plant-response experimental light-source system with LEDs of five peak wavelengths. J. Light Vis. Environ. 35 (2), 117−122.
Fujiwara, K., Eijima, K., Yano, A., 2013. Second-generation LED-artificial sunlight source system available for light effects research in biological and agricultural sciences. In: Proceedings of 7th LuxPacifica, pp. 140−145 (Bangkok, Thailand).
Fujiwara, K., Yano, A., 2013. Prototype development of a plant-response experimental light-source system with LEDs of six peak wavelengths. Acta Hortic. 970, 341−346.
Fujiwara, K., 2016a. Radiometric, photometric and photonmetric quantities and their units. In: Kozai, T., et al. (Eds.), LED Lighting for Urban Agriculture. Springer Science+Business Media Singapore, pp. 367−376.
Fujiwara, K., 2016b. Basics of LEDs for plant cultivation. In: Kozai, T., et al. (Eds.), LED Lighting for Urban Agriculture. Springer Science+Business Media Singapore, pp. 377−394.
Goto, E., Fujiwara, K., Kozai, T., 2016. Proposed standards developed for LED lighting. Urban AG News 16, 73−75.
IEIJ (The Illuminating Engineering Institute of Japan) (Ed.), 2012. Illuminating Engineering. Ohmsha, Ltd, Tokyo, Japan (in Japanese).
Japanese Standard Association (Ed.), 2012. JIS (Japanese Industrial Standards) Handbook No. 61 Color. Japanese Standard Association, Tokyo, Japan (in Japanese).
Jiao, J., 2015. Stakeholders make progress on LED lighting horticulture standards. LEDs Magazine, pp. 39−41. June 2, 2015.
Jishi, T., Fujiwara, K., Nishino, K., Yano, A., 2012. Pulsed light at lower duty ratios with lower frequencies is less advantageous for CO_2 uptake in cos lettuce compared to continuous light. J. Light Vis. Environ. 36 (3), 88−93.
Jishi, T., Matsuda, R., Fujiwara, K., 2015. A kinetic model for estimating net photosynthetic rates of cos lettuce leaves under pulsed light. Photosynth. Res. 124, 107−116.
Jishi, T., Matsuda, R., Fujiwara, K., 2017. Effects of photosynthetic photon flux density, frequency, duty ratio and their interactions on net photosynthetic rate of cos lettuce leaves under pulsed light: explanation based on photosynthetic-intermediate pool dynamics. Photosynth. Res. 136 (3), 371−378.
Khan, M.N., 2013. Understanding LED Illumination. CRC Press, Boca Raton, FL, USA.
Kitsinelis, S., 2011. Light Sources: Technologies and Applications. CRC Press, Boca Raton, FL, USA.
Mori, Y., Takatsuji, M., Yasuoka, T., 2002. Effects of pulsed white LED light on the growth of lettuce. J. Soc. High Technol. Agric. 14 (3), 136−140 (in Japanese with English abstract and captions).
Mottier, P. (Ed.), 2009. LEDs for Lighting Applications. ISTE Ltd., John Wiley & Sons, Inc., Great Britain, UK.
Pinker, I., Oellerich, D., 2007. Effects of chopper-light on *in vitro* shoot cultures of *Amelanchier* and *Tilia*. Propag. Ornam. Plants 7 (2), 75−81.
Shoji, K., Moriya, H., Goto, F., 2013. Surveillance study of the support method to the plant factory by electric power industry: Development trend of plant factory technology in Japan. Environment Science Research Laboratory Report No. 13002. Central Research Institute of Electric Power Industry, Tokyo, pp. 1−16.
Sims, D.A., Pearcy, R.W., 1993. Sunfleck frequency and duration affects growth rate of the understorey plant *Alocasia macrorrhiza* (L.) G. Don. Funct. Ecol. 7, 683−689.
Tennessen, D.J.R., Bula, J., Sharkey, T.D., 1995. Efficiency of photosynthesis in continuous and pulsed light emitting diode irradiation. Photosynth. Res. 44, 261−269.
Yano, A., Fujiwara, K., 2012. Plant lighting system with five wavelength-band light-emitting diodes providing photon flux density and mixing ratio control. Plant Methods 8, 46.

第9章
植物对光的反应

窦海杰[1]（Haijie Dou），钮根花[2]（Genhua Niu）
（[1] 美国得克萨斯农工大学前研究生；
[2]美国得克萨斯农工大学得克萨斯达拉斯德 AgriLife 研究中心）

9.1 光的物理性质及其测量方法

9.1.1 光的物理性质

光是电磁辐射，包括可见波长和不可见波长（图 9.1）。光的波长越短，能量越大。可见光的波长为 380～780 nm，这是人眼所能感知的。可见光对植物非常重要，因为它与光合有效辐射（PAR，400～700 nm）基本一致。对于太阳辐射，97% 在 280～2 800 nm 范围内。其中，43% 是对植物生长有用的可见光，4% 是紫外线，53% 是产生热能的红外线。然而，在 PFAL 中只使用电灯。光的波动特性及其重要性如表 9.1 所示，每个波段都有各自的重要性或功能。

光具有两种相互矛盾的特性：它可以作为一种波动现象（wave phenomenon）被观察到，它也可以作为被称为光子的离散粒子（discrete particle）。光子是最小的光粒子，或者说是单个光量子。与其他环境因素（如温度、湿度和 CO_2 浓度）不同，光至少在 3 个维度上变化：数量、质量和持续时间。当在 PFAL 中使用电

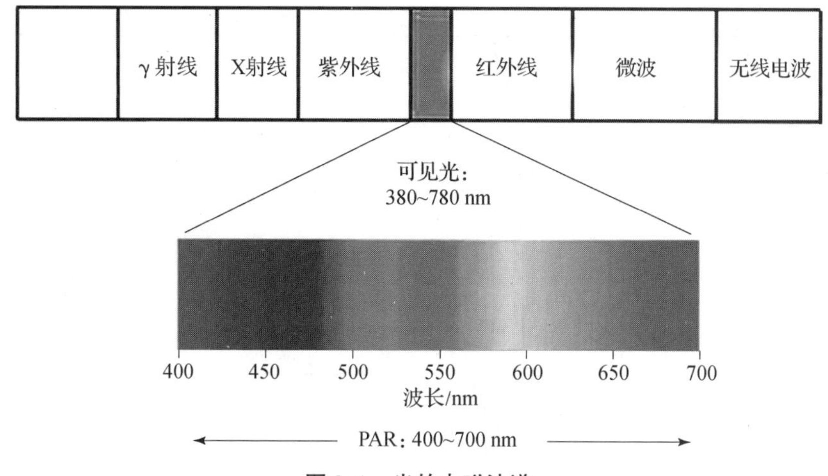

图 9.1　光的电磁波谱

表 9.1　光的波动特性及其重要性

分类	波长/nm	重要性
紫外光	100～380	—
UV－C	100～280	消毒
UV－B	280～320	1. 光形态发生（如晒伤或抑制茎伸长）； 2. 植物次生代谢产物的生产、紊乱和损害
UV－A	320～380	1. 光形态发生（如晒伤或抑制茎伸长）； 2. 植物次生代谢产物的生产或光活化
可见光	380～780	1. 光合作用； 2. 光形态发生（如种子萌发、幼苗去黄化、避荫反应、下胚轴和根向光性、昼夜节律振荡、繁殖反应）； 3. 植物次生代谢产物的生产
光合及生理活性	—	

续表

分类	波长/nm	重要性
远红光	700~800 （在可见光谱的极红端，介于红光和红外光之间）	1. 光形态发生（如种子发芽、幼苗去黄化、避荫反应和繁殖反应）； 2. 光合作用（光系统 I 的激发）
近红外光	780~2 500	热
红外光	2 500+	热

灯时，可以很容易地改变影响植物生长和发育的光照周期。基本上，光以两种方式影响植物：提供能量或量子源和充当信息媒介。作为一种能源，被植物捕获的一部分（高达 10%）光子通过光合作用被转化为化学能（碳水化合物）。植物捕获的大部分光子被转换成热能。光作为一种信息媒介，参与调控植物的各种生长发育过程，如光形态建成（photomorphogenesis）和光周期现象（photoperiodism）。植物中的光受体作为光传感器，向植物提供有关生长环境中光组成的细微变化信息，并控制植物与光合作用无关的生理学和形态学响应。

9.1.2 光的测量方法

3 种光测量系统如表 9.2 所示。首选的测量系统是量子（quantum）测量系统，该系统表示单位时间（s）在单位面积（m^2）上入射光的光子数量（或量子）。量子传感器（quantum sensor）仅被用于测量 PAR 波段的光。光度测量系统（photometric system）是根据其产生视觉的能力来评价光。光度计（photometer）测量光对人眼的亮度，其峰值为 555 nm（图 9.2），而远红光（>700 nm）或紫外线（<400 nm）范围的波长对人眼来说显得暗淡。因此，光度计不适用于评估植物生产的光环境。辐射测量系统根据单位时间在单位面积上的绝对能量（$W \cdot m^{-2}$或$J \cdot m^{-2} \cdot s^{-1}$）来评估光。表 9.3 列出了光源之间的混合转换系数，引自 Thimijan 和 Heins（1983）。这些都是近似值，因为光源的光谱输出随单个灯具、灯结构和镇流器以及它们的使用时间而变化。此表中不包括 LED 灯的转换系数，因为不同 LED 灯的光谱输出差异很大。

表 9.2　3 种光测量系统

光测量系统	定义	单位
光子（量子）测量系统	定义波段中单位面积、单位时间的光子数，通常为 400～700 nm	$\mu mol \cdot m^{-2} \cdot s^{-1}$
光度测量系统	产生视觉的能力	lx； 10.8 lx = 1 尺烛光
辐射测量系统	绝对能量	$W \cdot m^{-2}$

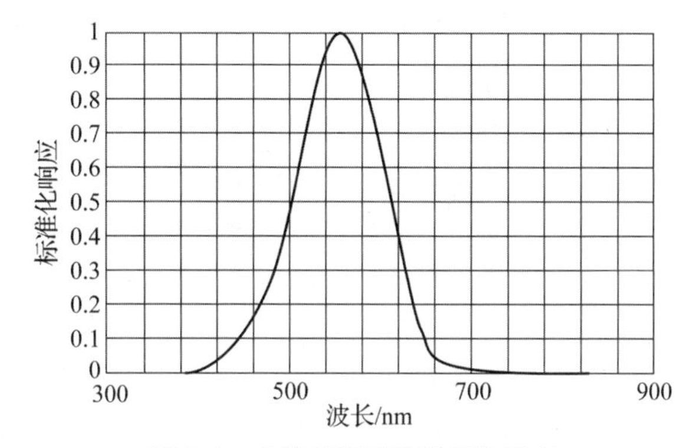

图 9.2　人眼对不同波长光的反应

［绿光在眼睛中产生最大响应（峰值为 555 nm）。图片引自 www.digik－y.com］

表 9.3　光源之间的混合转换系数

光源	不同光源单位之间的转换系数			
	$\mu mol \cdot m^{-2} \cdot s^{-1}$	$W \cdot m^{-2}$	尺烛光	lx
太阳能灯	1	0.219[a]	5	54
高压钠灯	1	0.201	7.59	82
金属卤素灯	1	0.218	6.57	71
冷白荧光灯	1	0.218	6.85	74
白炽灯	1	0.200	4.63	50

a 该值因光源、灯结构、镇流器和使用时间等而异，引自 Thimijan 和 Heins（1983）。

除瞬时光强外，植物在一天内接受的总光量或日累积光量（daily light integral，DLI）与植物的生长、发育和品质等密切相关。DLI 是每天（通过表面）

接收到的光合光子量，表示为每天（d^{-1}）每平方米（m^{-2}）的光摩尔（mol），即 $mol \cdot m^{-2} \cdot d^{-1}$。在 PFAL 中，光强或光合光子通量密度（photosynthetic photon flux density，PPFD）通常保持相对恒定，因此可以很容易地从 PPFD 和光周期计算出 DLI。

随着近年来光技术的快速发展，LED 越来越多地被用于 PFAL。当用量子传感器测量 LED 灯下的 PPFD 时，尤其是对于窄带 LED 灯，会出现光谱误差。这是因为量子传感器是被设计用来测量 400 ~ 700 nm 范围内的光子总数。当测量光谱与用于校准仪表的光谱不同的光源的 PPFD 时，就会出现光谱误差。在理想情况下，应该使用光谱辐射计（spectroradiometer）来测量 LED 灯的 PPFD；然而，如果只考虑测量误差，那么量子传感器则是一种简单、廉价和易于使用的仪器。

9.2 植物对光环境的响应

9.2.1 光受体（photoreceptor）

植物将光视为光合作用和热量的能源和诱导各种生理反应的信号源。本节主要介绍与光作为信号源的作用有关的光受体。光受体是一种光敏蛋白（light - sensitive protein），其参与植物对光的感知和响应。植物中有两种类型的光受体，一种是为光合作用获取光能的光合色素（photosynthetic pigment），另一种是介导非光合作用光反应的光敏受体（photosensory receptor）。来自光敏受体的信号可以调节与细胞分裂和增大相关的基因表达，从而形成花芽（floral bud）和叶原基（leaf primordia）等多种组织（Anpo，et al.，2018）。目前，已鉴定出 5 种受体，包括光敏色素（phytochrome）、隐花色素（cryptochrome）、向光素（phototropin）、Zeitlupe 家族成员和抗紫外线基因座 8（UV resistance locus 8，UVR8）。了解光受体的特性及其在调节植物反应中的作用，将加深我们对植物如何响应光环境的理解，并有助于对 PFAL 中光照方案的选择。

9.2.1.1 光敏色素

光敏色素（phy）主要是红光（R，600 ~ 699 nm）和远红光（FR）的光受体，是最早被发现的植物光受体。光敏色素有两种可逆形式，即不具有生物活性的形式 P_r（吸收红光，峰值在 660 nm）和具有生物活性的形式 P_{fr}（吸收远红光，峰值在 730 nm）。一般情况下，光敏色素的红光激活可能被远红光逆转。光敏色素光平衡（phytochrome photoequilibrium，PPE）估计 P_{fr} 在总 phy（$P_r + P_{fr}$）中的比例取决于光源的光谱分布和光敏色素的吸收（Sager，et al.，1988）。光敏色素家族由 5 个成员组成，分别被命名为 phyA 到 phyE，光敏色素家族中的每个成员都有差异，但控制植物从种子萌发到开花时间反应的光感应和（或）生理功能经常重叠，如表 9.4 所示（Li，et al.，2011）。

表 9.4　光敏色素家族成员在幼苗和早期营养发育中的不同作用

光敏色素成员	主要感光活动	主要生理作用
phyA	VLFR^z	广谱光照条件下（紫外线、可见光、远红光）种子萌发
	FR－HIR	FR_c 下幼苗去黄化；LD 下促进开花
phyB	LFR	R_c 下种子发芽
	R－HIR	R_c 下幼苗去黄化
	EOD－FR（R/FR 比值）	避荫反应
phyC	R－HIR	R_c 下幼苗去黄化
phyD	EOD－FR（R/FR 比值）	避荫反应
phyE	LFR	种子发芽
	EOD－FR（R/FR 比值）	避荫反应

EOD－FR：日终远红光；FR_c：连续远红光；HIR：高辐照度响应；LD：长日照条件；LFR：低频响应；R/FR 比值：红光/远红光比值；R_c：连续红光；VLFR^z：极低频响应。

幼苗去黄化（de－etiolation）是幼苗从土壤中冒出来并感知到光辐射时开始的，包括下胚轴生长抑制、子叶扩张和叶绿体发育。光敏色素家族成员在调节植物幼苗去黄化过程中具有多种重叠功能。PhyA 是响应远红光调节幼苗去黄化的主要光受体，而 phyB 和 phyC 则是响应红光调节幼苗去黄化的主要光受体，phyB 是响应白光和响应红光的主要光受体（Quail，2002；Li，et al.，2011）。

避荫反应（shade avoidance response）包括茎和叶柄的伸长、花期的改变和顶端优势的增加，从而使叶片向光方向上升。phyB 是高 R/FR 比值下避荫反应的主要抑制因子，因为缺乏 phyB 的植物表现出一种结构性避荫表型（constitutive shade avoidance phenotype），如叶柄延长和花期提前。由低 R/FR 比值的荫蔽反应可以被 EOD - FR 处理有效地进行拟表型（phenocopy），而这也受到 phyD 和 phyE 的调控。

在植物和动物中，生物钟以特定的时间方式控制许多代谢、发育和生理过程。由 phy 和隐花色素（cryptochrome，cry，在下文中予以讨论）感知和传递的光信号确保生物钟与外部光/暗周期保持一致。

9.2.1.2 隐花色素

隐花色素（cry）主要是蓝光（B，400 ~ 499 nm）的光受体。隐花色素的两个成员 CRY1 和 CRY2 在调节植物细胞伸长、光周期开花和气孔开放等反应中发挥重叠作用。其中，CRY1 在蓝光抑制下的胚轴伸长中起主要作用，而 CRY2 的作用相对较小。同样，CRY1 在高通量和低通量条件下都能刺激子叶扩张，而 CRY2 的调控则局限于低通量条件下（Yu，et al.，2010）。CRY1 和 CRY2 都促进花的萌发（Mockler，et al.，2003），并且可能涉及几种不同的机制，包括抑制 CONSTANS 降解（degradation）。这里，CONSTANS 是一种中心基因，负责调节光周期开花、转录激活因子激活和染色质重塑等（Valverde，et al.，2004；Kumar and Wigge，2010）。虽然向光素（phototropin）是调节气孔开度的主要光受体，但研究发现隐花色素也能刺激气孔的开度。Mao 等（2005）报道了 CRY1、CRY2 突变体和 CRY1 过表达（overexpressing）植株分别表现出对蓝光的响应是气孔开度的减小和增大。

除上述光响应外，隐花色素还调控植物的叶绿体发育和花青素（anthocyanin）积累。有研究表明，CRY1 是介导蓝光诱导核编码基因表达（nucleus - encoded genes expression）的主要光受体，这些基因编码质体蛋白（plastid protein）既是光合作用和质体其他功能所必需的，也是质体转录器的组成部分（Yu，et al.，2010）。因此，隐花色素被认为在幼苗去黄化过程中的叶绿体发育中起关键作用。同时，CRY1 过表达导致了花青素的大量积累，这表明 CRY1 能刺激花青素的积累（Li and Yang，2007）。

9.2.1.3　向光素

向光素（phototropin，phot）也是蓝光的光受体，控制着植物的一系列反应，包括向光性（phototropism）、叶绿体重新定位（chloroplast relocation）和气孔开度（stomatal opening）。向光素家族中的两个成员 phot1 和 phot2 在调节上述反应方面存在部分重叠作用。

向光性（phototropism）是指器官在响应光强度和（或）质量的横向差异时的方向性弯曲（directional curvature）。具体来说，茎表现出正向光性（positive phototropism），即向着光弯曲，而根表现出负向光性（negative phototropism），即远离光弯曲。在强光下，phot1 和 phot2 均可调节下胚轴的向光性，而在弱光下，仅 phot1 调节下胚轴的向光性。同样，由光调控的叶绿体重新定位对不同的光强有响应。在低光强下，phot1 和 phot2 诱导叶绿体向细胞上表面积累运动，以促进光合作用所需的光捕获；在高光强下，叶绿体则远离热辐射部位，以防止过度光照对光合作用器官造成光损伤，从而仅由 phot2 进行调节（Christie，2007）。植物的气孔开度主要是由光调节的，可能通过诱导单个气孔保护细胞原生质体的蓝光依赖性膨胀，使植物调节光合作用中 CO_2 的吸收和蒸腾作用中的水分流失（Briggs and Christie，2002）。与向光性和叶绿体的积累调节类似，phot1 和 phot2 在气孔开度中起调节作用，尽管它们的相对光敏性可能有所不同。

9.2.1.4　Zeitlupe 家族成员

Zeitlupe 家族成员包括 ZEITLUPE（ZTL）、FLAVIN - BINDING KELCH REPEAT F - BOX 1（FKF1）和 LOV KELCH PROTEIN 2（LKP2），是另一组蓝光的光受体（Somers，et al.，2004）。Zeitlupe 家族参与控制昼夜节律振荡周期、调节光周期开花以及介导下胚轴伸长（Miyazaki，et al.，2015）。Somers 等（2004）报道 ZTL 突变体在黑暗中将昼夜节律延长至 35 h，比野生型长 9 h，而过表达 ZTL 则将其缩短至 13 h，这与较长的下胚轴和晚开花有关。由 ZTL 的积累增强所引起的晚开花很可能是通过 CONSTANS 和 FLOWERING LOCUS T 水平的剧烈下降实现的。类似地，FKF1 突变体在连续的蓝光或红光下具有短下胚轴，而 LKP2 过量生产的植物在连续的蓝光、红光或白光下具有细长下胚轴。

9.2.1.5 抗紫外线基因座8

抗紫外线基因座8启动UV－B介导的信号通路（signaling pathway），以响应低水平的UV－B辐射。在UV－B辐射下，抗紫外线基因座8从细胞质转运到细胞核，并与COP1（CONSTITUTIVELY PHOTOMORPHOGENIC1）相互作用，导致HY5（ENLONGAT－D HYPOCOTYL 5）和HYH（HY5 HOMOLOG）的表达增加。反过来，HY5和HYH控制UV－B适应一系列关键元素的表达，包括编码苯丙氨酸代谢途径（phenylpropanoid pathway）酶的基因（Schreiner，et al.，2012）。同时，抗紫外线基因座8对低UV－B辐射的感知也会影响植物的形态，导致其生长迟缓，如抑制下胚轴伸长（Jansen and Borman，2012）。最近，抗紫外线基因座8还被证明参与调节热形态发生、避荫反应、植物免疫（plant immunity）和生物钟夹带（circadian clock entrainment），强调了光、时钟、激素和防御通路之间信号串扰的重要性（Yin and Ulm，2017）。

9.2.2 植物对PPFD、光周期和DLI的响应

在PFAL中，PPFD通常是恒定的，这与自然光不同，因为自然光的PPFD、持续时间和光谱成分会随着昼夜和季节的变化而变化。PPFD和光周期是调节植物生长发育和营养价值的两个重要光条件。

DLI表示一个光源在1 d内辐射的总光合光子通量，通常与作物产量呈线性关系。对于绿叶蔬菜，在光周期为16 $h \cdot d^{-1}$的条件下，商用PFAL中的PPFD在150～250 $\mu mol \cdot m^{-2} \cdot s^{-1}$范围内，对应的DLI为8.64～14.4 $mol \cdot m^{-2} \cdot d^{-1}$。大DLI有利于提高园艺作物的产量和次生代谢产物的积累（Schnitzler and Habegger，2004；Chang，et al.，2008）。然而，较大的DLI会通过增加资本成本（灯具数量）和运营成本（电力消耗）而增加了生产成本。因此，对于PFAL，应以最小的DLI为目标，以降低成本，同时仍能实现合理的高产量和质量。

在Zhang等（2018）的一项研究中，为了确定PFAL中的最佳PPFD，将生菜植株在150 $\mu mol \cdot m^{-2} \cdot s^{-1}$，200 $\mu mol \cdot m^{-2} \cdot s^{-1}$，250 $\mu mol \cdot m^{-2} \cdot s^{-1}$或300 $\mu mol \cdot m^{-2} \cdot s^{-1}$的PPFD范围内进行栽培，由红蓝光比（R：B）为1.8的荧光灯或两种R：B比为1.2或2.2的LED灯在两个光周期（每天12 h或16 h）下进行提供。以产量、品质（硝酸盐、维生素C、可溶性糖、蛋白质和花青素含

量）和能耗为指标，在光周期为 16 h·d^{-1}的 LED 光照下，R：B 比为 2.2 时，PPFD 为 200~250 μmol·m^{-2}·s^{-1}。通过连续测定生菜被移栽 2 周后其叶片在 48 h 内的光合速率，发现 PPFD 为 300 μmol·m^{-2}·s^{-1}时的植株 NPR 始终低于 PPFD 为 250 μmol·m^{-2}·s^{-1}的植株。与 250 μmol·m^{-2}·s^{-1}的 PPFD 相比，300 μmol·m^{-2}·s^{-1}的PPFD 对提高叶片硝酸盐含量以外的品质性状没有任何优势。可以通过收获前连续光照和降低营养液中的氮水平来降低叶片中的硝酸盐含量（Bian，et al.，2016）。

在我们之前的研究中，在室内控制环境下，在 16 h 光周期下，测试了 9.3 mol·m^{-2}·d^{-1}，11.5 mol·m^{-2}·d^{-1}，12.9 mol·m^{-2}·d^{-1}，16.5 mol·m^{-2}·d^{-1}和 17.8 mol·m^{-2}·d^{-1}共 5 个 DLI 水平对罗勒（*Ocimum basilicum*）产量和营养价值的影响（Dou，et al.，2018）。结果表明，12.9 mol·m^{-2}·d^{-1}，16.5 mol·m^{-2}·d^{-1}和 17.8 mol·m^{-2}·d^{-1}这 3 个较大的 DLI 值会导致较高的 NPR，叶片更大也更厚，鲜重比 DLI 为 9.3 mol·m^{-2}·d^{-1}时分别高 54.2%、78.6%和 77.9%。然而，在 12.9 mol·m^{-2}·d^{-1}，16.5 mol·m^{-2}·d^{-1}和 17.8 mol·m^{-2}·d^{-1}的 DLI 下，产量没有差异。每株的总花青素、酚类和黄酮类物质的含量也与 DLI 正相关（图 9.3）。另外，通过改变光周期（12 h·d^{-1}，14 h·d^{-1}，16 h·d^{-1}，18 h·d^{-1}或 20 h·d^{-1}）和 PPFD（298 μmol·m^{-2}·s^{-1}，256 μmol·m^{-2}·s^{-1}，224 μmol·m^{-2}·s^{-1}，199 μmol·m^{-2}·s^{-1}或 179 μmol·m^{-2}·s^{-1}），使罗勒的 DLI 固定为 12.9 mol·m^{-2}·d^{-1}。除叶面积外，在产量、光合作用、叶绿素浓度等生长参数方面均未发现差异，而营养品质在本研究中未予确定。

在受控环境条件下，植物的生长与 PPFD 的增加呈线性关系，当达到光饱和点时，则光合效率开始降低。光饱和点是种特异性的，并取决于环境条件。例如，在栽培室内，当将 PPFD 从 125 μmol·m^{-2}·s^{-1}增加到 620 μmol·m^{-2}·s^{-1}时，羽衣甘蓝和菠菜的叶鲜重和干重均呈线性增加，而羽衣甘蓝植株中钙（Ca）、铜（Cu）、钾（K）和锰（Mn）的浓度在高 PPFD 下均下降，这是由于其叶片鲜重增加所引起的稀释效应（Lefsrud，et al.，2006）。然而，与 300 μmol·m^{-2}·s^{-1} PPFD 相比，在 500 μmol·m^{-2}·s^{-1} PPFD 条件下“Kudo”紫苏（*Perilla frutescens*）的茎部和根部生长及花青素含量均降低，而总多酚含量却出现增加（Hwang，et al.，2014）。我们的研究结果表明，对于 PFAL 中的叶类蔬菜

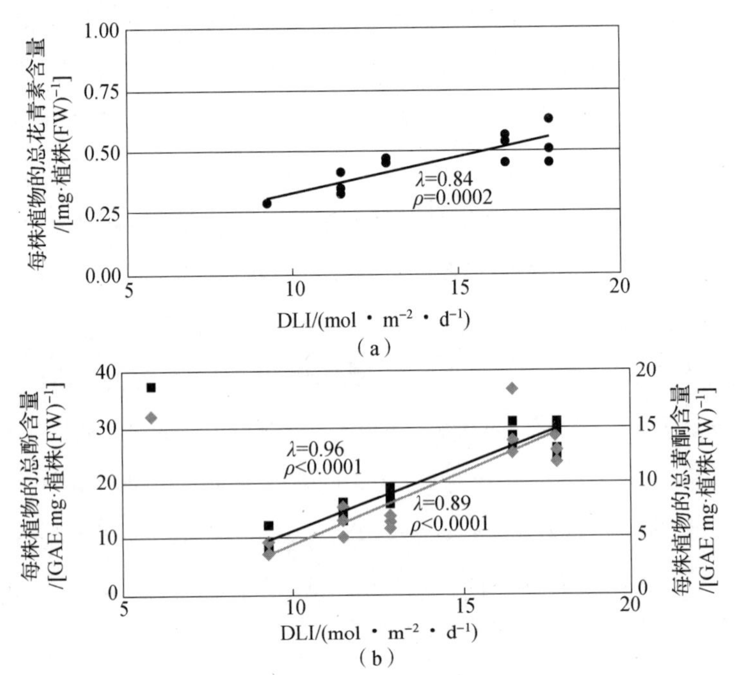

图 9.3 在室内受控环境中，在不同 DLI 下生长 21 d 的绿色罗勒“Improved Genovese Compact”的 DLI 与单株总花青素、总酚和总黄酮等生物活性物质含量的相关性（Dou，et al.，2018）

（a）单株植物的总花青素含量；（b）单株植物的总酚和总黄酮含量

和幼苗，将 PPFD 保持在高达 250 μmol · m^{-2} · s^{-1} 的低线性剂量响应范围为宜（Dou，et al.，2018；Zhang，et al.，2018；Yan，et al.，2019）。

在相同的 DLI 下，在低 PPFD 下以长光周期种植植物，则可以降低 PFAL 的资本成本，因为减少了光照设施的数量和冷却要求。许多研究表明，与在相同 DLI 下暴露于高 PPFD 且短光周期的植物相比，由于叶片膨胀和叶绿素增加，所以长光周期通常会增加植物的生物量积累量（Adams and Langton，2005）。然而，许多敏感物种在延长光周期时出现了生理失调，如叶片褪绿和叶绿素降解（Langton，et al.，2003；Kang，et al.，2013）。例如，在延长光周期下番茄（*Solanum lycopersicum*）和甜椒（*Capsium annuum*）植株的生长和产量下降，而在连续光照（24 h 光周期）下，在番茄、茄子（*S. melongenum*）、马铃薯（*S. tuberosum*）、萝卜（*Raphanus sativus*）、黄瓜（*Cucumis sativus*）植株上观察到轻度受损的症状（Sysoeva，et al.，2010）。在较长的光周期下，产量的减小是由于叶片不能将积累的光合产物输出到叶片外，或一些光氧化胁迫引起叶绿体的破坏（Demers，et al.，1998；Ali，et al.，2009）。

9.2.3　植物对光质的响应

植物感知和响应从紫外线到远红光区域的广泛光谱，光质或光谱波长会显著影响植物的生长、发育、形态和次生代谢。LED 技术的发展使利用光谱提高作物产量和营养品质成为可能。在过去的 10 年中，世界范围内关于这一主题的研究数量呈指数增长（Bantis，et al.，2018）。植物对光质的响应因品种而异。根据环境条件的不同，植物对相同光质的响应可能受到“背景”条件（如 DLI）的影响。例如，在温室环境中作为补充光照的植物对某些光照质量的反应与在室内环境中进行的反应不同。相对于光质对植物生长和形态的影响，光质如何影响在 PFAL 中生长的各种作物中植物次生代谢产物的积累的知识相对有限。

9.2.3.1　红光和蓝光

植物中的红光由光敏色素感知并调节与种子萌发、茎伸长、叶片扩张、开花诱导等相关的反应，而蓝光由隐花色素和向光素感知，并调节幼苗去黄化等过程、向光性、叶绿体运动、昼夜节律、根系生长和气孔开放等。但红光和蓝光对叶片大小和厚度有拮抗作用。蓝光通过增强向光素活性而促进叶片扁平化，而红光主要通过激活 phyB 而促进分枝（Anpo，et al.，2018）。因此，在确定红光和蓝光之间的平衡时必须小心谨慎，以使植物建筑符合预期的目的。

红光和蓝光对提高植物光合作用和生长效率的作用是很容易理解的，因为它们完全符合叶绿素的吸收峰。许多公司迅速开发出 R&B 组合 LED 灯，以用于对 PFAL 和温室进行光照补充。早期研究表明，R&B 组合光比单色红光或蓝光对植物生长更有效，且单色红光或蓝光可能引起一些植物的生理失调。例如，单色红光降低了黄瓜和番茄植株的 F_v/F_m、气孔密度、光合能力和生长受损，这被定义为“红光综合征”，而这些影响均未发生在 R&B 组合光下生长的植物叶片中（Hogewoning，et al.，2012；Savvides，et al.，2011；Trouwborst，et al.，2016）。这说明一定量的蓝光是维持植物正常生长所必需的。最近的研究表明，全光谱白光 LED 灯更适合 PFAL，因为它不仅能够确保植物获得所有的光合有效辐射以优化生长、质量和产量，而且允许对 PFAL 中的植物进行任何可能的紊乱的简单视觉评估。

无论是 R&B 组合 LED 灯还是全光谱白光 LED 灯，都没有适合所有物种的最佳红光/蓝光比例或蓝光比例（B light proportion，BP）。例如，在 R&B 组合光下，当 BP 从 7% 增加到 59% 时，罗勒和黄瓜植物的枝条鲜重增加，而在白色荧光灯（8% BP）下生长的“Wala”罗勒植株与在白色 LED 灯（16% BP）下生长的植株的鲜重相比，具有更高的株高和更大的枝条（Fraszczak，et al .，2014；Hogewoning，et al.，2010；Pioven，et al.，2015）。

目前，人们已经进行了大量研究来评估红光和蓝光对植物次生代谢产物积累的影响，但在某些情况下，结果是矛盾的。多项研究表明，蓝光诱导多种植物产生花青素和酚类化合物，如生菜和鼠尾草（*Salvia miltiorrhiza*）（Meng，et al.，2004；Li，2010）。蓝光对花青素和酚类化合物的积累归因于苯丙氨酸代谢途径（phenylpropanoid pathway）中关键酶的表达，包括苯丙氨酸解氨酶（phenylalanine ammonialyase，PAL）、查尔酮合成酶（chalcone synthase，CHS）和二氢黄酮醇 4 – 还原酶（dihydroflavonol 4 – reductase）（Jenkins，2009）。因此，与红光和白光 LED 灯处理相比，蓝光 LED 灯处理下紫罗勒（purple basil）和羽衣甘蓝芽（kale sprout）中的总酚浓度和抗氧化能力最高（Qian，et al，2016；Hosseini，et al.，2018）。相比之下，罗勒植物中主要酚类化合物迷迭香酸（rosmarinic acid）的浓度，在红光和白光 LED 灯下比在蓝光下生长的植物要高 2 倍（Shiga，et al.，2009）。也有报道称，R70：B30（R&B 光组合，其中绿罗勒植株的总酚浓度和紫罗勒植株的花青素浓度在红光下最高）与蓝光或白光 LED 灯处理相比，红光和蓝光的百分比分别为 70% 和 30%（Hosseini，et al.，2018）。

研究结果相互矛盾的原因之一被认为是光参数的不一致性，如不同的光源和光强度。虽然光谱影响植物化学生物合成的机制尚不清楚，但有假设认为红光和蓝光有一些共同的机制，它们的作用取决于植物种类、株龄和植物化学成分等（Taulavuori，et al.，2016）。

9.2.3.2 红光和远红光

红光和远红光是植物的重要信号，红光/远红光比值影响由光敏色素调节的响应，如种子萌发、幼苗去黄化、避荫和繁殖反应。最近有报道称，在远红光中添加较短波长（400 ~ 700 nm）的光，可以平衡光系统Ⅰ（PSI）和光系统Ⅱ（PSⅡ）之间的激发（excitation），从而协同增加光化学和光合作用（Zhen and Van Iersel，2017）。PSⅠ和PSⅡ串联进行光化学反应，其分别优先受到远红光和短波长光的激发（Hogewoning，et al.，2012）。据报道，短波长光与远红光的补充显著增加了“绿塔”生菜植株中PSⅡ的量子产量，并增加了天竺葵（*Pelargonium hortorum* “Pinto Premium Orange Bicolor”）和金鱼草（*Antirrhinum majus* “Trailing Candy Showers Yellow”）的叶面积和茎干重（Park and Runkle，2017）。一种假设是，由于两个光系统的激发之间有更好的平衡，所以在远红光和短波长光的光合条件下生长的植物其光合效率应该提高，而一些研究人员假设，整个植物的光合效率将因较低的PPFD而被降低（Demotes - Mainard，et al.，2016；Park and Runkle，2017；Zhen and Van Iersel，2017）。因此，为了更好地了解远红光对植物光合作用的影响，还需要进一步开展研究。

9.2.3.3 绿光

绿光作为一种信号，通过光敏色素和隐花色素调节植物的非光合响应，如营养生长、花青素积累和花芽形成（Wang and Folta，2013）。植物对绿光的响应在某种程度上与远红光相似，并且普遍倾向于反对蓝光或红光所诱导的响应（Talbott，et al.，2006；Folta and Maruhnich，2007）。例如，绿光抑制了拟南芥植植株的下胚轴伸长、降低了花青素浓度并诱导了遮阴生长症状（Zhang and Folta，2012；Anpo，et al.，2018）。另外，与蓝光或红光相比，绿光被认为是植物光合作用效率较低的光，而宽带绿光的平均相对量子效率为0.87，略低于红光（0.91），但高于蓝光（0.73）（Sager，et al.，1988）。此外，蓝光和红光被上层叶片大量吸收，而绿光则能够穿透到更深的植物冠层，这可能增加作物产量（Wang and Folta，2013）。

9.2.3.4 紫外光

紫外光通常被认为是植物生长的胁迫因子（stress factor），因为过高的激发能会不可避免地导致植物细胞器（如叶绿体、线粒体和过氧化物酶体）中活性氧（reactive oxygen species，ROS）的产生。近年来，很多注意力都集中在利用补充性的紫外线照射来诱导植物中植物化学物质的合成，如花青素、黄酮类化合物、类胡萝卜素、谷胱甘肽（glutathione）和广泛的其他生物活性代谢物

(bioactive metabolites)，这些物质在人们的饮食中对健康有益（Bantis，et al.，2016；Sakalauskaite，et al.，2013）。在我们之前的研究中，补充 UV－B 辐射可使绿色罗勒叶中的花青素、酚类物质和黄酮类物质浓度分别增加 9%～18%、28%～126% 和 80%～169%，而且罗勒叶的抗氧化能力与 UV－B 辐射剂量正相关。然而，补充性的 UV－B 辐射通常会降低绿色和紫色罗勒植株的产量（数据未发表）。因此，如何在提高营养质量和降低产量之间找到平衡点，还需要进一步开展研究。

9.3 结论

本章描述了光的物理性质和测量，以及光环境对植物生长、发育和植物化学物质浓度的影响。随着 LED 光照技术的发展，人们对通过调控光强和光质来提高叶菜和蔬菜的生物量生产能力和提高生物活性次生代谢产物的浓度越来越感兴趣。然而，没有单一的光照解决方案适合所有的情况。最佳光环境因物种甚至品种、植物生长阶段、特定次生代谢产物以及温度、营养物质和 CO_2 浓度等环境条件而异。随着光照和半导体技术的进一步发展，研究人员和商业化 PFAL 将能够使用可调节光强度和光质且经济实惠的 LED 灯。

参考文献

Adams, S., Langton, F., 2005. Photoperiod and plant growth: a review. J. Hortic. Sci. Biotechnol. 80, 2−10.

Ali, M.B., Khandaker, L., Oba, S., 2009. Comparative study on functional components, antioxidant activity and color parameters of selected colored leafy vegetables as affected by photoperiods. J. Food Agric. Environ. 7, 392−398.

Anpo, M., Fukuda, H., Wada, T., 2018. Plant Factory Using Artificial Light: Adapting to Environmental Disruption and Clues to Agricultural Innovation. Elsevier Inc., Cambridge, MA.

Bantis, F., Smirnakou, S., Ouzounis, T., Koukounaras, A., Ntagkas, N., Radoglou, K., 2018. Current status and recent achievements in the field of horticulture with the use of light-emitting diodes (LEDs). Sci. Hortic. 235, 437−451.

Bantis, F., Ouzounis, T., Radoglou, K., 2016. Artificial LED lighting enhances growth characteristics and total phenolic content of *Ocimum basilicum*, but variably affects transplant success. Sci. Hortic. 198, 277−283.

Bian, Z.H., Cheng, R.F., Yang, Q.C., Wang, J., Lu, C., 2016. Continuous light from red, blue, and green light-emitting diodes reduces nitrate content and enhances phytochemical concentrations and antioxidant capacity in lettuce. J. Am. Soc. Hortic. Sci. 14192, 186−195.

Briggs, W.R., Christie, J.M., 2002. Phototropins 1 and 2: versatile plant blue-light receptors. Trends Plant Sci. 7, 204–210.

Chang, X., Alderson, P.G., Wright, C.J., 2008. Solar irradiance level alters the growth of basil (*Ocimum basilicum* L.) and its content of volatile oils. Environ. Exp. Bot. 63, 216–223.

Christie, J.M., 2007. Phototropin blue-light receptors. Annu. Rev. Plant Biol. 58, 21–45.

Demers, D.A., Dorais, M., Wien, C.H., Gosselin, A., 1998. Effects of supplemental light duration on greenhouse tomato (*Lycopersicon esculentum* Mill.) plants and fruit yields. Sci. Hortic. 74, 295–306.

Demotes-Mainard, S., Péron, T., Corot, A., Bertheloot, J., Le Gourrierec, J., Pelleschi-Travier, S., Crespel, L., Morel, P., Huché-Thélier, L., Boumaza, R., 2016. Plant responses to red and far-red lights, applications in horticulture. Environ. Exp. Bot. 121, 4–21.

Dou, H., Niu, G., Gu, M., Masabni, J.G., 2018. Responses of sweet basil to different daily light integrals in photosynthesis, morphology, yield, and nutritional quality. Hortscience 53, 496–503.

Folta, K.M., Maruhnich, S.A., 2007. Green light: a signal to slow down or stop. J. Exp. Bot. 58, 3099–3111.

Fraszczak, B., Golcz, A., Zawirska-Wojtasiak, R., Janowska, B., 2014. Growth rate of sweet basil and lemon balm plants grown under fluorescent lamps and led modules. Acta Sci. Pol. Hortorum Cultus 13, 3–13.

Hogewoning, S.W., Trouwborst, G., Meinen, E., Van Ieperen, W., 2012. Finding the optimal growth-light spectrum for greenhouse crops. In: Proc. VII Intl. Sym. Light Hortic. Systems, vol. 956, pp. 357–363.

Hogewoning, S.W., Trouwborst, G., Maljaars, H., Poorter, H., Van Ieperen, W., Harbinson, J., 2010. Blue light dose–responses of leaf photosynthesis, morphology, and chemical composition of *Cucumis sativus* grown under different combinations of red and blue light. J. Exp. Bot. 61, 3107–3117.

Hosseini, A., Zare Mehrjerdi, M., Aliniaeifard, S., 2018. Alteration of bioactive compounds in two varieties of basil (*Ocimum basilicum*) grown under different light spectra. J. Essent. Oil Bea. Pl. 21, 913–923.

Hwang, C.H., Park, Y.G., Jeong, B.R., 2014. Changes in content of total polyphenol and activities of antioxidizing enzymes in *Perilla frutescens* var. acuta Kudo and *Salvia plebeia* R. Br. as affected by light intensity. Hortic. Environ. Biotech. 55, 489–497.

Jansen, M.A., Bornman, J.F., 2012. UV-B radiation: from generic stressor to specific regulator. Physiol. Plant. 145, 501–504.

Jenkins, G.I., 2009. Signal transduction in responses to UV-B radiation. Annu. Rev. Plant Biol. 60, 407–431.

Kang, J.H., Krishnakumar, S., Atulba, S.L.S., Jeong, B.R., Hwang, S.J., 2013. Light intensity and photoperiod influence the growth and development of hydroponically grown leaf lettuce in a closed-type plant factory system. Hortic. Environ. Biotech. 54, 501–509.

Kumar, S.V., Wigge, P.A., 2010. H2A. Z-containing nucleosomes mediate the thermosensory response in *Arabidopsis*. Cell 140, 136–147.

Langton, F., Adams, S., Cockshull, K., 2003. Effects of photoperiod on leaf greenness of four bedding plant species. J. Hortic. Sci. Biotechnol. 78, 400–404.

Lefsrud, M.G., Kopsell, D.A., Kopsell, D.E., Curran-Celentano, J., 2006. Irradiance levels affect growth parameters and carotenoid pigments in kale and spinach grown in a controlled environment. Physiol. Plant. 127, 624–631.

Li, Q., 2010. Effects of Light Quality on Growth and Phytochemical Accumulation of Lettuce and Salvia Miltiorrhiza Bunge. Doctor, Northwest A&F University, Yangling, China.

Li, J., Li, G., Wang, H., Deng, X.W., 2011. Phytochrome signaling mechanisms. In: The Arabidopsis Book, vol. 9. American Society of Plant Biologists.

Li, Q.H., Yang, H.Q., 2007. Cryptochrome signaling in plants. Photochem. Photobiol. 83, 94–101.

Mao, J., Zhang, Y.C., Sang, Y., Li, Q.H., Yang, H.Q., 2005. A role for *Arabidopsis* cryptochromes and COP1 in the regulation of stomatal opening. Proc. Natl. Acad. Sci. 102, 12270–12275.

Meng, X., Xing, T., Wang, X., 2004. The role of light in the regulation of anthocyanin accumulation in *Gerbera hybrida*. Plant Growth Regul. 44, 243–250.

Miyazaki, Y., Takase, T., Kiyosue, T., 2015. ZEITLUPE positively regulates hypocotyl elongation at warm temperature under light in *Arabidopsis thaliana*. Plant Signal. Behav. 10, e998540.

Mockler, T., Yang, H., Yu, X., Parikh, D., Cheng, Y.C., Dolan, S., Lin, C., 2003. Regulation of photoperiodic flowering by *Arabidopsis* photoreceptors. Proc. Natl. Acad. Sci. 100, 2140–2145.

Park, Y., Runkle, E.S., 2017. Far-red radiation promotes growth of seedlings by increasing leaf expansion and whole-plant net assimilation. Environ. Exp. Bot. 136, 41–49.

Piovene, C., Orsini, F., Bosi, S., Sanoubar, R., Bregola, V., Dinelli, G., Gianquinto, G., 2015. Optimal red:blue ratio in led lighting for nutraceutical indoor horticulture. Sci. Hortic. 193, 202–208.

Qian, H., Liu, T., Deng, M., Miao, H., Cai, C., Shen, W., Wang, Q., 2016. Effects of light quality on main health-promoting compounds and antioxidant capacity of Chinese kale sprouts. Food Chem. 196, 1232−1238.
Quail, P.H., 2002. Phytochrome photosensory signalling networks. Nat. Rev. Mol. Cell Biol. 3, 85.
Sager, J., Smith, W., Edwards, J., Cyr, K., 1988. Photosynthetic efficiency and phytochrome photoequilibria determination using spectral data. Trans. ASAE Am. Soc. Agric. Eng. 31, 1882−1889.
Sakalauskaite, J., Viskelis, P., Dambrauskien, E., Sakalauskien, S., Samuolien, G., Brazaityt, A., Duchovskis, P., Urbonavi, D., 2013. The effects of different UV-B radiation intensities on morphological and biochemical characteristics in *Ocimum basilicum* L. J. Sci. Food Agric. 93, 1266−1271.
Savvides, A., Fanourakis, D., Van Ieperen, W., 2011. Co-ordination of hydraulic and stomatal conductances across light qualities in cucumber leaves. J. Exp. Bot. 63, 1135−1143.
Schnitzler, W., Habegger, R., 2004. *Perilla frutescens*-Perilla red and its secondary plant metabolism. In: VII Intl. Sym. Prot. Cultiv. Mild Winter Clim: Production, Pest Management and Global Competition, vol. 659, pp. 371−374.
Schreiner, M., Mewis, I., Huyskens-Keil, S., Jansen, M.a.K., Zrenner, R., Winkler, J.B., O'brien, N., Krumbein, A., 2012. UV-B-induced secondary plant metabolites-potential benefits for plant and human health. Crit. Rev. Plant Sci. 31, 229−240.
Shiga, T., Shoji, K., Shimada, H., Hashida, S.N., Goto, F., Yoshihara, T., 2009. Effect of light quality on rosmarinic acid content and antioxidant activity of sweet basil, *Ocimum basilicum* L. Plant Biotechnol. 26, 255−259.
Somers, D.E., Kim, W.Y., Geng, R., 2004. The F-box protein ZEITLUPE confers dosage-dependent control on the circadian clock, photomorphogenesis, and flowering time. Plant Cell 16, 769−782.
Sysoeva, M.I., Markovskaya, E.F., Shibaeva, T.G., 2010. Plants under continuous light: a review. Plant Stress 4, 5−17.
Talbott, L.D., Hammad, J.W., Harn, L.C., Nguyen, V.H., Patel, J., Zeiger, E., 2006. Reversal by green light of blue light-stimulated stomatal opening in intact, attached leaves of *Arabidopsis* operates only in the potassium-dependent, morning phase of movement. Plant Cell Physiol. 47, 332−339.
Taulavuori, K., Hyöky, V., Oksanen, J., Taulavuori, E., Julkunen-Tiitto, R., 2016. Species-specific differences in synthesis of flavonoids and phenolic acids under increasing periods of enhanced blue light. Environ. Exp. Bot. 121, 145−150.
Thimijan, R.W., Heins, R.D., 1983. Photometric, radiometric, and quantum light units of measure: a review of procedures for interconversion. Hortscience 18 (6), 818−822.
Trouwborst, G., Hogewoning, S.W., Van Kooten, O., Harbinson, J., Van Ieperen, W., 2016. Plasticity of photosynthesis after the 'red light syndrome' in cucumber. Environ. Exp. Bot. 121, 75−82.
Valverde, F., Mouradov, A., Soppe, W., Ravenscroft, D., Samach, A., Coupland, G., 2004. Photoreceptor regulation of CONSTANS protein in photoperiodic flowering. Science 303, 1003−1006.
Wang, Y., Folta, K.M., 2013. Contributions of green light to plant growth and development. Am. J. Bot. 100, 70−78.
Yan, Z., He, D., Niu, G., Zhai, H., 2019. Evaluation of growth and quality of hydroponic lettuce at harvest as affected by the light intensity, photoperiod, and light quality at seedling stage. Sci. Hortic. 248, 138−144.
Yin, R., Ulm, R., 2017. How plants cope with UV-B: from perception to response. Curr. Opin. Plant Biol. 37, 42−48.
Yu, X., Liu, H., Klejnot, J., Lin, C., 2010. The cryptochrome blue light receptors. In: The Arabidopsis Book. Am. Soc. Plant Biol, vol. 8.
Zhang, T., Folta, K.M., 2012. Green light signaling and adaptive response. Plant Signal. Behav. 7, 75−78.
Zhang, X., He, D., Niu, G., Yan, Z., Song, J., 2018. Effects of lighting environment on the growth, photosynthesis, and quality of hydroponic lettuce in a plant factory. Int. J. Agric. Biol. Eng. 11 (2), 33−40.
Zhen, S., Van Iersel, M.W., 2017. Far-red light is needed for efficient photochemistry and photosynthesis. J. Plant Physiol. 209, 115−122.

第10章
面向PFAL的LED技术进展

卡里·A. 米切尔（Cary A. Mitchell），
法特梅·谢巴尼（Fatemeh Sheibani）
（美国印第安纳州西拉法叶市普渡大学园艺与景观建筑系）

10.1 对各种CEA的需求

在没有恶劣环境因素（如干旱、洪水、极热或极冷、限制生长的光照）的情况下，种植食用作物通常能够缩短生产周期并提高每个周期的产量，在占地面积相等的基础上，保护地栽培的年作物生产率与露天农业相比要高出一个数量级（Mitchell，2004），而多层室内作物生产的生产率要高出两个数量级（Kozai，et al.，2015）。在世界范围内，被称为“室内农业”“都市农业”“垂直农业”或“植物工厂”（PF）的受控环境农业（controlled - environment agriculture，CEA）企业具有巨大的潜力，可以全年提供新鲜而健康的农产品，且无须长途运输，特别是考虑到城市化和不受控制的化石燃料使用所造成的气候变化。

进入21世纪，CEA的所有平台，包括温室和以仓库为基础的粮食生产，将在养活迅速增长的世界人口方面发挥越来越重要的作用。事实上，预计未来30年，农业生产率将不得不在目前产量水平的基础上提高70%，才能跟上全球粮食需求预计增长的步伐（Agrilyst，2017）。尽管CEA的生产能力潜力是显而易见的，但在室内高效种植作物的技术和高运营能源成本方面的大量前期资本投资导致室内农业行业在短期盈利和碳足迹问题上举步维艰。因此，在利用仓库和改装的船运集装箱中生产作物时，目前选择的作物类型是速生的绿叶蔬菜和低光照要求的烹饪药草植物。

10.2 极其重要的能源成本

目前生产的能源成本要求在温室中种植生长缓慢且需要高光照的结实作物，其中至少有一些植物生长和发育所需的充足光照可以由太阳辐射提供。虽然技术的开发和优化将适用于每个独特的 CEA 应用，但总体上降低总能源成本，特别是作物光照的能源成本，仍然是 CEA 在全球范围内面临的挑战和首要任务。对于完全依赖于室内单一光源的人工光照（sole - source artificial lighting，SSL）的植物工厂概念来说尤其如此。人们可能会认为温室在能源使用上比植物工厂具有优势，因为它们在一年内主要使用“免费”的太阳能，而植物工厂种植者通常必须为所有作物光照支付电网成本。然而，与植物工厂的保温性能相比，温室的夏季季节性散热和冬季供暖的能源成本较高，因此在冬季为温室补充光照和供暖时，总能源成本往往在温室和植物工厂之间持平，至少对于低光照要求的速生绿叶蔬菜来说是这样。但最近的分析发现，在植物工厂和温室中种植绿叶蔬菜的成本在年度基础上非常相似（Eaves and Eaves，2018）。考虑到植物工厂具有更大的隔热（夏季）/保温（冬季）潜力，因此从长远来看，优化植物工厂的人工光照可能具有最大的 CEA 节能潜力。

10.3 前 LED 时代

在 20 世纪 40 年代末，荧光灯主要用作开展光生物学研究的光源，因为它比白炽灯更节能，并且在总光子发射量的光合有效辐射（PAR，400～700 nm）光谱内，包含了超过 10% 的蓝色波长（Banis，et al.，2018）。然而，荧光灯光照的能量效率不足以支持高产植物的生长。此外，荧光灯电极末端靠近植物的位置附近可能导致严重的热灼伤问题（Dutta Gupta and Jatothu，2013）。20

世纪 90 年代，在日本的多层植物工厂中利用传统的荧光灯光照来培养叶类作物（Kozai，2013）。荧光灯，特别是与白炽灯相结合（Biran and Kofranek，1976），能很好地支持植物的营养生长，在正常生长习性、颜色、外观和产品质量方面，与在室外或温室太阳辐射下类似。然而，就生长速率和生物量随时间的积累而言，荧光灯的光子输出强度通常是有限的。此外，荧光灯的光子输出强度会随着使用时间的延长而逐渐稳定地下降，而白炽灯的光子输出强度会迅速下降。

在 20 世纪 70 年代末，高强度放电灯（如高压钠灯和金属卤素灯）的出现使利用固定的光谱输出光源有效地种植植物成为可能（Pattison，et al.，2018）。美国的第一个大型商业化室内农场是“美国植物农场”（Phytofarms of America），它使用 HID 灯来水培蔬菜和药草（Field，1988）。HID 灯的高热辐射输出被每盏灯的循环水屏障吸收。如果没有这样的热障（thermal barrier），HID 辐射会在密闭室内种植空间所需的紧密间隔距离内将绿叶蔬菜烤焦，而这将会在植物工厂内造成巨大的热量管理负担。因此，尽管将光周期安排为与非峰值功率一致，但这些 HID 灯的高总辐射输出导致了 Phytofarms 灯的大量电能成本。

10.4　进入 LED 时代

LED 是一种基于电致发光技术的固态发光形式，具有多种有利于单一光源照明的特性（Morrow，2008）。LED 灯的优点主要如下：①在低压直流电下工作；②耐用；③不需要像 HID 灯那样笨重的镇流器；④采用远离光子发射表面的散热装置，这样就允许将光子发射二极管表面紧密放置到植物表面；⑤根据用于构建二极管的半导体材料的化学成分，其波段是可选择的（Bourget，2008）。与其他光源相比，LED 灯的寿命要长得多。Yeh 和 Chung（2009）提出 LED 灯的寿命为 100 000 h，而白炽灯和荧光灯的寿命分别为 1 000 h 和 8 000 h，尽管 Bourget（2008）认为 50 000 h 是基于 LED 灯退化到其初始 100% 输出的 70% 时的寿命指标。

尽管早期 LED 灯的资金成本相当高，但 LED 灯已成为美国几乎所有相关初创企业的室内农业光照系统的主流选择，而且这一趋势正在整个植物工厂业界迅速蔓延。即使正在进行的学术研究系统地定义了不同作物在其生产周期中各个阶段的动态及多方面的光需求（强度、光谱、光周期、DLI），但种植者、企业家和投资者通常不会等待这一客观信息成为主流，而是根据制造商的光配方、灯具性能的要求以及最重要的成本来投资当前的 LED 技术。因此，具备建立市场份额和知名度的创业动力往往胜过谨慎的商业实践。因此，市场上同时出现了几代 LED 灯具（array）。昂贵的第一代固定输出灯具，包括两个单色波段，通常是被动散热的，正在让位于结合了单色和宽带 LED 的廉价灯具。事实上，植物在所有这些 LED 灯具下生长也许并不总是最佳的，但或多或少都很好。有些品种在某些灯具下比在其他灯具下生长得更大或更快，但它们都生长得足够好，即使不盈利也能生产出有市场价值的作物。

对于特定的物种或栽培品种，特定类型的 LED 灯具是否能够支持长期的商业盈利，还有待于规模经济和时间的考验。在这种背景下，我们首先研究 LED 用于植物生长和发育的历史，然后研究 LED 发出的不同波段或颜色的光在这些重要的植物过程中所发挥的作用。

10.5 LED 在植物光照中的应用历史

LED 被发明于 1962 年，但直到 20 世纪 80 年代才足以被用于单一光源的植物生长光照（Bourget，2008）。在最初的 LED/植物研究之前，McCree（1972）发表了他的多种植物光合作用的相对量子效率（relative quantum - efficiency，RQE）曲线，表明在叶片水平和有限的 PPFD 条件下，宽红光波长（600 ~ 700 nm）具有最高的光合作用量子效率，其次是蓝光波长（400 ~ 500 nm），而令人惊讶的是，绿光波长（500 ~ 600 nm）也表现出良好的光合效率，其中一些绿色波长甚至比一些蓝色波长更有效。McCree 的 RQE 信息基本上将 PAR 的波长范围定义为 400 ~ 700 nm，并启发了随后的植物研究人员将 PAR 光谱中的特定窄光谱波段以受控比例应用于植物，但只有 LED 能够有选择性地提供足够的强度。McCree 的研究仅限于低光照水平和单叶反应，而要掌握更相关的 PFAL 结果则需要获得全株的光合效率和更高的 PPFD。

10.6　首次 LED/植物栽培试验

考虑到所有被提到的光源限制，人们在光生物学领域研究了另一种光源，该光源至少与以前的电光源一样有效，同时可能具有其他优点，如具有冷发射表面、可灵活改变其形状和尺寸、易于处理以及寿命更长等。NASA 的生命科学项目资助了第一个由学术和工业研究人员在美国威斯康星州进行的利用 LED 的植物研究。NASA 的兴趣是开发一种稳健而节能的植物光照系统，其具有小发射质量和体积，并能够进行光谱控制。第一个试验只使用了由砷化镓铝组成的红光 LED，在 660 nm 处发出红光发射峰。红灯加上 30 $\mu mol \cdot m^{-2} \cdot s^{-1}$的蓝光荧光辐射（因为蓝光 LED 尚未足够强大或不够高效）共达到 325 $\mu mol \cdot m^{-2} \cdot s^{-1}$的总 PPFD，从而造成“Grand Rapids”散叶生菜的生长与在具有相同 PPFD 的冷白荧光灯 + 白炽灯下生长的相当，但输入能量显著减小（Bula，et al.，1991；Hoenecke，et al.，1992）。单独使用红光辐射时，幼苗的下胚轴和子叶得以伸长，但同时使用仅 15 $\mu mol \cdot m^{-2} \cdot s^{-1}$的蓝光辐射，可防止幼苗不必要地伸长生长（Hoenecke，et al.，1992）。这些早期结果不仅证实了红光在整个植物水平上最有效地驱动光合作用，而且蓝光对茎伸长和叶片扩大具有强大的光形态形成作用，这超出了其对光合作用本身的作用，并有助于今天仍在做出的关于将多少蓝光分配给 LED 植物栽培光照系统的决定。

10.7　NASA 的军转民技术

NASA 随后研发了几种小型 LED 灯具，其在航天飞机上进行飞行，以试验未来太空生物再生生命保障系统的食用作物生长情况（Barta，et al.，1992；Morrow，et al.，1995；Croxdale，et al.，1997；Stankovic，et al.，2002；Zhou，2005）。同时，NASA 肯尼迪航天中心的地面研究进一步探索了 LED 光照的光谱组合，包括新推出的蓝光和远红 LED，与较为传统的植物光照系统相比，对多个物种进行了比较（Brown，et al.，1995；Matsuda，et al.，2004；Tennessen，et al.，1994；Yanagi，et al.，1996）。自 28 年前对支持植物生长的 LED 进行初步研究以来，全球范围内对该主题的研究呈爆炸式增长，这既反映了 LED 在植物光生物学领域的发展前景，也反映了用于商业化植物工厂操作中的节能植物栽培光照的发展前景。LED 被用于植物栽培的历史正在逐渐揭示不同光谱波段的光的作用，有点像重新发现白光在植物生长和发育中的价值，它既揭示了逐波长（wavelength – by – wavelength），也揭示了逐物种（species – by – species）和逐品种（cultivar – by – cultivar）的变异。这并不特别令人惊讶，尤其是因为植物是在宽波段太阳辐射下进化而来的，而宽波段太阳辐射不仅受每天的光谱和强度的影响，还受光照持续时间（光周期）和全年季节性的 DLI 的影响，而且受气候和地球位置的影响，而所有这些都会影响光环境。然而，对于 PFAL 来说，在完全受控的环境中开发“定制光照配方”成为可能，这是目前 LED 所特有的。

10.8 LED 波段的光谱作用

LED 或多或少是“单色光”，对于给定的波段，最大的光子通量密度（photon flux density，PFD）出现在非常窄的光谱峰值吸光度上，并具有来自出现在峰值波长两侧的扩张型波长基的最低 PFD。至少在 PAR 范围内，每个波段都是由低 PPFD 的扩张型波长基（通常以 100 nm 为增量）来定义的。然而，一个给定波段 LED 的有效性在很大程度上取决于该 LED 的峰值波长输出（通常为 1 nm），而大部分光子能量都位于峰值波长输出。因此，由给定的 LED 驱动或调节的给定植物光响应通常是由其峰值能量输出和 PFD 来定义的。尽管植物的生理过程是在宽波段太阳辐射下演化的，并且是极其复杂和相互作用的，但是使用受控混合的单色 LED 作为单一光源的植物栽培光照，则使种植者能够在产量、生产能力和质量方面操纵和预测性地控制植物生长。给定 LED 的波段输出由二极管元件的主成分决定，峰值波长特异性由二极管合金成分的不同掺杂（differential doping）决定。因此，使用在宽波段阳光下可能无法实现的窄光谱 LED 可能实现所需的植物生长和发育结果。

10.9　红光

出于多种原因，宽波段红光（600～700 nm）是室内种植作物的首选，至少在作物种植周期的大多数阶段都是如此，并且该波段是固定用于支持植物生长的每个 LED 阵列的波段。在 PAR 光谱的三个主要波段成分中，红色光子具有最低的固有能量（intrinsic energy content）（176 kJ · mol^{-1}），但在驱动光合作用的所有 PAR 波段中，红色光子的能量效率最高（Inada，1976；McCree，1972）。红光作为量子效率曲线（quantum efficiency curve）中最高效的 PAR 波段，其光子能量含量相对较低，该双重特性使红色 LED 能够很好地实现高发射效率(emission efficacy)[光子输出(μmol)/电能输入(J)]。红光在驱动光合作用方面相对较高的效率可能有助于商业照明公司的营销主张，即通过红色 LED 发射所选择的默认波段来促进植物的营养生长。当然，这是过于简化的说法，因为所有的 PAR 波段都有助于光合作用和营养生长，但通常效率要低于红光波段。

光合作用的红色 RQE 曲线包括 620～660 nm 的宽平台，而不是红色宽带内任何特定波长的尖锐峰值。由于最初获得 620～630 nm 范围内的红色 LED 比处在较高峰值的红光波长更便宜，所以早期的红色 LED 往往包含更多较小波长范围的红光，而不是较大波长范围的红光，例如 660～680 nm。因此，早期的 LED 灯具在激活光敏色素的红光吸收的光形态形成峰值（约 660 nm）处具有较少的发射，这抑制了在高 P_{fr} 下短日照植物和在高光敏色素光平衡（P_{fr}/P_{tot}）下长日照植物的成花诱导。包括“暗红色” LED（峰值在 660 nm）在内的下一代 LED 灯具更有效，可驱动由高 P_{fr} 触发的光形态反应。在许多方面，红色 LED 主要促进营养生长的说法在某些情况下可能更多地与 P_{fr} 抑制开花有关，而不是与特定促进营养生长有关。

除了其在驱动光合作用本身的作用外，红光通常被认为能促进许多植物的鲜重和干重增加、茎伸长和叶片伸长（Heo，et al.，2002；Johkan，et al.，2010；Wu，et al.，2007）。因为第一次利用单一光源 LED 光照的植物研究是单独使用红色 LED 进行的，并且充分地进行了植物生长试验（Bula，et al.，1991；Goins，et al.，1998），所以红色 LED 已经成为 LED 驱动光合作用和营养生长的首选。

事实上，与任何其他波段相比，用于生菜单一光源光照的 LED 灯具的电能使用效率和光子效率与其红光输出有更强的相关性（Kong, et al., 2019）。由此可知，生菜的生长对红光特别敏感。

10.10 蓝光

宽波段蓝光（400~500 nm）位于 PAR 光谱（260 kJ · mol^{-1}）的短波长/高光子能量端。在驱动光合作用的量子效率曲线上，蓝光比红光的效率低 25%。然而，宽波段蓝光的低 RQE 被蓝色 LED 的电效率和光子效率的工程进步所抵消，因此，蓝光是最有效的（Nelson 和 Bugbee, 2014）。在 SSL 下的植物发育的任何给定阶段，植物对蓝光的耐受性将是关于植物栽培光照中蓝色成分的能源成本的最终决定因素。

在早期的植物试验中，人们发现蓝光是植物生长和发育的混合光谱的重要组成部分。早期的蓝色 LED 效率不够高，不能用作第一代植物栽培的 LED 灯具，因此最初用小型蓝色荧光灯来试验蓝光对植物生长的影响。人们发现单独在红色 LED 下充分生长的植物在加入少量蓝光后表现得更好（Brown, et al., 1995; Goins, et al., 1997; Hoenecke, et al., 1992 年; Tripathy and Brown, 1995; Yorio, et al., 1998），这增加了将蓝色 LED 纳入其中的动力，因为它们变得更高效。蓝光被发现对于启动某些种类叶绿素的合成和促进叶片厚度很重要（Tripathy and Brown, 1995）。尽管正午阳光中大约三分之一的 PAR 光谱由蓝光波段组成（Gomez and Mitchell, 2015），但在 SSL 条件下，植物所需要或耐受蓝光的比例往往比在自然太阳光照下低得多。在植物工厂中，用于驱动植物生长的总 PPFD 通常保持在光合光饱和曲线的线性且较小的光限制范围内，以避免在达到饱和水平时浪费光，并尽可能减少光照和相关热控的电费。绿叶蔬菜的总 PFAL 光照通常在光合作用的 150~250 μmol · m^{-2} · s^{-1}线性剂量响应范围内，这比生长季节的正午室外光照或温室光照的 PPFD 要低一个数量级。

在室内光照水平上，植物通常对混合光束中蓝光的数量或比例非常敏感，比在温室中敏感得多。蓝光对处在光形态建成阶段的植物发育［包括茎伸长（Cosgrove and Green, 1981; Dougher and Bugbee, 2001; Kigel and Cosgrove,

1991；Nanya，et al.，2012；Okamoto，et al.，1997；Shinkle and Jones 1988）和叶片扩张（Cope and Bugbee，2013；Dougher and Bugbee，2001；Johkan，et al.，2010；Li and Kubota，2009）］和受控发育发挥重要影响——这两者都对叶菜沙拉作物的质量和市场销路（marketability）起着至关重要的作用。对于上述两种参数，蓝光太多会限制植物的生长（Hoenecke，et al.，1992）。蓝光对于向光性和气孔开度也很重要（Blaauw and Blaauw - jansen，1970；Folta and Spalding，2001；Kinoshita，et al.，2001；Zeiger，2010）。此外，叶片的叶绿素含量随着光源中蓝光比例的增加而增加（Hernandez and Kubota，2016）。因此，可以利用高蓝光 SSL 来获得深绿而厚叶的绿叶生菜品种，但可能以牺牲叶面积和植株大小为代价。如果在给定时间内获得最小植株大小，这对市场销路很重要，那么选择遗传上深绿色的品种可能是使用高蓝光光照的最佳选择，除非在种植周期接近结束并在叶片已经充分展开时，可以提高蓝光比例以使之迅速达到所需要的绿色程度。除叶绿素外，已经证明需要蓝色 LED 来产生与酚类和花青素合成相关的紫色色素，否则，传统的红叶生菜在 SSL 下会保持绿色（Stutte，et al.，2009）。在含有丰富蓝光成分的单一光源 LED 光照下生长的绿叶蔬菜、微绿和药草植物的组织中，类胡萝卜素（carotenoid）、叶黄素（lutein）、硫代葡萄糖苷（glucosinolate）、矿物质和其他植物营养素的含量也会增加（Craver，et al.，2017；Kopsell，et al.，2014）。

因此，蓝色 LED 是 LED 灯具的合理补充，但蓝光在商业植物工厂生产中的作用是复杂的，因为在作物发育的不同阶段，可能需要不同比例的蓝光来产生潜在的光响应（Cope and Bugbee，2013）。对于室内生产的绿叶蔬菜，在低 PPFD 时约 5% 的蓝光是有益的，但蓝光超过 10% 可能限制植物的生长（Poulet，et al.，2014）。20% 或更高的蓝光比例可能有助于增强色素积累和植物营养素含量，但施用的时间可能是关键。一般来说，随着 LED 光照中蓝光/红光比例的升高，植物的尺寸会减小（Cope and Bugbee，2013；Dougher and Bugbee，2001）。然而，与已被试验的红光/蓝光比例和白光相比，在 100% 蓝光下，茎实际上可能长得更长，叶片也更宽（Hernandez and Kubota，2016）。这只是被发现的一些原因，这些原因证明了为什么用于研究的下一代 LED 灯具需要对所有波段的光进行可调光控制，尤其是对蓝光。

10.11 绿光

宽波段绿光辐射（500~600 nm）占400~700 nm PAR光谱的中间三分之一。它的光量子功效（230 kJ·mol^{-1}）介于蓝光和红光之间。第一批试验LED支持植物生长功效的植物研究受到了PAR区域波段可用性的限制。红光是可用的，并且在功效上有所提高；蓝光是存在的，但还不够有效，无法包含在第一灯具中；绿光甚至在更大程度上也是如此。由于被分离的叶绿素的吸收光谱表明对红光和蓝光有很强的吸收，但对绿光几乎没有吸收，所以早期的植物栽培灯具（包括红色LED）使用小型蓝色荧光灯补充蓝光，但当它们变得更高效时，下一代LED灯具包括了蓝色LED。然而，绿色LED被忽略或忽视的主要原因是人们误以为绿光对完整叶片的光合作用并不重要。

然而，早期的植物研究表明，即使在红色LED上添加蓝光，在宽波段荧光灯下，植物生物量的积累仍然更多（Massa, et al., 2008）。仅使用红光+蓝光光照会缺少了一些使植物仍然可以进行光合作用的东西。根据McCree曲线（1972），集成在整个光谱波段上的绿光实际上在驱动叶片光合作用方面并不差，其效率并不比宽波段蓝光低多少。事实上，绿光波段中的某些波长实际上比蓝光波段中的某些波长具有更高的光合作用量子效率。绿光的最初作用之一是使生长在红色+蓝色LED光照下的植物更容易被观察。在红光+蓝光窄谱光照下，叶片呈现紫色或灰色，在这种窄谱光照下，则很难直观地诊断胁迫或疾病（Massa, et al., 2008）。NASA肯尼迪航天中心的研究人员随后研究了绿光在促进光合作用和调节植物生长中的可能作用。在红色+绿色LED中增加6%的绿光会使生菜看起来正常，但对生长或光合作用没有显著影响（Kim, et al., 2004a）。红光+绿光+蓝光本质上被人类感知为白光，虽然只有6%的绿光，但植物看起来很正常。随后使用24%绿光的研究表明，与其他所试验的光源相比，植物的生物量和生产率均有所增加（Kim, et al., 2004b）。然而，研究中使用超过24%的绿光，包括50%和100%的绿光，那么与24%的绿光相比，实际上会降低植物的生长（Kim, et al., 2006）。对这项研究的普遍解释是，对于多层叶类作物，在叶冠接近头顶光照后，红光和蓝光被上部叶层大量吸收，而绿光则在被吸收之前深入穿透叶冠并最终在这里驱动光合作用。因此，在种植规模上，植物栽培光照中的绿光部分可以提高整体光合效率，尽管它在 PAR 规模上的相对量子效率排名第三。

除了驱动光合作用本身，绿光对植物也有影响，尤其是遮阴叶片的光合作用。它在环境光中的存在与蓝光相反，绿光会导致气孔 - 孔径（stomatal - aperture）减小和叶片导度（conductance）降低，而蓝光会增强这两者（Kim, et al. , 2006；Folta and Maruhnich, 2007）。此外，绿光与蓝光的作用相反，即它会促进茎和叶柄的伸长，而蓝光起抑制作用（Zhang, et al. , 2011）。绿光能够有效地诱导植物的避荫伸长症状（shade - avoidance elongation symptoms），就像远红光一样。显然，这些并不是全有或全无的响应，对植物生长和发育的净影响通常是通过一个波段相对于另一个波段的瞬时强度的滴定（titration）来确定的。

由于植物是在包含多种植物活性波段的宽波段太阳辐射下进化而来的，所以随着离散 LED 作为植物研究工具的出现，植物对绿光的更多反应及其与其他波段的关系无疑还有待发现。除了作为一种研究工具，红色 LED 通常不包括在用于 PFAL 的商用 LED 灯具中。这是因为绿色 LED 的光子效率仍然远远低于蓝色和红色 LED，甚至现在的白色 LED（Nelson and Bugbee, 2014）。商用 LED 灯具发出的绿色辐射通常来自宽带发射的白色 LED。

10. 12　远红光

最近，光子效率得到改进的远红光 LED（700 ~ 800 nm）为 PFAL 中的植物光控制提供了新的机会。就其本身而言，只有远红光波段的前几纳米可用于驱动光合作用的光系统Ⅰ（Emerson, 1957），但如果远红光与在 PAR 波段中的较短波长相结合，则量子效率的协同刺激作用会涉及光系统Ⅰ和光系统Ⅱ（Zhen, et al. , 2018）。这种被称为“艾默生增强效应”（Emerson enhancement effect）的现象表明，较短波长的光合效率可以通过添加较长波长的光来提高。它还表明，光合作用和生物量积累的最佳光照光谱可能包括远红光 LED 与 PAR LED 的组合。与绿光一样，远红光深深地渗透到封闭的叶面树冠中，在那里，下部叶片与上部叶片相互遮蔽，而远红光可能主要作用于光形态建成而非光合作用。

事实上，关于在PFAL的LED灯具中包含远红光的第一个决定可能与光形态建成和光周期问题有关，这两者都涉及光敏色素系统和远红光对动态光敏色素光平衡（phytochrome photo-equilibrium，PPE）向下移动的强大作用，并涉及较低的P_{fr}。这样的选择可以是特定于植物过程的、特定于物种的，甚至是特定于栽培品种的。远红光和红光的存在通常会加速长时间开花种类的生殖发育（Deitzer, et al., 1979）。远红光驱动的PPE减少可被应用于整个光周期，并且可以通过短暂的白天结束光照或短暂的夜间中断光照来实现（Craig and Runkle, 2012）。由于涉及在达到收获阶段前促进定量长日照植株的叶片扩张和过早抽薹之间的权衡，所以远红光对在室内种植绿色植物很重要。众所周知，远红光也会诱发涉及节间伸长的避荫综合征（shade-avoidance syndrome）（Beall, et al., 1996）。在PFAL中应避免茎杆过度伸长。也许FR辐射最理想的光形态建成效应是在包括远红光在内的光照环境下发育的叶片倾向于更多或更快地扩张（Li and Kubota, 2009），这可以通过增大光合表面来增加植物生物量的积累。

远红光诱导的PPE减少也被证实会刺激植物营养素（如绿叶蔬菜叶片中的花青素）的积累（Mancinelli, et al., 1975），因此，在远红光的潜在期望效果和不期望的副作用之间存在多种权衡。对于植物工厂内作物发育的选择性控制，以及对于不同的植物生长反应，仍需确定在给定情况下应用多少远红光，这也包括其他波段的LED光，如已知可抵消远红光和蓝光影响的绿光。

10.13 白光

对于给定的植物物种或植物反应，对窄光谱的LED颜色、所使用的每个波段的强度和比例以及应用这种光的作物发育阶段的选择是PFAL在试图优化光照环境并同时节约能源和生产成本时必须解决的众多光照问题和研究问题之一。在许多方面，在作物生产中使用LED窄光谱光照正使人们重新发现并更好地了解宽波段白光的价值。由于令人眼花缭乱的选择性、复杂性、交互性以及这些问题的不确定性，长期以来人们一直在问，白光是否应该是在具有SSL的植物工厂中种植作物的默认LED选择。毕竟，植物在宽波段太阳辐射下进化出了复杂的色素沉着和光反应系统。然而，太阳光本身在强度、持续时间和光谱组成上会随昼夜和季节而变化，而今天的作物在基因和生理上的表现都是应对这种动态变化的关键。白色 LED 是在红色和蓝色 LED 之后出现的，但最初的效率要低得多（Bourget，2008），因此未能被广泛采用。然而，到 21 世纪第一个 10 年末，白色 LED 的效率得到显著提高（DoE，2011），从那时起，研究人员和种植者的兴趣急剧增加。在一项关于散叶生菜栽培的研究中，人们比较了由红色和蓝色 LED 组成的 LED 灯具与由冷白色 LED 组成的 LED 灯具的电能利用效率。结果表明，与红色 + 蓝色 LED 相比，冷白色 LED 的单位干生菜生物量积累的能源消耗减少了 32%（Poulet，et al.，2014）。白光中额外的有关光形态建成和光合作用波长的可利用性显然在净光合生产能力方面具有优势。

磷光体的组成可能变化，因此白色 LED 的净发射在色调或色温上被视为“冷色”“中性”或“暖色”，这取决于磷光体的组成。由于白色 LED 源自蓝色 LED，所以它们的发射光谱与正午太阳光的光谱均不相同。然而，在冷白色 LED 下生长的植物通常更紧凑、茎更短且叶片更小，在暖白色 LED 下生长的植物明显更大，而在中性白色 LED 下生长的植物大小适中（Cope and Bugbee，2013）。植物生长对白光色调 LED 的响应通常与对蓝光本身的响应相似，因此，通过不同的可调单色红光、绿光、蓝光和远红光，可以在试验中模拟不同白光色调的效果。PFAL LED 的最新趋势主要是白色 LED 与不同比例的补充性红色 LED 的组合，具体取决于所种植的叶类作物。因为白色 LED 会发出一些绿光、红光、远红光和蓝光，其数量和比例取决于特定的磷光体，但总红光取决于磷光体和围绕特定白光 + 红光灯组的补充性红色 LED 的数量，所以可以设计不同的光配方以适应特定作物的一系列光谱光照偏好。另一种趋势是大量廉价的白色 LED 灯组在 PFAL 市场上的倾销，但坏消息是它们的使用寿命不如高质量的 LED 长。然而，好消息是它们的价格低，而且设计的使用寿命长，因此可以在发生故障前获得积极的投资回报。该营销方案还考虑到 PFAL LED 的升级速度很快，而且让人们产生这样一种印象，即 LED 应该每隔几年就被更新及更高效的版本取代。

10.14　紫外线

地球表面的太阳辐射包括植物随时间适应的紫外线 UV - B（280 ~ 320 nm）

和 UV－A（320～400 nm）两个波段。在缺乏紫外线成分的 SSL 环境中，在室内种植时植物的外观和质量可能与在室外种植时不同。例如，在缺乏紫外线照射的人工光照环境中生长的绿叶蔬菜，其所含有的次级代谢物和植物营养素可能减少或缺乏（Jansen and Bornman，2012），问题是 PFAL 中是否需要某种和/或一定量的紫外线才能达到可接受的产品质量。这是一个复杂的问题，涉及植物工厂中工作人员的辐射安全问题、目前紫外线 LED 的高成本和低效率（Nelson and Bugbee，2014）、关于室内种植的植物种类对紫外线照射的生长和代谢反应的数据库稀少以及关于 PFAL 中可能的蓝光替代紫外线的问题（Kopsell and Sams，2013；Stutte，2009）。

在没有紫外线照射的情况下，在低强度 SSL 下生长的植物通常在叶片、叶柄和茎尖上出现愈伤组织样的肿胀生长（也称为水肿）（Morrow and Wheeler，1997）。在某些情况下，提高蓝光成分可以防止肿胀的形成，而在其他情况下则不能（Massa，et al.，2008）。光照环境中某些远红光辐射的存在也被证明可以防止肿胀的形成，这表明光敏色素系统参与了调节这种与紫外线缺乏相关的复杂疾病（Morrow and Tibbitts，1988）。在紫外线 LED 的电效率和光子功效、使用紫外线和其他波段进行的次生代谢研究的信息，以及确保在植物生长环境中使用紫外线的工作人员安全技术进步方面的突破将决定在 PFAL 中包含紫外线辐射的未来。

10.15 PFAL 中 LED 的技术进展

LED 是一项快速发展的技术，很有可能每隔几年，植物生长光照市场上就会出现不同效率和光照能力的新型灯具。商业种植者将不得不考虑成本效益、盈亏平衡时间、灯具性能，并决定是否以及何时为他们的 PFAL 企业投资新的 LED 灯具。商用 LED 灯具可能向更精密、更复杂以及成本更高的方向发展；或者，它们可能朝着简化和降低成本的方向发展。随着人们研究开发出优化光照条件（如强度、光谱、光周期、DLI）以提高产量、质量和能源利用效率的“配方”，这种最佳光照状态可能不仅因物种和品种而异，而且在每个种植周期的不同发育阶段也会有所不同。

面对如此复杂的情况，种植者能够为特定的物种或栽培品种实施真正的最佳光照配方的唯一方法是在较大的商业规模条件下装备具有所有功能（多通道波段及可调光等）的研究级 LED 灯具。由于这样做的费用在商业上是不可行的，所以种植者要么选择具有简单光照配方的作物，要么选择折中的光照条件，即当前的 LED 可能没有完全优化但足以完成工作，并且继续使用仍有足够的利润。在这种情况下，所采用的先进策略是以尽可能低的制造成本，将目前最高效的 LED 集成到灯组和固定灯具中，并使其使用寿命与即将上市的下一代改进型 LED 相当。

10.16　LED 的效率

针对 LED 的效率，人们已在电效率和光子通量功效等方面对其进行了定义。辐射功率输出除以电功率输入是电效率度量，而光子输出（μmol）除以能量输入（J）是光子效率度量。这两种定义都被 LED 行业专家用作 LED 效率的指标。换句话说，能量利用效率可被定义为每单位输入能量的新鲜农产品的生物量（$g \cdot kW \cdot h^{-1}$），光能利用效率可被定义为每输入能量的量子的新鲜农产品的生物量（$g \cdot mol^{-1}$）。这些定义大多为植物光生物学研究人员所使用。这样的效率术语已经成为人们关注的焦点，研究人员已经在这些术语中比较了不同类型的 LED。Massa 等（2006）报道称红色 LED 的电效率为 21.5%，蓝色 LED 的电效率为 11%，而冷白荧光灯的电效率为 22%，高压钠灯和金属卤素灯的电效率分别为 35% 和 29%。2 年后，Bourget（2008）报道称红色 LED 的电效率已攀升到 25%，其次是蓝色 LED（20%），而白色 LED 以 10% 的电效率滞后。红色 LED 的电效率比金属卤素灯和高压钠灯的高，但不如低压钠灯（27%）。由于蓝色 LED 和白色 LED 的磷光体涂层效率较低，所以当时的白色 LED 的效率比窄波段 LED 的低。Cocetta 等（2017）提出，根据 Haitz 定律，LED 的效率每 10 年提高 10 倍，而性能提高 20 倍。6 年后，蓝色 LED 的效率上升到最高（49%），其次是冷白色 LED（33%），然后是红色 LED（32%）（Nelson and Bugbee，2014）。峰值波长为 455 nm 的蓝色 LED 的光子通量功效为 1.87 $\mu mol \cdot J^{-1}$，峰值波长为 655 nm 的红色 LED 的光子通量功效为 1.72 $\mu mol \cdot J^{-1}$，而显色指数为5 650 的冷白色 LED 的光子通量功效为 1.52 μmol · J^{-1}。光子通量功效目前被认为是植物对光反应最有用的单位，包括光合作用。根据普朗克方程（$E = hc/\lambda$），电效率与光子通量功效之间的关系取决于波长。

3 年后，Cocetta 等（2017）基于电效率和光子通量功效的升级，进一步表述了不同 LED 波段的特性。电效率和光子通量功效分别为 38% 和 1.76 μmol · J^{-1} 的 HPS 被用作前 LED 时代的光照参考。

在电效率方面，蓝色 LED 最近以 54.85% 的平均值继续位居榜首，红色 LED 以 47.62% 的平均电效率紧随其后，白色 LED 以 42.5% 的电效率位居第三。短波绿色 LED（525～530 nm）的电效率仅为 16.7%，而长波绿色 LED（575.5 nm）的电效率为 30.5%。

Cocetta 等（2017）报道，红色 LED 的光子通量功效最高，为 2.42 μmol · J^{-1}，其次是蓝色和白色 LED，分别为 2.17 μmol · J^{-1} 和 1.94 μmol · J^{-1}。绿色 LED 的光子通量功效在短波长和长波长条件下分别为 0.73 μmol · J^{-1} 和 1.46 μmol · J^{-1}。

在 LED 中红色 LED 和蓝色 LED 最有效，因为红色 LED 中适当掺杂了磷化铟镓铝（InGaIP），而蓝色 LED 中适当掺杂了氮化铟镓（InGaN）。另一个显著的变化是，绿 + 红 + 蓝单色混合 LED 产生的白色光谱比由磷光体转换的白色 LED 电效率更高。

根据园艺数据应用表中所列最新的（2019）欧司朗光电半导体 LED 数据，其中最好的蓝色 LED 在电气上最有效，电效率为 71%，其次是红色 LED 和远红光 LED，其电效率均为 59%。远红光 LED 的光子通量功效为 3.50 μmol · J^{-1}，其次是红色 LED，其光子通量功效为 3.14 μmol · J^{-1}。暖白色 LED 的光子通量功效为 2.76 μmol · J^{-1}，其次是蓝色 LED 和低显色指数（CRI）的白色 LED，其光子通量功效分别为 2.42 μmol · J^{-1} 和 2.02 μmol · J^{-1}。

10.17 LED 的应用进展

随着 LED 技术的升级朝着提高操作效率的方向发展，目前 PFAL 将变得更具成本效益。然而，随着效率的提高越来越渐进及回报减少，PFAL 的成本节约也将趋于平稳。随着时间的推移，表现为 LED 效率的指数级增长和材料成本的指数级下降的海茨定律的影响（Drennen，et al.，2001）已经开始逐渐减弱，尤其是对于窄光谱 LED。最终，LED 的效率将趋于平稳，进一步的可持续性指标必须来自单光源光分布的进步和生长环境的优化。

10.18　LED 的光分布

单独来看，LED 是一种遵循平方反比定律的点辐射源（Bickford and Dunn，1972），这解释了为什么单个 LED 的辐射会随着光子发射表面（LED 芯片）和光子吸收表面（叶片）之间分隔距离的增加呈指数衰减。然而，由围绕每个芯片的透镜确定的 LED 发射角（通常为 120°~150°）及灯组上 LED 之间的设计间距共同决定了光子束重叠的程度，其旨在为从给定的平面灯具（planar fixture）照射到给定的种植区域提供一种相干光束（coherent beam）。与孤立的单个 LED 相比，围绕在每个 LED 上的初级光学透镜加上灯组上的 LED 的组合可减少灯组中光束强度的损失，同时增加隔离距离。灯具光束的强度仍然以非线性的方式随距离的增加而下降，但比宽间距点光源的强度要低。

灯组中单个 LED 的光束重叠的成本包括光束扩散到灯具边界之外的损失，以及其边缘的辐照强度下降损失，这会导致一定的光子损失（Cocetta，et al.，2017），除非在生长区域上为重叠的灯组光束间隔多个灯具。这是温室中大面积生长区域的常见补充光照策略，但在具有多层细长栽培架的 PFAL 中，光子溢出和反射到过道和墙壁外，这会降低 SSL 的光照效率并浪费电力。可以在 LED 上安装二次光学器件，以重塑光束并减弱这种边缘效应，但要以 LED 光子效率为代价（Lee，et al.，2013）。因此，需要进行额外的研究，以确定与光束重塑/对准相关的 LED 效率损失和生长区域边界以外的辐射损失之间的权衡关系。

10.19　利用 LED 的独特特性

由于 LED 是一种固态电致发光器件，其热废物从其光子发射表面被远程吸收，所以 LED 发射的光子束缺乏显著的辐射热成分（Bourget，2008）。这种独特的特性使通电的 LED 能够靠近植物表面放置，而不会烧焦植物（Massa，et al.，

2008)。这种特性为缩短 LED 光源与植物冠层的距离提供了机会，同时可以传输较多的光并消耗较少的能量（Cocetta，et al.，2017）。这种特性首次被用作“冠层内”（intracanopy）光照，它与直立而分枝的植物生长习惯结合，可以克服头顶光照相互遮阴的缺点（Massa，et al.，2005a）。由于垂直灯具中的光引擎是可连续调光的，所以植物可以在更高的 PPFD 条件下生长，同时使用明显更少的能量。LED 的相对冷却度允许这样的布置，从而可以避免平方反比定律的强度距离限制。此外，人们对灯具进行了特别设计，以便使单独的光引擎可以单独并逐步通电，从而跟得上作物高度的增长——虽然照射植物表面，但不能照射叶冠上方的空地（Massa，et al，2005b）。类似的原理可被用于具有横向扩展及玫瑰花结生长习惯的低叶绿色作物的头顶、封闭冠层及定向光照（Poulet，et al.，2014）。在作物生产过程中，通过灯组内 LED 的选择性切换，开发可靠的植物位置和大小自动检测技术仍有很大潜力。

10.20 LED 光照与大气环境的阶段性协同优化

并非所有植物工厂中的作物在其生长周期的所有阶段都具有相同的光照需求。研究光谱、强度和光照时间之间的相互作用，包括一天中的时间和植物发育阶段，是不可避免/必要的（Pattison，et al.，2018）。这是另一次提高 LED - PFAL 光照效率和降低能源成本的机会。然而，还需要进行更多的研究，以确定在哪些瞬时 PPFD 和 DLI 适用于满足最低作物光照需求，但在任何特定发展阶段不超过作物耐受/饱和的每个物种或栽培品种，以及确定什么样的 PFAL 光谱适合预期的生长反应和时间。研究表明，叶用生菜仅在指数生长的前几天对 PPFD 升高和 CO_2 浓度升高有反应，之后则可以节约优化资源（Knight and Mitchell，1988）。此外，在幼苗发育的滞后阶段，叶用生菜对 PPFD 的反应并不是很强烈（Poulet，et al.，2014）。

10.21 在一个栽培空间中同时采用多种光照/栽培方式

在对栽培空间进行改造的大规模植物工厂中，光照是一个可以被潜在划分的环境参数，不同的层具有不同的光谱、强度和 DLI。通过对来自头顶灯具的光束进行充分控制，就有可能将作物和作物发展阶段的光污染降至最低，而不会造成 HVAC 的分区问题。如果未来的研究表明不同物种和/或作物发育的不同阶段需要单独的光/温度/CO_2 环境，则可能有必要将整个栽培空间划分为具有不同环境组合的多个隔间或房间。与其在生产周期的不同阶段将植物从一个隔间移到另一个隔间，不如在每个种植隔间内定期调整光照参数和其他环境变量。在这种适应动态与静态增长环境的场景中，在同一栽培空间中同时维护多个环境的复杂性和成本将是一种权衡。

10.22　总结

世界各地的植物工厂和垂直农场的生产能力、盈利能力和可持续性的最终实现，将涉及包括先进技术、可行的商业实践和智能管理在内的许多因素的相互作用。PFAL 可以在作物生产能力、节能和环境可持续性方面发挥重要作用。这需要协同改进 LED 技术的效率、最大限度地分配技术产出以避免浪费，并利用 LED 技术共同优化生产性植物的生长环境。PFAL 将在实现这些目标方面发挥核心作用。

参考文献

Agrilyst, 2017. State of Indoor Farming, vol. 39. https://www.agrilyst.com/wpcontent/uploads/2018/01/stateofindoorfarming-report-2017.pdf.

Barta, D.J., Tibbitts, T.W., Bula, R.J., Morrow, R.C., 1992. Evaluation of light emitting diode characteristics for space-based plant irradiation source. Adv. Space Res. 12, 141−149.

Banis, F., Smirnakou, S., Ozounis, T., Koukounaras, A., Ntagkas, N., Radoglou, K., 2018. Current status and recent achievements in the field of horticulture with the use of light-emitting diodes (LEDs). Sci. Hortic. 235, 437−451.

Beall, F., Young, E., Pharis, R., 1996. Far-red light stimulates internode elongation, cell division, and gibberellin levels in bean. Can. J. Bot. 74, 743−752.

Biran, I., Kofranek, A., 1976. Evaluation of fluorescent lamps as an energy source for plant growth. J. Am. Soc. Hortic. Sci. 101, 625−628.

Bickford, E.D., Dunn, S., 1972. Lighting for Plant Growth. The Kent State Univ. Press, Kent, OH.

Blaauw, O., Blaauw-Jansen, G., 1970. The phototropic responses of Avena coleoptiles. Acta Bot. Neerl. 19, 755−763.

Bourget, C.M., 2008. An introduction to LEDs. Hortscience 43, 1944−1946.

Brown, C.S., Schuerger, A.C., Sager, J.C., 1995. Growth and photomorphogenesis of pepper plants under red light-emitting diodes with supplemental blue or far-red lighting. J. Am. Soc. Hortic. Sci. 120, 808−813.

Bula, R.J., Morrow, R.C., Tibbitts, T.W., Barta, D.J., Ignatius, R.W., Martin, T.S., 1991. Light-emitting diodes as a radiation source for plants. Hortscience 26, 203—205.

Cocetta, G., Casciani, D., Bulgari, R., Musante, F., Kolton, A., Rossi, M., Ferrente, A., 2017. Light use efficiency for vegetable production in protected and indoor environments. Eur. Phys. J. Plus. 132, 43.

Cope, K.R., Bugbee, B., 2013. Spectral effects of three types of white light-emitting diodes on plant growth and development: Absolute versus relative amounts of blue light. Hortscience 48, 504—509.

Cosgrove, D.J., Green, P.B., 1981. Rapid suppression of growth by blue light. Plant Physiol. 68, 1447—1453.

Craig, D., Runkle, E., 2012. Using LEDs to quantify the effect of the red to far-red ratio of night-interruption lighting on flowering of photoperiodic crops. Acta Hortic. 956, 179—186.

Craver, J., Kopsell, D., Lopez, R., 2017. LED lighting impacts anthocyanin and carotenoid content of microgreens. In: Lopez, R., Runkle, E. (Eds.), Light Management in Controlled Environments. Meister Media Worldwide, Willoughby, OH 44094, pp. 178—180.

Croxdale, J., Cook, M., Tibbitts, T.W., Brown, C.S., Wheeler, R.M., 1997. Structure of potato tubers formed during spaceflight. J. Exp. Bot. 48, 2037—2043.

Drennen, T., Haitz, R., Tsao, J., 2001. A Market Diffusion and Energy Impact Model for Solid State Lighting. Sandia National Laboratories, SAND2001—2830J (August).

Deitzer, G., Hayes, R., Jabben, M., 1979. Kinetics and time dependence of the effect of far-red light on the photoperiodic induction of flowering in Wintex barley. Plant Physiol. 64, 1015—1021.

Department of Energy (US), 2011. Solid-state Lighting Research and Development: Multi-Year Program Plan, 130 pp.

Dougher, T.A.O., Bugbee, B., 2001. Differences in the response of wheat, soybean, and lettuce to reduced blue radiation. Photochem. Photobiol. 73, 199—207.

Dutta Gupta, S., Jatothu, B., 2013. Fundamentals and application of light-emitting diodes (LEDs) in in vitro plant growth and morphogenesis. Plant biotech. Rep 7, 211—220.

Eaves, J., Eaves, S., 2018. Comparing the profitability of a greenhouse to a vertical farm in Quebec. Can. J. Agric. Econ. 66, 43—54.

Emerson, R., 1957. Dependence of yield of photosynthesis in long-wave red on wavelength and intensity of supplementary light. Science 125, 746.

Field, R., 1988. Old MacDonald Has a Factory. Discover, pp. 46—49.

Folta, K.M., Spalding, E.P., 2001. Unexpected roles for cryptochrome 2 and phototropin revealed by high-resolution analysis of blue light-mediated hypocotyl growth inhibition. Plant J. 26, 471—478.

Folta, K.M., Maruhnich, S.A., 2007. Green light: a signal to slow down or stop. J. Exp. Bot. 58, 3099—3111.

Goins, G.D., Yorio, N.C., Sanwo, M.M., Brown, C.S., 1997. Photomorphogenesis, photosynthesis, and seed yield of wheat plants grown under red light-emitting diodes (LEDs) with and without supplemental blue lighting. J. Exp. Bot. 48, 1407—1413.

Goins, G.D., Yorio, N.C., Sanwo-Lewandowski, M.M., Brown, C.S., 1998. Life cycle experiments with Arabidopsis under red light-emitting diodes (LEDs). Life Support Biosph. Sci. 5, 143—149.

Gomez, C., Mitchell, C.A., 2015. Growth responses of tomato seedlings to different spectra of supplemental lighting. Hortscience 50, 1—7.

Hoenecke, M.E., Bula, R.J., Tibbitts, T.W., 1992. Importance of 'blue' photon levels for lettuce seedlings grown under red-light-emitting diodes. Hortscience 27, 427—430.

Heo, J., Lee, C., Chakrabarty, D., Paek, K., 2002. Growth responses of marigold and salvia bedding plants as affected by monochromic or mixture radiation provided by a light emitting diode (LED). Plant Growth Regul. 38, 225—230.

Hernandez, R., Kubota, C., 2016. Physiological responses of cucumber seedlings under different blue and red photon flux ratios using LEDs. Environ. Exp. Bot. 121, 66—74.

Inada, K., 1976. Action spectra for photosynthesis in higher plants. Plant Cell Physiol. 17, 355—365.

Jansen, M., Bornman, J., 2012. UV-B radiation: from generic stressor to specific regulator. Physiol. Plant. 145, 501—504.

Johkan, M., Shoji, K., Goto, F., Hashida, S., Yoshihara, T., 2010. Blue light-emitting diode light irradiation of seedlings improves seedling quality and growth after transplanting in red leaf lettuce. Hortscience 45, 1809—1814.

Kigel, J., Cosgrove, D.J., 1991. Photoinhibition of stem elongation by blue and red light: effects and cell wall properties. Plant Physiol. 95, 1049—1056.

Kim, H.H., Goins, G.D., Wheeler, R.M., Sager, J.C., 2004a. A comparison of growth and photosynthetic characteristics of lettuce grown under red and blue light-emitting diodes (LEDs) with and without supplemental green LEDs. Acta Hortic. 659, 467—475.

Kim, H.H., Goins, G.D., Wheeler, R.M., Sager, J.C., 2004b. Green-light supplementation for enhanced lettuce growth under red- and blue light-emitting diodes. Hortscience 39, 1617−1622.

Kim, H.H., Wheeler, R.M., Sager, J.C., Goins, G.D., Norikane, J.H., 2006. Evaluation of lettuce growth using supplemental green light with red and blue light-emitting diodes in a controlled environment. A review of research at Kennedy Space Center. Acta Hortic. 711, 111−119.

Kinoshita, T., Doi, M., Suetsugu, N., Kagawa, T., Wada, M., Shimazaki, K., 2001. Phot1 and phot2 mediate blue light regulation of stomatal opening. Nature 414, 656−660.

Knight, S., Mitchell, C., 1988. Effects of CO_2 and photosynthetic photon flux on yield, gas exchange, and growth rate of Lactuca sativa L. 'Waldmann's Green'. J. Exp. Bot. 39, 317−328.

Kong, Y., Nemali, A., Mitchell, C., Nemali, K., 2019. Spectral quality of light can affect energy consumption and energy-use efficiency of electrical lighting in indoor lettuce farming. Hortscience (in press).

Kopsell, D., Sams, C., 2013. Increases in shoot tissue pigments, glucosinolates, and mineral elements in sprouting broccoli after exposure to short-duration blue light from light-emitting diodes. J. Am. Soc. Hortic. Sci. 138, 31−37.

Kopsell, D., Sams, C., Barickman, T., Morrow, R., 2014. Sprouting broccoli accumulate higher concentrations of nutritionally important metabolites under narrow-band light-emitting diodes. J. Am. Soc. Hortic. Sci. 139, 469−477.

Kozai, T., 2013. Plant factory in Japan-Current situation and perspectives. Chron. Hortic. 53, 8−11.

Kozai, T., Niu, G., Takagaki, M. (Eds.), 2015. Plant Factory: An Indoor Vertical Farming System for Efficient Quality Food Production. Academic Press, London, London, 423 pp.

Lee, X., Chang, Y., Sun, C., 2013. Highly energy-efficient agricultural lighting by B+R LEDs with beam shaping using micro-lens diffuser. Opt. Commun. 291, 7−14.

Li, Q., Kubota, C., 2009. Effects of supplemental light quality on growth and phytochemicals of baby leaf lettuce. Environ.Expt. Bot. 67, 59−64.

Mancinelli, A., Yang, C., Lindquist, P., Anderson, O., Rabino, I., 1975. Photocontrol of anthocyanin synthesis. Plant Physiol. 55, 251−257.

Massa, G.D., Emmerich, J.C., Morrow, R.C., Bourget, C.M., Mitchell, C.A., 2006. Plant-growth lighting for space life support: a review. Gravit. Space Biol. 19 (2).

Massa, G.D., Emmerich, J.C., Mick, M.E., Kennedy, R.J., Morrow, R.C., Mitchell, C.A., 2005a. Development and testing of an efficient LED intracanopy lighting design for minimizing equivalent system mass in an advanced life-support system. Gravit. Space Biol. Bull. 18, 87−88.

Massa, G.D., Emmerich, J.C., Morrow, R.C., Mitchell, C.A., 2005b. Development of a Reconfigurable LED Plant-Growth Lighting System for Equivalent System Mass Reduction in an ALS. SAE Technical Paper 2005-01-2955.

Massa, G., Kim, H.-H., Wheeler, R., Mitchell, C., 2008. Plant productivity in response to LED lighting. Hortscience 43, 1951−1956 (Iowa State Press).

Matsuda, R., Ohashi-Kaneko, K., Fujiwara, K., Goto, E., Kurata, K., 2004. Photosynthetic characteristics of rice leaves grown under red light with or without supplemental blue light. Plant Cell Physiol. 45, 1870−1874.

McCree, K.J., 1972. The action spectrum absorptance and quantum yield of photosynthesis in crop plants. Agric. Meteorol. 9, 191−216.

Mitchell, C.A., 2004. Controlled environments in plant-science research and commercial agriculture. IJOB 33, 1−12.

Morrow, R.C., 2008. LED lighting in horticulture. Hortscience 43, 1947−1950.

Morrow, R., Tibbitts, T., 1988. Evidence for involvement of phytochrome in tumor development on plants. Plant Physiol. 88, 1110−1114.

Morrow, R.C., Duffie, N.A., Tibbitts, T.W., Bula, R.J., Barta, D.J., Ming, D.W., Wheeler, R.M., Porterfield, D.M., 1995. Plant Response in the ASTROCULTURE Flight Experiment Unit. SAE Technical Paper 951624.

Morrow, R., Wheeler, R., 1997. Physiological disorders. In: Langhans, R., Tibbetts, T. (Eds.), A Growth Chamber Manual, second ed. Iowa State Univ. Press, pp. 133−141. North Central Research Publication 340.

Nanya, K., Ishigami, Y., Hikosaka, S., Goto, E., 2012. Effects of blue and red light on stem elongation and flowering of tomato seedlings. Acta Hortic. 956, 264−266.

Nelson, J., Bugbee, B., 2014. Economic analysis of greenhouse lighting: light-emitting diodes vs. high-pressure sodium fixtures. PLoS One 9 (6), e991. https://doi.org/10.1371/journal.pone.0099010.

Okamoto, K., Yanagi, T., Kondo, S., 1997. Growth and morphogenesis of lettuce seedlings raised under different combinations of red and blue light. Acta Hortic. 445, 149−157.

Pattison, P.M., Tsao, J.Y., Brainard, G.C., Bugbee, B., 2018. LEDs for photons, physiology and food research perspective. Nature 563.
Pimputkar, S., Speck, J.S., DenBaars, S.P., Nakamura, S., 2009. Prospects for LED lighting. Nat. Photonics 3, 180–182.
Poulet, L., Massa, G.D., Morrow, R.C., Bourget, C.M., Wheeler, R.M., Mitchell, C.A., 2014. Significant reduction in energy for plant-growth lighting in space using targeted LED lighting and spectral manipulation. Life Sci. Space Res. 2, 43–53.
Shinkle, J.R., Jones, R.L., 1988. Inhibition of stem elongation in Cucumis seedlings by blue light requires calcium. Plant Physiol. 86, 960–966.
Stutte, G., 2009. Light-emitting diodes for manipulating the phytochrome apparatus. Hortscience 44, 231–234.
Stankovic, B., Zhou, W., Link, B.M., 2002. Seed to Seed Growth of *Arabidopsis thaliana* on the International Space Station. SAE Technical Paper 2002-01-2284.
Stutte, G., Edney, S., Skerritt, T., 2009. Photoregulation of Bioprotectant Content of Red Leaf Lettuce with Light-Emitting Diodes.
Tennessen, D.J., Singsaas, R.L., Sharkey, T.D., 1994. Light-emitting diodes as a light source for photosynthesis research. Photosynth. Res. 39, 85–92.
Tripathy, B.C., Brown, C.S., 1995. Root-shoot interaction in the greening of wheat seedlings grown under red light. Plant Physiol. 107, 407–411.
Wu, M.C., Hou, C.Y., Jiang, C.M., Wang, Y.T., Wang, C.Y., Chen, H.H., Chang, H.M., 2007. A novel approach of LED light radiation improves the antioxidant activity of pea seedlings. Food Chem. 101, 1753–1758.
Yanagi, T., Okamoto, K., Takita, S., 1996. Effect of blue, red, and blue/red lights of two different PPF levels on growth and morphogenesis of lettuce plants. Acta Hortic. 440, 117–122.
Yeh, N., Chung, J., 2009. High-brightness LEDs-energy efficient lighting sources and their potential in indoor plant cultivation. Renew. Sustain. Energy Rev. 13, 2175–2180.
Yorio, N.C., Wheeler, R.M., Goins, G.D., Sanwo-Lewandowski, M.M., Mackowiak, C.L., Brown, C.S., Sager, J.C., Stutte, G.W., 1998. Blue light requirements for crop plants used in bioregenerative life support systems. Life Support Biosph. Sci. 5, 119–128.
Zeiger, E., 2010. Blue light responses: morphogenesis and stomatal movements. In: Taiz, L., Zeiger, E. (Eds.), Plant Physiology, fifth ed. Sinauer Associates, Inc., Sunderland, MA, pp. 521–543.
Zhang, T., Maruhnich, S., Folta, K., 2011. Green light induces shade avoidance symptoms. Plant Physiol. 157, 1528–1536.
Zhen, S., Haidekker, M., van Iersel, M., 2018. Far-red light enhances photochemical efficiency in a wavelength-dependent manner. Physiol. Plant. https://doi.org/10.1111/ppl.12834.
Zhou, W., 2005. Advanced Astroculture! Plant Growth Unit: Capabilities and Performances. SAE Technical Paper 2005-01-2840.

第 11 章

物理环境因素及其特性

钮根花[1]（Genhua Niu），古在丰树[2]（Toyoki Kozai），
娜迪娅·萨巴赫[3]（Nadia Sabeh）
（[1]美国得克萨斯农工大学得克萨斯达拉斯 AgriLife 研究中心；
[2]日本千叶县柏市千叶大学日本植物工厂协会暨环境、
健康与大田科学中心；[3]美国加利福尼亚州萨克拉门托温室博士公司）

11.1 前言

为了在 PFAL 中为植物提供最佳的生长环境，必须了解每种环境因素的特性以及如何测量和量化它们。本章介绍了温度、湿度、CO_2 浓度、气流速度和每小时换气次数等环境因素的物理和化学特性及其测量方法。此外，本章对能量平衡、辐射、热传导和对流的基本概念进行了详细阐述，还介绍了湿度图（psychrometric chart）的概念和用途，以说明其在了解 PFAL 环境控制方面的重要性。光是 PFAL 中最重要的环境因素之一，第 8 ~ 10 章已对其进行过介绍。植物生长发育对这些环境因素的响应将在第 13 章中予以介绍。

11.2 温度、能量和热量

温度是物体或物质显热能含量的一种指示。植物的许多生理过程都受到植物

温度的影响，而温度是由植物组织与周围环境之间的热量传递决定的。因此，监测和控制气温是管理植物生理活动和反应的关键。在 PFAL 中，气温通常被控制在一种相对恒定的水平，这导致植物的温度基本恒定，进而导致植物的生理活动也基本一致。

11.2.1 能量平衡

任何温度高于 0 K（绝对零度）的物体都会发出热辐射（thermal radiation），包括植物本身及其周围环境。植物所接收到的能量包括从灯具中吸收的辐射能和从周围环境中吸收的红外线辐射。离开植物的能量包括通过发射红外线辐射、热对流、热传导损失的能量和通过蒸发损失的热能。叶片通过传导和对流产生的热量称为显热（sensible heat），而与水的蒸发或凝结有关的热量称为潜热（latent heat）。植物叶片对光合有效辐射（400～700 nm）具有较高的吸收率，而光合作用固定的化学能相对于植物总能量预算（total energy budget）却微不足道。大多数植物的叶片在近红光波段（700～1 500 nm）范围内的吸收率很低，因为这些波长的光会透过叶片或被叶片反射。相比之下，植物的叶片在远红光波段（1 500～30 000 nm）的吸收率很高（约 95%），这会显著增加植物的热能负荷。

11.2.2 辐射

远红光波段的辐射本质上是周围物体产生的黑体辐射（blackbody radiation）。温度较高的物体比温度较低的物体会产生更多的远红外线辐射。

PFAL 中辐射能的主要来源是灯具和反射器。用于生长室和温室的传统灯具，如高压钠灯和金属卤素灯，其表面温度会超过 100 ℃，并产生大量的远红外线辐射。这种辐射被植物吸收，从而导致植物温度升高且与周围的气温无关，进而阻碍人们对植物生理活动的控制。在 PFAL 中，这种挑战因灯具和植物之间的短距离而更加复杂，这有助于最大化空间利用效率和植物生产率。因此，最好采用产生远红外线辐射少得多的光源，如 LED 灯（表面温度约为 30 ℃）和荧光灯（表面温度约为 40 ℃）。

11.2.3 热传导与对流

能量是在分子水平上在植物与其环境之间进行传导的。通过传导，能量从叶片细胞传递到与叶片接触的空气分子。由于空气的导热系数小，所以在没有对流运动的情况下，叶片与空气界面处的热传导（conductive heat transfer）会受到限制。传导性热交换也可能发生在植物部分和其他固体或液体介质之间。然而，这种传导性热交换对植物能量预算的影响很小，因为植物与固体或液体介质之间没有太多物理接触。

当空气穿过植物时，就会发生热传导。叶片和空气之间的温度梯度导致空气密度和压力的相应梯度，从而导致湍流（turbulence）和对流的产生。对流有两种类型，即自由的和强制的。当从叶片传递的热量导致未搅拌层外的空气升温、膨胀并因此密度降低时，就会发生自由（自然）对流。然后，这些受到较大浮力的暖空气向上移动，从而将热量从叶片上转移走。

由风或风扇引起的强制对流在热交换中更有效。随着空气速度的升高，越来越多的热量被强制空气运动驱散。叶冠处的气流速度需要高于0.5 $m \cdot s^{-1}$才能促进气体交换；然而，高于1.0 $m \cdot s^{-1}$的气流速度并不会显著增加气体交换（Kitaya，et al.，2000）。此外，由于设备对植物可能施加机械应力（mechanical stress），所以并不建议使用更高的气流速度。鉴于此，在PFAL中通常使用空气循环风扇将气流速度控制为0.5~1.0 $m \cdot s^{-1}$，以促进气体交换。此外，当灯具靠近植物放置时，叶片会从灯具吸收大量的热能，因此使叶片的温度升高。空气循环可以通过促进植物的热传导来帮助降低叶片温度。

在PFAL中，均匀控制每个栽培架上的叶片温度和空气温度非常重要。如果PFAL中的空气流通不足，则上层栽培架的空气温度将高于下层栽培架，从而导致上层叶冠层的叶片温度更高。通过促进PFAL系统中的空气流动，可以使垂直空气梯度和叶片温度梯度以及每个水平冠层内部的差异最小化。

11.2.4 潜热—蒸腾作用

水的蒸发是一种冷却过程，当水从液体变成蒸汽时，它会从周围吸收显热。在植物的蒸腾作用过程中，水分会沿着叶肉、表皮和保卫细胞的细胞壁孔隙在气液界面上蒸发，然后从叶片扩散出去。因此，蒸腾作用代表了叶片潜热损失的一种方式。如果露水或霜凝结在叶片上，则叶片也会获得潜热。

当质量为 1 g 的自由水在 25 ℃蒸发时，则会有 2 436 J 的能量在叶片和空气之间进行传递。蒸腾速率，以及通过蒸发从叶片表面传递的潜热量，取决于叶片表面与紧挨着它的空气之间的蒸汽压差。因此，潜热传递随着叶片/空气温差的增加而增加。在非胁迫条件下（如水分供应充足和气孔完全开放），蒸腾作用随着叶片温度的升高而增加。随着水分从叶片上蒸发，叶片的温度下降，通常低于周围的空气温度。

11.2.5 温度测量

在 PFAL 中，温度是最重要的测量变量之一，因为空气温度、叶片温度，甚至培养基质和营养液温度等都能够影响植物的生理活动。此外，测量植物温度并将其与空气温度进行比较，可以表明植物是否受到压力。在 PFAL 中，多个栽培架在垂直和水平方向上紧密地排列在一起。为了实现对空气和叶片温度的最大控制，最好的做法是监测沿栽培架的垂直和水平方向上多个位置的空气温度。

尽管温度测量相对容易且便宜，但无论环境控制系统的性能和复杂程度如何，选择正确的温度传感器都是重要的。温度传感器应根据工作温度范围、可靠性、对温度变化的灵敏度和长期稳定性来选择。通常选择热敏电阻，因为它符合这些标准，价格相对低，并且对温度变化反应迅速。热敏电阻本质上是随温度变化而改变电阻的陶瓷电阻器。它们通常用于气候控制，并常见于数字温度计中。

热电偶（thermocouple）是另一种常用的空气温度测量装置。热电偶由两种不同的金属组成，它们被结合在一起而产生与其温差相关的电压。有几种类型的热电偶包含不同种类的金属及其导线厚度，因此其成本和精度也不同。在温室、生长室和 PFAL 中，最常见的类型是 T 型（铜 - 康铜）焊接热电偶。使用热电偶测量空气温度的主要挑战是，热电偶对空气以外的热源很敏感。具体来说，如果热电偶暴露在太阳或附近物体的直接辐射下，就会产生错误的高温读数。如果在金属丝上形成冷凝，热电偶也会产生错误的低温读数。因此，为了提高热电偶测量的准确性，应将其安装在带有小风扇的封闭盒子内，该小风扇将周围的空气吹过耦合导线。

11.3　水蒸气

11.3.1　湿度

水蒸气是水的气态形式，湿度是衡量其在空气中含量的一项指标。大气中水蒸气的含量可以从几乎为零到空气总质量的 4% 不等。绝对湿度（absolute humidity，AH）或湿度比，是空气中实际水蒸气含量的一种度量，表示为在特定体积的空气中，水蒸气质量与干燥空气质量的比值。空气在较高温度下比在较低温度下能容纳更多水蒸气。相对湿度（relative humidity，RH）与温度有关，用于表示给定温度和压力下基于空气能够持有的最大水量的空气中水蒸气含量。它通常用给定的水蒸气含量与给定温度下最大值的百分比或比值来表示。例如，如果空气温度降低而水蒸气含量（或绝对湿度）没有变化，则空气的最大持水能力就会下降，从而导致出现较高的相对湿度。

水蒸气是由开阔水面（湖泊、水坑、河流和海洋）的蒸发以及土壤和植物等潮湿表面的蒸发产生的。在 PFAL 中，植物通过蒸腾作用不断向空气中添加水蒸气，即蒸腾作用是植物表面的水分蒸发到大气中。健康而茂盛生长的植物可以蒸发大量的水分，因此导致半封闭的 PFAL 中水蒸气含量和湿度迅速增加。当空调机系统运行时，水蒸气在冷却盘管上凝结而导致空气中的水分含量减小，进而降低了湿度。因此，在 PFAL 中控制湿度的一种方法是交替运行灯具以产生热量，并导致空调机运行，从而对空间同时进行冷却和除湿。也可以在 PFAL 中安装不依赖空调机运行的独立除湿机。这些设备可用于需要不同昼夜循环的 PFAL（此时不希望打开灯具进行除湿）。它们还可用于避免在能源使用高峰期间运行灯具和空调机，从而降低能源成本。

在 PFAL 中，冷凝水量可能很大，回收冷凝水对于节约水是可取的。由于冷凝水可能含有重金属等污染物，所以在使用前应确认用于灌溉的冷凝水的安全性。如果用于灌溉，应在将冷凝水输送到植物之前对其进行过滤等处理。

11.3.2 蒸气压差

虽然相对湿度通常被用作空气湿度的度量，但它并不能提供关于蒸腾和蒸发驱动力的直接信息。相反，蒸气压差（VPD）是驱动力的量度，这意味着蒸腾和蒸发速率与 VPD 成正比。VPD 是空气中的水分量与空气在相同温度下饱和时可容纳的水分量之间的差值（亏值），用压力单位表示。VPD 的 SI 单位是 kPa（千帕），但在一些文献中仍使用 $kg \cdot m^{-3}$。随着水蒸气含量的增加，水分子会相互施加更大的力，从而导致出现更高的蒸气压。由于空气在较高的温度下可以容纳更多水蒸气，所以在较高的温度下，最大水蒸气压也会更高。

当 VDP 过低时，蒸腾作用将受到抑制，并可能导致植物叶片和 PFAL 的内表面出现冷凝水。另外，当 VPD 较高时，植物会从根部吸收更多的水分以避免枯萎。如果 VPD 过高，则植物会关闭气孔并完全停止蒸腾作用，以防止水分流失过多。在 PFAL 中，VPD 的理想范围是 0.8～0.95 kPa，最佳设置值为 0.85 kPa 左右。

11.3.3 湿度测量

如前所述，湿度度量空气中水蒸气的量。相对湿度是最常用的度量水蒸气含量的指标，因为它将水蒸气含量与空气在饱和时所能容纳的最大水蒸气含量联系起来。例如，相对湿度为 50% 表示空气中的水蒸气只有空气完全饱和时所能容纳的水蒸气的一半。随着空气温度的升高，必须向空气中加入更多水蒸气，才能保持相同的相对湿度。

测量湿度的传统方法是同时测量湿球温度和干球温度，然后用湿度图（psychrometric chart）转换成相对湿度。干球温度通常用标准温度计进行测量。湿球温度是用标准温度计来测量的，而温度计是用覆盖在传感器球上的湿毛细材料进行了改进。为该毛细材料提供足够的气流，以便当水从毛细材料上蒸发时温度能够下降，从而使温度计读数能够反映湿球温度。不过，由于湿球需要一直湿润，所以这种方法不适合连续测量湿度。

湿度也可以用湿度计直接测量。直接测量湿度的湿度计有多种类型，其精度不同，价格也不同。现代湿度传感器使用电子设备，根据电容或电阻的变化来测量湿度差异。大多数湿度传感器需要每两年校准一次以保持精度。即使经常校准，大多数湿度传感器在非常潮湿（湿度在 95% 以上）和干燥（湿度在 10% 以下）的环境中其精度也很低。

11.4　潮湿空气的特性

11.4.1　空气的组成

大气中的空气大约由 78% 的 N_2、21% 的 O_2、0.93% 的氩气（Ar）、0.04% 的 CO_2、一定量的水蒸气和其他气体组成。在标准压力（101 kPa）下，干燥空气的密度（假设水蒸气为零）在 0℃时为 1.293 $kg \cdot m^{-3}$，在 20 ℃时为 1.205 $kg \cdot m^{-3}$，在 250 ℃时为 1.185 $kg \cdot m^{-3}$。因此，温度越高，空气就越轻。与纯水的密度（1 000 $kg \cdot m^{-3}$）相比，空气的密度是非常小的。

事实上，即使在沙漠中，空气也不会完全干燥，这意味着空气始终是干燥空气和水蒸气的混合物（潮湿空气，图 11.1）。虽然水蒸气含量通常小于总含量的 1%，但它对空气的状况和整体行为有很大的影响。水蒸气在地球水循环中发挥着重要作用，影响着当地的气候条件，并以显热和潜热的形式储存和传递能量。显热是人可以“感觉到”并可以用温度计直接测量的能量。潜热是一种感觉不到的能量，它存在于水中，直到它被转移到具有更少能量的物质中。

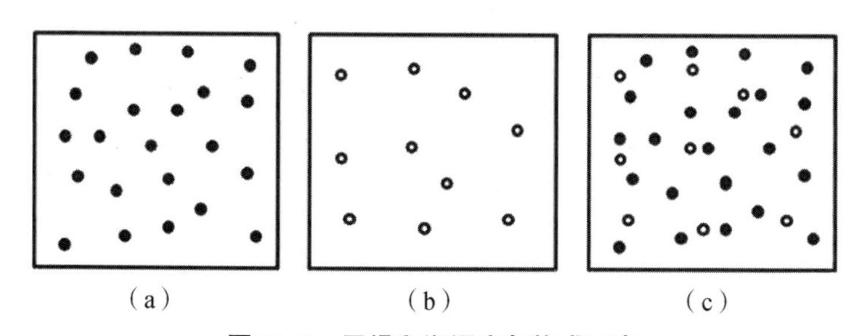

图 11.1　干燥和潮湿空气构成示意

(a) 干燥空气；(b) 水蒸气；(c) 潮湿空气

蒸发冷却过程表现为潜热传递。当液态水蒸发时，它从周围的空气中吸收热量，导致可感空气温度降低，空气的含水量（湿度）增加。然而，这种能量并没有消失，它以潜热的形式被水蒸气“捕获”。因此，即使干球温度已经降低，混合空气的能量含量也不会改变。

11.4.2 湿度图

温度和湿度经常被用来表征用于气候控制的潮湿空气的特性。湿度图提供了水蒸气、温度和能量之间关系的图形显示（图 11.2 和图 11.3）。湿度图允许在以下两种独立特性已知的情况下确定湿空气的所有参数：干球温度（T_{db}）、湿球温度（T_{wb}）、露点温度（T_d）、AH（也称为湿度比）、RH 和水蒸气压力（P_v）。当这 6 个自变量中的任意 2 个已知时，就可以确定饱和蒸气压（$P_{v,sat}$）、焓（h）和比容（specific volume）（n）。通过了解这些潮湿空气特性之间的关系，可以预测各种环境控制策略影响植物行为和生产能力的有效性。表 11.1 列出了与湿度图有关的湿度特性及其定义。

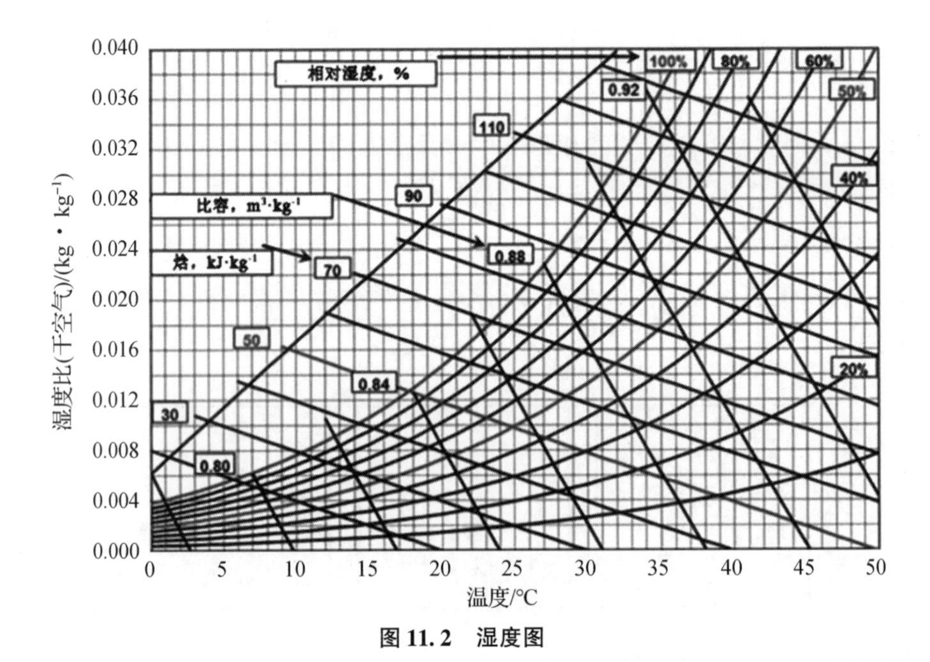

图 11.2 湿度图

（图片由罗格斯大学的 A. J. Both 博士提供）

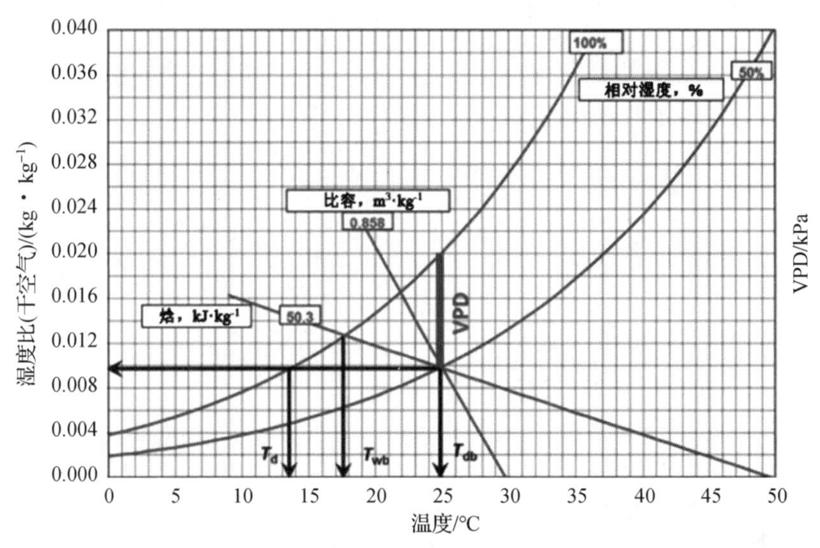

图 11.3 简化湿度图

［图上显示了干球温度（T_{db}）、湿球温度（T_{wb}）和露点温度（T_d）；图片由罗格斯大学的 A. J. Both 博士提供］

表 11.1 与湿度图有关的湿度特性及其定义

湿度特性	单位	基本定义
干球温度，T_{db}	℃	用普通温度计测量的空气温度
湿球温度，T_{wb}	℃	湿球温度读数
相对湿度，RH	%	空气中的水蒸气含量除以在相同温度和压力下空气可以持有的水蒸气含量
露点温度，T_d	℃	空气样品中存在的水分饱和温度。它也可以定义为蒸气变成液体（冷凝水）时的温度
绝对湿度，AH	$kg \cdot kg^{-1}$（干空气）	每单位质量干燥空气中水蒸气的质量（$kg \cdot kg^{-1}$）。该量也被称为水蒸气密度
比容，n	$m^3 \cdot kg^{-1}$	每 kg 干燥空气中湿空气的体积。暖空气比冷空气密度小而导致暖空气上升
焓，h	$kJ \cdot kg^{-1}$	每 kg 干燥空气的总热（显热和潜热）能量，其随温度和绝对湿度的升高而增大

干球温度（T_{db}）通常被简称为“空气温度”，是人们最熟悉的空气特性。干球温度可以用标准温度计测量，并指示“显热”的量。干球温度沿湿度图的横轴显示。从该轴向上延伸的垂直线代表恒定的 T_{db}（图 11.2）。

湿球温度（T_{wb}）是空气被水蒸气饱和时的温度。它是用温度计来测量的，该温度计的球上覆盖着一层被水浸湿的毛细材料。T_{wb}是在空气以恒定的已知速度流过湿毛细材料时被测量的。在湿度图上，恒定的湿球线略微向上并向左倾斜。T_{wb}是在饱和线（100% RH）处被读取的。除非空气中水蒸气达到完全饱和（100% RH），否则湿球温度将始终低于干球温度。

露点温度（T_d）是空气中的水蒸气在恒定大气压下以与蒸发速度相同的速度凝结成液态水的温度。如果水蒸气与低于 T_d的固体表面接触，液态水就会凝结成水或露水。同样，如果干球温度降至 T_d以下，那么水蒸气就会在空气中凝结并形成雾。露点与相对湿度相关。相对湿度越高，露点温度就越接近当前的干球温度。在相对湿度为 100% 时，干球温度、湿球温度和露点温度均相同，说明空气中水蒸气的饱和程度最高。当绝对含水量保持不变而温度升高时，相对湿度则降低。

了解湿度图有助于可视化潮湿空气的特性和行为，以进行 PFAL 或温室的环境控制。例如，查看湿度图，可以看到热空气比冷空气能容纳更多水蒸气。然而，当空气冷却时，相对湿度升高；如果冷却足够，即当相对湿度达到 100% 时，水蒸气会凝结成液体。

11.5 CO_2 浓度

11.5.1 特性

CO_2 是一种天然存在的化合物，是由煤炭或碳氢化合物的燃烧，液体的发酵以及人类、动物和真菌的呼吸产生的。它是一种线性共价分子，并是一种酸性氧化物，它与水反应生成碳酸。在标准温度和压力下，CO_2 是一种不可燃、无色、无味的气体，它以这种状态作为一种微量气体存在于地球大气中。截至 2014 年 9 月，

大气中 CO_2 的平均浓度为 395.28 μmol · mol^{-1}（http://www.esrl.noaa.gov/）。大气中的 CO_2 浓度随着一天中时间和地点的变化而变化，这取决于动植物的吸收和呼吸作用以及人类的活动。CO_2 的分子量为 44.01 g · mol^{-1}，比空气重。CO_2 的熔点为 −55.6°C，沸点（升华）为 −78.5°C，气体密度为 1.871 4 kg · m^{-3}（101.3 kPa 和 15 ℃）。它在 −78.5 ℃结冰而形成 CO_2 雪花。

11.5.2　PFAL 中 CO_2 浓度的动态变化

植物在光合作用过程中吸收 CO_2，在呼吸作用中释放 CO_2。CO_2 浓度的微小变化会对植物的光合作用速率产生重大影响。尽管 CO_2 浓度对植物的光合作用和生长至关重要，但在温室和生长室的传统受控环境中，CO_2 浓度可能是最不受控制的因素。在半封闭的 PFAL 中，CO_2 浓度不仅随“植物活动”（光合作用和呼吸作用）而变化，还会随人类的活动而变化。一般人类呼出的空气由 78.04% 的 N_2、13.6 16% 的 O_2、5.3% 的 CO_2 和 1% 的 Ar 和其他气体组成（en.wikipedia.org/wiki/breathing）。如果 PFAL 内有几个人，且没有充分的通风，则 CO_2 浓度可能会升高到大气水平的几倍以上。另外，在光照期，当没有 CO_2 补充和人类活动时，如果植物积极进行光合作用且栽培室内不积极通风，那么 CO_2 浓度可能下降到非常低的水平，如接近 CO_2 补偿点。栽培室内 CO_2 浓度的波动程度取决于栽培室内的容积（缓冲能力）、人的占有率和植物的活动。通常，很难检测到“CO_2 饥饿”，因为植物在低 CO_2 浓度下生长缓慢，但不会出现任何症状。同样，在大多数情况下，过高的 CO_2 浓度也同样难以从植物症状中发现。因此，为了保持植物的最佳生长，对 PFAL 中的 CO_2 浓度进行持续监测和较好的控制是很重要的。PFAL 中的 CO_2 浓度至少应被维持在大气水平或接近大气水平。

11.5.3　CO_2 浓度测量

传统上，CO_2 浓度的单位在美国以百万分之一（ppm）表示，而在英国和欧洲以百万分之体积（vpm 或 ppmv）表示。CO_2 浓度的 SI 单位是 μmol · mol^{-1}。因为以 μmol · mol^{-1}为单位的绝对值与以体积为基础的 ml · L^{-1}或 ppm 单位的绝对值相同，所以不需要相互转换。需要注意的是，CO_2 通常是按质量购买的，并以加压钢瓶的形式供应。25℃时，体积与质量的换算系数为 1.80 $kg \cdot m^{-3}$。

连续测量 PFAL 中的 CO_2 浓度是非常重要的。最常用的 CO_2 传感器是非色散红外（nondispersive infrared，NDIR）CO_2 传感器。NDIR 传感器是在气体环境中检测 CO_2 的光谱传感器。其关键部件是红外源、光管（light tube）、接口（波长）滤波器和红外探测器各一个（或一支）。气体被泵入或扩散到光管中，用电子设备测量泵入光管的气体吸收了多少红外线。一个典型的 NDIR 传感器的成本从 100 美元到 1 000 美元不等，这具体取决于精度。下一步新的发展，包括使用微机电系统来降低 CO_2 传感器的成本和制造更小型化的设备。

应避免将 CO_2 传感器放置在人们可能直接对着其呼吸的位置。另外，还要避免 CO_2 传感器靠近进气或排气管道，或靠近窗户和门口的位置，因为它们可能会给出不能准确反映植物冠层状况的读数。

11.6 气流速度

11.6.1 特性和定义

气流速度是指空气在给定时间段内行进的距离（如 1 $m \cdot s^{-1}$）。空气速度是指定气流速度方向时使用的术语。在本书中，使用气流速度来描述 PFAL 生长空间中的空气运动和气流。

植物周围的气流速度不足会抑制叶片边界层中的气体扩散，从而降低光合和蒸腾速率，进而影响植物生长（Kitaya，et al.，2000）。在 PFAL 中保持适当的气流速度会在叶片表面形成小的湍流涡旋（turbulent eddy），从而促进植物与周围环境之间的气体交换，进而促进植物的生长。相反，较低的气流速度会导致植物冠层内气温、CO_2 浓度和湿度的空间变化（Kitaya，et al.，1998），从而导致植物的生长不一致。此外，空气流动有助于防止叶片和 PFAL 中其他表面的凝结，进而有助于防止有害的细菌和霉菌生长。

机械风扇可用于在 PFAL 中的植物冠层内产生空气运动和控制气流速度。可以采取一定策略将它们置于 PFAL 中和栽培架的周围，以促进气体交换一致和植物均匀生长。如果没有机械风扇，则 PFAL 将依靠热空气的自然对流和浮力在植物周围产生空气流动。然而，这些对流气流的速度非常低而无法被控制。为了实现精确的气流速度控制，在建造 PFAL 时，需要对风扇的位置、数量和容量等进行特殊的计算和规划设计。

11.6.2 测量仪器选择

气流速度通常用风速计测量。当选择用于 PFAL 的风速计时，应优先考虑在低气流速度下的高灵敏度。由于栽培架之间的空间有限，所以应首先选择较小的尺寸。

11.7 每小时换气次数

11.7.1 特性和定义

每小时换气次数（N，次 · h^{-1}）用于衡量在规定空间内的空气被新空气置换的次数，它被定义为每小时换气率除以室内空气体积的比值。对于 PFAL，在理想情况下 N 应该很小，以控制环境，并防止病原体和害虫进入。然而，应保持最低的空气交换率，以防止乙烯在 PFAL 中积累，这可能对植物造成损害。在商用 PFAL 中，N 的变化较大。对于相对密封且绝缘良好的 PFAL，N 为 0.01 ~ 0.02 次 · h^{-1}（Kozai，2013）。

11.7.2 空气交换率测量

准确估算每小时换气次数（N）是很重要的，因为根据 N 可以连续预测植物的光合速率。对于温室，人们已经使用了各种技术来测量和预测通风率和泄漏率，如示踪气体技术、能量平衡法以及内外压差测量法（Baptista，et al.，1999）。

Kozai 等（1980）和 Fernandez and Bailey（1993）已使用能量平衡法来预测通风率。能量平衡法基于这样一个事实，即通风从温室中移除能量以防止温度过高。这种方法需要测量大量的变量，并且单个误差都可能对最终结果产生很大影响（Baptista，et al.，1999）。

示踪气体技术比能量平衡法具有更高的准确性，它使用 CO_2、N_2O 或 SF_6 作为示踪气体。CO_2 是一种价格低廉的气体，常用于温室和生长室的空气交换速率的估算。然而，当植物在室内时，CO_2 不能被可靠利用，因为它会被植物吸收。不幸的是，N_2O 和 SF_6 太昂贵，无法用于大型 PFAL 和连续测量。水也被认为是一种潜在的示踪气体。Li 等（2012）以水作为示踪气体，基于 CO_2 和水平衡，连续测量半密闭生长室中的 N。当用水作为示踪气体时，关键是准确测量植物的水消耗量和冷凝量（如果有的话）。然而，对于空气循环均匀且气密性相对较好的 PFAL，冷凝发生在冷却单元中，故冷凝水易于收集和量化。关于 PFAL 中的气体和液体流速及其平衡在第 4 章中已有详细介绍。

参考文献

Baptista, F.J., Bailey, B.J., Randall, J.M., Meneses, J.F., 1999. Greenhouse ventilation rate: theory and measurement with tracer gas techniques. J. Agric. Eng. Res. 72, 363−374.

Fernandez, J.E., Bailey, B.J., 1993. Predicting greenhouse ventilation rates. Acta Hortic. 328, 107−111.

Kitaya, Y., Shibuya, T., Kozai, T., Kubota, C., 1998. Effects of light intensity and air velocity on air temperature, water vapor pressure and CO_2 concentration inside a plant stand under artificial lighting conditions. Life Support Biosph. Sci. 5, 199−203.

Kitaya, Y., Tsuruyama, J., Kawai, M., Shibuya, T., Kiyota, M., 2000. Effects of air current on transpiration and net photosynthetic rates of plants in a closed plant production system. In: Kubota, C., Chun, C. (Eds.), Transplant Production in the 21st Century. Kluwer Academic Publishers, Dordrecht, The Netherlands.

Kozai, T., 2013. Resources use efficiency of closed plant production system with artificial light: concept, estimation and application to plant factory. Proc. Jpn. Acad., Ser. B 89, 447−461.

Kozai, T., Sase, S., Nara, M.A., 1980. A modeling approach to greenhouse ventilation control. Acta Hortic. 106, 125−136.

Li, M., Kozai, T., Niu, G., Takagaki, M., 2012. Estimating the air exchange rate using water vapor as a tracer gas in a semi-closed growth chamber. Biosyst. Eng. 113, 94−101.

第 12 章 光合与呼吸作用

朝日奈弥矢守（Wataru Yamori）
［日本东京都西石桥东京大学农业与生命科学研究生院可持续农业－生态系统研究所；日本川口日本科学与技术局（JST）PRESTO］

12.1 前言

作物产量由植物生长所决定，90%以上的作物生物量来源于光合作用的产物。因此，光合作用是植物生长和粮食生产的基本过程。虽然呼吸反应本质上与光合作用的反应相反，但光合与呼吸作用也是产生化学能［即三磷酸腺苷（adenosine triphosphate，ATP）和氧化还原当量（redox equivalent）］以满足细胞生长和维持所需能量的代谢途径。因此，植物的生长与光合作用和呼吸作用密切相关。没有光合作用和呼吸作用就没有生长。因此，了解光合与呼吸作用的生理过程对于基本了解作物产量最大化是必要的。此外，植物的生长速率不仅取决于单叶水平的光合与呼吸速率，还取决于冠层水平的光合与呼吸速率。本章总结了单叶水平和冠层水平光合与呼吸作用的基本反应。

12.2 光合作用

绿色植物的叶片中含有叶绿体（chlorophylls）。光合作用的主要过程发生在叶片叶肉细胞的叶绿体中。可以将光合作用分为三个主要过程：①光合色素的光吸收；②电子传递与生物动能学（能量的流动与转化）；③碳固定与代谢（图12.1）。

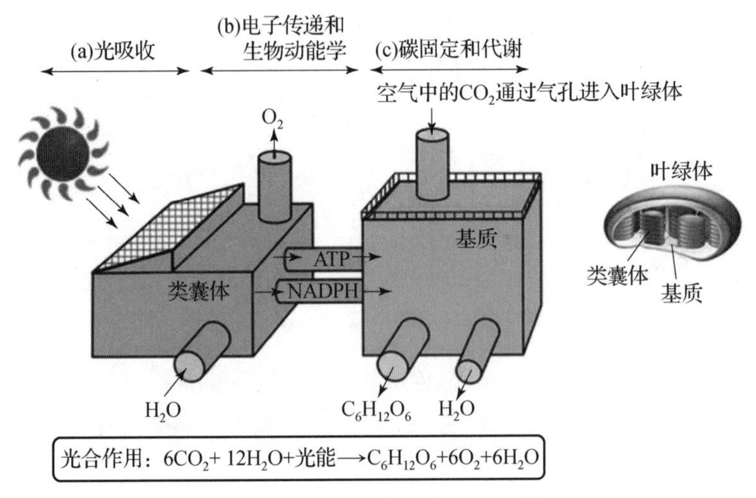

图 12.1 叶绿体的光合作用原理简图

［叶绿体是光合作用的场所。叶绿体含有被称为类囊体（thylakoid）的排列成圆盘状的膜，而在类囊体膜外的叶绿体区域被称为基质。光合作用包括三个过程：（a）类囊体膜中的光合色素的光吸收；（b）类囊体膜中的电子传递与生物动能学；（c）基质中的碳固定与代谢］

12.2.1 光合色素的光吸收

为了将瞬时的光能转化为稳定的化学能，光合器官在叶绿体的类囊体膜（thylakoid membrane）中进行一系列的能量转化反应（图12.1）。在高等植物中，这一过程是由含有叶绿素和类胡萝卜素这两类色素的天线阵列（antennae array）捕捉光启动的，这两类色素负责吸收光，从而驱动光合作用。叶绿素是主要色素，对红光和蓝光有很强的吸收能力［图12.2（a）］。类胡萝卜素是辅助色素，能强烈吸收蓝光，使叶绿体可捕获更多光能［图12.2（a）］。分离出的叶绿素和类胡萝卜素会发出绿光［图12.2（b）］。然而，很明显，完整的叶绿体和完整的叶片吸收了包括绿光在内的大部分可见光光谱［图12.2（b）］。光散射是影响叶片整体吸收特性的一种光学现象。光在叶片中的散射主要是由细胞间隙和细胞之间的反射引起的（Evans，et al.，2004）。光的内部反射增加了路径长度，从而增加了光捕获和吸收的可能性。叶片吸收了90%以上的红光和蓝光，以及70%左右的绿光［图12.2（b）］。由于红光和蓝光的高吸收率，它们主要在叶片被照射的一侧被吸收，而绿光穿透叶片更深，这样，随着绿光在细胞壁/空气界面的多次反射而使其传播路径更长，从而增加了被吸收的机会（Terashima，et al.，2009）。作用光谱显示了对光合作用最有效的光波长，因此其明确表明红光对光合作用更有效，但光谱中光合有效区域（photosynthetically active region）（400～700 nm）内的大部分光均在叶片中被利用［图12.2（c）］。

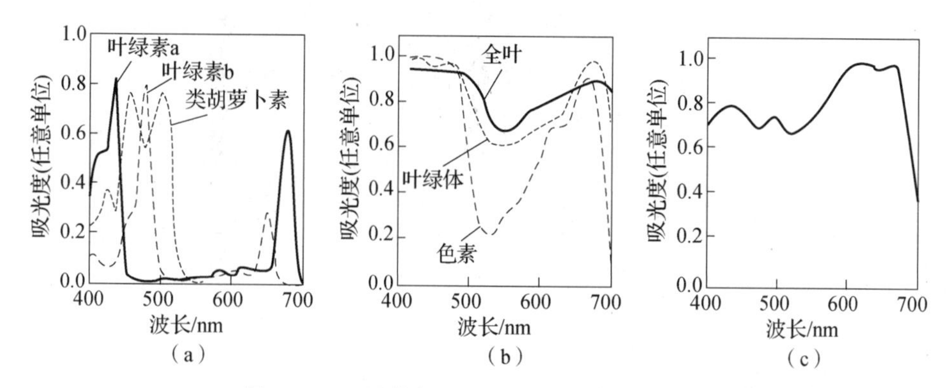

图12.2　不同状态下植物光合色素的吸收光谱

（a）高等植物光合色素吸收光谱；（b）分离的光合色素、完整叶绿体和全叶的吸收光谱；（c）光合作用的有效光谱

（数据修改自：Moss and Loomis，1952；McCree，1971/1972；Govindjee，2004）

12.2.2　电子传递与生物动能学

首先，由光合色素捕获的能量被转移到叶绿体类囊体膜中的光系统Ⅰ和光系统Ⅱ的反应中心（Nelson and Yocum，2006）。电子沿着电子传递链（electron－transport chain）从光系统Ⅱ移动到光系统Ⅰ，最终被用于将$NADP^+$还原为NADPH（烟酰胺腺嘌呤二核苷酸磷酸的还原态形式）。光系统Ⅱ的初级电子供体（primary electron donor）通过H_2O的水解获得电子，从而产生O_2。在电子传递过程中，在类囊体膜上形成H^+梯度，从而被用于驱动ATP合成酶产生ATP。整个过程涉及光系统Ⅱ和光系统Ⅰ，产生ATP和NADPH，主要用于进行碳固定和随后的碳代谢。

12.2.3 碳固定与代谢

在叶绿体基质中，ATP 和 NADPH 被用于光合碳还原循环（photosynthetic carbon - reduction cycle）（即卡尔文循环，或还原性磷酸戊糖途径）（图 12.1）。在该循环中，CO_2 被同化，导致碳水化合物的合成，最后合成蔗糖和/或淀粉。为了将 CO_2 固定为碳水化合物形式，需要将其从空气中运输到叶片的叶绿体中。由于存在浓度梯度，空气中的 CO_2 通过叶片气孔扩散，然后通过细胞间隙进入细胞，最终进入叶绿体。每个气孔周围都有一对保卫细胞（guard cell），这些保卫细胞可以根据不同的环境刺激改变它们的膨压（turgor）和孔径。最重要的变量是光照、水分状况和 CO_2 浓度（即在低光照、水分胁迫和高 CO_2 浓度下气孔关闭）。气孔仅占叶片总表面的 1%，但主要决定了叶片中 CO_2 的扩散速率（Evans，et al.，2004）。最近，有研究表明，在光合作用过程中，CO_2 从叶片内部的细胞间隙通过叶肉扩散到叶绿体的阻力很大，其对光合作用的限制与气孔限制的程度相似（Evans，et al.，2009）。通过叶肉的 CO_2 扩散幅度被认为是由叶片解剖特征决定的，如细胞壁厚度和暴露于细胞间隙的叶绿体表面积，以及被蛋白质促进的过程（Evans，et al.，2009）。

叶绿体基质中的 RuBisCO（1，5 - 二磷酸核酮糖羧化酶/加氧酶）（ribulose 1，5 - bisphosphate carboxylase/oxygenase）将 CO_2 催化固定到碳水化合物中。这种酶占叶绿体蛋白质的近 50%，被认为是地球上最丰富的蛋白质。它通过一系列卡尔文循环反应，消耗类囊体膜中产生的 ATP 和 NADPH 而产生丙糖磷酸（triose phosphate）。一些丙糖磷酸从叶绿体被运出以用于蔗糖的合成，而一些留在叶绿体中被用于淀粉的合成，而淀粉最终被储存在叶绿体中。

在光合作用细胞的胞质溶胶中合成的蔗糖可以用于普遍分布，并且通常通过韧皮部转运到其他需要碳的器官（见 12.2.3 节）。淀粉是高等植物光合和非光合组织中储存的主要碳水化合物（Beck and Ziegler，1989；Smith，et al.，2006）。在光照下，树叶固定的 CO_2 中有 30% 被转化为淀粉。在夜间，叶绿体中的淀粉被积极降解，而这种降解的产物蔗糖会通过韧皮部被输出到植物的其他部分（Patrick，1997）。在初级分配过程中，淀粉与蔗糖的比例在不同植物间存在很大的差异。例如，菠菜叶片在淀粉合成开始前就在液泡中储存了大量的蔗糖

(Gerhardt, et al. , 1987),而豆类在光合作用超过某个阈值速率时就会制造淀粉(Sharkey, et al. , 1985)。此外,应该注意的是,一些植物会储存其他化合物(例如蔷薇科的山梨糖醇、芦笋中的果聚糖、朝鲜蓟中的菊等)以代替淀粉。

12.3 C_3、C_4 和 CAM 的光合作用

在 C_3 植物(大多数蔬菜和树木,以及若干种主要谷物)中,CO_2 通过气孔和细胞间隙扩散,最终到达叶绿体内。在叶绿体中,CO_2 被 RuBisCO 固定,第一个产物是与3-碳酸的化合物,因此该作用被称为 C_3 光合作用。丙糖磷酸是通过一系列被称为卡尔文循环的反应产生的,它利用类囊体膜中光合电子传递产生的ATP 和 NADPH 来产生糖和淀粉。

相比之下,C_4 植物(例如玉米和甘蔗等谷物和作物)具有 CO_2 浓度升高机制,与环境空气相比,在特定叶细胞的 RuBisCO 催化位点上,CO_2 浓度升高了10~100倍(Furbank and Hatch, 1987; Jenkins, et al. , 1989)。因此,C_4 植物中 RuBisCO 的氧化反应受到极大抑制(见12.5节)。这些种类被称为 C_4 植物,因为最初的羧基化反应会产生4-碳酸。第三种类型的光合作用是以所谓的 CAM(crassulacean acid metabolism,景天酸代谢)植物[如菠萝、龙舌兰和冰叶日中花(*Mesembryanthemum crystinum* L.)]为代表的类型。这些植物也具有 CO_2 浓度升高机制,但其特征是 C_3 和 C_4 组分在共同的细胞环境中被分段隔离(Yamori, et al. , 2014)。常见的冰叶日中花被称为一种可诱导的(兼性的)CAM 物种,因为在该种类中在水分亏缺或盐分胁迫下可以诱导产生 CAM。

12.4 呼吸作用

蔗糖和淀粉是植物呼吸底物的主要来源,但也可以利用其他碳水化合物,如果聚糖和糖醇。碳从叶绿体输出到细胞质和线粒体,并通过糖酵解、线粒体三羧酸循环(TCA 循环)和线粒体电子传递来生成氧化还原当量(特别是 NADH)、

ATP 和碳骨架（图 12.3）。这些呼吸产物的产生导致在糖酵解过程和三羧酸循环反应过程中出现 CO_2 损失。

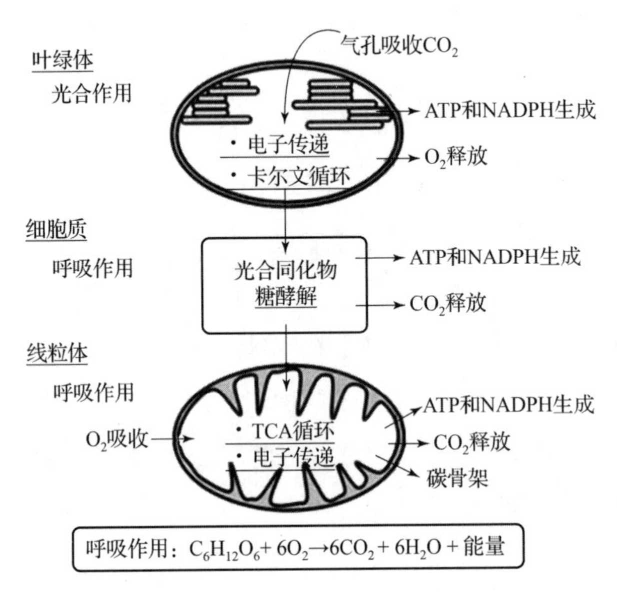

图 12.3 叶绿体的光合作用、细胞质中的糖酵解和线粒体中的呼吸作用的流程简图

［CO_2 被卡尔文循环和叶绿体中的电子传递所同化，用于生产光同化产物（如糖和淀粉）。随后，碳从叶绿体被输出到细胞质和线粒体，并通过糖酵解、TCA（线粒体三羧酸）循环和线粒体电子传递来生成 ATP、氧化还原当量（特别是 NADH，又叫作辅酶 I）和碳骨架（蛋白质合成所需要）］

呼吸作用可被分为三个主要部分：①生长呼吸作用；②维持呼吸作用；③根系对离子的主动吸收作用。生长呼吸作用包括生长植物中新结构的合成，被认为与新植物物质形成的速率成正比。维持呼吸作用包括为植物的修复和维护产生必要的能量。维持呼吸作用包括非生长植物新陈代谢所需的能量。维持呼吸作用所需的能量通常被认为与组织质量成正比。人们不再认为最小化呼吸作用是最大限度地生产植物有机物的可行方法。然而，重要的是调节 PFAL 的空气温度，因为维持呼吸作用对植物的维修和维护起着至关重要的作用。维持呼吸作用包括非生长植物新陈代谢所需的能量。维持呼吸作用所需要的能量通常被认为与组织质量成正比。人们不再认为最大限度地减少呼吸作用是最大限度地生产植物有机物的可行方法。然而，调节 PFAL 的空气温度很重要，因为在高温下对植物进行修复和维护的维持呼吸作用比生长呼吸作用更受刺激（Rachmilevitch，et al.，2006）。

与植物根系获取养分相关的能量成本通常非常高，因为必须使用需要大量 ATP 的主动运输系统对离子进行跨根细胞膜运输。据报道，在幼龄植物中，用于生长和离子吸收的呼吸作用约占根系呼吸作用的 60% 左右，而维持呼吸作用相对较少（图 12.4）。随着株龄的增加，维持呼吸作用占总呼吸作用的比例越来越高，达到 85% 以上。

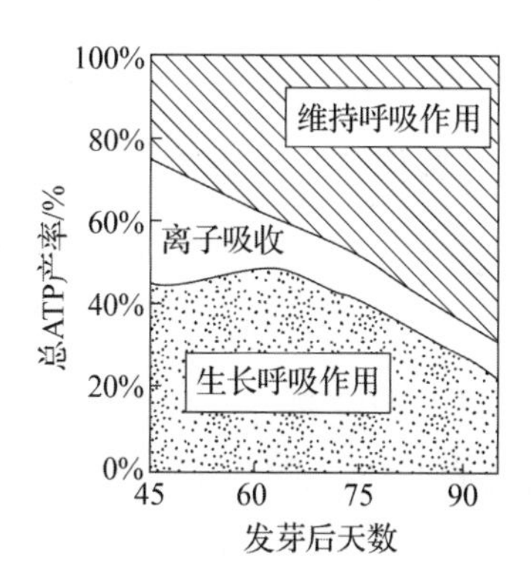

图 12.4 苔草中 3 种主要成分对根系呼吸相对贡献的时间过程

［（1）生长呼吸作用；（2）维持呼吸作用；（3）根系对离子的主动吸收作用；

修改自 van der Werf，et al.，1988］

应当指出的是，呼吸作用并不直接依赖于光，而细胞需要持续获得能量才能存活。然而，总的来说，白天的线粒体呼吸速率是夜间的 50% 或更少，因为光对呼吸作用的抑制似乎是线粒体酶的快速失活所引起的（Atkin，et al.，1998，2000）。光合作用和呼吸作用是产生 ATP 和氧化还原当量（如 NADPH 和 NADH）以满足细胞生长及维持所需能量的代谢途径。因此，植物的生长不仅与光合作用密切相关，与呼吸作用也同样密切相关（Noguchi and Yoshida，2008）。

12.5 光呼吸作用

RuBisCO 在卡尔文循环中促进 CO_2 固定（羧化），但同时它也固定 O_2［叫作氧合作用（oxygenation）］。后者是光呼吸作用（photorespiration）的第一步。光呼吸作用包括叶绿体、过氧化物酶体和线粒体之间代谢物的运动，其代谢途径是

固定 O_2、释放 CO_2 和消耗 ATP。因此，它降低了光合效率（Sharkey，1988）。呼吸和光呼吸都在线粒体中释放 CO_2。然而，呼吸过程和光呼吸过程在碳中间体和区室化（compartmentation）方面都有很好的分离。

与光合作用类似，光呼吸作用是一个动态过程，其速率会受到光强、内部 CO_2/O_2 浓度或叶片温度的调节（Jordan and Ogren，1984）。一般来说，在强光、高温及低湿条件下，当气孔关闭时叶片中的 CO_2 浓度会降低，则光呼吸速率升高。有研究认为，当气孔在正午关闭以防止水分流失时，在强光及低 CO_2 浓度条件下，光呼吸作用可以防止叶绿体基质过度减少（Takahashi and Badger，2011）。

光呼吸本质上难以测量，尽管它的速率大大高于线粒体的呼吸速率。净光合作用通过总光合作用与线粒体中光呼吸和暗呼吸之和之间的差异来估计：净光合作用 = 总光合作用 -（光呼吸 + 暗呼吸）。在中等非胁迫条件下，光呼吸速率约为光合速率的 25%，但在胁迫条件下，它可能是光合速率的 50% 或更多。由于光呼吸显著降低光合作用效率，并且 CO_2 浓度的升高会抑制光呼吸，所以，如果其他环境因素不受限制，则提高 CO_2 浓度可以通过其作为光合作用底物的作用和抑制光呼吸的作用来促进植物生长（Ainsworth and Long，2005）。

12.6 叶面积指数（LAI）和透光性

生物量最终来源于光照下的光合作用。作物产量通常取决于作物截获的光总量，而作物冠层截获的光量与总叶面积密切相关。LAI 是总投影叶面积与单位地面面积的比值，被广泛用于表征冠层的光照条件。当 LAI 为 1.0 时，冠层的叶面积等于土壤表面积，但这并不意味着所有的光都被截获，因为冠层中有一些叶片重叠，而且叶片之间存在一定的间隙。一般来说，光截获量会随着 LAI 的升高而急剧增加至约 90%，并且在更高的 LAI 时接近渐近线［图 12.5（a）］。

然而，作物的幼苗很少相互竞争光照。在这一阶段，LAI 较低（<1.5），冠层光合速率的升高几乎与 LAI 的升高成正比。可见，新叶面积的扩大对增长率的贡献与现有叶面积的贡献是相同的，因为相互遮蔽的叶片很少。然而，在高 LAI（>3.0）的密闭冠层中，与幼苗相比，叶面积的扩大并不重要，因为大部分入射光线被冠层的上部叶片吸收，所以 LAI 的进一步升高对冠层光合作用的影响很小。

LAI 不能太高，因为较低（阴影处）的叶片得不到充分的照射，并且呼吸作用造成的同化物损失将大于通过光合作用所获得的同化物［图 12.5（b）］。3.0～4.0 是水平叶植物种类的典型 LAI 值；而 LAI 值在 5～10 范围内的情况可能出现在垂直叶植物种类中，如谷类和草类植物。

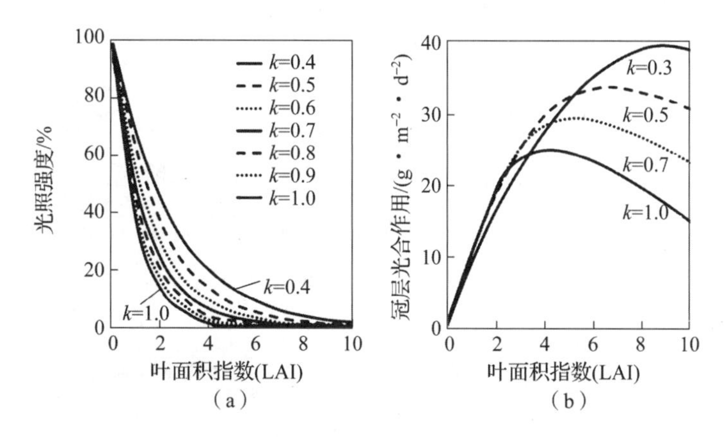

图 12.5　冠层内某一高度的光强与冠层顶部 LAI 的关系（a）及 LAI 与冠层光合作用的关系（b）

［k 为消光系数。当冠层 k 值较大时光强随着冠层深度的增加而迅速下降，而当 k 值较小时光线可以穿透较深的冠层。具有较多水平叶片的冠层具有较大的 k 值（如番茄和向日葵：0.7～1.0），而具有较多直立叶片的冠层具有较小的 k 值（如水稻和高粱：0.3～0.6））。另外，图（b）中的数据修改自 Naitr and Lawlor，2005；Saeki，1960］

12.7　单叶和冠层

光合作用是推动植物生长和食物生产的基本过程。已经明确了叶片光合作用受多种环境条件的影响，如光照（Yamori，et al.，2010a）、温度（Yamori，et al.，2005，2006，2010b）、CO_2 浓度（Yamori，et al.，2005；Yamori and von Caemmerer，2009）等。然而，生长速率不是简单地由单张叶片的单位叶面积的光合效率决定的，也不是由每株植物的总叶面积决定的。当光线穿透作物冠层时，它被叶片截获，则光强随累积叶面积呈指数级下降［图 12.5（a）］。冠层光合作用可被定义为冠层光截获率和光利用效率的产物（Loomis and Connor，1992）。冠层结构（即 LAI 和叶角的空间分布）对冠层光气候和光合能量转换具有重要意义。叶片接近垂直的大叶角可确保良好的光线穿透，从而使整个冠层的光照环境更加均匀。对大多数大田作物而言，作物生长率与冠层光截获率呈显著的正线性关系（Wells，1991；Board and Harville，1993；Heitholt，1994）。因此，LAI 的管理、叶角的空间分布和环境条件对提高光合效率具有重要意义。整株植物白天碳吸收和夜间碳损失的平衡决定了每日碳积累的速率，进而控制植株的生长与发育。

在 PFAL 中，适当的植物密度对于提高作物的光合效率，进而对于提高产量和品质很重要。株距不当可能导致群体过于密集或过于稀疏，从而导致产量下降。很明显，提高种植密度会减小个体质量，进而导致产量下降。然而，最佳种植密度可确保植物通过有效利用水分、养分和光线而均匀并适当地生长，从而实现高产优质。

参 考 文 献

Ainsworth, E.A., Long, S.P., 2005. What have we learned from 15 years of free-air CO_2 enrichment (FACE)? A meta-analytic review of the responses of photosynthesis, canopy properties and plant production to rising CO_2. New Phytol. 165, 351−372.

Atkin, O.K., Evans, J.R., Siebke, K., 1998. Relationship between the inhibition of leaf respiration by light and enhancement of leaf dark respiration following light treatment. Aust. J. Plant Physiol. 25, 437−443.

Atkin, O.K., Evans, J.R., Ball, M.C., Lambers, H., Pons, T.L., 2000. Leaf respiration of snow gum in the light and dark: interactions between temperature and irradiance. Plant Physiol. 122, 915−923.

Beck, E., Ziegler, P., 1989. Biosynthesis and degradation of starch in higher plants. Annu. Rev. Plant Physiol. Plant Mol. Biol. 40, 95−117.

Board, J.E., Harville, B.G., 1993. Soybean yield component responses to a light interception gradient during the reproductive period. Crop Sci. 33, 772−777.

Evans, J.R., Vogelmann, T.C., Williams, W.E., Gorton, H.L., 2004. Chloroplast to leaf. In: Smith, W., Vogelmann, T.C., Critchley, C. (Eds.), Photosynthetic Adaptation: Chloroplast to Landscape, vol. 178. Springer, Berlin Heidelberg, New York, pp. 15−41.

Evans, J.R., Kaldenhoff, R., Genty, B., Terashima, I., 2009. Resistances along the CO_2 diffusion pathway inside leaves. J. Exp. Bot. 60, 2235−2248.

Furbank, R.T., Hatch, M.D., 1987. Mechanism of C_4 photosynthesis. The size and composition of the inorganic carbon pool in the bundle sheath cells. Plant Physiol. 85, 958−964.

Gerhardt, R., Stitt, M., Heldt, H.W., 1987. Subcellular metabolite levels in spinach leaves. Plant Physiol. 83, 399−407.

Govindjee, 2004. Chlorophyll *a* fluorescence: a bit of basics and history. In: Papageorgiou, G.C., Govindjee (Eds.), Chlorophyll a Fluorescence: A Signature of Photosynthesis. Kluwer Academic Publishers, Dordrecht, The Netherlands, pp. 1−42.

Heitholt, J.J., 1994. Canopy characteristics associated with deficient and excessive cotton plant population densities. Crop Sci. 34, 1291−1297.

Jenkins, C.L.D., Furbank, R.T., Hatch, M.D., 1989. Inorganic carbon diffusion between C_4 mesophyll and bundle sheath cells. Plant Physiol. 91, 1356−1363.

Jordan, D.B., Ogren, W.L., 1984. The CO_2/O_2 specificity of ribulose 1,5-bisphosphate carboxylase/oxygenase. Dependence on ribulose bisphosphate concentration, pH and temperature. Planta 161, 308−313.

Loomis, R.S., Connor, D.J., 1992. Crop Ecology: Productivity and Management in Agricultural Systems. Cambridge University Press, Cambridge.

McCree, K.J., 1971/1972. The action spectrum, absorptance, and quantum yield of photosynthesis in crop plants. Agric. Meteorol. 9, 191−216.

Moss, R.A., Loomis, W.E., 1952. Absorption spectra of leaves. 1. The visible spectrum. Plant Physiol. 27, 370−391.

Nátr, L., Lawlor, D.W., 2005. Photosynthetic plant productivity. In: Pessarakli, M. (Ed.), Hand Book of Photosynthesis, second ed. CRC Press, New York, pp. 501−524.

Nelson, N., Yocum, C.F., 2006. Structure and function of photosystems I and II. Annu. Rev. Plant Biol. 57, 521−565.

Noguchi, K., Yoshida, K., 2008. Interaction between photosynthesis and respiration in illuminated leaves. Mitochondrion 8, 87−99.

Patrick, J.W., 1997. Phloem unloading: sieve element unloading and post-sieve element transport. Annu. Rev. Plant Physiol. Plant Mol. Biol. 48, 191−222.

Rachmilevitch, S., Lambers, H., Huang, B., 2006. Root respiratory characteristics associated with plant adaptation to high soil temperature for geothermal and turf-type Agrostis species. J. Exp. Bot. 57, 623−631.

Saeki, T., 1960. Interrelationships between leaf amount, light distribution and total photosynthesis in a plant community. Bot. Mag. 73, 55−63.

Sharkey, T.D., 1988. Estimating the rate of photorespiration in leaves. Physiol. Plant. 73, 147−152.

Sharkey, T.D., Berry, J.A., Raschke, K., 1985. Starch and sucrose synthesis in *Phaseolus vulgaris* as affected by light, CO_2, and abscisic acid. Plant Physiol. 77, 617−620.

Smith, A.M., Zeeman, S.C., Smith, S.M., 2006. Starch degradation. Annu. Rev. Plant Biol. 56, 73−97.

Takahashi, S., Badger, M., 2011. Photoprotection in plants: a new light on photosystem II damage. Trends Plant Sci. 16, 53−60.

Terashima, I., Fujita, T., Inoue, T., Chow, W.S., Oguchi, R., 2009. Green light drives leaf photosynthesis more efficiently than red light in strong white light: revisiting the enigmatic question of why leaves are green. Plant Cell Physiol. 50, 684−697.

van der Werf, A., Kooijman, A., Welschen, R., Lambers, H., 1988. Respiratory energy costs for the maintenance of biomass, for growth and for ion uptake in roots of *Carex diandra* and *Carex acutiformis*. Physiol. Plant. 72, 483−491.

Wells, R., 1991. Response of soybean growth to plant density: relationships among canopy photosynthesis, leaf area and light interception. Crop Sci. 31, 755−761.

Yamori, W., von Caemmerer, S., 2009. Effect of Rubisco activase deficiency on the temperature response of CO_2 assimilation rate and Rubisco activation state: insights from transgenic tobacco with reduced amounts of Rubisco activase. Plant Physiol. 151, 2073−2082.

Yamori, W., Noguchi, K., Terashima, I., 2005. Temperature acclimation of photosynthesis in spinach leaves: analyses of photosynthetic components and temperature dependencies of photosynthetic partial reactions. Plant Cell Environ. 28, 536−547.

Yamori, W., Noguchi, K., Hanba, Y.T., Terashima, I., 2006. Effects of internal conductance on the temperature dependence of the photosynthetic rate in spinach leaves from contrasting growth temperatures. Plant Cell Physiol. 47, 1069−1080.

Yamori, W., Evans, J.R., von Caemmerer, S., 2010a. Effects of growth and measurement light intensities on temperature dependence of CO_2 assimilation rate in tobacco leaves. Plant Cell Environ. 33, 332−343.

Yamori, W., Noguchi, K., Hikosaka, K., Terashima, I., 2010b. Phenotypic plasticity in photosynthetic temperature acclimation among crop species with different cold tolerances. Plant Physiol. 152, 388−399.

Yamori, W., Hikosaka, K., Way, D.A., 2014. Temperature response of photosynthesis in C_3, C_4 and CAM plants: temperature acclimation and temperature adaptation. Photosynth. Res. 119, 101−117.

第 13 章
非生物环境因素对生长、发育、蒸腾作用和转运的影响

久保田千里（Chieri Kubota）
（美国俄亥俄州哥伦布市俄亥俄州立大学园艺与作物科学系）

13.1 前言

了解影响植物生长发育各个方面的环境因素对于植物工厂的设计和运营至关重要。使用人工光照将允许种植者几乎独立改变一种或多种选定的非生物环境因素（abiotic environmental factor），从而为诱导植物做出所需的反应（生长、发育、开花等）提供机会。本章首先定义营养生长（vegetative growth）（芽和根的生长），然后讨论了影响植物生长与发育的典型非生物环境因素（包括温度、光照强度、光质、光周期、湿度、CO_2 浓度、气流速度、养分和根区环境），最后利用对水势（water potential）和库源（sink－source）关系的一般生理学理解，简要介绍了糖的蒸腾作用和转运（translocation）情况。

13.2 苗和根的生长

13.2.1 生长的定义

植物生长通常用生物量（biomass）（鲜重或干重）来表示，其主要由一段时

间内的气体交换累积量（光合作用和呼吸作用）决定。影响植物光合作用和呼吸作用的环境因素在本书的其他章节进行了总结。虽然对光合作用受环境因素影响的研究多在单叶水平上进行，但定量了解整株和冠层的光合作用和生长对于作物生产至关重要。除叶片气体交换外，叶片扩大和光截获（light interception）是整个植物生物量生产的主要决定因素。植物生长速率、光合作用（同化）和叶面积（叶丰度，leafiness）之间的关系见式（13.1），在植物生长分析中该等式经常用到（Hunt，1982）。

$$\mathrm{RGR} = \mathrm{NAR} \times \mathrm{LAR} \tag{13.1}$$

其中，RGR（相对生长率，$g \cdot g^{-1} \cdot d^{-1}$）、NAR（净同化率，$g \cdot m^{-2} \cdot d^{-1}$）和LAR（叶面积比，$m^2 \cdot g^{-1}$）可进一步用以下公式表示：

$$\mathrm{RGR} = \frac{1}{W_1} \times \frac{W_2 - W_1}{T_2 - T_1} \tag{13.2}$$

$$\mathrm{NAR} = \frac{1}{L_1} \times \frac{W_2 - W_1}{T_2 - T_1} \tag{13.3}$$

$$\mathrm{LAR} = \frac{L_1}{W_1} \tag{13.4}$$

其中，W_1，W_2 分别为第 T_1，T_2 天的植株干重（g·株$^{-1}$），L_1 为第 T_1 天的总叶面积（m^2·株$^{-1}$）。NAR 代表了植物叶片的平均光合效率，LAR 代表总叶丰度、影响光截获的形态特征以及由此引起的植物生长速率。用 NAR 和 LAR 表达 RGR 有助于了解影响植物生长的因素；然而，Heuvelink 和 Dorais（2005）指出，式（13.1）在应用于相互遮蔽严重的冠层生长方面存在一定的局限性，例如成熟的番茄植株冠层。事实上，番茄植株冠层合拢发生在整个植物生产过程中营养生长阶段的早期。相比之下，在 PFAL 内生长的叶类作物在冠层合拢之前的较长时间内的 LAI 较低。因此，促进植物生长的形态增强可能被更有效地用于叶类作物，而不是高冠层作物，如番茄。许多研究小组已经报道了生菜植物的典型生长曲线，它通常是一个 S 形曲线，表明生物量在生产期的最后 1/3 到 1/2 时的快速增加。因此，在作物周期的前半部分至 2/3 期间，加强形态以增加光截获，可能在很大程度上促进生菜作物的整体生长（从而提高产量）。了解作物种类和品种的生长曲线对在有限的生产空间中获得最大生产能力至关重要。

13.2.2 根的生长

健康生长的根应该是白色的。根部提供了水分和养分吸收的活性表面。根也是植物中争夺碳水化合物分配的储存器官（sink organ）。根部的形态在很大程度上受根区环境的影响。植物主要在根区环境发育主根，并能够在深流技术（DFT）和营养液膜技术（NFT）系统中相对容易地获得水分和养分，并在具有更大空气孔隙度（因此 O_2 浓度更高）的地方形成较细的侧根。根和地上部的生物量需要充分平衡，但除了少数例外，对根和地下部生物量的实际最佳比例尚不清楚。对于移栽苗来说，较小的茎根比（*S/R*）通常被认为是移栽后生长能力较强和定殖较快的重要标准。另外，对于在 PFAL 中生长的叶类作物，没有关于最佳根冠比的信息。然而，人们已经在温室中进行了研究，以量化在不同根际条件下生长的选定作物的根生长。例如，Stefanelli 等（2012）指出，氮浓度的增加会使温室水培生菜的根冠比呈指数下降，而鲜重生物量呈线性增加。Nishizawa 和 Saito（1998）发现，与在大容器（2 024 cm^3 或 4 818 cm^3）中相比，当在小容器（37 cm^3）中时（植物的根部生长会受到物理限制），番茄植株的根部和整体生长受到了限制。

13.3 影响植物生长与发育的环境因素

影响植物生长的主要且经过充分研究的环境因素包括：①温度；②光照强度或 DLI；③光照质量；④湿度或 VPD；⑤空气中的 CO_2 浓度；⑥气流速度；⑦养分和根区环境。其中一些是光合作用的影响因素，另一些是形态建成的影响因素或两者兼而有之。了解这些关键环境因素对于最大限度地提高植物工厂的生物量产量至关重要。

13.3.1 温度和植物的生长与发育

植物的生长与发育速率取决于温度。植物生长与发育对叶片温度的典型响应曲线如图 13.1 所示。可注意到，植物的生长与发育速率随叶片温度的升高呈线性升高，直至达到最高速率。这种关系对于预测不同温度下的植物生长与发育速率特别有用，因为只要温度在线性范围内，生物量和发育阶段就可以与累积温度很好地关联。在露地作物生产中，这一概念被称为“生长度日”（growing degree day）或“热量单位”（heat unit），并在作物生产物候预测中被广泛应用。然而，室外温度往往超过最佳温度或可能低于最低温度，具体取决于天气条件和季节。因此，在涉及生长度日的概念时经常会考虑这些阈值（包括下限和上限阈值）。仅考虑下限阈值（如图 13.1 中的最低温度）比同时考虑下限和上限阈值（如 AZMET，http://ag.arizona.edu/azmet）更为常见。相反，在受控环境中，特别是在 PFAL 环境中，不需要考虑这些阈值，因为温度通常被保持在线性范围内。这就使利用累积温度更加实用。例如，当选定品种的叶类作物在平均温度 20.0°C 下生长并在被移栽后 40 d 达到可收获阶段时，生长期的累积温度为 800 ℃。在 22.0 ℃的不同平均温度下，预计生产时间约为 36 d（800/22 = 36.4）。对平均温度，可以通过改变光期温度或夜间温度或同时改变两者来调节。

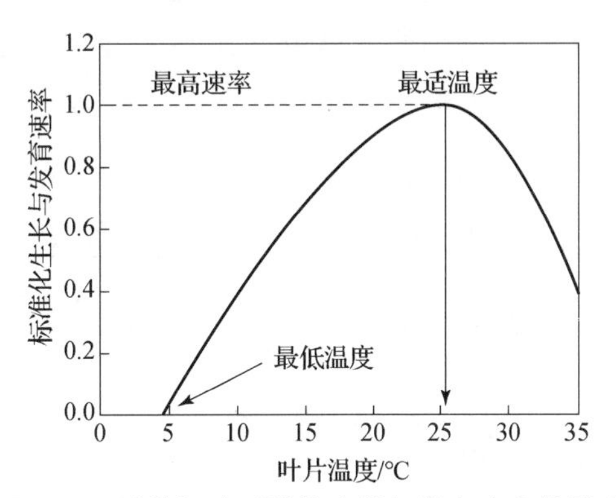

图 13.1　叶片温度对植物生长与发育速率的影响

13.3.2　DLI

在一定的温度条件下，植物的生长进一步受到光照强度（辐照度）的影响。在受控环境的许多情况下，植物生长与光合光子通量（photosynthetic photon flux，PPF）增加的响应几乎呈线性关系。虽然高 PPF（高于 1 000 μmol · m^{-2} · s^{-1}）通常会使 C_3 植物的叶片 NPR 达到饱和，但在使叶片 NPR 达到饱和的相同光照强度下，高 LAI 下的整个冠层的 NPR 并不饱和。作为一个示例，图 13.2 显示了 LAI 对 PPF 下冠层光合响应线性的模拟影响。在这种特殊情况下，当 LAI = 4.0 或更高时，冠层光合作用的响应曲线趋于线性。事实上，这种光合作用光响应的线性实际上是温室种植者“光增加 1% 就是产量增加 1%”的认知的基础。对于在受控环境中生长的生菜，已观察到植物生长速率与 DLI（有时也被称为日光合光子通量）之间呈线性关系（Albright，et al.，2000）。Cockshull 等（1992）也报道了番茄累积产量与累积 PAR 之间的线性关系。植物生长对 DLI 的这种线性反应以及在相同 DLI 下 PPF 和光周期效应之间的相互作用，在光照设计和决定光周期和 PPF 以获得目标 DLI 方面是有用的。例如，12 mol · m^{-2} · d^{-1}的目标 DLI 可以通过光照强度为 333 μmol · m^{-2} · s^{-1}达到 10 h 光周期或光照强度为 185 μmol · m^{-2} · s^{-1}达到 18 h 光周期。减小 PPF 可以减少灯具的数量，从而降低资本成本，而光周期的缩短可以实现对非高峰时间段公共电量的利用。

据说，对各种作物推荐使用最小 DLI。一般来说，建议生菜和其他叶类作物的目标 DLI 为 12～17 mol · m^{-2} · d^{-1}（Albright，et al.，2000），蔬菜幼苗的为 13 mol · m^{-2} · d^{-1}（Fan，et al.，2013）。根据我们在亚利桑那大学的经验，草莓的 DLI 要求可能与这些作物相似。微型蔬菜不需要很大的 DLI，但可用的数据很少。这些 DLI 相对于高大作物的较小。例如，瘦高番茄植株的最佳 DLI 为 30～35 mol · m^{-2} · d^{-1}（Spaargaren，2001），是叶类作物或幼苗 DLI 的 2 倍多。对 DLI 的要求实际上决定了哪些作物实际上可在能源密集型的 PFAL 中种植。需要进一步开展研究，来确定推荐用于 PFAL 中种植的各个种类和栽培品种的最小 DLI。

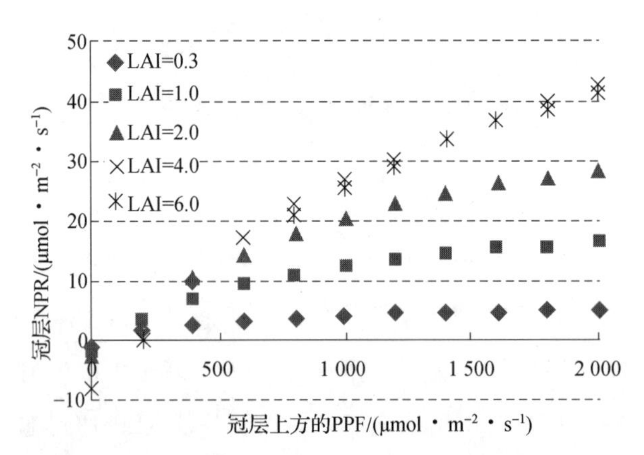

图 13.2 冠层上方的 PPF 和冠层 LAI 对冠层 NPR 的影响

[Monsi 和 Saeki 等式（1953）被用于利用选定参数来模拟冠层 NPR（P_{max}=25，k=0.7，R=2，α=0.07，其中 P_{max} 为 PPF 为饱和时的叶片最高 NPR；k 为冠层的 PAR 消光系数；R 为暗呼吸速率；α 为量子效率）]

13.3.3 光质

尽管这是目前一个深入研究的领域，对使用各种 LED 的新信息进行了快速积累，但对植物生长的光质量影响的概括似乎最具挑战性。这可能是因为光质会影响光合作用和形态学。形态学上的反应似乎主要是物种和品种特有的，而光合作用的反应通常是相似的，至少考虑到量子产率（quantum yield）时是这样（McCree，1972）。如前面部分所述，量子产率是光合光化学反应的最高效率，表示为每个吸收光子的反应产率（CO_2 吸收）。虽然 CO_2 的吸收是羧基化的结果，但量子产率与类囊体反应（光系统）的效率密切相关，并且量子产率通常是在光作为限制因素（光补偿点）的条件下进行量化的。此外，当使用辐照度（入射光）代替被吸收的光子时，该术语会被更改为量子效率（量子效率 = 在叶片上所接收到的每个光子的 CO_2 交换率）。22 种植物的平均量子效率值（McCree，1972；Sager，et al.，1988）表明，与蓝光和绿光相比，植物在红光下的光合效率可能会更高。随着 PPF 的增加，由于 RuBP 羧化成为限制因子，所以光合作用的光利用效率下降（详见第 12 章）。虽然绿光的量子产率最低，但由于其透射率和反射率高，所以可以深入植物冠层。这样从理论上讲，在 400 ~ 700 nm 范围内，密植冠层的量子产率应该更加均衡。事实上，Paradiso 等（2011）使用数学模拟验证了这一假设，考虑玫瑰单叶响应和冠层光穿透，并与 McCree（1972）和 Sager 等（1988）给出的在绿光和红光下的叶量子效率相比，结果表明绿光的冠层量子效率并不比红光的低太多。这对 PFAL 来说是非常有用的信息，因为它鼓励科学界和园艺 LED 的研发部门更多地关注植物的形态学响应和能源利用效率，而不是对光质的光合作用响应。

光质对植物光合作用的另一种重要影响是气孔导度（stomatal conductance）。众所周知，蓝光会增大气孔导度，即在富含蓝光的环境中生长的植物比在限制蓝光光谱的环境中生长的植物表现出更高的叶片 NPR（Bukhov，et al.，1995；Hogewoning，et al.，2010）。然而，正如后面章节所述，蓝光会减少光截获（和整体生长）而对形态学产生显著影响，而且气孔导度的增大往往不会促进生长。

在过去的几年里，有许多关于植物光形态建成反应的研究。通过形态学增强（即扩大叶面积从而截获光）促进植物生长是一种独特的概念，几个研究小组表明，蓝光和远红光似乎起着主要作用。例如，在 PFAL（Hernandez and Kubota，未发表）和补光温室（Hernandez and Kubota，2014）中，黄瓜植株在单一光源红光和蓝光的不同光子通量比下生长，发现在相同的总 PPF 下在相对较低的背景太阳光 DLI 下（$mol \cdot m^{-2} \cdot d^{-1}$）增加蓝光会降低 LAI 和抑制生长。另外，补充远红光（700~800 nm）也对茎伸长和叶片扩张具有显著影响。在针对各种植物研究的栽培室中，白炽灯有多年的应用历史（Sager and McFarlane，1997）。Li 和 Kubota（2009）以及 Stutte（2009）利用远红光 LED 灯证明，补充远红光可以增强生菜的叶面积和整体生长。以上两个报道都认为在补充远红光条件下的生菜生长加快与叶面积增大以及由此引起的光截获增加有关。远红光的类似形态学影响可以通过日终（end - of - day，EOD）远红光的应用来实现。Chia 和 Kubota（2010）以及 Yang 等（2012）的研究表明，通过在固定式和可移动式的光照装置中应用 EOD 远红光照，可以显著改善番茄和葫芦嫁接砧木的形态构造。

13.3.4 湿度（或 VPD）

叶片蒸腾速率（将在下文中进一步予以讨论）受到周围空气中的水分浓度（或 VPD）以及叶片温度的强烈影响。因此，VPD 间接影响养分吸收、叶片温度并进而影响植物的生长与发育。如在其他地方所述，在矿物质营养中，钙的吸收受到植物蒸腾作用驱动的质量流的强烈影响。在 PFAL 中，由于茎尖周围气流不佳，所以钙缺乏被认为是一个关键问题（Goto and Takakura，1992；Frantz，et al.，2004）。据报道，在光期增大 VPD 或在夜间减小 VPD 均可有效降低人工光照条件下所培养生菜植株的烧边发生率（Collier and Tibbitts，1984）。VPD 管理可以成为控制叶类作物局部缺钙的有效工具，尤其是当在植物高密度生长的栽培架内有限的顶部空间内无法产生垂直气流时更是如此。

13.3.5 CO_2 浓度

CO_2 在 PFAL 中得到广泛应用，除了那些由于用于生产的高度通风的建筑物和限制 CO_2 控制能力的设施。例如，在北美，仓库等现有建筑通常被用作 PFAL。根据建筑通风标准（ASHRAE，2013），在仓库中要求至少达到 $0.3\ L \cdot m^{-2} \cdot s^{-1}$

的空气交换率，而办公室需要额外的通风（每人 2.5 $L \cdot s^{-1}$），具体取决于办公人员的密度。对于墙高为 3 m 的办公楼，将 100 m^2 的建筑面积设计成可以容纳 5 人，那么作为要求，通风率最少应达到 37.5 $L \cdot s^{-1}$或 135 $m^3 \cdot h^{-1}$。在经济上，这种通风率水平可能不允许将 CO_2 浓度提高到高于周围环境的水平，因为许多注入建筑物的 CO_2 会由于通风而散失。Ohyama 和 Kozai（1998）证明，当系统的通风率低至 0.1 $m^3 \cdot h^{-1}$时，向外界损失的 CO_2 量大于生长在 PFAL 中的植物吸收的 CO_2 量。关于通风率对 CO_2 平衡（植物吸收与排放到大气中）的影响在本书第 5 章和第 11 章进行了讨论。因此，对于高度通风的结构，建议将 CO_2 浓度保持在接近环境浓度（约 400 $\mu mol \cdot mol^{-1}$），这样就不会有 CO_2 实际流失到外部大气中（Ohyama，et al.，2005）。

植物对高 CO_2 浓度的响应是环境科学领域研究的热点。众所周知，植物在 CO_2 浓度升高的条件下，气孔阻力（stomatal resistance）会增加（Ainsworth and Rogers，2007），从而可提高水分利用效率。在高 CO_2 浓度下，光合作用的最佳温度也会变得更高，这是因为 CO_2 在较高温度下的溶解度会较低，这样 RuBisCO 对 CO_2 的比例较低，从而导致在较高的温度下 CO_2 浓度升高的影响更大（Long，1991）。CO_2 浓度升高对园艺的实际影响似乎与植物种类和生长阶段有关。Kimball（1986）总结了温室中 CO_2 浓度升高的影响，其中有一个明显的趋势，即营养阶段的植物比生殖阶段的植物对高 CO_2 浓度的反应更明显。例如，有 131 篇文献报道称在高 CO_2 浓度下番茄的平均产量提高了 17%，而未成熟作物的平均营养生物量提高了 52%（24 篇文献报道的平均值）。同样，CO_2 浓度升高可使结球生菜的适销产量和未成熟作物的生物量分别平均提高 35% 和 68%。

13.3.6　气流速度

在植物生产系统中，为了使空气温度达到较好的空间均匀性，通常要考虑空气循环。在应用空气循环风机时，一定要避免植物周围气流速度过高，否则可能造成机械应力（mechanical stress）和损伤。据报道，风引起的振动和由此产生的植物机械应力会减小节间长度和叶片大小（Biddington and Dearman，1985）。这些植物的反应通常在气流速度高于 1 $m \cdot s^{-1}$时被观察到。人们针对较低气流速度的影响也展开过研究，并且通过减小边界层阻力来提高叶片的光合或蒸腾气体交换率通常具有积极的影响。图 13.3 显示了在不同气流速度下测量的甘薯叶片的蒸腾速率和 NPR 的提高情况（Kitaya，et al.，2000）。

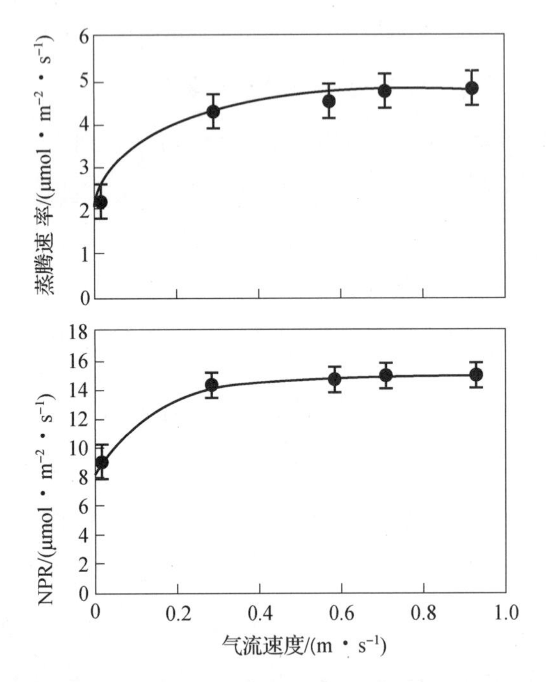

图 13.3 气流速度对单叶甘薯的蒸腾速率和 NPR 的影响（Kitaya，et al.，2000）

如第 15 章所述，通过提高气流速度来增强气体交换的一种应用是通过使用垂直气流风扇来防止栽培温室中的生菜发生烧边（康奈尔大学生菜手册），这是遵循精心设计的研究来展示一种概念验证（Goto and Takakura，1992）。Goto 和 Takakura（1992）的研究表明，茎尖周围的局部空气循环提高了组织的钙浓度，并显著降低了烧边的发生率。当其被应用于温室时，将垂直风扇分散开以在冠层之上获得 0.5 $m \cdot s^{-1}$的平均向下的气流速度，这是从风扇容量（$m^3 \cdot s^{-1}$）和植株密度（植株个数 · m^{-2}）计算得到的（L. Albright，个人通信）。如前所述，由于在一般的垂直栽培系统中可用于安装垂直气流风扇的顶部空间有限，所以在 PFAL 中采用这种做法具有挑战性。气流速度也影响叶片的能量平衡（energy budget），并促进叶片与周围空气之间的显热和潜热传递。

13.3.7　养分与根区

正如本书的其他部分所讨论的，植物对根区的各种化学和物理特性和变量会做出响应。事实上，这些因素之间的相互作用是复杂的，因此需要大量的研究来优化根区环境。被用作控制变量的主要因素是 PFAL 以及温室水培中的电导率（EC）、pH 值和溶解氧浓度（DO）。将所有因素保持在最佳范围内对于植物生产至关重要。当使用深液流水培系统时，会将植物的根系浸泡在营养液中，因此建议此时保持较高的 DO。Zeroni 等（1983）证明在深液流水培系统中，降低 DO 会降低番茄产量。水培系统中养分输送的设计也会影响系统内循环溶液中的 DO。例如，在 NFT 系统中采用不同的斜率，以确保营养液的循环并防止溶液中 DO 的消耗。López－Pozos 等（2011）表明，较为陡峭的坡度（4%）和坡度内的间隙提高了溶液中的 DO，并提高了 NFT 系统中所栽培的番茄产量。

在水培法中，种植者的做法包括每周进行养分分析，以确保营养液中特定元素没有严重积累或消耗，并相应地调整肥料的浓度。然而，由于多因素交互作用的复杂性，故优化尚未完全完成，研究人员和商业从业者通常会对可用的肥料配方和管理实践做出妥协。更多信息见第 14 章。

13.4　光周期和温度对花发育的影响

植物开花一般受光周期和温度的影响。一般来说，光周期开花反应可分为以下 5 种类型：①专性短日（obligate short day）；②兼性短日（facultative short day）；③日中性（day neutral）；④专性长日（obligate long day）；⑤兼性长日（facultative long day）。

短日照植物在白天变短（或夜晚变长）时开花。当临界（阈值）长度清楚地区分了植物对较长和较短昼长的响应时，光周期响应被划分为专性类型（obligate type）。兼性反应（facultative response）是定量的，开花反应由一定的光周期所促进（Runkle and Fisher，2004；Erwin，et al.，2004）。日中性植物对光周期不敏感。由于光周期不是影响开花反应的唯一因素，所以光周期开花反应的分类必须在精心设计的试验中进行，以排除与其他因素（如温度）的相互作用。

在理想情况下，光周期应该通过在最低辐照度下应用不同人工光照的持续时间来改变，从而诱导光周期响应，以便不同光处理之间的差异主要不是由 DLI 引起的。目前看来，2 $\mu mol \cdot m^{-2} \cdot s^{-1}$ 的光子通量似乎足够了（Heins，et al.，1997），光周期延长光（photoperiod extension light）应包含红光和远红光（Craig and Runkle，2013）。

对于花卉栽培和观赏作物来说，光周期响应的调节至关重要，因此，至少对主要观赏作物来说，已有关于开花所需的特定光周期和温度的基础知识。例如，利用夜间中断光照来促进长日照植物开花（如风铃花）或阻止短日照植物开花（如菊花）的方式已经被广泛采用。此外，将光周期响应详细地分类为兼性或专性的方式已被应用于许多花卉和观赏植物种类（Erwin，et al.，2004）。相比之下，有关食用作物种类的信息有限。对番茄而言，关于其光周期响应的信息是相互矛盾的。番茄一般被认为是日中性的，但有些栽培品种被认为是定量短日照植物（Heuvelink，2005；Hurd，1973）。在北美，许多草莓的栽培品种被归类为日中性，人们并没有精确确定它们对光周期"不敏感"。Bradford 等（2010）对传统的分类方法发起了挑战，并发现需要对所检查的一些品种的分类进行校正。缺乏特定光周期响应的信息，尤其是在开阔地种植的作物种类，其中光周期是地理位置和季节所特有的不可控因素。

除光周期外，许多植物种类的花发育还受温度的影响。在温度和光周期效应之间经常会观察到相互作用。表 13.1 显示了日本草莓开花反应的例子。发展这些基础知识是为了满足草莓淡季生产的需要。各种开花作物都需要这类信息，因为 PFAL 具有精确控制环境的能力，并且相对于预期的收获时间，可以在理想的时间内诱导开花。

表 13.1 温度和光周期对草莓开花的典型相互作用（针对日本品种确定）* ℃

品种	平均温度			
	<5	5～12	12～26	>26
春天成熟	无开花诱导（休眠）	在全光周期下均可开花诱导	短日照（8～13 h）促进开花诱导	无开花诱导（临界温度取决于品种）

续表

品种	平均温度			
	<5	5~12	12~26	>26
—	<5	5~15	15~30	>30
春天或早夏成熟	无开花诱导（休眠）	在全光周期下均可开花诱导	在全光周期下均可开花诱导，但在较长的日照下开花数量会增加（兼性反应）	开花诱导受到抑制

*根据日本佐贺县的《草莓栽培手册》。

13.5 蒸腾作用

蒸腾作用是指植物组织的蒸发作用。这一过程是非常被动的，由气孔腔（或细胞间隙）与周围空气之间的水蒸气差异所驱动。当气孔打开时，几乎所有的蒸腾作用都是通过气孔进行的，但植物也通过表皮进行蒸腾作用，这被称为表皮蒸腾作用。在黑暗中，当植物关闭气孔时，表皮蒸腾作用占主导地位。蒸腾速率受周围空气中水蒸气浓度、叶片温度、边界层和气孔阻力等的影响。将蒸腾过程中的水分扩散过程用以下式表述，这类似光合作用中的气孔 CO_2 扩散。

$$E = \frac{V_{气孔腔} - V_{周围空气}}{R_{气孔} - R_{边界层}} \tag{13.5}$$

其中，E 为叶片的蒸腾速率（$mol \cdot m^{-2} \cdot s^{-1}$）；$V_{气孔腔}$ 为气孔腔中的水汽浓度（$mol \cdot m^{-3}$）；$V_{周围空气}$ 为周围空气中的水汽浓度（$mol \cdot m^{-3}$）；$R_{气孔}$ 为气孔阻力（$s \cdot m^{-1}$）；$R_{边界层}$ 为边界层阻力（$s \cdot m^{-1}$）。从该式可以清晰地看出，通过关闭气孔或创造一个更厚的边界层（通过限制空气循环）来增加阻力会降低叶片的蒸腾速率。$V_{气孔腔}$ 通常被认为在叶温下接近饱和水蒸气浓度，因此，提高叶片温度（通过增加短波辐射）会提高蒸腾速率，较低的 $V_{周围空气}$ 也有助于增加蒸腾速率。

对植物中水流动的另一个重要认识是通过根区、根、茎、叶和最终周围空气的水力连续体（hydraulic continuum）。量化这种连续体中的水势有助于了解水流动及其驱动力。水流动发生在水势梯度之后（从负向小到负向大）。水势（Ψ, Pa）是根据水的化学势（μ_w, J·mol^{-1}）来定义的，并以下式表示：

$$\Psi = \frac{\mu_w - \mu_{w0}}{V_w} \tag{13.6}$$

其中，μ_{w0}是由相同温度和大气压下的纯水组成的参考状态下水的化学势；V_w 为水的偏摩尔体积（m^3·mol^{-1}）。因此，纯水的 Ψ 等于零。在给定的系统中（如植物组织），当含水量减小时，Ψ 就变得更负。此外，植物的水势可以用多种成分表达：

$$\Psi = \Psi_p + \Psi_o + \Psi_m \tag{13.7}$$

其中，Ψ_p，Ψ_o 和 Ψ_m 是与压力、渗透压和基质压力相关的组成部分。潮湿空气的水势也可以用下面关于相对湿度（RH,%）的等式求得：

$$\Psi = \frac{R \cdot T}{V_w} \cdot \ln \frac{RH}{100} \tag{13.8}$$

其中，R 为气体常数（8.31 J·mol^{-1}·K^{-1}）；T 为空气温度（K）。表 13.2 给出了一些典型的水势值（Hannan，1998）。气孔腔内空气与叶片周围空气之间的水势差最大，表明这是诱导水分在植物体内流动的动力。当在夜间气孔关闭时，根区与根组织之间的水势差使水分得以持续流动，这样就使植物的膨胀压力达到最大。过度的蒸腾作用（由于干燥的空气或更多的空气负水势）可能导致更多的负水流动，而足以失去膨压（出现萎蔫）。

表 13.2 在根区 – 植物 – 空气系统中可能看到的典型水势值 MPa

位置	水势（Ψ）
水培营养液	−0.08[a]
土壤，地下 0.1 m，距离根部 10 mm	−0.3
植物组织（根和叶的木质部）	−0.8 ~ −0.6
气孔腔内的空气（相对湿度为 95%）	−6.9
气孔外附近的空气（相对湿度为 60%）	−70.0

续表

位置	水势（Ψ）
边界层外附近的空气（相对湿度为50%）	-93.6

[a] 该数据由 Fujiwara 和 Kozai（1995）报道。

该表中其他数据参考以下文献：Hannan，J. J.，1998. Greenhouses. Advanced Technology for Protected Horticulture［M］. CRC Press，Boca Raton，FL，USA 和 Nobel，P. S.，1991. Physicochemical and Environmental Plant Physiology［M］. Academic Press，New York，USA.

13.6　转运

转运是由植物的韧皮部的库区（sink region）和源区（source region）之间的水势差引起的压力流驱动的。在源组织（即叶片）中合成的糖被加载到叶片的筛分子（sieve element）中，由于同时从木质部到韧皮部出现了水流动，所以增加了筛分子的膨胀压力。相反，将糖从韧皮部卸载到库组织增大了水势，从而使水流动到木质部并减小了膨胀压力。装载和卸载都可能涉及共质体（symplastic）或质外体（apoplastic）途径。糖的质外体输入是通过细胞的质膜或液泡的液泡膜进行的，因此需要代谢能量。Kitano 等（1998）证实在番茄果实（库器官）周围进行局部加热可促进糖的转运。

了解转运和库源关系对番茄和草莓等果实类作物尤其重要。已知积累在叶片中的糖会通过降低己糖激酶和 RuBisCO 活性来诱导光合作用的负反馈，而促进糖从叶片向果实的转运可以防止这种反馈抑制。促进糖的转运对叶类作物最大限度地提高整株光合速率也很重要。人们对同化物有效性（源强度）低于同化物需求量（库强度）的番茄（Ho，1988）进行了充分的库-源关系研究，结果表明，当对果实进行修剪时，果实的大小会增加（Heuvelink and Dorais，2005）。库-源关系可能是一种模糊的概念，因为它的实际强度很难被量化；然而，了解库-源平衡对于优化修剪叶片和果实等的栽培措施以优化平衡，从而最大限度地提高作物产量来说是很重要的。

参考文献

Ainsworth, E.A., Rogers, A., 2007. The response of photosynthesis and stomatal conductance to rising [CO_2]: mechanisms and environmental interactions. Plant Cell Environ. 30, 258–270.

Albright, L.D., Both, A.-J., Chiu, A.J., 2000. Controlling greenhouse light to a consistent daily integral. Trans. ASAE 43, 421–431.

ASHRAE, 2013. Ventilation for Acceptable Indoor Air Quality (ANSI Approved). ASHRAE Stand. 62 1–2013.

Biddington, N.L., Dearman, A.S., 1985. The effect of mechanically induced stress on the growth of cauliflower, lettuce, and celery seedlings. Ann. Bot. 55, 109–119.

Bradford, E., Hancock, J.F., Warner, R.M., 2010. Interactions of temperature and photoperiod determine expression of repeat flowering in strawberry. J. Am. Soc. Hortic. Sci. 135, 102–107.

Bukhov, N.G., Drozdova, I.S., Bondar, V.V., 1995. Light response curves of photosynthesis in leaves of sun-type and shade-type plants grown in blue or red light. J. Photochem. Photobiol. B Biol. 30, 39–41.

Chia, P.L., Kubota, C., 2010. End-of-day far-red light quality and dose requirements for tomato rootstock hypocotyl elongation. Hortscience 45, 1501–1506.

Cockshull, K.E., Graves, C.J., Cave, C.R.J., 1992. The influence of shading on yield of greenhouse tomatoes. J. Hortic. Sci. 67, 11–24.

Collier, G.F., Tibbitts, T.W., 1984. Effects of relative humidity and root temperature on calcium concentration and tipburn development in lettuce. J. Am. Soc. Hortic. Sci. 109, 123–131.

Craig, D.S., Runkle, E.S., 2013. A moderate to high red to far-red light ratio from light-emitting diodes controls flowering of short-day plants. J. Am. Soc. Hortic. Sci. 138, 167–172.

Erwin, J., Mattson, N., Warner, R., 2004. Light effects on annual bedding plants. In: Fisher, P., Runkle, E. (Eds.), Lighting up Profits: Understanding Greenhouse Lighting. Meister Media, Ohio, pp. 62–71.

Fan, X.X., Xu, Z.G., Liu, X.Y., Tang, C.M., Wang, L.W., Han, X.I., 2013. Effects of light intensity on the growth and leaf development of young tomato plants grown under a combination of red and blue light. Sci. Hortic. 153, 50–55.

Frantz, J.M., Ritchie, G., Cometti, N.N., Robinson, J., Bugbee, B., 2004. Exploring the limits of crop productivity: beyond the limits of tipburn in lettuce. J. Am. Soc. Hortic. Sci. 129, 331–338.

Fujiwara, K., Kozai, T., 1995. Physical microenvironment and its effects. In: Aitken-Christie, J., Kozai, T., Lila Smith, M. (Eds.), Automation and Environmental Control in Plant Tissue Culture. Kluwer Academic, Dordrecht, The Netherlands, pp. 319–369.

Goto, E., Takakura, T., 1992. Promotion of Ca accumulation in inner leaves by air supply for prevention of lettuce tipburn. Trans. ASAE 35, 641–645.

Hannan, J.J., 1998. Greenhouses. Advanced Technology for Protected Horticulture. CRC Press, Boca Raton, FL, USA.

Heins, R.D., Cameron, A.C., Carlson, W.H., Runkle, E., Whiteman, C., Yuan, M., Hamaker, C., Engle, B., Koreman, P., 1997. Controlled flowering of herbaceous perennial plants. In: Goto, E., Kurata, K., Hayashi, M., Sase, S. (Eds.), Plant Production in Closed Ecosystems. Kluwer Academic, Dordrecht, The Netherlands, pp. 15–31.

Hernández, R., Kubota, C., 2014. Growth and morphological response of cucumber seedlings to supplemental red and blue photon flux ratios under varied solar daily light integrals. Sci. Hortic. 173, 92–99.

Heuvelink, E., 2005. Developmental process. In: Heuvelink, E. (Ed.), Tomatoes. CABI, Reading, UK, pp. 53–84.

Heuvelink, E., Dorais, M., 2005. Crop growth and yield. In: Heuvelink, E. (Ed.), Tomatoes. CABI, Reading, UK, pp. 85–144.

Ho, L.C., 1988. Metabolism and compartmentation of imported sugars in sink organs in relation to sink strength. Annu. Rev. Plant Physiol. Plant Mol. Biol. 39, 355–378.

Hogewoning, S.W., Trouwborst, G., Maljaars, H., Poorter, H., van Ieperen, W., Harbinson, J., 2010. Blue light dose-responses of leaf photosynthesis, morphology, and chemical composition of *Cucumis sativus* grown under different combinations of red and blue light. J. Exp. Bot. 61, 3107–3117.

Hunt, R., 1982. Plant Growth Curves: The Functional Approach to Plant Growth Analysis. Edward Arnold, London.

Hurd, R.G., 1973. Long-day effects on growth and flower initiation of tomato plants in low light. Ann. Appl. Biol. 73, 221–228.

Kimball, B.A., 1986. Influence of elevated CO_2 on crop yield. In: Enoch, H.Z., Kimball, B.A. (Eds.), Carbon Dioxide Enrichment of Greenhouse Crops, Physiology, Yield and Economics, vol. 2. CRC Press, Boca Raton, Florida, pp. 105–115.

Kitano, M., Araki, T., Eguchi, H., 1998. Environmental effects on dynamics of fruit growth and photoassimilate translocation in tomato plants. I. Effects of irradiation and day/night air temperature. Environ. Control Biol. 36, 159–167.

Kitaya, Y., Tsuruyama, J., Kawai, M., Shibuya, T., Kiyota, M., 2000. Effects of air current on transpiration and net photosynthetic rates of plants in a closed transplant production system. In: Kubota, C., Chun, C. (Eds.), Transplant Production in the 21st Century. Kluwer Academic, The Netherlands, pp. 83–90.

Li, Q., Kubota, C., 2009. Effects of supplemental light quality on growth and phytochemicals of baby leaf lettuce. Environ. Exp. Bot. 67, 59–64.

Long, S.P., 1991. Modification of the response of photosynthetic productivity to rising temperature by atmospheric CO_2 concentrations: has its importance been underestimated? Plant Cell Environ. 14, 729–739.

López-Pozos, R., Martínez-Gutiérrez, G.A., Pérez-Pacheco, R., 2011. The effects of slope and channel nutrient solution gap number on the yield of tomato crops by a nutrient film technique system under a warm climate. Hortscience 46, 727–729.

McCree, K.J., 1972. The action spectrum, absorptance and quantum yield of photosynthesis in crop plants. Agric. Meteorol. 9, 191–216.

Nishizawa, T., Saito, K., 1998. Effects of rooting volume restriction on the growth and carbohydrate concentration in tomato plants. J. Am. Soc. Hortic. Sci. 123, 581–585.

Nobel, P.S., 1991. Physicochemical and Environmental Plant Physiology. Academic Press, New York.

Ohyama, K., Kozai, T., 1998. Estimating electric energy consumption and its cost in a transplant production factory with artificial lighting: a case study. J. Soc. High Technol. Agric. 10, 96–107.

Ohyama, K., Kozai, T., Ohno, Y., Toida, H., Ochi, Y., 2005. A CO_2 control system for a greenhouse with a high ventilation rate. Acta Hortic. 691, 649–654.

Paradiso, R., Meinen, E., Snel, J.F.H., De Visser, P., van Ieperen, W., Hogewoning, S.W., Marcelis, L.F.M., 2011. Spectral dependence of photosynthesis and light absorptance in single leaves and canopy in rose. Sci. Hortic. 127, 548–554.

Runkle, E., Fisher, P., 2004. Photoperiod and flowering. In: Fisher, P., Runkle, E. (Eds.), Lighting up Profits: Understanding Greenhouse Lighting. Meister Media, Ohio, pp. 25–32.

Sager, J.C., McFarlane, J.C., 1997. Radiation. In: Langhans, R.W., Tibbits, R.W. (Eds.), Plant Growth Chamber Handbook. Iowa State University, Ames, Iowa, pp. 1–29.

Sager, J.C., Smith, W.O., Edwards, J.L., Cyr, K.L., 1988. Photosynthetic efficiency and phytochrome photoequilibria determination using spectral data. Trans. ASAE 31, 1882–1889.

Spaargaren, I.J.J., 2001. Supplemental Lighting for Greenhouse Crops. Hortilux Schreder, Moster, Netherlands.

Stefanelli, D., Brady, S., Winkler, S., Jones, R.B., Tomkins, B.T., 2012. Lettuce (*Lactuca sativa* L.) growth and quality response to applied nitrogen under hydroponic conditions. Acta Hortic. 927, 353–359.

Stutte, G.W., 2009. Light-Emitting diodes for manipulating the phytochrome apparatus. Hortscience 44 (2), 231–234.

Yang, Z.C., Kubota, C., Chia, P.L., Kacira, M., 2012. Effect of end-of-day far-red light from a movable LED fixture on squash rootstock hypocotyl elongation. Sci. Hortic. 136, 81–86.

Zeroni, M., Gale, J., Ben-Asher, J., 1983. Root aeration in a deep hydroponic system and its effect on growth and yield of tomato. Sci. Hortic. 19, 213–220.

第14章
无土栽培系统中的养分吸收

冢越悟[1]（Satoru Tsukagoshi），筱原丰[2]（Yutaka Shinohara）
（[1]日本千叶县柏市千叶大学环境、健康与大田科学中心；
[2]日本千叶县柏市日本植物工厂协会暨环境、健康与大田科学中心）

14.1 前言

虽然人们在无土栽培中使用各种系统，并且经常提出适合每种系统的原始营养液，但有关营养液及其管理的基本原理有所不同。一种方法是根据经济性和（或）易用性来选择栽培系统。然而，无论选择哪种系统，营养液都必须适合植物种类或生长阶段，并且必须妥善管理，以获得最高的产量和品质。换句话说，即使在受控的环境条件下，对营养液管理的正确理解也是植物栽培成功的最重要的因素之一。

14.2 基本要素

目前，已知天然元素有92种，其中约有60种存在于植物中（Inden，2006；Resh，2013）。然而，这些元素中的许多元素并不被认为是植物必需的。植物必需元素具有以下特征：①如果缺少该元素，植物就会表现出缺素症（deficiency symptom)，且不能完成其生命周期；②缺乏某一种特定元素时会出现缺素症；③只有特定的元素才能使该症状得到恢复，其他元素不具有该功能；④该元素直接参与植物的营养代谢（Arnon and Stout，1939）。

在植物营养的最新发现中，有 17 种元素被认为是高等植物必需的（Epstein，1994）。根据植物所需量的多少，这些元素被分为两大类。需要量比较大的元素被称为大量营养元素（macronutrient）（又叫作主要元素），而需要量比较小的元素被称为微量营养元素（micronutrient）（又叫作次要元素或痕量元素）。大量营养元素包括碳（C）、氧（O）、氢（H）、氮（N）、磷（P）、钾（K）、钙（Ca）、镁（Mg）、硫（S）等 9 种元素，而微量营养元素包括硼（B）、铁（Fe）、锰（Mn）、锌（Zn）、铜（Cu）、钼（Mo）、氯（Cl）、镍（Ni）等 8 种元素。表 14.1 和表 14.2 分别总结了它们的功能、流动性、过量症状和缺乏症状。

表 14.1　大量营养元素的功能、流动性、过量症状和缺乏症状

氮（N）	
功能	蛋白质、酶、叶绿素、激素、核酸等的组成部分
流动性	容易
过量症状	硝态氮（NO_3-N）：茂盛生长，肉质生长； 铵态氮（NH_4-N）：失绿，导致缺钙
缺乏症状	下部叶片变黄，整叶褪色（草莓变红），植物活力下降
磷（P）	
功能	基因、糖磷酸盐、细胞膜、酶、ATP 等的组成部分。参与光合作用和呼吸作用
流动性	容易
过量症状	罕见。黄瓜叶片上出现白点
缺乏症状	抑制生长，底部叶片和茎下部呈深绿色，出现花青素色素沉着
钾（K）	
功能	通过调节内部 pH 值和渗透势而参与各种代谢和合成反应
流动性	容易
过量症状	罕见。可引起缺钾和钙
缺乏症状	叶片向外卷曲，叶脉间或下部叶缘发黄，叶片出现褐色斑点

续表

钙（Ca）	
功能	细胞壁的组成部分，参与细胞膜结构和功能的维持、有机酸的中和、递质刺激等
流动性	困难
过量症状	罕见。可引起缺钾和钙。提高溶液的 pH 值可导致微量营养元素缺乏
缺乏症状	烧边、脐腐病、黑心病、根腐病
镁（Mg）	
功能	叶绿素的组成部分。激活蛋白质合成所需要的酶，维持核糖体结构
流动性	容易
过量症状	罕见。可引起缺钾和钙
缺乏症状	底部叶片的叶脉间或边缘发黄
硫（S）	
功能	含硫氨基酸和维生素的组成部分。参与各种氧化还原反应
流动性	容易
过量症状	罕见。可引起缺钾和钙
缺乏症状	底部叶片褪色或变黄
引自：Resh，2013；Yoneyama，et al.，2010.	

表 14.2 微量营养元素的功能、流动性、过量症状和缺乏症状

铁（Fe）	
功能	通过与蛋白质结合参与各种氧化还原反应和电子转移
流动性	困难
过量症状	罕见
缺乏症状	新叶脉间部分发黄或萎黄，根部发黄
注意	如果将植物从土壤栽培转移为无土栽培，则新叶上的黑斑是通过快速吸收螯合铁而产生的。用紫外线或臭氧气体对营养液进行灭菌可能导致析出铁

续表

硼（B）	
功能	参与细胞壁的形成、花粉的成熟、花粉管的伸长和糖的转运
流动性	困难
过量症状	下叶边缘发黄，底部叶片褐变和出现褐斑，上叶卷曲
缺乏症状	新叶畸形、侧根生长不良、落果、叶和茎硬化
锰（Mn）	
功能	参与光合作用中的氧气生成、活性氧的消除和脂肪酸的合成
流动性	困难
过量症状	下部叶脉褐变（巧克力棕色），根部变色
缺乏症状	中/上部叶脉间发黄或变为混浊浅绿色、褐斑
注意	用臭氧气体对营养液进行杀菌可能导致析出锰
铜（Cu）	
功能	参与光合作用中的电子转移、活性氧的消除
流动性	困难
过量症状	上部叶片发黄，根部褐变，侧根生长不良
缺乏症状	叶尖枯萎或坏死，落叶
注意	需要注意防止从加热和冷却管道或溶液循环管道中洗脱； 在自来水中含量充足
锌（Zn）	
功能	激活各种酶。参与形成吲哚乙酸
流动性	中等到容易
过量症状	上部叶片变黄，并抑制根系生长。会导致缺铁
缺乏症状	抑制叶片扩张，形成莲座叶、叶脉间黄化、形成黄褐斑
注意	需要注意防止从温室的镀锌框架中洗脱； 在自来水中含量充足
钼（Mo）	
功能	硝酸还原酶的组成部分，参与 N_2 固定
流动性	中等

续表

钼（Mo）	
过量症状	底部叶片变黄，叶脉呈红紫色
缺乏症状	叶片畸形，叶脉间部分变黄或坏死
注意	自来水中含量充足
氯（Cl）	
功能	调节体内的 pH 值，参与光合作用中的 O_2 生成
流动性	容易
过量症状	根部死亡，纤维块茎的质量下降
缺乏症状	抑制茎尖生长，死亡
注意	自然供应充足
镍（Ni）	
功能	脲酶的组成部分
流动性	未知
过量症状	叶子变黄，死亡（细节不详）
缺乏症状	叶子变黄，死亡（细节不详）
引自：Resh，2013；Yoneyama，et al.，2010.	

大多数新鲜蔬菜的水分含量约为90%，所以干物质的百分比仅为初始鲜重的10%左右。在干物质中含有40%~45%的C、40%~45%的O和约6%的H（Inden，2006）。这些必需元素以 CO_2 和水的形式被提供给植物，因此通常不需要考虑将C、O和H作为肥料来供应。除这三种元素外，只有6种元素（N、P、K、Ca、Mg、S）可被归为大量营养元素。蔬菜对大量营养元素吸收量的变化趋势为K > N > Ca > P > Mg（Maruo，2013），而且蔬菜叶片中N或K的含量通常高于其他矿物质（表14.3），尽管这一含量因蔬菜种类而异（Date，2012）。矿物质的含量是确定营养液的适当成分以及水和养分供应管理的重要依据。此外，与其他植物相比，蔬菜通常对钙的需求量较高。在任何情况下，当自然供应不足时，必须人为供应必需元素，以满足植物的需要。

表 14.3　几种蔬菜叶片中的矿物质含量　%DW

蔬菜种类	N	P	K	Ca	Mg
黄瓜	4.62	0.77	3.16	3.86	0.78
番茄	5.15	0.54	3.78	2.92	0.76
甜椒	5.91	0.51	7.02	1.80	0.82
芹菜	5.74	1.44	7.00	2.06	1.42
日本香菜	5.00	1.00	6.92	0.77	0.55
生菜	5.36	0.72	7.64	0.79	0.35
菠菜	5.79	0.67	8.38	0.72	1.43
引自：Date，2012.					

14.3　有益元素

最初，有益元素（beneficial element）是指特定植物种类所必需的元素，或在特定生长条件下表现出促生长作用的元素（Yoneyama，et al.，2010）。对于高等植物来说，钠（Na）、硅（Si）、钴（Co）、硒（Se）和铝（Al）被认为是有益元素，它们所作用的植物种类、功能和所需条件见表 14.4。

表 14.4　高等植物的几种有益元素及其功能和所需条件

元素	功能
钠（Na）	促进甜菜生长
硅（Si）	对禾本科植物而言必不可少；可提高黄瓜的抗病性
钴（Co）	促进豆科植物在缺氮土壤中的固氮作用
硒（Se）	有益于西兰花、卷心菜等（功能尚不清楚）
铝（Al）	对茶树在低土壤 pH 值条件下生长具有促进作用

另外，有益元素还有一层含义。日本厚生劳动省规定从人类饮食中获得的 13 种矿物质的推荐值，包括硒（Se）、铬（Cr）和碘（I）。Co 被定义为人体必

需的微量营养元素（Ohguchi，2012），而溴（Br）、氟（F）、铷（Rb）在人体内的含量相对较高（Yamada，2010）。换句话说，植物含有一定数量的这些元素对人类是有益的。由于在受控环境下更容易控制这些元素的供应量和时间，所以它们可以为植物工厂生产的产品增值。

14.4 营养吸收与运动

植物根部最重要的生理作用是吸收水分和养分。在正常情况下，营养物质在根尖附近和根生长的幼嫩部分被大量吸收（Johkan，2013）。植物吸收养分的过程通常分为两种途径（Lack and Evans，2001；Resh，2013）。一种途径是通过质外体（apoplast）。质外体由相互连接的细胞壁和细胞间隙组成。离子通过质外体运输（质外运输）到达凯氏带（Casparian strip），在那里，一些离子被选择并通过需要呼吸的过程进入内皮细胞（endothelial cell）。另一种途径是通过离子通道。离子通道是一种细胞蛋白质，其可控制特定离子进出细胞。使离子通过离子通道的动力是电势和化学势之差，因此这种运输不需要能量。进入细胞的营养离子通过原生质连接（共质体运输）而被运输。通过这些过程，植物可以有选择地并主动地吸收特定离子。

营养物质通过木质部随水向上移动而到达整个植物体。最终，溶于水的营养物质穿透细胞壁而被吸收。这样，Ca 和 B 的分布不可避免地受到水移动的强烈影响（Lack and Evans，2001；Maruo，2013）。水的移动力主要来自白天的蒸腾流和夜间的根压流。基本上，大多数营养离子只在木质部组织中移动；然而，特定的离子通过韧皮部组织在植物体内重新分布。

14.5 营养液

在无土栽培系统中，所有养分都是通过营养液供给植物的。总之，营养液就是配制好的液体肥料。营养液应具备以下条件：①含有植物必需的所有元素；②所有元素均以离子形式存在；③各种离子浓度和总离子浓度均在植物正常生长的适宜范围内；④不含有害物质和病原微生物；⑤溶液的 pH 值为 5.5～

6.5 且稳定；⑥可采用相对便宜的肥料制备溶液；⑦在栽培期间或在 DFT 和 NFT 系统中的离子浓度、离子比和 pH 值波动不大；⑧有足够的溶解氧进行根系呼吸。

营养液的组成是指营养液中各营养离子的浓度。人们已对该主题进行了广泛研究，并设计了许多不同的成分（配方）。表 14.5 总结了在日本被广泛采用的典型配方。对配方的选择应由植物类型、生长阶段、生长季节、开放或封闭系统、是否使用基质、基质类型、目标产品质量等因素来确定。尽管如此，配方的唯一区别是每种离子的比例和浓度。在无土栽培中，即使对养分管理的微小变化也会对植物生长和产品质量产生显著影响。因此，不仅要考虑离子的组成和浓度，还要考虑 DO、温度、微生物菌群等其他条件，才能实现适当的养分管理。

表 14.5　在日本被广泛采用的典型营养液的配方及其组成　mM

配方	植物种类	营养液浓度					
		NO_3-N	NH_4-N	PO_4-P	K	Ca	Mg
园试［Enshi（国家园艺实验站）］	—	16	1.3	1.3	8	4	2
山崎（Yamasaki）	西瓜	13	1.3	1.3	6	3.5	1.5
	黄瓜	13	1	1	6	3.5	2
	番茄	7	0.7	0.7	4	1.5	1
	草莓	5	0.5	0.5	3	1	0.5
	甜椒	9	0.8	0.8	6	1.5	0.8
	生菜	6	0.5	0.5	4	1	0.5
	茄子	10	1	1	7	1.5	1
霍格兰和阿曼（Hoagland and Arnon）（1938）	—	14	1	3	6	8	4
霍兰德（Holland）	番茄	10.5	0.5	1.5	7	3.8	1

引自：Date，2012.

14.6 溶液 pH 值与养分吸收

溶液的 pH 值（氢电势）是指营养液中 H^+ 离子的浓度。当溶液 pH 值为 7 时为中性、pH 值低于 7 时为酸性、pH 值高于 7 时为碱性。溶液的 pH 值通过离子形态和（或）溶解度的变化来影响营养物质的有效性。例如，植物主要以 $H_2PO_4^-$ 的形式吸收 P，当溶液的 pH 值为 5～6 时，80% 以上的 P 以 $H_2PO_4^-$ 的形式存在。然而，当 pH 值为 7 时，$H_2PO_4^-$ 形式的 P 减少到 30%。此外，Ca 容易与 P 结合形成沉淀，而且在高 pH 值条件下，螯合物 Fe（如 Fe－EDTA）的稳定性会下降。通常，将 pH 值控制为 5.5～6.5。然而，对于叶洋葱（leaf onion）和其他一些种类来说，理想溶液的 pH 值为 4.5～5.5，以提高 Ca 和 P 的效率。

溶液 pH 值的波动主要是植物对阳离子和阴离子的吸收不平衡造成的。植物吸收阳离子时会从根部释放 H^+，而吸收阴离子时会释放 OH^- 或 HCO_3^-。因此，当阴离子吸收量大于阳离子吸收量时，溶液的 pH 值有升高的趋势，而当阳离子吸收量大于阴离子吸收量时，则溶液的 pH 值有降低的趋势。此外，基质的 pH 值也会影响采用基质培养时溶液的 pH 值。一般来说，溶液的 pH 值在无机基质（如岩棉和稻壳炭）的作用下趋于升高，而在有机基质（如泥炭和椰壳）的作用下趋于降低。

14.7 N 的形态

营养液中 N 的主要形态为 NO_3^-，但 NO_3^- 被植物吸收后，被硝酸还原酶（nitrate reductase）还原为 NH_4^+，再被同化为氨基酸。由于酶的活性取决于光照强度，所以在低光照强度条件下，如果 NO_3^- 是唯一的氮源，则 NH_4^+ 的供应往往小于植物所需要的量。因此，在低光照强度条件下，使用少量的 NH_4^+ 和 NO_3^- 通常可以促进植物生长。然而，如果 NH_4^+ 的吸收率高于 NH_4^+ 的同化率，则 NH_4^+ 就会在植物细胞内积累，并由于植物体内 N 代谢异常而成为有害物质。NH_4^+ 也由于拮抗作用而抑制 Ca 的吸收，所以植株很容易表现出缺钙。此外，优先被植物吸收的 N 形态的特性取决于植物种类、溶液 pH 值和溶液温度等。因此，在以下条件下，NH_4^+ 是许多植物种类在无土栽培中的有效生长促进剂：①保持溶液的 pH 值不变；②保持溶液中 NH_4^+ 的浓度较低；③根据植物的 N 同化率提供适当数量的 NH_4^+。

14.8　养分的定量管理

如前所述，目前人们已经提出了许多不同的营养液配方，然而，这些配方基本上是在假设控制电导率或溶液中的离子浓度（即进行浓度管理）的情况下被设计的。在这些条件下，植物的养分供应量受栽培系统中实际溶液体积的影响。此外，在浓度管理条件下，某些离子如 NO_3^-、$H_2PO_4^-$、K^+ 容易被植物快速吸收，从而导致植物吸收大量离子。然而，产品的产量和质量不会在某一点后随着这些离子吸收量的增加（又叫作奢侈吸收）而增加。此外，果实蔬菜的营养生长趋向于过度繁茂而不是生殖生长，这种不平衡的生长对植株的坐果和产量都有不利影响。

因此，人们针对施肥中养分的定量管理提出了一种新的概念，以防止植物过度吸收养分（Date，2012；Terabayashi，et al.，2004）。定量调控施肥量时，每周或每 2 周向营养液储箱中加入肥料 1 次，通过初步测定植株对养分的吸收量来确定肥料的质量。例如，如果植株每天吸收 1 g NO_3^-，则每周向营养液储箱中添加含 7 g NO_3^- 氮肥。因此，在这种管理方法下即使养分浓度发生波动，在很宽的溶液浓度范围内，植物也可能从溶液中大量吸收离子（Maruo，et al.，2004）。养分的定量管理还有另外的优点：①可避免过量施肥；②随着肥料价格的不断上涨，这种管理方法被认为可以降低肥料成本；③由于所施用的肥料完全被植株消耗，所以可以最大限度地减少排放营养液造成的环境污染。随着植物养分吸收相关数据的积累和肥料施用量自动控制系统的开发，该管理方法有望得到广泛应用。

14.9　可自动管理各种离子浓度吗

溶液中的每种离子都对溶液的电导率有一定的贡献。这些值由 Kohlrausch 的离子独立迁移定律确定，因此溶液的电导率可被认为是各种离子的贡献之和（Atkins，et al.，2018；Date，2012）。然而，利用这些数值计算出的电导率与营养液的实际电导率并不相同。Kohlrausch 的值是通过假设“电解液的无限稀释和完全解离”来计算的。另外，无土栽培中使用的营养液是多种离子的混合物，实际的电导率往往低于计算出来的电导率。

近年来，有人试图确定实际营养液中每种离子的贡献值。如果能做到这点，就有可能更精确地掌握营养液的情况，进而开发出在商业生产现场自动控制营养液中各种离子浓度的技术。

参 考 文 献

Arnon, D.I., Stout, P.R., 1939. The essentiality of certain elements in minute quantity for plant with special reference to copper. Plant Physiol. 14, 371−375. http://www.plantphysiol.org/content/14/2/371.full.pdf+html.

Atkins, P., Paula, J., Keeler, J., 2018. Motion in liquids. In: Atkins' Physical Chemistry. Oxford University Press, UK, pp. 699−705.

Date, S., 2012. Baiyoueki no Chousei, Kanri. In: Japan Greenhouse Horticulture Association, Hydroponic Society of Japan. Seibundo Shinkosha, Tokyo, pp. 64−101. All about Hydroponics(in Japanese).

Epstein, E., 1994. The anomaly of silicon in plant biology. Proc. Natl. Acad. Sci. USA 91, 11−17.

Hoagland, D.R., Arnon, D., 1938. The water-culture method for growing plants without soil. Berkeley, California.

Inden, H., 2006. Youbun Kyusyu. In: Kozai, T., Goto, E., Fujiwara, K. (Eds.), Saishin Shisetsu Engeigaku. Asakura Publishing, Tokyo, pp. 35−40 (in Japanese).

Johkan, M., 2013. Seicho to Hatsuiku. In: Shinohara, Y. (Ed.), Yasaiengeigaku no Kiso. Rural Culture Association Japan, Tokyo, pp. 15−28 (in Japanese).

Lack, A.J., Evans, D.E., 2001. Instant Note in Plant Biology. Taylor and Francis, UK, pp. 129−151.

Maruo, T., 2013. Kankyo Hannou to Taisya. In: Shinohara, Y. (Ed.), Yasaiengeigaku no Kiso. Rural Culture Association Japan, Tokyo, pp. 45−47 (in Japanese).

Maruo, T., Takagaki, M., Shinohara, Y., 2004. Critical nutrient concentrations for absorption of some vegetables. Acta Hortic. 644, 493−499.

Ohguchi, K., 2012. Mineral (Mukishitsu) no Eiyo. In: Taji, Y. (Ed.), Kiso Eiyogaku. Yodosha, Tokyo, pp. 128−136 (in Japanese).

Resh, H.M., 2013. Hydroponic Food Production, seventh ed. CRC Press, Florida.

Terabayashi, S., Asaka, T., Tomatsuri, A., Date, A., Fujime, Y., 2004. Effect of the limited supply of nitrate and phosphate on nutrient uptake and fruit production of tomato (Lycopersicon esculentum Mill.) in hydroponic culture. Hortic. Res. 3, 195−200 (in Japanese with English abstract).

Yamada, T., 2010. Mineral (Mukishitsu) no Eiyo. In: Gomyo, T., Watanabe, S., Yamada, T. (Eds.), Basic Nutrition Science. Asakura Publishing, Tokyo, pp. 95−105 (in Japanese).

Yoneyama, T., Hasegawa, I., Sekimoto, H., Makino, A., Mato, T., Kawai, N., Morita, A., 2010. Shin Shokubutueiyou, Hiryougaku. Asakura Publishing, Tokyo (in Japanese).

第 15 章
蔬菜的烧边问题与防控措施

丸穗山下亨（Toru Maruo），上根雅史（Masahumi Johkan）
（日本千叶县松户市千叶大学园艺研究生院）

15.1 前言

烧边（tipburn，也叫作顶烧或烧边——译者注）是植物快速生长过程中的一种生理障碍，包括幼叶的叶尖坏死（图 15.1）。这种生理障碍通常会影响许多蔬菜，如生菜（*Lactuca sativa* L.）、草莓（*Fragaria* × *ananassa*）、卷心菜（*Brassica oleracea* L. var. *capitata*）和白菜（*B. pekingensis* Rupr.），并造成重大的经济损失（Saure，1998）。烧边在 PFAL 以及温室和大田等处种植菜时是一种严重的生理障碍。

图 15.1　水培奶油结球生菜的烧边症状

烧边的主要原因通常被认为是 Ca^{2+} 缺乏。Ca^{2+} 是细胞壁的组成部分，作为信使信号维持细胞功能，因此 Ca^{2+} 缺乏会因细胞形成异常而导致细胞死亡或坏死。与烧边一样，卷心菜的内部褐变和番茄果实的花尾腐烂也是 Ca^{2+} 缺乏引起的。本章以生菜烧边为例解释 Ca^{2+} 缺乏的生理障碍。

15.2 烧边的原因

Ca^{2+} 缺乏是植物细胞所需的 Ca^{2+} 量与根区提供的 Ca^{2+} 量的不平衡引起的。在植物生长速率升高的最适环境中，由于供给量跟不上植物细胞所需 Ca^{2+} 的增加量，所以容易出现 Ca^{2+} 缺乏。然而，烧边不仅是植物体内 Ca^{2+} 缺乏引起的，还与多种因素的相互作用有关。

15.2.1 根部对 Ca^{2+} 吸收的抑制

抑制 Ca^{2+} 吸收涉及两种因素：根区 Ca^{2+} 浓度低和根区 Ca^{2+} 吸收能力低。当植物根系不能充分吸收 Ca^{2+} 时，通常会发生烧边，即使根区富含 Ca^{2+}，植物细胞也会出现 Ca^{2+} 缺乏。

阻止 Ca^{2+} 吸收的因素包括：①根区 pH 值的剧烈变化（会损害根系）；②不适宜根系生长的温度；③根区的水分和盐分胁迫。NH_4^+ 和 K^+ 对于根系对 Ca^{2+} 的吸收具有拮抗作用，即在富含 NH_4^+ 和 K^+ 的条件下，根能吸收的量比其需要的量要多，因此 Ca^{2+} 的吸收相对受到抑制。人们已经设计了一种用于抑制水培生菜烧边的营养液配方（表 15.1）。

表 15.1 日本千叶大学的奶油结球生菜营养液配方（Maruo，et al.，1992） me/L

配方	NO_3^-	NH_4^+	PO_4^{3-}	K^+	Ca^{2+}	Mg^{2+}	SO_4^{2-}
起始肥料	12	0	4	8.3	5	2	2
添加肥料	12	1.3	4	8	4	2	2

15.2.2 Ca^{2+} 从根向茎的转移抑制

被根系吸收的 Ca^{2+} 与其他矿质营养物质一起被蒸腾拉力转移到嫩枝上。木质部的蒸腾拉力处于非常强的张力下，将水通过根和茎拉升到叶片上。由于未成熟叶片的蒸腾速率低于成熟叶片，所以与植物细胞的需求量相比，Ca^{2+}供应不足，于是未成熟叶片容易发生烧边。类似地，高相对湿度环境和炎热干燥且气孔关闭的环境能够抑制蒸腾作用，因此这是阻止 Ca^{2+} 从根部向茎部转移的主要因素。

根压（root pressure），即根细胞的渗透压，也将水分从根部向上输送到茎部。根压的张力弱于蒸腾拉力，但对夜间水分的输送起着重要作用。因此，根区因水分和盐分胁迫、低温、低氧引起的根系活性低下等也会导致 Ca^{2+} 缺乏。

15.2.3 Ca^{2+}的分配竞争

Ca^{2+}是植物细胞壁的重要组成部分，一旦其被固定在细胞壁上，就不能移动。因此，Ca^{2+}不会从 Ca^{2+} 充足的组织移动到 Ca^{2+} 缺乏的组织，每种组织通常会竞争从根部供应的 Ca^{2+}。影响 Ca^{2+} 分配的一个因素是叶面积，而且叶片中的 Ca^{2+}含量在很大程度上依赖于累积蒸腾速率。由于未成熟叶片的叶面积和蒸腾速率都低于成熟叶片，所以未成熟叶片的维管组织对 Ca^{2+} 的拉力较弱。如果植物中具有大叶面积的成熟叶片的比例升高，则未成熟叶片中 Ca^{2+} 的分配量就会相对减小。

15.3 防控对策

Ca^{2+}缺乏是由植物细胞所需的 Ca^{2+} 的量与供给量的不平衡引起的，并导致诸如烧边等生理障碍（表 15.2）。由于 Ca^{2+}缺乏的品种特性差异较大，所以选用抗 Ca^{2+}缺乏的品种是有效的。虽然在叶面上喷施 Ca^{2+}是一种有效的预防措施，但对未成熟叶片直接喷施 Ca^{2+}也很重要，因为成熟叶片往往有足够的 Ca^{2+} 含量。此外，在一定程度上降低生产速度也很重要，因为在植物生长的最佳环境中经常出现烧边。因此，在管理中，重要的是要找到只出现百分之几的烧边的边际条件。

表 15.2 导致水培生菜烧边的因素

因素	发病条件	相关因素
茎	—	—
• 较高生长率	—	—
• 蒸腾抑制	—	—
—	光照周期和强度	—
—	—	相对湿度（蒸气压差） 气流速度 温度 CO_2 浓度 光照强度突然增加
植物	—	—
• 抗性品种	—	—
• 成熟叶片和未成熟叶片的比例失衡	—	—
—	栽培品种	—
—	—	叶片数量和面积 增长率
根	—	—
• 抑制 Ca^{2+} 吸收	—	—
• 根区富含 NH_4^+ 和 K^+	—	—
—	营养液	—
—	—	pH 值随时间的变化

参考文献

Maruo, T., Ito, T., Ishii, S., 1992. Studies on the feasible management of nutrient solution in hydroponically growth lettuce (*Lactuca sativa* L.). Tech. Bull. Fac. Chiba Univ 46, 235−240.
Saure, M.C., 1998. Cause of the tipburn disorder in leaves of vegetables. Sci. Hortic. 76, 131−147.

第 16 章
叶类蔬菜中的功能成分

Keiko Ohashi - Kaneko
(日本东京都玉川大学研究所)

16.1 前言

在 PFAL 中能够密切控制环境因素，如光照、温度、湿度和营养液的成分。当这些因素发生波动时，植物具有一定的适应能力，可以调整其质量、叶面积、茎长和叶色等形态特征，以及矿物质、色素、蛋白质、有机酸和次生代谢产物的组成。因此，植物工厂通过环境控制能够生产出更符合客户需求的蔬菜。本章主要介绍通过控制水培营养液的成分和光质来生产功能性蔬菜。

16.2 低钾蔬菜

患有肾脏疾病或接受透析的患者对钾的摄入量有限制。然而，他们可以吃由低钾生菜制作的新鲜沙拉。自 1967 年以来，半导体制造商 Aizufujikako 公司在日本首次成功批量生产低钾生菜（Suzuki，2014）。其工厂的一个无尘洁净室不受太阳辐射，被用于种植功能性蔬菜，包括低钾生菜，几乎不需要翻新。

Ogawa 等人（2007）建立了低钾菠菜的种植方法。经检测，低钾菠菜的钾含量为常规营养液菠菜钾含量的五分之一（170 mg 钾/100 g 菠菜）。从收获前 2 周左右开始，通过利用 HNO_3 代替营养液中的 KNO_3 来减少钾的供应，同时利用 0.1 M NaOH 将 pH 值维持在 6.5。此外，在收获前 2 周去除钾对菠菜的鲜重产量没有显著影响。然而，这种钾吸收的限制导致叶片中钠浓度的升高；低钾菠菜的钠含量比常规营养液中菠菜的钠含量高了 13 倍。这可能是因为钠离子代替钾离子来维持细胞内的渗透势。然而，对于患有肾病或接受透析的患者来说，钠浓度的这种增加是不可取的。

一种改良的栽培方法在 2012 年成为公开专利，即能够在不提高钠浓度的情况下生产低钾浓度的生菜（Ogawa，et al.，2012）。该方法是在收获前 11 ~ 17 d，将叶用生菜在不含钾和钠离子的营养液中进行栽培。这种生菜的钾浓度低于 100 mg/100 g。根据日本文部科学省（Ministry of Education，Culture，Sports，Science and Technology，MEXT）编制的日本食品成分标准表，普通生菜的钾含量为 490 mg/100 g（MEXT，2002）。低钾生菜的苦味很少，会使儿童更有食欲。在该改良的方法中，镁浓度的下限在收获前 11 ~ 17 d 达到 5%（w/w）；低钾生菜对镁的充分吸收对预防叶片病害是有效的（Ogawa，et al.，2012）。Aizufujikako 公司改良了其他栽培方法，并于 2014 年获得专利（Matsunaga，2014）。在这种方法中，通过在整个栽培期间小心控制电导率来管理营养液的浓度，并通过在栽培后期添加无钾营养液，改变栽培初期使用的含钾营养液中磷与氮的浓度比。即使在大规模水培的情况下，利用这种改良方法栽培的叶用生菜的钾浓度也稳定在常规营养液栽培的叶用生菜的 1/4 左右（Matsunaga，2014）。

据报道，Aizufujikako 公司正在开发低钾的甜瓜、番茄和草莓（Aizufujikako Co.，Ltd.，http://drvegetable.jp/about/），肾脏疾病患者可能很快就能享用水果沙拉了。

16.3 低硝酸盐蔬菜

植物在液泡中以硝酸盐（nitrate）的形式积累了多余的不被用于生长的氮。这被认为是在氮饥饿期间被利用的一种储备池（reserve pool）。然而，硝酸盐虽然本身毒性不大，但对人体健康有害，而且摄入后是危险的，因为它会在胃肠道中被转化为亚硝酸盐（nitrite）。亚硝酸盐会导致亚硝基胺（nitrosoamine）的形成，而亚硝基胺是一种强致癌物（Sohár and Domoki，1980）。因此，可以通过去除营养液中的 NO_3 - N 或在收获前几周用 NH_4 - N 代替它来降低叶类蔬菜中的硝酸盐浓度。此外，还可以通过提高硝酸还原酶（nitrate reductase，NR）的活性而使液泡中的硝酸盐被同化，从而降低植物体内的硝酸盐含量。

16.3.1　对植物施用硝酸盐肥料的限制

包括在日本广泛使用的霍格兰氏（Hoagland's）营养液和大冢 - A（Otsuka - A）营养液［日本大冢农业技术公司（Otsuka AgriTechno Co.，Ltd）研制］在内的大多数营养液中，90% 以上的含氮营养物质是以 NO_3 - N 的形式存在的。为了防止蔬菜中硝酸盐浓度升高，应该适量施用可在生长过程中被耗尽的氮肥。在收获前 1 周完全去除营养液中的硝酸盐，会导致与常规营养液相比，芹菜叶片中的硝酸盐浓度降低 56%（Martignon，et al.，1994）。当植物中的氮被剥夺时，它们能够重新利用液泡中积累的硝酸盐进行生长，从而使积累的硝酸盐减少（Santamaria，et al.，1998）。在收获前 7～10 d 完全切断中的氮似乎会减小收获时生菜叶片的鲜重（Santamaria，et al.，1998）。

利用 NH_4 - N 代替营养液中的部分 NO_3 - N，可以在不降低产量的情况下降低蔬菜的硝酸盐浓度（Saigusa and Kumazaki，2014）。一般来说，在田间种植的蔬菜，如生菜、菠菜、芝麻菜（rocket）、菊苣（chicory）和莴苣菜（endive），其更喜欢 NO_3 - N，而不是 NH_4 - N，而施加 NH_4 - N 被认为是导致发育不良的原因。然而，一些优先吸收 NO_3 - N 的植物，包括生菜，在以 NH_4 - N 为主要氮源的营养液中，只要将 pH 值严格保持在 5.5，其就能茁壮生长。此时，生菜植株的生物量与在常规营养液中培养的生菜植株的生物量几乎相同（Moritugu，et al.，1980；Moritugu and Kawasaki，1982，1983）。当植物吸收铵离子时，它们将质子排泄到营养液中以维持内部的电平衡。这会降低营养液的 pH 值（Tsukagoshi，2002），并且会使对酸性条件敏感的植物受到伤害（Troelstra，et al.，1990）。然而，在以 NH_4 - N 为主要氮源的溶液中培养的菠菜和大白菜时，即使在 pH 值保持不变的情况下也会发育不良，而且它们似乎对铵和 pH 值都很敏感（Moritugu and Kawasaki，1983）。

在散叶生菜中，当将营养液中的有效氮减少1/5［即传统营养液中的有效氮（6 450 ppm）减少1 375 ppm］，而且使NO_3-N/NH_4-N的摩尔比从移植到收获均保持为1时，尽管硝酸盐含量非常低，但产量没有下降（Saigusa Kumazaki，2014）。当菊苣植株在收获前6 d被从4 mM NO_3-N转移到1 mM NO_3-N+3mM NH_4-N时，与营养液不变的栽培植株相比，其叶片中的硝酸盐含量下降了58%，但鲜重没有减小（Santamaria，et al.，1998）。

16.3.2 累积硝酸盐的同化去除法

烟叶中的硝酸盐含量在昼夜变化，且光照期结束时硝酸盐含量低于光照期开始时（Matt，et al.，1998；Geiger，et al.，1998）。硝酸盐含量的昼夜变化似乎与硝酸盐还原酶（NR）的活性有关。硝酸盐还原酶的含量和活性在夜间较低，而进入光周期2~3 h达到最高值，并在光周期的第二部分出现下降（Geiger，et al.，1998）。硝态氮含量似乎在硝酸盐还原酶活性达到最高值的几个小时后下降，因此在下午收获可能是可取的。植物中硝酸盐还原酶的活性随光照强度的升高而增加（Carrasco and Burrage，1992）。由于PFAL的光照强度较低，所有植物容易积累硝酸盐，所以应将营养液的氮浓度保持在较低水平。

硝酸盐还原酶的活性受光质的影响（Jones and Sheard，1977；Ohashi - Kaneko，et al.，2007）。蓝光下玉米叶片的硝酸盐还原酶活性高于红光下，但叶片硝酸盐含量不受光质影响（Jones and Sheard，1977）。硝酸盐在植物体内的积累也与硝酸盐的吸收有关。蓝光促进气孔打开（Sharkey 和 Raschke，1981；Kinoshita，et al.，2001），这样，由于蒸腾作用的增加可能促进硝酸盐的吸收，所以仅通过控制光质可能难以调控硝酸盐的含量。

16.4 提高叶类蔬菜品质的光质调控措施

一般来说，在PFAL中，为了使电力成本最小化，会设置栽培植物的商品级鲜重（commercial grade fresh weight）的最低光照强度和最短光周期。因此，在有限的光强条件下实现高产和高品质蔬菜是可取的。例如，通过控制光环境来提高抗氧化剂浓度的栽培技术已被开发出来。本节介绍利用UV - B、UV - A或蓝光照射的叶类蔬菜和药草植物的功能成分含量数据。

16.4.1　叶类蔬菜

图 16.1 显示了在荧光灯发出的白光、红光和蓝光以及红光与蓝光的混合光（红色荧光灯的数量与蓝色荧光灯的数量比值为 1）下生长的生菜、菠菜和小松菜（komatsuna）叶片中的叶绿素、类胡萝卜素、L－抗坏血酸、可溶性糖和硝酸盐等的含量（Ohashi－Kaneko，et al.，2007）。光质对各组分浓度和生物量产量的影响（数据未显示）因植物种类而异。蓝色荧光灯单独照射或红色荧光灯和蓝色荧光灯混合照射均能生产出富含 L－抗坏血酸的优质叶用生菜，但在菠菜和小松菜中没有观察到这种蓝光效应。Ooshima 等人（2013）在红色 LED 灯和蓝色 LED 灯发出不同红光与蓝光比的环境中种植红叶生菜，并观察到花青素和 L－抗坏

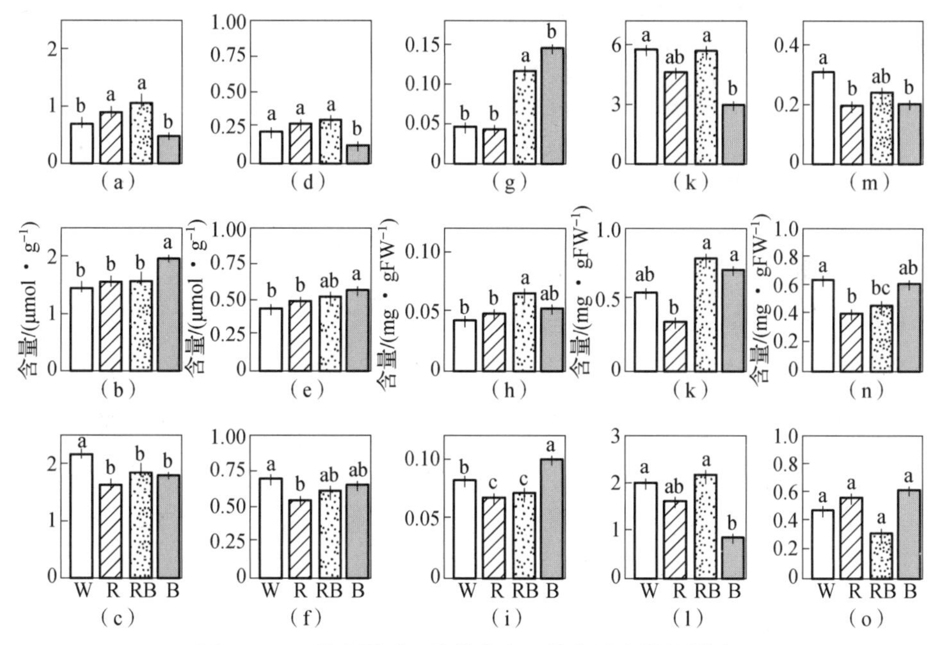

图 16.1　4 种光质对 3 种蔬菜中 5 种物质含量的影响

［在散叶生菜和菠菜发芽后第 37 d 和小松菜发芽后第 32 d，在来自荧光灯的白光（W）、红光（R）、蓝光（B）或混合光（RB）的照射下，散叶生菜（A、D、G、J、M）、菠菜（B、E、H、K、N）和小松菜（C、F、I、L、O）的叶片中的叶绿素（A、B、C）、类胡萝卜素（D、E、F）、L－抗坏血酸（G、H、I）、可溶性糖（J、K、L）和硝酸盐（M、N、O）的各自含量（Ohashi－Kaneko，et al.，2007）。竖条表示 SE（$n=4$）。在 LSD 为 5% 的水平上，在每张小图内具有不同字母的平均值存在显著差异］

血酸的含量均随着蓝光比例的提高而增加。然而，他们也注意到，当蓝光比例超过20%，收获时地上部组织的鲜重较小，即小于商品级鲜重 80 g/株。因此，需要进一步研究，从而确定蓝光和红光的最佳比例，以提高达到商品级鲜重的植物中 L－抗坏血酸的含量。

在红光与蓝光混合照射下栽培红叶生菜时，随着蓝光比例的升高，叶片中的花青素含量和编码与花青素合成途径相关的几种酶的基因表达量出现增加(Shoji，et al.，2010)。UV－B（Park，et al.，2007）和 UV－A（Voipio and Autio，1995）可分别诱导红叶生菜叶片中花青素的合成。在暗期单独加 UV－B 或单独加 UV－A 补充照射，比未补充照射的红叶生菜叶片中的花青素含量提高，而且 UV－B 照射下的花青素含量高于 UV－A 照射下的花青素含量（Ebisawa，et al.，2008)；此外，在暗期，在 UV－B＋60 μmol · m^{-2} · s^{-1}蓝光补充照射下生长的叶片中花青素含量比没有补充照射生长的植株要高 7 倍。如果在光照期的前半段予以收获，则富含花青素的优质散叶生菜就可被运出，这会成为一项有用的技术。

16.4.2 药草植物

药草植物的功能成分主要是次生代谢产物，如挥发油、多酚、类胡萝卜素、花青素、生物碱等。植物次生代谢产物具有防御性化学物质的作用。例如，当植物受到生物胁迫时，如被昆虫或动物啃吃时，就会促进挥发油的合成（Koseki，2004)。高温、低温、干燥、紫外线照射等非生物胁迫也会促进次生代谢产物的产生。此外，光质也能促进次生代谢产物的合成（Koseki，2004)。

紫外线照射可提高药草植物叶片中挥发油的浓度。Hikosaka 等人（2010）观察到，在补充有 UV－B 的白色荧光灯下生长的日本薄荷植株的上部叶片中的柠檬烯（limonene）和 *l*－薄荷醇（*l*－menthol）浓度分别是只在白光下生长的植株中的 1.5 倍和 2 倍。当将紫花罗勒（sweet basil）培养在具有阳光照射的玻璃温室中，在清晨用 UV－B 补充照射时，那么与不补充 UV－B 的植株相比，包括丁香酚（eugenol）和芳樟醇（linalool）在内的几种挥发油的含量均有所提高(Johnson，et al.，1999)。

我们还研究了可见光对紫苏、芫荽和芝麻菜的生物量产量和挥发油含量的影响。图16.2显示了在不同光照条件下生长的紫苏和芫荽植株中的主要挥发油含量（Ohashi－Kaneko，et al.，2013）。采用红色和蓝色LED灯及白色荧光灯（对照）作为栽培光源。在蓝光下生长的紫苏植株的生物量产量远小于在红光下生长的。在蓝光下生长的紫苏植株的叶片中，紫苏醛（perillaldehyde）的含量是在红光下生长的紫苏植株叶片中的1.8倍，占紫苏挥发油的50%。在红光下生长的芫荽生物量和（E）－2－癸烯（（E）－2－decenal）和（E）－2－十二碳烯醛（（E）－2－dodecenal）浓度最高（Ohashi－Kaneko，et al.，2013）。为了生产高质量的芫荽，还应该提高具有清新草香味的庚烷（heptane）、（E）－2－己烯醛（（E）－2－hexenal）和辛醛（octanal）的浓度（Kohara，et al.，2006）。因此，我们计划研究光质对这些挥发油组成的影响。色拉芝麻菜的气味类似芝麻籽，并且被认为起

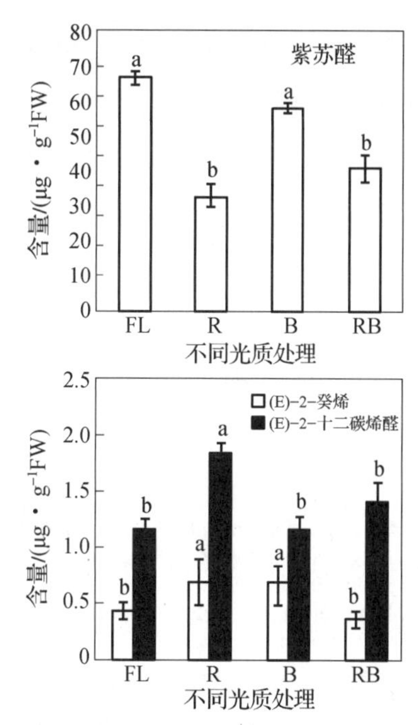

图16.2 移栽后第35d时紫苏植株叶片中的紫苏醛含量（上图）及移植后第21 d时芫荽植株茎中的（E）－2－癸烯和（E）－2－十二碳烯醛含量比较（下图）

（这些植物分别在白色荧光灯（FL）、红色LED灯（R）、蓝色LED灯（B）或混合光（RB）下生长。垂直条表示SE（紫苏植株 $n=2\sim3$，香菜植株 $n=3$）。通过Tukeye－Kramer诚实显著性差异（honest significant difference，HSD）检验方法，每个柱状图内的不同字母表示在5%的水平上，平均值存在显著性差异）（Ohashi－Kaneko，2013；Ohashi－Kaneko，et al.，2013）

源于挥发油，如具有类杏仁味（almond - like flavor）的安息香醛（benzaldehyde）、具有类杏仁味和新鲜烤面包味的糠醛（furfural）（Jirovetz, et al., 2002）以及茴香脑（anethol）（Awano, et al., 2006）。其挥发油的成分因芝麻菜种植环境的光照质量而异（Ohashi - Kaneko, et al., 2013）。另外，详细比较不同光照条件下挥发油的组成和叶片的风味和味道，结果表明控制光质将使芝麻菜的质量提高。在一个密闭 PFAL 中，可能很快就能生产出与其用途匹配的药草，如烹饪原料、香料原料和药材。

16.5 结论

由于低钾和低硝酸盐蔬菜的生产方法已经相当完善，下一步是进行稳定的大规模生产。此外，控制光质有助于提高生物量生产能力以及蔬菜和新鲜药草功能成分的浓度，尽管最有效的光处理取决于种类。商品级鲜重和功能性成分丰富的植株生长的最佳光照条件是不同的，包括光照强度和光周期的变化。我们计划分析在不同光照条件下栽培植物的生长情况。

参考文献

Awano, K., et al., 2006. Rocket (in Japanese). In: Inabata, K. (Ed.), Encyclopedia of Food Scents (Written in Japanese: Tabemono kaori hyakka jiten). Asakura Publishing Co., Ltd., Tokyo, pp. 628–629.

Carrasco, G.A., Burrage, S.W., 1992. Diurnal fluctuations in nitrate accumulation and reductase activity in lettuce (*Lactuca sativa* L.) grown using nutrient film technique. Acta Hortic. 323, 51–56.

Ebisawa, M., Shoji, K., Kato, M., Shimomura, K., Goto, F., Yoshihara, T., 2008. Effect of supplementary lighting of UV-B, UV-A, and blue light during night on growth and coloring in red-leaf lettuce (in Japanese). J. Sci. High Technol. Agric. 20, 158–164.

Geiger, M., Walch-Liu, P., Engels, C., Harnecker, J., Schulze, E.D., Ludewig, F., Sonnewald, U., Scheible, W.R., Stitt, M., 1998. Enhanced carbon dioxide leads to a modified diurnal rhythm of nitrate reductase activity in older plants, and a large stimulation of nitrate reductase activity and higher levels of amino acids in young tobacco plants. Plant Cell Environ 21, 253–268.

Hikosaka, S., Ito, K., Goto, E., 2010. Effects of ultraviolet light on growth, essential oil concentration, and total antioxidant capacity of Japanese mint. Environ. Control Biol 48, 185–190.

Jirovetz, L., Smith, D., Buchbauer, G., 2002. Aroma compound analysis of *Eruca sativa* (*Brassicaceae*) SPME headspace leaf samples using GC, GC-MS, and olfactometry. J. Agric. Food Chem 50, 4643–4646.

Johnson, C.B., Kirby, J., Naxakis, G., Pearson, S., 1999. Substantial UV-B mediated induction of essential oils in sweet basil (*Ocimum basilicum* L.). Phytochemistry 51, 507–510.

Jones, R.W., Sheard, R.W., 1977. Effects of blue and red light on nitrate reductase level in leaves of maize and pea seedlings. Plant Sci. Lett 8, 305–311.

Kinoshita, T., Doi, M., Suetsugu, N., Kagawa, T., Wada, M., Shimazaki, K., 2001. phot1 and phot2 mediate blue light regulation of stomatal opening. Nature 414, 656–660.

Kohara, K., Sakamoto, Y., Hasegawa, H., Kozuka, H., Sakamoto, K., Hyata, Y., 2006. Fluctuations in volatile compounds in leaves, stems, and fruits of growing coriander (*Coriandrum sativum* L.) plants. J. Jpn. Soc. Hortic. Sci 75, 267–269.

Koseki, Y., 2004. Secondary metabolites and plant defense (in Japanese). In: Nishitani, K., Shimazaki, K. (Eds.), Plant Physiology (Written in Japanese: Shokubutsu seirigaku). Baifukan, Tokyo, pp. 282–312.

Martignon, G., Casarotti, D., Venezia, A., Sciavi, M., Malorgio, F., 1994. Nitrate accumulation in celery as affected by growing system and N content in the nutrient solution. Acta Hortic. (Wagening.) 361, 583–589.

Matsunaga, S., 2014. Japan patent 5628458.

Matt, P., Shurr, U., Klein, D., Krapp, A., Stitt, M., 1998. Growth of tobacco in short-day conditions leads to high starch, low sugars, altered diurnal changes in the *Nia* transcript and low nitrate reductase activity, and inhibition of amino acid synthesis. Planta 207, 27–41.

Ministry of Education, Culture, Sports, Science and Technology (MEXT), 2002. Standard Tables of Food Composition in Japan, Fifth Revised and Enlarged Edition. Kagawa Nutrition University Publishing Division, Tokyo, p. 100.

Moritugu, M., Kawasaki, T., 1982. Effect of solution pH on growth and mineral uptake in plants under constant pH condition. Ber. Ohara Inst. Landwirtsch. Forsch., Okayama Univ. 18, 77–92.

Moritugu, M., Kawasaki, T., 1983. Effect of nitrogen source on growth and mineral uptake in plants under nitrogen restricted culture condition. Ber. Ohara Inst. Landwirtsch. Forsch., Okayama Univ. 18, 145–158.

Moritugu, M., Suzuki, T., Kawasaki, T., 1980. Effect of nitrogen sources upon plant growth and mineral uptake. 1. Comparison between constant pH and conventional culture method. JSSSPN 51, 447–456.

Ogawa, A., Taguti, S., Kawashima, C., 2007. A cultivation method of spinach with a low potassium content for patients on dialysis. Jpn. J. Crop Sci 76, 232–237.

Ogawa, A., Udzuka, K., Toyofuku, K., Ikeda, T., 2012. Japan patent P2012-183062A.

Ohashi-Kaneko, K., 2013. Nutrient ingredients and functional components in herb plants cultured at an enclosed artificial lighting plant factory (in Japanese). In: Takatsuji, M., Kozai, T. (Eds.), Important Problem and Measure against Plant Factory Management (Written in Japanese: Shokubutsu kojo keiei no juuyo kadai to taisaku). Johokiko Co., Ltd., Tokyo.

Ohashi-Kaneko, K., Takase, M., Naoya, K., Fujiwara, K., Kurata, K., 2007. Effect of light quality on growth and vegetable quality in leaf lettuce, spinach and komatsuna. Environ. Control Biol 45, 189–198.

Ohashi-Kaneko, K., Ogawa, E., Ono, E., Watanabe, H., 2013. Growth and essential oil content of perilla, rocket and coriander plants grown under different light quality environments (in Japanese). J. Sci. High Technol. Agric. 25, 132–141.

Ooshima, T., Hagiya, K., Yamaguchi, T., Endo, T., 2013. Commercialization of LED used plant factory. Nishimatsu Constr. Rep. 36, 1–6.

Park, J.S., Choung, M.G., Kim, J.B., Hahn, B.S., Kim, J.B., Bae, S.C., Roh, K.H., Kim, Y.H., Cheon, C.I., Sung, M.K., Cho, K.J., 2007. Genes up-regulated during red coloration in UV-B irradiated lettuce leaves. Plant Cell Rep 26, 507–516.

Saigusa, M., Kumazaki, T., 2014. Nitrate concentration and trial of decreasing nitrate concentration in factory vegetables (in Japanese). In: Takatsuji, M., Kozai, T. (Eds.), Important Problem and Measure against Plant Factory Management (Written in Japanese: Shokubutsu kojo keiei no juuyo kadai to taisaku). Johokiko Co., Ltd., Tokyo, pp. 208–214.

Santamaria, P., Elia, A., Parente, A., Serio, F., 1998. Fertilization strategies for lowering nitrate content in leafy vegetables: chicory and rocket salad cases. J. Plant Nutr 21, 1791–1803.

Sharkey, T.D., Raschke, K., 1981. Effect of light quality on stomatal opening in leaves of *Xanthium strumarium* L. Plant Physiol 68, 1170–1174.

Shoji, K., Goto, E., Hashida, S., Goto, F., Yoshihara, T., 2010. Effect of red light and blue light on the anthocyanin accumulation and expression of anthocyanin biosynthesis gene in red-leaf lettuce (in Japanese). J. Sci. High Technol. Agric. 22, 107–113.

Sohár, J., Domoki, J., 1980. Nitrite and nitrate in human nutrition. Bibl. Nutr. Dieta 29, 65–74.

Suzuki, H., 2014. Development of low potassium vegetables and exploitation of a market (in Japanese). SHITA Rep. 31, 1–7.

Troelstra, S.R., Wagenaar, R., Smant, W., 1990. Growth responses of plantago to ammonium nutrition with and without pH control: comparison of plants precultivated on nitrate or ammonium. In: van Beusichem, M.L. (Ed.), Plant Nutrition - Physiology and Applications, Developments in Plant and Soil Sciences 41. Springer, Netherlands, pp. 39–43.

Tsukagoshi, S., 2002. pH (in Japanese). In: Japan Greenhouse Horticulture Association, New Manual of Hydroponics (written in Japanese: Yoeki Saibai No Shin-Manuaru). Seibundo-Shinkosha, Tokyo, pp. 180–183.

Voipio, I., Autio, J., 1995. Responses of red-leaved lettuce to light intensity, UV-A radiation and root zone temperature. Acta Hortic. 399, 183–187.

第 17 章
蔬菜中的药用成分

斯玛·佐巴耶德（Sma Zobayed）
（加拿大不列颠哥伦比亚省国际 Segra 公司；
加拿大不列颠哥伦比亚省兰利 SMA 生物技术研究与发展公司）

17.1 前言

在现代医学发展之前的许多世纪，药草一直是主要的医疗保健药物，并且现在仍在世界范围内作为医疗保健系统的重要组成部分使用。在世界卫生组织（WHO）最近的一份报告中，至少使用过一次植物性药物（plant – based medicine）的人口比例在澳大利亚为 48%，在加拿大为 70%，而在法国为 75%（WHO report：Traditional Plants，2003）。目前，非洲高达 80% 的人口和中国 40% 的人口使用传统药物来满足其医疗保健需求（WHO report：Traditional Plants，2003）。因此，药用植物的国际贸易已成为全球经济的重要组成部分，而且发展中国家和工业化国家的需求都还在增加。根据全球行业分析师（Global Industry Analysts）最近的一份报告，到 2017 年，全球草药补品市场将达到 1 070 亿美元（Global Industry Analysts Report，2014）。

然而，这种植物性药物消费的爆炸式增长会伴随质量和一致性问题，从而损害了安全性和有效性，并导致严重的健康问题（Zobayed，et al.，2005a）。这些问题包括：①掺杂和误认导致植物物种污染；②植物和土壤传播的微生物以及环境污染物的污染，导致植物组织中药物代谢物浓度差异很大；③基于种子栽培的药用植物的遗传变异导致药用成分的变化；④采集野生植物和田间栽培植物的药用代谢产物会受到季节变化以及生长条件的影响，如温度、光周期、光质（紫外线和其他光质）、光照强度、含水量、土壤 pH 值、土壤养分状况等。然而，在世界范围内几乎没有大规模的药用植物栽培，目前制备药用植物制剂的程序主要涉及采集野生植物。Williams（1996）在一份报告中估计，目前在非洲出售用于传统医学的400～550 个物种中约有 99% 来自野生资源。因此，有必要开发新技术以确保基于植物的药物有效性和安全性，并最大限度地提高植物的生物量和代谢物含量。

17.2 在受控环境中种植药用植物：药用成分与环境因素

环境因素，如温度、相对湿度、光照强度、光照质量、含水量、矿物质和空气中的 CO_2 浓度，都会影响植物的生长和药用代谢产物的产生。最近的研究表明，在人工光照的受控环境中种植药用植物可以确保药用植物产品的有效性和安全性，确保产品全年收获，并通过优化营养吸收和环境因素（如温度和 CO_2 浓度）来最大限度地提高生物产量。近年来，人们已经对在受控环境中调控环境因素来优化药用成分进行了许多研究。

17.2.1 CO_2 浓度与光合速率

在环境因素中，CO_2 浓度是受控环境中影响植物药用成分最重要的因素之一。早先，人们已经对在富含 CO_2 的受控环境中生长的贯叶连翘（*Hypericum perforatum*）进行了多项研究，结果表明 CO_2 可以通过提高 NPR 来提高生物量和次生代谢产物的产量。例如，Mosaleeyanona 等人（2005）的研究结果表明，在受控环境中生长的植物叶片组织中的药物代谢产物含量（mg · 株$^{-1}$）要明显高于田间（对照）。他们发现，在受控环境中栽培的植物中，其金丝桃素（hypericin）和假金丝桃素（pseudohypericin）的含量分别是田间栽培植物的 30

倍和41倍。他们还发现，在CO_2浓度升高的情况下，随着NPR的升高，叶片组织中的金丝桃素和假金丝桃素的含量均有所升高。在另一项研究中，Zobayed和Saxena（2004）报道，在富含CO_2的受控环境中种植贯叶连翘会提高金丝桃素、假金丝桃素和金丝桃碱（hyperformine）的浓度。另外，有人还报道了贯叶连翘的NPR与药用成分之间也存在着正相关关系（Zobayed, et al., 2006）。这些研究表明，在高CO_2浓度下生长的植物，其叶片的NPR和药用成分含量均升高。研究表明，在黄芩（*Scutellaria baicalensis*）中，与CO_2浓度非升高系统相比，在CO_2浓度升高系统中植物组织中的汉黄芩素（wogonin）、黄芩素（baicalein）和黄芩苷（baicalin）的浓度较高。

17.2.2 温度胁迫

众所周知，温度胁迫会引起植物代谢中的许多生理、生化和分子变化，并改变植物次生代谢产物的产生。例如，温度升高会降低气孔导度，从而降低许多植物的光合作用和生长（Berry and Bjorkman, 1980）。光系统Ⅱ的光化学效率也在温度升高时降低，表明其受到的胁迫增加（Gamon and Pearcy, 1989; Maxwell and Johnson, 2000）。当植物受到胁迫时，次生代谢产物的产生可能增加，因为生长往往比光合作用受到的抑制更大，而被固定但不被分配给生长的碳反而被分配给次生代谢产物（Mooney, et al., 1991）。一些研究探讨了温度升高对植物次生代谢产物产生的影响，但大多数研究得出了相互矛盾的结果。一些研究报道称次生代谢产物随着温度升高而增加（Litvak, et al., 2002），而另一些研究报道称它们会减少（Snow, et al., 2003）。关于贯叶连翘的情况是，植物在受控环境中生长70 d，然后在低温（15°C）下处理15 d，显示出暗适应叶片的光合作用效率和光系统Ⅱ光化学的最高量子效率（Φ^{p}_{max}）均出现下降。另外，高温（35℃）处理降低了叶片的净光合作用效率和光系统Ⅱ的最高量子效率，但提高了叶片总过氧化物酶活性，并提高了茎叶组织中金丝桃素、假金丝桃素和贯叶金丝桃素（hyperforin）的浓度（Zobayed, et al., 2005b）。这些结果首次表明，温度是优化贯叶连翘次生代谢产物生产的重要环境因素，受控环境技术可以精确应用这种特定的胁迫。

17.2.3 水分胁迫

众所周知，水分胁迫会提高植物组织中次生代谢产物的浓度，严重的水分胁迫可能导致活性氧（reactive oxygen species）的形成和光抑制损伤（photoinhibitory damage），从而导致氧化胁迫（oxidative stress，也叫作氧化应激——译者注）。Zobayed 等人（2007）进行了一项详细的研究，以评估贯叶连翘生理状态的变化，尤其是暴露于水分胁迫的该植物叶片组织的光合效率和药用成分。在水分胁迫条件下生长的植株叶片组织中，金丝桃素和假金丝桃素的浓度均随时间降低，且浓度显著低于对照；相比之下，贯叶金丝桃素的浓度显著升高。在水分胁迫条件下生长的植株叶片的 NPR 显著低于对照。对于枯萎和恢复的植物，暗适应叶片的光系统Ⅱ光化学（Φ^{p}_{max}）的最高量子效率相似，尽管这些值明显低于对照。在水分胁迫条件下，植物叶片组织对氧自由基的解毒能力显著提高，比未处理（对照）或恢复的植物叶片的抗氧化能力提高了约 2.5 倍。在另一项研究中，Abreu 和 Mazzafera（2005）表明，水分胁迫增加了重要药用植物巴西金丝桃（*Hypericum brasiliense*）中药用化合物白桦脂酸（betulinic acid）、槲皮苷（quercetin）、芸香苷（rutin）、1，5－二羟基甲酰胺（1，5－dihydroxyxanthone）和异湿生金丝桃素 B（isouliginosin B）等化合物的水平。因此，他们得出的结论是，碳存在重新分配的情况，在水分胁迫条件下植物生长放缓，而化合物含量升高。

17.2.4 光谱质量和紫外辐射

甘草酸（glycyrrhizin）是乌拉尔甘草（*Glycyrrhiza uralensis*）的主要生物活性成分，被广泛用作天然甜味剂。在最近的一项研究中，Afreen 等人（2006）评估了在受控环境中，不同光谱质量的光（包括红光、蓝光、白光和 UV－B 辐射）对甘草酸产生的影响。使植物在 CO_2 浓度升高的人工光照下生长，并利用红光、蓝光和白光处理。结果表明，与白光或蓝光相比，在红光下生长的植物根部组织中甘草酸浓度最高。在受控环境中，暴露于 UV－B 辐射（3 d；光强：1.13 $W \cdot m^{-2}$；波长：280～315 nm）下的植物中，3 个月大的植物根部组织中甘草酸浓度显著升高。这些结果表明了在受控环境中种植植物的另一种优势，即可在较短的生产周期内获得高浓度的次生代谢产物。植物暴露在紫外线照射下会产生多种反应，包括增强紫外线屏蔽色素（UV - screening pigment）的合成，以及增强抗氧化系统和其他防御机制。许多植物能够通过累积过滤紫外线的类黄酮和其他次生代谢产物来避免紫外线照射。例如，表皮黄酮类化合物会因 UV - B 的增加而增强（Bornman，et al.，1997）。活性次生代谢产物的基本骨架合成依赖于光合作用过程中的碳同化，而光合作用的速率受光照强度、可用光的光谱、光的持续时间等的影响。植物对红光、蓝光或紫外线辐射的反应通过使用信号转导光感受器的转导途径诱导不同的表达，这是调控植物生长、发育过程和次生代谢相关特定基因表达的开关（Jenkins，et al.，1995）。Cosgrove（1981）提到蓝光会减少细胞的扩张，从而抑制叶片的生长和茎的伸长。这种生长抑制是由蓝光感受器调节的，被认为与抑制性光敏色素效应不同。

已知褪黑素（melatonin）（n －乙酰－5－甲氧基色胺）由脊椎动物的松果体合成和分泌。最近的一项研究探讨了在合成褪黑素的受控环境系统中，乌拉尔甘草根中存在褪黑素的证据，以及该植物对包括红光、蓝光和白光（对照）以及 UV - B 辐射（280 ~ 315 nm）在内的光谱质量的反应（Afreen，et al.，2007）。结果表明，褪黑素浓度在暴露于红光下的植物中最高，并随光谱波长的不同而变化，其顺序如下：红光 > 蓝光 > 白光。有趣的是，在较为成熟的植物中（6 个月）褪黑素的浓度显著升高。在暴露于高强度 UV - B 辐射的植株中，根部组织中褪黑素的量化浓度最高。

17.3　结论

显然，本章所述的在受控环境中生产药用植物的做法体现了植物药物生产的重大进展。在密闭受控环境系统中生产药用植物有以下 3 个优点：①植物可以在无菌且标准化的条件下生长，不受生物和非生物的污染；②可以实现植物材料一致的均匀植物生长；③一致的生化特征可以通过代谢物的均匀生产来实现。密闭系统可以确保最佳的环境条件，以最大限度地提高生物量产量，并促进应激的诱导，从而诱导碳重新分配到药用代谢产物的生产中（图 17.1）。本章所述的生长系统的适应性有助于开发安全、一致和高质量的药用植物产品。

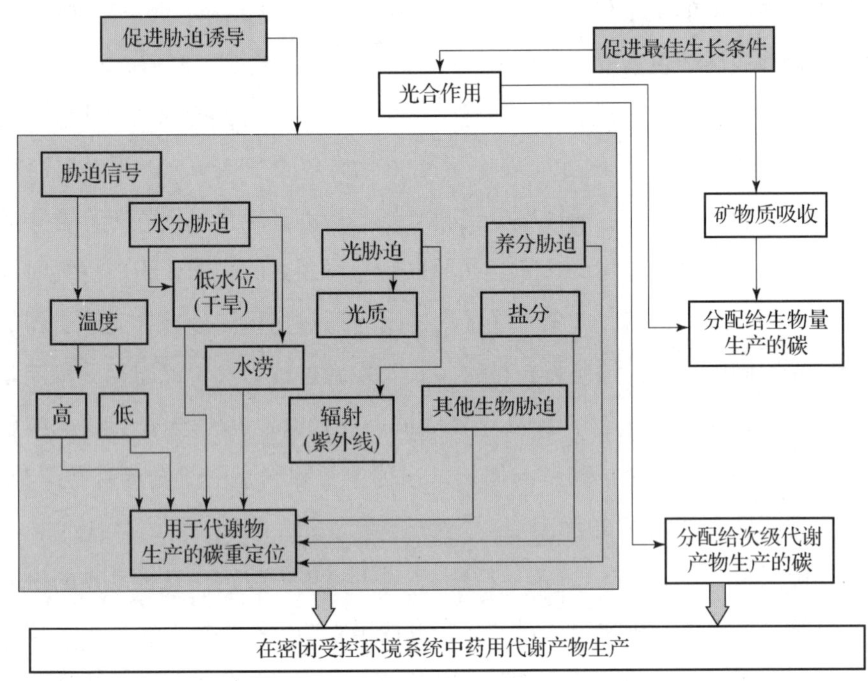

图 17.1 在密闭受控环境系统中促进药用代谢产物生产的途径

参 考 文 献

Abreu, I.N., Mazzafera, P., 2005. Effect of water and temperature stress on the content of active constituents of *Hypericum brasiliense* choisy. Plant Physiol. Biochem. 43, 241−248.

Afreen, F., Zobayed, S., Kozai, T., 2006. Spectral quality and UV-B stress stimulate glycyrrhizin concentration of *Glycyrrhiza uralensis*. Plant Physiol. Biochem. 43, 1074−1081.

Afreen, F., Zobayed, S., Kozai, T., 2007. Occurrence of melatonin, a neuro-hormone in the underground part of *Glycyrrhiza uralensis*. J. Pineal Res 41, 108−115.

Berry, J., Bjorkman, O., 1980. Photosynthetic response and adaptation to temperature in higher plants. Annu. Rev. Plant Physiol 31, 491−543.

Bornman, J.F., Reuber, S., Cen, Y.P., Weissenböck, G., 1997. Ultraviolet radiation as a stress factor and the role of protective pigments. In: Lusden, P. (Ed.), Plants and UV-B. Responses to Environmental Change. Society for Experimental Biology Seminar Series 64. Cambridge University Press, Cambridge, pp. 157−168.

Cosgrove, D.J., 1981. Rapid suppression of growth by blue light. Plant Physiol. 67, 584−590.

Gamon, J.A., Pearcy, R.W., 1989. Leaf movement, stress avoidance and photosynthesis in *Vitis californica*. Oecologia 79, 475−481.

Herbal Supplements and Remedies: A Global Strategic Business Report, 2014. Global Industry Analysts Inc. http://www.strategyr.com/Herbal_Supplements_and_Remedies_Market_Report.asp. visited 7th December, 2014.

Jenkins, G.I., Christie, J.M., Fuglevanc, G., Long, J.C., Jackson, J.A., 1995. Plant response to UV and blue light: biochemical and genetic approaches. Plant Sci. 112, 117−138.

Litvak, M.E., Constable, J.V.H., Monson, R.K., 2002. Supply and demand processes as controls over needle monoterpene synthesis and concentration in Douglas fir [*Pseudotsuga menziesii* (Mirb.) Franco]. Oecologia 132, 382−391.

Maxwell, K., Johnson, G.N., 2000. Chlorophyll fluorescence: a practical guide. J. Exp. Bot 51, 659−668.
Mooney, H.A., Winner, W.E., Pell, E.J., 1991. Response of Plants to Multiple Stresses. Academic Press, San Diego, California, USA.
Mosaleeyanona, K., Zobayed, S., Afreen, F., Kozai, T., 2005. Relationships between net photosynthetic rate and secondary metabolite contents in St. John's wort. Plant Sci. 169, 523−531.
Snow, M.D., Bard, R.R., Olszyk, D.M., Minster, L.M., Hager, A.N., Tingey, D.T., 2003. Monoterpene levels in needles of Douglas fir exposed to elevated CO_2 and temperature. Physiol. Plant 117, 352−358.
Williams, V.L., 1996. The Witwatersrand multi trade. Veld Flora. 82, 12−14.
World Health Organization, 2003. Fifty-sixth World Health Assembly, Provisional Agenda Item 14.10; Traditional Medicine, Report by the Secretariat.
Zobayed, S., Saxena, P.K., 2004. Production of St. John's wort plants under controlled environment for maximizing biomass and secondary metabolites. In Vitro Cell. Dev. Biol 40, 108−114.
Zobayed, S., Murch, S.J., Rupasinghe, H.P.V., de Boer, J.G., Glickman, B.W., Saxena, P.K., 2004. Optimized system for biomass production, chemical characterization and evaluation of chemo-preventive properties of *Scutellaria baicalensis* georgi. Plant Sci 167, 439−446.
Zobayed, S., Afreen, F., Kozai, T., 2005a. Necessity and production of medicinal plants under controlled environments. Environ. Control Biol 43, 243−252.
Zobayed, S., Afreen, F., Kozai, T., 2005b. Temperature stress can alter the photosynthetic efficiency and secondary metabolite concentrations in St. John's wort. Plant Physiol. Biochem. 43, 977−984.
Zobayed, S., Afreen, F., Goto, E., Kozai, T., 2006. Plant-environment interactions: accumulation of hypericin in dark glands of *Hypericum perforatum*. Ann. Bot 98, 793−804.
Zobayed, S., Afreen, F., Kozai, T., 2007. Phytochemical and physiological changes in the leaves of St. John's wort plants under a water stress condition. Environ. Exp. Bot 59, 109−116.

第 18 章
在特制植物工厂中的药物生产

后藤英二（Eiji Goto）
（日本千叶县松户市千叶大学园艺研究生院）

18.1 前言

20 世纪 80 年代，日本提出、开发并实施了 PFAL，在人工光照型 CPPS 中种植叶类蔬菜直至收获。20 世纪 90 年代，这些来自植物工厂的产品得到了食品服务业的高度评价。21 世纪前 10 年，人们开始在 CPPS 或 PFAL 中进行水果、蔬菜、花卉和观赏等苗圃植物的商业化生产（见第 22 章）。PFAL 还为药用植物的生产提供了良好的栽培系统。

最近，转基因（genetically modified，GM）植物因其被用于生产人类或牲畜的药用蛋白质等有价值的材料而备受关注。已经或正在开发的药物产品包括人类或牲畜口服疫苗、预防与生活方式相关疾病的药物、具有抗菌或抗炎作用的物质以及功能蛋白和次级代谢产物。

与使用动物或微生物的传统生产方法相比，使用转基因植物生产药物材料（由植物制造的药物，PMP）具有优势（Daniell，et al.，2001；Ma，et al.，2003），主要体现在以下方面：①所用动物或微生物感染传染病的风险低；②消除了维持冷链的需要；③生产成本低；④易于大规模生产；⑤可作为功能性食品。

食用作物可被用于生产有价值的材料，因为其可食用成分传播传染病的风险较低。在日本，研究小组已经将功能性蛋白编码基因引入水稻、马铃薯、大豆、生菜、番茄和草莓等植物中（表 18.1）[关于口服疫苗，见 Nochi，et al.（2007）；关于神秘果蛋白（miraculin），见 Sugayaet，et al.（2008）和 Kim，et al.（2010）]。在目标植物器官中插入 DNA 的表达和所需蛋白质的积累受到植物和气候条件的显著影响（Stevens，et al.，2000）。因此，需要一种高度受控的环境系统，以实现有价值且质量稳定的材料的全年生产。

表 18.1　日本已开发或正在开发的药用材料

类型	目标	材料	寄主植物
口服疫苗	人类	霍乱疫苗	水稻
	人类	流感疫苗	水稻
	家畜	猪水肿病疫苗	生菜
	家畜	禽流感疫苗	马铃薯
药用材料	人类	人硫氧还蛋白	生菜
	宠物	犬牙周病干扰素	草莓
功能蛋白	人类	乳铁蛋白	草莓
	人类	神秘果蛋白	番茄
该材料选自日本经济产业省资助的研究项目“利用转基因植物生产高价值材料的基础技术开发”（2006.10）。			

CPPS 是生产已经获得制药法批准的药物的一种理想选择。CPPS 相对于露地的优势包括：①在完全环境控制下的稳定植物生产；②有效利用水和 CO_2 气体；③满足良好的生产规范；④降低基因扩散风险。由于尚未研究转基因植物对环境条件的响应，所以有必要研究转基因植物的生理特性，并在人工条件下为每种植物建立合适的栽培方法。

作者的研究小组开发了一种 CPPS，可以在草莓和水稻植物的可食用成分中稳定积累高浓度的功能蛋白。转基因草莓植株在瘦果和果实中积累了一种功能蛋白，而这种蛋白质被认为可以预防与生活方式相关的疾病。转基因水稻在其种子的蛋白质体内可积累一种口服疫苗。本章总结了大批量生产有价值植物材料的生产体系和适宜的环境条件。

18.2 候选 PMP 生产作物

考虑到植物种类的选择，建立植物基因工程技术至关重要，此外，还应对植物积累目标物质的机制进行研究。对于大规模生产系统的商业化，在栽培管理方面减少劳动力以及易于实现机械化和自动化也很重要。

我们在 CPPS 中测试了多种食用作物，并根据我们的试验数据计算了水稻、草莓、生菜和番茄等的单位光能的光同化物生产效率（表 18.2）。叶类蔬菜和水果被种植在商业化 PFAL 和温室中，然而，从生产能力的角度看，在食用作物之间其单位光能的光同化物生产效率没有显著差异。因此，除了蔬菜，谷物、豆类和马铃薯等也是候选 PMP 生产作物。例如，谷类和豆类作物适合生产从碳水化合物和蛋白质中提取的有价值的物质，而且谷类作物和马铃薯可在常温下长时间储存。叶类蔬菜的收获指数高且栽培周期短，而且不需要关注其花粉的扩散问题，因为它们是在开花前被收获的。水果原本就含有多酚等功能性化合物，因此，如果实施植物改良旨在积累可用于预防生活方式疾病的有价值的材料，那么转基因水果植物可能产生多重积极影响。

表 18.2 基于试验数据的候选 PMP 生产作物比较

项目	单位	水稻	草莓	生菜	番茄
PPF	$\mu mol \cdot m^{-2} \cdot s^{-1}$	800	300	200	600
光期	$h \cdot d^{-1}$	12	16	16	12
每日 PPF（DLI）	$mol \cdot m^{-2} \cdot d^{-1}$	34.6	17.3	11.5	25.9
集成 PPF	$mol \cdot m^{-2} \cdot$ 年$^{-1}$	12 440	6 220	4 150	9 330
栽培周期	d	100	90	30	90
每次种植可食用生物量[a]	$gFW \cdot m^{-2}$	800	3 200	2 500	7 500
收获指数	—	0.5	0.5	0.9	0.5
干物质比	%	85	10	5	6

续表

项目	单位	水稻	草莓	生菜	番茄
每次栽培的总干生物量	$gDW \cdot m^{-2}$	1 360	640	139	900
种植数量	—	3. 6	4	12	4
每年的总干生物量	$gDW \cdot m^{-2} \cdot 年^{-1}$	4 896	2 560	1 667	3 600
单位光能的光同化物生产效率	$g \cdot mol^{-1}$	0. 39	0. 41	0. 40	0. 39
[a] 根据我们的试验数据，在光照条件下计算出最佳栽培管理条件下的最高产量。					

18. 3　转基因植物工厂建设

我们构建了两套人工光照型 CPPS，以用于在草莓和水稻植物的可食用成分中稳定积累高浓度的所需功能蛋白。图 18. 1 显示了密闭水稻生产系统的设施设计以及其中空气和水的流动情况。该生产系统是一种仅使用人工光照的商用 PFAL 的先进模型。然而，从转基因作物管理的角度来看，该设计是独一无二的。该系统必须有防止植物部分（如花粉）扩散和灭活作物的未被利用部分的设施。如果系统规范符合标准，就可以为转基因植物生产提供一种理想环境。

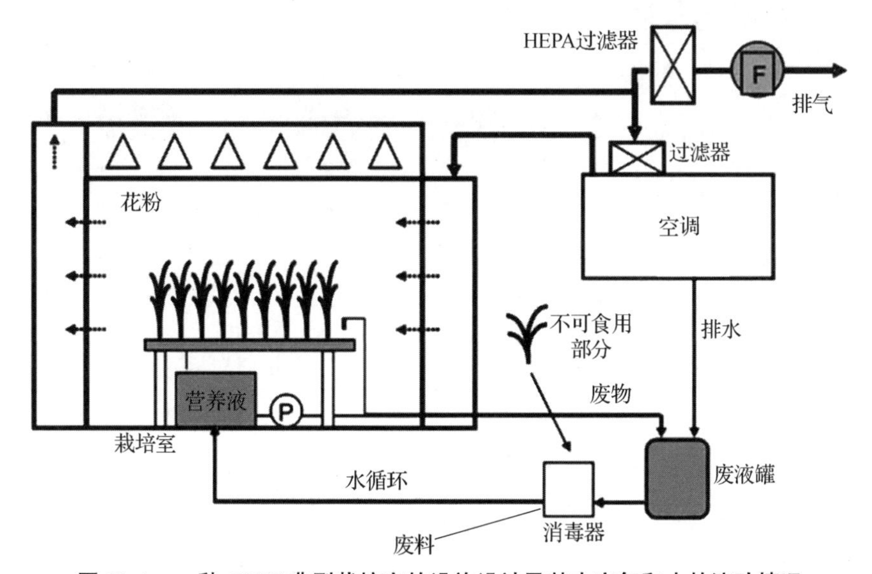

图 18. 1　一种 CPPS 典型栽培室的设施设计及其中空气和水的流动情况

在环境控制方面，植物冠层内光照、温度、湿度和气体等的空间分布均匀性对于生产具有一致质量的材料至关重要。CPPS 不仅可用于控制空中条件，还可用于控制根区条件。采用水培法，可对每个生长阶段的营养液进行优化。因此，该系统可以为植物提供各种人工刺激和生理胁迫，以最大限度地积累目标物质。由于该系统通过阻止害虫入侵而提供了适当的生长条件和无农药环境，所以不需要农艺植物性状来解决与自然环境有关的问题。

我们的研究组开发了一套草莓栽培室样机（20 m^2），在其中配备了带有白色荧光灯的多层栽培架（FHF32 - EX - N - H，松下电器厂有限公司生产）和用于转基因草莓生产的商业化 NFT 水培系统（图 18.2）。我们利用非转基因并四季连续结果的草莓植株（*Fragaria × ananassa* Duch. cv. “HS138”）来进行栽培试验。幼苗通过对茎分生组织进行微繁殖而获取（Hikosaka, et al., 2009; Miyazawa, et al., 2009），然后将其在室内进行栽培，并将室内的空气温度、相对湿度和 CO_2 浓度等调节到适宜水平。在开花期，每 2 ~ 3 d 对其进行一次人工授粉。

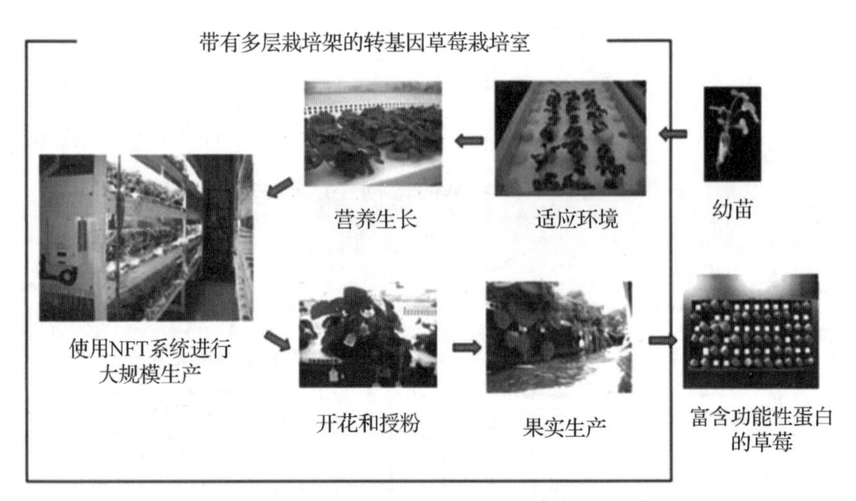

图 18.2 在 CPPS 中栽培转基因草莓植株

另外，我们的研究组利用高强度光源开发了一套带有光照系统的水稻栽培室样机，以用于生产转基因水稻（图 18.3）。该样机的栽培面积约为 15 m^2，高度约为 2 m，配备有 56 盏陶瓷金属卤素灯（M400FCEH - W/BUD/H0，岩崎电器公司生产）。在地面上方 1 m 处，最高光照强度约为 1 200 $\mu mol \cdot m^{-2} \cdot s^{-1}$。通过使用光控系统，可以在 65% ~ 100% 的范围内将光强调节到所需要的水平。此外，可以通过用玻璃板将灯具和栽培空间隔开，并使从栽培空间输出的空气循环到灯具空间来控制栽培区域的热条件。在该栽培试验中，采用了一种非转基因水稻（品种为 Nipponbare）作为植物材料。

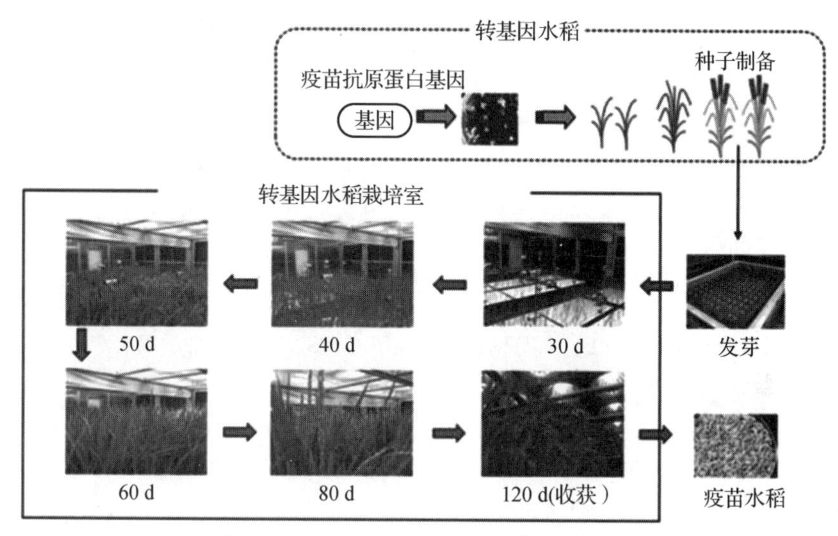

图 18.3　标准栽培条件下在 CPPS 中栽培转基因水稻的一个范例

18.4　植物生长环境条件优化

18.4.1　草莓

采用与水稻植株相同的方法为 CPPS 中草莓植株建立最优光照条件。根据不同空气温度和 CO_2 浓度条件下的生长试验结果，设置日平均温度为 23℃，CO_2 浓度为 1 000 μmol · mol^{-1}。图 18.4 显示了从第一朵花受精后 35 d 内单株的果实产量情况。在 DLI 为 19.4 mol · m^{-2} · d^{-1} 条件下生产了 380 g 果实。每年种植 3 次，种植密度为 5 株 · m^{-2}，年产量比温室平均产量高出 42%。分析表明，CPPS 中适宜的栽培条件可提高草莓植株的光合作用，从而促进果实产量的最大化。

另外，我们研究了光照质量对转基因四季连续结果的草莓的生长和人脂联素（human adiponectin，hAdi）浓度的影响（Hikosaka，et al.，2013）。在荧光灯下，将花期的 hAdi 植株暴露在三种不同的光质（白色、蓝色和红色）下 16 h，直到果实收获。在所有处理中，红光条件下生长的植株中以鲜重计的 hAdi 浓度较其他高很多。

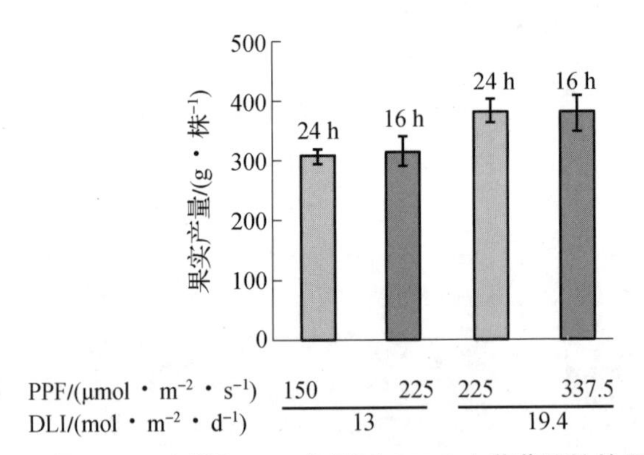

图 18.4 不同 PPF、光期和 DLI 条件下 CPPS 中草莓植株的果实产量

18.4.2 番茄

Kato 等人（2010）创造了一种矮化番茄新品种，其适合在稳定的环境条件下，在 CPPS 中高产出含有目标药物材料的果实。我们研究了光照强度对番茄果实产量以及重组神奇果蛋白（一种味觉修饰糖蛋白）在转基因番茄果实中积累的影响（Kato，et al.，2011）。在 CPPS 中的白色荧光灯下，以 100 ~ 400 μmol · m^{-2} · s^{-1}的不同 PPF 培养植物。结果表明，单位能量的神奇果蛋白产量在 PPF 为 100 μmol · m^{-2} · s^{-1}时最高；单位面积的神奇果蛋白产量在 PPF 为 300 μmol · m^{-2} · s^{-1}时最高。重组神奇果蛋白在转基因番茄果实中的商业化生产能力在很大程度上取决于 PFAL 中的光照条件。

18.4.3 水稻

为了确定水稻植株生产的最佳光照条件，我们分析了稻田水稻常规栽培方式的光照条件，并建立了新的光照策略。位于日本本岛中心的志贺县彦根市，在 6 月中旬阳光明媚的日子里，其 DLI 超过 65 mol · m^{-2} · d^{-1}。然而，稻田从移栽到收获约 5 个月的平均 DLI 为 43 mol · m^{-2} · d^{-1}（图 18.5）。在 CPPS 中，没有必要重建一个典型的 DLI 为 43 mol · m^{-2} · d^{-1}和最高 PPF 为 1 400 μmol · m^{-2} · s^{-1}的日光曲线。因为灯和镇流器的初始成本很高，而且随着光照强度的较大变化，空气温度和湿度控制则变得相对复杂，所以我们将光照强度设置为 1 000 μmol · m^{-2} · s^{-1} PPF，光照时间设置为 12 h · d^{-1}，于是 DLI 达到 43 mol · m^{-2} · d^{-1}。将光期的空气温度控制在 27 ℃，以最大限度地提高光合作用和生长速度。将暗期的空气温度设置为 23 ℃，因此日平均气温为 25 ℃。另外，将相对湿度设置为 70%，以及将 CO_2 浓度设置为 400 μmol · mol^{-1}。

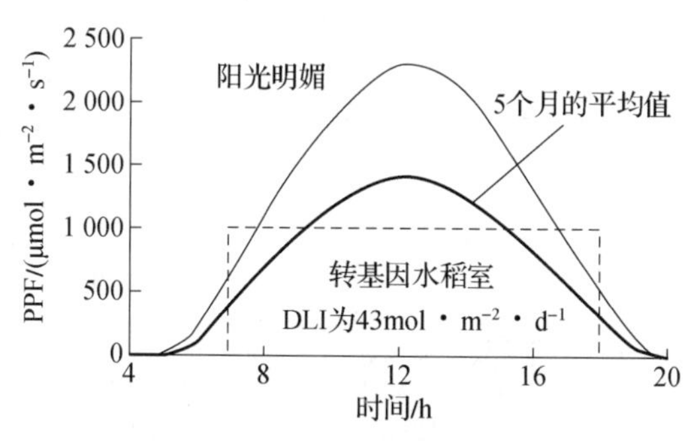

图 18.5　稻田常规栽培水稻的光照条件及 CPPS 专用光照策略

在不同的种植密度和 DLI 条件下种植水稻植株，结果表明，在室内栽培的水稻产量比在日本稻田栽培的水稻平均产量高出 40%~60%（图 18.6）。其主要原因可能是 CPPS 中无阴雨天气，从而使植株在最佳光照和气温条件下持续进行光合作用。这得到了在室内测试的三种处理方法的更高光利用效率的支持。此外，

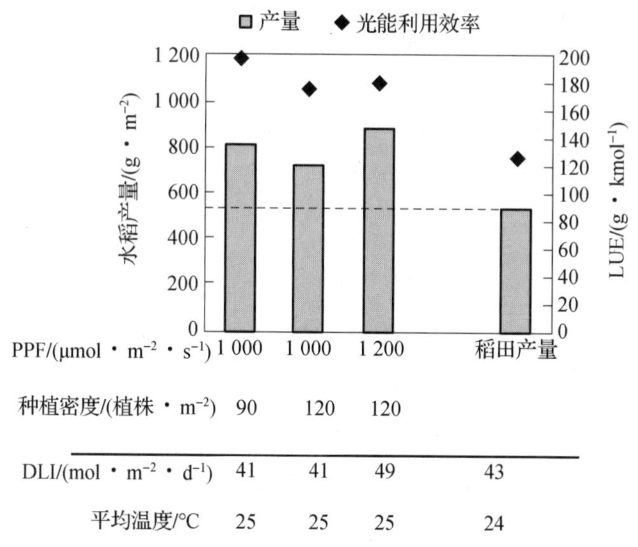

图 18.6　在 CPPS 和稻田中水稻栽培产量和光能利用效率的比较

在 PPF 为 1 000 μmol · m^{-2} · s^{-1}的条件下，在种植密度为 90 株 · m^{-2}时的效率要高于种植密度为 120 株 · m^{-2}时的效率。这意味着，在某些环境条件下存在水稻生产的最佳种植密度（如稻田）。

18.5 结论

调控空气环境因素，如光照强度和空气温度，是促进所需功能蛋白积累的关键技术。为了最大限度地利用 CPPS 来积累有价值的材料，可以在连续光照下生长并具有诱导目标材料响应空气环境压力之潜力的植株是非常有前景的。利用这种技术的植物生产不是农业的一部分，事实上，它是一种将分子生物学和环境工程相结合的一种基于植物的新型产业。

参考文献

Daniell, H., Streatfield, S.J., Wycoffc, K., 2001. Medical molecular farming: production of antibodies, biopharmaceuticals and edible vaccines in plants. Trends Plant Sci 6, 219–226.

Hikosaka, S., Sasaki, K., Aoki, T., Goto, E., 2009. Effects of in vitro culture methods during the rooting stage and light quality during the seedling stage on the growth of hydroponic everbearing strawberries. Acta Horticult. 842, 1011–1014.

Hikosaka, S., Yoshida, H., Goto, E., Tabayashi, N., Matsumura, T., 2013. Effects of light quality on the concentration of human adiponectin in transgenic everbearing strawberry. Environ. Control Biol. 51, 31–33.

Kato, K., Yoshida, R., Kikuzaki, A., Hirai, T., Kuroda, H., Hiwasa-Tanase, K., Takane, K., Ezura, H., Mizoguchi, T., 2010. Molecular breeding of tomato lines for mass production of miraculin in a plant factory. J. Agric. Food Chem. 58, 9505–9510.

Kato, K., Maruyama, S., Hirai, T., Hiwasa-Tanase, K., Mizoguchi, T., Goto, E., Ezura, H., 2011. A trial of production of the plant-derived high-value protein in a plant factory: photosynthetic photon fluxes affect the accumulation of recombinant miraculin in transgenic tomato fruits. Plant Signal. Behav. 6, 1172–1179.

Kim, Y.-W., Kato, K., Hirai, T., Hiwasa-Tanase, K., Ezura, H., 2010. Spatial and developmental profiling of miraculin accumulation in transgenic tomato fruits expressing the miraculin gene constitutively. J. Agric. Food Chem. 58, 282–286.

Ma, J.K.-C., Drake, P.M.W., Christou, P., 2003. Genetic modification: the production of recombinant pharmaceutical proteins in plants. Nat. Rev. Genet. 4, 794–805.

Miyazawa, Y., Hikosaka, S., Aoki, T., Goto, E., 2009. Effects of light conditions and air temperature on the growth of everbearing strawberry during the vegetative stage. Acta Horticult. 842, 817–820.

Nochi, T., Takagi, H., Yuki, Y., Yang, L., Masumura, T., Mejima, M., Nakanishi, U., Matsumura, A., Uozumi, A., Hiro, T., Morita, S., Tanaka, K., Takaiwa, F., Kiyono, H., 2007. Rice-based mucosal vaccine as a global strategy for cold-chain- and needle-free vaccination. Proc. Natl. Acad. Sci. 104, 10986–10991.

Stevens, L.H., Stoopen, G.M., Elbers, I.J.W., Molthoff, J.W., Bakker, H.A.C., Lommen, A., Bosch, D.W.J., 2000. Effect of climate conditions and plant developmental stage on the stability of antibodies expressed in transgenic tobacco. Plant Physiol. 124, 173–182.

Sugaya, T., Yano, M., Sun, H.-J., Hirai, T., Ezura, H., 2008. Transgenic strawberry expressing the taste-modifying protein miraculin. Plant Biotechnol. 25, 329–333.

第三部分

系统设计、建设、栽培与管理

第 19 章 植物生产流程及 PFAL 的建筑规划与布局

古在丰树（Toyoki Kozai）
（日本千叶县柏市千叶大学日本植物工厂协会暨环境、健康与大田科学中心）

19.1 前言

PFAL 的平面布局、设备和栽培床的布局等都是为了实现工作人员的高效操作以及植物生产系统中如植物和供应品等物料的顺畅流动而设计的。此外，为了保证食品安全，必须将 PFAL 的设计和运营保持在高度卫生条件下。然而，PFAL 是相对较新的植物生产系统，目前还没有建立最佳的生产技术体系（Schueller, 2014），因此，植物生产过程还有很大的改进空间。本章概述了植物生产过程、PFAL 的平面规划和卫生问题等方面的最新技术进展。关于卫生设施将在第 24 章从不同的角度进行较为详细的讨论。关于播种、育苗和移栽的程序将在第 21 章予以详细说明。关于 PFAL 的数据收集、分析、可视化、诊断以及改进方法等将在第 25 章中予以介绍。

19.2 运动经济性与 PDCA 循环

为了持续改进植物生产过程中的操作，引入运动经济性（motion economy）

和 PDCA 循环（PDCA 代表 plan - do - check - act，策划—实施—检查—措施）的原则通常是有用的。

19.2.1 运动经济性原则

对于现有的 PFAL，需要每周或每月改进植物生产过程中的手动操作，以消除“负担过重”（muri）、“不一致”（mura）和“浪费”（muda）。这种改进过程是由丰田汽车公司发明并正在使用的，被称为“经营方法改善” （kaizen）（Kanawaty，1992；Meyers and Stewart，2002）。在经营方法改善中，运动经济性和 PDCA 循环是重要的概念和方法学。

运动经济性原则形成了一套规则，以改善制造中的手工工作，以便减少工作人员的疲劳和不必要的运动，进而减少与工作相关的创伤（http://en.wikipedia.org/wiki/Principles_of_motion_economy）。运动经济性原则可分为三组：①与人体使用有关的原则；②与工作场所安排有关的原则；③与工具和设备设计有关的原则。这三个原则被进一步分为 5～10 个步骤（维基百科）。

19.2.2 PDCA 循环

PDCA 循环是一种在任何行动过程中进行改变的四步模式（图 19.1）。重复 PDCA 循环以不断改进该过程。在步骤 1（策划）中，识别机会，并计划改变。在步骤 2（实施）中，对这种改变进行测试，并进行小规模研究。在步骤 3（检查）中，对测试进行复核，对结果进行分析，并确定所学内容。在第 4 步（措

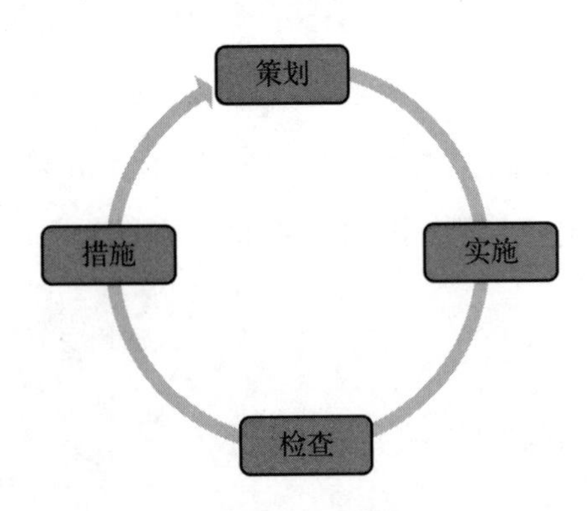

图 19.1 显示 PDCA 循环的一种方案

施）中，根据第 3 步的经验采取行动。如果改进不起作用，则使用不同的计划来重复 PDCA 循环。如果改进起作用，则从测试中学到的知识将被纳入更广泛的改进，并用于计划的新的改进，从而重新开始 PDCA 循环。

19.3 植物生产过程

图 19.2 显示了植物生产过程中以植物运动为重点的一种典型操作流程。然而，栽培板、地板和培养床清洁等未予显示。该流程的每一步都被进一步分解。图 19.3 显示了步骤 1（播种发芽）分解的示例。

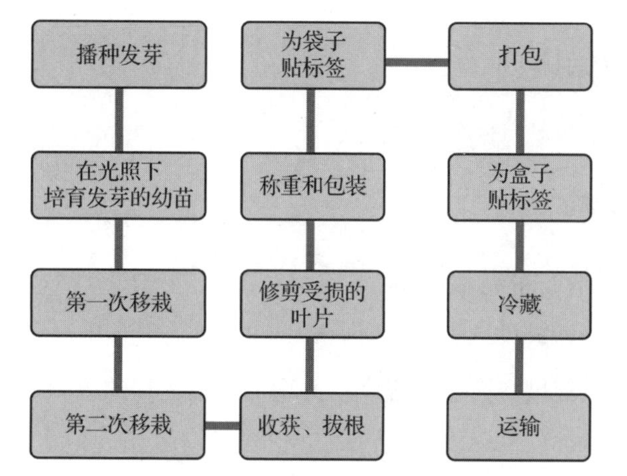

图 19.2 植物生产过程中以植物运动为重点的一种典型操作流程

（未显示栽培板、地板和培养床清洁等）

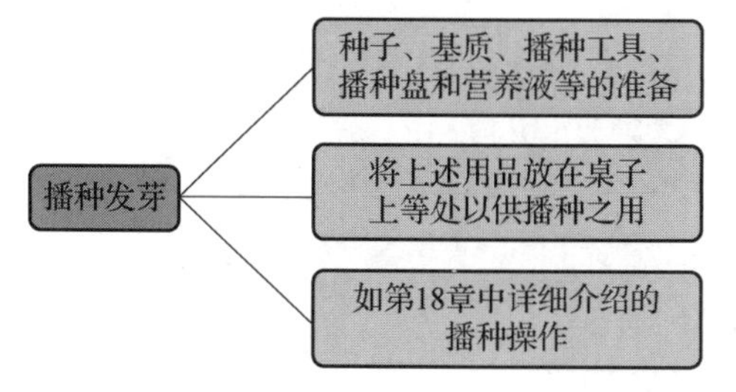

图 19.3 图 19.2 所示的操作流程的步骤 1（播种发芽）的分解示例

目前，如图 19.2 所示，当绿叶蔬菜日产量约为 5 000 棵（100 g · 头$^{-1}$）或更少时，大多处理操作都是手动进行的。如果绿叶蔬菜的日生产能力超过 10 000

棵，则在大多数情况下，以下处理操作大多为半自动化或自动化：播种；装载；卸载；运输栽培板进出栽培层（参见第 21 章）；对绿叶蔬菜称重；用塑料袋包装所收获的产品；在装有绿叶蔬菜的塑料袋上贴标签；将塑料袋装入容器盒；在容器盒上贴标签；在冷却之前包装盒子。在不久的将来，将在大规模的 PFAL 中实现盒子的移植和运输自动化。然而，难以完全自动化的操作包括检测和修剪受损的叶片，以及将塑料袋装入盒子。

另外，在 PFAL 中的大部分手工操作都相对简单、安全和便捷，且工作环境舒适（空气温度为 20 ~ 22℃），因此，PFAL 可以创造适合老年人和残疾人的手工工作机会。

19.4 整体规划

19.4.1 平面布局

PFAL 的大致平面布局如图 19.4 所示。PFAL 主要由操作室和栽培室组成。空调外置机安装在靠近外墙壁（图 19.5）和（或）屋顶上。将外部单元暴露在阳光直射下会提高其热交换器的温度，并增加用于冷却的电力成本，因此应该通过遮阳来避免。

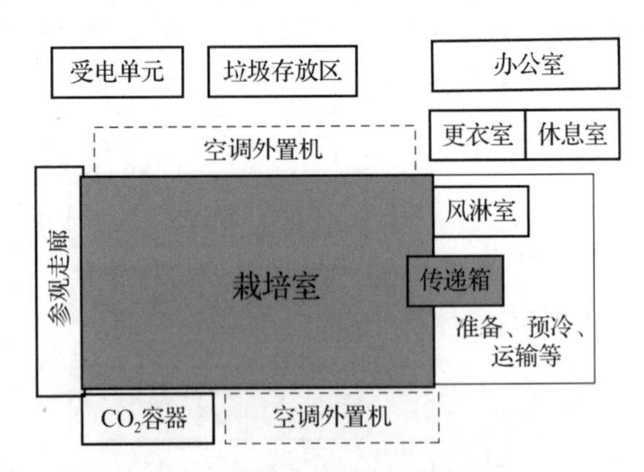

图 19.4 PFAL 的大致平面布局

（栽培室为卫生区）

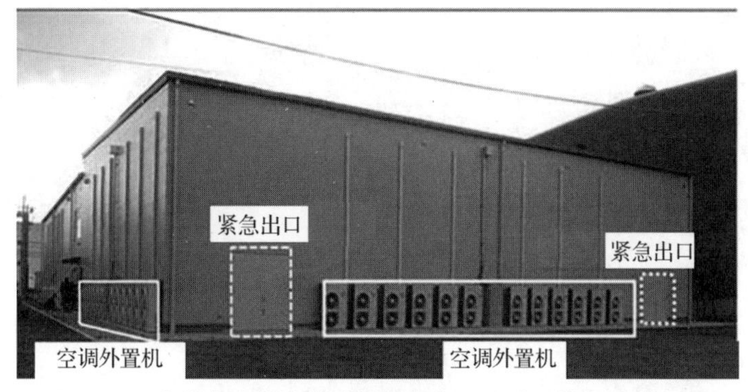

图 19.5　安装在建筑物墙壁和紧急出口处附近的空调外置机

（空调外置机也可安装在屋顶上）

空调室内机和空调外置机之间的距离应尽可能小，以实现较高的 COP 或空调机的制冷电能效率。必须严格避免空调外置机进出风口处出现积雪。当 PFAL 被建在寒冷地区时，必须选择具有特殊规格的空调机，以便当外界空气温度为 0℃或更低时，这些空调机能提供较高的 COP。

紧急出口的位置如图 19.5 所示。对紧急出口的门需要进行隔热处理，以避免在凉爽和寒冷的季节其内表面和周围出现水凝结。必须严格防止小昆虫和灰尘通过门周围的气隙（air gap）侵入。垃圾存放区距离种植室和操作室应至少 20 m，以防止昆虫和小动物在栽培室和仓库之间移动。

将休息室、茶室和办公室与栽培室和操作室进行物理分隔，以保持这些房间的高度卫生，尽管这对工作人员来说有点不方便。由于访客无法进入操作室和栽培室，所以可以提供一条带玻璃窗的参观走廊，通过参观走廊可以看到栽培室。

19.4.2　操作室

图 19.6 显示了一种操作室的典型平面布局。热水淋浴器或空气淋浴器的安装取决于 PFAL 运营者的风险管理政策。热水淋浴器虽然可以降低栽培室受到生物污染的风险，但使用时间比空气淋浴器长得多，因此建议使用空气淋浴器。打算进入操作室的人需要在穿上干净衣服前后进行空气淋浴。提供两个独立的空气淋浴室和更衣室，以分别供女性和男性使用。打算通过操作室进入栽培室的人需要穿上干净（消毒）的工作服、带口罩的头帽、手套和靴子（图 19.7），然后再次进行空气淋浴 15～30 s 后才能进入栽培室。

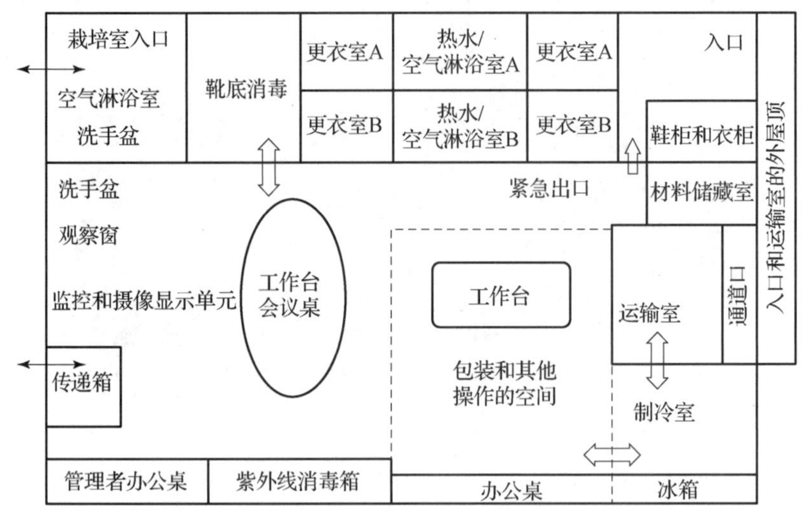

图 19.6 日产量为 5 000 ~ 10 000 棵生菜的 PFAL 操作室的一种典型平面布局

（栽培室位于左侧。房间和空间的建筑面积未按比例予以显示）

图 19.7 穿着干净工作服的工作人员

（帽子、口罩和手套一般是一次性的，工装裤和靴子通常经过洗涤和消毒后再次使用）

对于在栽培室使用的物资，从操作室通过传递箱进行运输。在栽培室内的空气淋浴室和传递箱两侧均设有门，以防止操作室与栽培室之间的空气交换。栽培室和操作室之间有一扇玻璃窗，也可以在操作室和栽培室都安装摄像机。工作台是可以移动的。经操作室被运送到栽培室中的物资，需要在操作室内的紫外线消毒箱中进行消毒。

栽培室和操作室都很干净，但从微生物（细菌、真菌、病毒）的种群密度来看，栽培室的空气要比操作室的空气更干净。因此，对植株称重、修剪，将植株装入塑料袋以及密封塑料袋等都是在栽培室而不是在操作室内进行的。将塑料袋密封后，装入操作室的容器盒，因此在栽培室包装与密封的收获产品比在操作室包装与密封的收获产品更清洁，即菌落形成单位（colony forming unit，CFU）· g^{-1} 更低。但是，应该注意的是，如果不经常对栽培床进行消毒，则栽培床中的微生物种群密度可能非常高。

19.4.3　栽培室

工作人员进入栽培室的步骤如下：①进入操作室的更衣室；②脱掉除内衣外的所有衣物；③进行全身空气淋浴，包括头发/头部清洁；④穿上干净（消毒）的工作服，并戴上帽子、口罩和手套；⑤戴手套时使用消毒剂洗手；⑥穿上干净的靴子，并对靴底进行消毒；⑦再次进行空气淋浴；⑧进入栽培室。该过程与进入无菌植物微繁殖室的过程类似（Chun and Kozai，2000）。

图 19.8 所示为 PFAL 栽培室中栽培床和设备的一种典型层级布局。播种、育苗和栽培三者所占的面积比约为 1 : 12 : 50。每层栽培架宽为 1 ~ 2 m，平均为 1.5 m 左右。层的长度取决于栽培室的大小。层与层之间的垂直距离为 30 ~

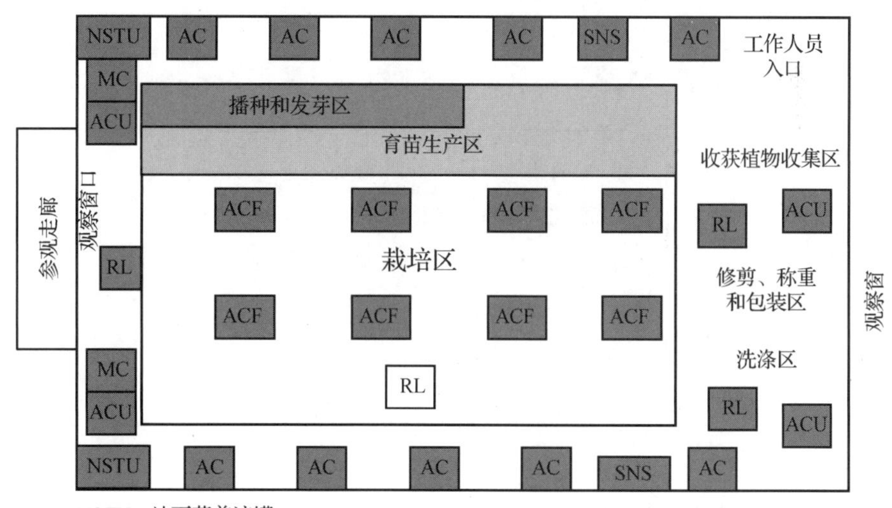

图 19.8　PFAL 栽培室中栽培床和设备的一种典型层级布局

（房间和空间的建筑面积均未按比例予以显示。平面布局中的栽培空间是一个卫生区）

100 cm，平均为 50 cm 左右。人行道平均宽为 1 m，但在很大程度上取决于移栽和收获的方法——①移栽和收获在层的两端进行，人行道用于维护和清洁栽培床等；②沿着人行道进行移栽和收获，但前者的人行道比后者窄。

空调机和空气循环风扇的出风方向必须与各层的出风方向一致。同样重要的是使室内空气进行垂直移动，以使空气温度、VPD、气流速度、CO_2 浓度等均匀垂直分布。

表 19.1 列出了安装在栽培室固定位置的设备（图 19.9 和图 19.10）和环境传感器。另外，还有带或不带电池的移动推车，用于运送栽培板、所收获的产品、植物残渣以及包装盒等；带或不带电池的可移动式升降机，用于装载和卸载带有植物的栽培板（图 19.11）。

表 19.1　安装在栽培室固定位置的设备和环境传感器

类别	设备和环境传感器
电力供应	• 配电箱、断路器和继电器
空调机	• 带制冷剂管道的空调室内机，用于回收利用排水 • 空气循环风扇 • 实际/设定点温度显示单元 • 带过滤器和臭氧（O_3）发生器的空气净化器
营养液供应	• 带循环泵的栽培床 • 带过滤器和阀门的管道 • 消毒装置［带过滤器、紫外线灯和 O_3 发生器］（图 19.9） • 带浮球液位开关的营养液母液储罐 • 民用或清洁供水管道，以及紧急排水管道
灯光	• 带反射器的光源 • 功率稳定器、逆变器和 AC－DC 转换器
CO_2 供应	• 带分布管道的控制单元
卫生控制	• 栽培板清洗机（图 19.10） • 地板和栽培床清洁工具

续表

类别	设备和环境传感器
储藏室	• 用于植物生产及卫生等的用品
环境控制传感器	• 空气：温度、相对湿度（VPD）、CO_2 浓度和 CO_2 供应率 • 营养液：pH 值、电导率、温度、供水速度、循环营养液流量 • 电能：瓦特计或瓦特小时计

图 19.9　一种带有过滤器、紫外线灯和 O_3 发生器的营养液消毒装置

图 19.10　一种栽培板清洗机

（照片由 Sashinami Seisakujo 公司提供）

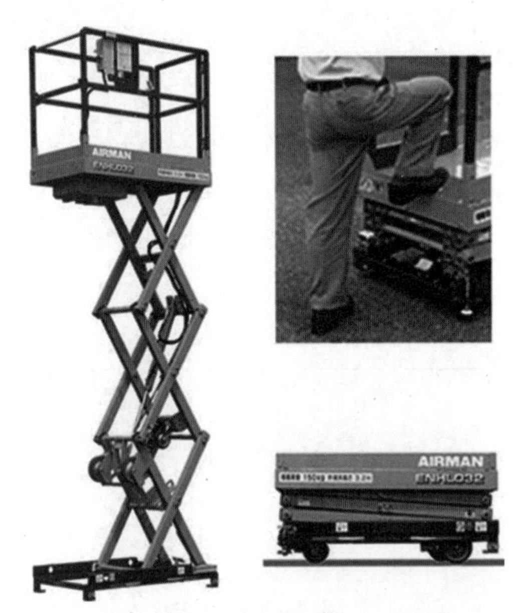

图 19.11 一种用于装载和卸载栽培板的带电池的可移动升降机

[照片由日本北越工业公司（Hokuetsu Industries Co.，Ltd）提供]

在设计和建造高度密闭的栽培室时，应严格避免或尽量减少会释放对植物有毒的丙二醇等挥发性有机化合物（VOC）的材料（包括墙板和地板、管道胶水以及空调机制冷剂）（Niu，et al.，2005）。

19.5 卫生控制

19.5.1 生物清洁

栽培室和操作室必须在生物、物理和化学方面均保持清洁。在许多行业中，室内空气的洁净度是用单位体积空气中 0.1 mm（或 0.5 mm）或更大粒径的颗粒（物理物体）数量表示。对于食品的化学清洁度，通常表现为重金属、农用化学品和其他有毒化学物质的浓度。

在 PFAL 中，室内空气、所收获的农产品或营养液的生物清洁度表示为 CFU（见第 24 章），这是对活的微生物种群密度的一种度量。一般认为，如果每克收获物的 CFU 低于 300，则新鲜蔬菜可以不洗就吃，然而，如果对大田栽培的生菜植株不进行清洗，则其 CFU 会达到 10 000 ~ 100 000。

微生物可分为 4 类：①对人有潜在危害，但对植物没有；②对植物有潜在危害，但对人没有；③对人和植物都没有潜在危害；④对人和植物都有潜在危害。因此，除进行 CFU 测试外，还需要每周或每月开展测试，以测量可能导致人类疾病的有害微生物的种群密度，如大肠杆菌群（*Coliform* group）和金黄色葡萄球菌（*Staphylococcus*）（见第 24 章）。这些病原体往往是由有腹泻症状的工作人员带入的，因此，不应让这些工作人员进入操作室和栽培室。

为了避免可能导致病害的病原体在植物中扩散，每次收割新的栽培床或栽培层时，必须对用于收割的刀剪进行消毒。腐霉属（*Pythium spp.*）和尖孢镰刀菌（*Fusarium oxysporum* Schlecht. f. sp.）等微生物（真菌）的繁殖主要发生在栽培床的营养液和具有微生物食物的潮湿表面。

在栽培床的营养液中，有许多细小的根和藻类（有死的，也有活的）被微生物当作食物。有些微生物在这样的有利条件下生长得很快，因此对栽培板和栽培床必须每 2 ~ 4 周清理一次，以便清除细根、藻类和微生物。另外，有必要对循环营养液进行持续灭菌，尽管许多微生物在栽培床中停留和繁殖而不随循环营养液进行移动，但营养液中的一些病原体一旦进入根部，就会在植株中繁殖，并引起病害。

在一般情况下，营养液中微生物的种群密度比室内空气中微生物的种群密度要高出数百倍，因此应避免以下行为：①将营养液滴洒到植物的地上部分；②将植物的地上部分浸入营养液；③用手套接触根部后采摘或用手套接触植物；④将根部放在栽培室的地板、栽培床或其他地方。

19.5.2 保障食品安全的 ISO 22000 和 HACCP 国际标准

食品安全控制有两个国际标准：ISO 22000 和 HACCP（hazard analysis and critical control point，危害分析与关键控制点）。ISO 22000 系列国际标准涉及食品安全管理。ISO 的食品安全管理标准帮助组织识别和控制食品安全危害。ISO 22000 系列国际标准包含许多相关标准，每个标准侧重于不同方面的食品安全管理（http://en.wikipedia.org/wiki/ISO_22000）。

HACCP 是一套系统，可帮助食品企业经营者评估他们如何处理食品，并引入程序，以确保生产的食品可以安全食用。截至2014年，很少有PFAL能够生产出符合ISO 22000和HACCP标准的蔬菜。

日本于2013年成立了产品和产品体系的第三方认证委员会（Third Party Accreditation Committee on Products and Product System，TPAC－PPS），用于评估PFAL所生产产品的致病微生物、对人体健康的营养成分（包括维生素A、维生素B、维生素C等）、有毒重金属、农用化学品和植物营养成分（NO_3^-等）的含量。然而，截至2018年，TPAC－PPS尚未启动。

参考文献

Chun, C., Kozai, T., 2000. Closed transplant production system at Chiba University. In: Kubota, C., Chun, C. (Eds.), Transplant Production in the 21st Century. Kluwer Academic Publishers, Dordrecht, The Netherlands, pp. 20−27.

Kanawaty, G., 1992. Introduction to Work Study. International Labour Office, Geneva, ISBN 978-92-2-107108-2.

Meyers, F.E., Stewart, J.R., 2002. Motion and Time Study: For Lean Manufacturing. Prentice Hall, New Jersey, ISBN 978-0-13-031670-7.

Niu, G., McConnel, L., Reddy, R.V., 2005. Propylene glycol vapor contamination in controlled environment growth chambers: toxicity to corn and soybean plants. J. Env. Sci. and Health Part B 40, 443−448.

Schueller, J.K., 2014. Implications for plant factories from manufacturing and agricultural equipment technologies. In: Proceedings of Plant Factory Conference, Kyoto, p. 5.

第 20 章
水培系统

孙正义（Jung Eek Son）[1]，金学俊（Hak Jin Kim）[2]，安泰镇（Tae In Ahn）[1]
（[1] 韩国首尔国立大学植物科学系；[2] 韩国首尔国立大学生物系统工程系）

20.1 前言

水培系统是 PFAL 等室内农业系统植物生产的重要工具。在各种水培系统中，DFT、NFT 和气培技术已在商业上与再循环营养液一起使用。由于营养液中的离子浓度随时间变化而引起营养失衡（Son and Takakura，1987；Zekki，et al.，1996；Cloutier，et al.，1997），所以需要实时测量所有养分的营养控制系统，但这种系统尚未商业化。相反，基于离子电导率的水培系统一直是次优选择，但存在营养失衡（Savvas and Manos，1999；Ahn and Son，2011）。为了改善营养平衡，需要定期分析营养液并调整营养比例（Ko，et al.，2013）。作为一种先进的方法，离子选择性电极和人工神经网络被用来估算每种离子的浓度（Dorneanu，et al.，2005；Gutierrez，et al.，2007；Kim，et al.，2013）。为了保护植物工厂中的植物不受疾病的侵害，需要紫外线装置等消毒系统。紫外线照射的光照强度和暴露时间与病原体的消毒率有关（如 Runia，1995）。本章重点介绍植物工厂生产所需的水培系统、传感器和控制器、养分管理系统、离子特异性养分管理和养分消毒系统。

20.2 水培系统

水培系统，或水培法，是一种在无土壤的水中使用矿物质营养液种植植物的方法。对于一般的叶类蔬菜的种植，主要使用的水培系统是 DFT 系统和 NFT 系统。在 DFT 系统中，当栽培床水位低于设定值时，营养液就被供给植株，在坡度为 1/100 的栽培床中，以恒定的时间间隔循环供给植株裸根。NFT 系统和修改后的 DFT 系统类似潮汐灌溉系统（ebb – and – flow system），已在植物工厂中得到广泛应用（图 20.1）。

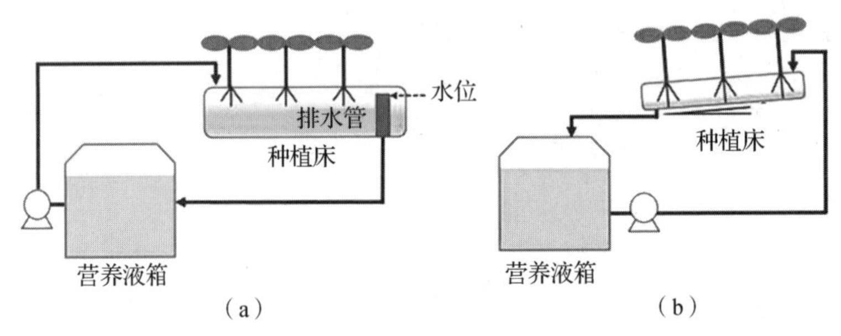

图 20.1 DFT 系统和 NFT 系统示意

（a）DFT 系统；（b）NFT 系统

在再循环系统中，未被植物吸收的营养液会返回到营养液箱中。因此，通过测量营养液箱中营养液的损失量，就可以很容易地估算植物对水分和养分的吸收量。此外，将营养液直接喷洒到植物根部的气培系统也被用于植物工厂。

20.3 传感器和控制器

根区环境因素，如养分浓度、pH 值、DO 和温度等会直接影响水培植株的生长。为了实时测量这些因素，需要相应的传感器。通过假设电流随着营养液中离子化养分浓度的升高而增大，则电导率传感器可被用来测量养分浓度。通过蒸腾作用吸收的营养液可由大型营养液箱中的水位传感器和相对较小营养液箱中的称重传感器来测量。超声波或激光传感器也可被方便地用于非接触式测量营养液箱中的水位。控制水分和养分供应的过程是：确定营养液母液和水分的量，将它们注入营养液箱并混合，然后将混合营养液供应给植株。由传感器和控制器组成的养分控制系统在商业上被用于水培农场。

20.4　养分管理系统

20.4.1　开放式和封闭式水培系统

水培营养液由13种必需元素组成。每种养分都有适合植物正常生长的浓度和相对比例，这是养分管理系统的目标值。然而，营养液中的离子浓度随时间而变化，因此，在随后的密闭水培系统中出现营养失衡（图20.2）。

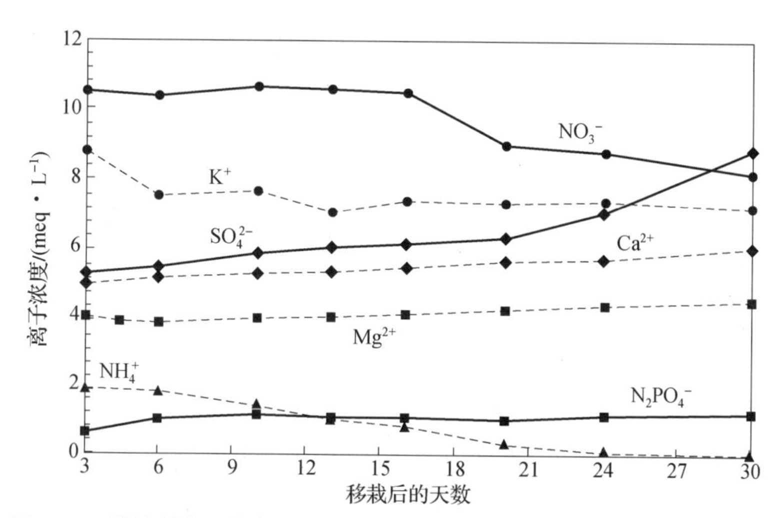

图20.2　被控制在固定电导率条件下的再循环营养液离子浓度的变化情况

（以生菜为例）

因此，为了实现最佳控制，应实时测量所有营养物质。然而，这样的系统在经济和技术上具有局限性。高精度仪器分析相对昂贵，而且离子传感器的耐久性和稳定性仍处于研究阶段。迄今为止，对单个营养物质的实时测量系统的实时应用较为困难；相反，用于控制总离子浓度的电导率和水位传感器系统则被广泛使用。监控控制过程结果的封闭式系统更适合营养液管理（图20.3）

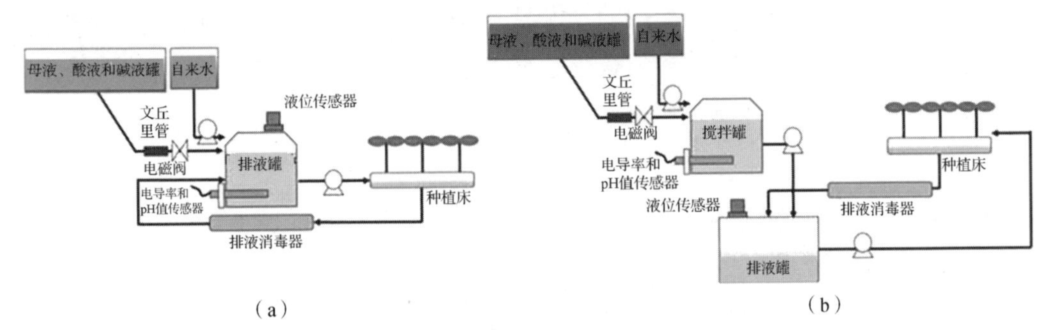

图 20.3 封闭式和开放式水培系统示意

(a) 封闭式；(b) 开放式

然而，系统的放大需要栽培床和排水槽的模块化结构，而增加模块的数量则会提高安装成本。相比之下，开环控制系统可以有一种相对简单的结构，即使对于大型系统也是如此。但由于缺乏反馈，这样的系统可能不适用于吸收浓度波动较大的植物。

基于电导率的水培系统背后的概念涉及控制总离子浓度，同时通过注入母液(stock solution)，以最大限度地减少营养失衡。为了使系统正常运行，需要从理论上了解营养液的混合过程。营养液的混合过程是通过测量排液罐中养分和水分的变化量而间断进行的。其可表示为

$$V_t\mathrm{EC}_t = V_c\mathrm{EC}_c + aUU^{①} = \frac{V_t\mathrm{EC}_t - V_c\mathrm{EC}_c}{a} \tag{20.1}$$

其中，V_t 为储存在排液罐内的营养液的目标体积；EC_t 为目标电导率值 ($\mathrm{dS \cdot m^{-1}}$)；V_c 和 EC_c 分别为排液罐中营养液的当前体积和电导率；U 为植物吸收的养分总量，单位为毫当量；a 是总盐浓度与电导率转换的经验系数。对于水培溶液，Savvas 和 Adamidis (1999) 建议将该系数定为 $a = 9.819$，取值范围为 $0.8 \sim 4.0\ \mathrm{dS \cdot m^{-1}}$。基于式 (20.1)，对于所需要的母液注入量可按下式进行计算：

$$V_t\mathrm{EC}_t = V_c\mathrm{EC}_c + V_w\mathrm{EC}_w + V_{stk}\mathrm{EC}_{stk}\left(V_{stk} = \frac{V_t\mathrm{EC}_t - V_c\mathrm{EC}_c - V_w\mathrm{EC}_w}{\mathrm{EC}_{stk}}\right) \tag{20.2}$$

其中，V_w 为所需注入自来水的量；EC_w 为自来水的电导率；V_{stk} 为所需注入母液的量；EC_{stk} 是母液的毫微米当量浓度与电导率的换算值。V_c，V_w，V_{stk} 的和应等于

① 注：原书如此。

V_t。因此，由这个关系可以推导出下式：

$$V_{stk} = \frac{V_t EC_t - V_c EC_c - EC_w (V_t - V_c)}{EC_{stk} - EC_w} \tag{20.3}$$

一旦 V_{stk} 和 V_w 被计算出来，这些值就会被作为参考输入值被提交给控制器，然后如泵和电磁阀等执行器就会被激活。

20.4.2　基于电导率的水培系统中营养平衡的变化

图 20.3（a）所示的水培系统中养分和水分的输送可用微分方程表示。Silberbush 等（2001）构建了该模型，上述基于电导率的营养液混合过程适用于该模型。以下方程是基于电导率的水培系统中养分和水分运输的简化模型。

$$V_b \frac{dC_b^i}{dt} = Q_{ir} C_{drg}^i - \frac{V_{max} C_b^i}{K_m + C_b^i} - (Q_{ir} - Q_{trs}) C_b^i \tag{20.4}$$

$$V_{drg} \frac{dC_{drg}^i}{dt} = (Q_{ir} - Q_{trs}) C_b^i + Q_{inj} C_{inj}^i + Q_{wtr} C_{wtr}^i - Q_{ir} C_{drg}^i \tag{20.5}$$

$$\frac{dV_b}{dt} = Q_{ir} - Q_{trs} - (Q_{ir} - Q_{trs}) \tag{20.6}$$

$$\frac{dV_{drg}}{dt} = (Q_{ir} - Q_{trs}) + Q_{inj} + Q_{wtr} - Q_{ir} \tag{20.7}$$

其中，V_b 为栽培床中营养液的体积；V_{drg} 为排液罐中储存的营养液体积；C 代表单个养分的浓度，上标表示各养分的名称，下标表示各养分的位置；Q_{ir} 为灌溉率；Q_{trs} 为蒸腾速率；Q_{inj} 为母液注入速率；Q_{wtr} 为自来水注入速率。Q_{inj} 和 Q_{wtr} 由上式计算，V_{max} 和 K_m 为 Michaelis – Menten 动力学系数。

在此模型的基础上，可以模拟基于电导率的水培系统中养分浓度和平衡的变化。图 20.4 显示了 K^+、Ca^{2+}、Mg^{2+} 和 Na^+ 的浓度和比例变化的模拟结果。在实践中，养分之间的吸收率不等于营养溶液中的吸收率，因此在培养期间观察到养分平衡的变化。模拟结果充分显示了这些趋势。Na^+ 等吸收率相对较低的养分在营养液中逐渐升高。在基于电导率的水培系统中，排液罐中的总离子浓度被固定在一个目标值上；这样，它限制了母液的注入量。因此，Na^+ 在营养液中的营养比例会迅速升高，这会导致从母液中注入其他养分的量减少，从而导致盐胁迫的发生。然而，如果自来水的 Na^+ 浓度在一定范围内，则可以观察到动态平衡

(Savvas, et al., 2008)。自来水是 Na^+ 流的一个主要来源，因此，平衡时的浓度由自来水中的浓度、蒸腾速率和吸收率等决定。如果预测的平衡浓度高于所栽培植物的阈值，则需要考虑海水淡化器的应用。此外，其他必需养分的比例对植物的正常生长也很重要，因此有必要在养分缺乏或毒性发展之前定期分析营养液并调整母液中的养分比例（Ko, et al., 2013）。

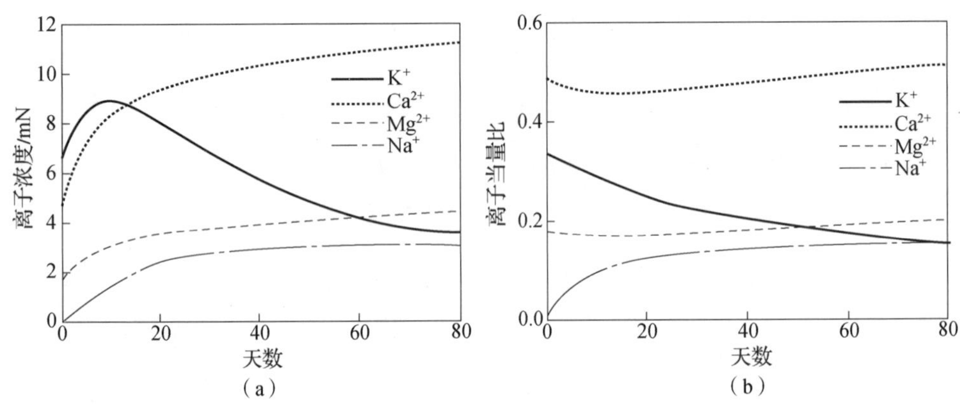

图 20.4 在基于电导率的养分管理系统中在栽培床内离子浓度和离子当量比的模拟结果

(a) 离子浓度；(b) 离子当量比

20.5 离子特异性养分管理

水培溶液含有作物生长所必需的各种养分。这些养分通常以各种离子形式被植物吸收，如 NO_3^-、$H_2PO_4^-$ 或 HPO_4^{2-} 以及 K^+，其通过根系截获和扩散相结合的方式实现。由于温室水培系统中植物的养分储备有限，所以不精确平衡的营养液可能导致根系环境中的营养成分不平衡。特别地，任何一种离子最佳浓度的偏离都可能导致毒性或缺乏症状的发展，并最终损害作物的生产能力（Bamsey, et al., 2012）。

在重复使用排出液（drainage solution）的封闭式水培系统中，盐的积累是通过显著减少溶解在水中的肥料来控制的，而这些肥料是为了补充排出液而被添加的（图 20.5）。然而，在 NFT 系统、DFT 系统和潮汐灌溉系统等封闭式水培系统中，重要的是确定被再利用溶液中的养分浓度，用以再生具有最佳成分的营养液，因为长期重复使用排出液可能导致累积一些养分，从而导致养分比例发生变化（Gutierrez，et al.，2007）。

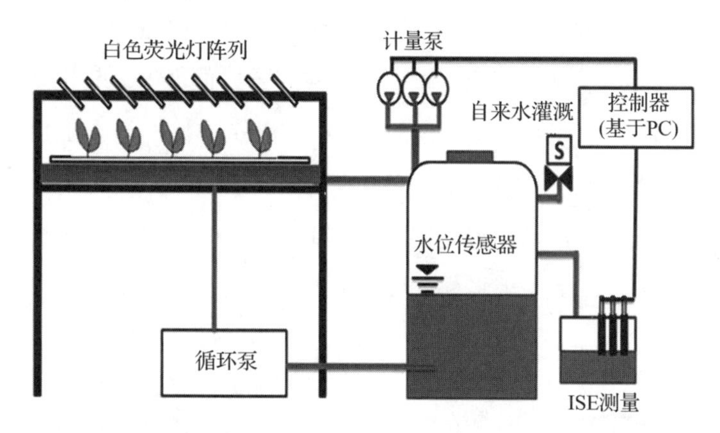

图 20.5　基于养分反馈控制的封闭式水培系统示意

为了克服在实际规模上使用密闭系统的这些局限性，需要一种利用离子分析仪的反馈控制回路，以在线测量养分浓度为基础来稀释液体肥料（Gieling，et al.，2005）。此外，在计算机程序中实现的算法被用于生成激活通过注射单元添加液体肥料的阀门所需要的持续时间值（Savvas and Manos，1999）。目前，在封闭式系统中管理水培养分的做法通常基于营养液中电导率的自动化控制。然而，这种做法所存在的一个主要问题是，电导率测量没有提供关于单个离子浓度的信息，因此，不允许根据作物的需求对每种养分进行单独的实时修正（Cloutier，et al.，1997）。不过，通过对营养液中个别养分进行实时精确的测量与控制，可以提高肥料利用效率。

对这种快速而连续监测的需求导致了离子选择电极（ion - selective electrode，ISE）方法的应用，以测量水培养分（Cloutier，et al.，1997；Gutierrez，et al.，2007）。与标准分析方法（光谱技术）相比，其优点包括：方法简单、测量直接、在宽浓度范围内灵敏度高、成本低和便于携带（Heinen 和 Harmanny，1992；Kim，et al.，2013）。离子选择电极的关键组成部分是离子选择性膜（ion - selective membrane），它可以在溶液中有其他离子存在时选择性地对一种离子做出响应。目前，对于大多数重要的水培养分，包括 NO_3^-、K^+、Ca^{2+} 和 NH_4^+，都有离子选择性膜，

然而，与标准分析方法相比，离子选择电极方法具有几个潜在的缺点。离子

选择电极方法的第一个缺点是受到其他离子的化学干扰，因为离子选择电极并不是真正特定的，而是或多或少地对各种干扰离子做出反应。为了克服干扰问题，可以使用多种数据处理方法，如多变量校正和人工神经网络等方法。多变量校正方法对于允许主要离子和干扰离子产生交叉响应，以便准确地确定单个离子浓度是有用的（Forster, et al., 1991）。由多电极系列获得数据的人工神经网络方法可用于同时测定各种离子（Gutierrez, et al., 2007）。例如，如图 20.6 所示，在之前的研究中，在水培溶液中确定了 NH_4^+、K^+、Na^+ 和 NO_3^- 离子，人工神经网络能够在 3 d 内以可接受的水平预测被测试离子的浓度，而无须消除干扰效应。

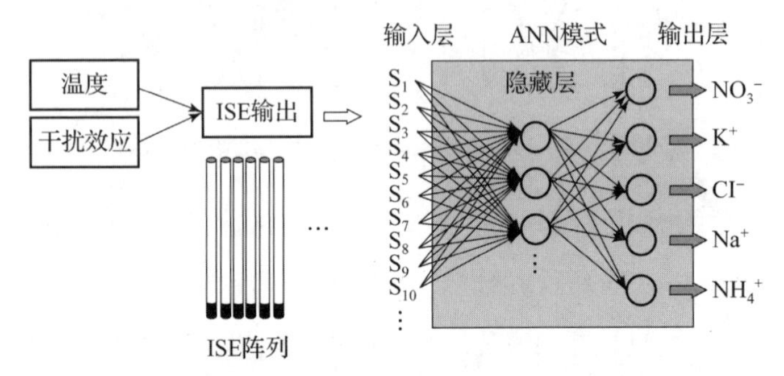

图 20.6 利用离子选择电极系列的人工神经网络方法示意

（ISE 代表离子选择电极；ANN 代表人工神经网络）

离子选择电极方法的另一个缺点是水培营养液中有机物质的存在导致电极响应漂移和生物膜积累，从而降低了准确性（Carey and Riggan, 1994; Cloutier, et al., 1997）。特别地，当考虑包括离子选择电极被连续浸入水培营养液的在线管理系统时，传感器响应的稳定性和可重复性可能是主要问题，因为测量的准确性可能受到电极电势随时间漂移的限制。基于 PC 的自动测量系统的使用，将提高测定养分浓度的准确性和精密度，因为对样品制备、传感器校正和数据收集的一致控制可以减少重复测量过程中多个电极之间的可变性（Dorneanu, et al., 2005; Kim, et al., 2013）。在理想情况下，水培养分的自动传感系统能够定期校正和冲洗电极，并连续测量水培营养液中的养分，同时自动引入用于校正、冲洗和测量的溶液。例如，在之前的一项研究中（Cho, et al., 2018），人们开发了一套实时离子监测系统样机，以自动测量水培营养液中 NO_3^-、K^+ 和 Ca^{2+} 这 3 种单独离子的浓度（图 20.7）。

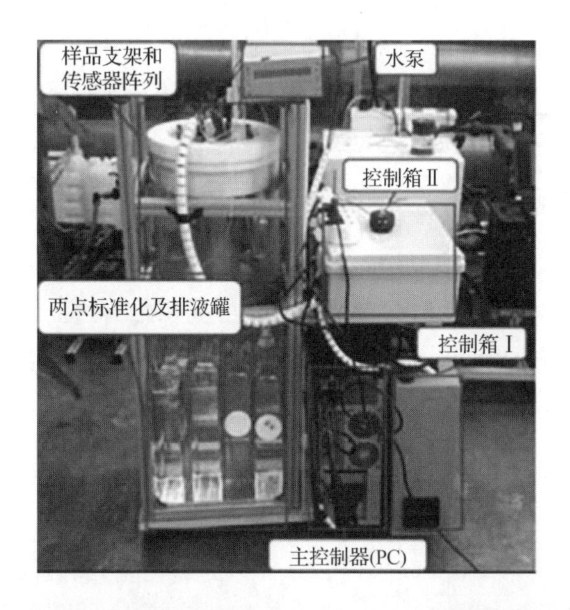

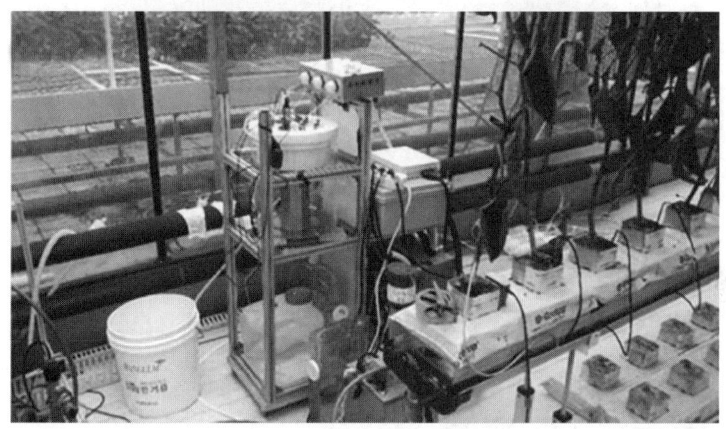

图 20.7　实时离子监测系统样机的硬件部件（上）和带有实时离子监测系统的温室（下）

（该实时离子监测系统被用于监测辣椒水培营养物质的变化）

在封闭式无土栽培系统中，营养液通常由泵和阀门组成的肥料注入系统制备（Jung，et al.，2015）。其养分比例一般通过基于电导率或养分浓度的实时测量值来分配营养液母液而进行调节，以有效地达到预设值（Gieling，et al.，2005；Savvas and Manos，1999）。采用计算机算法来计算待供应的营养液母液的量，并确定启动电磁阀以通过注射单元添加肥料的持续时间。可以利用矩阵方程同时计算营养液母液的体积（Jung，et al.，2015），或者根据特定离子按顺序分别计算要补充的各种养分的量（Cho，et al.，2017）。

20.6 消毒系统

一般来说，水培系统中病原体对农作物的污染程度要低于土培系统，然而，即使其中只有一株植物受到污染，病原体也能通过营养液迅速传播到邻近的植物。为了降低这种风险，人们会在水培系统中使用带有过滤、加热、O_3 生成和紫外线照射等功能的消毒系统。

过滤系统可清除营养液中的病原体和其他可溶性固形物，其容量由孔径大小决定。加热系统通过加热营养液对病原体进行消毒。由于消毒温度因病原体种类而异，所以应设定适当的温度范围。在完成加热处理后，需要一个冷却过程，以重复利用作物的营养液。O_3 系统利用 O_3 气体的氧化能力对营养液进行消毒。紫外线系统具有对通过消毒器管道的营养液中的病原体进行快速消毒的特点。需要至少 250 $mJ \cdot cm^{-2}$ 的光照强度才能对病原体进行彻底消毒（Runia，1995）。即使光照强度在适当范围内，如果营养液的浊度增加，则紫外线照射的透过率降低仍然会导致消毒能力下降。为了防止这种情况发生，应在紫外线消毒器的前面安装过滤器（图 20.8）。然而，紫外线系统的一个缺点是，其会导致营养液中的 Fe－EDTA（乙二胺四乙酸，一种螯合剂）发生沉淀而不能再被使用。因此，需要添加 Fe－EDTA 来补偿水培系统中铁元素的损失。

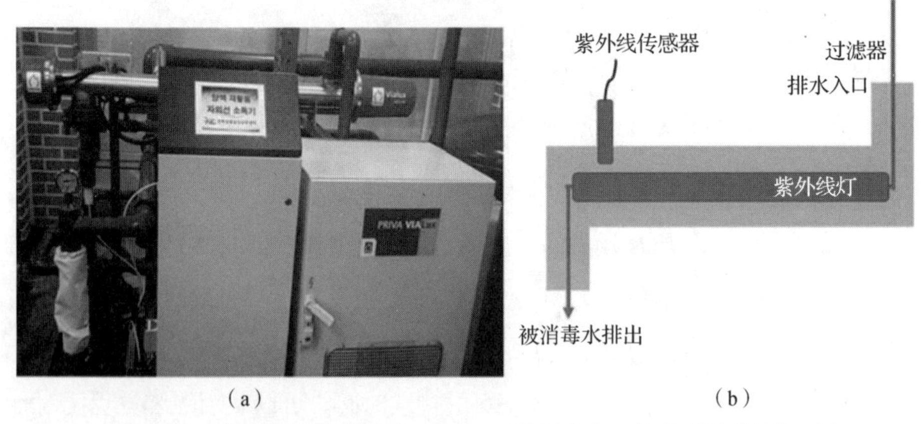

（a）　　（b）

图 20.8 商用紫外线消毒器（由 Priva 公司生产）的外观及其结构示意

（a）外观；（b）结构示意

参考文献

Ahn, T.I., Son, J.E., 2011. Changes in ion balance and individual ionic concentrations to EC reading at different renewal intervals of nutrient solution under EC-based nutrient control in closed-loop soilless culture for sweet peppers (*Capsicum annuum* L. 'Fiesta'). Korean J. Hortic. Sci. Technol. 29, 29–35.

Bamsey, M., Graham, T., Thompson, C., Berinstain, A., Scott, A., Dixon, M., 2012. Ionspecificnutrient management in closed systems: the necessity for ion-selective sensorsin terrestrial and space-based agriculture and water management systems. Sensors 12, 13349–13392.

Carey, C.M., Riggan, W.B., 1994. Cyclic polyamine ionophores for use in a dibasic-phosphate-selective electrode. Anal. Chem. 66, 3587–3591.

Cho, W.J., Kim, H.J., Jung, D.H., Kang, C.I., Choi, G.L., Son, J.E., 2017. An embedded system for automated hydroponic nutrient solution management. Transactions of the ASABE 60, 1083–1096.

Cho, W.J., Kim, H.J., Jung, D.H., Kim, D.W., Ahn, T.I., Son, J.E., 2018. On-site ion monitoring system for precision hydroponic nutrient management. Comput. Electron. Agric. 146, 51–58.

Cloutier, G.R., Dixon, M.A., Arnold, K.E., 1997. Evaluation of sensor technologies for automated control of nutrient solutions in life support systems using higher plants. In: Proceedings of the Sixth European Symposium on Space Environmental Control Systems. Noordwijk, the Netherlands.

Dorneanu, S.A., Coman, V., Popescu, I.C., Fabry, P., 2005. Computer-controlled system for ISEs automatic calibration. Sens. Actuators B 105, 521–531.

Forster, R.J., Regan, F., Diamond, D., 1991. Modeling of potentiometric electrode arrays for multicomponent analysis. Anal. Chem. 63, 876–882.

Gieling, T.H., Van Straten, G., Janssen, H., Wouters, H., 2005. ISE and Chemfet sensors in greenhouse cultivation. Sens. Actuators B Chem. 105, 74–80.

Gutierrez, M., Alegret, S., Caceres, R., Casadesus, J., Marfa, O., del Valle, M., 2007. Application of a potentiometric electronic tongue to fertigation strategy in greenhouse cultivation. Comput. Electron. Agric. 57, 12–22.

Heinen, M., Harmanny, K., 1992. Evaluation of the performance of ion-selective electrodes in an automated NFT system. Acta Hortic. (Wagening.) 304, 273–280.

Jung, D.H., Kim, H.J., Choi, G.L., Ahn, T.I., Son, J.E., Sudduth, K.A., 2015. Automated lettuce nutrient solution management using an array of ion-selective electrodes. Transactions of the ASABE 58, 1309–1319.

Kim, H.J., Kim, W.K., Roh, M.Y., Kang, C.I., Park, J.M., Sudduth, K.A., 2013. Automated sensing of hydroponic macronutrients using a computer-controlled system with an array of ion-selective electrodes. Comput. Electron. Agric. 93, 46–54.

Ko, M.T., Ahn, T.I., Cho, Y.Y., Son, J.E., 2013. Uptakes of nutrients and water of paprika (*Capsicum annuum* L.) as affected by renewal period of recycled nutrient solution in closed soilless culture. Horticulture, Environment, and Biotechnology 54, 412–421.

Runia, W.T.H., 1995. A review of possibilities for disinfection of recirculation water from soilless cultures. Acta Hortic. (Wagening.) 382, 221–229.

Savvas, D., Manos, G., 1999. Automated composition control of nutrient solution in closed soilless culture systems. J. Agric. Eng. Res. 73, 29–33.

Savvas, D., Adamidis, K., 1999. Automated management of nutrient solutions based on target electrical conductivity, pH, and nutrient concentration ratios. J. Plant Nutr. 22, 1415–1432.

Savvas, D., Chatzieustratiou, E., Pervolaraki, G., Gizas, G., Sigrimis, N., 2008. Modelling Na and Cl concentrations in the recycling nutrient solution of a closed-cycle pepper cultivation. Biosyst. Eng. 99, 282–291.

Silberbush, M., Ben-Asher, J., 2001. Simulation study of nutrient uptake by plants from soilless cultures as affected by salinity buildup and transpiration. Plant Soil 233, 59–69.

Son, J.E., Takakura, T., 1987. A study on automatic control of nutrient solutions in hydroponics. J. Agric. Meteorol. 43 (2), 147–151.

Zekki, H., Gauthier, L., Gosselin, A., 1996. Growth, productivity, and mineral composition of hydroponically cultivated greenhouse tomatoes, with or without nutrient solution recycling. J. Am. Soc. Hortic. Sci. 121, 1082–1088.

第21章 播种、幼苗生产及移栽

野村治（Osamu Nunomura），古在丰树（Toyoki Kozai），
筱崎西本喜美子（Kimiko Shinozaki），孝宏押尾桑（Takahiro Oshio）
（日本千叶县柏市千叶大学日本植物工厂协会暨环境、健康与大田科学中心）

21.1 前言

本章介绍了在PFAL中生产幼苗的标准程序，包括准备、播种、幼苗生产和移栽。这里阐述的程序需要根据植物种类、栽培系统、PFAL的日生产能力等进行修改。在此介绍中所给出的数值仅为示例，应根据具体情况进行修改。本章选取生菜（*Lactuca sativa* L. var. *crispa*）作为植物材料。

本章的目的是提供实现99%或更高的种子发芽率（初学者达到的百分比约为90%）和发芽种子的可移栽幼苗百分比超过99%的标准程序。因此，播种种子的可移栽幼苗比例会超过98%（=99×99/100）或更高。播种和移栽幼苗的可销售收成率应分别达到98%以上和99%。

21.2 准备

（1）选择未经处理或经过处理的种子（图21.1）。经过处理的种子包括裸露

种子（无壳）和包衣种子（coated seed）。经过处理的种子比未经处理的种子发芽更快且更均匀。

（2）需要注意是否用杀菌剂处理种子。其选择取决于育苗的目的和种子的生物学特性。

（3）通过目测或使用自动分级/分选机，根据种子的大小、形状、颜色和质量或比重来剔除劣质种子。

图 21.1　生菜未经处理过的种子（左）和包衣种子（右）

［经处理过的种子分为裸露种子（无壳）、包衣种子和包衣裸露种子］

（4）准备一块海绵状或泡沫聚氨酯（polyurethane）播种垫（以下简称为“垫子”）（28 cm × 58 cm × 2.8 cm）（图 21.2），其由 300 个立方体或长方体（2.3 cm × 2.3 cm × 2.8 cm）组成，在每个立方体的上表面有一个小孔（直径为 7 ~ 10 mm，深度为 5 ~ 10 mm）。可以很容易地用手将每个立方体从垫子上分开。

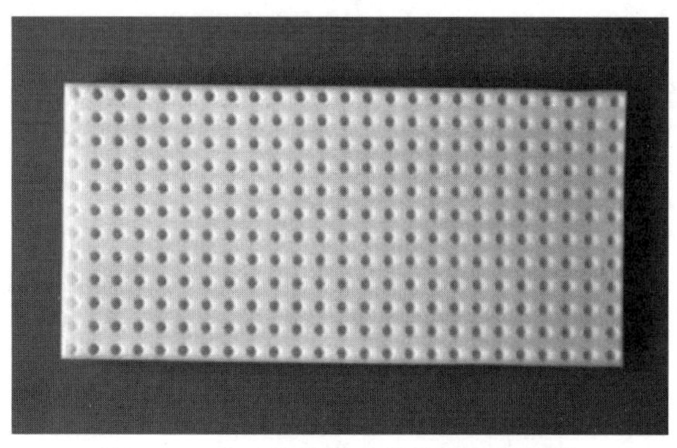

图 21.2　白色海绵状泡沫聚氨酯播种垫

［宽 28 cm × 长 58 cm × 高 2.8 cm；由 300 个长方体（2.3 cm × 2.3 cm × 2.8 cm）组成］

（5）在每个孔的中心有一条交叉的狭缝（每条10 mm长），其一直延伸到立方体的底部，以促进发芽种子的胚根（最幼嫩的主根）容易向下生长（图21.3）。

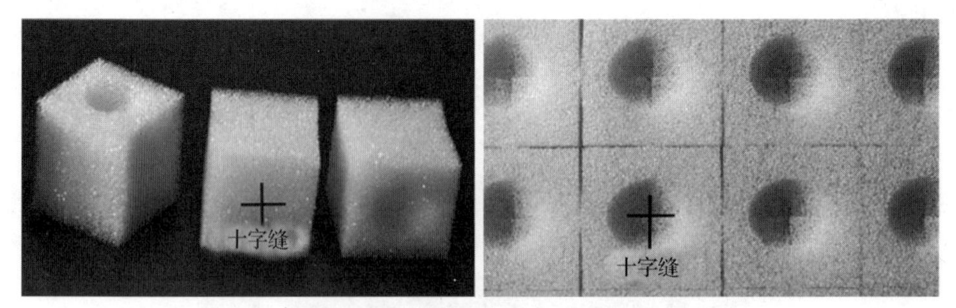

图21.3 每个长方体的上表面中心处均具有一个孔

（每个孔的中心处都有一个十字缝，以促进发芽种子的胚根向下顺利生长）

（6）准备一个泡沫塑料托盘（外形尺寸：30 cm×60 cm×4.0 cm），用于盛放垫子（图21.4）。在将垫子放入托盘之前，先测量空托盘的质量。

图21.4 用于存放垫子的相对较硬的成型泡沫聚苯乙烯托盘

（外形尺寸：宽30 cm×长60 cm×高4 cm；内部尺寸：宽28 cm×长58 cm×高2.8 cm）

（7）准备预定体积（每盘3 L）的营养液，其浓度为第二次移栽后所使用营养液的1/4～1/8。

（8）使用带有许多小孔的平板（30 cm×60 cm）或带有堆叠和自动送料装置的压力机（图21.5）均匀地向下按压垫子表面，以排出垫子中的所有空气。如果仅要压制几块垫子，则可以手动进行此步骤的操作。

（9）同时，将垫子浸泡在营养液中，使垫子中的所有毛细管和（或）孔隙充满营养液，从而使垫子中没有气泡。

图 21.5　一种泡沫垫排气压力机

（可以将垫子中的空气全部排走，并用水填满气孔。该压力机可被连接到一个堆叠和自动进料单元）

（10）称量含有垫子和营养液的托盘，并添加或去除少量（约 0.2 L）营养液，以获得所有托盘共有的 3 280 g（例如，托盘质量为 215 g，营养液质量为 3 000 g，垫子质量为 65 g）预定目标质量。

（11）检查水平垫子的表面是否均匀湿润，自由营养液的液位是否刚好在垫子的每个孔的底部。均匀湿润的垫子表面和孔底部的自由营养液对于在垫子上实现均匀的种子发芽非常重要。垫子表面的湿度不均匀通常是由于垫子内的毛细吸力不足，这时需要更换新的垫子。

21.3　播种

（1）在每个立方体的湿孔中（图 21.6），利用镊子、播种盘、半自动播种机（图 21.7）或自动播种机（图 21.8），各放入一粒种子。确定种子接触到孔的潮湿中心。

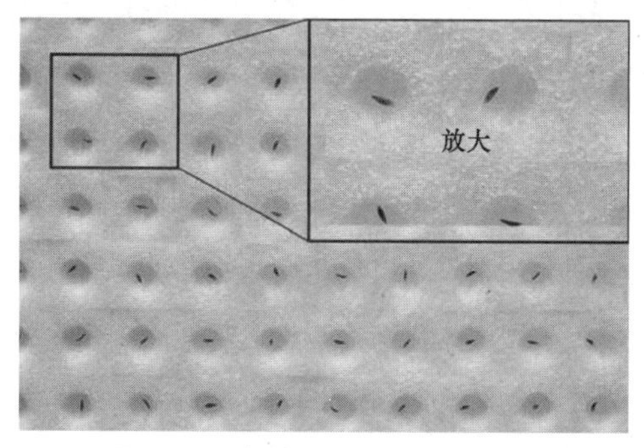

图 21.6　在垫子上播种生菜种子

（确保种子接触潮湿的孔中心以顺利发芽）

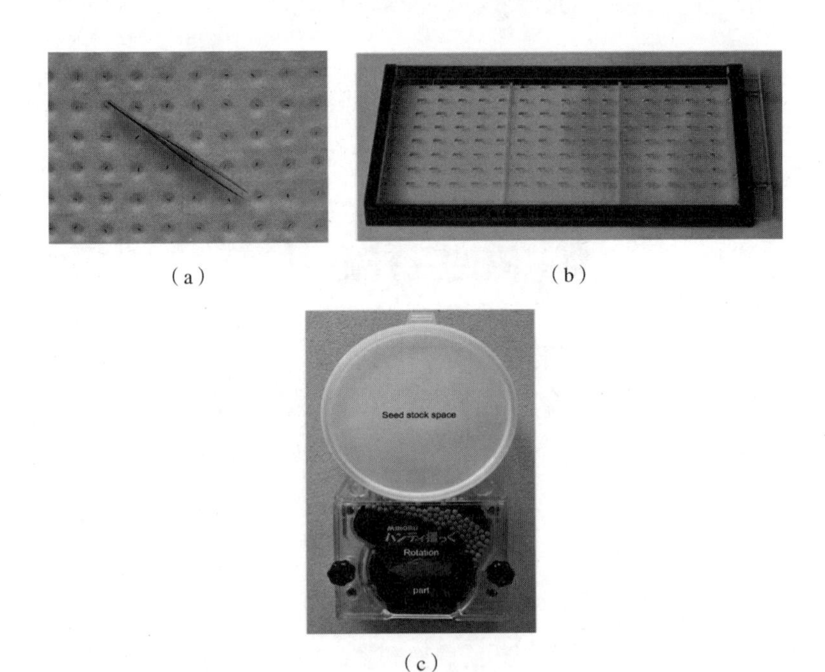

图 21.7　镊子、播种盘及半自动播种机的外观

（a）镊子；（b）播种盘；（c）半自动播种机

（播种盘有两块透明塑料板，上面有网格状的小孔。将手柄连接在上板的右侧。当在上板的每个孔中都放置一粒种子后，将播种盘置于垫子上方，并将手柄拉到右侧。然后，每粒种子落在孔的中心。将种子堆放在半自动播种机的上部容器中。手动将半自动播种机移到左侧。然后，一粒种子从旋转容器底部的一个孔里掉下来。孔之间的距离可以手动调整，以适应不同的垫子。半自动播种机由日本冈山县 Minoru 工业公司生产）

图 21.8　针对海绵状垫子的自动播种机

（由日本三重县南成小林公司生产）

D 灯从侧面向每个垫子的表面施加微弱的光线。

（2）用塑料薄膜（厚度为 0.02 mm）覆盖垫子表面，以在发芽阶段使其表面持续保持湿润（图 21.9）。

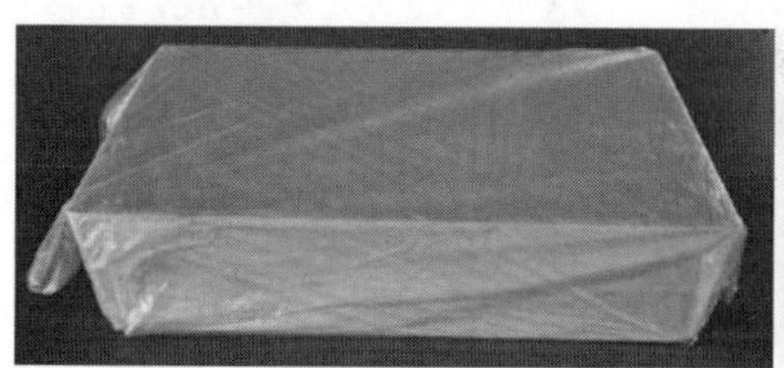
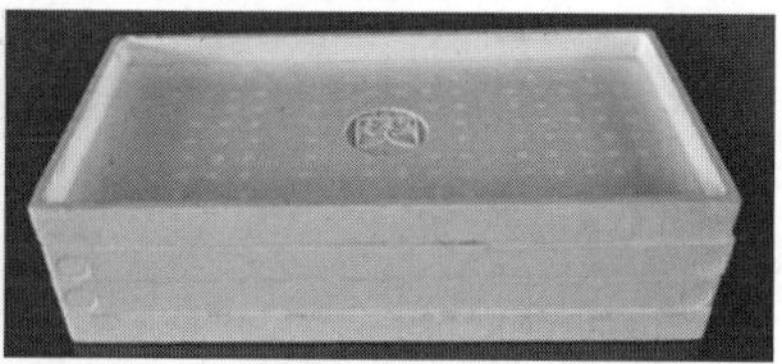

图 21.9 利用塑料薄膜覆盖垫子表面的方式

［成型的聚苯乙烯托盘，种子被塑料薄膜（0.02 mm 厚）覆盖（左），并用空的泡沫聚苯乙烯托盘覆盖以使垫子保持表面湿润（右）］

（3）将托盘移至发芽空间。确保托盘始终是水平的，以防止种子和营养液在运输过程中在托盘中移动。

（4）堆放托盘，以防种子变为负需光发芽（photoblastic）种子（正需光发芽种子的发芽不需要昏暗的光线），再单独用一块薄塑料板（厚度为0.5～1.0 mm）在最上面托盘的垫子表面上向下轻压。

（5）如果种子是正需光发芽种子，则将托盘放置在发芽架中，使各层之间的垂直距离保持为7～10 cm。使用垂直安装的荧光灯或串式 LED 灯，从侧面将昏暗的光线照射到每个垫子的表面。

（6）微生物容易在发芽空间中生长，因此需要定期清洗和（或）消毒。

（7）气温设定值随植物种类和栽培品种的不同，在 15～30℃范围内变化（生菜为15～22℃）。

（8）播种后2～3 d，将托盘上的塑料薄膜揭下。

（9）种子萌发时，首先长出胚根（图 21.10），然后出现下胚轴，其子叶展开，并覆盖种皮（图 21.11）。

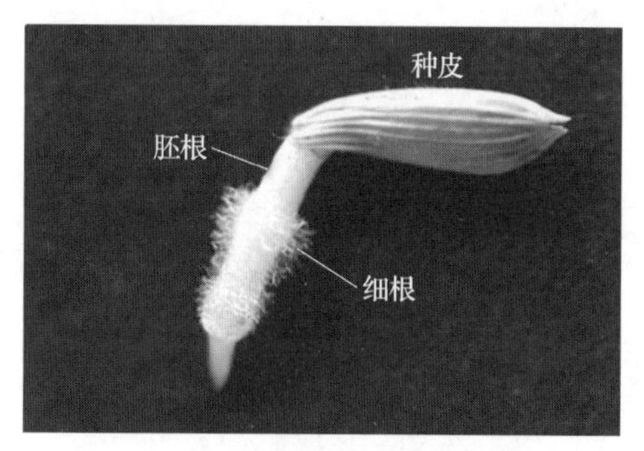

图 21.10 带有胚根的生菜发芽种子

（下胚轴和子叶仍在种皮中）

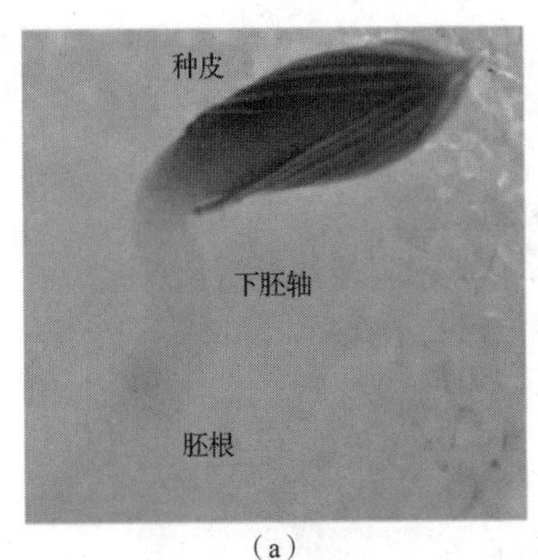

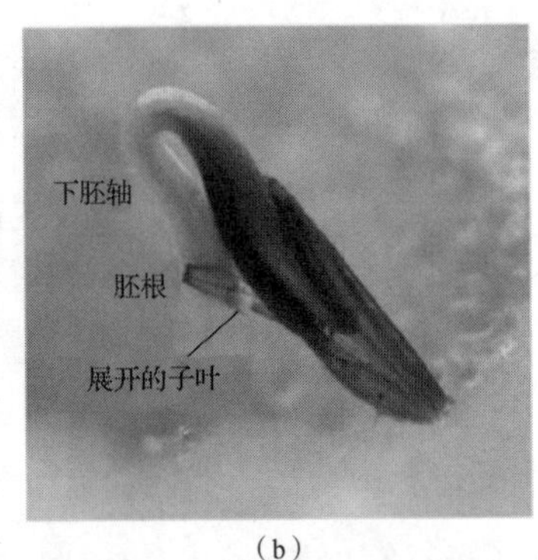

（a）（b）

图 21.11 生菜种子分别播种 22 h 和 42 h 后的外部形态

（a）播种 22 h 后；（b）播种 42 h 后

（子叶仍然是折叠的，部分在种皮中）

（10）确认所有胚根都向下生长而进入垫子。只要对正在发芽的种子施加轻微的向下压力，胚根就能顺利地通过十字缝向下生长到立方体的底部。如果向下的压力太小，则胚根将不能穿透垫子（图 21.12）。

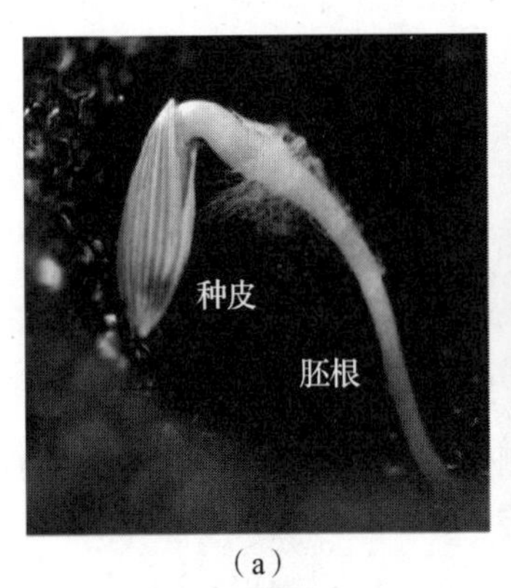

（a）（b）

图 21.12 未穿透进入基质的带有胚根的发芽生菜种子

（a）播种后 2 d；（b）播种后 7 d

（胚根被从基质中提起）

（11）在该阶段，种子发芽率预计为 99% 或更高。如果不是，则需要分析原因，以提高发芽率。

（12）将托盘从发芽空间移到幼苗生产空间。此后，幼苗通过光合作用进行生长。

（13）在 PPFD 为 50 ~ 100 $\mu mol \cdot m^{-2} \cdot s^{-1}$的条件下，将发芽的种子培育成

绿色子叶展开的幼苗。绿色子叶通常在播种后 4 ~ 7 d 内完全展开（生菜种子为 4 d）（图 21. 13、图 21. 14）。

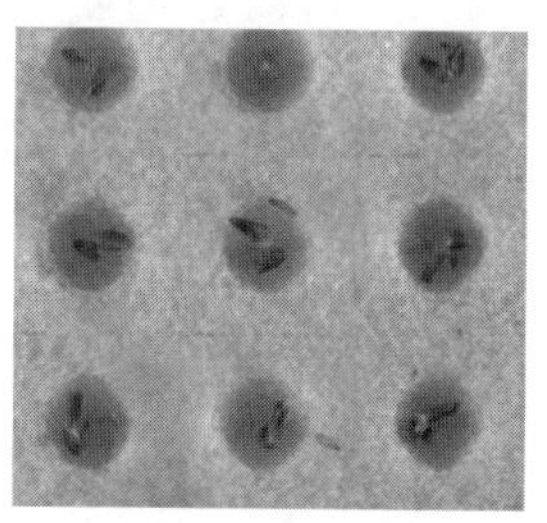

图 21. 13 播种后 72 h 带有子叶的生菜（品种为 crispa）种子外观

（在这个生长阶段，子叶已基本展开并开始进行光合作用）

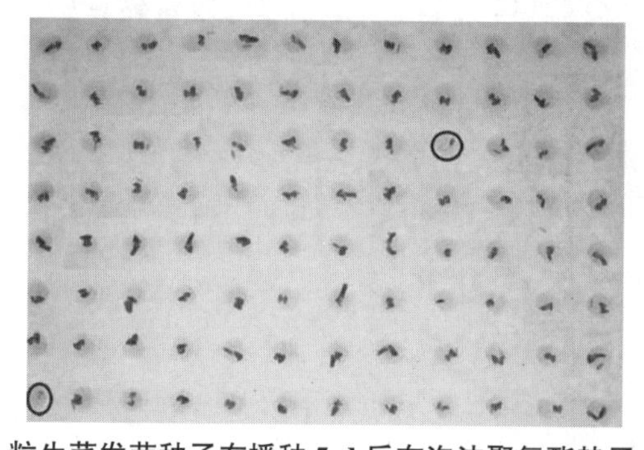

图 21. 14 96 粒生菜发芽种子在播种 5 d 后在泡沫聚氨酯垫子上的生长情况

（对于商业化植物生产，发芽率需要达到 98% 或更高。图中圆圈中的两粒种子比其他种子的发芽时间晚了 2 d）

（14）在光照下藻类在潮湿垫子表面迅速生长（图 21. 15）。为了防止这种情况发生，当带有细根或小根的胚根进入营养液时，需要将托盘中的自由营养液的液位降低 10 mm，以保持垫子表面呈干燥状态（图 21. 16）。

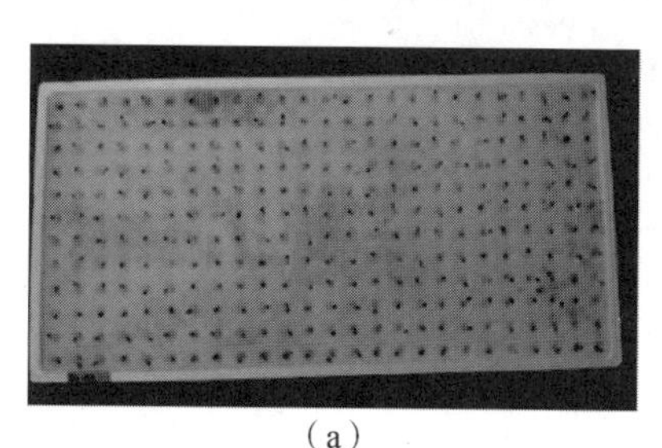
（a）

（b）

图 21. 15 在有光照和营养液的情况下藻类在潮湿的垫子表面迅速生长的情况

（a），（b）垫子上有斑点藻类生长

（c）

图 21.15　在有光照和营养液的情况下藻类在潮湿的垫子表面迅速生长的情况（续）

（c）藻类在垫子表面和内部生长

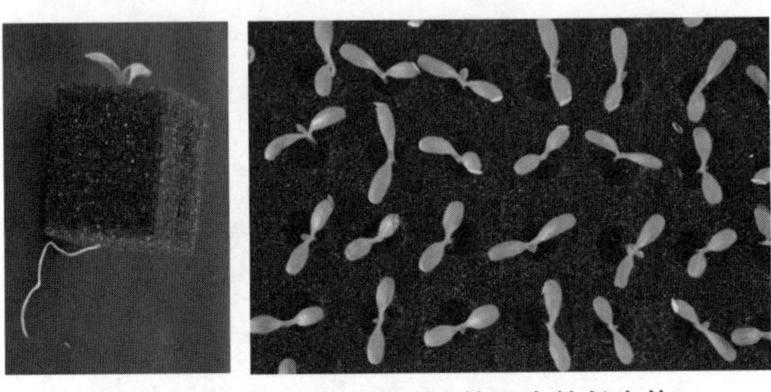

图 21.16　幼苗的根穿透了垫子中的长方体

（此时，将自由营养液的液位降低 10 mm 以使垫子表面干燥，从而抑制藻类的迅速生长）

（15）黑色海绵状泡沫聚氨酯垫子能有效抑制藻类生长，尽管其较低的反射率会导致 PPFD 降低（图 21.17）。

图 21.17　可抑制藻类生长的黑色垫子（海绵状泡沫聚氨酯垫）

21.4　幼苗生产及移栽

（1）播种后 3 ~7 d，子叶展开，呈绿色。以生菜种子为例，子叶在播种 72 h 后完全展开，在播种 5 d 后即可观察到小真叶，在播种 7 d 后，两片真叶展开（图 21.18）。

（a）　（b）　（c）

图 21.18　播种后 3～7 d 带有展开子叶生菜幼苗的外部形态特征

（a）播种后 3 d；（b）播种后 5 d；（c）播种后 7 d

（2）幼苗在播种 10～12 d 后开始迅速生长。幼苗播种 14～16 d 后（图 21.19）适合第一次被移栽到有 24～30 个孔的栽培板（30 cm×60 cm×1 cm）（图 21.20）

图 21.19　生菜（品种为 crispa）幼苗播种后 14 d 即可被第一次移栽

（黑色泡沫聚氨酯立方体被用作栽培基质）

（3）待立方体的底面长出带有小根的胚根时，将每个带有立方体的幼苗移栽到培养板上继续生长，并将胚根浸入底面约 30 mm 处。移栽可以手工完成，也可以使用移栽机进行。

（4）每个具有300个立方体的垫子需要12块（=300/25）培养板（成型的泡沫聚氨酯板），每块有26个孔（图21.20），或需要10块（=300/30）培养板，每块有30个孔。

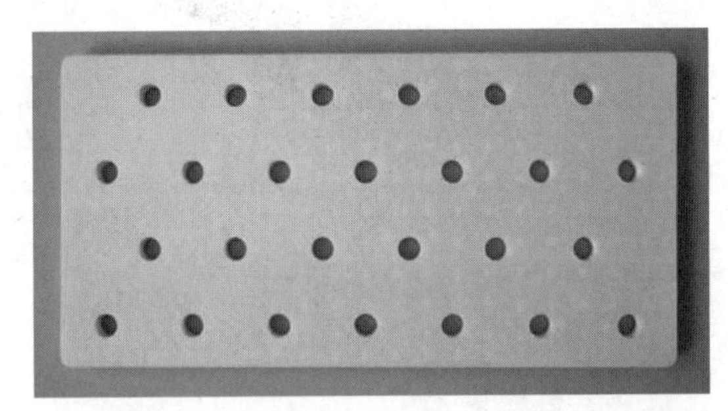

图21.20　为第一次移植形成了26个孔的泡沫培养板外观

（该泡沫培养板相对较硬，大小为29.8 cm宽×59.6 cm长×1.4 cm厚，有26个孔，直径为2.2 cm）

（5）将含有25~30株幼苗的培养板置于有栽培床和营养液循环单元的水培系统中，以100~150 μmol·m^{-2}·s^{-1}的PPFD进一步培养约10~15 d，以获得更大的幼苗。当投影叶面积与培养板面积比值超过0.9时，准备第二次移栽（图21.21）。

图21.21　生菜幼苗（品种为crispa）播种后24 d时可进行第二次移栽

（鲜重：10~12g·$株^{-1}$，根鲜重比：0.40~0.45）

（6）使用带有6~8孔的培养板（成型泡沫聚氨酯板）进行第二次移栽（图21.22）。幼苗越大，就越难把它们取出来进行移栽。然而，如果使用较大的幼苗进行第二次移栽，则播种、育苗和第二次移栽后栽培所需要的总面积可减小。

图 21. 22　用于第二次移栽的带有 6 个孔的培养板

（培养板属于硬质板；尺寸为 29. 8 cm 宽 ×59. 6 cm 长 ×1. 4 cm 厚；孔的直径为 2. 2 cm）

（7）如果移栽植物的下胚轴太长，则移栽苗往往躺在培养板上，且生长会推迟几天。

（8）当 CO_2 浓度升高到 1 000 ppm 左右时，第二次移栽后植物的生长会得到增强。

第22章
密闭系统中移栽苗生产

22.1 前言

密闭移栽苗生产系统（closed transplant production system，CTPS）是一种PFAL或CPPS，其被专门设计和操作，用于生产移栽苗（transplant，也叫作被移植物，包括来自种子移植的幼苗和来自插条/外植体的小植株）（Kozai，et al.，2004）。CTPS还被用于进行微繁殖植株的驯化和植物的无性繁殖（增殖）（Chun and Kozai，2000）。

CTPS可用于通过环境控制生产具有理想生理生态特性的移栽体（Kozai，2007）。示例包括：①在第8节或更低处有花芽的番茄幼苗，能够提前收获，从而获得更高的年产量；②下胚轴（茎）粗短的幼苗，能够抵抗包括大风和大雨在内的环境胁迫；③下胚轴柔软而细长的幼苗，用手或切割机容易切割下胚轴以生产嫁接苗的接穗或砧木；④无论天气如何，全年在生理上和形态上均较为均匀的移栽苗。

CTPS还适用于：①生产无昆虫和无农药的移栽苗；②通过优化控制环境（包括CO_2浓度升高），与温室相比，可将移栽苗的生产周期缩短30%~40%；③提高单位土地面积的年移栽苗生产能力；④提高移栽苗生产过程的可追溯性（Kozai，2006）。

在本章中，首先介绍了CTPS的主要组成部分和功能，以及移栽苗的年生产能力和每个移栽苗的电力成本；其次讨论了移栽苗生产的生理生态学；再次介绍了几种药用和园艺移栽苗的生产方案；最后介绍了蓝莓和草莓的移栽苗繁殖与生产情况。

22.2　主要部件及其功能

古在丰树（Toyoki Kozai）
（日本千叶县柏市千叶大学日本植物工厂协会暨环境、健康与大田科学中心）

22.2.1　主要组成部分

自2004年CTPS开始被商业化应用，截至2014年，CTPS已在日本300多个地点得到推广。CTPS的主要组件与PFAL相同，如图22.1所示。然而，为了生产本章引言中所提到的高质量移栽苗，CTPS具有一些独特的特性，而这些特性与PFAL的特性有所不同。

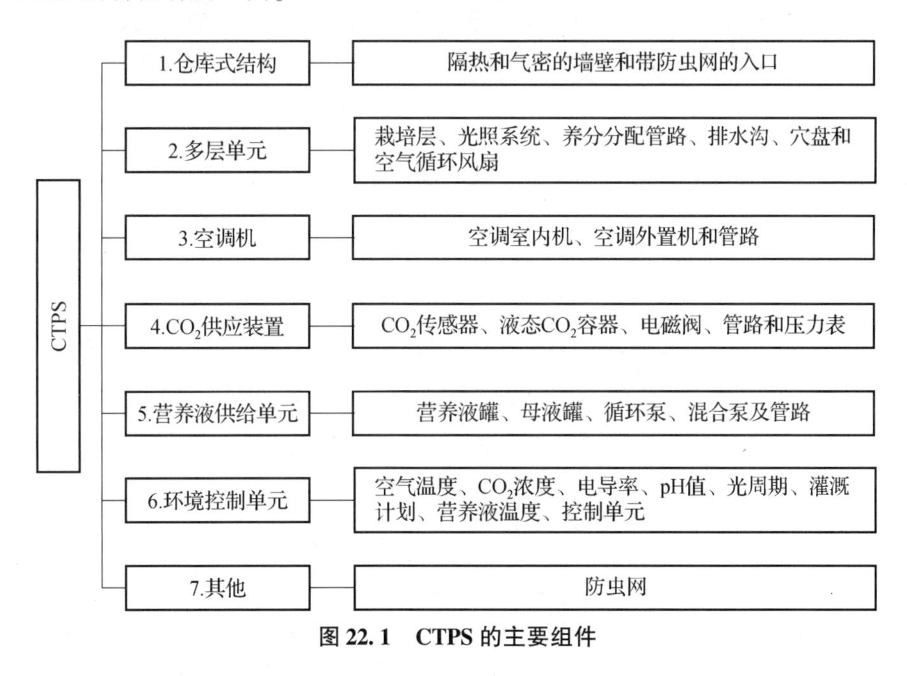

图22.1　CTPS的主要组件

在日本，CTPS基本单元的标准尺寸为4.5 m(宽)×3.6 m(长)×2.4 m(高)(建筑面积为16.2 m^2)［图22.2（a)］，共包括2排，每排为4层。该CTPS可以容纳96个穴盘［plug tray；每个穴盘的尺寸为30 cm(宽)×60 cm(长)］。通过使用每个具有 100 个或 200 个孔的穴盘，一次可以生产 9 600 株或 19 200 株移栽苗。以番茄幼苗生产为例，播种后大约需要 20 d 或发芽后大约需要 17 d，才能使幼苗适合移植。因此，CTPS 的一个基本单元的年生产能力，对于 100 孔的穴盘约为 20 万株（=9 600×365/17），而对于 200 孔的穴盘约为 40 万株。通常，将处于光周期中的 CO_2 浓度保持在 1 200 ppm 左右，以增强光合作用，从而促进生长。加压容器中的 CO_2 被用作 CO_2 源。

基本单元可以相互连接，如图 22.2（b）所示。在这种情况下，附属设施，如播种机、发芽箱、发芽室和防虫网室，通常被安装在 CTPS 的旁边（图 22.3）。

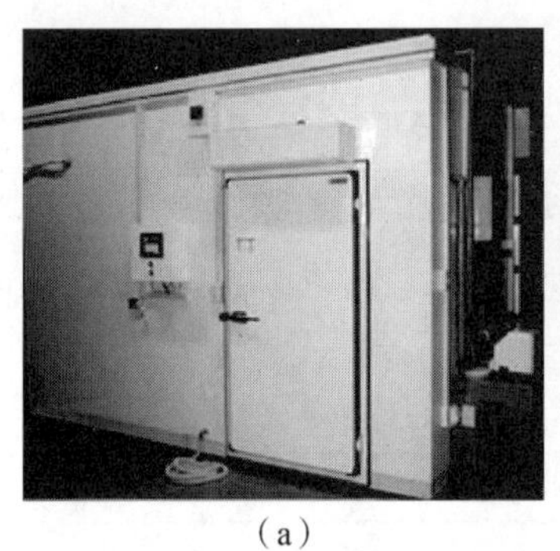

（a）

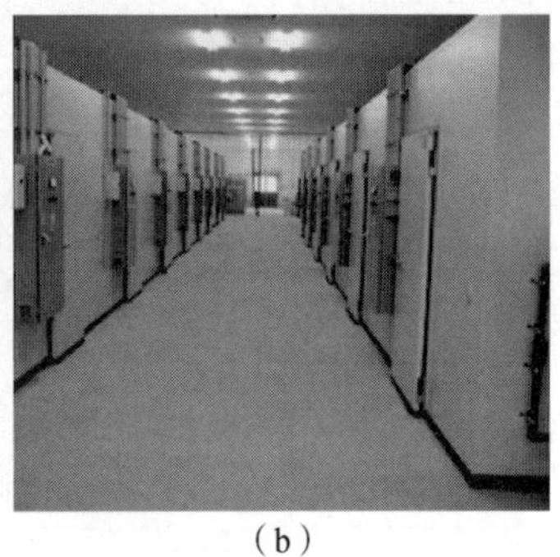

（b）

图 22.2　CTPS 的结构外观

（a）包含 1 个基本单元的 CTPS（占地面积：16 m^2）；

（b）包含 21 个基本单元的 CTPS（照片由三菱化学公司提供）

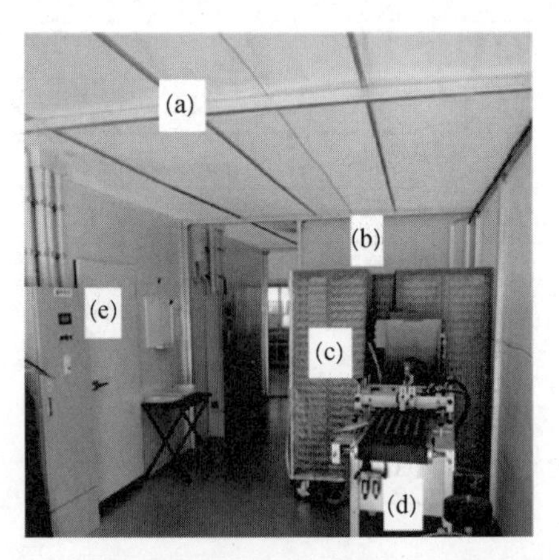

图 22.3　经常与多个 CTPS 一起被使用的附属设施

（a）防虫网室（防止昆虫进入 CTPS）；（b）发芽室；

（c）播种后被置于发芽室的发芽箱；（d）播种机；（e）CTPS

22.2.2　光源、空调机和小风扇

自 2014 年以来，荧光灯一直被用作光源，但自 2018 年以来已被 LED 灯取代。在每个架子上安装 5 支或 6 支荧光灯（长度为 1.2 m，功率为 32 W），在穴盘表面提供大约 300（或 350）μmol · m^{-2} · s^{-1}的 PPFD（图 22.4）。然而，需要注意的是，对于荧光灯，在其被使用 10 000 h 后 PPFD 会随时间下降约 30%。

图 22.4　穴盘架的内部结构

［每副架子包含 4 个穴盘，在顶部装有 5 ~ 6 支荧光灯（每支功率为 32 W，PPFD 为 300 ~ 350 μmol · m^{-2} · s^{-1}）和 4 台小型吸风扇（每台功率为 2 ~ 3 W）（照片由三菱化学公司提供）］

在 CTPS 基本单元中的每层上方安装有 4 台家用空调机。为每个穴盘安装 1 台小型空气循环风扇（功率为 6 W，空气流速为 2.9 m^3 · min^{-1}），或为 4 个穴盘安装 4 台小型吸风扇（图 22.4）。这种空调机和小型吸风扇的布置产生了图 22.5 所示的气流模式。通过这种布置，在穴盘的上面产生相对层流的水平气流，并穿过

图 22.5　CTPS 中的气流模式

（通过在栽培架内使用小型空气循环风扇和家用空调机，可以在穴盘上产生均匀气流）

每个架子中的移栽苗冠层（图 22.6）。通过使用带有变频器控制转速的小风扇，根据移栽苗的生长阶段、种植密度及其形态等，将移栽苗冠层上的气流速度连续控制在 20～100 $cm \cdot s^{-1}$范围内。移栽苗冠层高度为 10～15 cm 时，冠层内的水平气流使移栽苗冠层的相对湿度低于 85%，因此，即使种植密度为温室的 1.5～2.0 倍，也可以避免下胚轴（茎）伸长（图 22.7）。

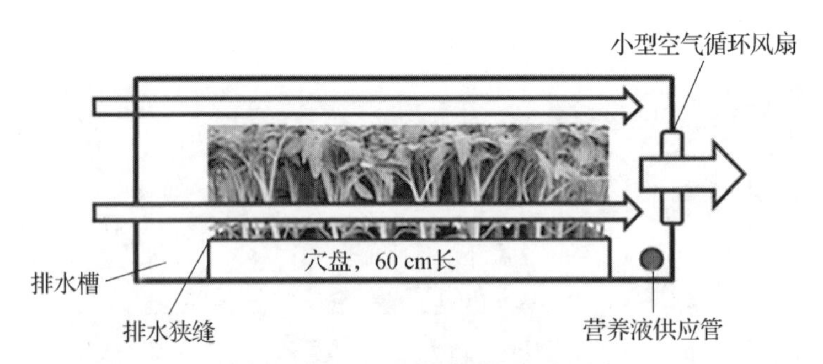

图 22.6 栽培架纵剖面示意

[箭头表示气流的方向。托盘上和移植遮篷内的气流速度是均匀的，可以通过带逆变器的小风扇进行控制（另见图 22.8）]

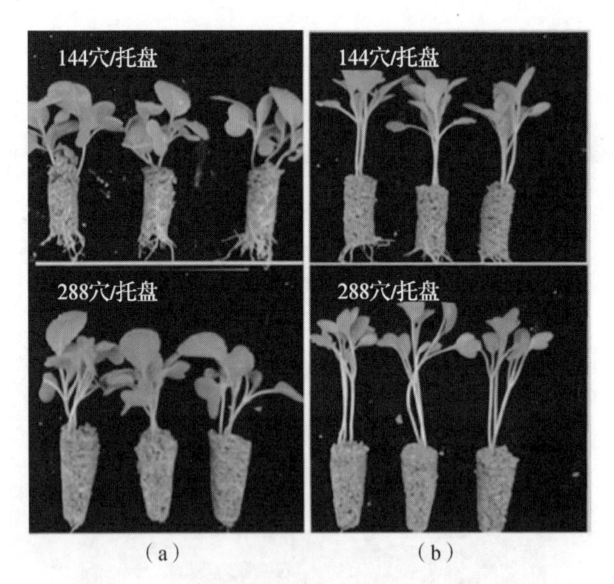

图 22.7 在植株冠层内产生匀速水平气流的作用

(a) CTPS 中种植的植株；(b) 温室中种植的植株

（使冠层内的相对湿度保持在 85% 左右或更低，因此能够在不伸长下胚轴的情况下进行高密度移植）

在大多数 CTPS 中并不安装加湿装置，因为植物的蒸腾作用和基质的蒸发作用能够使室内空气加湿。对于充满穴盘的 CTPS，在空气温度约为 25℃的情况下，通过液态水的蒸散作用和空调机引起的水蒸气凝结作用之间的平衡，使穴盘的相对湿度保持为 75%～80%。相反，当 CTPS 几乎是空的时候，相对湿度往往低至 50%。

22.2.3　电力成本

对于每株移栽苗的光照用电成本，可以很容易地通过每盏灯的耗电量（W）、每个架子上的灯数（N_L）、每天的光照小时数（P）、发芽后生产移栽苗所需的天数（D）和每个穴盘的穴数（N_P）来估算。假设 5 支荧光灯（$N=5$）被用于 4 个穴盘（30 cm×4 = 120 cm），$W=0.035$ kW，$P=16$，$D=17$ 和 $N_P=$ 1 280（这些假设对应番茄幼苗生产），则可将每株移栽苗光照的用电量（E）表示为

$$E=\frac{W\times N_L\times P\times D}{4\times N_P}=\frac{0.035\times 5\times 16\times 17}{4\times 128}=0.094(\text{kW}\cdot\text{h}) \qquad (22.1)$$

如果电价是 0.10 美元/(kW・h) 和 0.20 美元/(kW・h)，则每株移栽苗的用电成本分别是 0.009 4 美元（=0.12×0.10）和 0.019 美元。

由于空调机、空气循环和营养液循环的电费大约是光照费用的 1/4（Kozai, 2007），所以每株移栽苗的总电费约为 0.012 美元［=0.094×((80+20)/80)］或 0.026 美元。虽然会产生电费，但其具有以下优势：①施用农药不需要人工或人工成本；②与使用温室进行移栽苗生产相比，用于移栽苗生产的土地面积减少了 90%，这因此大大降低了处理穴盘的人工成本（Kozai，2006，2007）；③在光照时期不需要加热成本，即使在黑暗时期加热成本也很低，因为 CTPS 的隔热性很好且几乎是密封的。

22.2.4　营养液供应

营养液通常只使用潮汐灌溉系统 1～2 次（图 22.8），用以限制移栽苗对水分的吸收，从而得到茎粗短的移栽苗。排出的营养液在过滤后返回营养液罐而被回收利用。通过安装控制器，可以控制营养液的电导率、pH 值和温度。

（a） （b）

图 22.8 潮汐灌溉系统部分结构

（a）包括埋地营养液箱（A）、两个母液罐（B）和控制单元（C）；（b）包括营养液回流槽（D）和调整流出速率和栽培床中营养液液位的狭缝（E），未被基质吸收的营养液返回营养液箱而被循环使用

在光照周期中，空调机总是对 CTPS 进行冷却，以带走灯具产生的热能。由空调机制冷板冷凝的水过滤后也返回营养液箱。因此，CTPS 不需要排水管。通过循环利用营养液和冷凝水，CTPS 的耗水量比温室要减少约 90%（Kozai，2007）。

22.3 移栽苗生产的生态生理学

涩谷敏夫（Toshio Shibuya）
（日本大阪府立大学）

22.3.1 前言

在受控环境中，植物生长的优化是植物生产的重要目标之一。大多数研究都集中在数量增长上。近年来的研究也专注于通过控制物理环境因素及通过特定的营养成分来促进高质量生长。在移栽苗生产中，与果蔬生产相比，应从不同的方面评价植株质量：由于温室种植者需要移植后具有高生产能力的移栽苗，所以应根据移栽苗被移栽后的生长潜力（用光合性能和生物及非生物抗逆性来衡量）来评估移栽苗的质量。生长潜力受到对物理环境因素的生态生理反应的强烈影响；植物能够感知温度、湿度和光照等因素，并相应地进行适应。在这些因素可被控制的 CTPS 中（Kozai，et al.，2006；Kozai，2007），控制这些因素可能提高移栽苗的生长潜力。

除植物与环境的相互作用外，植物与植物的相互作用对于提高密集种植的移栽苗的质量也很重要，因为植物冠层内的微气象取决于植物冠层的结构及其内部的气体交换，而这两者又取决于相邻植物之间的相互作用。因此，重要的是要了解这些相互作用以便最佳地控制环境因素。

本节从生态生理学的角度，介绍了移栽苗生产中植物与环境的相互作用和相邻植物之间的相互作用。

22.3.2　光质对移栽苗光合性能的影响

光是植物生理生态适应环境的最重要的因素之一。光环境决定了光合性能（Lichtenthaler，et al.，1981）。适应强光的叶片（阳生叶）具有较高的最高光合速率，而适应暗光的叶片（阴生叶）具有较低的光补偿点（light compensation point，LCP）。

除光量外，由红光与远红光比值（R：FR）所表示的光质决定了光合适应性（photosynthetic acclimatization，又叫作光合驯化）。在自然生态系统中，邻近植被对红光的吸收降低了 R：FR，从而促进了茎的伸长和叶片的扩张，并减小了叶片厚度（Smith and Whitelam，1997）。这种“避荫”反应使植物能够忍受或避免遮阴（Franklin，2008）。

当 R：FR 较自然光的高时，它也会影响生理和形态特性。在 CTPS 中所使用的典型商用荧光灯发出的远红光很少，这使它的 R：FR 通常远高于自然光的 R：FR。适应了较高 R：FR 的叶片更厚（图 22.9），并且具有更多叶绿素，从而提高了其光合性能。Shibuya 等（2010a）比较了适应金属卤素灯（MHL）光照的叶片的光合性能，其光谱与自然光（R：FR = 1.2）和具有高 R：FR（= 11）的荧光灯的相似。

在一定光强范围内，荧光灯照射下叶片的最高光合速率是金属卤素灯照射下叶片的 1.4 倍（图 22.10）。高 R：FR 照射下叶片的光合性能和形态特征与阳生叶的相似（Lichtenthaler，et al.，1981）。在 PPFD 为 100 $\mu mol \cdot m^{-2} \cdot s^{-1}$时的荧光灯照射下，其叶片的光响应曲线与在 PPFD 为 300 $\mu mol \cdot m^{-2} \cdot s^{-1}$时的金属卤素灯照射下叶片的光响应曲线基本相同。这表明，通过用 1/3 的光量进行荧光灯照射，可以获得与适应自然光的植物相当的光合性能。

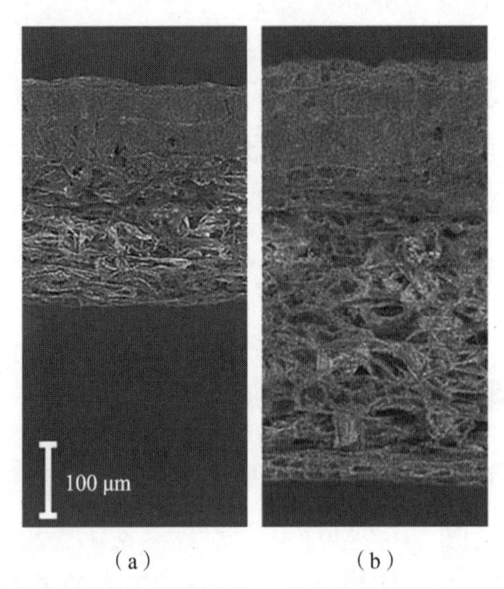

图 22.9 在金属卤素灯和荧光灯下生长的黄瓜子叶的横截面比较

(a) 在金属卤素灯下生长的黄瓜子叶的横截面；(a) 在荧光灯下生长的黄瓜子叶的横截面，其光谱与自然光（R：FR = 1.2）或具有高 R：FR（=11）的荧光灯相似（修改自 Shibuya, et al., 2011）

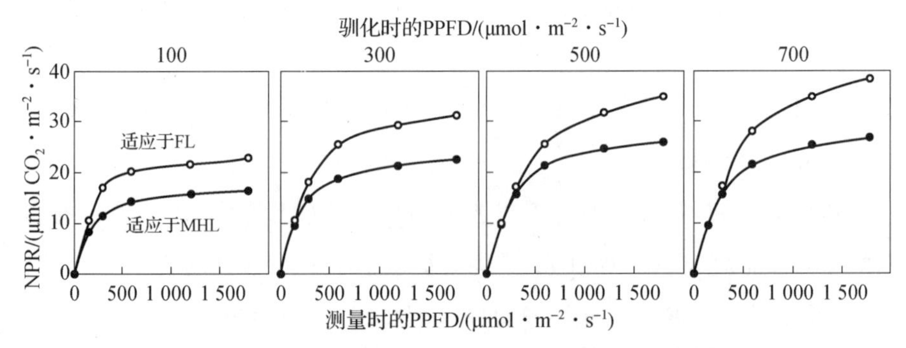

图 22.10 黄瓜幼苗适应不同光质和光量的光响应曲线

[MHL：光谱与自然光相似的金属卤素灯（R：FR = 1.2）；FL：具有高 R：FR（=11）的荧光灯（修改自 Shibuya, et al., 2012）]

这种较高的光合性能是由于单位叶面积进行光合作用的生物量更多、气孔密度更高以及气孔尺寸更大（Shibuya, et al., 2015）。这些结果大多与以下报道的结果一致，即与 R：FR 相关的活性光敏色素（active phytochrome）比例的升高可促进气孔发育（Boccalandro, et al., 2009）。然而，由此产生的高 R：FR 照射下的叶片气孔导度的增加降低了水分利用效率（=NPR/蒸腾速率），即低于正常的 R：FR 照射下叶片的水分利用效率。当植物必须被转移到缺水环境中时，例如在园艺生产中移栽时，这种较低的水分利用效率可能是不利的。因此，在移栽高R：FR照射下的植物时可能需要监测和防止水分胁迫。

高R：FR照射下的叶片，其光合性能的提高反映了与典型的避荫相反的生理和形态反应。当植物要被移栽到高PPFD条件下时，这种驯化可能是有利的。另外，在驯化期，高R：FR光照抑制了叶片的扩张和相应的植株生长。这可能是由于生物量被较多地分配给叶片导致其增厚。定量生长和植物对环境胁迫的防御之间的权衡导致生物量分布发生变化（Bazzaz，et al.，1987）。高R：FR导致的对较高光强的适应可能是对环境胁迫的一种防御。在这种情况下，可能需要在快速生长和提高光合性能之间进行权衡，而这在较高的光照强度下是有利的。当选择人工光源进行移栽苗生产时，可能需要考虑这两种优势中哪一个更重要。

22.3.3　自然环境对移栽苗抗生物胁迫能力的影响

在阴凉环境下驯化的植物对食草动物和病原体的抵抗力较弱（McGuire and Agrawal，2005；Ballaré，2009；Moreno，et al.，2009；Cerrudo，et al.，2012）。相反，在高R：FR光照下驯化的植物对生物胁迫的抵抗力有所增强。高R：FR光照能够提高黄瓜幼苗抗白粉病的能力（Shibuya，et al.，2011）。高R：FR光照下驯化的叶片其叶肉具有较厚的表皮、栅栏组织和海绵组织（图22.9）。由于寄主植物的形态特性会影响对病原真菌感染的严重程度（Szwacka，et al.，2009），所以高R：FR光照下驯化的叶片对白粉病抗性的提高可能部分是对上述光的改良驯化所诱导的形态变化所致。

有许多报道指出，具有特定波长的光照可以提高植物的抗病性（如Wang，et al.，2010）。另外，对光质的适应也会影响植物与食草动物的相互作用。Shibuya等人（2010b）评估了甘薯粉虱成虫对经荧光灯或金属卤素灯驯化的黄瓜幼苗的偏好。在被释放24 h后，经荧光灯驯化的白粉虱的成虫数量显著减少，且叶片颜色更深并变得更厚。环境因素通常通过影响植物的形态和生理特征来间接影响食草动物的行为（Berlinger，1986；Waring and Cobb，1992；McAuslane，1996；Chu，et al.，1999）。粉虱成虫对经荧光灯和金属卤素灯驯化的叶片的偏好差异可能与光质诱导的形态特征有关。低R：FR的光大幅降低了植物对茉莉酸的敏感性，而茉莉酸是植物免疫的关键调节因子（Moreno，et al.，2009）。因此，高比 R：FR 光照下叶片的白粉病抗性的提高可能不仅通过形态变化，还通过系统防御机制得到改善。

此外，当湿度改变时，也可以观察到类似的现象。湿度会影响叶片表面的特性，从而影响其对水分流失的抵抗能力（Koch，et al.，2006）。通过表皮防止水分流失的结构特性，在植物与真菌病原体的相互作用中也有重要功能。在接种试验中，与适应了低 VPD 的叶片相比，适应了高 VPD 的叶片对白粉病真菌的感染具有抑制作用（Itagaki，et al.，2014）。适应了高 VPD 的叶片更厚，且单位面积的鲜重更大。这种抑制作用主要是叶片形态特性的变化引起的，以便防止水分流失。湿度也通过寄主植物的反应来影响植物和食草动物之间的相互作用。甘薯粉虱成虫更喜欢经低 VPD 驯化的叶片，而不是经高 VPD 驯化的叶片，后者更厚、更黑且毛状体更多（Shibuya，et al.，2009a）。

免受环境胁迫对植物的生存至关重要。典型的防御反应包括通过抗氧化系统增强抵抗力和表皮超微结构硬化。前文所述的生物抗性的提高，可能是由于高 R：FR 驯化植物能抵御更高的光照强度，以及高 VPD 驯化植物能抵御过多的水分流失。然而，提高防御所需要的生物量分配可能影响植物的其他特性。例如，叶片结构的硬化是以较低的叶片扩张速率为代价的。这表明植物防御在生物量分配上比叶片扩张更重要。因此，对移栽苗生产过程中的生长速率和移栽后的潜在生长能力需要进行权衡。鉴于此，移栽苗种植者可能必须优化环境条件，以平衡这两种相互冲突的好处。

22.3.4 植物间相互作用对移栽苗冠层内气体交换的影响

在移栽苗生产中，幼苗往往密集生长。植物与大气之间的气体交换是通过植物冠层上方的边界层（boundary layer）进行的。边界层的厚度取决于气流和植物冠层结构等因素，并影响微气象因素，如空气温度、蒸气压、CO_2 浓度和冠层内的气流等（Kitaya，et al.，1998）。而在小体积的幼苗冠层中，这些因素与植物冠层的结构相互依存，决定着气体交换，进而影响微气象。因此，弄清这一关系对控制气体交换和相应的植物生长具有重要意义。

随着植物冠层 LAI 的提高，由此产生的相互遮阴降低了单位叶面积的光合速率。由于 CO_2 浓度降低和叶片周围气流减少，所以叶片与大气之间的气体交换也限制了光合作用（Kitaya，et al.，2003）。这样，控制气流对改善气体交换至关重要。除了气流速度，气流方向对于气体交换的控制同样重要。Shibuya 等人（2006）研究了强制通风系统中气流方向对番茄移栽苗冠层光合作用的影响（图 22.11）。当 LAI 从 1.2 提高到 2.4 时，冠层上方的常规水平气流将单位叶面积的净光合速率降低了 20%，而向下的气流仅使之降低了 5%（图 22.12）。水平系统的较大减少可能是由于通过边界层进入冠层的 CO_2 有限。

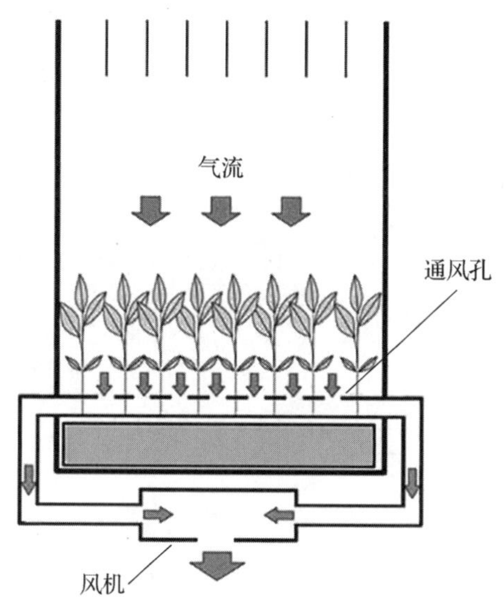

图 22.11　在冠层内带有强制通风系统的植物栽培系统

（修改自 Shibuya，et al.，2006）

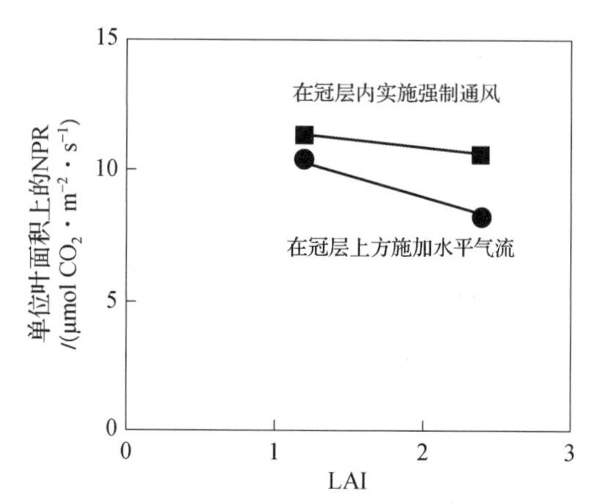

图 22.12　不同 LAI 下强制通风对番茄移栽苗冠层光合作用的影响

（修改自 Shibuya，et al.，2006）

当光合作用主要受到水分胁迫导致气孔孔径减小的限制时，光合作用会随着LAI的提高而增加。例如，Shibuya等人（2009b）表明，在高VPD（低湿度）条件下，光合作用随着LAI的提高而增加。这种现象可以用蒸腾速率和气孔导度的变化来解释（图22.13）。随着植物密度的提高，冠层内的VPD趋于降低，这可能是由于冠层上方的边界层增厚导致单位叶面积蒸腾速率降低，从而缓解了水分胁迫。综上所述，随着LAI的提高，边界层的增厚降低了冠层内的VPD，缓解了过度蒸腾所导致的气孔关闭，从而增加了光合作用。这是植物气体交换、微气象因素和植物冠层结构之间复杂的相互依赖关系的一个很好的例子。

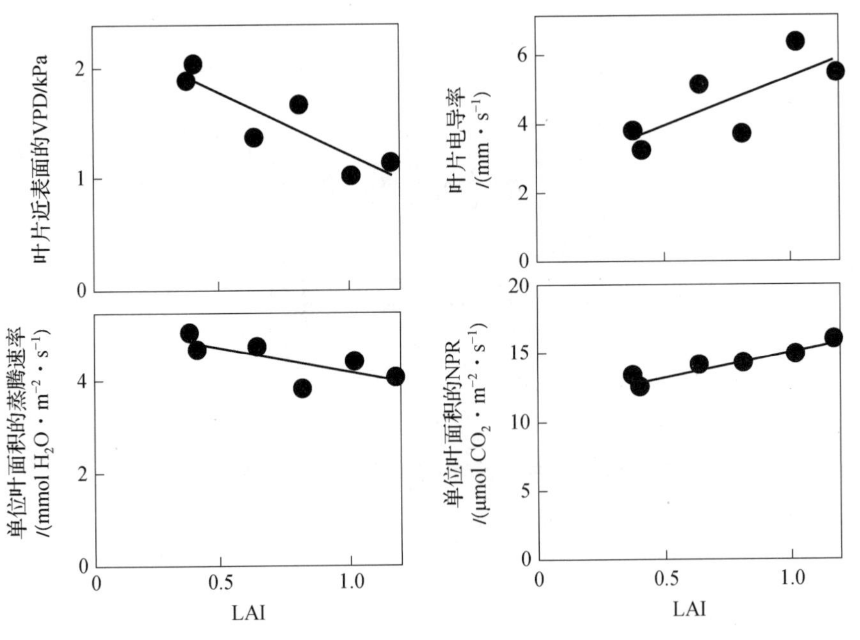

图22.13 在低湿度条件下LAI与VPD、蒸腾作用、叶片电导率和光合作用之间的关系

（冠层上面的VPD为3.7 kPa。修改自Shibuya, et al., 2009b）

22.3.5 光质对相邻植物间光竞争及由此引起的植物生长一致性的影响

人们对于光质对植物生长的影响已有深入研究，但对植物冠层结构影响的研究较少。相邻植物竞争引起的光质变化会显著影响植物的生长和形态，例如，R∶FR的降低会促进茎伸长。竞争也影响植物群落的结构：植物调节其生长以达到与其相邻植物相似的高度（Ballaré, et al., 1994; Nagashima and Hikosaka,

2011，2012）。该过程被称为“高度趋同”（height convergence）（Nagashima and Terashima，1995）。高度趋同模式受背景光照的 R：FR 的影响，因为相邻植被导致 R：FR 的降低对避荫反应的影响与 R：FR 不同：Shibuya 等人（2013）通过在金属卤素灯或荧光灯下种植同龄但初始高度不同的黄瓜幼苗，研究了背景光照 R：FR 对密集植物冠层高度趋同模式的影响（图 22.14）。初始较高和较矮的幼苗在金属卤素灯处理下其株高在 4 d 内趋同，而荧光灯处理下的株高在 8 d 内仍未达趋同（图 22.15）。在金属卤素灯处理下，高度的快速趋同是由于最初较矮的幼苗受到 R：FR 的降低刺激而产生避荫反应。

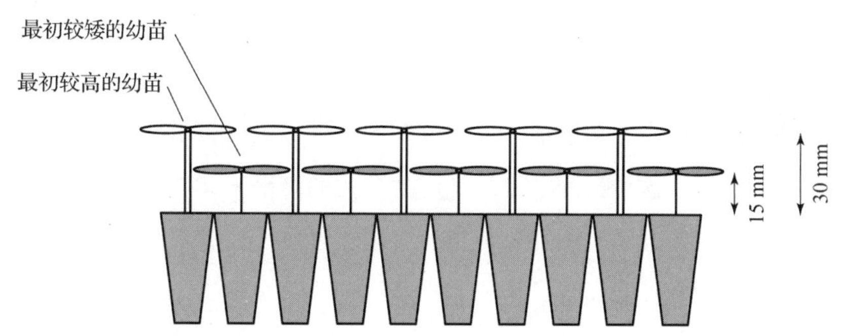

图 22.14　采用苗龄相同但初始高度不同的黄瓜幼苗来评价密集植物冠层高度的趋同性

（修改自 Shibuya，et al.，2013）

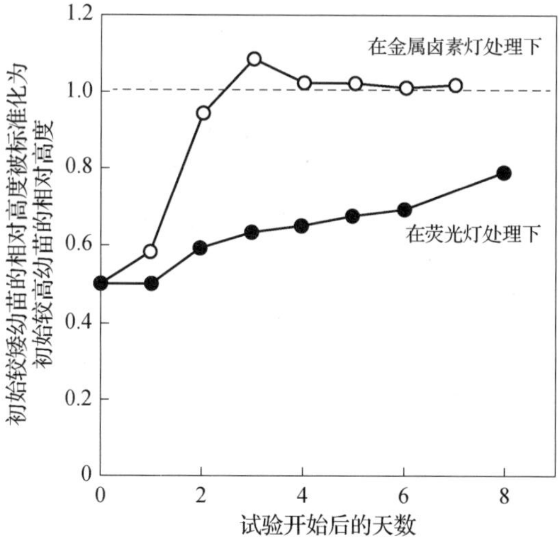

图 22.15　金属卤素灯和荧光灯光源对黄瓜幼苗株高趋同效应的影响比较

（修改自 Shibuya，et al.，2013）

在荧光灯处理下较慢的高度趋同是由于背景光照下较高的 R：FR 水平不足以刺激较矮幼苗的避荫反应。这些结果表明，在高 R：FR 光照下，高度趋同受阻可能会导致植物生长不均衡。商业移栽苗生产所需要的均匀植株生长是由于相邻植株之间的轻微竞争，这同时导致茎伸长。然而，过度的茎伸长会降低移栽苗的商业价值，因为茎长而窄的植株容易受到环境胁迫以及在移栽苗的运输和移栽过程中进行处理时受到损害。因此，在均匀的植物生长和较短的茎之间可能需要进行一种权衡，这两者对移栽苗种植者都很有价值，但它们都受到相同的生态生理机制的反向控制。

22.3.6 结论

在自然生态系统中，植物通过优化分配其有限的生物量来适应环境条件。然而，在植物生产中，这种分配并不总是产生最优的结果。此外，植物生长与质量之间存在着一种权衡关系。因此，种植者必须通过环境控制来平衡相互冲突的利益，以优化植物的生长和质量。植物生产系统的改善必须考虑植物与环境和植物之间相互作用的生态生理学响应，特别是在许多环境控制装置和植物控制方法已经发展起来的今天。

22.4 光环境对蔬菜和药用植物移栽苗光合特性的影响

贺冬仙（Dongxian He）

（中国北京中国农业大学水利与土木工程学院）

22.4.1 前言

光是 PFAL 中最重要的环境因素之一，其影响植物的生长及形态建成等生理过程。光环境中对植物生长最重要的三个要素是光照强度或 PPFD、光周期和光质。通过适当控制光环境，可以生产出高质量的移栽苗。本节介绍了黄瓜和番茄移栽苗以及药用植物铁皮石斛（*Dendrobium officinale*）在光环境影响下的光合特性。

22.4.2 光环境对蔬菜移栽苗生产的影响

PFAL 的光照成本占总生产成本的很大一部分（Kozai，2007，2013a）。研究移栽苗对不同 PPFD 的光合反应将有助于确定用于蔬菜移栽苗生产的最具成本效益的 PPFD。在一般情况下，在光补偿点（LCP）和光饱和点（light saturation point，LSP）之间，NPR 随 PPFD 的升高而升高。LCP 是 NPR 等于呼吸速率时的 PPFD，而 LSP 是 NPR 不再随着 PPFD 的升高而升高的 PPFD。

在图 22.16 中，番茄（品种为 Zhongza 9 号）和辣椒（品种为 CAU 24 号）移栽苗的 NPR 在 PPFD 低于 300 μmol · m^{-2} · s^{-1}时，随着 PPFD 的升高而线性升高。当 PPFD 高于 300 μmol · m^{-2} · s^{-1}而低于 600 μmol · m^{-2} · s^{-1}时，NPR 升高的斜率变小，然后进入平台期。因此，从经济角度和光利用效率（更多信息参见第 5 章）来看，将 PPFD 升高到高于 300 μmol · m^{-2} · s^{-1}时 PFAL 中的蔬菜移栽苗生产效率较低。与 PPFD 相似，上述番茄和辣椒移栽苗的 NPR 均随 CO_2 浓度的升高而呈现线性升高。然而，对于番茄移栽苗，当 CO_2 浓度高于 1 000 μmol · m^{-2} · s^{-1}时，NPR 不会随着 CO_2 浓度的进一步升高而显著升高。对于辣椒移栽苗，其 CO_2 饱和浓度约为 800 μmol · m^{-2} · s^{-1}。因此，应根据 PFAL 的光合特性和资源利用效率来控制 PPFD 和 CO_2 浓度（图 22.16）。

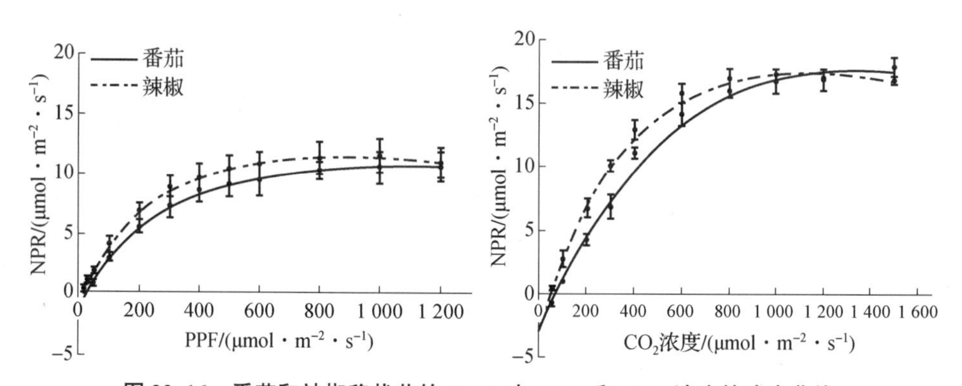

图 22.16 番茄和辣椒移栽苗的 NPR 对 PPFD 和 CO_2 浓度的响应曲线

［空气温度、相对湿度、PPFD 和光周期等的环境条件分别被维持在（24.0 ± 1.5）℃、(60 ± 5)%、250 μmol · m^{-2} · s^{-1}和 12 h · d^{-1}］

22.4.3 PPFD和光周期对蔬菜移栽苗生长的影响

为了确定PFAL中蔬菜移栽苗生产最具有成本效益的光环境，在PPFD和光周期的不同组合下种植黄瓜（品种为CAU 26号）移栽苗：PPFD分别为100 $\mu mol \cdot m^{-2} \cdot s^{-1}$、200 $\mu mol \cdot m^{-2} \cdot s^{-1}$、250 $\mu mol \cdot m^{-2} \cdot s^{-1}$和300 $\mu mol \cdot m^{-2} \cdot s^{-1}$以及12 $h \cdot d^{-1}$和16 $h \cdot d^{-1}$的光周期（表22.1）。光周期和暗周期的空气温度、相对湿度和CO_2浓度分别被维持在（26.0±1.0)℃/(22.0±1.0)℃、(65±5)%和（800±100）$\mu mol \cdot m^{-2} \cdot s^{-1}$。当PPFD为100 $\mu mol \cdot m^{-2} \cdot s^{-1}$和光周期为12 $h \cdot d^{-1}$时的生物量均小于其他条件下的生物量。当PPFD为200 $\mu mol \cdot m^{-2} \cdot s^{-1}$及光周期为16 $h \cdot d^{-1}$时，茎的质量最大；而当PPFD为200 $\mu mol \cdot m^{-2} \cdot s^{-1}$和250 $\mu mol \cdot m^{-2} \cdot s^{-1}$及光周期为16 $h \cdot d^{-1}$时，根的质量最大。综上所述，200~250 $\mu mol \cdot m^{-2} \cdot s^{-1}$的PPFD可有效提高移栽苗产量，而且将光周期从12 $h \cdot d^{-1}$延长到16 $h \cdot d^{-1}$可提高PFAL中黄瓜移栽苗的生长速率和生物量产量。在PFAL中进行商业化移栽苗生产时，将PPFD设计和控制在250 $\mu mol \cdot m^{-2} \cdot s^{-1}$为宜。

表22.1 PPFD和光周期对黄瓜移栽苗鲜重和干重的影响

处理		鲜重（FW)/($g \cdot 株^{-1}$)		干重（DW)/($mg \cdot 株^{-1}$)	
光周期/($h \cdot d^{-1}$)	PPFD/($\mu mol \cdot m^{-2} \cdot s^{-1}$)	茎	根	茎	根
12	100	2.60±0.22d#	0.60±0.15d	190.0±30.3e	21.7±4.1d
	200	3.77±0.27cd	1.18±0.44c	318.3±23.2d	40.0±16.7c
	250	3.47±0.46cd	1.75±0.29b	311.7±63.1d	60.0±15.5b
	300	4.39±0.69c	1.55±0.43bc	441.7±104.8c	66.7±25.8b
16	100	4.59±0.80c	1.00±0.35c	341.7±78.9 cd	38.3±16.0c
	200	8.60±1.46a	2.42±0.70a	760.0±175.5a	88.3±21.4ab
	250	7.80±0.61ab	2.72±0.21a	635.0±86.7b	106.7±10.3a
	300	7.17±0.81b	2.46±0.63a	618.3±69.1b	100.0±30.1a
方差分析					
PPFD		*	*	*	*

续表

处理		鲜重（FW）/（$g \cdot 株^{-1}$）		干重（DW）/（$mg \cdot 株^{-1}$）	
光周期/（$h \cdot d^{-1}$）	PPFD/（$\mu mol \cdot m^{-2} \cdot s^{-1}$）	茎	根	茎	根
光周期		*	*	*	*
PPFD × 光周期		*	未规定（NS）	*	未规定（NS）
#通过 SPSS 多重比较进行检验，在 $P = 0.05$ 时同一列中不同字母的平均值差异显著。					

22.4.4　光质对蔬菜移栽苗生长的影响

人工光照的光谱特性应满足植物光合作用和形态发育的生理需求（Fraszczak，2014；Vu，et al.，2014；Wesley and Lopez，2014）。在冠层表面上 PPFD 为 200 $\mu mol \cdot m^{-2} \cdot s^{-1}$时，研究不同光谱分布对蔬菜移栽苗生长的影响——利用白光 LED 灯（WL）、三磷酸盐荧光灯（triphosphate fluorescent lamp，TR）、高频荧光灯（high－frequency fluorescent lamp，HF）和红蓝 LED 灯（RB），以确定合适的光谱特性（图 22.17）。另外，空气温度、相对湿度、CO_2 浓度、PPFD 和光周期被分别保持在（25.0 ± 1.5）℃、（60 ± 5）%、（600 ± 30）$\mu mol \cdot mol^{-1}$、200 $\mu mol \cdot m^{-2} \cdot s^{-1}$和 12 $h \cdot d^{-1}$。

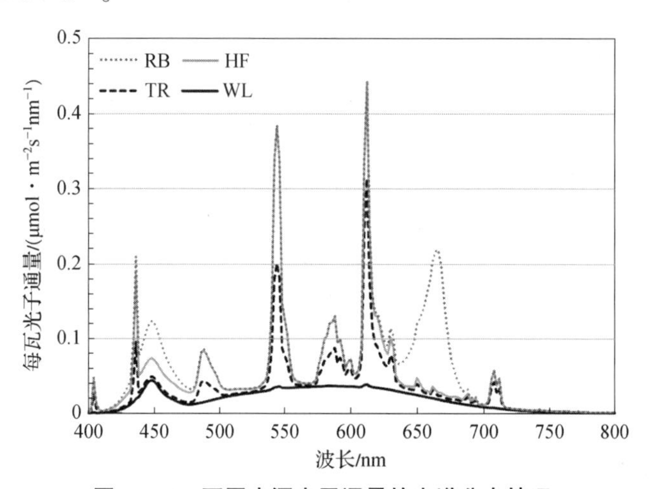

图 22.17　不同光源光子通量的光谱分布情况

［在 PFAL 中移栽苗的冠层表面，PPFD 为 200 $\mu mol \cdot m^{-2} \cdot s^{-1}$，包括白色 LED 灯（WL，R：B = 1）、三磷酸盐荧光灯（TR，R：B = 2）、高频荧光灯（HF，R：B = 3）和红蓝 LED 灯（RB，R：B = 4）］

在红蓝 LED 灯下，番茄移栽苗（品种为 Zhongza 9 号）的 NPR 比其他宽波段白光下的要高 12.5% ~21.2%（表 22.2）。然而，在白光 LED 灯（R：B 为 1）和高频荧光灯（R：B 为 3）下，气孔导度、胞间 CO_2 浓度和蒸腾速率均较在三磷酸盐荧光灯（R：B 为 2）和红蓝 LED 灯（R：B 为 4）下高。宽波段白光比红蓝 LED 灯光更能有效地增加番茄移栽苗的株高并促进番茄的茎伸长。不同光质对番茄移栽苗的幼苗指数［高度 ×（茎干重 + 根干重）/茎直径］没有影响。结果表明，红蓝 LED 灯能促进番茄移栽苗的光合作用，并提高瞬时水分利用效率，而宽波段白光能够增加植株高度并促进茎伸长。然而，不同园艺作物对光质的生长响应存在很大差异（van Ieperen，2012）。因此，仍需要开展研究以探明在 PFAL 中不同蔬菜移栽苗生产的适当光环境。

表 22.2　在一定环境条件下不同光源对番茄移栽苗光合参数的影响 *

光源	R：B[#]	NPR/ ($\mu mol \cdot m^{-2} \cdot s^{-1}$)	气孔导度/ ($mol \cdot m^{-2} \cdot s^{-1}$)	胞间 CO_2 浓度/ ($\mu mol \cdot mol^{-1}$)	蒸腾速率/ ($mmol \cdot m^{-2} \cdot s^{-1}$)
WL	1	6.9 ±0.7b[§]	0.209 ±0.072a	329 ±20a	4.17 ±1.16a
TR	2	6.3 ±0.8b	0.121 ±0.052b	287 ±54b	2.58 ±0.93b
HF	3	7.0 ±0.9b	0.204 ±0.093a	327 ±30a	3.89 ±1.47a
RB	4	8.0 ±0.4a	0.117 ±0.051b	279 ±49b	2.13 ±1.08b

[#]R：B 是红光和蓝光的比例。

[§]同一列中不同字母的均值通过 SPSS 多重比较在 $P=0.05$ 处检验存在显著差异。

* 生长条件：空气温度为（25.0 ±1.5）℃、相对湿度为（60 ±5）%、CO_2 浓度为（600 ± 30）$\mu mol \cdot mol^{-1}$、PPFD 为 200 $\mu mol \cdot m^{-2} \cdot s^{-1}$ 和光周期为 12 $h \cdot d^{-1}$；4 种光源包括：白光 LED 灯（WL）、三磷酸盐荧光灯（TR）、高频荧光灯（HF）、红蓝 LED 灯（RB）。

22.4.5　药用铁皮石斛的光合特性

铁皮石斛是中国特有的一种药用植物，属于一种被称为“植物黄金”（Plant Gold）的珍稀而濒危的兰花。铁皮石斛的种植面积虽然在逐渐扩大，但由于其生长速度缓慢，所以其产量无法满足市场需求。铁皮石斛的移栽苗通常通过组织培养进行繁殖，而对成熟植株则在高通道（high tunnel）和温室等保护性结构中进行生产。从组织培养到成熟植株需要4～5年。由于其经济价值高、生长缓慢以及野生种群减少，所以在PFAL中进行栽培对于促进铁皮石斛移栽苗的生长与发育具有巨大潜力。根据文献（Ritchie and Bunthawin，2010）和我们的研究结果（Zhang，et al.，2014），铁皮石斛是一种兼性景天酸代谢（crassulacean acid metabolism，CAM）植物，其光合途径根据环境条件在C3和CAM之间进行转换。

采用连续光合作用测量系统，连续2 d对铁皮石斛整个茎的CO_2交换率进行测量。在环境相对恒定的PFAL中［PPFD为164 μmol·m^{-2}·s^{-1}，日平均气温为（26.2±1.2)℃］，铁皮石斛的最高CO_2净交换率达到3.5 μmol·m^{-2}·s^{-1}，然后略有下降，但在整个光周期内一直保持正的CO_2净交换率（图22.13）。另外，在暗周期检测到正的但是低的CO_2净交换率。在浙江省商业温室种植的铁皮石斛植株的CO_2净交换率是在晴天（2012年4月23日，第一天，叶室内最高PPFD达到168 μmol·m^{-2}·s^{-1}）和雨天（2012年4月24日第二天，叶室内最高PPFD达到85 μmol·m^{-2}·s^{-1}）测量的。日出后2 h，两天的CO_2净交换率分别达到4.0 μmol·m^{-2}·s^{-1}和1.6 μmol·m^{-2}·s^{-1}的最高值，而暗周期的CO_2净交换率分别为31%和29%（图22.18）。在晴天，铁皮石斛表现出典型的CAM光合模式，而在雨天，白天的CO_2正交换率持续时间更长。

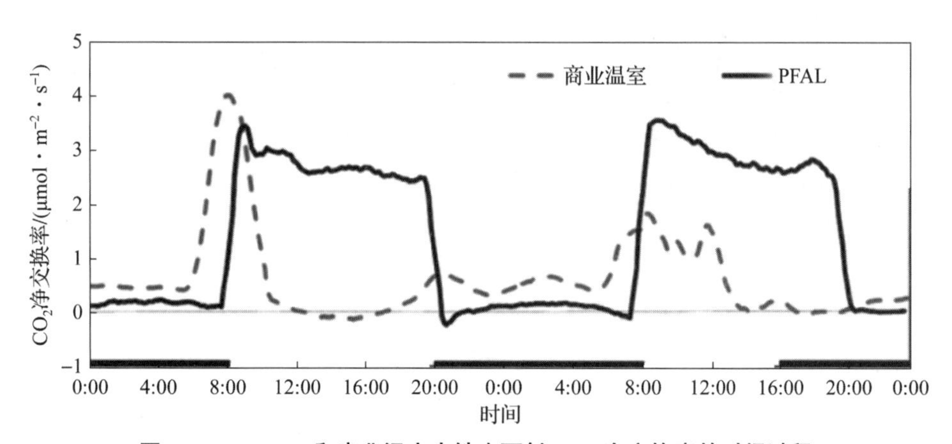

图22.18　PFAL和商业温室中铁皮石斛CO_2净交换率的时间过程

（x轴上的暗条表示PFAL中的暗周期）

水分亏缺是诱导植物光合途径转换的主要因素之一，特别是对于兼性 CAM 植物。图 22.19 显示了 18 d 内 PFAL 中 CO_2 净交换率的时间过程以及暗周期 CO_2 净交换量占铁皮石斛的日总量的比例。在前 12 d 停止灌溉。在第 12 d 光周期结束时，给植株浇水。随着基质含水量的降低，铁皮石斛的 CO_2 净交换率降低，浇水后立即升高。暗周期 CO_2 净交换量占第 12 d 日总量的比例为 51%，比第 1 d 高 189%。到第 18 d，较第 12 d 下降了 76%。在干旱胁迫下，铁皮石斛的 CO_2 交换模式以 CAM 为主，当植物重新被浇水后，C3 模式与 CAM 模式又同时存在。

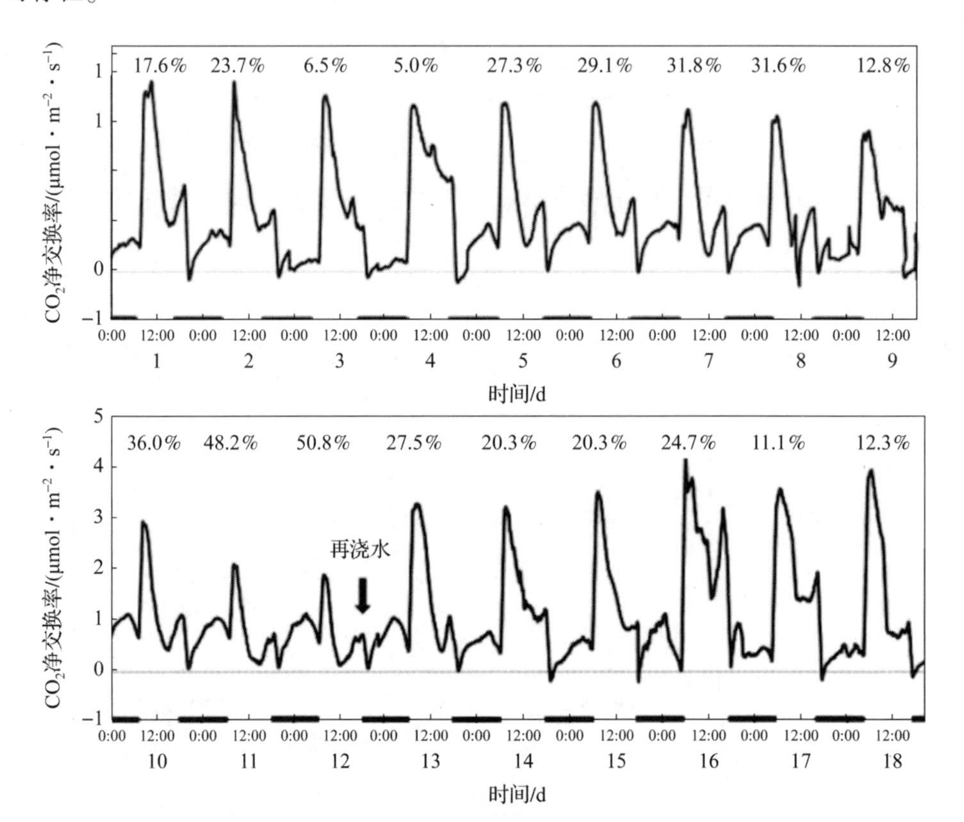

图 22.19 18 d 内 PFAL 中铁皮石斛的 CO_2 净交换率的时间过程

及其暗周期的 CO_2 净交换率占日总量的比例

（*x* 轴上的暗条表示暗周期）

铁皮石斛的 CO_2 净交换率在光周期开始后迅速升高，并在 PFAL 中 4 ~ 6 h 内再次下降（图 22.20）。因此，将光/暗周期从 24 h 缩短到 8 h 或12 h（8 h 和 12 h 周期，光周期和暗周期长度相等，即分别为4 h亮和4 h暗以及6 h亮和6 h暗）可能提高每日 CO_2 净交换率，并促进生物量积累。当光周期和暗周期被缩短时，暗周期的 CO_2 净交换率变化显著。在8 h的循环中，观察到典型的C3光合模式，在暗周期几乎没有正的 CO_2 净交换率。暗周期中正的 CO_2 净交换率表明在24 h周期下的CAM光合模式程度较在12 h周期下的高。综上所述，调节光－暗周期可诱导铁皮石斛的 CO_2 同化模式在C3和CAM之间进行转换。

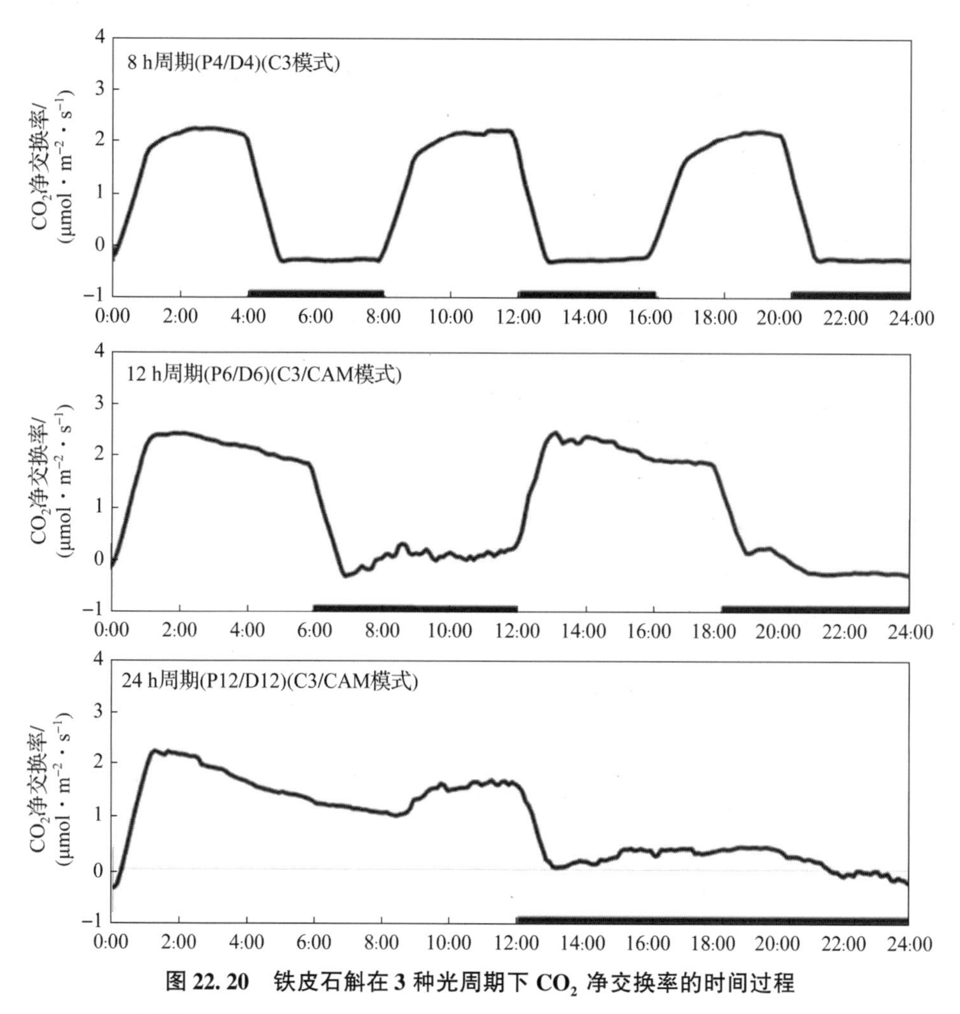

图22.20　铁皮石斛在3种光周期下 CO_2 净交换率的时间过程

（8 h：4 h光周期+4 h暗周期；12 h：6 h光周期+6 h暗周期；24 h：12 h光周期和12 h暗周期。x 轴上的暗条表示暗周期）

22.5 蓝莓

斯玛·佐巴耶德（Sma Zobayed）
（加拿大不列颠哥伦比亚省国际 Segra 公司；
加拿大不列颠哥伦比亚省兰利 SMA 生物技术研究与发展公司）

蓝莓（blueberry）是一种属于越橘属（*Vaccinium*）的多年生开花植物，这种水果被证明富含抗病营养元素。加拿大是世界上最大的新鲜和冷冻野生蓝莓的生产国和出口国，其在 2013 年的出口额为 1.96 亿美元。蓝莓种植在世界各地迅速扩张（Eck，1988），这导致了对定植苗的需求增加。由于茎插条的繁殖速度慢，且生根困难，所以传统的繁殖方式在满足日益增长的需求方面存在局限性（Nickerson，1978）。Lyrene（1978）发现茎插条的生根率仅为 7%，而来自组织培养的微插条的生根率为 95%。因此，为了快速繁殖脱病毒品种，微繁殖变得越来越流行（Wolfe，et al.，1983）。然而，组织培养通常较为昂贵（Dunstan and Turner，1984；Kozai and Iwanami，1987），因此需要开发能够降低成本并使组织培养对苗圃经营者更具吸引力的创新技术。近年来，人们针对蓝莓不同品种的离体繁殖方案开发进行了大量研究（Brissette，et al.，1990；Meiners，et al.，2007）。

最近，在密闭受控环境系统中培养植物被认为是一种植物繁殖的替代方法（Zobayed，et al.，2005）。然而，尽管该系统比传统的温室有很多好处（Kozai，2005），但它仍然被局限于通过种子繁殖。另外，通过组织培养获得的移栽苗具有许多优点，例如快速、准确和无病，而且最终的植株外观浓密。本章介绍了一种在密闭受控环境系统中利用高灌蓝莓（*Vaccinium corymbosum*“Duke”）组织培养来源的微插条进行移栽苗生产的新方法。将在体外获得的微插条移栽到带有 432 个孔的穴盘中，然后在穴盘中填充珍珠岩（20%）和泥炭（80%）这两种基质混合物，并对后者预先采用土壤灭菌器［由美国哥特式拱门温室公司（Gothic Arch Greenhouses，USA）生产］在 200℃下灭菌 3 h。将穴盘放置在相对湿度为

90%的受控环境条件下，前 7 d 的光周期为 16 h，PPFD 为 100 μmol · m^{-2} · s^{-1}，之后 PPFD 为 200 μmol · m^{-2} · s^{-1}。在整个暗周期和光周期，将室温均保持在 23℃，并将 CO_2 浓度升高到1 500 ppm。从第 15 d 开始，使用均匀流动的水培系统，每 3 d 在根系周围循环含有添加了一些生长调节剂（生长素和细胞分裂素的组合）的 N：P：K（比例为 20：20：20）的营养液 10 min。

在移栽后 4 周内就形成了成熟的根系（图 22. 21）。在第 5 周，按照与上述相同的程序，取出每个移栽苗的尖端并重新种植。这些移栽苗通常需要大约 5 周的时间来建立，并且从新、旧批次中切割并重新种植尖端。这一过程可以继续进行，在 6 个月内，在 1 800 平方英尺（约 167 m^2，共包括 8 层栽培架）的占地面积内，从 2 000 个组织培养来源的茎插条大约可以获得 100 万株移栽苗（图 22. 22）。通过该方法获得的植株繁殖率（每个母株在一个月内产生的移栽苗数

图 22. 21　生长在密闭受控环境系统中的蓝莓移栽苗

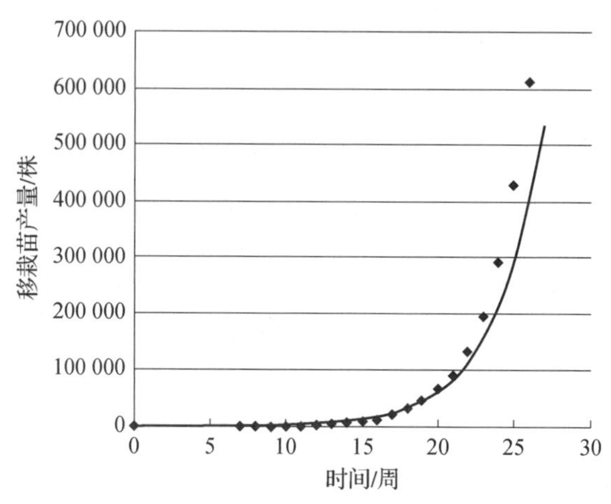

图 22. 22　在密闭受控环境系统中的移栽苗产量（指数增长曲线）

量）高于通过组织培养获得的（图 22.23）。移栽苗最终被转移到温室以进行进一步培育。生化分析表明，这些植物茎组织中的生长素（吲哚 - 3 - 乙酸）浓度与直接在温室中培育的组织培养来源的植物相似（图 22.24）。在温室条件下移植后，它们的外部形态（浓密）和生长与通过组织培养获得的植物相似。

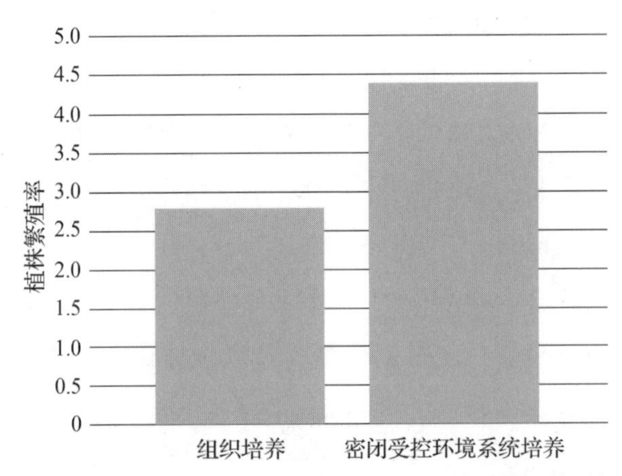

图 22.23 组织培养和密闭受控环境系统培养的蓝莓植株繁殖率

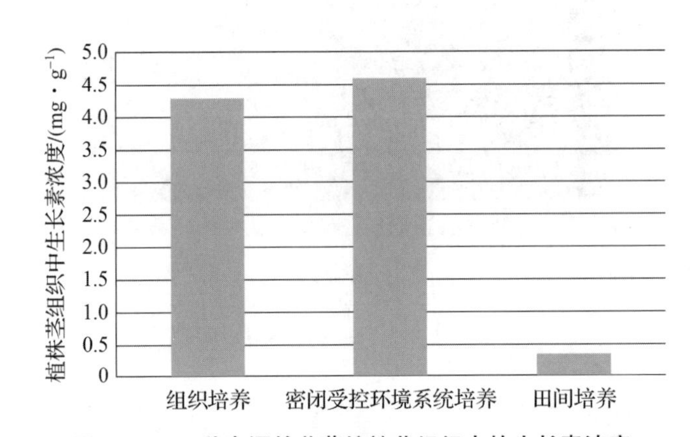

图 22.24 3 种来源的蓝莓植株茎组织中的生长素浓度

这种繁殖系统的优点如下。

（1）可生产高质量的移栽苗。

（2）在均匀受控环境中移栽苗能够均匀生长。

（3）可在没有害虫、昆虫和病原体的保护区种植，因此，移栽苗是无病害的。

（4）移栽苗为无病毒繁殖，因为最初的微插条是通过组织培养产生的。

（5）不受外界天气干扰，可全年生产。

（6）生产成本低。其原因分析如下。

①单位面积的年生产率非常高，主要是由于使用了多层栽培架（8 层栽培架）。

②单位穴盘面积种植密度高。

③移栽苗适销率高（>95%），生产周期短（与温室相比缩短了 30%~70%）。

④水分、CO_2 和肥料的利用率高于温室，这主要是由于实现了通风最小化和水的循环利用。

⑤具有良好的隔热结构，即使在冬天也几乎没有取暖成本。

⑥具有较小的占地面积、便于工作人员使用的栽培架和舒适的工作环境，因此降低了人工成本。

⑦更易于对植物发育进行控制，如茎伸长、花芽萌发、抽苔和根的形成（Kozai et al.，1998，1999，2000a，2000b，2000c，2004；Kozai，1998）。

⑧与组织培养系统不同，这种方法不需要制备任何特殊的培养基、对工具和培养基进行灭菌以及层流（经 HEPA 过滤后的气流）。

⑨该系统生根率几乎为 100%。

针对用于蓝莓移栽苗繁殖的密闭受控环境系统的商业应用，需要另外开发方案以实现最佳生产。潜在的方法包括对许多物理和化学生长条件，如光、温度和营养进行控制，这些都会影响蓝莓移栽苗的繁殖率和生长。在不久的将来，这项技术可能在生产高质量的蓝莓移栽苗方面发挥重要作用。

22.6　草莓移栽苗的繁殖与生产

春昌厚（Changhoo Chun）

（韩国首尔国立大学植物科学系）

22.6.1　草莓的无性繁殖

草莓以其特有的香气、鲜红的颜色、多汁的质地和酸甜平衡而广受欢迎。它在世界各地都有种植，包括中国、美国、墨西哥、西班牙、日本和韩国。在美国和欧洲国家，草莓主要被种植在开阔的田野里。另外，在东北亚国家，几乎所有草莓生产都在温室内。与过去相比，草莓的种植面积和产量稳步增长，到2020年，其年市场价值将超过200亿美元（FAOSTAT，2018）。

被栽培最多的草莓是 *Fragaria × ananassa* Duch，它是8倍体（$2n=8x=56$），是野生种 *F. chiloensis* L.（$2n=8x=56$）和 *F. virginia* Duch 的种间杂交品种（Darrow，1966）。除多倍体外，该草莓的异体受精行为进一步增加了基因组结构的复杂性。种内杂交已被广泛用于获得具有改良农艺性状的新品种，而种子繁殖在草莓生产中变得不可靠而且种子繁殖的品种数量有限（主要是永久性的），并且可以在市场上买到其近等基因系（near isogenic line）。

大多数商业草莓品种是无性繁殖的，主要使用通过掩埋被称为匍匐茎（runner）的无性匍匐茎（vegetative stolon）制成的无性插条（vegetative cutting）。匍匐茎是这种植物的无性繁殖方式，因为匍匐茎植物在温暖的日子里从花冠上长出来，从春末开始，一直持续到秋天（Kirsten，2013）。在发育出大量的侧根后，匍匐茎植物变得独立，并与母株分离。

草莓苗圃生产植根于穴盘或小塑料盆中的匍匐茎植物（被称为插塞移栽苗，plug transplant），作为移栽苗被提供给种植者。草莓插塞移栽苗的一些优点是可减少农药需求和土壤疾病传播、易于移植、可减少水分需求和提高植株存活率（Durner，et al.，2002）。商业草莓苗圃的主要工作是继续种植和切割以前的植物。在韩国和日本，繁殖体在3月底被移植到温室中进行早期强制培养，在4月底进行半强制培养，并分别需要在9月中旬和10月中旬左右长成产生移栽苗的母体植物。

22.6.2 许可与认证

为了满足客户对果实品质和全年供应不断增长的需求，以及适应当地气候的变化和生产技术的进步，草莓新品种在被不断培育。在美国和加拿大，这些新品种受到植物专利的保护，而在世界上的许多地方，知识产权保护最常见的形式是植物新品种保护联盟（Union for the Protection of New Varieties of Plants，UPOV），其规定了合规植物育种者的权利。许可品种的形式和收取特许权使用费的制度因国家而异。在美国和加拿大，品种被以非独家许可方式（licensed on a nonexclusive basis）直接授权给苗圃。在美国和加拿大，品种是在非排他性的基础上直接许可给苗圃的。另外，在欧盟、日本和韩国，许可证计划依赖于商业合作伙伴，包括私营企业、非营利组织和在指定领土内拥有专属权利的地方政府机构。

获得许可的组织具有自己的关于生产、繁殖和分发经过疾病检测的原料（stock）的分级系统。就确定的草莓材料而言，有几种不同的分级系统，例如，英国体系下的中心繁殖材料、基础1繁殖材料、基础2繁殖材料、超精英繁殖材料、精英繁殖材料和A级繁殖材料；荷兰体系下的中心繁殖材料（SEE）、繁殖材料Ⅰ（SE）、繁殖材料Ⅱ（EE）和确定繁殖材料（E）；以及韩国体系下的核移栽苗、精英移栽苗、基础前移栽苗和基础移栽苗（FERA，2006）。最高级别的移栽苗在非常严格的条件下进行培养，在精心控制下进行繁殖，并接受主要致病病毒和线虫的现场检查。为了消除病毒和其他病原体，并使草莓植株恢复活力以提高匍匐茎产量，人们采用了组织培养法（Rancillac and Nourrisseau，1989）。在筛选过的温室中，一株分生组织植物在一个季节内可以结出300～800个子株（FPS，2008）。然而，正如Jemmali等人（1995）所提到的那样，草莓的微繁殖技术在许多国家并没有被广泛应用，因为存在变体类型（variant type）的问题，尤其是出现过度开花（hyperflowering）的不良现象。

22.6.3 插塞移栽苗

插塞移栽苗（plug transplant）是用匍匐茎尖端生产的小型容器化植物，是对传统田间种植草莓移栽苗的一种替代品（Durner，et al.，2002）。这些植物在温室和高通道（high tunnel）中种植的时间比在田间生产的裸根移栽苗短。近年来，插塞移栽苗的应用急剧增加，特别是在韩国、日本和中国，这些国家的草莓大多种植在温室内。这是因为插塞移栽苗提供了灵活的移栽日期和机械移栽的机会，并且与新鲜的裸根植物相比，插塞移栽苗建立的水分利用效率更高。

生产插塞移栽苗的技术取得了进步，从而提高了成本效率、均匀性和病毒的消除率。通过园艺学家、工程师和行业部门之间的进一步协调努力，人们可能开发出更有效和更有用的草莓插塞移栽苗生产系统。

22.6.4 PFAL 中的移栽苗生产

由 Chun 等人（2012）开发的在 PFAL 中生产草莓插塞移栽苗的新繁殖方法与传统方法的不同之处在于：①繁殖体小；②植株密度高；③未生根的匍匐茎尖固定早；④使用产生的匍匐茎植物作为后续繁殖周期的繁殖体；⑤繁殖周期短；⑥可全年繁殖；⑦繁殖体、匍匐茎植物和收获的插塞移栽苗具有较好的均匀性；⑧繁殖体同时生长，以达到运输或冷藏所需要的足够大小的插塞移栽苗。图 22.25 所示为这种繁殖方法的示意。

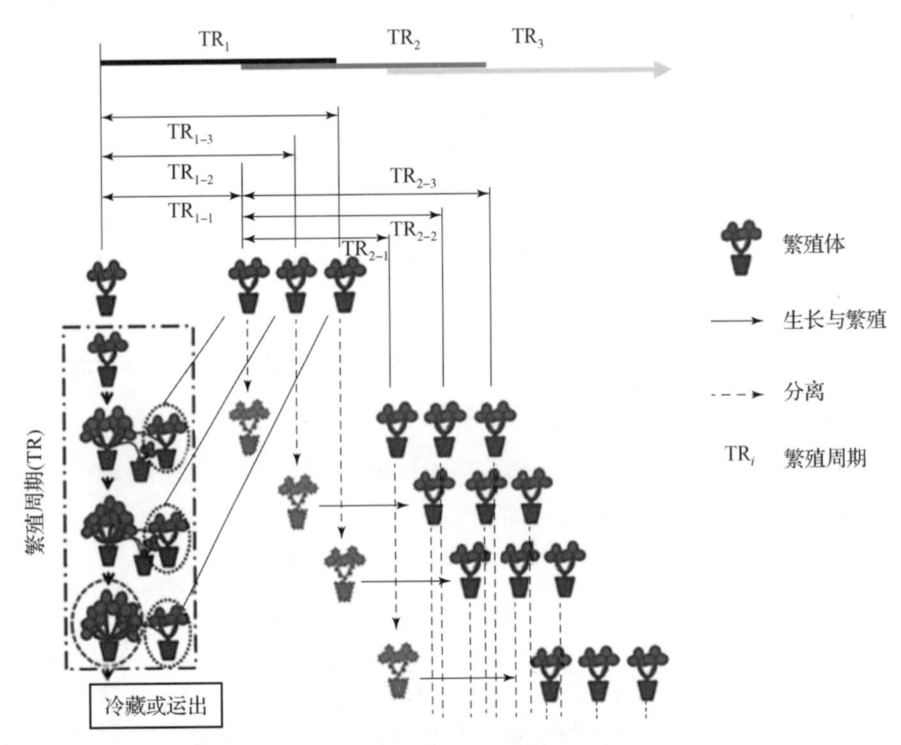

图 22.25 一种由 Chun 等人（2012）开发的在 PFAL 中生产草莓插塞移栽苗的新繁殖方法示意

（TR_i 是第 i 代的繁殖周期）

22.6.4.1 S-PFAL 的结构

S-PFAL（一种用于草莓插塞移栽苗生产的 PFAL，见图 22.26）与 Kozai（2013b）报道的 PFAL 具有基本相同的结构元素：①隔热仓状结构；②配备有光照设备的多个栽培架（栽培架之间的垂直距离为 30～40 cm）；③空调机；④CO_2输送系统；⑤室内空气循环风扇；⑥营养液输送系统。S－PFAL 的配置也类似最初为幼苗生产开发的实用商业系统。

（a）　　　　　　　　（b）

图 22.26　S－PFAL 及在其中栽培的草莓植株

（a）用于生产草莓插塞移栽苗的 S－PFAL 内部结构；（b）生长在每个栽培架上的繁殖体和匍匐茎植株

22.6.4.2　环境控制

Chun 等人（2003）发现，较高的 CO_2 浓度（800～1 200 $mg \cdot L^{-1}$）不仅促进了草莓品种"Hokowase"母株的生长，还促进了其匍匐茎的形成和匍匐茎植株的生长。Kim 等人（2010）报道称，在 S－PFAL 中，草莓品种"Maehyang"的繁殖率随着 PPFD 的升高而升高（220～280 $\mu mol \cdot m^{-2} \cdot s^{-1}$）。长日照条件（如光周期为 16 $h \cdot d^{-1}$）和相对温暖的空气温度（如光周期/暗周期为 28/24℃）可促进匍匐茎的形成和伸长、匍匐茎尖和匍匐茎植株的萌动和发展，因此提高了繁殖率。利用山崎（Yamazaki）草莓营养液（2N；1.5 P；3K；2Ca；1Mg；1S；$me \cdot L^{-1}$；0.7 $mS \cdot cm^{-1}$），对繁殖体和匍匐茎植株进行地下灌溉，每次 10 min，每天 2 次。

22.6.4.3　高种植密度的小繁殖体

在温室或苗圃中，采用传统繁殖方法所获得的母株通常太大，而无法被容纳在 S－PFAL 的栽培架中（30～40 cm 高）。在本繁殖方法中，初始繁殖体是从无病毒中心繁殖材料的匍匐茎植株中选择的。选用冠层直径为 5 mm 和具有两张叶片的小繁殖体［图 22.27（a）］。将 6 株繁殖体中的每一株移栽到 32 个孔的塑料穴盘一侧排的孔中。相邻的两个繁殖体之间的距离为 5.9 cm，在每个孔内装有 125 mL 的栽培基质［图 22.27（b）］，繁殖体的种植密度为 44.4 株 $\cdot m^{-2}$。

22.6.4.4 匍匐茎尖的固定

将繁殖体的匍匐茎放置在穴盘其他孔的培养基质表面，并在匍匐茎出现 10 ~ 12 d 后利用 U 形钉固定匍匐茎尖［图 22.27（c）］。在被固定后的 2 d 内，长 2 ~ 3 cm 的新根发育出来，并由此在匍匐茎尖的底部形成不定根区。在一个繁殖循环中，繁殖体的 3 个匍匐茎按顺序被固定［图 22.27（d）］。

22.6.4.5 匍匐茎植株的分离

当 3 株匍匐茎植株的大小达到与初始繁殖体的大小相同时，通过剪断匍匐茎将其依次与繁殖体分离［图 22.27（e）］。当它们被分离时，冠层直径约为 5 mm，叶片约为 2 片。这些匍匐植株在随后的繁殖周期中被用作繁殖体。

22.6.4.6 繁殖体的同时生长

当将第 3 株匍匐茎植株与繁殖体分离时，初始繁殖体的冠径约为 12 mm，叶片约为 7 片［图 22.27（f）］，其与在温室和苗圃中用于常规繁殖的繁殖材料大小相近。它们也与用于无土栽培的移栽苗大小相似。因此，它们可被作为带根的插塞移栽苗予以收获并运送出去。经过短暂而简单的适应后，它们可被移栽以便收获果实，这在打破休眠和促进开花方面具有优势。由于在 S - PFAL 中可以全年连续生产，因此它们也可在 -2℃ 下储存，而只在一年中的特定时间需要用于繁殖和移栽苗培养的繁殖材料。

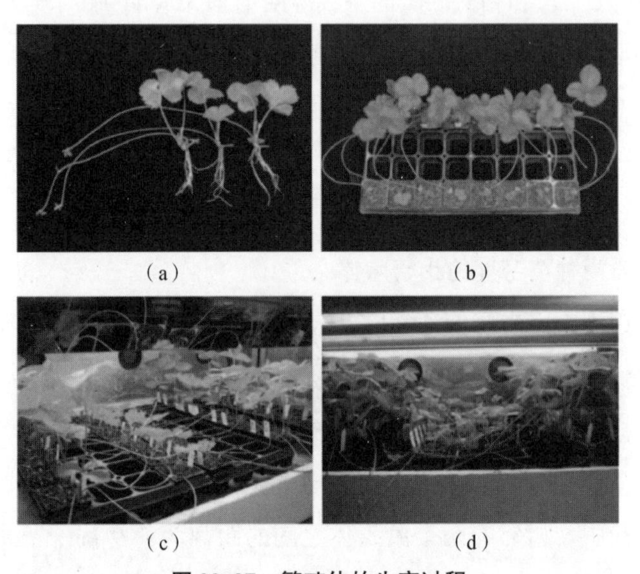

（a）　（b）　（c）　（d）

图 22.27 繁殖体的生产过程

(e)　　(f)

图 22.27　繁殖体的生产过程（续）

[将较小的繁殖体（a）移栽到塑料穴盘（b）上进行培养，以便产生带根的插塞移栽苗。使用 U 形钉（c）将来自繁殖体的 3 个匍匐茎尖按顺序进行固定（d），当带根的匍匐茎达到与初始繁殖体（e）相同的大小时，将带根的匍匐茎植株分离，作为下一个繁殖周期的繁殖体。在每一个繁殖周期结束时，对最初的繁殖体进行收获并对其进行运输或冷藏，其冠径和叶片数与传统繁殖方法中使用的繁殖材料相似（f）]

22.6.4.7　S－PFAL 的 LED 光照

第一代 S－PFAL 荧光灯被用作唯一的光照来源。LED 灯由于具有效率高、寿命长和光谱可控等优势而成为荧光灯的替代品，目前在新的 S－PFAL 中安装了白色 LED 灯。最近的一项研究表明，薄荷白色 LED 灯在 547 nm 和 7 250 K 相关色温（correlated color temperature，CCT）处具有峰值光谱，其具有相对较高比例的绿光和蓝光，因此可促进营养生长和繁殖体匍匐茎形成（Lee，2019）。当蓝色 LED 灯（峰值光谱为 454 nm）以 2：8 的比例添加到薄荷白色 LED 灯中时，可导致产生约 12 200 K 的 CCT，因此使繁殖率进一步提高。最近，包括针对 S－PFAL 的一大批用于园艺的全系列高效白色 LED 灯的封装被发布。

22.6.4.8　S－PFAL 的生产能力

在 S－PFAL 中，这种新的繁殖方法的生产能力可根据产生匍匐茎植株的累积数量来评估。在上述一系列试验确定的优化栽培条件下，Chun 等人（2012）开启了这样一种繁殖过程，即在带有荧光灯的 S－PFAL 中，在 365 d 内从 9 个繁殖体和 3.6 m^2 的栽培面积生产出 3 497 株匍匐茎植株，这大约是常规繁殖方法的 110～140 倍。在本次试验中，同时栽培的最大繁殖体数量为 160 株，累积产生的匍匐茎植株数呈指数增长，直至达到该数量，然后当超过最大容量后呈线性增长。模拟结果表明，如前所述，在薄荷白色 LED 灯和蓝色 LED 灯的最佳光照光谱下，如果种植面积分别为 18 m^2 和 36 m^2，则年累积生产的匍匐茎植株数量可分别增加到 19 103 株和 36 345 株。

22.6.5 S-PFAL 在韩国的应用

韩国的草莓种植面积为 5 907 公顷，2017 年产量为 20.9 万 t。早先，韩国的草莓产业高度依赖于国外品种，如 2003 年韩国栽培品种在栽培面积中所占的比例还不到 4%。然而，随着韩国的高品质新品种被相继选育和引进，这一比例在 2018 年大幅度提高到 94.5%。

草莓的移栽苗生产是一个缓慢、费力和高成本的过程，会受到诸多限制。采用常规繁殖方法，每棵母株可在一年内繁殖 25~30 株匍匐茎植株。每年需要 10 亿株左右的草莓带根移栽苗，而将新开发的栽培品种分散给韩国的种植者需要 5~6 年。

人们已经在国家和道①级研究机构试用了几种采用该新繁殖方法的 S-PFAL，这些机构培育了主要的韩国国内品种并维持了中心繁殖材料。试验令人满意，因此人们目前正在考虑扩大规模，以便在韩国国家繁殖计划中主要繁殖优质移栽苗。

参考文献

Ballaré, C., 2009. Illuminated behaviour: phytochrome as a key regulator of light foraging and plant anti-herbivore defence. Plant Cell Environ. 32, 713–725.

Ballaré, C.L., Scopel, A.L., Jordan, E.T., Vierstra, R.D., 1994. Signaling among neighboring plants and the development of size inequalities in plant populations. Proc. Natl. Acad. Sci. USA 91, 10094–10098.

Bazzaz, F.A., Chiariello, N.R., Coley, P.D., Pitelka, L.F., 1987. Allocating resources to reproduction and defense. Bioscience 37, 58–67.

Berlinger, M.J., 1986. Host plant resistance to *Bemisia tabaci*. Agric. Ecosyst. Environ. 17, 69–82.

Boccalandro, H.E., Rugnone, M.L., Moreno, J.E., Ploschuk, E.L., Serna, L., Yanovsky, M.J., Casal, J.J., 2009. Phytochrome B enhances photosynthesis at the expense of water-use-efficiency in *Arabidopsis*. Plant Physiol. 150, 1083–1092.

Brissette, L., Tremblay, L., Lord, D., 1990. Micropropagation of lowbush blueberry from mature field-grown plants. HortScience 25, 349–351.

Cerrudo, I., Keller, M.M., Cargnel, M.D., Demkura, P.V., de Wit, M., Patitucci, M.S., Pierik, R., Pieterse, C.M.J., Ballaré, C.L., 2012. Low red/far-red ratios reduce *Arabidopsis* resistance to *Botrytis cinerea* and jasmonate responses via a COI1-JAZ10-dependent, salicylic acid-independent mechanism. Plant Physiol. 158, 2042–2052.

Chu, C.C., Cohen, A.C., Natwick, E.T., Simmons, G.S., Henneberry, T.J., 1999. *Bemisia tabaci* (Hemiptera: Aleyrodidae) biotype B colonisation and leaf morphology relationships in upland cotton cultivars. Aust. J. Entomol. 38, 127–131.

① “道”为韩国的一级行政区划单位。

Chun, C., Kozai, T., 2000. Closed transplant production system at Chiba University. In: Kubota, C., Chun, C. (Eds.), Transplant Production in the 21st Century. Kluwer Academic Publishers, Dordrecht, The Netherlands, pp. 20–27.

Chun, C., Takagi, M., Kozai, T., Kato, M., 2003. Effect of CO_2 concentration and PPF on number of strawberry propagules produced and their growth in a closed system (written in Japanese: Heisa-gata ichigo ikubyo shisutemu ni okeru nisanka tanso oyobi kogosei yuko koryoshisoku ga zoshokutai seisansu oyobi seiiku ni oyobosu eikyo). In: Proceedings of 2003 Annual Meeting of Japanese Society of Agricultural, Biological and Environmental Engineers and Scientists, p. 135.

Chun, C., Park, S.W., Jeong, Y.W., Ko, K.D., 2012. Strawberry Propagation Method Using Closed Transplant Production Systems. Korean patent 10-1210680.

Darrow, G.M., 1966. The Strawberry. Holt, Rinehart & Winston, New York, pp. 49–114.

Dunstan, D.I., Turner, K.E., 1984. The acclimatization of micropropagated plants. In: Vasil, I.K. (Ed.), Cell Culture and Somatic Cell Genetics of Plants, vol. 1. Academic, New York, pp. 123–129.

Durner, E.F., Poling, E.B., Maas, J.L., 2002. Recent advances in strawberry plug transplant technology. HortTechnology 12, 545–550.

Eck, P., 1988. Blueberry Science. Rutgers University Press, New Brunswick, N.J.

FAOSTAT, 2018. Food and Agriculture Data. http://www.fao.org.

FERA (Food and Environment Research Agency), 2006. Plant Health Propagation Scheme. https://www.gov.uk/government/uploads/system/uploads/attachment_data/file/386077/phps-soft-fruit. pdf.

FPS (Foundation Plant Services), 2008. Guide to the Strawberry Clean Plant Program. http://fpms.ucdavis.edu/websitepdfs/articles/fpsstrawberrybrochure08.pdf.

Franklin, K.A., 2008. Shade avoidance. New Phytol. 179, 930–944.

Fraszczak, B., 2014. The effect of fluorescent lamps and light-emitting diodes on growth of dill plants. Z. Arznei. Gewurzpfla. 19 (1), 34–39.

Itagaki, K., Shibuya, T., Tojo, M., Endo, R., Kitaya, Y., 2014. Atmospheric moisture influences on conidia development in *Podosphaera xanthii* through host-plant morphological responses. Eur. J. Plant Pathol. 138, 113–121.

Jemmali, A., Boxus, P., Kevers, C., Gaspar, T., 1995. Carry-over of morphological and biochemical characteristics associated with hyperflowering of micropropagated strawberries. Plant Physiol. 147, 435–440.

Kim, S.K., Jeong, M.S., Park, S.W., Kim, M.J., Na, H.Y., Chun, C., 2010. Improvement of runner plant production by increasing photosynthetic photon flux during strawberry transplant propagation in a closed transplant production system. Korean J. Hortic. Sci. Technol. 28, 535–539.

Kirsten, A., 2013. The Mid-Atlantic Berry Guide. The Pennsylvania State University, University Park, PA, USA.

Kitaya, Y., Shibuya, T., Kozai, T., Kubota, C., 1998. Effects of light intensity and air velocity on air temperature, water vapor pressure and CO_2 concentration inside a plant canopy under an artificial lighting condition. Life Support Biosph. Sci. 5, 199–203.

Kitaya, Y., Tsuruyama, J., Shibuya, T., Yoshida, M., Kiyota, M., 2003. Effects of air current speed on gas exchange in plant leaves and plant canopies. Adv. Space Res. 31, 177–182.

Koch, K., Hartmann, K.D., Schreiber, L., Barthlott, W., Nienhuis, C., 2006. Influences of air humidity during the cultivation of plants on wax chemical composition, morphology and leaf surface wettability. Environ. Exp. Bot. 56, 1–9.

Kozai, T., 1998. Transplant production under artificial light in closed systems. In: Lu, H.Y., Sung, J.M., Kao, C.H. (Eds.), Asian Crop Science 1998, Proc. of the 3rd Asian Crop Science Conference. Taichung, Taiwan, pp. 296–308.

Kozai, T., 2005. Closed system with lamps for high quality transplant production at low costs using minimum resources. In: Kozai, T., Afreen, F., Zobayed, S. (Eds.), Photoautotrophic (Sugar-free Medium) Micropropagation as a New Micropropagation and Transplant Production System. Springer, The Netherlands, pp. 275–311.

Kozai, T., 2006. Closed systems for high quality transplants using minimum resources. In: Gupta, S.D., Ibaraki, Y. (Eds.), Plant Tissue Culture Engineering. Springer, Berlin, pp. 275–312.

Kozai, T., 2007. Propagation, grafting and transplant production in closed systems with artificial lighting for commercialization in Japan. Propag. Ornam. Plants 7 (3), 145–149.

Kozai, T., 2013a. Resource use efficiency of closed plant production system with artificial light: concept, estimation and application to plant factory. Proc. Jpn. Acad. Ser. Phys. Biol. Sci. 89 (10), 447–461.

Kozai, T., 2013b. Sustainable plant factory: closed plant production systems with artificial light for high resource use efficiencies and quality produce. Acta Hortic. 1004, 27–40.

Kozai, T., Iwanami, Y., 1987. Effects of CO_2 enrichment and sucrose concentration under high photon fluxes on plant growth of carnation (*Dianthus caryophylus* L.) in the tissue culture during the preparation stage. J. Jpn. Soc. Hortic. Sci. 57, 279–288.

Kozai, T., Kubota, C., Heo, J., Chun, C., Ohyama, K., Niu, G., Mikami, H., 1998. Towards efficient vegetative propagation and transplant production of sweetpotato (*Ipomoea batatas* (L.) Lam.) under artificial light in closed systems. In: Proc. of International Workshop on Sweetpotato Production System toward the 21st Century. Miyazaki, Japan, pp. 201–214.

Kozai, T., Ohyama, K., Afreen, F., Zobayed, S., Kubota, C., Hoshi, T., Chun, C., 1999. Transplant production in closed systems with artificial lighting for solving global issues on environmental conservation, food, resource and energy. In: Proc. of ACESYS III Conference. Rutgers University, CCEA (Center for Controlled Environment Agriculture), pp. 31–45.

Kozai, T., Kubota, C., Chun, C., Ohyama, K., 2000a. Closed transplant production systems with artificial lighting for quality control, resource saving and environment conservation. In: Proceedings of the XIV Memorial CIGR World Congress 2000, November 28–December 1, Tsukuba, Japan, pp. 103–110.

Kozai, T., Chun, C., Ohyama, K., Kubota, C., 2000b. Closed transplant production systems with artificial lighting for production of high quality transplants with environment conservation and minimum use of resource. In: Proceedings of the 15th Workshop on Agricultural Structures and ACESYS (Automation, Culture, Environment and System). Conference December 4–5, Tsukuba, Japan, pp. 110–126.

Kozai, T., Kubota, C., Chun, C., Afreen, F., Ohyama, K., 2000c. Necessity and concept of the closed transplant production system. In: Kubota, C., Chun, C. (Eds.), Transplant Production in the 21st Century. Kluwer Academic Publishers, Dordrecht, The Netherlands, pp. 3–19.

Kozai, T., Chun, C., Ohyama, K., 2004. Closed systems with lamps for commercial production of transplants using minimal resources. Acta Hortic. 630, 239–254.

Kozai, T., Ohyama, K., Chun, C., 2006. Commercialized closed systems with artificial lighting for plant production. Acta Hortic. 711, 61–70.

Lee, H., 2019. Application of White LEDs to Promote Growth and Propagation Rates of Strawberry Transplants (Master thesis). Seoul National University.

Lichtenthaler, H.K., Buschmann, C., Döll, M., Fietz, H.J., Bach, T., Kozel, U., Meier, D., Rahmsdorf, U., 1981. Photosynthetic activity, chloroplast ultrastructure, and leaf characteristics of high-light and low-light plants and of sun and shade leaves. Photosynth. Res. 2, 115–141.

Lyrene, P., 1978. Blueberry callus and shoot-tip culture. Proc. Fla. State Hortic. Soc. 91, 171–172.

McAuslane, H.J., 1996. Influence of leaf pubescence on ovipositional preference of *Bemisia argentifolii* (Homoptera: Aleyrodidae) on soybean. Environ. Entomol. 25, 834–841.

McGuire, R., Agrawal, A.A., 2005. Trade-offs between the shade-avoidance response and plant resistance to herbivores? Tests with mutant *Cucumis sativus*. Funct. Ecol. 19, 1025–1031.

Meiners, J., Schwab, M., Szankowski, I., 2007. Efficient in vitro regeneration systems for *Vaccinium* species. Plant Cell Tissue Organ Cult. 89, 169–176.

Moreno, J.E., Tao, Y., Chory, J., Ballaré, C.L., 2009. Ecological modulation of plant defense via phytochrome control of jasmonate sensitivity. Proc. Natl. Acad. Sci. USA 106, 4935–4940.

Nagashima, H., Hikosaka, K., 2011. Plants in a crowded stand regulate their height growth so as to maintain similar heights to neighbours even when they have potential advantages in height growth. Ann. Bot. 108, 207–214.

Nagashima, H., Hikosaka, K., 2012. Not only light quality but also mechanical stimuli are involved in height convergence in crowded *Chenopodium album* stands. New Phytol. 195, 803–811.

Nagashima, H., Terashima, I., 1995. Relationships between height, diameter and weight distributions of *Chenopodium album* plants in stands: effects of dimension and allometry. Ann. Bot. 75, 181–188.

Nickerson, N.L., 1978. In vitro shoot formation in lowbush blueberry seedling explants. HortScience 13, 698.

Rancillac, M., Nourrisseau, J.G., 1989. Micropropagation and strawberry plant quality. Acta Hortic. 265, 343–348.

Ritchie, R.J., Bunthawin, S., 2010. The use of pulse amplitude modulation (PAM) fluorometry to measure photosynthesis in a CAM orchid, *Dendrobium* spp. (*D.* cv. Viravuth Pink). Int. J. Plant Sci. 171 (6), 575–585.

Samsung Electronics Co, Ltd, 2019. Samsung Horticulture LEDs – Photoperiod and Strawberry. https://cdn.samsung.com/led/file/resource/2018/12/White_Paper_Samsung_Horticulture_LEDs_Photoperiod_Strawberry_181224.pdf.

Shibuya, T., Tsuruyama, J., Kitaya, Y., Kiyota, M., 2006. Enhancement of photosynthesis and growth of tomato seedlings by forced ventilation within the canopy. Sci. Hortic. 109, 218–222.

Shibuya, T., Hirai, N., Sakamoto, Y., Komuro, J., 2009a. Effects of morphological characteristics of *Cucumis sativus* seedlings grown at different vapor pressure deficits on initial colonization of *Bemisia tabaci* (Hemiptera: Aleyrodidae). J. Econ. Entomol. 102, 2265–2267.

Shibuya, T., Sugimoto, A., Kitaya, Y., Kiyota, M., 2009b. High plant density of cucumber (*Cucumis sativus* L.) seedlings mitigates inhibition of photosynthesis resulting from high vapor-pressure-deficit. HortScience 44, 1796–1799.

Shibuya, T., Endo, R., Hayashi, N., Kitamura, Y., Kitaya, Y., 2010a. Potential photosynthetic advantages of cucumber (*Cucumis sativus* L.) seedlings grown under fluorescent lamps with high red:far-red light. HortScience 45, 553–558.

Shibuya, T., Komuro, J., Hirai, N., Sakamoto, Y., Endo, R., Kitaya, Y., 2010b. Preference of sweetpotato whitefly adults to cucumber seedlings grown under two different light sources. HortTechnology 20, 873–876.

Shibuya, T., Itagaki, K., Tojo, M., Endo, R., Kitaya, Y., 2011. Fluorescent illumination with high red-to-far-red ratio improves resistance of cucumber seedlings to powdery mildew. HortScience 46, 429–431.

Shibuya, T., Endo, R., Hayashi, N., Kitaya, Y., 2012. High-light-like photosynthetic responses of *Cucumis sativus* leaves acclimated to fluorescent illumination with a high red:far-red ratio: interaction between light quality and quantity. Photosynthetica 50, 623–629.

Shibuya, T., Takahashi, S., Endo, R., Kitaya, Y., 2013. Height-convergence pattern in dense plant stands is affected by red-to-far-red ratio of background illumination. Sci. Hortic. 160, 65–69.

Shibuya, T., Endo, R., Yuba, T., Kitaya, Y., 2015. The photosynthetic parameters of cucumber as affected by irradiances with different red:far-red ratios. Biol. Plant. 59, 198–200 (in press).

Smith, H., Whitelam, G.C., 1997. The shade avoidance syndrome: multiple responses mediated by multiple phytochromes. Plant Cell Environ. 20, 840–844.

Szwacka, M., Tykarska, T., Wisniewska, A., Kuras, M., Bilski, H., Malepszy, S., 2009. Leaf morphology and anatomy of transgenic cucumber lines tolerant to downy mildew. Biol. Plant. 53, 697–701.

van Ieperen, W., 2012. Plant morphological and developmental responses to light quality in a horticultural context. Acta Hortic. 956, 131–140.

Vu, N.T., Kim, Y.S., Kang, H.M., 2014. Influence of short-term irradiation during pre- and post-grafting period on the graft-take ratio and quality of tomato seedlings. Hortic. Environ. Biotechnol. 55 (1), 27–35.

Wang, H., Yu, J.Q., Jiang, Y.P., Yu, H.J., Xia, X.J., Shi, K., Zhou, Y.H., 2010. Light quality affects incidence of powdery mildew, expression of defence-related genes and associated metabolism in cucumber plants. Eur. J. Plant Pathol. 127, 125–135.

Waring, G.L., Cobb, N.S., 1992. The impact of plant stress on herbivore population dynamics. In: Bernays, E.A. (Ed.), Insect–Plant Interactions, vol. 4. CRC Press, Boca Raton, FL, USA, pp. 167–226.

Wesley, C.R., Lopez, R.G., 2014. Comparison of supplemental lighting from high-pressure sodium lamps and light-emitting diodes during bedding plant seedling production. HortScience 49 (5), 589–595.

Wolfe, D.E., Eck, P., Chin, C., 1983. Evaluation of seven media for micropropagation of highbush blueberry. HortScience 18, 703–705.

Zhang, Z., He, D., Niu, G., Gao, R., 2014. Concomitant CAM and C3 photosynthetic pathways in *Dendrobium officinale* plants. J. Am. Soc. Hortic. Sci. 139 (3), 209–298.

Zobayed, S., Afreen, F., Kozai, T., 2005. Necessity and production of medicinal plants under controlled environments. Environ. Control Biol. 43, 243–252.

第 23 章
光合自养微繁殖技术

阮琴诗[1]（Quynh Thi Nguyen），肖玉兰[2]（Yulan Xiao），
古在丰树[3]（Toyoki Kozai）
（[1]越南胡志明市越南科学与技术学院热带生物研究所；
[2]中国北京首都师范大学生命科学学院；
[3]日本千叶县柏市千叶大学日本植物工厂协会暨环境、
健康与大田科学中心）

23.1 前言

光合自养微繁殖（photoautotrophic micropropagation，PAM）狭义上指外植体（explant）或植株在无病条件下在不添加有机成分作为养分的培养基上繁殖和生长。在PAM或无糖培养基的微繁殖中，具有光合能力的叶绿素外植体被用来促进其光合自养生长。需要适当控制诸如光照强度和 CO_2 浓度等环境因素，以促进外植体和（或）植株的光合作用。PAM可以改善离体植株（in vitro plant）的茎区和根区环境、显著促进离体植株的生长并提高繁殖率，从而缩短离体阶段的增殖周期。此外，在光合自养条件下生长的离体植株，在离体阶段的适应能力较强，且成活率较高。由于植物在本质上被认为是光合自养生物，其利用环境中存在的无机物质，并通过光合活动产生自身需要的碳水化合物，所以PAM最近已成为在受控环境中进行商业植物生产的一种有价值的方法。本章回顾了PAM的

特殊性及其在过去十年中的实际应用，以及将大型培养容器扩大到无菌培养室以用于密闭移栽苗生产系统的潜力。

23.2 PAM 的发展

20 世纪 80 年代末，日本千叶大学对 PAM 方法进行了深入研究，对小容器中离体植株周围的环境因素，如 CO_2 浓度、PPFD、光周期和暗周期等进行了多项试验。所有研究结果表明，当体外环境得到适当控制时，则在只含有无机成分的培养基上培养的离体植株具有较高的 NPR。

已经有 100 多篇文章报道了 50 多种植物的成功 PAM（Kozai，et al.，2005），并且已经有 8 篇关于这种新方法的综述论文（Kozai，1991；Jeong，et al.，1995；Kubota，et al.，1997；Kozai and Nguyen，2003；Zobayed，et al.，2004；Kozai and Xiao，2005；Kozai，2010；Xiao，et al.，2011）。还有 4 部专著包含了关于 PAM 的章节（Kurata and Kozai，1992；Aitken－Christie，et al.，1995；Kubota and Chun，2000；Kozai，et al.，2005）。PAM 也是研讨会的焦点（Kozai，et al.，1995）。

这些文章指出，大多数离体的叶绿素外植体/植株，包括子叶期（cotyledonary stage）的体细胞胚胎（somatic embryo），都能够进行光合自养生长；而光混合营养培养（cultured photomixotrophically）的植物 NPR 较低或为负不仅因为光合能力差，还因为光周期内密闭培养容器中的 CO_2 浓度较低。此外，已经证明，通过提高容器内 CO_2 浓度和光照强度、降低容器内相对湿度以及采用具有高空气孔隙度（air porosity）的纤维或多孔支撑材料来代替琼脂等凝固剂，可以显著促进许多植物的光合自养生长。

这些研究表明，对于成功的 PAM，了解体外环境和环境控制的基本理论是必不可少的。根据经验，成功应用 PAM 方法的另一个重要方面是植物的生理生态学知识。为了增强离体植株的光合作用，有必要了解培养容器内的体外环境状况，并知道如何创造最佳的环境条件以最大化离体植株的光合生长。如果不了解体外环境、植物与体外环境之间的相互作用以及环境与植物基因型之间的相互作用，则 PAM 方法很难得到应用。

23.3 PAM促进离体植株生长的优、缺点

在体外植物的生物学和工程方面，PAM与使用含糖培养基的传统（光混合营养）微繁殖相比具有许多优点。生物学优势如下：①促进离体植株的生长和光合作用；②预防形态和生理障碍；③减少培养容器内微生物污染；④缩短离体植株的增殖周期；⑤当被移栽到体外环境时，植株成活率高。工程优势如下：①简化微繁殖系统；②用于大规模离体植株生产的培养容器设计具有灵活性；③单位占地面积的产量全年提高；④降低了人工成本；⑤更容易实现栽培系统的自动化。

然而，PAM也有缺点，例如：①对离体物理环境的知识要求较高；②CO_2浓度升高或使用透气性过滤片以提高容器内CO_2浓度、光照和冷却的成本较高；③对利用多芽（multishoot）的繁殖系统或具有C4或CAM光合作用途径的植物的应用受限。

在PAM中，光照期间的PPFD和CO_2浓度起着最重要的作用。由于单独提高PPFD不能使体外植物在CO_2补偿点处提高其NPR，所以需要通过自然或强制通风将容器中的CO_2浓度提高到至少400 $\mu mol \cdot mol^{-1}$（培养容器而不是培养室中标准大气中的CO_2浓度）。

23.4 小型培养容器的自然通风系统

自然通风方法主要被认为是一种空气交换（CO_2和水蒸气）方法，即通过水蒸气和CO_2的分压差以及容器周围的气流引起的容器内部和外部之间的空气压力差实现。加强容器自然通风的一种简单方法是使用带有透气性过滤器的盖子，或使用改进通风性能的容器。因此，容器的通风率或换气次数（N）将随着附在容器上的微孔气体过滤器片（microporous gas filter disc）的数量而增加。在自然通风方法中，通过在容器盖或侧壁上安装1个、2个和3个微孔过滤器盘（millipore filter disc）（每个的直径为10 mm），当在光周期内培养室中的CO_2浓度保持在350~400 $\mu mol \cdot mol^{-1}$时，装有离体植株的Magenta GA-7箱式容器内

的 CO_2 浓度分别达到约 150 μmol · mol⁻¹、200 μmol · mol⁻¹和 250 μmol · mol⁻¹。另外，增加培养容器的通风也可以降低密闭容器中乙烯的浓度，从而避免乙烯对植物发育的不利影响，如芽再生、叶扩张和茎生长（Jackson, et al., 1991; Biddington, 1992）。

使用透气膜或透气盘来提高容器的通风率、增强植物光合作用和生长的试验产物主要如下：Kozai 等人（1988）研究的马铃薯；Kozai 和 Iwanami（1988）研究的康乃馨；Nguyen 等人（1999）研究的咖啡；Cui 等人（2000）以及 Kubota 和 Kozai（2001）研究的番茄；Nguyen 和 Kozai（2001）研究的香蕉；Lucchesini 等人（2001）研究的香桃木（*Myrtus Communis* L.）；Xiao 等人（2003）研究的甘蔗；Couceiro 等人（2006a）研究的圣约翰草（*Hypericum perforatum*）；Xiao 和 Kozai（2006）研究的海石竹（statice）；Zhang 等人（2009）研究的罗汉果（*Momordica grosvenori*）；Martins 等人（2015）研究的水塔花吊竹梅（*Billbergia zebrina*）；Tang 等人（2015）研究的雄性辣椒植物（*Capsicum* sp.）；Hoang 等人（2017）研究的山葵（*Wasabia japonica* Matsumura）。

10 余种木本植物，如泰竹（*Thyrsostachys siamensis*）、南非夹竹桃木（*Gmelina arborea*）、阿拉布斯咖啡（*Coffea arabusta*）、印楝（*Azadirachta indica*）、白花泡桐（*Paulownia fortunei*）、金合欢、桉树、澳洲坚果、木瓜、板栗、橡胶树等，也被证实在通风容器中的无糖培养基上比在密闭容器中的含糖培养基上生长得更快（Nguyen and Kozai, 2005; Chaum, et al., 2011; Teixeira da Silva, 2014; Vidal, et al., 2017; Tisarum, et al., 2018）。Niu 等人（1996, 1997）也对培养皿内的 CO_2 浓度（C_{in}）、体外植株的 NPR 和植株干重增加与 N、PPFD 和光周期的函数关系进行了深入模拟。

在环境 CO_2 浓度为 400 μmol · mol⁻¹和 PPFD 为 100 μmol · m⁻² · s⁻¹的生长条件下，在两种支撑材料 Gelrite（一种植物凝胶，G）或 Florialite（一种蛭石和纤维的混合物，F）上的 Magenta 容器中培养时，离体草莓植株在无糖培养基上的 FG 和 FF 处理下 NPR 随时间而升高；而在含糖培养基的 SG 和 SF 处理下（处理编码见图 23.1），NPR 均停留在补偿点附近（Nguyen and Nguyen, 2008）。在体外阶段的 15 d 后，FF 处理的存活率最高，为 100%，而 SG 处理的存活率最低，为 85%。

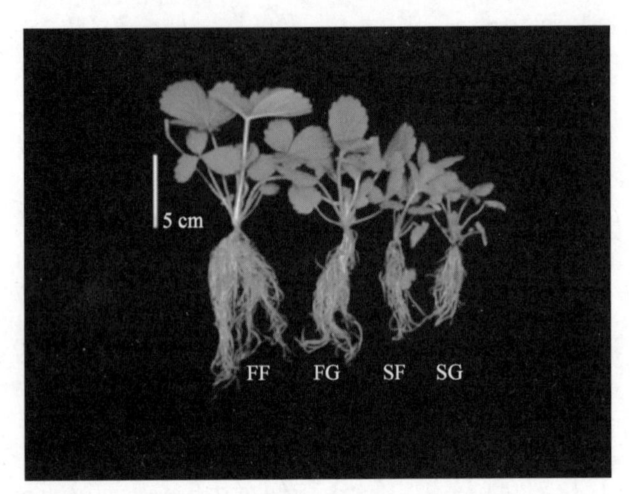

图 23.1　在离体阶段 15 d 后受不同蔗糖浓度和支持材料影响的草莓离体植株的外部形态

（在图中处理编码中，FF 代表无糖培养基 + Florialite 支撑材料；FG 代表无糖培养基 + Gelrite 支撑材料；SF 代表含糖培养基 + Florialite 支撑材料；SG 代表含糖培养基 + Gelrite 支撑材料）

通过采用节插条，Nguyen 等人（2012）也证明了在通风的 Magenta 容器中（$N=3.9$ 次 · h^{-1}）百里香（*Thymus vulgaris* L.）的光合自养生长情况。在第 35 d，在 PPFD 为 95 μmol · m^{-2} · s^{-1}的无糖培养基上培养的百里香植株的鲜重和干重增加最多，而且茎和根最长。在 PPFD 相同的条件下，在无糖培养基上培养的百里香离体植株的 NPR（2.6 μmol · h^{-1} · 植株$^{-1}$）比在含糖培养基上培养的（0.23 μmol · h^{-1} · 植株$^{-1}$）要高 10 倍。

市面上有许多具有高通风特性的透气性膜和容器系统，如带有 Millipore 透气性过滤片的聚碳酸酯 Magenta 箱式容器，如图 23.2（a）所示。然而，透气性过滤片仍然昂贵，因此阻碍了 PAM 的商业化发展。最近，在越南，人们在 PAM 中使用了盖有薄白纸或塑料（聚丙烯）袋形容器的烧瓶，在袋形容器侧壁的孔上连接有纸过滤圆片（直径为 1.3 cm），因为它们的成本较低［图 23.2（b）和（c）］。阮等人（2010）证明，在第 45 d，在无糖 1/2MS（Murashige 和 Skoog，1962）培养基上，在塑料袋形容器［12 cm 宽，19 cm 高，底部 8 cm 深；空气体积：1.2 L（充气时）］内，用 2 个或 4 个通风的纸过滤圆片（分别为 $N=4.2$ 次 · h^{-1}或 5.5 次 · h^{-1}）培养的到手香（*Plectranthus amboinicus*）的节枝插条比在无纸过滤圆片的袋形容器内含糖培养基上培养的到手香的节枝插条（$N=0.7$ 次 ·

h^{-1}）生长得好。此外，在 170 $\mu mol \cdot m^{-2} \cdot s^{-1}$的强光照射下，高通风率（$N = 5.5$ 次 · h^{-1}）显著增加了到手香离体植株的鲜重和干重（Nguyen，et al.，2010a）。

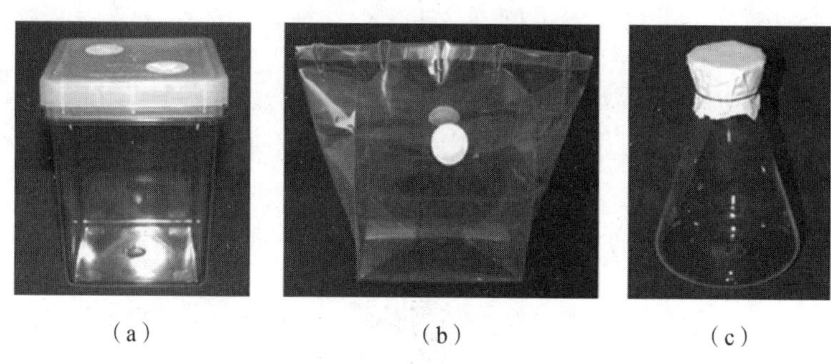

（a）　　　　（b）　　　　（c）

图 23.2　通常用于 PAM 的 3 种容器

（a）在容器盖的每个孔上固定有 Millipore 透气性过滤片的 Magenta 箱式容器；（b）带有纸过滤圆片的塑料（聚丙烯）袋形容器，袋口被折叠 2 次，并利用 5 个回形针进行固定；（c）用消毒过的纸盖上盖子

带有两个通风纸过滤圆片的塑料袋形容器（充气时 $V = 1$ L）也被用于证明由白色、红色或蓝色荧光灯产生的光质在 400 $\mu mol \cdot mol^{-1}$的环境 CO_2 浓度、140 $\mu mol \cdot m^{-2} \cdot s^{-1}$的 PPFD、12 $h \cdot d^{-1}$的光周期下对光合自养的薰衣草（*Lavandula angustifolia*）（在只有矿物源的 MS 培养基上）的生物量积累的影响。在红色荧光灯下，薰衣草植株被培养 42 d 后的初生根数量最多且茎最高（图 23.3）。然而，在白色荧光灯下，鲜重、干重及次生根数量均显著高于蓝色或红色荧光灯下的情况（数据未发表）。

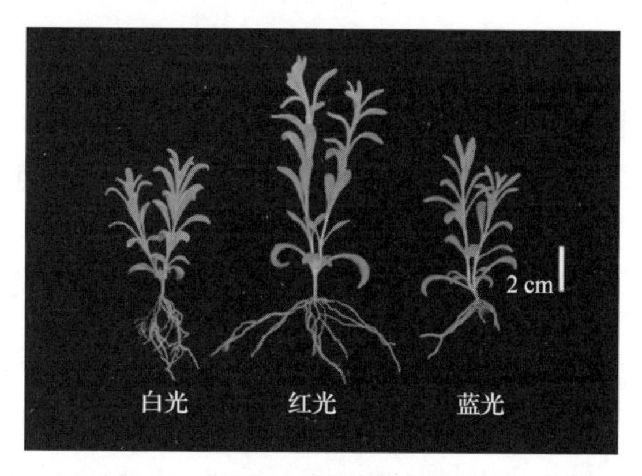

图 23.3　在不同光质下在塑料袋形容器中光合自养的株龄为 42 d 的薰衣草体外植株的外部形态

利用通风容器明显增加了植物的蒸腾作用和栽培基质的蒸发量，这有利于植物的生长，因为离体植株对养分的吸收也得到了增强（Kozai，2010）。外植体以前生活在密闭容器中，导致表皮蜡层形成不良和气孔功能障碍，因此移植到通风容器中后的头几天其可能枯萎。这种现象可以通过以下方式解决。用透明胶带覆盖所有通风膜，并在最初几天或一周内将培养架上的 PPFD 降低到与之前培养相同的水平（30～50 $\mu mol \cdot m^{-2} \cdot s^{-1}$）。当出现小的新芽和（或）新根时，需要移除胶带，并逐渐提高 PPFD。如果外植体来自光合自养条件，则不会出现萎蔫问题。采用具有干燥表面的多孔或纤维栽培基质，明显有利于促进根的生长，这在许多文献中都有报道。如果将基质做成立方体而不是疏散结构，则将外植体移栽到培养容器或塑料袋形容器中的培养基上会更容易（Kozai，2010）。

在自然通风方法中，增加附着在培养容器的盖子或侧壁上的透气过滤器的数量，可以促进空气扩散（CO_2 和水蒸气），从而提高通风容器中的 CO_2 浓度（C_{in}）。然而，这不能满足植物对足够 CO_2 的需求，并将增加通过该方法生产离体植株的成本（Kozai，et al.，2005）。有些研究表明，高出环境水平的 CO_2 浓度对离体植株的生长具有有益的影响（如 Desjardins，et al.，1988；Mosaleeyanon，et al.，2004）。通过将培养室中的 CO_2 浓度（C_{out}）保持在 1 000 $\mu mol \cdot mol^{-1}$左右，C_{in}可被提高到 500 $\mu mol \cdot mol^{-1}$左右；因此，在通风容器中，富含 CO_2 培养室内的 NPR 约为非富含 CO_2 培养室内 NPR 的 3.3 倍；在装有通风容器的富含 CO_2 的培养室内，NPR 大约是装有非通风容器的非富含 CO_2 培养室内 NPR 的 17 倍（Kozai，2010）。这也解释了为什么在传统的微繁殖中需要蔗糖进行碳同化。Sha Valli Khan 等（2003）的研究表明，在光合自养并富含 CO_2 的条件下，白花泡桐的离体植株也发育出大量的新芽。与光合自养条件下叶片背面开口较窄的气孔相比，光混合营养条件下叶片背面的气孔开度较大。当被转移到体外条件下时，高 CO_2 浓度水平还可以提高 PAM 植株的适应能力和生长速度（Kapchina－Toteva，et al.，2014）。Kozai 和 Nguyen（2003）表明，高 CO_2 浓度（1600 $\mu mol \cdot mol^{-1}$）和高 PPFD（250 $\mu mol \cdot m^{-2} \cdot s^{-1}$）显著促进了在蛭石基质上光合自养培养 28 d 的泡桐植株的根发生和正常的根维管发育，并且在体外阶段，它们的生长在 15 d 内持续显著增加。在另一项研究中，草莓外植体在 1 000 $\mu mol \cdot mol^{-1}$的 CO_2 浓度、200 μmol · m^{-2} · s^{-1}的 PPFD 下培养 4 周后，其新芽和根的大小是周围环境 CO_2 浓度和 PPFD 为 100 μmol · m^{-2} · s^{-1}条件下的 2 倍。体外阶段的高水平 CO_2 浓度和 PPFD，通过产生最长和最多数量的匍匐茎，继续改善体外阶段（28 d）的植物生长（Nguyen，et al. ，2008）。Teixeira da Silva（2014）也表明，在 3 000 ppm CO_2 浓度下进行光合自养培养的 1 月龄木瓜植株比在添加 3%（w/v）蔗糖的培养基上培养的对照植株的叶片数量多。

Wu 和 Lin（2013）也证明了帝王花（*Protea cynaroides*）植株在富含 CO_2 的条件下，在含有一些维生素和植物生长物质的无糖培养基上培养时，其茎生长显著增加。尤其是在 5 000 μmol · mol^{-1}和 10 000 μmol · mol^{-1} CO_2 浓度条件下培养的帝王花植株的地上部干重分别是环境 CO_2 浓度下含糖培养基上培养的 2. 1 倍和 4. 2 倍。

为了商业化，可以通过使用与容器中纯 CO_2 气体的注入单元相连的红外 CO_2 控制器来控制培养室内的 C_{out}（Kozai，et al. ，1995）。这种控制器通常被种植者用于在温室下提高 CO_2 浓度。只要培养室是密闭的而几乎没有 CO_2 泄漏到外面，就可以用 1. 5 kg 的 CO_2 生产近 10 000 株移栽苗（Kozai，2010）。Jeong 等人（1993）介绍了提高培养室内 CO_2 浓度的方法并进行了质量平衡分析。

在自然通风系统中，通过增加培养室内的 CO_2，可使 C_{in}保持在较高水平。然而，在大量使用小型培养容器的大规模生产中，具有透气性过滤片的容器中的 C_{in}和其他气体浓度往往各不相同，并且在培养期间难以调节。此外，对于大型容器来说，要获得高自然通风率并不容易。然而，这个问题可以通过实施强制通风来解决。

23. 5　大型培养容器的强制通风系统

在强制通风中，通过将特定的气体混合物直接冲入容器，可以很容易地在植物生产过程中提高容器内的 C_{in}和增强空气运动，并且可以利用气流控制器轻松控制通风率。根据离体植株的光合能力，在容积大于或等于 100 L 的大容器中，C_{in}可以被维持在培养室周围环境 CO_2 浓度的水平，也可以根据体外植物的光合能力而逐渐被提高到超过 1 000 μmol · mol^{-1}的高水平。在这种情况下，将纯 CO_2

或用空气稀释的 CO_2 直接注入容器。当离体植株的光合能力较强时，与带有自然通风的小容器相比，当将气流速度增加到 50 mm s^{-1} 和 100 mm s^{-1} 时，采用强制通风的大容器应该更有效（Kozai，2010）。

可被用于大规模微繁殖且具有不同大小和设计形式的大型培养容器，已被用于几种植物的光合自养强制通风，如桉树（Zobayed，et al.，2000）、咖啡、山药（Nguyen，et al.，2001，2002）、马蹄莲（Xiao and Kozai，2004）、石斛兰（*Dendrobium*）（Nguyen，et al.，2010 b）、到手香（Nguyen，et al.，2011a）和欧洲板栗（Vidal，et al.，2017）。强制通风系统的简单结构如图 23.4 所示。

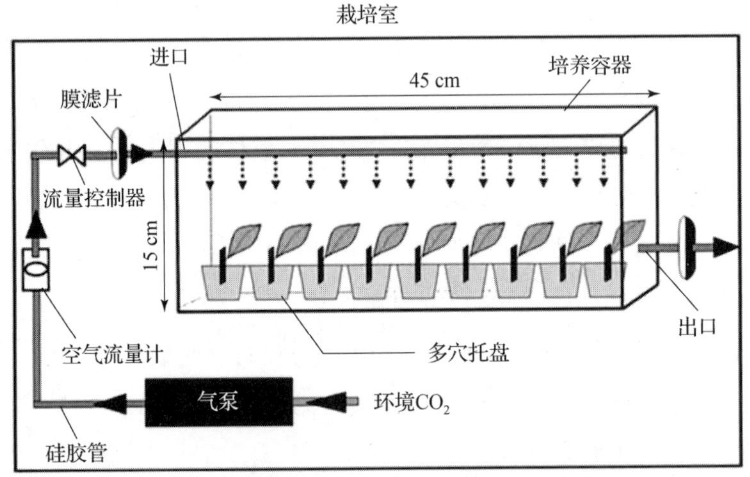

图 23.4 在越南胡志明市热带生物研究所用于 PAM 的聚碳酸酯容器的强制通风系统示意

（聚碳酸酯容器尺寸为 45 cm × 25 cm × 15 cm）

在利用聚碳酸酯容器（Nalge Nunc Bio－Safe Carrier）的强制通风系统中，与利用小 Magenta 容器的自然通风系统相比，离体葡萄（*Vitis vinifera* var. Thompson seedless）在茎长度、展开叶片数量及鲜重和干重增加方面生长得更好（Nguyen，et al.，2011b）。此外，当植物生长在多孔支撑材料蛭石上时，葡萄的不定根会长出大量侧根（图 23.5）。将刺楸（*Kalopanax septemlobus* Nakai）在利用强制通风系统的大型容器（$V = 10$ L）中进行光合自养培养，与常规培养相比，在离体阶段会产生更多叶片，达到更高的 NPR 和更高的体外阶段存活率（Park，et al.，2011）。

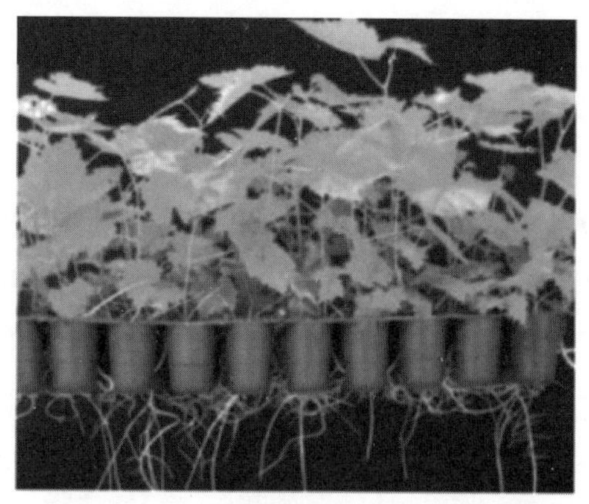

图 23.5　在第 35 d，在带有强制通风系统的大型容器中离体葡萄的不定根在第 35 d 长出了大量侧根

已有研究证明，当使用大型容器进行商业化运行时，强制通风比自然通风更方便且更有效（Xiao and Kozai，2004；Kozai，et al.，2006）。在强制通风系统中，PPFD 的升高对促进植株生长和光合作用具有显著效果，前提是要提高容器内的 CO_2 浓度以满足离体植株对碳固定的需求。

此外，我们还观察到，大型容器内气流速度的空间分布不均匀，会导致强制通风条件下离体植株生长的空间变化（Kozai，2010）。因此，均匀的气流速度对于确保大型容器中植物的一致生长至关重要。该缺点可以在密闭植物生产系统中加以克服（Kozai，2010）。

23.6　利用 PAM 技术生产离体药用植物次级代谢产物的潜力

23.6.1　前言

由于大约 80% 的世界人口使用药草，所以除合成药物生产的需求外，对植物材料和提取天然产品的需求也很大；特别地，合成药物的主要成分来自天然物（Julsing，et al.，2007）。植物组织培养技术被广泛用于许多药用植物的生产，其特点是从有限的原料不断生产相同的种质。一些被定义的植物源化合物，如青蒿素（artemisinin），在生物反应器的工业化过程中被广泛生产。然而，许多植物物种的药用特性不能归因于单独定义的化合物，而是在各自的植物种类中发现的特定化合物混合物的结果（Julsing，et al.，2007）。此外，离体培养药用植物中所需的活性代谢物缺乏一致性仍然是一个主要问题（Kapchina – Toteva，et al.，2014）。

Sirvent 等人（2002）证实，在不同环境中生长的药用植物，其主要次级代谢产物的含量存在差异。在受控条件下进行的一些试验表明，温度和光照可能是造成这种影响的主要因素（Canter，et al.，2005）。Zobayed 和 Saxena（2004）认为在温室和田间的温度、光照强度和 CO_2 浓度不容易被控制，因此导致药用植物的生物活性化合物产量和生物量的变化。然而，在受控环境下使用微繁殖技术时，这些因素可以很好地被调整。因此，可以制定可行的药用植物商业生产策略，旨在通过优化环境条件来提高特定生物活性化合物的产量。圣约翰草（St. John's wort）植物的主要生物活性化合物［即贯叶金丝桃素（hyperforin）、假金丝桃素（pseudohypericin）和金丝桃素（hypericin）］在高温下光合自养培养的植物中增加（Zobayed，et al.，2005；Couceiro，et al.，2006b）。在高 CO_2 浓度条件下，在液体无糖培养基中培养的青蒿幼苗，将其体外硬化是提高青蒿素产量的一种有效方法（Supaibulwattana，et al.，2011）。Saldanha 等人（2013）证明，当在光合自养条件下的非升高或升高 CO_2 浓度（分别为 360 $\mu mol \cdot mol^{-1}$ 或 720 $\mu mol \cdot mol^{-1}$）的环境中离体培养时，无糖培养基可能增加 *Pfaffia glomerata* 中某些次级代谢产物的水平。无论 CO_2 浓度如何，培养基中缺乏蔗糖都会增加 20 – 羟基蜕皮激素（20 – hydroxyecdysone）的水平。在另一项研究中，Pham 等人（2012）表明，高浓度 CO_2（1 200 $\mu mol \cdot mol^{-1}$）对在自然通风系统中无糖培养基上培养的叶下珠（*Phyllanthus amarus*，也叫作苦味叶下珠，是目前世界上已知的少数具有强力灭活乙肝病毒而阻断肝纤维化作用的珍稀植物——译者注）培养 45 d 后其中两种主要的木脂素（lignan，也叫作木酚素、木脂体或木质素），即叶下珠脂素（phyllanthin）和珠子草素（niranthin）的积累具有积极作用。在光合自养条件下培养时，光照强度和光周期也对叶下珠植株中叶下珠脂素、次叶下珠脂素（hypophyllanthin）和珠子草素的积累有影响（Pham and Nguyen，2014）。

当带有两片开叶的越南人参（*Panax vietnamensis* Ha et Grushv.）离体芽在含有以蛭石为基础的无糖 MS 培养基的双孔 Magenta 容器中培养时，在离体阶段容易产生根茎和块根（图 23.6）。在这些器官中，与第 90 d 在未富集 CO_2 条件下的人参皂苷相比，在富集 CO_2（1 100 μmol · mol^{-1}）条件下，三组主要的人参皂苷——原人参二醇（protopanaxadiol）、原人参三醇（protopanaxatriol）和人参皂苷元（ocotilol），包括竹节三七 - R2（majonoside - R2，MR2）浓度较高（数据未发表）。

（a）　　（b）

图 23.6　由节点插条光合自养培养的越南人参的体外植株在不同时期根茎和块茎的形成情况

（a）培养后第 60 d；（b）培养后第 180 d

23.6.2　将 PAM 系统扩大为无菌培养室——CPPS

放大的强制通风系统可被视为一种无菌培养室，其中一个大的培养容器中包含许多小的灭菌托盘。这种 PAM 系统也可以被认为是一种用于种植小型无病插条/幼苗的移栽苗生产系统或一种使用人工光的密闭无性繁殖系统。在该系统的正常模式下，不允许工作人员进入培养室处理装有植物的托盘或环境控制设施。因此，无论对托盘运输还是培养室内的环境控制，都必须采用自动化方式。系统内外的能量和质量交换可被最小化，从而最大限度地提高水、CO_2、光和其他资源的利用效率，并减少电力消耗（Kozai，et al.，2005）。第一套 CPPS 于 2004 年在日本得到商业化应用，于 2010 年在日本 100 多个地点得到推广（Kozai，2010），而到 2016 年已在 200 多个地点获得应用。由于改善了对环境和病原体入侵的控制，所以移栽苗在 CPPS 中比在温室中生长得更均匀、更快且无病原体。

23.7 结论

自 30 多年前 PAM 的概念被提出以来，人们已经进行了许多关于改善体外环境和促进体外植株生长与发育的研究。通过这些研究，人们增加了实践经验，如在光合自养应用开始时逐步提高微环境中的 PPFD 和 CO_2 浓度，或在应用前的 1~2 个培养期内逐步降低糖水平。虽然在世界范围内尚未实现大规模的 PAM 商业化，但从使用带有透气性过滤片的小型培养容器的自然通风方法到使用大型培养容器的强制通风方法的研究，已经清楚地证明了扩大 PAM 系统的可行性。这导致了一项新技术的开发，即人工光照型 CPPS，用于优质移栽苗生产。该系统并非完全无菌，但是干净且没有病原体。通过将 CPPS 和 PAM 的概念结合，可以在有限的时间内生产大量优质的移栽苗、小插条和接穗等，并具有较高的能源和水分利用效率。

参 考 文 献

Aitken-Christie, J., Kozai, T., Smith, M.A.L., 1995. Automation and Environmental Control in Plant Tissue Culture. Kluwer Academic Publishers, Dordrecht.

Biddington, N.L., 1992. The influence of ethylene in plant tissue culture. Plant Growth Regul. 11, 173−187.

Canter, P.H., Thomas, H., Ernst, E., 2005. Bringing medicinal plants into cultivation: opportunities and challenges for biotechnology. Trends Biotechnol. 23, 180−185.

Cha-um, S., Chanseetis, C., Chintakovid, W., Pichakum, A., Supaibulwatana, K., 2011. Promoting root induction and growth of in vitro macadamia (*Macadamia tetraphylla* L. 'Keaau') plantlets using CO_2-enriched photoautotrophic conditions. Plant Cell Tissue Organ Cult. 106, 435−444.

Couceiro, M.A., Afreen, F., Zobayed, S.M.A., Kozai, T., 2006a. Enhanced growth and quality of St. John's wort (*Hypericum perforatum* L.) under photoautotrophic in vitro conditions. In Vitro Cell. Dev. Biol. Plant 42, 278−282.

Couceiro, M.A., Afreen, F., Zobayed, S.M.A., Kozai, T., 2006b. Variation in concentration of major bioactive compounds of St. John's wort: effects of harvesting time, temperature and germplasm. Plant Sci. 170, 128−134.

Cui, Y.Y., Hahn, E.J., Kozai, T., Paek, K.Y., 2000. Number of air exchanges, sucrose concentration, photosynthetic photon flux, and differences in photoperiod and dark period temperatures affect growth of *Rehmannia glutinosa* plantlets in vitro. Plant Cell Tissue Organ Cult. 81, 301−306.

Desjardins, Y., Laforge, F., Lussier, C., Gosselin, A., 1988. Effect of CO_2 enrichment and high photosynthetic photon flux on the development of autotrophy and growth of tissue-cultured strawberry, raspberry and asparagus plants. Acta Hortic. 230, 45−53.

Hoang, N.N., Kitaya, Y., Morishita, T., Endo, E., Shibuya, T., 2017. A comparative study on growth and morphology of wasabi plantlets under the influence of the micro-environment in shoot and root zones during photoautotrophic and photomixotrophic micropropagation. Plant Cell Tissue Organ Cult. 130, 255−263.

Jackson, M.B., Abbott, A.J., Belcher, A.R., Hall, K.C., Butler, R., Camerson, J., 1991. Ventilation in plant tissue cultures and effects of poor aeration on ethylene and carbon dioxide accumulation, oxygen depletion and explant development. Ann. Bot. 67, 229–237.
Jeong, B.R., Fujiwara, K., Kozai, T., 1993. Carbon dioxide enrichment in autotrophic micropropagation: methods and advantages. HortTechnology 3, 332–334.
Jeong, B.R., Fujiwara, K., Kozai, T., 1995. Environmental control and photoautotrophic micropropagation. Hortic. Rev. 17, 125–172.
Julsing, M.K., Quax, W.J., Kayser, O., 2007. The engineering of medicinal plants: prospects and limitations of medicinal plant biochemistry. In: Kayser, O., Quax, W.J. (Eds.), Medicinal Plant Biotechnology: From Basic Research to Industrial Application. WILEY-VCH Verlag GmbH & Co. KGaA, Weinheim, pp. 3–8.
Kapchina-Toteva, V., Dimitrova, M.A., Stefanova, M., Koleva, D., Kostov, K., Yordanova, Z.P., Stefanov, D., Zhiponova, M.K., 2014. Adaptive changes in photosynthetic performance and secondary metabolites during white dead nettle micropropagation. J. Plant Physiol. 171, 1344–1353.
Kozai, T., 1991. Autotrophic micropropagation. In: Bajaj, Y.P.S. (Ed.), High-Tech and Micropropagation I, Biotechnology in Agriculture and Forestry, vol. 17. Springer-Verlag, New York, pp. 313–343.
Kozai, T., 2010. Photoautotrophic micropropagation: environmental control for promoting photosynthesis. Propag. Ornam. Plants 10 (4), 188–204.
Kozai, T., Iwanami, Y., 1988. Effects of CO_2 enrichment and sucrose concentration under high photon fluxes on plantlet growth of carnation (*Dianthus caryophyllus* L.) in tissue culture during the preparation stage. J. Jpn. Soc. Hortic. Sci. 57, 279–288.
Kozai, T., Nguyen, Q.T., 2003. Photoautotrophic micropropagation of woody and tropical plants. In: Jain, S.M., Ishii, K. (Eds.), Micropropagation of Woody Trees and Fruits. Kluwer Academic Publishers, Dordrecht, pp. 757–781.
Kozai, T., Xiao, Y., 2005. A commercialized photoautotrophic micropropagation system. In: Gupta, S., Ibaraki, Y. (Eds.), Plant Tissue Culture Engineering. Springer, Berlin, pp. 355–371.
Kozai, T., Afreen, F., Zobayed, S.M.A., 2005. Photoautotrophic (Sugar-free Medium) Micropropagation as a New Propagation and Transplant Production System. Springer, Dordrecht.
Kozai, T., Koyama, Y., Watanabe, I., 1988. Multiplication and rooting of potato plantlets in vitro with sugar medium under high photosynthetic photon flux. Acta Hortic. 230, 121–127.
Kozai, T., Nguyen, Q.T., Xiao, Y., 2006. A commercialized photoautotrophic micropropagation system using large vessels with forced ventilation: plant growth and economic benefits. Acta Hortic. 725, 279–292.
Kozai, T., Zimmerman, R., Kiyata, Y., Fujiwara, K., 1995. Environmental effects and their control in plant tissue culture. Int. Soc. Hortic. Sci. Kyoto. Acta Hortic. 393.
Kubota, C., Chun, C., 2000. Transplant Production in the 21st Century. Kluwer Academic publishers, Dordrecht.
Kubota, C., Kozai, T., 2001. Growth and net photosynthetic rate of tomato plantlets during photoautotrophic and photomixotrophic micropropagation. HortScience 36, 49–52.
Kubota, C., Fujiwara, K., Kitaya, Y., Kozai, T., 1997. Recent advances in environmental control in micropropagation. In: Goto, E., Kurata, K., Hayashi, M., Sase, S. (Eds.), Plant Production in Closed Ecosystems. Springer Science+Business Media, Dordrecht, pp. 153–169.
Kurata, K., Kozai, T., 1992. Transplant Production Systems. Kluwer Academic Publishers, Dordrecht.
Lucchesini, M., Mensuali-Sodi, A., Massai, R., Gucci, R., 2001. Development of autotrophy and tolerance to acclimatization of *Myrtus communis* transplants cultured in vitro under different aeration. Biol. Plant. 44, 167–174.
Martins, J.P.R., Verdoodt, V., Pasqual, M., De Proft, M., 2015. Impacts of photoautotrophic and photomixotrophic conditions on in vitro propagated *Billbergia zebrina* (Bromeliaceae). Plant Cell Tissue Organ Cult. 123 (1), 121–132.
Mosaleeyanon, K., Cha-um, S., Kirdmanee, C., 2004. Enhanced growth and photosynthesis of rain tree (*Samanea saman*) plantlets in vitro under CO_2 enrichment with decreased sucrose concentration in the medium. Sci. Hortic. 103, 51–63.
Murashige, T., Skoog, E., 1962. A revised medium for rapid growth and bioassays with tobacco tissues. Physiol. Plant. 15, 473–497.
Nguyen, Q.T., Kozai, T., 2001. Growth of in vitro banana (*Musa* spp.) shoots under photomixotrophic and photoautotrophic conditions. In Vitro Cell. Dev. Biol. Plant 37, 824–829.
Nguyen, Q.T., Kozai, T., 2005. Photoautotrophic micro-propagation of woody species. In: Kozai, T., Afreen, F., Zobayed, S.M.A. (Eds.), Photoautotrophic (Sugar-free Medium) Micropropagation as a New Propagation and Transplant Production System. Springer, Dordrecht, pp. 119–142.

Nguyen, M.T., Nguyen, Q.T., 2008. Effects of sucrose, ventilation and supporting materials on the growth of strawberry (*Fragaria ananassa* Duch.) plants cultured in vitro and survival rate of plantlets ex vitro. J. Biol. 30 (2), 45–49 (in Vietnamese with English abstract).

Nguyen, Q.T., Kozai, T., Nguyen, U.V., 1999. Effects of sucrose concentration, supporting material and number of air exchanges of the vessel on the growth of in vitro coffee plantlets. Plant Cell Tissue Organ Cult. 58, 51–57.

Nguyen, Q.T., Kozai, T., Heo, J., Thai, D.X., 2001. Photoautotrophic growth response of in vitro coffee plantlets to ventilation methods and photosynthetic photon fluxes under carbon dioxide enriched condition. Plant Cell Tissue Organ Cult. 66, 217–225.

Nguyen, Q.T., Le, H.T., Thai, D.X., Kozai, T., 2002. Growth enhancement of in vitro yam (*Dioscorea alata*) plantlets under photoautotrophic condition using a forced ventilation system. In: Nakatani, M., Komaki, K. (Eds.), Potential of Root Crops for Food and Industrial Resources: Twelfth Symposium of the International Society for Tropical Root Crops (ISTRC), Sep.10-16, 2000. International Society for Tropical Root Crops, Tsukuba, Japan, pp. 366–368.

Nguyen, M.T., Nguyen, Q.T., Nguyen, U.V., 2008. Effects of light intensity and CO_2 concentration on the in vitro and ex vitro growth of strawberry (*Fragaria ananassa* Duch.). J. Biotechnol. 6 (1), 233–239 (in Vietnamese with English abstract).

Nguyen, Q.T., Hoang, T.M., Nguyen, H.N., 2010a. Effects of sucrose concentration, ventilation rate and light intensity on the growth of country borage (*Plectranthus amboinicus* (Lour.) Spreng.) cultured photoautotrophically in nylon bags having ventilated membranes. In: Proceedings of National Conference on Plant Biotechnology for Southern Area, held in Hochiminh City in October 24——25, 2009. Science and Technology Publishing House, Hochiminh City, Vietnam, pp. 297–301 (in Vietnamese with English abstract).

Nguyen, Q.T., Hoang, T.V., Nguyen, H.N., Nguyen, S.D., Huynh, D.H., 2010b. Photoautotrophic growth of *Dendrobium* 'Burana White' under different light and ventilation conditions. Propag. Ornam. Plants 10 (4), 227–236.

Nguyen, H.N., Pham, D.M., Nguyen, A.H.T., Hoang, N.N., Nguyen, Q.T., 2011a. Study on plant growth, carbohydrate synthesis and essential oil accumulation of *Plectranthus amboinicus* (Lour.) Spreng cultured photoautotrophically under forced ventilation condition. J. Biotechnol. 9 (4A), 605–610 (in Vietnamese with English abstract).

Nguyen, Q.T., Nguyen, H.N., Hoang, N.N., Pham, D.M., Nguyen, M.T., Huynh, D.H., 2011b. Photoautotrophic micropropagation for sustainable production of plant species. J. Sci. Technol. 49 (1A), 25–32 (in English with Vietnamese abstract).

Nguyen, D.P.T., Hoang, N.N., Nguyen, Q.T., 2012. A study on growth ability of *Thymus vulgaris* L. under impact of chemical and physical factors of culture medium. J. Biol. 34 (3se), 234–241 (in Vietnamese with English abstract).

Niu, G., Kozai, T., Kitaya, Y., 1996. Simulation of the time courses of CO_2 concentration in the culture vessel and net photosynthetic rate of cymbidium plantlets. Trans. ASAE 39 (4), 1567–1573.

Niu, G., Kozai, T., Hayashi, M., Tateno, M., 1997. Simulation of the time courses of CO_2 concentration in the culture vessel and net photosynthetic rate of potato plantlets cultured photoautotrophically and photomixotrophically in vitro under different lighting cycles. Trans. ASAE 40 (6), 1711–1718.

Park, S.-Y., Moon, H.-K., Kim, Y.-W., 2011. The photoautotrophic culture system promotes photosynthesis and growth of somatic embryo-derived plantlets of *Kalopanax septemlobus*. J. Kor. For. Soc. 100 (2), 212–217.

Pham, D.M., Nguyen, Q.T., 2014. Growth and lignin accumulation of *Phyllanthus amarus* (Schum. & Thonn.) cultured in vitro photoautotrophically as affected by light intensity and photoperiod. J. Biol. 36 (2), 203–209 (in Vietnamese with English abstract).

Pham, D.M., Nguyen, H.N., Hoang, N.N., Nguyen, S.D., Nguyen, Q.T., 2012. Growth promotion and secondary metabolite accumulation of *Phyllanthus amarus* cultured photoautotrophically under carbon dioxide enriched condition. J. Biol. 34 (3se), 249–256 (in Vietnamese with English abstract).

Saldanha, C.W., Otoni, C.G., Notini, M.M., Kuki, K.N., da Cruz, A.C.F., Neto, A.R., Dias, L.L.C., Otoni, W.C., 2013. A CO_2-enriched atmosphere improves in vitro growth of Brazilian-ginseng (*Pfaffia glomerata* (Spreng.) Pedersen). In Vitro Cell. Dev. Biol. Plant 49, 433–444.

Sha Valli Khan, P.S., Kozai, T., Nguyen, Q.T., Kubota, C., Vibha, D., 2003. Growth and water relations of *Paulownia fortunei* under photomixotrophic and photoautotrophic conditions. Biol. Plant. 46 (2), 161–166.

Sirvent, M.T., Walker, L., Vance, N., Gibson, D.M., 2002. Variation in hypericins from wild populations of *Hypericum perforatum* L. in the Pacific Northwest of the USA. Econ. Bot. 56, 41–48.

Supaibulwattana, K., Kuntawunginn, W., Cha-um, S., Kirdmanee, C., 2011. Artemisinin accumulation and enhanced net photosynthetic rate in Qinghao (*Artemisia annua* L.) hardened *in vitro* in enriched-CO_2 photoautotrophic conditions. Plant Omics J. 4 (2), 75–81.

Tang, M.T., Hoang, N.N., Pham, M.D., Nguyen, T.P.D., Le, T.L., Le, T.K., Nguyen, T.Q., 2015. Study on the micropropagation of the male sterile chili pepper (*Caspicum* sp.). J. Biotechnol. 13 (4A), 1321–1328 (in Vietnamese with English abstract).

Teixeira da Silva, J.A., 2014. Photoauto-, photohetero- and photomixotrophic *in vitro* propagation of papaya (*Carica papaya* L.) and response of seed and seedlings to light-emitting diodes. Thammasat Int. J. Sci. Technol. 19 (1), 57–71.

Tisarum, R., Samphumphung, T., Theerawitaya, C., Prommee, W., Cha-um, S., 2018. In vitro photoautotrophic acclimatization, direct transplantation and ex vitro adaptation of rubber tree (*Hevea brasiliensis*). Plant Cell Tissue Organ Cult. 133, 215–223.

Vidal, N., Aldrey, A., Blanco, B., Correa, B., Sánchez, C., Cuenca, B., 2017. Proliferation and rooting of chestnut under photoautotrophic conditions. In: Bonga, J.M., Park, Y.-S., Trontin, J.-F. (Eds.), Development and Application of Vegetative Propagation Technologies in Plantation Forestry to Cope with a Changing Climate and Environment: Fourth International Conference of the IUFRO Unit 2.09.02: Somatic Embryogenesis and Other Vegetative Propagation Technologies, September 19––23, 2016. La Plata, Argentina, pp. 119–127.

Wu, H.C., Lin, C.C., 2013. Carbon dioxide enrichment during photoautotrophic micropropagation of *Protea cynaroides* L. plantlets improves in vitro growth, net photosynthetic rate, and acclimatization. HortScience 48, 1293–1297.

Xiao, Y., Kozai, T., 2004. Commercial application of a photoautotrophic micropropagation system using large vessels with forced ventilation: plantlet growth and production cost. Hortscience 39 (6), 1387–1391.

Xiao, Y., Kozai, T., 2006. In vitro multiplication of statice plantlets using sugar-free media. Sci. Hortic. 109, 71–77.

Xiao, Y., Lok, Y., Kozai, T., 2003. Photoautotrophic growth of sugarcane in vitro as affected by photosynthetic photon flux and vessel air exchanges. In Vitro Cell. Dev. Biol. Plant 39, 186–192.

Xiao, Y., Niu, G., Kozai, T., 2011. Development and application of photoautotrophic micropropagation systems. Plant Cell Tissue Organ Cult. 105, 149–158.

Zhang, M., Zhao, D., Ma, Z., Li, X., Xiao, Y., 2009. Growth and photosynthetic capability of *Momordica grosvenori* plantlets grown photoautotrophically in response to light intensity. HortScience 44 (3), 757–763.

Zobayed, S.M.A., Saxena, P.K., 2004. Production of St. John's wort plants under controlled environment for maximizing biomass and secondary metabolites. In Vitro Cell. Dev. Biol. Plant 40, 108–114.

Zobayed, S.M.A., Afreen, F., Kubota, C., Kozai, T., 2000. Mass propagation of *Eucalyptus camaldulensis* in a scaled-up vessel under in vitro photoautotrophic condition. Ann. Bot. 85, 587–592.

Zobayed, S.M.A., Afreen, F., Xiao, Y., Kozai, T., 2004. Recent advancement in research on photoautotrophic micropropagation using large culture vessels with forced ventilation. In Vitro Cell. Dev. Biol. Plant 40, 450–458.

Zobayed, S.M.A., Afreen, F., Kozai, T., 2005. Temperature stress can alter the photosynthetic efficiency and secondary metabolite concentrations in St. John's wort. Plant Physiol. Biochem. 43, 977–984.

第 24 章 生物因素管理

24.1 前言

生物因素管理在类似 PFAL 和其他 CPPS 等的植物工厂中至关重要，可在不使用杀虫剂的情况下生产高质量的植物。然而，关于藻类、微生物、害虫等生物因素的报道很少。这些生物因素可能导致植物质量下降和（或）抑制植物的快速生长，以及对人类健康造成影响。因此，在这个领域需要开展更多的研究与开发。

本章第一部分重点讨论了如何控制藻类生长，这是 PFAL 作物生产中的一项关键维护工作。第二部分涉及食品微生物检测，包括环境检测和质量检测，并介绍了测定细菌和真菌总数的方法。

24.2 藻类控制

久保田千里（Chieri Kubota）

（美国俄亥俄州哥伦布俄亥俄州立大学园艺与作物科学系）

藻类控制是 PFAL 作物生产中的一项关键维护任务。在与营养物质和光线接触的潮湿表面会迅速滋生藻类，例如用于水培的植物栽培基质插塞/方块的上表面、营养液上方浮板之间的间隙、由透光材料（管道）制成的管道内部以及暴露在光线下的营养液储罐。藻类可以容纳害虫（如绿植小黑飞虫），也可以容纳病菌，因此必须消除这些有害因素。最好的做法是用不透明材料覆盖这些表面，以阻挡光线，但也有一些化学控制藻类的选择。

24.2.1　过氧化氢

市售产品的可获得性及其使用可能取决于政府的规定，但如果这种产品含有稳定的过氧化氢，则它是一种用于控制藻类的有用产品，其植物毒性很小或没有植物毒性。美国的一些市售产品也被注册用于有机作物生产。可能需要对有效浓度进行仔细选择，因为潜在的植物毒性似乎取决于不同的营养输送系统。然而，基于基质的培养系统似乎具有较强的缓冲能力，因此在 DFT 系统中使用过氧化氢产品时，需要仔细选择浓度和应用频率，以免对根部造成损害。

24.2.2　臭氧水

产生臭氧水（ozonated water）的小型系统可能对 PFAL 有用。然而，对臭氧浓度应谨慎选择，以便既能有效控制藻类又不会引起植物毒性。Graham 等（2012）报道称，对于在岩棉块中培养的番茄幼苗，所施用的臭氧水的上限浓度值为 3 $mg \cdot L^{-1}$。有趣的是，在某些情况下，臭氧水的应用可以提高植物的整体生产能力（Graham，et al.，2011）。作为一种控制手段，可以将新制的臭氧水喷洒在有问题的藻类生长区域周围。

24.2.3　氯气

商业上，已经在水培温室中使用低剂量的氯气（chlorine）。然而，对于在 PFAL 的水培系统中使用氯气（或次氯酸）来控制藻类可能需要进行更多研究，然后才能进一步推荐使用。需要注意的是，当余氯与营养液中低浓度的铵离子（NH_4^+）反应时，可能形成一种具有高度植物毒性的化合物氯胺（chloramine）（Date，et al.，2005）。氯胺所引起的植物毒性的一种典型症状是根部褐变。建议在水源（自来水）中混合 2.5 $mg \cdot L^{-1}$硫代硫酸钠，以去除余氯（S. Date，个人沟通）。然而，当系统中有许多有机化合物时（如循环系统的营养液或基于有机基质的培养系统），添加氯可能不会成为问题，因为有机物会将氯气转化为氯化物（chloride）。Date 等（2005）的研究表明，营养液中不含 NH_4-N 时，在 0～1 $mg \cdot$

L^{-1}氯气浓度范围内，生菜的生长不会受到抑制。当溶液中含有 0.5 mg · L^{-1}氯气时，少量的 NH_4^+ (5.2 μM)（与氯气形成氯胺）可以抑制生菜生长（Date, et al., 2005）。由于在城市地区的 PFAL 中通常使用含有 1 ~2 mg · L^{-1}氯气的自来水，而商业水培级肥料含有微量 NH_4-N，所以可能需要开发一种具有成本效益的去除 NH_4^+ 的技术，以便在 PFAL 中能够有效利用氯气来控制藻类。

24.2.4 栽培基质

在水培法中，叶类作物的生产从通过小型基质插塞种植幼苗开始。保水能力相对较强的基质（如岩棉塞）表面往往是湿润的，这为藻类的生长创造了有利条件。在亚洲，在水培中使用聚氨酯泡沫（polyurethane foam）作为基质很常见，由于其保水能力弱，所以聚氨酯似乎具有相对干燥的表面。然而，海藻仍然可以在泡沫内部的营养液输送管道附近生长。使用不透光的深色聚氨酯泡沫可以更好地控制藻类。

24.3 微生物管理

高岛美穗（Miho Takashima）

（未标注作者单位，推测为自由撰稿者——译者注）

应根据目的来选择食品微生物的检测方法［日本食品研究实验室（Japan Food Research Laboratories, JFRL), 2013］。培养方法需要时间来获得结果，同时需要经验和技术，但它是一种国际微生物检测方法，也是目前微生物检测标准。同时，快速法是一种通过简化培养法或将其部分或全部替换为其他方法来获得结果的方法（Igimi, 2013）。与传统方法相比，快速法是一种能够在短时间内定量测定微生物和细菌数量的方法。然而，有许多方法的有效性尚未得到证实，在确定其快速性、有效性、敏感性、重现性和可靠性后，选择和实施方法学是很重要的。

24.3.1 微生物检测

本节重点介绍 PFAL 中的微生物控制。植物工厂的微生物管理分为环境管理和质量管理。微生物检测的分类如图 24.1 所示。

环境检测大体上可分为两种方法。一种是检测空气中或附着在表面上的微生物，另一种是检测原水（也叫作生水）和营养液（图 24.1）。在 PFAL 中，表面附着的微生物与悬浮的微生物被认为是相同的，在这种情况下，原水和营养液中的微生物检测也被视为包括在质量检测中。

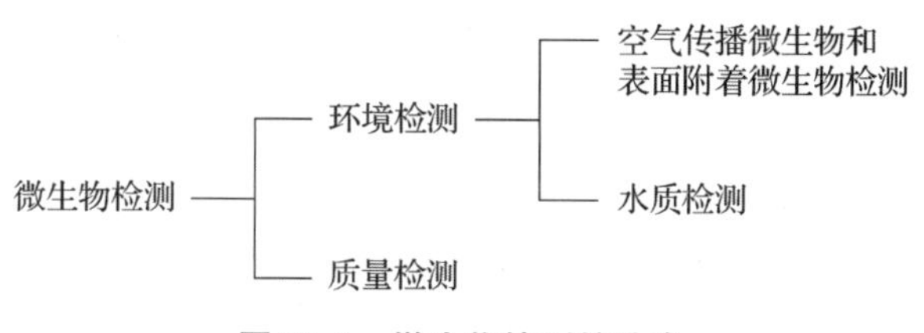

图 24.1　微生物检测的分类

在质量检测中，检查和了解细菌和真菌的数量非常重要。这些是食品和环境中微生物的标准和指标。如有必要，检查大肠杆菌群和金黄色葡萄球菌等污染物指示菌也很重要。下一节将介绍传统的平板测量法。

24.3.2　空气中微生物检测

空气中有许多微生物，主要是细菌、真菌和病毒。病毒的测量方法尚未建立，因为它们很小，也很容易失活，这使它们难以被培养和测量。因此，只进行空气传播的细菌和真菌的测量。细菌测试是指活细菌计数测试，通常使用标准琼脂培养基进行测试。细菌计数被用作微生物污染的典型指标（JFRL，2013）。在最合适的潜伏期后确定活细菌计数，并以菌落形成单位（CFU）的形式进行显示（Buttner，et al.，1997）。空气中微生物的浓度（单位体积的 CFU），是通过将每个样本的 CFU 数量除以采集的空气体积得到的（Buttner，et al.，1997）。真菌的检测是指对霉菌和酵母的检测。真菌在自然界中无处不在，偶尔会引起人的疾病（Yang 和 Johanning，1997）。一些报告还表明，在湿度控制不佳或水侵入很普遍的建筑中，真菌已经成为一个主要问题（Yang and Johanning，1997）。霉菌和酵母等真菌是 PFAL 中应该被了解的因素，因为 PFAL 内的环境总是处于高湿状态。

空气中的微生物通常是指漂浮在空气中的细菌（微生物），它们附着在产品表面或落到地面上。测量空气中细菌的方法有两种：测量落在空气中的细菌和测量悬浮在空气中固定体积内的细菌。

Stetzenbach（1997）报道了空气传播的微生物对人类和环境的影响，在该报道中他介绍了由空气传播微生物（如藻类、细菌、真菌、原生动物和病毒）所引起的不利影响。根据该报道，除藻类外，大多数空气传播的微生物对环境的影响是引起农业生产能力下降的原因。该报道还介绍了微生物对人类健康的偶发影响（如感染和过敏反应）。

大气环境的测量评估质量、浓度和数量。在PFAL中，了解细菌和真菌总数的总体情况很重要。

24.3.3 脱落细菌和真菌的平板测量法

采样方法如下：在固定的时间段内打开平板盖，让培养基自由暴露，然后盖上盖子，并将培养基倒置培养。测量方法是确定每个培养板在被培养后形成的菌落数量，如图24.2所示。标准琼脂培养基被用于细菌检测，而马铃薯葡萄糖琼脂培养基被用于真菌检测。这是在日本最广泛的空气传播细菌的测量方法，因为它非常简单，可以以低成本进行。

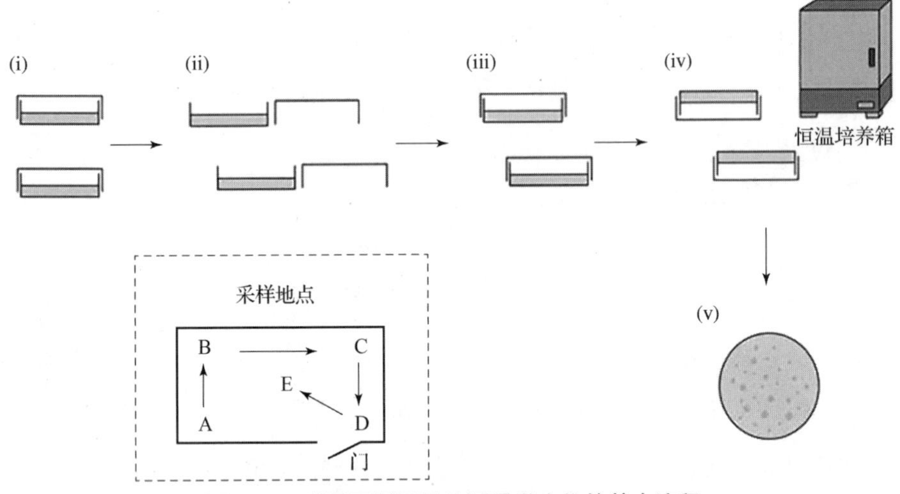

图24.2 利用平板测量法测量微生物的基本流程

[（i）放置两个培养皿；（ii）将培养皿放置在测量位置，并将盖子打开：对于普通细菌打开5 min，对于真菌打开20 min；（iii）将培养皿的盖子盖上；（iv）将普通细菌在（35±2）℃条件下培养（48±3）h，将真菌在（23±1）℃条件下培养7 d；（v）对菌落数量进行计数。将数据表示为单位时间内的菌落形成单元（CFU）的数量——对于脱落细菌为每5 min的CFU，对于真菌为每20 min的CFU。* 取样位置应符合监测策略。如图步骤A～D所示，采样位置是根据人和物体的流动来确定的]

24.3.4　空气中微生物测量

这是西方国家所采用的一种典型方法，也是近年来在日本得到认可的一种方法（Yamazaki，et al.，2001）。该方法根据空气采样分为若干种方法。如图 24.3 所示，该方法采用了一种冲击器式空气采样器。这是国际标准化组织（ISO）推荐的设备，通常用于收集空气中的微生物。此外，市面上还有其他各种冲击器式空气采样器（Buttner，et al.，1997）。该采样方法需要考虑空气流量，并评估采样区域的平均值。图 24.3 所示为细菌和真菌测量的示例。这种方法不仅提供了定量评价，而且具有能够在不同环境条件下比较测量结果的优势。该方法所用基质与平板测量法（settle plate method.）所用的相同。

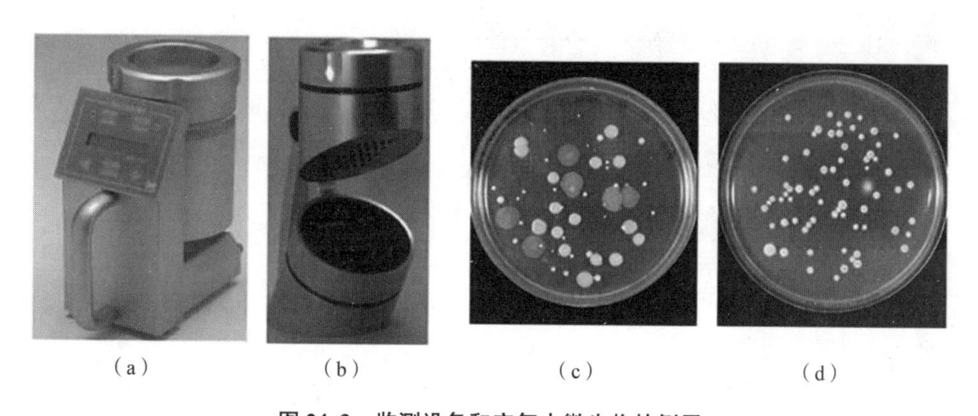

（a）　（b）　（c）　（d）

图 24.3　监测设备和空气中微生物的例子

（a）BIO SAMP MBS－1000 空气采样器；（b）MERCK MAS 100 空气采样器；
（c）空气中细菌培养菌落；（d）空气中真菌培养菌落（利用 BIO SAMP MBS－1000 空气采样器进行采样）

24.3.5　细菌和真菌的质量检测

从样品制备［图 24.4（a）］到菌落数量测定［图 24.4（c）］的一般过程如图 24.4 所示。图 24.4（b）所示为两种检测方法，这两种方法基本相同，只是溶液的添加方式不同。细菌的检测采用包衣法或混合法两种方法中的任意一种进行，其中包衣法一般用于真菌检测。图 24.4（c）所示为计算每个样品微生物数量的方法。

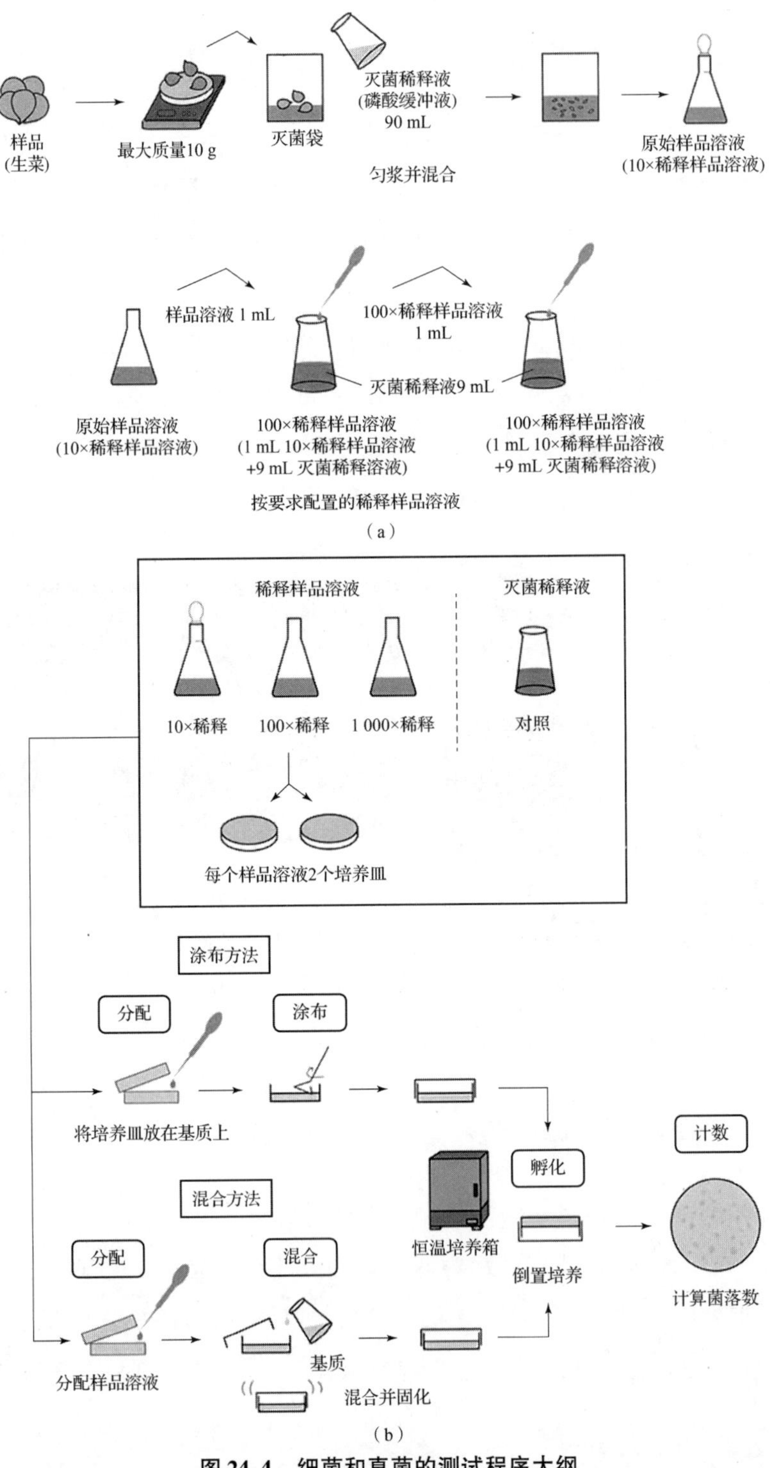

图 24.4　细菌和真菌的测试程序大纲

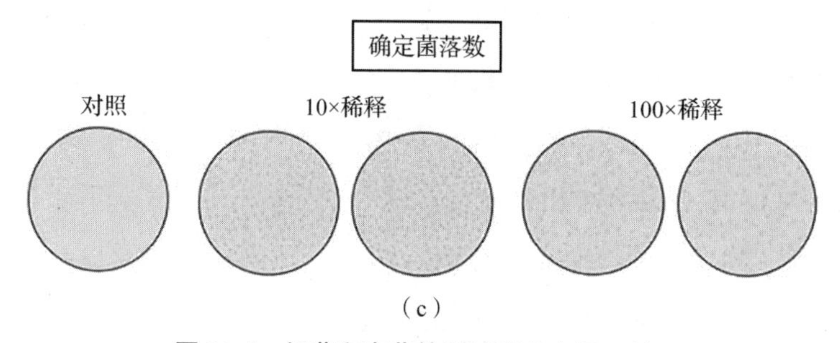

（c）

图 24.4 细菌和真菌的测试程序大纲（续）

［采样和检测如图（a）~（c）所示：图（a）——样品制备；图（b）——两种检测方法；图（c）——菌落数量计数。选择带有 30 ~ 300 菌落的培养皿进行测量。取两个培养皿的平均值作为活菌数。这是根据两个培养皿中的菌落总数 × 1/2 ×稀释倍数计算得出的。例如，在稀释 100 倍的情况下，菌落数分别为 168 和 183 时，菌落形成单位的数量可以用以下等式计算：

$(168+183)\times 1/2\times 100 = 17\ 550 = 1.755\times 10^4 = 1.8\times 10^4$（$CFU \cdot g^{-1}$）］

24.3.6 PFAL 中微生物检测报告示例

有很多关于食品生产的文献，但是关注 PFAL 卫生管理的倡议和研究报告仍然很少（Uehara，et al.，2011），且关于 PFAL 本身的类似研究也很少（Hayakumo，et al.，2013）。

确实存在一项关于空气中的微生物和表面附着微生物的监测研究（Hayakumo，et al.，2013）。该研究比较了温室和 PFAL 中细菌和真菌的数量。结果显示，在 PFAL 中空气中的微生物（细菌为 0 ~ 4 $CFU \cdot m^{-3}$，真菌为 16 ~ 24 $CFU \cdot m^{-3}$）以及表面附着的微生物（细菌为 100 $CFU \cdot 25\ m^{-2}$，真菌为 1 ~ 51 $CFU \cdot 25\ m^{-2}$）的数量都比较少。

有一份关于过去 12 年对蔬菜微生物检测的报告，包括来自 PFAL 的产品（Uehara，et al.，2011）。该报告给出了每种蔬菜及其生产过程中的细菌数量。PFAL 中单位（1g）细菌的分布为 10^2 ~ 10^6 CFU。与其他生长环境相比（室外栽培为 10^2 ~ 10^{10} CFU，水培为 10^3 ~ 10^9 CFU），PFAL 蔬菜所含微生物的数量要少 2 ~ 3 个数量级（Uehara，et al.，2011）。在这种 PFAL 中，环境控制和卫生管理使存在的微生物数量更少成为可能。其他报告显示细菌少于 300（$=3.0\times 10^2$）CFU（Ooshima，et al.，2013）、10^2 ~ 10^4 CFU（Sasaki，1997）和 1.2×10^6 CFU

(Nagayama，2012)。在 PFAL 中种植的蔬菜大多是叶菜，并往往用于生吃，这就是为什么进行环境控制和卫生管理很重要。

还有一些关于营养液试验（Sasaki，1997）和蔬菜储存试验的报告（Tokyo Metropolitan Institute of Public Health，2011)。一份报告分析了营养液随时间的变化，并阐述了营养液卫生管理的重要性（Sasaki，1997)。蔬菜储存试验的结果表明了温度的影响（Tokyo Metropolitan Institute of Public Health，2011)。与室外种植的蔬菜相比，PFAL 蔬菜的细菌数量会随着温度的升高而显著增加。此外，直接从植物工厂获得的 PFAL 蔬菜含有 $10^1 \sim 10^5$ CFU 的细菌（Tokyo Metropolitan Institute of Public Health，2011)。对于生菜，有一篇报道认为生菜在配送前(predistribution）和配送后（postdistribution）的细菌数量存在显著差异（Sasaki，1997)。根据环境和生产控制的问卷调查结果，在配送过程中，不存在标准化的配送温度，相关信息表明，每种 PFAL 的情况都不一致，包括仅在夏季冷藏、在低于 5℃ 的温度下配送和在低于 10℃ 的条件下配送（Tokyo Metropolitan Institute of Public Health，2011)。此外，人们还发现细菌数量与分布温度之间存在相关性。一份报告显示，洗涤后蔬菜细菌数量仅减少 1 ~ 2 log [International Commission on Microbiological Specifications for Foods (ICMSF)，2011]。因此，提高个人卫生意识、控制配送过程和储存温度较为重要。

与其他栽培方法相比，PFAL 生产的蔬菜中细菌数量较少。然而，如果在配送过程中不进行适当的温度控制，那么在 PFAL 中生产的蔬菜在生物清洁空气中生产的优势就很容易丧失。因此，在 PFAL 中，从生产到配送的食品链各阶段的卫生管理更为重要。

近年来，日本启动了 PFAL 中产品和产品体系第三方认证委员会（Third Party Accreditation Committee on Products and Product Systems，TPAC - PPS)，并在环境、安全/安心、普适性和社会性四个领域开展了评估（Inoue，2012)。该委员会关注微生物因素，如 PFAL 中活菌、大肠杆菌群和大肠杆菌 O157 的数量，还建立了微生物标准，其包含三个认证级别（金、银、铜)。

近年来，PFAL 产品及产品系统的安全性一直受到重视。因此，未来该领域的研究很可能有更多的需求和进展。

24.4 结论

本章重点介绍了 PFAL 微生物检测，并介绍了检测方法和报道实例。如前所述，没有关于微生物检测的规则。Kozai（2012）指出，PFAL 中的细菌数量通常少于 300 CFU，不到温室植物数量的 1/100，也不到户外栽培数量的 1/500。除了这篇报道，可以说没有其他文献存在，也没有文献特别关注微生物数量。因此，目前的状态是每个生产者都有自己的管理标准化协议（Pak，et al.，2014）。

近年来，人们对微生物检测越来越感兴趣。在日本，旨在使日本与国际公认的 ISO 和细菌分析手册（Bacteriological Analytical Manual，BAM）等检测方法保持一致的讨论正在进行中。随着人们对食品安全的重视，微生物检测越来越受到重视。具有确认有效性的快速方法将变得不可或缺，并且在未来的研究中必将取得进一步发展。

参考文献

Buttner, M.P., Willeke, K., Grinshpun, S.A., 1997. Sampling and analysis of airborne microorganisms. In: Hurst, C.J., Knudsen, G.R., McInerney, M.J., Stetzenbach, L.D., Walter, M.V. (Eds.), Manual of Environmental Microbiology. ASM Press, Washington, DC, pp. 629−639.

Date, S., Terabayashi, S., Kobayashi, Y., Fujime, Y., 2005. Effects of chloramines concentration in nutrient solution and exposure time on plant growth in hydroponically cultured lettuce. Sci. Hortic. 103, 257−265.

Graham, T., Zhang, P., Woyzbun, E., Dixon, M., 2011. Response of hydroponic tomato to daily applications of aqueous ozone via drip irrigation. Sci. Hortic. 129, 464−471.

Graham, T., Zhang, P., Dixon, M.A., 2012. Closing in on upper limits for root zone aqueous ozone application in mineral wool hydroponic tomato culture. Sci. Hortic. 143, 151−156.

Hayakumo, M., Sawada, Y., Takasago, Y., Tabayashi, N., Aoki, T., Muramatsu, K., 2013. Hygiene management technology for the production of medical materials in PFAL (written in Japanese). In: Japanese Society of Agricultural, Biological and Environmental Engineers and Scientists.

Igimi, S., 2013. Basics of microbial test (Chapter 1). In: Igimi, S., Ezaki, T., Takatori, K., Tsuchido, T. (Eds.), Guidebook of Easy and Rapid Microbial Test Methods (Written in Japanese: Biseibutu No Kan'i Jinsoku Kensaho). Technosystem Co. Ltd, Tokyo, pp. 3−7.

Inoue, T., 2012. Third party accreditation committee on products and product system (written in Japanese). Energy Resour. 33 (4), 27−31.

International Commission on Microbiological Specifications for Foods (ICMSF), 2011. Microorganism in foods 6 (written in Japanese: Shokuhin biseibutsu no seitai biseibutsu seigyo no zenbo). In: Yamamoto, S., Maruyama, T., Kasuga, F. (Eds.), Microbial Ecology of Food Commodities. Chuo Hoki, Tokyo, pp. 328−386.

Japan Food Research Laboratories (JFRL), 2013. Visual Version of Food Sanitary Test Method (Written in Japanese: Bijuaru-Ban Shokuhin Eisei Shikenho Tejun to Pointo). Chuo Hoki, Tokyo.

Kozai, T., 2012. Plant Factory with Artificial Light: Japanese Agricultural Revolution Spread Around the World (Written in Japanese: Jinkoko-Gata Shokubutsu Kojo Sekai Ni Hirogaru Nihon No Nogyo Kakumei. Ohmsha, Tokyo.

Nagayama, M., 2012. The integrative medical project of agromedicine in Sakakibara Heart Institute (written in Japanese). In: The 54th Business Workshops in Japan Plant Factory Association (JPFA) Handout. JPFA (Chiba University Plant Factory Project.

Ooshima, T., Hagiya, K., Yamaguchi, T., Endo, T., 2013. Nishimatsu Construction's Technical Research Institute Report. Commercialization of LED Used Plant Factory (written in Japanese), 36, pp. 1−6.

Pak, J., Nakamura, K., Harada, T., Wada, K., 2014. Hygiene control in plant factory (written in Japanese). In: Japanese Society of Agricultural Biological and Environmental Engineers and Scientists, 2014.

Sasaki, H., 1997. SHITA Report. The Number of Bacteria in Vegetable Produced in Plant Factory (written in Japanese), 13, pp. 53−61.

Stetzenbach, L.D., 1997. Introduction to aerobiology. In: Hurst, C.J., Knudsen, G.R., McInerney, M.J., Stetzenbach, L.D., Walter, M.V. (Eds.), Manual of Environmental Microbiology. ASM Press, Washington, DC, pp. 619−628.

Tokyo Metropolitan Institute of Public Health in Department of Regional Food and Pharmaceutical Safety Control, 2011. Food Hygiene Association in the Production of Vegetables in Plant Factory (written in Japanese), vol. 61, p. 8.

Uehara, S., Kishimoto, Y., Ikeuchi, Y., Katoh, R., Arai, T., Hirai, A., Nakama, A., Kai, A., 2011. Annual Report of Tokyo Metropolitan Institute of Public Health. Surveys of bacterial contaminations in vegetables in Tokyo from 1999 to 2010 (written in Japanese), 62, pp. 151−156.

Yamazaki, S., Kano, F., Takatori, K., Sugita, N., Aoki, M., Hattori, K., Hosobuchi, K., Mikami, S., 2001. Measurement and assessment of airborne microorganism (written in Japanese: Kankyo biseibutsu no sokutei to hyoka). In: Yamazaki, S. (Ed.), Measurement and Assessment of Environmental Microorganism. Ohmsha, Tokyo, pp. 95−116.

Yang, C.S., Johanning, E., 1997. Airborne fungi and mycotoxins. In: Hurst, C.J., Knudsen, G.R., McInerney, M.J., Stetzenbach, L.D., Walter, M.V. (Eds.), Manual of Environmental Microbiology. ASM Press, Washington, DC, pp. 651−660.

第 25 章
PFAL 的设计与管理

古在丰树[1]（Toyoki Kozai），坂口俊佑[2]（Shunsuke Sakaguchi），
彰山卓尔[2]（Takuji Akiyama），山田公介[2]（Kosuke Yamada），
大岛一隆[2]（Kazutaka Ohshima）
（[1]日本千叶县柏市千叶大学日本植物工厂协会暨环境、
健康与大田科学中心；[2]日本千叶县柏市 PlantX 公司）

25.1 前言

为了正确地设计和管理 PFAL，有必要了解与 PFAL 相关的各种科学、技术和商业领域。这些领域包括光源和光照系统、环境测量和控制、能源、材料和工作人员管理、卫生控制、植物生理生态、水培、植物营养、自动化、成本/效益分析、财务、生鲜食品营销和促销活动。

许多行业都有各种用于制造工厂的计算机辅助设计与管理（D&M）工具。然而，PFAL 是一种新兴的技术和业务，因此，需要基于其他行业中使用的计算机辅助 D&M 工具的通用方法和技术来开发用于 PFAL 的计算机辅助 D&M 工具。然而，值得注意的是，PFAL 是用来生产生物体（即植物）的，因此，PFAL－D&M 的核心部分是植物－环境－栽培室交互模型。

本章的第一部分介绍了我们的 PFAL－D&M 系统的特点、结构、功能和用

途；在第二部分介绍了一些典型的输出量，包括小时和月耗电量、空调机 COP、光和温度分布、植物生长测量和PFAL－D&M 分析。

25.2 PFAL－D&M 系统的结构与功能

PFAL－D&M 系统由 PFAL－D（设计）、PFAL－M（管理）和数据库三部分组成（图 25.1）。PFAL－D&M 系统除 PFAL－M 子系统中“生产管理（PM）”的“数据采集和上传”部分外（Data），均存储在云服务区域，以便通过互联网使用（图 25.2）。

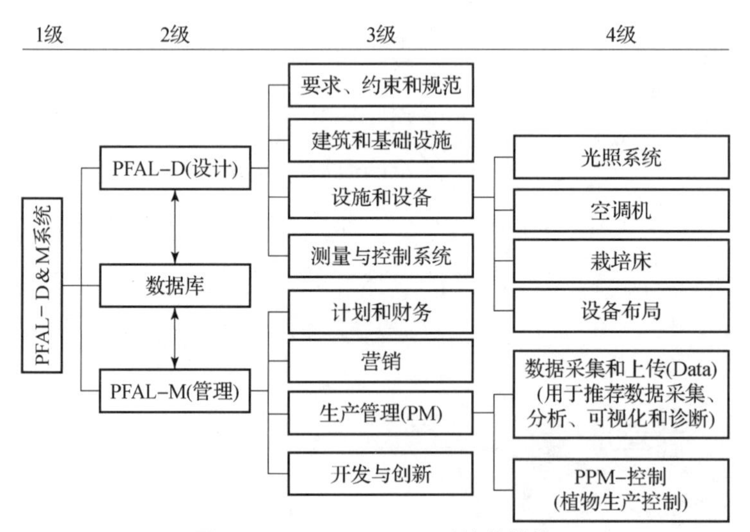

图 25.1 PFAL－D&M 系统的结构

数据采集和上传部分分为两种类型（图 25.3）。A 型被安装在现有的 PFAL 上，“数据采集和上传”部分（传感器和数据上传器）基本与现有的 PFAL 测控系统分离。在 A 型中，两个传感器测量的温度可能有微小的差异，因为两个传感器的精度可能不同，并且可能被安装在不同的地方（例如，一个被安装在空调机旁，另一个被安装在栽培室的中心）。在这种情况下，“数据采集和上传”部分无法收集到用于其控制的温度数据。其他环境因素也是如此。B 型被安装在新建的 PFAL 上，其中的“数据采集和上传”部分被嵌入 PFAL 测控系统，然后将 PFAL 测控系统控制所需的空气温度传输到“数据采集和上传”部分的数据库中，并用于控制空气温度。

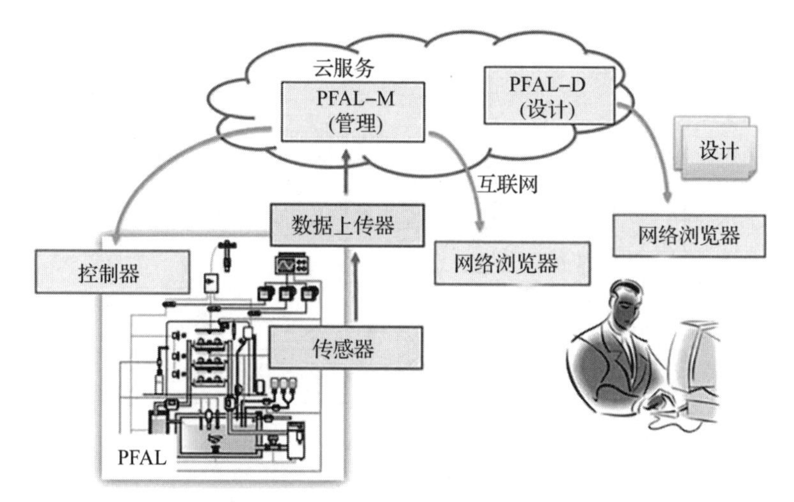

图 25.2　在云服务区域和 PFAL 中的 PFAL－ D&M 系统的结构

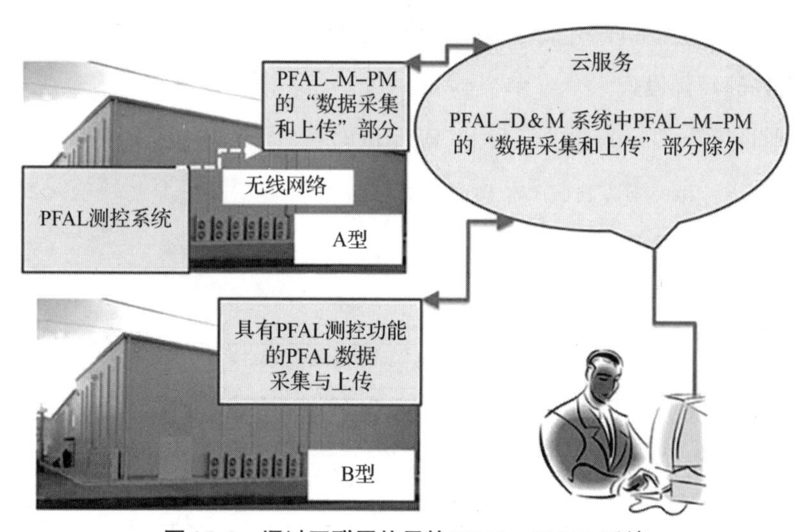

图 25.3　通过互联网使用的 PFAL－D&M 系统

（A 型：被安装在现有的 PFAL 中；B 型：被安装在新建的 PFAL 中）

25.3　PFAL－D（设计）子系统

PFAL－D（设计）子系统由“要求、约束和规范”“建筑和基础设施”“设施和设备”以及“测量和控制”四部分组成（图 25.4）。整个 PFAL－D（设计）子系统被存储在“云服务”区域。

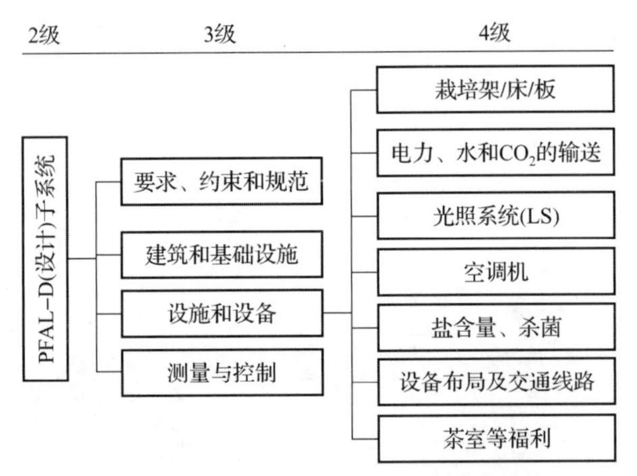

图 25.4 PFAL－D（设计）子系统的结构

电力成本约占总生产成本的 20%，而 LED 光照成本占电力成本的 70%~80%。由于在建成 PFAL 后很难对光照系统的硬件进行改进，所以必须对光照系统进行良好的硬件设计。

“光照系统”部分的软件是为 PFAL 定制的，用于模拟被图 25.5 所示参数影响的光环境。一般来说，利用基于光学物理学的数学方程模拟光环境是相当准确和有用的。

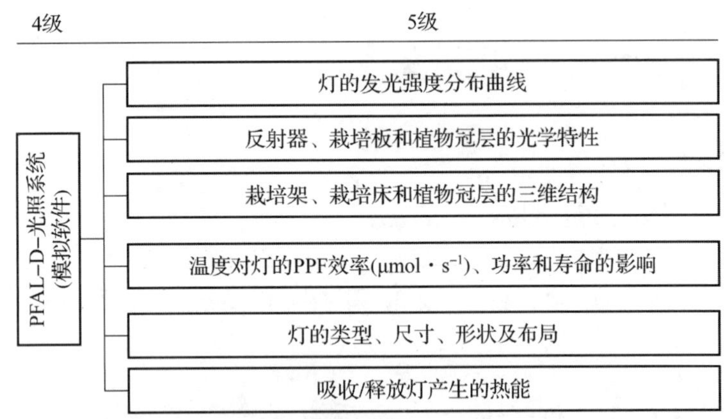

图 25.5 在进行光照系统设计时用于模拟光环境（光谱和空间分布的时间过程）的参数

在设计光照系统时需要注意的是，栽培架上方的 PPFD 的空间和光谱分布受栽培架的三维结构和植物群落的光学特性的影响。此外，LED 灯的热能源/汇的设计也会影响 LED 灯的温度，进而影响 LED 灯的 PPF 效率。

25.4　PFAL－M（管理）子系统

25.4.1　软件结构

PFAL－M（管理）子系统由“计划与财务”“市场营销”“生产管理”和“开发与创新”四部分组成。“计划与财务”部分与PFAL的愿景、使命和目标执行一致。“市场营销”部分包括客户开发、产品开发、促销以及产品和服务提供。

PFAL－M－PM分为PM－Data（生产管理－数据）和PM－Control（生产管理－控制）。PM－Data进一步分为三个部分：①数据采集与上传；②数据处理、分析与可视化；③诊断与改进建议。由PFAL－M－PM－Data所收集的数据对每个因子和/或这些因子的组合进行处理、分析和可视化，如图25.6所示。由PFAL－ M－Data所收集的数据用于计算各种指数，如RUE，以表达PFAL中植物生产系统的成本效益或货币生产率（图25.7）。PM－Control包括：①生产成本、销售和收入；②播种、育苗、栽培；③采收、包装、冷藏、运输；④订单接收、订单和库存管理。

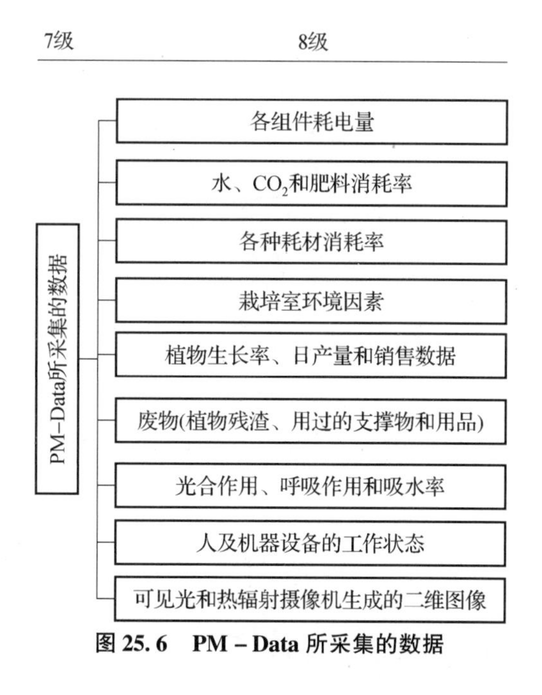

图25.6　PM－Data所采集的数据

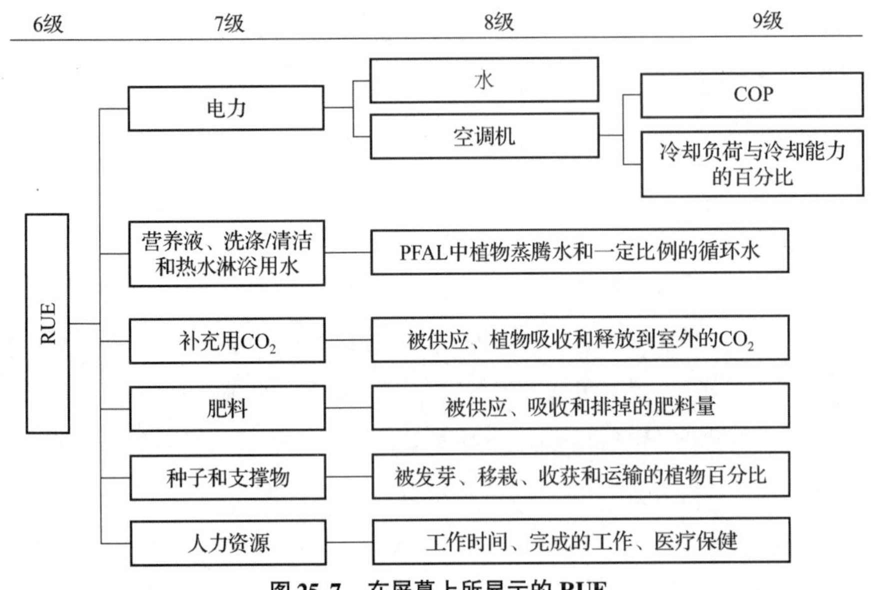

图 25.7 在屏幕上所显示的 RUE

（RUE 是固定在农产品可销售部分中的每种资源的数量与资源投入数量的比率）

25.4.2 方程式的逻辑结构

在 PFAL－D&M 系统中使用的所有变量、方程式和常数/系数都被系统地制成表格，如图 25.8 所示。图 25.9 所示为 PFAL－D&M 系统结构图的一部分，其中

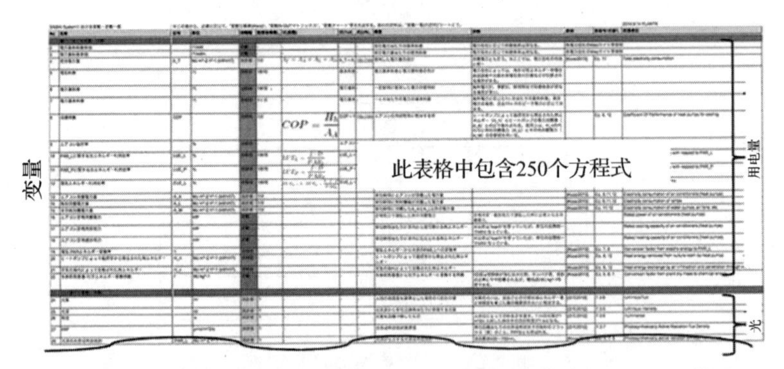

图 25.8 用于电力消耗和光环境的变量及其存储在 PFAL－M（管理）子系统中的属性（1）~（14）的表格

[表格中从第（1）~（14）栏分别如下：（1）序列号；（2）变量名称；（3）符号；（4）单位；（5）类别；（6）时间间隔；（7）方程式；（8）TEX 中的方程式；（9）URL；（10）定义；（11）解释；（12）参考文献；（13）方程式编号；（14）变量的英文名称。用于 CO_2、水、热能、植物生长等的变量也以相同的方式进行存储]

包括72个测量值、73个指数值、5个设定值、22个常数值和许多方程式。本书第5章和Kozai（2013）给出了最重要的方程式及其解释。例如，该软件可被用于优化环境条件，从而最大限度地提高PFAL的性价比（图25.10）。

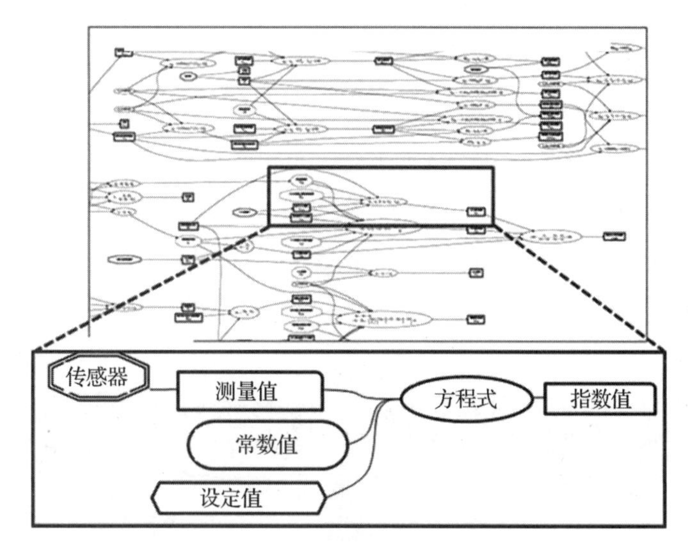

图25.9　PFAL-D&M系统结构图的一部分

（展示了如何从测量值、常数值、设定值和方程式获得指数值）

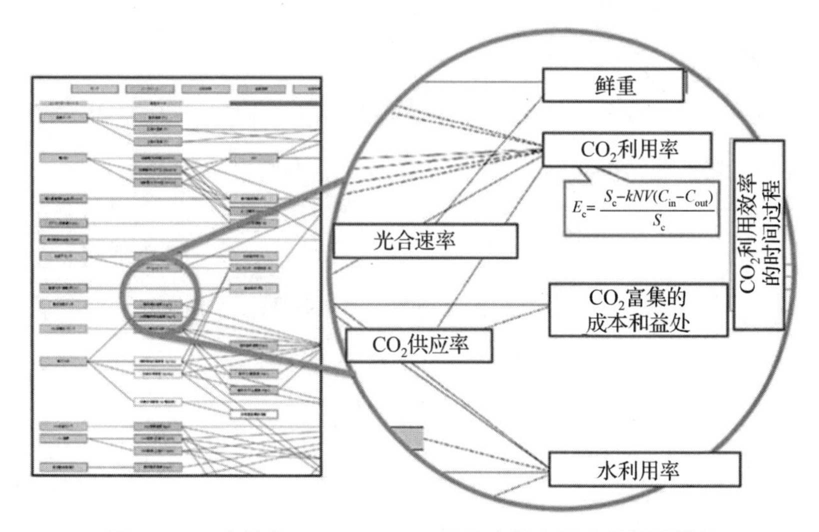

图25.10　存储在PFAL-D&M系统中的方程式的逻辑结构

［图25.8中所列方程式在逻辑上是连接的，如本图（左）所示。圈内的变量（右）显示了诸如CO_2利用率和水利用率以及光合速率和CO_2供应率等指数值（另见图25.7）］

25.5 光照系统设计

25.5.1 PPFD 分布

利用 PFAL－D&M 系统中的光照系统，可以很好地模拟 PPFD 在栽培板上的分布。图 25.11 所示为在光源上方设置和不设置光反射器时栽培板上二维 PPFD 分布的简单模拟结果。结果表明，使用白色光反射器后，平均 PPFD 比不使用光反射器时提高了 38%。

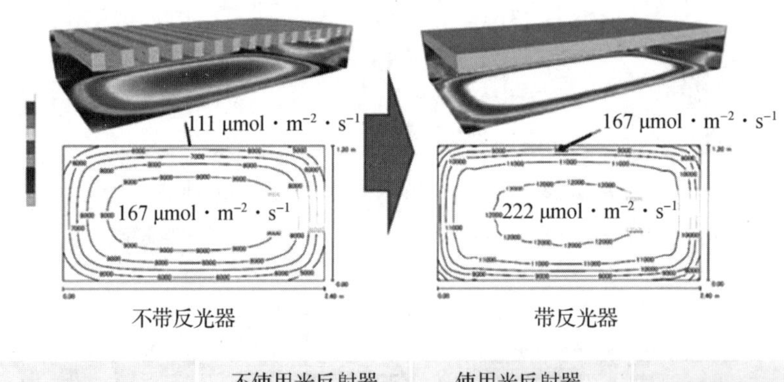

	不使用光反射器 $\mu mol \cdot m^{-2} \cdot s^{-1}$	使用光反射器 $\mu mol \cdot m^{-2} \cdot s^{-1}$	光反射器的效果
平均(A)	146	202	提高38%
最高(H)	181	227	提高25%
最低(L)	58	76	提高31%

图 25.11 通过使用光反射器改善光环境的 PFAL－D（设计）子系统输出的一个示例

图 25.12 所示为在栽培板上以网格状方式种植的模型皱叶生菜植株上 PPFD 三维分布的简单模拟结果。使用该软件，可以估算植物接收到的光能与光源发出光能的比例。因此，利用该软件可设计种植密度及 PPFD 垂直分布等。Kozai 等人（2016）提供了更多详细的示例。

图 25.12　利用 PFAL－D（设计）子系统对种植的皱叶生菜植株上 PPFD 三维分布进行简单模拟的结果

25.5.2　节省电费的光周期优化措施

光照时间安排对“从价”（ad valorem）电费有很大影响，该电费基本上与耗电量（kW·h）的积分成正比。然而，在日本等国家，每小时从价收费取决于时区和季节。

如果将灯分为两组，将每组灯从整点开始连续点亮 16 h，每小时记为 0：00、1：00、2：00 等，那么将有 576 种（24×24）光照时间安排组合。图 25.13 所示为东京电力公司夏季充电系统的 576 种组合的每日从价电费（假设）。

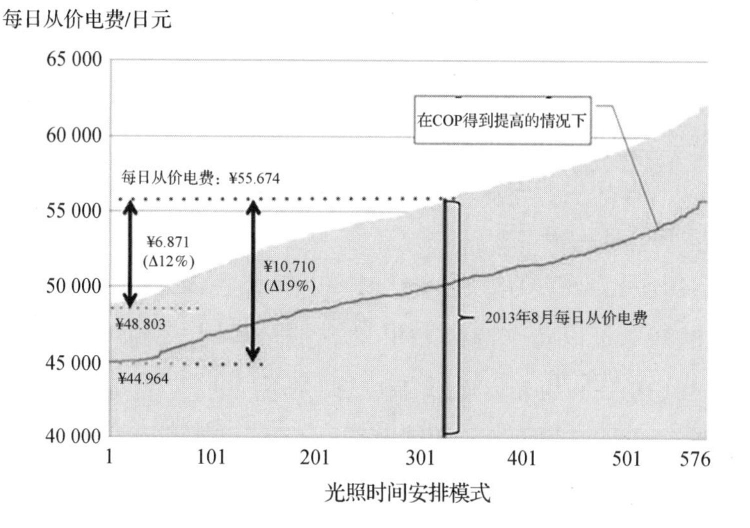

图 25.13　软件上受东京光照时间安排影响的每日从价电费（1 美元 =120 日元）

2013 年 8 月，现有 PFAL 的每日从价电费为 55 674 日元。然而，根据模拟结果，只需改变光照时间安排，每日从价电费就可减少到 48 803 日元（每日耗电量的积分保持不变）。

图 25.13 所示的每日从价电费也会受到空调机 COP 的影响，如下一节所述。如果改变运行的空调机数量以保持高 COP，则每日从价电费可减少到 44 964 日元。

在 3 个灯组的情况下，有 13 824（=24×24×24）种光照时间安排组合。通过使用 PFAL－D（设计）子系统，可以在众多候选中找到使光照和空调机耗电量最少的光照时间安排。

25.6 耗电量及其降低方式

PFAL－M－PM－Data 处理关于 PFAL 中的速率和状态变量（包括电力消耗）的数据采集、处理和可视化。

25.6.1 每日用电量变化情况

在日本，每小时从价电费取决于时区和季节。夏季在 13：00—16：00 时段最高，而在 22：00—8：00（次日上午）时段最低（夜间达到近 50% 的折扣）。因此，通过将光照时间设置为 22：00—8：00（10 小时）以及 22：00 之前和（或）8：00 之后的另外 6 h，可以避免 13：00—16：00 这段时间，从而显著降低电费。每月的日用电总量主要由光照时间安排、空调机 COP（定义见下一节）和基于时区的收费系统决定。

图 25.14 所示为日本的一座 PFAL 中 9 层栽培室内的灯组 A（5 层）和灯组 B（4 层）的耗电量以及空调机 COP 的日变化示例。所有的灯每天连续点亮 16 h，但 9 层中的每一层光周期的启动时间是不同的。7 台空调机的平均 COP 的小时变化情况如图 25.14 所示。可以看出，室外空气温度越低，空调机的平均 COP 越高。

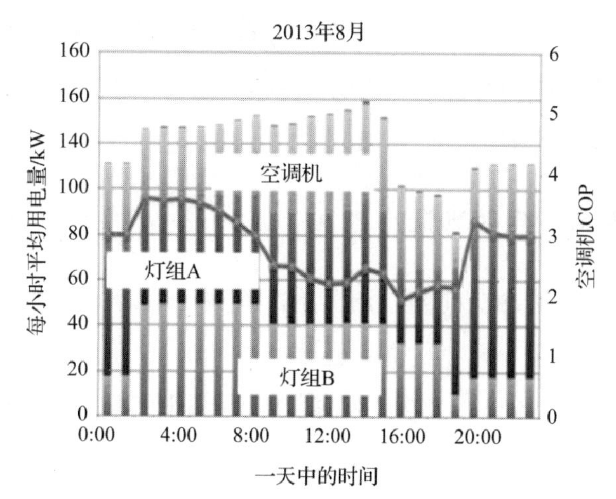

图 25.14　PFAL 中灯组 A 和 B 的耗电量以及空调机 COP（性能系数或电能使用效率）的日变化示例

（每一层的灯每天连续点亮 16 h，但其光周期是变化的。室外空气温度越低，则空调机的平均 COP 越高）

25.6.2　受室内外温差影响的 COP

COP（栽培室的制冷负荷与空调机耗电量的比值，或称为空调机电能利用效率）受多种因素的影响。

图 25.15 所示为受栽培室内外空气温差影响的夏季 COP。由于室温总是 22℃，所以 COP 会随着外部温度的升高而降低。COP 在冬天会升高到 10 左右，因为室内的空气温度比室外要高 5～25℃（在图 25.15 中未予显示）。

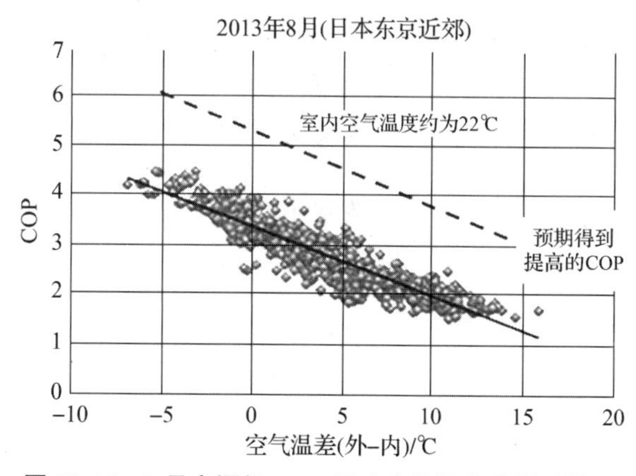

图 25.15　8 月空调机 COP 受室内外温差的影响情况

［当 COP 翻倍时，空调机的电费减半。虚线表示当制冷负荷约为制冷能力的 70% 时可能达到的最高 COP（另见图 25.16）］

COP 越低，空调机的耗电量就越高，电费成本也就越高，尤其在 13：00—16：00。为了实现更高的 COP，即使没有夜间的电费折扣，将光照时间设置在夜间（室外温度低于白天）也非常重要。

25.6.3 受实际制冷负荷影响的 COP

COP 也受到实际制冷负荷与空调机制冷能力比值的影响（图 25.16）。COP 随着该比值的增加而升高，最高可达到 0.7～0.8，但在超过 0.8 时会降低（Sekiyama and Kozai，2015）。实际的制冷负荷是根据灯具、空气循环风扇和营养液泵等消耗的总电量来估算的。图 25.15 所示的相同温差下 COP 的变化主要是由实际制冷负荷与制冷能力的比值引起的，这说明需要调整运行的空调机数量，使该比值保持在 0.7～0.8。

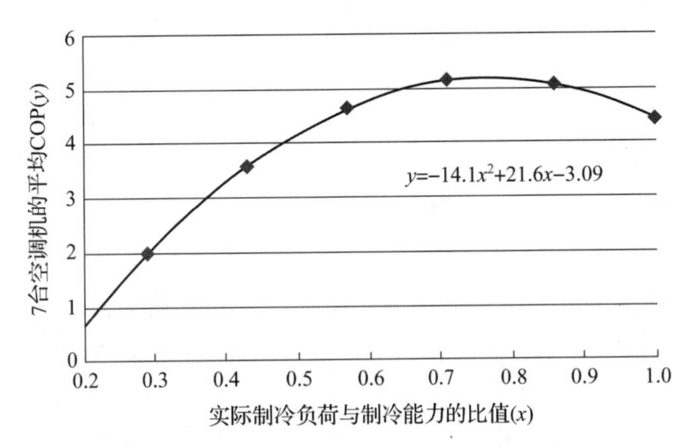

图 25.16 7 台空调机的平均 COP 受实际制冷负荷与全制冷能力比值的影响情况

（7 台空调机的满负荷制冷时的耗电量为 58.6 kW；Sekiyama and Kozai，2015）

图 25.17 所示为 10 台或 4 台空调机中每台空调机每天的电量消耗过程。在 1：00—17：00，共开启了 10 台空调机，但在 17：00 之后只开启了 4 台空调机。在这两种情况下，空气温度都被控制在 22℃ 的设定值。在 17：00 之后空调机运行中的平均 COP 比在 17：00 之前提高了 20%～25%。因此，重要的是要根据实际的制冷负荷来控制运行中的空调机数量，以实现高 COP，从而减小电力消耗。

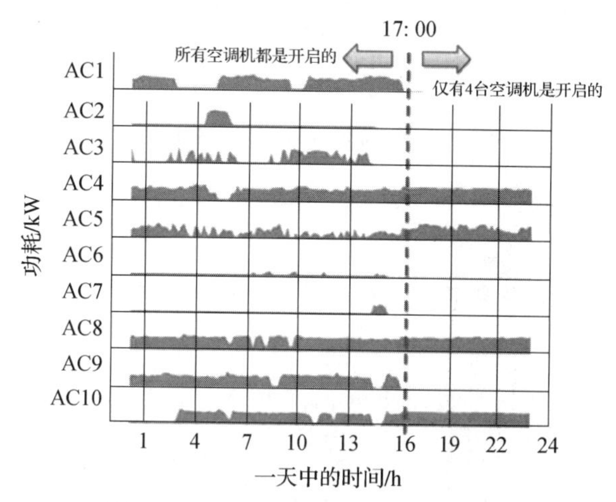

图 25. 17　空调机每天的电量消耗过程

［在 1：00—17：00，所有（10 台）空调机（AC1 ~ AC10）都被开启，但在 17：00 之后只开启了 4 台空调机。在这两种情况下，空气温度都被控制在 22℃的设定值。在 17：00 之后空调机运行中的平均 COP 比在 17：00 之前提高 20%~25%，这说明了在运行中对空调机进行控制的重要性］

25. 6. 4　用电量的月变化情况

图 25. 18 所示为 PFAL 每月生产约 10 万棵叶用生菜的每月电费示例。基本费用的百分比在夏季最低（12%），在冬季最高（16%），平均为 16%。

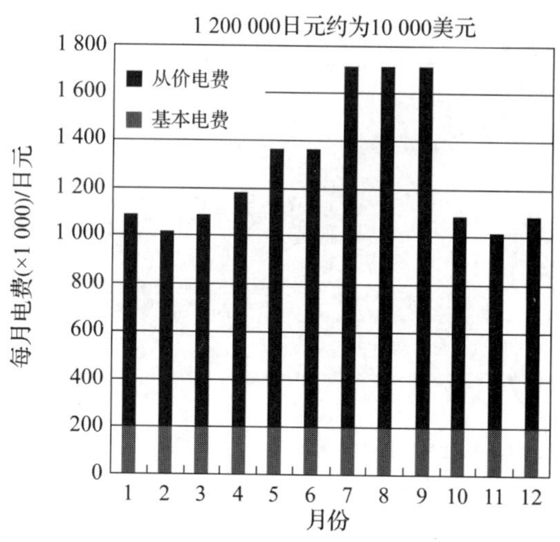

图 25. 18　日本的一座每月可生产约 10 万棵叶用生菜的 PFAL 的每月电费示例

［基本电费百分比在夏季最低（12%），在冬季最高（16%），平均为 16%。在日本，每月的基本电费是根据过去一年内 30 min 的最高功耗（kW）来确定的］

在日本，每月的基本电费是根据过去一年内 30 min 的最高功耗（kW）来确定的。在图 25.18 中，通过降低夏季 3 个月内 30 min 的最高功耗来降低基本电费。随着时间的推移使图像平坦以减小年度最大消耗量，这对于减小每月基本电费的年度总额至关重要。

25.6.5 各组件功耗的可视化显示

图 25.19 所示为在计算机显示屏上为 PFAL 经营者显示组件功耗的可视化日报。这种类型的报告可以每周、每月或每年生成，也可以根据 PFAL 管理者的要求生成。通过这份报告，PFAL 管理者可以掌握 PFAL 的状态和进度，并轻松识别需要解决或改进的问题。雷达图也有助于一目了然地了解 PFAL 的总体性能。图 25.20 所示为显示电力成本管理总体绩效的典型雷达图。

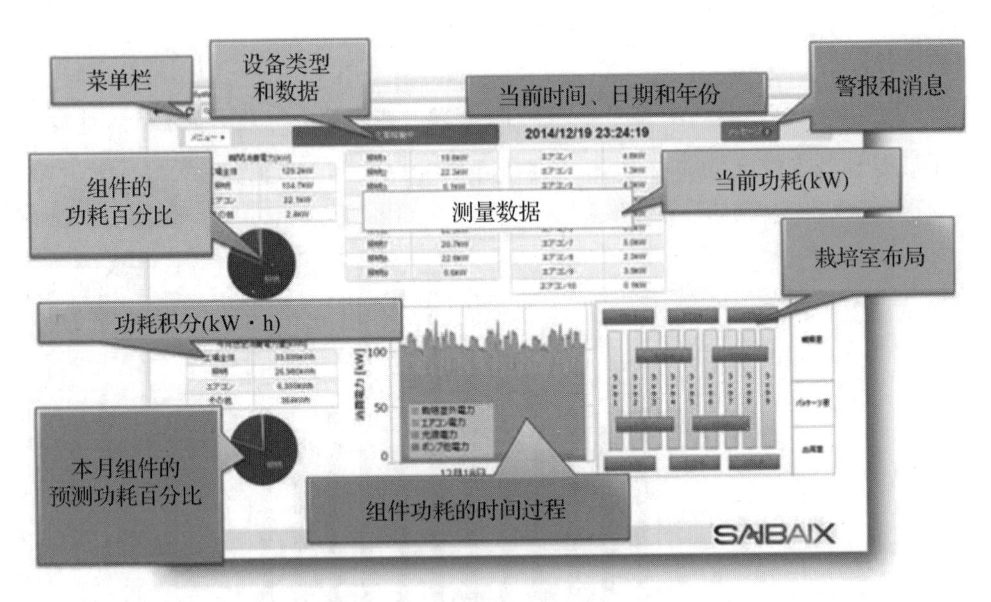

图 25.19 在计算机显示屏上为 PFAL 经营者显示组件功耗的可视化日报

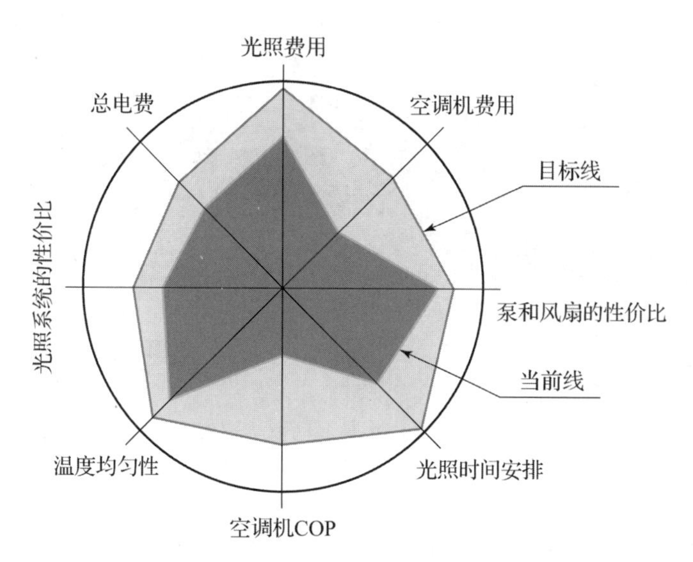

图 25.20 显示电力成本管理总体绩效的典型雷达图

（每个轴都会自动缩放）

25.7 空气温度的三维分布

植物的生长直接受温度的影响，因此，在整个培养室内实现均匀的空气分布和植物温度分布对确保植物的均匀生长至关重要。PFAL - M - PM - Data 采集栽培室内 100～200 个不同观测点的温度数据，并呈现栽培室内温度的三维分布。

图 25.21 和图 25.22 显示了栽培层的布局以及空气温度的三维分布（可以是每小时、每天和每周的平均值）。空气温度分布的不均匀主要是由空调机的空气循环风扇产生的气流、灯具产生的热能的自然对流以及带光反射器的栽培架产生的气流阻力造成的。如果将空气温度的三维不均匀分布可视化，那么通过改变运行中的空气循环风扇的方向和数量来改善分布则相对容易。用于测量墙壁、地板、栽培架和植物的表面温度的热成像相机也有助于发现可能导致温度分布不均和水凝结的位点。

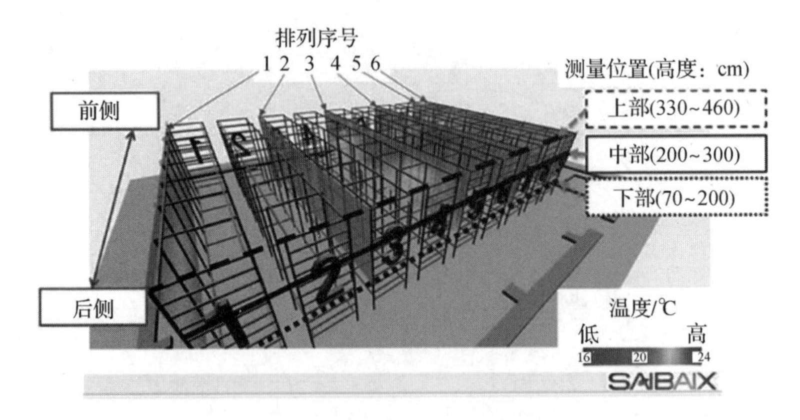

图 25.21 PFAL 中具有 9 排（每排 10 层）的栽培室内空气温度的三维分布示例

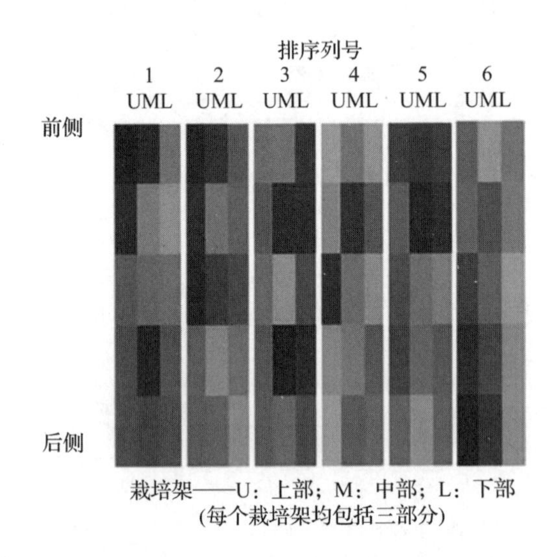

图 25.22 PFAL 栽培室内温度的三维分布

（U、M 和 L 分别表示上部、中部和下部栽培架。栽培架的排序列号、地面布局和栽培架高度见图 25.21）

25.8 植物生长的测量、分析与控制

25.8.1 植物生长曲线参数值的确定

植物群落中的植物生长（如鲜重/干重、叶面积、体积等）通过植物生长曲线被很好地表达，如图 25.23 所示。基于植物生长的测量值，PFAL－M－PM 可

求出植物生长曲线的参数值。在图 25.23 所示的方程式中，参数值 t，k，r 和 S_{max}分别表示时间、t 时的初始值、相对增长率和最大（饱和）值。图右侧的照片是从顶部拍摄的，用来估计培养板上植物的投影叶面积（projected leaf area）。方程式中的 r 值可以从照片中估计出来。参数值 r 和 S_{max} 由种植密度、环境因素及植株遗传特征等决定。Kozai（2018）讨论了植物性状（冠层结构及生理反应等）的测量或表型分析。

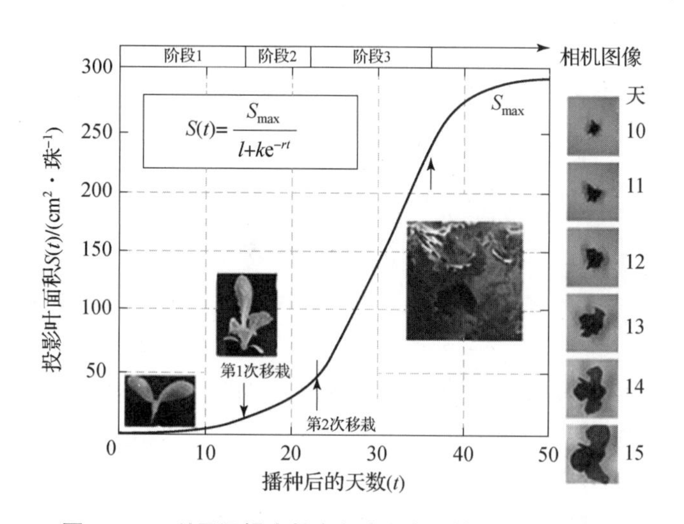

图 25.23 利用逻辑生长方程式所表示的植物生长曲线

（右侧的照片是从顶部拍摄的。第一阶段：播种至第一次移栽；第二阶段：第一次移栽至第二次移栽；第三阶段：第二次移栽至收获）

25.8.2 移栽日期的确定

图 25.24 所示为第一次和第二次移栽日期对投影叶面积生长的影响。在投影叶面积的百分比达到 100% 后，增长被延迟并饱和。如果在这些日期之后进行第一次和/或第二次移栽，则生产能力会下降。此外，由于与周围的植物重叠，所以移栽的工作时间延长了。

另外，如果在投影叶面积百分比显著低于 100% 时进行移栽，则会降低栽培空间的利用率，进而降低生产能力。PFAL - M - PM 帮助 PFAL 管理者决定移栽日期，以优化生产能力。

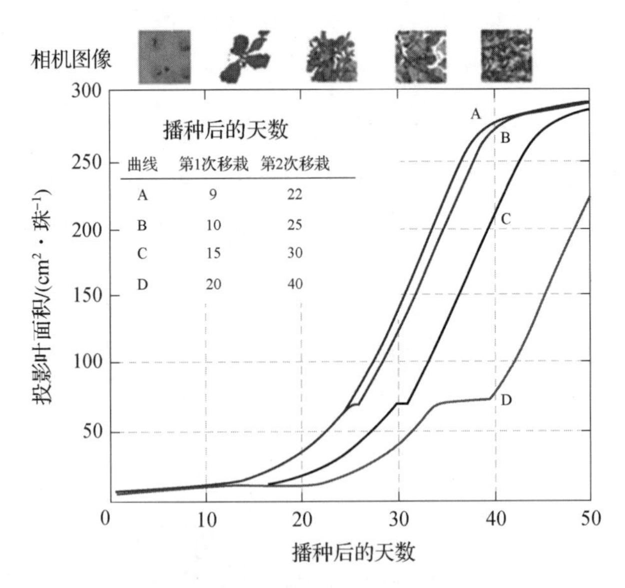

图 25.24 第一次和第二次移栽日期对投影叶面积生长的影响

25.8.3 不同生长阶段栽培板数量的确定

采用具有不同穴（孔）数量的栽培板，用于种植处于 3 个生长阶段的植物（第 21 章和图 25.24）。表 25.1 展示了受生长阶段 1 ~ 3（$D1 \sim D3$）所需天数以及每个穴盘的穴（孔）数（$C1 \sim C3$）影响的生长阶段 1 ~ 3 的栽培板所占面积的比率。$D1 \sim D3$ 和 $C1 \sim C3$ 基本上决定了每天所生产的植物。一旦根据生长分析确定了 $D1 \sim D3$，那么就可以采用表 25.1 中给出的方程式计算出每天所需的栽培板数量。每个阶段的 $a1 \sim a3$（$0 < a1 \sim a3 < 10$）的成功率都可以利用方程式得出。基于这种理论，结合计算机软件，可以对 PFAL 中的植物生产过程进行合理的管理。

表 25.1 受生长阶段 1 ~ 3 所需天数以及每个穴盘的穴（孔）数量影响的生长阶段 1 ~ 3 的栽培板（30 cm × 60 cm）所占面积的比率

栽培阶段	1	2	3	总计
所需天数	$D1 = 14$	$D2 = 10$	$D3 = 10$	$D1 + D2 + D3 = 34$
穴（孔）数	$C1 = 300$	$C2 = 25$	$C3 = 6$	—

续表

栽培阶段	1	2	3	总计
所需栽培板的相对总数	$Pl \times D1$ - $1 \times 14 = 14$	$D2 \times P1 \times C1/C2 = 10 \times 12 = 120$	$D3 \times P1 \times C1/C3 = 10 \times 50 = 500$	$PT = P1 \times (D1 + D2 \times C1/C2 + D3 \times C1/C3) = 634$
栽培板所占面积的比率	$Pl \times D1/PT = 0.022\ 1$	$D2 \times P1 \times (C1/C2)/PT1 = 0.189\ 3$	$D3 \times P1 \times (C1/C3)/PT = 0.788\ 6$	$PT/PT = 1.000\ 0$
储存在栽培床上的栽培板数量	$A/(P1 \times D1/PT) = 0.022\ 1 \times 63\ 400 = 1\ 401$	$A/(P1 \times (C1/C2))/PT = 0.189\ 3 \times 63\ 400 = 12\ 001$	$A/(P1 \times (C1/C3))/PT = 0.788\ 6 \times 63\ 400 = 49\ 984$	$A = 63\ 386$
每天可收获的植株数量	—	—	$49\ 984/10 = 4\ 998$	—
假设在培养室 A 的栽培床上存储的栽培板总数为 63 400，每个植物生长阶段的成功率为 1.0，则可通过改变 $D1 \sim D3$ 和 $C1 \sim C3$ 来改变每天可收获植物的数量。				

25.9　结论

PFAL - D&M 系统可用于 PFAL 栽培室的设计和植物生产过程的管理。在不久的将来，PFAL - D&M 系统将能够覆盖大约 70% 的用于管理植物生产过程的软件。然而，仍有许多工作需要做。需要注意的是，植物生产系统的某些部分是不能被 PFAL - D&M 系统覆盖的，如微生物生态系统和栽培床中的藻类生长繁殖部分。因此，有必要设计和开发一种全新的 PFAL 栽培系统，以使植物的生产管理比现有系统更容易。

参 考 文 献

Kozai, T., 2013. Sustainable plant factory: closed plant production systems with artificial light for high resource use efficiencies and quality produce. Acta Hortic. (Wagening.) 1004, 27−35.

Kozai, T., Fujiwara, K., Runkle, E. (Eds.), 2016. LED Lighting for Urban Agriculture. Springer, 454 pages.

Kozai (Ed.), 2018. Smart Plant Factory: The Next Generation Vertical Indoor Farms. Springer.

Sekiyama, T., Kozai, T., 2015. Issues on reduction in cost for electricity consumption for air conditioning using heat pumps in greenhouse horticulture (written in Japanese: Engei shisetsu no kucho ni hiito ponpu wo shiyosuru baai no kosuto sakugen ni kakawaru kadai). Electr. Util. Agric. (Nougyo Denka) 68 (2), 12−16.

第 26 章
PFAL 中的自动化技术

清水宏[1]（Hiroshi Shimizu），福田和弘[2]（Kazuhiro Fukuda），
西田吉和[3]（Yoshikazu Nishida），小仓聪一[2]（Toichi Ogura）
（[1]日本京都府立大学农业研究生院；[2]日本大阪府立大学；
[3]日本兵库县开赛伊藤电气有限责任公司）

26.1 前言

在露天农业中，对害虫和杂草实施控制是必不可少的，但在与外部环境完全隔离的 PFAL 中，蔬菜生产并不需要这些。根据 PFAL 的设施，在植物被移栽后到收获前，通常没有工作可做。因此，需要实现自动化的工作包括播种、移栽、栽培板移动、收获、质量复核、包装、金属检验和栽培板清洁。虽然 PFAL 是否应该完全自动化还存在争议，但 Ogura（2011）指出，人们应该参与这一过程的战略要点。此外，PFAL 的耗材和设施尚未被标准化，而且栽培板的大小和每块栽培板上的植物密度因设施而异。自动化的通用设备也已按订单进行生产，而且引进成本很高。因此，在许多 PFAL 中并未引进自动化设备。

由于早期在 PFAL 中采用 HID 灯，因此本研究只能采用单一栽培层。在这种情况下，随着植物的生长，人们使用了一种株距间隔装置来降低植物密度，以提高生产效率。然而，该光源减小了管子表面的热量，因此应使用 LED 灯或放电

型荧光灯来代替该光源。这样就可以采用多级工艺，以极大地提高生产效率。鉴于此，通过利用株距间隔装置来提高生产效率已经没有太大意义。

本章着重讨论了2014年9月完成的案例研究“日本大阪Green Clocks公司中使用的自动化设备”。这里讨论的设施是在日本领先的大型PFAL，每天可种植5 200颗生菜。它还得到了经济产业省的财政支持。采用以下3个系统可使运营成本降低40%：①选苗机器人系统（增产）；②自动化栽培系统（省力）；③LED光源（节能）。特别地，①和②是为该PFAL新开发的独特系统。

在该PFAL中，基本的栽培时间安排如下：播种和萌发为4 d；育苗为14 d；栽培为18 d。因此，从播种到收获共需要36 d。在植物生产过程中进行了两次移栽操作：第一次移栽操作由机器人进行［从绿色化过程到苗圃板（nursery panel）］；第二次移栽操作由人工进行（从苗圃板到栽培板）。进行人工采收，并在经过包装和金属检验后将包心生菜进行装运。下一节对在该PFAL中所采用的自动化装置和设备进行讨论。

26.2 播种装置

播种装置的外观如图26.1（a）所示。吸孔具有与聚氨酯播种垫（sowing urethane mat）相同的节距（具有300个吸孔，每个吸孔的大小均为300 mm × 600 mm）。通过通向顶部的吸板（suction plate）［图26.1（b）］吸入空气。将包衣种子（coated seeds）抛入吸板［图26.1（c）］，并手动左右来回移动吸板。最后，包衣种子落入所有的吸孔。同时，在下面的工作台上放置具有与吸板间距相同的半球形孔的聚氨酯播种垫［图26.1（d）］。

然后，手动将吸板倒置，并使之与聚氨酯播种垫紧密接触。当停止吸气后，包衣种子从吸板中被释放出来，并落入聚氨酯播种垫，从而完成播种过程。如果有1粒以上的包衣种子被吸入同一个吸孔，则播种装置能够通过振动吸板清除多余的包衣种子。操作员确定每个吸孔是否包含1粒包衣种子，然后翻转吸板并停止抽吸。

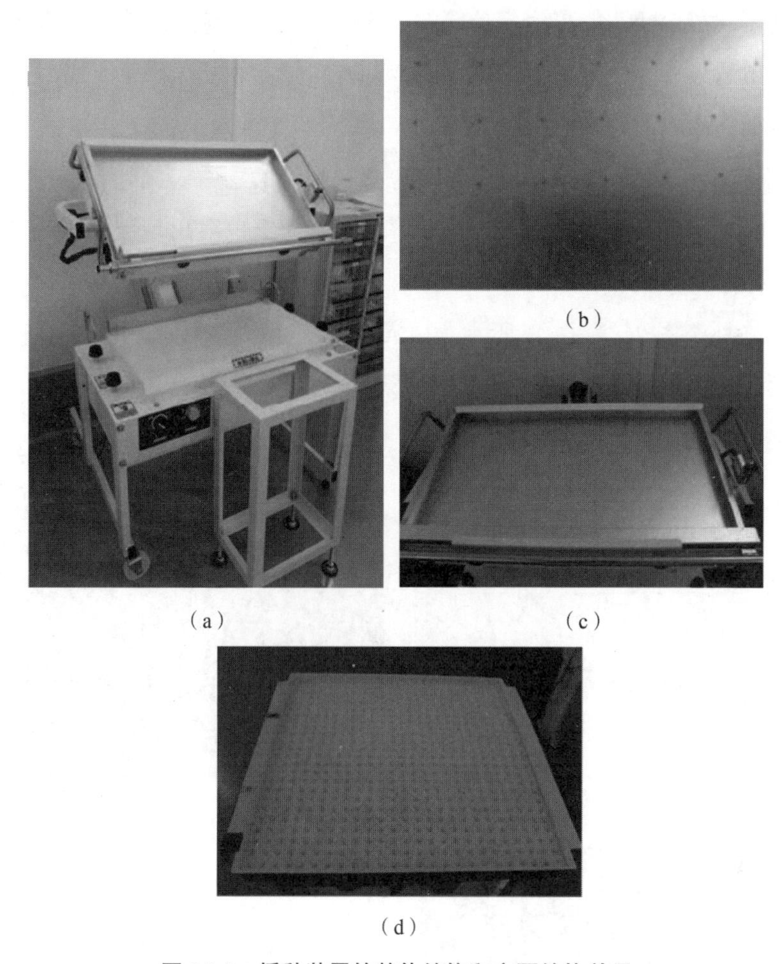

(a)　(b)　(c)　(d)

图 26.1　播种装置的整体结构和主要结构单元

(a) 外观；(b) 吸孔；(c) 吸板；(d) 聚氨酯播种垫

26.3　选苗机器人系统

每天从 6 000 株幼苗中挑选出 5 000 株优质幼苗。在播种和绿色化（greening）过程的最后阶段，在温室中进行幼苗选择，整个过程为期 4 d。就可靠性和连续性而言，机械化对于每天处理 6 000 株幼苗至关重要。此外，据作者所知，该设施在幼苗诊断中采用了昼夜节律（circadian rhythm）判断措施，这在世界范围内属于首次尝试，旨在提高诊断的准确性。

大规模幼苗诊断一般采用多功能的高速图像处理系统。通常只捕获一次图像来分析幼苗的形状和大小。然而，通过对幼苗进行多次测量和使用时间序列数据，可以提高诊断的准确性。

该过程是有效的，因为昼夜节律被包含在生物信息中。例如，众所周知，即使在恒定的光照和温度条件下，生长速率和光合速率也会出现波动。因此，最好从昼夜节律中提取振幅和周期等特征量，将其作为幼苗诊断指标，从而有效提高诊断的准确性。图 26.2（a）所示为（AtCCA1：LUC）转基因生菜昼夜节律示例。即使在连续光照条件下，生根也会形成昼夜节律。

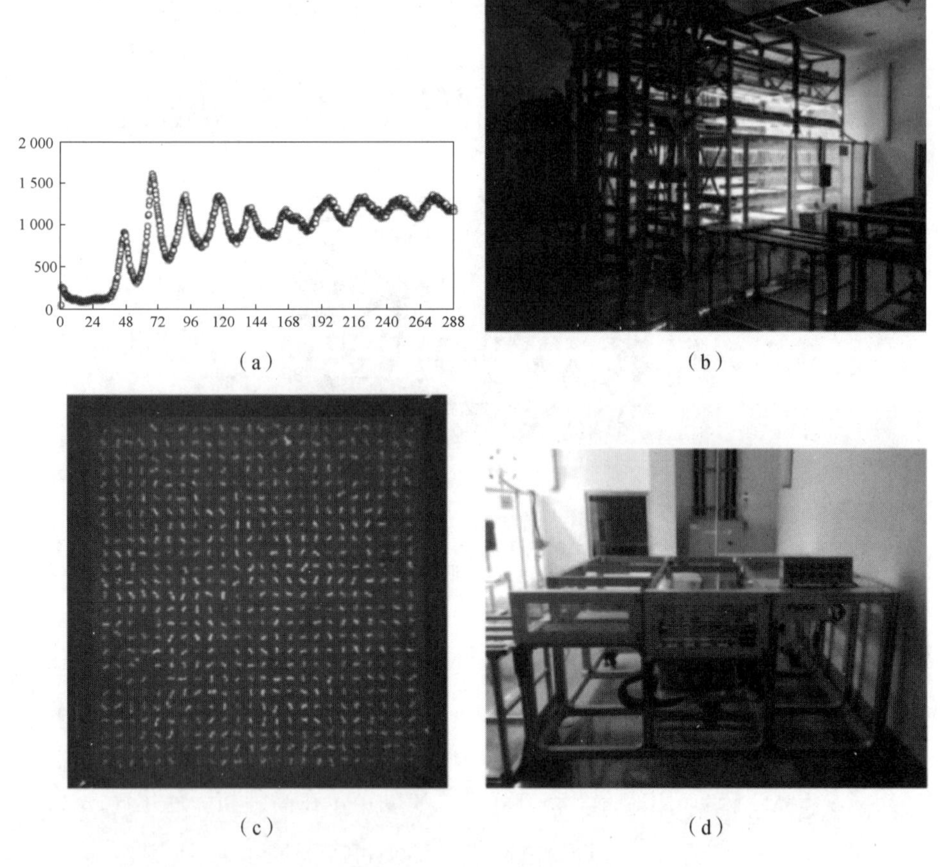

图 26.2 选苗机器人系统

（a）转基因生菜的昼夜节律示例；（b）穿梭机器人系统；（c）叶绿素荧光图像；（d）移栽机器人

以下是对诊断方法的总结。在播种和绿色化过程中，先在暗室中发芽 2 d，然后在 LED 灯下绿色化 4 d。在绿色化过程的最后一天，对幼苗进行诊断。最后一天对 6 000 株幼苗进行检验，从中选出 5 000 株优质样本。由本项目新开发的穿梭机器人（shuttle robot）执行从绿色化阶段到幼苗诊断系统的转移［图 26. 2（b）］。

该幼苗诊断系统由用于叶绿素激发的蓝色 LED 灯和具有高灵敏度及高分辨率的冷却电荷耦合器件（charge - coupled device，CCD）相机组成。一台自动输送装置将发芽板送入暗箱，植物的叶绿素色素被蓝色 LED 光激发。叶绿素发出的荧光每 4 h 被捕获 1 次，每天被捕获 6 次［图 26. 2（c）］。

另外，人们还测量了单个植物的大小和形状。利用该方法获得的每天 6 个点的时间序列数据，计算出昼夜节律的大小、形状、叶绿素荧光强度、昼夜节律和周期。利用这些数据，通过预先确定的评估函数来量化幼苗的适宜性。

上述诊断任务被连续实施 24 h。在分拣前，立即将适用性特征分配给所有单个样本。分配给所有单个样本的识别号和评估值会被自动传输到移栽机器人［图 26. 2（d）］，并将 5 000 棵被确定为优质样本的幼苗重新定位到苗圃板。

26. 4 穿梭机器人

在 Green Clocks 公司的 PFAL 中，一条通道（宽 1. 5 m、长 27. 9 m）由排成一行的 36 个栽培单元（一个栽培单元包括栽培板和穴盘）组成；共有 104 条通道［16 个多级（multistage）栽培架：2 排；18 个多级栽培架：4 排］［图 26. 3（a）］。因此，栽培单元总数为 3 774 个。在育苗后期，将两个装满幼苗的栽培板运送到每条通道的上游侧。所有栽培单元每天被两两移动到下游侧，第 18 d 后在通道的另一侧进行收割。每天都要进行该操作，然后每天收获两个栽培单元的植株，因此总产量是 5 200 株 · d^{-1}。

利用穿梭机器人移动栽培板［图 26. 3（b）、表 26. 1］，原因如下：①出于安全考虑，将栽培架的高度设置为 7. 8 m；②实现无人操作，使生产区域的细菌数量最小化；③降低劳动力成本。

(a)

(b)

图 26.3 多级栽培架及穿梭机器人（附彩插）

（a）多级栽培架；（b）穿梭机器人

表 26.1 穿梭机器人的技术指标

项目类别	技术指标
长/mm	700
宽/mm	692～696
高/mm	765（完全抬升：96.5）
质量/kg	22
移动速度/$(m \cdot min^{-1})$	2.9～14
起升高度/mm	20
运送质量/kg	10
功能	自行式、电池供电、四轮正时皮带驱动、无线通信、自动充电

将穿梭机器人进行适当安装，以使之能够在每条通道的栽培单元下方移动。在每日的收割操作之后，在通道的下游侧有两个栽培单元的空间。穿梭机器人移动到栽培单元的底部（从末端算起第 3 个），凸轮机构和内置电动机将穿梭机器人的桌面提升 20 mm，从而使栽培单元被提升。

穿梭机器人在此状态下移动到通道末端并降低桌面，然后栽培单元就位。通过这个操作，所有栽培单元都可被重复移动，并且可以在每个通道的上游侧为两个栽培单元创建自由空间。接着，将装满处于育苗阶段的幼苗的两个新栽培单元运送到这个空间。

由于在每个通道上使用穿梭机器人的效率很低，所以在通道的末端设置垂直移动穿梭机器人的升降机，以便使一台穿梭机器人将操作转移到多个通道上。另外，由于穿梭机器人是由电池供电的，所以程序被设定为使穿梭机器人在完成每日的搬运任务后返回充电站以便给电池充电。

26.5　栽培板清洗机

在 PFAL 的蔬菜生产过程中，清洗穴盘和栽培板是一项耗时的操作任务。当光照在营养液上时，蓝藻（一种浮游植物）的数量会增加。由于浮游植物的急剧增加会恶化质量，所以设计 PFAL 时会考虑尽量不让大量的光直接照射到营养液上。然而，营养液中含有播种用的聚氨酯海绵，在栽培初期，光会直接照射到海绵上。在这种情况下，蓝藻的数量会增加，并会附着在栽培板的孔穴中。

栽培后清洗栽培板和穴盘是必不可少的操作，因为它们上面的污垢会滋生细菌。对于大规模种植（例如每天收获 218 块栽培板），需要引入自动清洗设备——栽培板清洗机，这样将会减少耗时的手洗工作（图 26.4）。

使栽培板清洗机沿着穴盘和栽培板移动，同时圆柱形刷子像洗车机一样进行旋转，这样大约 40 s 就能洗完一块栽培板。

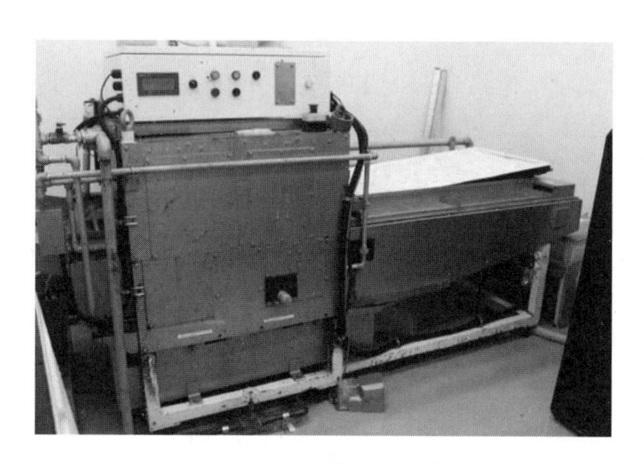

图 26.4　一种栽培板清洗机外观

参 考 文 献

Ogura, T., 2011. Operation should be automated and not so in plant factory for leafy vegetables. J. Shita 23, 37–43.

第27章 生命周期评估

菊地康典[1]（Yasunori Kikuchi），金松祐一郎[2]（Yuichiro Kanematsu）
（[1]日本东京大学高级研究所可持续科学综合研究系统部；
[2]日本东京大学伊藤国际研究中心）

27.1 生命周期评估标准（LCA）

27.1.1 前言

生命周期评估已成为基于产品生命周期量化环境影响和潜在影响的有用工具，即从原材料获取到生产、使用和报废处理（回收和最终处置），也就是整个生命周期。例如，光伏发电系统可以在没有任何化石燃料或其他材料投入的情况下提供电力。然而，它的生产、维护和废物处理都需要能源和材料。因此，在整个系统的生命周期，必须考虑这些输入对环境的影响。生物质衍生资源可以是可再生资源，但可能需要用于运输和种植的能源以及化石燃料。尽管生物质中所含的碳可以被视为从空气中提取的固定碳，但应考虑包括此类投入资源生产在内的净碳平衡。在调节房间的温度和湿度时，空调机需要消耗能源。然而，空调机生命周期中的环境影响在使用阶段占主导地位，这意味着空调机的效率，即COP

可能是评估空调机环境影响最敏感的参数。对这些主题可以基于生命周期评估（life cycle assessment，LCA）的结果进行讨论，从而在决策过程中准确地分析和解释产品或服务的环境影响。

在 ISO 14040 中定义的 LCA 的作用，是阐明产品或服务在其整个生命周期中的环境影响。LCA 可以从环境绩效的角度识别生命周期中需要改进的地方，从而帮助工业、政府或其他组织的决策者设计系统或确定战略。届时，LCA 还可以规定环境绩效的相关参数和指标。LCA 的结果可被用于以生态标签或环境产品声明的形式营销产品或服务。如 ISO 14040/44 所述，LCA 由 4 个阶段组成：①目标和范围定义；②生命周期清单分析；③生命周期影响评估；④解释（图 27.1）。关于 LCA 过程的各种教科书已在世界范围内出版（如 Bauman 和 Tillman，2004；Haes，et al.，2002）。

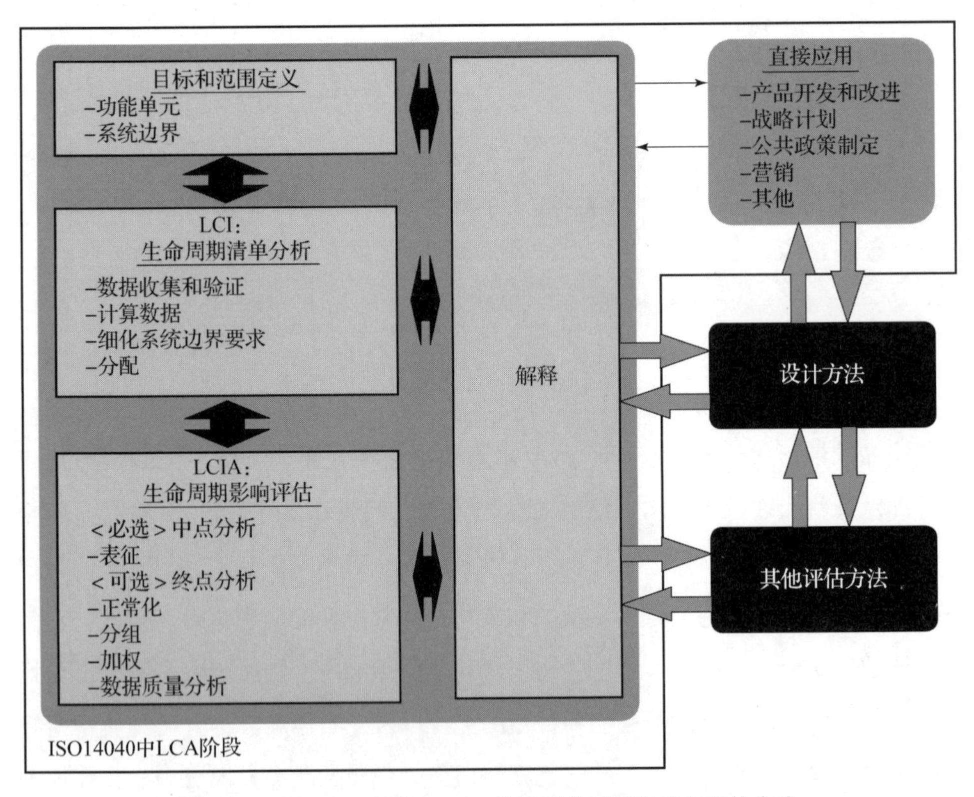

图 27.1 ISO 14040 中 LCA 4 个阶段的系统设计和评估方法

27.1.2　目标和范围定义

“目标和范围定义”阶段为 LCA 设置目标和条件。在收集数据之前，必须明确系统边界、功能单元和影响类别。系统边界是 LCA 的目标范围，包括待评估的单元过程（unit process）。例如，基于该过程中存在的任何变化，原油来源可能被包括，也可能不被包括在系统边界中。如果在场景比较中使用了相同数量的原油，则可以排除。进行系统边界的设置时应同时考虑功能单元。功能单元是在 LCA 中进行比较的产品或服务的基本共同点。图 27.2 所示为考虑功能单元的 LCA 系统分析（以产品 1 和产品 2 为例）。产品 1 具有功能 A、B、C，而产品 2 只有功能 A、B。例如，三色笔和双色笔分别与产品 1、产品 2 具有相同的属性。为了比较这些产品，必须说明其功能上的差异。在此比较中，可以考虑仅缺少功能 C 的第三个产品。该系统应扩展为包括该产品，或者在产品 1 的环境负荷中节省与产品 3 等量的环境负荷。因此，可以修改系统边界，以调整功能单元。

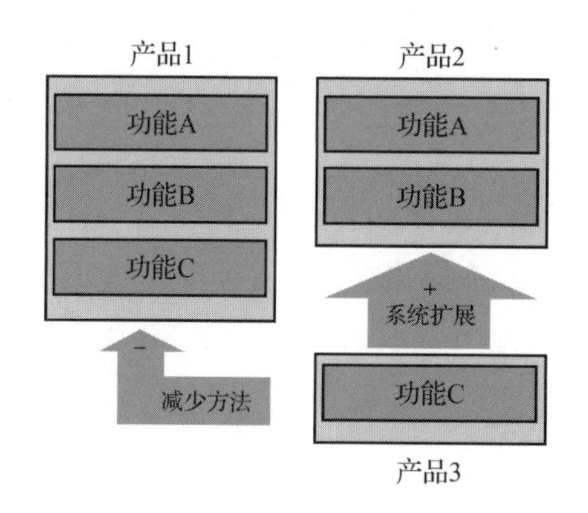

图 27.2　考虑功能单元的 LCA 系统分析

27.2　PFAL 评估的一般性意见

图 27.3 所示为 PFAL 及其产品生命周期示例。PFAL 及其产品生命周期在制造阶段相互交叉。针对 PFAL 的 LCA 研究应考虑这两种类型的生命周期。以下各节概述需要考虑的要点。此时，假定 LCA 的目标是 PFAL 设计。

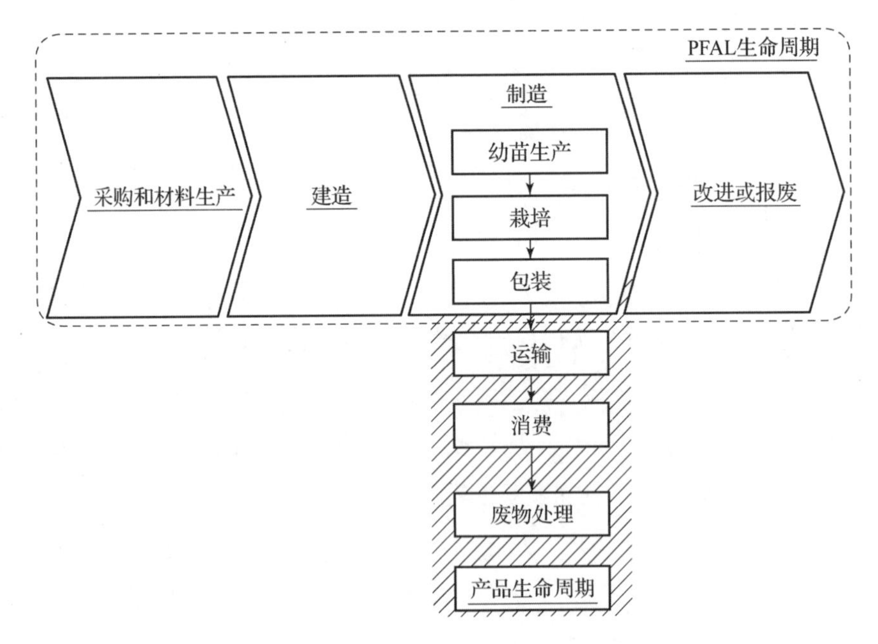

图 27.3 PFAL 及其产品生命周期示例

27.2.1 清单数据收集/影响评估

PFAL 的施工和制造数据应被作为前台数据（foreground data）进行收集。在建造 PFAL 时，要考虑基本金属和钢材、水泥等材料。PFAL 的外部和内部必须被视为施工所需的输入，如图 27.3 所示。当不使用特殊数据时，例如当地生态材料、再利用的现有建筑或建筑垃圾，则每种输入金属和材料的累积生产数据可以是后台数据（background data）。

关于提供能源的过程，要仔细考虑能源的来源。例如，一些 PFAL 为自己的过程安装光伏（PV）电力系统或其他分布式能源技术性设备。由于安装能源技术性设备的初始环境负荷对其运行比率高度敏感，所以必须将安装能源技术性设备产生的环境负荷视为前台数据。能源技术性设备的使用寿命或实际使用年限也对环境总负荷高度敏感。

就运行数据和能源供应而言，肥料的条件也很重要，因此应对其进行仔细审查。特别地，资源利用对磷或氮循环的影响是农业中最重要的课题之一。在物料的流动中，磷在没有有效循环系统的情况下被消耗（Matsubae，et al.，2011），而且是肥料的重要组成部分。如果资源短缺，就不能生产肥料，粮食种植能力可能严重下降。因此，必须仔细检查和评估磷的使用效率，即单位产量所消耗的磷量。与一般农业相比，室内农业的 LCA 研究还应考虑土地利用的指标，如面积、占用时间或转化效率。对土地利用的影响类型包括来自土壤的温室气体排放或其他物质的排放。

同时，PFAL 的产品，如生菜，是在洁净室内栽培的。这意味着生菜（甚至其最外面的叶片）是干净的，因此在食用前生菜并不会损失叶片，而在户外种植的蔬菜经常会因为污垢而损失叶片。应考虑这些差异，包括产品的使用或消费阶段。

27.2.2 功能单元

室内农业可以在整个农业中发挥多种作用。虽然最常用的功能是农产品生产，但与户外栽培相比，应考虑多种功能：即使在台风、暴雨、低温等恶劣天气下，也能保持稳定的生产，或在土地、水和肥料的使用上有相当高的生产能力。其中一些功能可以由 LCA 量化为环境影响，如资源消耗。然而，利用一般的 LCA 来考虑室内农业的所有方面并不容易。例如，LCA 通常使用稳态的 LCI 数据。生产在恶劣天气下的稳定性可以作为此类事件风险对冲的一种指标。预防性功能必须通过设定 LCA 研究的目标和范围来实现。

27.2.3 说明

在说明阶段，LCA 从业者不仅应该考虑 LCA 的结果，还应该考虑其他方面。例如，室内农业可能成为电网中新的巨大电力用户。由于光伏和风能等可变可再生能源的电力可能导致不可忽略的电力波动，从而导致在电力短缺期间使用受到限制，所以室内农业可以通过储能改变电力负荷来稳定电力的供需平衡关系。室内农业还可以有效地利用来自其他制造过程，如塑性铸造过程、食品加工过程或其他生产过程中未被使用的余热。此外，利用低温热源可提高资源利用效率。在城市地区，室内农业可以为老年人提供工作。LCA 无法轻易解决这些问题。因此，应在此阶段整合所需的 LCA 方法，并应谨慎地做出最终决定。

27.3 关于植物工厂的 LCA 案例研究

Kikuchi 等人（2018）进行了关于植物工厂的 LCA 案例研究。本节研究的 PFSL（阳光型植物工厂）和 PFAL 是位于日本千叶县柏市的示范性千叶大学植物工厂（ChibaU_PF），在此采用长阶段、高密度种植和 10 层垂直园艺系统，分别采用岩棉和聚氨酯作为培养基水培生产新鲜番茄和生菜。ChibaU_PFSL 和 ChibaU_PFAL 的设计产量和栽培面积分别为 55 t·（10 a·y）$^{-1}$和 1 782 m^2 以及 2 950 株·d^{-1}和 338 m^2（Kikuchi，et al.，2018）。本节通过参考文献中所示的工厂技术评估的详细设置和结果对以下结果进行总结。

27.3.1 指标设置

以 LC－GHG（生命周期－温室气体）排放量、含有氮磷钾养分的施肥、水分利用和消耗量作为评估指标，具体设置如下。LC－GHG 通过蔬菜从摇篮到大门（cradle－to－gate）的 LCA 进行量化。政府间气候变化专门委员会的第四次评估报告指出（IPCC，2007），化石燃料衍生的温室气体排放被纳入具有全球变暖潜力的 LC－GHG。由于资源提取方法局限于同时考虑 NPK 养分，因此，采用物质需求总量（total material requirement，TMR）（European Environment Agency，2016）作为 N、P_2O_5 和 K_2O 使用的一种指标（Yamasue，et al.，2013）用于施肥（Yamasue，et al.，2015），其可以通过量化处理以获得产品的总质量来间接评估资源提取负载。水输入或取水可被分为消耗性使用（即水消耗）和降解性使用（即水使用）（Pfister，et al.，2009）。考虑到蓝水和绿水之间的差异（Water Footprint Network，2017），本研究计算了用水量和耗水量（Reig，2013）。背景过程中的耗水量也基于下面所解释的 LCI 数据库进行提取和累积。此外，本研究还采用农业用地作为评估指标，这体现了传统园艺系统和 ChibaU_PF 的蔬菜种植生产能力。

27.3.2 生命周期边界和功能单元设置

为 ChibaU_PF 定义的生命周期边界如图 27.4 所示。边界可以以图解形式大致分为4个阶段：设计建造、运营、维护和退役。垂直方向描述了农业过程在生命周期中的流动，而水平方向包括4个阶段过程中材料输入或输出的主流。此外，蔬菜从摇篮到大门的生命周期过程包括在操作阶段的水平方向上。市场调查和工艺/场地设计的流程不直接包括在评估中，但应根据评估结果重新考虑，以调整种植规模。根据建筑物和设备的使用寿命（包括退役），将建造过程引起的环境影响分配到单位产量中。在所有情况下，包括传统园艺系统和ChibaU_PF，其所生产的蔬菜其消费（即食用）都是相同的。

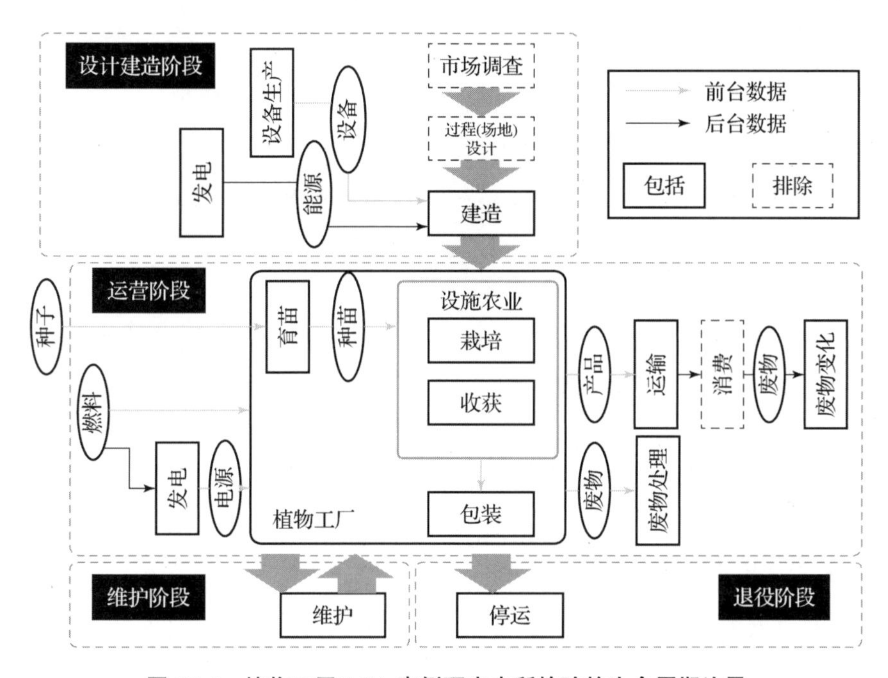

图27.4　植物工厂LCA案例研究中所检验的生命周期边界

植物工厂和传统园艺系统的LCA的功能单元被设定为以1 t产品和生产率为代表的蔬菜产量，即1 t·（10 a·y）$^{-1}$，作为参考流量，以照顾消费者和供应商的观点。在ChibaU_PFSL中生产出与传统园艺系统生产的新鲜番茄质量相同的新鲜番茄，在市场上收到与传统园艺系统相同的番茄单位价格类别就证明了这一点。

27.3.3　评估数据设置

作为ChibaU_PF的前台数据，对所有的输入量和输出量都进行调查，以用于

LCI 分析。这些数据是从 2012—2014 年的自动记录和手动存储记录中提取的。假设植物工厂和所有已被安装设备的寿命为 15 年，但栽培物、荧光灯和塑料薄膜等消耗性物品除外。在 ChibaU_PF 中，栽培物的寿命为 2 年，在 ChibaU_PFSL 和 ChibaU_PFAL 中荧光灯的寿命分别为 5 年和 3 年，在 ChibaU_PFSL 中聚四氟乙烯塑料薄膜的寿命为 5 年。一般维护也被包括在被提取的总前台数据中，如清洁工厂地板和设备所需的水和电。含有 NPK 养分的施肥获得量为 N、P_2O_5 和 K_2O 肥料的施用量。虽然 PFAL 只使用自来水，以避免真菌污染洁净室环境，但 PFSL 优先使用雨水，其次是地下水和自来水——将来自屋顶的雨水收集在水箱中，并通过过滤器送到水培系统。含有营养成分的水在培养物中循环，添加其他水以补偿蒸散作用（evapotranspiration）和作为废物和产物输出而损失的水。在这方面，ChibaU_PFAL 对空调机冷凝水进行循环，这意味着部分蒸散作用的水可被循环利用。所有需要的后台数据均提取自公共 LCI 数据库（JEMAI，2017）。

27.3.4 应用能源技术选项设置

允许有效利用能源的技术选项被认为是常规业务的替代方案：ChibaU_PF 的当前运行（在结果中被标记为基础情况）。ChibaU_PF 考虑的选项包括利用未使用的热量、使用固体氧化物燃料电池、光伏发电、升级电力设备（如热泵和光照系统），以及安装所有选项（所有方案）。这些技术选项处于不同的发展阶段，因此需要对清单进行评估。

27.3.5 结果与讨论

同时对植物工厂和传统园艺系统的多个方面进行定量分析，从而能够综合解释植物工厂在粮食可持续性管理中的适用性。如图 27.5 所示，ChibaU_PF 具有减少土地利用、水利用和消耗以及 NPK 资源影响的潜力；相反，它们增加了 GHG 排放，这可以通过实施综合能源技术选项来减少。根据分析结果，它们有助于在日益全球化的世界中加强国内种植和缓解用水需求（Wang and Zimmerman，2016），即使在没有充足降水或肥沃农业土地的国家也是如此。这些值可以被视为在食物、水和能源关系中植物工厂的绩效指标。根据 ChibaU_PF 的结果，这种设施可以节省水和营养，以增加能源投入为代价来提高粮食产量。尽管基于这些指标，PFSL 比 PFAL 具有更大的优势，但 PFSL 的位置受到适当阳光强度的限制。

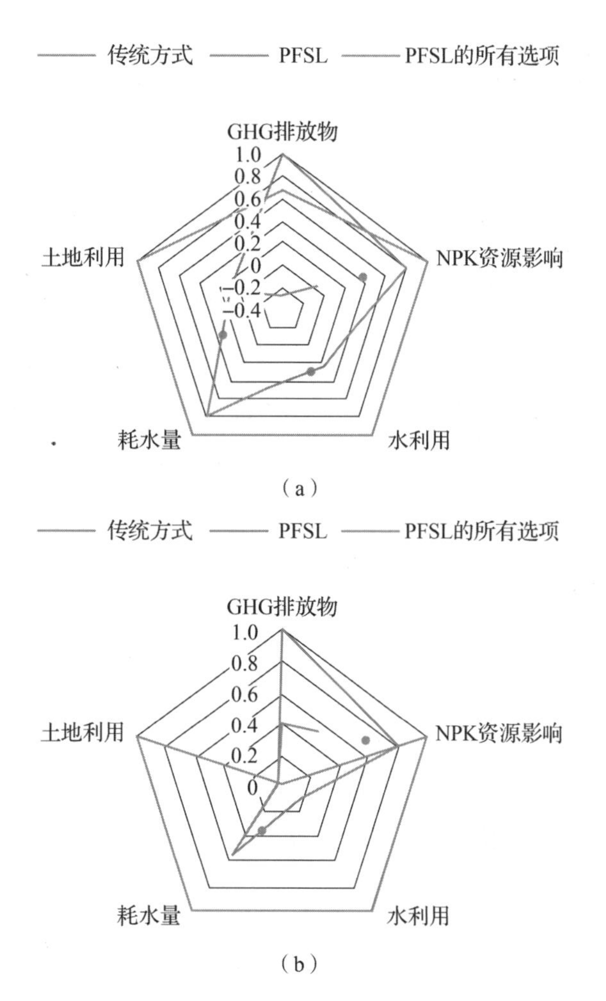

图 27.5　LCA 案例研究中的结果示例显示为 ChibaU_PF 的“基本情况”和“所有选项”的指数雷达图（附彩插）

（a）PFSL；（b）PFAL

（其值相对于设置为 1 的指标的最大值被进行了标准化）

27.4 总结与展望

LCA 可以通过分析被包括在目标生命周期中的过程清单来量化产品或服务对环境的影响。由于 LCI 清单数据库有利于收集清单数据，所以植物工厂从业者可以通过调查重要的前台数据来进行 LCA。影响评估方法（impact assessment method）使植物工厂从业者能够考虑来自目标生命周期的环境负荷的直接和间接影响。系统边界和功能单元有很多需要解释的方面，而这意味着通过设置适当的条件可以执行各种类型的评估。

通过对现有植物工厂的 LCA 案例研究，可以检验其关键概念。我们研究了食品生产的多个方面，即 NPK 肥料、水的使用和消耗，以及生产新鲜番茄的阳光型植物工厂（ChibaU_PFSL）和生产生菜的人工光照型植物工厂（ChibaU_PFAL）的 GHG 排放，并与传统园艺系统进行了比较。我们对这些方面使用了现有的评估方法，包括 LCA，实现了综合解释。我们证明了受检查的植物工厂以额外的能源消耗为代价，减少了对粮食生产不可替代资源的使用，即磷、水和土地面积。另外，通过采用新兴的能源技术选项，可以充分减少能源消耗，从而使之与传统园艺系统相比具有竞争力。研究结果表明，植物工厂技术可能成为一种可行的或有竞争力的生产技术，从而改变食品、能源和水系统之间的关系。

在利用 LCA 对室内农业评估时，应考虑技术可实现的各种功能。除了产品的质量，作为食物来源过程的质量，例如生产稳定性、对气候的适应性、土地、水和肥料的高生产能力，都必须作为与开放农业种植的区别来对待。同时，技术开发也应被视为对 LCA 最终结果敏感的参数。有关光照、隔热、空调机及其控制的技术目前正在开发中。未来，使用这些发达的技术可以提高室内农业的效率。除了利用 LCA，还应将其他评估方法纳入决策过程。即使在与 LCA 相关的方法中，生命周期成本计算和社会生命周期评估（UNEP/SETAC Life Cycle Initiative，2009）也是可持续性 LCA 的组成部分（UNEP/SETAC Life Cycle Initiative，2011）。对产品和工艺做出明智的选择是非常必要的，并且可以得到 LCA 的支持。

参考文献

Allen, R.G., Pereira, L.S., Raes, D., Smith, M., 1998. Crop Evapotranspiration—Guidelines for Computing Crop Water Requirements—FAO Irrigation and Drainage Paper 56. Food and Agriculture Organization of the United Nations, Rome.

Bauman, H., Tillman, A.M., 2004. The Hitch Hiker's Guide to LCA. Studentlitteratur AB, Lund. Ecoinvent. Ecoinvent Life Cycle Inventory Database v.3.1. http://www.ecoinvent.org/.

Cui, Z., Wang, G., Yue, S., Wu, L., Zhang, W., Zhang, F., Chen, X., 2014. Closing the N-use efficiency gap to achieve food and environmental security. Environ. Sci. Technol. 48, 5780−5787. https://doi.org/10.1021/es5007127.

EU-JRC-IES. (EU the Commission's Joint Research Centre, Institute for Environment and Sustainability), ELCD (European Reference Life Cycle Database). http://eplca.jrc.ec.europa.eu/.

Haes, H.A.U., Finnveden, G., Goedkoop, M., Hauschild, M., Hetwich, E.G., Hofstetter, P., Jolliet, O., Klöepffer, W., Krewitt, W., Lindeijer, E., Müller-Wenk, R., Olsen, S.I., Pennington, D.W., Potting, J., Steen, B., 2002. Life-Cycle Impact Assessment: Striving towards Best Practice. SETAC Press, Pensacola.

Intergovernmental Panel on Climate Change (IPCC), 2007. IPCC Fourth Assessment Report: Climate Change 2007. IPPC, Geneva.

Itsubo, N., Inaba, A., 2010. LIME2. Maruzen, Tokyo.

JEMAI (Japan Environmental Management Association for Industry). MiLCA. http://www.milca-milca.net/.

JLCA (Life Cycle Assessment Society of Japan). JLCA-LCA database. http://lca-forum.org/database/.

Kikuchi, Y., Hirao, M., 2009. Hierarchical activity model for risk-based decision making integrating life cycle and plant-specific risk assessments. J. Ind. Ecol. 13 (6), 945−964.

Kikuchi, Y., Kanematsu, Y., Yoshikawa, N., Okubo, T., Takagaki, M., 2018. Environmental and resource use analysis of plant factories with energy technology options: a case study in Japan. J. Clean. Prod. 186 (10), 703−717.

Matsubae, K., Kajiyama, J., Hiraki, T., Nagasaka, T., 2011. Virtual phosphorus ore requirement of Japanese economy. Chemosphere 84 (6), 767−772.

Ministry of Agriculture, Forestry and Fisheries, Japan (MAFF), 2015a. Guidelines for Fertilization in Japanese Prefectures. http://www.maff.go.jp/j/seisan/kankyo/hozen_type/h_sehi_kizyun/.

Ministry of Agriculture, Forestry and Fisheries, Japan (MAFF), 2015b. Harvest Conditions in Japanese Prefectures. http://www.maff.go.jp/j/tokei/kouhyou/sakumotu/sakkyou_yasai/index.html.

National Institute for Agro-environmental Sciences (NIAES). Japan. Model coupled crop-meteorological database (MeteoCrop DB) V.2.01. http://meteocrop.dc.affrc.go.jp/real/.

Ono, Y., Motoshita, M., Itsubo, N., 2015. Development of water footprint inventory database on Japanese goods and services distinguishing the types of water resources and the forms of water uses based on input−output analysis. Int. J. Life Cycle Assess. 20, 1456−1467. https://doi.org/10.1007/s11367-015-0928-1.

Pfister, S., Koehler, A., Hellweg, S., 2009. Assessing the environmental impacts of freshwater consumption in LCA. Environ. Sci. Technol. 43, 4098−4104. https://doi.org/10.1021/es802423e.

PRé Consultants. SimaPro. http://www.pre-sustainability.com/simapro.

Reap, J., Roman, F., Duncan, S., Bras, B., 2008a. A survey of unresolved problems in life cycle assessment: Part 1-Goal & Scope Definitions and Inventory Analysis. Int. J. Life Cycle Assess. 13 (4), 290−300.

Reap, J., Roman, F., Duncan, S., Bras, B., 2008b. A survey of unresolved problems in life cycle assessment: Part 2-life cycle impact assessment and interpretation. Int. J. Life Cycle Assess. 13 (5), 374−388.

Reig, P., 2013. What's the Difference between Water Use and Water Consumption? http://www.wri.org/blog/2013/03/what%E2%80%99s-difference-between-water-use-and-water-consumption.

Sugiyama, H., Fischer, U., Hungerbühler, K., Hirao, M., 2008. Decision framework for chemical process design including different stages of environmental, health, and safety assessment. AIChE J. 54 (4), 1037−1053.

Swiss Center for Life Cycle Inventories, ecoinvent database. http://www.ecoinvent.org/.

The Japanese Society of Irrigation, Drainage and Reclamation Engineering (JSIDRE), 2000. The 6th Handbook on Irrigation, Drainage and Reclamation Engineering. Maruzen, Tokyo.

UNEP/SETAC Life Cycle Initiative, 2009. Guidelines for Social Life Cycle Assessment of Products. http://www.unep.fr/shared/publications/pdf/DTIx1164xPA-guidelines_sLCA.pdf.

UNEP/SETAC Life Cycle Initiative, 2011. Towards a Life Cycle Sustainability Assessment. http://www.unep.org/pdf/UNEP_LifecycleInit_Dec_FINAL.pdf.

Wang, R., Zimmerman, J., 2016. Hybrid analysis of blue water consumption and water scarcity implications at the global, national, and basin levels in an increasingly globalized world. Environ. Sci. Technol. 50, 5143−5153. https://doi.org/10.1021/acs.est.6b00571.

Water Footprint Network. Global water footprint standard. http://waterfootprint.org/en/standard/global-water-footprint-standard/.

Yamasue, E., Matsubae, K., Nakajima, K., Hashimoto, S., Nagasaka, T., 2013. Using total material requirement to evaluate the potential for recyclability of phosphorous in steelmaking dephosphorization slag. J. Ind. Ecol. 17, 722−730. https://doi.org/10.1111/jiec.12047.

Yamasue, E., Matsubae, K., Ishihara, K.N., 2015. Weight of land use for phosphorus fertilizer production in Japan in terms of total material requirement. Glob. Environ. Res. 19, 97−104.

延伸阅读文献

ISO (International Organization for Standardization), 2006a. ISO 14040: Environmental Management — Life Cycle Assessment — Principles and Framework.

ISO (International Organization for Standardization), 2006b. ISO 14044: Environmental Management — Life Cycle Assessment — Requirements and Guidelines.

Japan Environmental Management Association for Industry (JEMAI) and TCO2 Co. Ltd. Inventory Database for Environmental Assessment (IDEA) v.2. http://idea-lca.com/?lang=en.

第四部分

PFAL的运行及展望

第 28 章
美国、荷兰和中国的典型 PFAL

28.1 前言

自 2010 年以来，在世界多个地区，越来越多的研究、系统开发、商业、投资等领域的人员开始参与 PFAL（Kozai，2016）。值得注意的是，自 2015 年以来，PFAL 的多元化和国际化不断加快。在许多国家，例如在美国、中国和荷兰，可以看到 PFAL 的显著的增长或潜在的发展。第 3 章（亚洲和北美）和第 4 章（欧洲）介绍了 PFAL 的概况和发展前景。本章介绍美国、荷兰和中国的著名 PFAL，包括 Aerofarms、GrowWise Center（Signify）、BrightBox 和三安中科。荷兰的两种 PFAL，即 GrowWise Center 和 BrightBox，主要专注于以研究为导向的业务。在荷兰，众所周知，瓦赫宁根大学与研究中心（Wageningen University & Research，WUR）积极从事该领域的研究。本章偶尔会使用除 PFAL 以外的术语，包括垂直农场或都市农场等。

28.2 美国的 AeroFarms 植物工厂

埃德·哈伍德（Ed Harwood）
（美国新泽西州纽瓦克市 AeroFarms 公司）

28.2.1 概况

作为一家获得 B 级认证的公司，AeroFarms 公司（https://aerofarms.com/）旨在通过在世界各地建设和运营对环境负责的农场来实现农业转型，从而在本地能够进行大规模生产，并为社区提供安全、营养和美味的食物。自 2004 年以来，AeroFarms 公司一直以专有技术在应对全球粮食危机方面处于领先地位，通过建造、拥有和运营以可持续和对社会负责的方式发展的室内垂直农场，为从种子到包装的完全受保护的农业设定了更高的标准。AeroFarms 公司的关注点在于品尝美食，并在社区内分享收获。最重要的是，AeroFarms 公司致力于以身作则，帮助激励和培养一种协作和关爱的文化，并最终对世界产生积极影响。

28.2.2 基本技术特点

AeroFarms 公司不使用土壤或阳光，而将植物培养在名为 AeroCloth 的一种透气布上，这是一种可重复使用的专利布料基质，由可回收的不含 BPA（双酚 A）的水瓶制成。AeroFarms 公司开发了专用 LED 灯来代替太阳，可为每种植物及其每个生长阶段提供最佳的光谱、光照强度和频率。采用雾培技术对根部进行雾化，用水量比田间农业少了 95%，而且不使用任何农药。在室内受控的种植仓库中，栽培床被层层叠叠地堆放，其每年每平方米的产量比大田农业高 390 倍。对于叶类蔬菜，每年可收获 30 次，而对于微型蔬菜，每年可收获 70 多次。对于每一次收获，AeroFarms 公司都会跟踪蔬菜从种子到包装的整个生长过程，捕捉非生物数据，并利用机器视觉相关知识对作物进行彻底研究。

28.2.3　运行特点与模式

AeroFarms 公司凭借 15 年的经验建造、拥有和运营自己的室内垂直农场（图 28.1）。AeroFarms 公司雇用了 20 多名工程师和科学家，他们对植物生物学、生长系统和环境控制等十分了解，这使他们能够进行持续的测试与改进。该公司的核心经济是基于其销售的产品所产生的利润，同时会考虑到低成本运营模式和客户需求。随着 AeroFarms 公司在世界各地的扩张，其寻求战略合作伙伴和合资企业来进一步发展农场。该公司既是一家技术公司，也是一家农业公司，其目标是将食品之外的业务扩展到制药、药用化妆品和营养品行业。其关键的商业模式是在当地雇佣熟练和非熟练劳动力，不拥有土地和设施，并与当地文化建立牢固的联系。

28.2.4　主要作物及产品种类

AeroFarms 公司已经测试了 400 多种不同的嫩叶蔬菜、微型蔬菜和药草。其中，零售店提供 8 种组合，包括芝麻菜（arugula）、羽衣甘蓝（kale）、小白菜（pak choi）、豆瓣菜（watercress）、红色罗马生菜（red romaine）和红宝石条纹芥末（ruby streaks mustard）。“Dream Greens”是该公司的零售品牌，而“AeroFarms”品牌用于餐饮服务和批发（图 28.2）。

图 28.1　多层栽培架上所种植植物的俯视图

图 28.2　带有零售品牌的农产品包装

28.2.5 AeroFarms公司的PFAL概况

AeroFarms公司开发的名为9th AeroFarms的PFAL的基本情况见表28.1和图28.3～图28.5。

表28.1 AeroFarms公司开发的PFAL的基本情况

项目类别		基本情况
植物工厂名称		9th AeroFarms
地点		美国新泽西州纽瓦克市
初始销售时间		2016年9月
土地面积		14 000 m^2（3.5英亩）
PFAL大楼的建筑面积		6 503 m^2（70,000 f^2）
日产能		2 500 kg嫩叶蔬菜
栽培室	建筑面积	3 716 m^2（40 000 f^2）
	天花板高度	11 m（36 f）
	层数	12层
	栽培床	雾培
	光源	LED灯（专利产品）
栽培基质（支撑物）		布料基质（AeroCloth）
无根产品		是
自动化		自动化：播种、收获、包装（无须移栽）

图28.3 9th AeroFarms栽培室内视图

图 28.4 带根植物侧视图

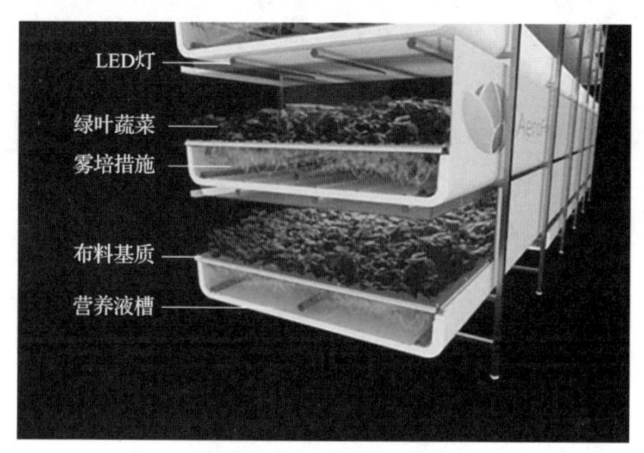

图 28.5 栽培系统示意

28.2.6 挑战

这是一项非常复杂的工作，需要在园艺、工程、建筑、数据系统、食品安全和营养等方面拥有深厚的专业知识。为了在室内种植植物，植物和栽培系统之间存在一种共生关系。AeroFarms 公司正在利用大量和更多的数据集来标准化作物生产的生物学基础，并提供具有更多营养和更佳风味的高质量产品。该公司寻求建立一个由 120 名员工组成的团队，包括研究人员和工程师等，通过招聘农业领域以外的专家，利用最佳实践并提供农业方面的新见解。AeroFarms 公司正在努力编写新的农业教材，并与大学和学校合作，以培养下一代熟练的农场工人，从而为室内垂直农业做好准备。在食品安全方面，AeroFarms 公司可以跟踪从种子到包装的整个过程，这有助于将可追溯性提高到一个新的水平，更重要的是，这也有助于为整个行业树立新的标准。

28.2.7 研究与开发

AeroFarms 公司的核心研发工作是通过自动化手段改进当前技术，扩大人们对植物化学的理解，并推动植物表型的可塑性以获得最佳作物。除了种植和销售绿叶蔬菜，该公司还致力于植物科学与技术的重大创新，并正在改进系统，以降低未来农场的商品成本和资本投资。

2018 年，AeroFarms 公司开始与食品与农业研究基金会（FFAR）收集转型项目的数据。该基金会是一个非营利组织，因得到两党国会在《美国 2014 年农场法案》的支持而成立，旨在建立公私研究伙伴关系，以了解植物化学、非生物影响和感官特性/感官评价之间的联系。此外，2018 年，它们与戴尔等主要科技公司合作，开展机器学习与物联网（IoT）集成等项目，以将农业快速带入未来。

28.2.8 未来计划

对安全、可靠、营养食品的需求从未如此强大，AeroFarms 公司正在迅速扩大规模，以在世界各地的主要都市建立更负责任的农场。需要考虑包括环境和我们的社区在内的所有利益相关者的新模式。重点不仅在于室内垂直农业，还在于如何帮助整个农业转型。最终，AeroFarms 公司希望成为激励和催化剂，促进子孙后代的创新。

28.3 荷兰的昕诺飞设施——智慧种植中心植物工厂

林绘里（Eri Hayashi）

（日本千叶县柏市千叶大学日本植物工厂协会暨环境、健康与大田科学中心）

28.3.1 概况

昕诺飞（Signify）光照公司［前身为飞利浦光照公司（Philips Lighting），以下简称“昕诺飞”；www.philips.com/growwise］一直专注于园艺和都市农业的

LED 光照技术解决方案。除了为温室提供补充光照，该公司还为包括亚洲和北美在内的国际上的许多 PFAL 提供 LED 灯。为了使城市人口以更智能及更可持续的方式种植蔬菜，该公司成立了自己的研究机构——智慧种植中心（GrowWise Center），并于 2015 年 7 月 6 日在荷兰南部城市埃因霍温市（Eindhoven City）开业。

28.3.2　运行特点与模式

昕诺飞的主营业务是销售飞利浦绿能（GreenPower）公司的 LED 光照产品（图 28.6），同时，该公司非常重视光照和其他与 PFAL 相关的环境因素的研究。智慧种植中心作为一个研究机构，积累和推动与 PFAL 相关的光照技术，促进其营销，并最终通过其产品来帮助人们。通过智慧种植中心，昕诺飞为客户提供品种筛选或比较、咨询、系统架构讨论、种植者培训、营养液配方开发、营养价值分析和优化、保质期试验、基质试验与优化等服务。通常在购买其光照产品时，昕诺飞会免费提供这些服务。昕诺飞相信，通过提供这种服务，其客户可以实现光配方的最佳使用和获得最大的投资回报。

图 28.6　在智慧种植中心安装的飞利浦绿能 LED 灯

28.3.3　智慧种植中心的概况及技术特点

昕诺飞认为，PFAL 的质量取决于光照、气候控制、传感器、物流和软件控制的协同工作效果。昕诺飞为智慧种植中心设计了一套集成系统，可以优化控制环境，以确定环境的最佳设定值，昕诺飞称之为“生长配方”（growth recipe）。昕诺飞的目标是为蔬菜、水果和药草找到并指定理想的生长条件，以获得更好的结果，例如产量更高、风味更好、营养价值和维生素含量更高的优质植物（图 28.7）。

图 28.7　在智慧种植中心种植的蔬菜

如表 28.2 和图 28.8 所示，智慧种植具有 8 间配有不同类型 LED 灯的栽培室和 1 间育苗室，总栽培面积为 234 m^2（Anpo，et al.，2019）。在 8 间栽培室中，有 6 间配备了多层栽培系统。昕诺飞利用其中 2 间栽培室与昕诺飞研究公司（Signify Research）合作开展研究，包括在 LED 灯下栽培的多种作物的营养和质量控制技术。此外，还有一间“空中绳索”栽培室，用于栽培番茄、黄瓜、甜瓜和辣椒。另外，该设施还有 1 间栽培室为生产无核小果配备了多层栽培架，计划在 2019 年种植草莓。已受试作物品种的详细情况见表 28.3。

表 28.2　智慧种植中心的基本情况

<table>
<tr><th colspan="2">项目类别</th><th>基本情况</th></tr>
<tr><td colspan="2">植物工厂名称</td><td>智慧种植中心（GrowWise Center）</td></tr>
<tr><td colspan="2">所在位置</td><td>荷兰埃因霍温市</td></tr>
<tr><td colspan="2">初始销售时间</td><td>2015 年 7 月</td></tr>
<tr><td colspan="2">生产能力</td><td>100 $kg \cdot m^{-2} \cdot 年^{-1}$，250 $g \cdot 棵^{-1}$</td></tr>
<tr><td rowspan="3">栽培室</td><td>栽培面积</td><td>234 m^2（8 个栽培室）</td></tr>
<tr><td>栽培架和层的数量</td><td>8 个栽培架，每个 4 层</td></tr>
<tr><td>层与层之间的距离</td><td>栽培架框架之间的垂直距离为 0.85 m；从灯具底部到栽培板的垂直距离为 0.35 m</td></tr>
</table>

续表

项目类别		基本情况
栽培室	每个栽培架的宽度和长度	宽 1.5 m、长 6 m
	栽培架间距（通道宽度）	0.7 m
	栽培床	NFT、DFT、雾培、浅水培、滴灌
	光源	飞利浦绿能 LED 灯
栽培基质（支撑物）		泥炭、椰糠泥炭、椰糠、纤维素、泡沫聚氨酯、岩棉、水（无基质，直接生根于水中）、有机基质、纺织品
自动化程度		自动化：播种和灌溉全自动；人工：移栽、收割、包装（提供保质期设备）

图 28.8 智慧种植中心栽培室内视图

表 28.3 智慧种植中心为研究而种植的主要作物

作物/类群名称	作物品种/类群名称
生菜	奶油生菜（Butterhead）、罗马生菜［Romaine（Cos）］、宝石生菜（gem）、皱边生菜（frillice）、圆生菜（iceberg）
绿叶蔬菜	芥菜（Leaf mustard）、水菜（mizuna）、红甜菜（red beet）、小白菜（pak choi）
香草	罗勒、香菜、莳萝、迷迭香、百里香、十字花科植物、薄荷、牛至
微型蔬菜	各种类型
食用花卉	紫罗兰（viola）、琉璃苣（borage）、千日菊（toothache plant，学名为 *Acmella oleracea*）、薄荷、罗勒
十字花科植物	花茎甘蓝、bimi、球茎甘蓝、小白菜（pak choi）、花椰菜、萝卜、羽衣甘蓝
果实类蔬菜	草莓、甜瓜、辣椒、番茄、黄瓜

整个设施由 GrowWise 控制系统和 Priva 室内农业软件进行控制。因为所有的作物都是用 LED 灯种植的，所以没有自然阳光照射到栽培室内。在每间栽培室内，每个栽培架上方都安装了用于栽培植物的飞利浦绿能动态生产模块（Philips GreenPower Dynamic Production Module），这些模块配备了蓝色、红色、白色和远红光 LED 灯。

每个栽培架的尺寸为 1.5 m（宽）×6 m（长），有 4 层，每层间距为 0.85 m。飞利浦绿能动态生产模块底部到栽培板表面的距离为 0.35 m。由于利用该设施旨在研究包括光和作物在内的多种环境条件的动态学，所以针对该设施的研究人员应用了多种栽培方法，包括 NFT、DFT、雾培技术和滴灌技术。对于栽培基质，昕诺飞已经试验了很多类型，如岩棉、泥炭、椰糠、纤维素、泡沫、有机基质、纺织品，并进行了无基质试验（即根部与营养液直接接触）。

28.3.4 目标、挑战和未来计划

随着全球 PFAL 行业的扩大，昕诺飞的目标市场也在扩大。到目前为止，昕

诺飞的主要目标市场包括日本、中国、新加坡、其他亚洲新兴PFAL市场以及美国/加拿大。在欧洲，因为该地区的气候条件和基础设施相对最佳，所以种植者的主要关注点是在温室生产中使用LED灯。根据昕诺飞的数据，已经有5家年轻的植物生产商利用PFAL种植幼苗，一些植物生产商在从种子到收获的全过程都使用PFAL（图28.9）。一般来说，从种子到收获生产作物的PFAL设施是有限的。对此，昕诺飞解释说，这是因为欧洲市场能够获得大量来自温室的高质量农产品，并且不愿意为PFAL种植产品的附加值支付溢价。

昕诺飞旨在继续研究和生成有关光照系统以及光照环境是如何与其他栽培参数相互作用的数据，以便更好地支持客户实现多样化的生产目标。未来，昕诺飞计划通过部分应用人工智能技术而在光照系统中引入更大的灵活性，同时继续针对其受控系统生成更多数据。

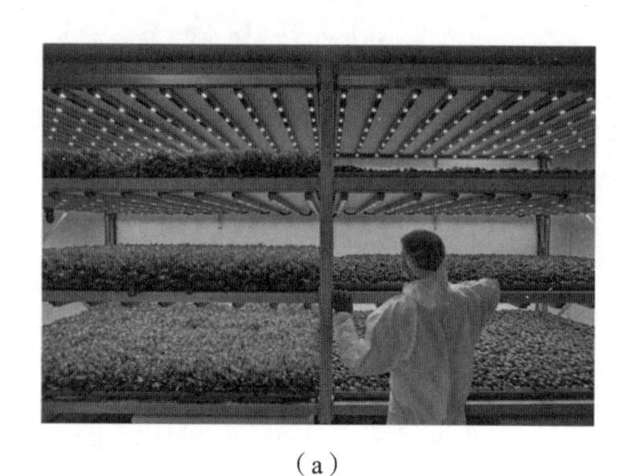

（a）

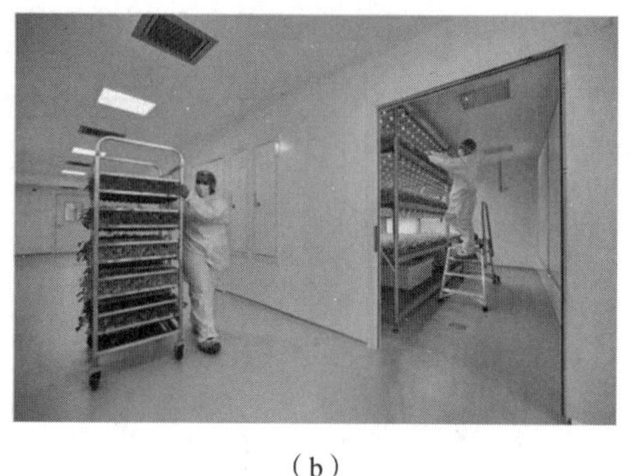

（b）

图28.9 配备有飞利浦绿能LED灯的意大利Planet Farms植物工厂内视图

（a）意大利Planet Farms植物工厂栽培室近距离内视图，配备了飞利浦的LED灯；

（b）意大利Planet Farms植物工厂栽培室远距离内视图，配备了飞利浦的LED灯

28.4 荷兰的BrightBox植物工厂

28.4.1 概况

BrightBox集团公司（http://www.brightbox-venlo.nl/en/，以下简称“BrightBox”）是位于荷兰芬洛市（Venlo）的一家商业PFAL研究中心，专门从事研究、

生产、教育和知识共享。它的目标是在密闭环境中开辟食用作物和其他植物的未来，从而以一种有效的方式确保全球粮食供应。它的使命是为更安全、更可靠、更本地化和更健康的植物生产系统做出贡献。

28.4.2 历史与技术背景

BrightBox 成立于 2015 年，与 Botany BV、昕诺飞和 HAS 应用科学大学等进行合作设计与开发。在这种组织结构下，Botany BV 主要处理应用研究，昕诺飞主要处理光照，而 HAS 应用科学大学主要处理教育。基于它们综合的学术和产业专业知识，它们进行了多项研究，包括针对 PFAL 的技术和实际应用途径。

28.4.3 运营特点

BrightBox 为其客户和自己开展应用研究，以产生新的知识和技能——通常在一种开放的创新环境中或合同保密的状态下。这些知识和经验被应用于为学生和专业人员提供延伸课程的学术和实践教育。因为 BrightBox 强调开放创新，所以参观其植物工厂通常是受欢迎的。

28.4.4 BrightBox 植物工厂的概况及技术特点

如表 28.4 所示，BrightBox 植物工厂共有 3 间栽培室：其中 2 间用于研究，每间占地面积为 24 m^2；第 3 间主要用于生产，占地面积为 192 m^2。每间栽培室有 5 层栽培架，宽 1.4 m、长 7 m（图 28.10）。在栽培方法上，BrightBox 植物工厂采用 DFT，具有 4 cm 的水层厚度和 1 cm 的潮汐水层厚度。BrightBox 植物工厂采用飞利浦（Signify）LED 灯，具有多种光谱，包括蓝色 - 深红色（600 ~ 700 nm）、蓝色 - 深红色 - 远红光、白色 - 深红色、白色以及深红色 - 远红光。栽培室还配备了由 Priva 公司设计的气候控制系统。研究的目标作物主要集中在药草和叶菜，以及草莓和幼嫩观赏植物。

表 28.4 BrightBox 植物工厂的基本情况

项目类别	基本情况
植物工厂名称	BrightBox

续表

<table>
<tr><th colspan="2">项目类别</th><th>基本情况</th></tr>
<tr><td colspan="2">位置</td><td>荷兰芬洛市</td></tr>
<tr><td colspan="2">初始销售时间</td><td>2015 年 2 月</td></tr>
<tr><td colspan="2">生产能力</td><td>250 g · 棵$^{-1}$ ×200 棵
（50 kg · m^{-2} · 年$^{-1}$）</td></tr>
<tr><td rowspan="7">栽培室</td><td>占地面积</td><td>研究室：48 m^2（24 m^2 ×2 间）；生产室：192 m^2</td></tr>
<tr><td>栽培架套数和层数[b]</td><td>4 套栽培架，每套 5 层</td></tr>
<tr><td>层与层之间的距离</td><td>0.8 m</td></tr>
<tr><td>每套栽培架的宽度和长度</td><td>宽：1.4 m、长：7 m</td></tr>
<tr><td>栽培架间距（通道宽度）</td><td>1 m</td></tr>
<tr><td>栽培床</td><td>DFT，具有 4 cm 厚的水层和 1 cm 厚的潮汐水层</td></tr>
<tr><td>光源</td><td>飞利浦绿能 LED 灯</td></tr>
<tr><td colspan="2">栽培基质（支撑物）</td><td>岩棉和椰糠泥炭等</td></tr>
<tr><td colspan="2">自动化程度</td><td>人工：播种、移栽、收割、包装；无自动化</td></tr>
</table>

图 28.10　Bright Box 植物工厂栽培室内视图

28.4.5 挑战和未来计划

BrightBox 植物工厂需要专门解决的挑战包括获得更高的产量、试验嫩叶产品的高密度种植技术以及进一步尝试种植草莓和亚洲蔬菜等无核小果。展望未来，BrightBox 植物工厂可能的选择包括为促进生产而安装动态光照，以及为番茄这样的高大作物创建新的设施。

28.5 中国福建的中科三安植物工厂

28.5.1 概况

福建中科三安光生物技术公司（Fujian Sanan Sino – Science Photobiotech Co.，Ltd.；http://www.sananbio.com；以下简称“中科三安”）是由中国科学院植物研究所与福建三安集团（以下简称“三安集团”）于 2015 年在福建省泉州市安溪县共同创办的。该公司结合中国科学院植物研究所在植物学方面的专业知识和三安集团领先的 LED 光电技术，旨在将光学生物技术应用于现代受控环境农业和生物制药领域。

中科三安专注于研发，除了位于福建省泉州市安溪县的 PFAL 植物生产设施，它还有一个由两个研究中心组成的研究所，分别位于北京市和福建省。此外，中科三安在中国厦门市和美国拉斯维加斯市设有两个工程技术中心。

28.5.2 运营特点及模式

中科三安专注于用于植物栽培的 LED 产品、栽培系统和其他与 PFAL 相关技术的开发与销售。

（1）系统直销：销售自己的植物生长灯和其他与 PFAL 技术相关的系统，如模块化栽培系统、自动化智能生产系统和 PFAL 总承包解决方案。

（2）PFAL 运营和植物销售：通过运营 PFAL 来种植植物，包括叶菜和药用植物 [如金线莲（*Anoectochilus*）和霍山石斛（*Dendrobium huoshanense*）]，如图 28.11 和图 28.12 所示。

（3）研发：利用其研究基础设施，专注于光学生物技术的示范和应用，同时为客户提供产业化的技术支持。

（4）面向 PFAL 开发的合作投资：宣布与一家新加坡公司的联合投资计划，即在新加坡启动大规模的 PFAL 运营（Sanan Sino－Science，2018），目标是通过在国际上提供 PFAL 技术和总承包系统来扩大其商业活动。

图 28.11　中科三安的零售品牌产品包

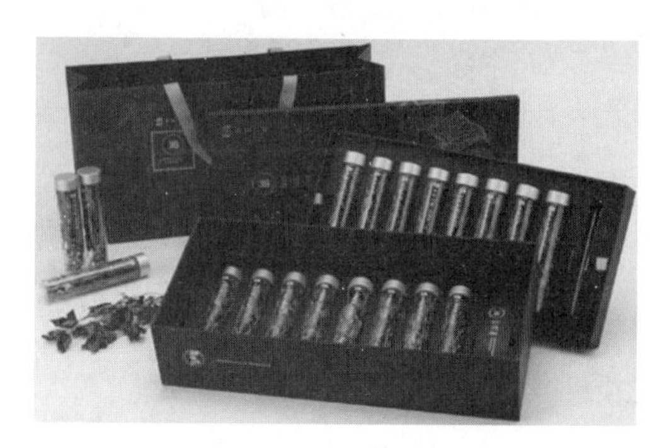

图 28.12　中科三安的药用植物产品包

28.5.3　中科三安植物工厂概况

如表 28.5 所示，中科三安运营着 3 套 PFAL 设施，分别位于中国福建省泉州市安溪县和安徽省六安市金寨县，以及美国内华达州拉斯维加斯市。中科三安给这些 PFAL 设施配备了自主研发的栽培模块和 LED 灯（图 28.13）。在位于福建省泉州市安溪县的 3 层蔬菜生产设施中，所有栽培室的总面积为 10 000 m^2，并采用 NFT 作为栽培方法。其标准栽培模块由 6 层栽培架组成，提供营养液和 LED 灯，水管和电气连接在栽培架内，是一体化的。每层栽培架都配备了多个 LED

灯，根据植物品种和栽培阶段的不同，LED 灯具有不同的光谱。此外，中科三安一直在开发新的种植模式，包括其在中国安徽省六安市金寨县的自动化智能生产系统（Automated Intelligent Production System），希望能降低劳动力成本。

表 28.5 中科三安植物工厂的基本情况

<table>
<tr><th colspan="2">项目名称</th><th>基本情况</th></tr>
<tr><td colspan="2">植物工厂名称</td><td>PFAL1：福建中科三安光生物技术公司
PFAL2：安徽三安生物公司
PFAL3：中科北美光生物技术公司</td></tr>
<tr><td colspan="2">所在位置</td><td>PFAL1：中国福建省泉州市安溪县
PFAL2：中国安徽省六安市金寨县
PFAL3：美国内华达州拉斯维加斯市</td></tr>
<tr><td colspan="2">初始销售时间</td><td>PFAL1：2016 年 8 月
PFAL2：2018 年 6 月
PFAL3：2018 年 7 月</td></tr>
<tr><td colspan="2">日生产能力</td><td>PFAL1 ~3：0.18 kg 叶类蔬菜 · m^{-2}</td></tr>
<tr><td rowspan="2">栽培室</td><td>占地面积</td><td>PFAL1——（1）蔬菜生产（无自动化）：7 500 m^2（2 500 m^2 ×3 层）；（2）自动化 PFAL：1 200 m^2；（3）药用植物生产：20 000 m^2。
PFAL2——（1）蔬菜生产：3 500 m^2；（2）药用植物生产：7 500 m^2。
PFAL3——蔬菜生产：5 000 m^2</td></tr>
<tr><td>栽培面积</td><td>PFAL1——（1）蔬菜生产（无自动化）：10 000 m^2；（2）自动化 PFAL：1 300 m^2；（3）药用植物生产：26 000 m^2。
PFAL2——（1）蔬菜生产：5 000 m^2；（2）药用植物生产：15 000 m^2。
PFAL3——蔬菜生产：7 000 m^2</td></tr>
</table>

续表

项目名称		基本情况
栽培室	层间距离	PFAL 1～3：0.20～0.28 m 或不同距离，具体取决于植物的高度
	栽培床	PFAL 1～3：NFT
	光源	PFAL 1～3：自主研发的 LED 灯
栽培基质（支撑物）		PFAL 1～3：未被用于蔬菜生产
无根产品		是
自动化程度		自动化：播种、移栽、收获、包装

图 28.13　中科三安植物工厂栽培室内视图

在中科三安植物工厂中种植的主要作物包括生菜、小白菜（pak choi）、茄属蔬菜、冰叶日中花（ice plant）、绿叶蔬菜、水果、药用植物和植物组织培养苗。其产品被运往中国的超市和餐馆。截至 2018 年，其产品（如绿叶生菜）的批发价格预计为 30～35 元·kg^{-1}，零售价格为 60～70 元·kg^{-1}。

28.5.4　技术特点及研发

中科三安致力于科研与产业化的融合。中科三安现有员工近 400 人，研究人员约168人，其中13人拥有光学、生物学、药理学、工业设计等专业的博士学位。到目前为止，中科三安已经开发了一种室内模块化集成栽培系统、一种自动化智能生产系统、用于植物栽培的LED灯以及其他相关技术。

据中科三安介绍，其已经开发了80多个定制光谱，用于调节植物的光合作用、形态建成、生产能力和次级代谢产物等。其中，43个光谱被用于多种植物的商业生产和研究，包括生菜、白菜、茄属蔬菜、冰叶日中花、绿叶蔬菜、水果、药用植物（如金线莲和石斛）和植物组织培养苗。每种植物的营养液也由中科三安内部开发。

在开发原有的种植系统的同时，中科三安即将推出的最新模式预计将比现有模式增产近25%，并节省约17%的能耗。预计到2018年，采用该系统种植的褶边生菜的电力效率预计为8 $kW \cdot h \cdot kg^{-1}$。

28.5.5 未来计划

中科三安致力于为更广泛的植物生产开发具有特殊光谱的LED灯。由于中科三安希望覆盖更多种类的PFAL作物，所以其主要兴趣是水果，特别是草莓和中药材。通过利用高效的LED芯片和封装技术，中科三安计划开发更多不同光谱类型的灯具，以种植不同的植物。

此外，中科三安的目标是开发创新的PFAL技术，如高度自动化的栽培系统，以实现完全自动化的植物工厂生产和更高的资源利用效率，从而减小电力消耗和降低劳动力成本。中科三安还打算开发一种能够自给自足的集装箱PFAL，即能够自给电力，以适用于偏远的严寒地区。此外，中科三安计划改进其栽培技术，以提高植物生产的质量和效率。除了新鲜农产品，源自天然植物化合物的创新生物药物也可能成为中科三安追求的一种目标。

近年来，中国消费者对农产品的安全问题越来越关注，中科三安认为，PFAL高效并可持续的植物生产方式是满足国家战略需求的重要途径。因此，中科三安的目标是扩大在产业链上游和下游的投资。中科三安也有兴趣积极拓宽国外市场，并出口其成套设备和技术服务。

参考文献

Anpo, M., Fukuda, H., Wada, T. (Eds.), 2019. Plant Factory Using Artificial Light. Elsevier, 406 pp.

BrightBox, 2018. BrightBox Clear, Smart Research for Growers and Entrepreneurs. Venlo, the Netherlands, 3pp.

Kozai, T., Fujiwara, K., Runkle, E. (Eds.), 2016. LED Lighting for Urban Agriculture. Springer, Singapore, 454 pp.

Sanan Sino-Science, 2018. In: Research and Industrialization on PFAL of Sanan Sino-Science (In Japanese)" Lecture at 125th Workshop at Japan Plant Factory Association, November 14, 2018, Chiba, Japan.

第 29 章
日本的典型 PFAL

林绘里（Eri Hayashi）
（日本千叶县柏市千叶大学日本植物工厂协会暨环境、
健康与大田科学中心）

29.1　前言

PFAL 正在引起全球关注。尽管每个组织或个人经营 PFAL 的背景或动机不同，但值得注意的是，近年来出现的有关 PFAL 的发展机会和可能性。事实上，特别是自 2015 年以来，越来越多的不同背景的人参与到 PFAL 业务、系统开发和研究中。PFAL 越来越多地在日本和许多其他国家得到开发和运营，包括日本、中国、新加坡、亚洲其他国家、美国及欧洲国家等。有时，不同国家或组织所采用的术语也会有所不同，例如有 PFAL、垂直农场、室内农业、都市农场等叫法。本章中使用的术语 PFAL 指的是“在隔热而密闭的设施中使用人工光照的受控环境植物生产系统”。从历史的角度来看，日本从 20 世纪 70 年代以来一直在对 PFAL 进行研究。在商业化方面，经过 1980 年和 1990 年的初步增长后，日本自 2009 年以来经历了商业化 PFAL 的第三次“繁荣”，自今约有 200 座商业化 PFAL 在日本运营（Kozai，et al.，2016）。此外，特别是 2017 年以来，该行业可以说进入了第四次提升时期，其中包括可扩展性、自动化和人工智能等新技术的引入。本章介绍了在日本经济且可持续运行的典型 PFAL，包括 808 植物工厂（808 Factory）和 SPREAD，以及 PlantX 新设计的系统（包括硬件和软件）。

29.2　2017 年在日本新建的 PFAL——808 植物工厂

29.2.1　概况

2014 年，日本的 Shinnippou 公司（https://www.808factory.jp/；以下简称“Shinnippou”）建成其第一座“808 植物工厂”（808 Factory），自此它成为日本最大的 PFAL 之一。2017 年，Shinnippou 启动了第二座 808 植物工厂，同样位于距离东京约 200 千米的静冈县（图 29.1）。通过结合在包括农业、工程、IT 和社会传播等领域的专业知识的综合方法，Shinnippou 以高效、一致和可持续的方式积累了大规模生产中的数据驱动知识。

Shinnippou 的植物工厂品牌名称中的“808”源自日语中的 Ya（8）-O(0)-Ya(8）或 YAOYA，意思是蔬菜/农产品商店。Shinnippou 通过在线平台、电视广告和当地社区的实践活动，介绍 808 植物工厂所生产产品优良的品质和有趣的事情，从而推广其即食蔬菜产品。

808 植物工厂正在积极为下一代开发智能型 PFAL，其愿景是通过技术和经济上可持续的工厂生产来增加人们的福祉，并将其愿景推向世界。

图 29.1　808 植物工厂和太阳能电池板外观

29.2.2 历史和技术背景

Shinnippou 成立于 1972 年，其专注于娱乐和休闲业务，包括弹球游戏、酒店业务和太阳能发电。2012 年，受到当地农业衰退、农民老龄化和气候异常等挑战的推动，Shinnippou 成立了农业部门，从而开始了 PFAL 业务，旨在能够持续种植不受天气影响的健康食品。Shinnippou 在 2012 年收购了现有的 PFAL，并于 2014 年建立第一座 808 植物工厂，每天生产 10 000 颗生菜。紧随其后的是它的第二座 808 植物工厂，于 2017 年开业，每天额外生产 10 000 颗生菜，从而使其总产能达到每天生产 20 000 颗生菜。

29.2.3 运营特点及模式

Shinnippou 的 PFAL 商业模式是继续在 PFAL 中进行可靠的大规模生产，并在与当地社区直接沟通的同时分销其产品（图 29.2）。除了运营 PFAL，Shinnippou 也一直在开发与 PFAL 相关的系统。事实上，它的第二座 808 植物工厂，包括栽培系统，都是由内部设计的。

图 29.2 808 植物工厂内在 LED 灯下种植的生菜

Shinnippou 业务的主要特点之一是在商业化生产产品的同时生成和利用大数据。利用其娱乐业务的传感技术，以及对 PFAL 工程本质的理解，Shinnippou 擅长 PFAL 的数据驱动可持续运营，这就增加了它的竞争优势。具体来说，其优势如下：①持续稳定大批量生产的操作技术；②不断提高生产能力和 RUE；③确保即食生菜植株安全的卫生条件，这些生菜在收获后被立即包装而无须冲洗；④由当地社区数据支持的营销、品牌创建（branding）和社会沟通。除了经营商业型 PFAL，Shinnippou 还经营两家“808 咖啡馆”，一家在它所拥有的酒店旁边，另一家在百货商店内，这里供应用 PFAL 种植的生菜制成的奶昔。

29.2.4 主要作物及产品种类

在 PFAL 中试验的多种作物中，Shinnippou 主要关注 4 种供销售的叶类生菜：褶边生菜（frill lettuce）、绿叶生菜（green leaf lettuce）、丝状生菜（silk lettuce）和长叶生菜（romaine lettuce）。据估计，褶边生菜目前占其总销售额的 50% 以上。

Shinnippou 每天对产品进行收割和包装，同时使之满足食品行业的安全和卫生控制的要求。每天有 20 000 颗生菜被运往超市、零售商、餐馆和食品服务公司（用于制作便当盒饭、三明治、寿司等）（图 29.3）。

（a）

（b）

图 29.3 808 植物工厂的标志及其包装产品

（a）808 植物工厂的标志；（b）808 植物工厂的包装产品

29.2.5 PFAL 概况：808 植物工厂的第一座和第二座设施

Shinnippou 的第一座和第二座 808 植物工厂和一个 500 kW 电力的太阳能发电厂位于同一地点。除了太阳能发电厂，在每座 808 植物工厂和 100 m^2 办公楼的屋顶上也安装了太阳能电池板，可额外产生 200 kW 的电力。

第一座和第二座 808 植物工厂的概况见表 29.1。两座 808 植物工厂都是专门按照 PFAL 标准设计的高度隔热而气密的设施。它们在内部相连，每座都有

1 000 m^2 的栽培面积，由两间 500 m^2 的栽培室组成。第一座 808 植物工厂除了具有两间栽培室，还有盥洗室、储藏室和访客室各一间。第二座 808 植物工厂有两间栽培室、一间种苗生产室、两间机械室以及包装室、冷藏室和装运室各一间。进入 808 植物工厂时需要经过仔细的消毒过程，包括通过风淋室。

表 29.1　808 植物工厂的第一座和第二座设施概况

<table>
<tr><th colspan="2">项目类别</th><th>基本情况</th></tr>
<tr><td colspan="2">植物工厂名称</td><td>808 植物工厂</td></tr>
<tr><td colspan="2">所在位置</td><td>日本静冈县烧津市</td></tr>
<tr><td colspan="2">初始销售时间</td><td>PFAL1：2014 年 3 月
PFAL2：2017 年 4 月</td></tr>
<tr><td colspan="2">占地面积</td><td>10 000 m^2</td></tr>
<tr><td colspan="2">建筑面积</td><td>PFAL1：1 400 m^2
PFAL2：1 600 m^2</td></tr>
<tr><td colspan="2">日生产能力</td><td>PFAL 1 和 2：20 000 颗生菜（80 g · 颗$^{-1}$）</td></tr>
<tr><td colspan="2">运行率</td><td>PFAL 1 和 2：全负荷运行</td></tr>
<tr><td rowspan="7">栽培室</td><td>占地面积</td><td>PFAL1：1 000 m^2（500 m^2 ×2）
PFAL2：1 000 m^2（500 m^2 ×2）</td></tr>
<tr><td>栽培面积</td><td>PFAL1：3 600 m^2
PFAL2：3 456 m^2</td></tr>
<tr><td>室内净高</td><td>PFAL1：4.5 m
PFAL2：6.0 m</td></tr>
<tr><td>栽培架数和层数</td><td>PFAL1：20 个栽培架、10 层
PFAL2：16 个栽培架、12 层</td></tr>
<tr><td rowspan="2">层间距离</td><td>（1）PFAL1：0.34 m；PFAL2：0.40～0.42 m</td></tr>
<tr><td>（2）PFAL1：0.22 m；PFAL2：0.24～0.28 m</td></tr>
<tr><td>每个栽培架的宽度和长度</td><td>PFAL1 和 PFAL2：宽度为 1.4 m，长度为 15 m</td></tr>
</table>

续表

项目类别		基本情况
栽培室	栽培架间距（通道宽度）	PFAL1：0.6 m PFAL2：0.5 m
	栽培床	PFAL1：DFT PFAL2：NFT
	光源	PFAL1：最初是荧光灯，但在 2017 年换成了 LED 灯 PFAL2：LED 灯
栽培基质（支撑物）		PFAL1 和 2：泡沫聚氨酯方块
无根产品		是
自动化程度		PFAL1 和 2——手动：收获；手动/半自动：播种；自动：移植（内部开发）和包装。 仅在 PFAL 2 中实现的自动：输送系统

Shinnippou 的第二座 808 植物工厂是内部设计的，其栽培架、栽培方法、营养液系统、自动化系统和其他特征等与第一座 808 植物工厂不同（图 29.4 和图 29.5）。除了栽培室，它还有一间环境可控的育苗室，用于播种、萌发和种苗生产等过程。然后，在移栽机器人对植株自动移栽后，将植株转移到栽培室，并在收获前使植株经历额外的幼苗生产和成熟过程。

第二座 808 植物工厂的栽培室高 6 m，栽培架尺寸为 1.4 m（宽）×15 m（长），共 12 层，每层都装有 LED 灯。在每一层，60 块栽培板以每天 1.0～1.5 m 的速度连续移动，在 10～15 d 到达另一端，在此每天都收获生菜。在这座 808 植物工厂中，采用 NFT 进行栽培，且所设计的营养控制系统可以单独控制每个栽培架。在水源方面，整个过程采用优质地下水，包括对栽培板的清理和冲洗。

图 29.4　第二座 808 植物工厂内带有多层栽培架的栽培室内视图

图 29.5　第二座 808 植物工厂的栽培室内视图

在自动化方面，移栽机器人是自主研发的。如图 29.6 所示，每台移栽机器人一次可以移栽 4 株植物（每台移栽机器人每小时可移栽 2 000 株植物），且不会损伤植物或其根系。所有的循环泵和营养液都被放置在第二座 808 植物工厂的机械室内，将它们与栽培室分开，以便于维护（图 29.7）。

图 29.6　自主研发的移栽机器人

图 29.7　装有循环泵和营养液的机械室

29.2.6　技术特点

如前所述，808 植物工厂的主要技术特点之一是拥有高质量的大数据，通过实际的商业运营产生，同时在隔热的密闭设施中持续生产高质量的产品。它通过利用多个传感器、不同类型的相机和各种工具，收集和分析环境和管理（运营）数据以及植物的生长数据。

在环境数据方面，除了对空气和营养液环境数据进行连续自动测量，所收集的其他数据包括 PPFD、热成像、风速和营养液中的元素。有时采用适当的设备测量光合速率和气孔导度，以获取生长数据（即表型性状）。考虑到这些数据和对植物生长的仔细观察，再加上 Shinnippou 的环境控制技术，808 植物工厂有望实现持续大规模生产的增长目标。

此外，808 植物工厂通过使用安防摄像机和网络摄像机采集管理数据，用于远程监控和观察各个植物生产过程所需的时间等操作，以优化运营管理。由于日常生产中平均有大约 30 名工作人员，所以改善运营流程和劳动力管理有助于降低劳动力成本。此外，为了管理卫生条件，808 植物工厂对微生物和害虫以及许多其他因素进行监测。

在包装室内有 5 条包装线，配有自动贴膜机、金属探测器和自动称重仪（图 29.8）。所有包装好的产品通过传送带被运输到邻近的冷藏室。在包装线上，使用质量检查系统自动收集质量、生产编号和其他数据，这有助于分析产品质量和植物产品之间的差异（Shinnippou，2018）。除了监测产品质量，808 植物工厂还监测产品废物，从而分析每日的 RUE。

图 29.8　包装室内视图

29.2.7　未来计划

据介绍，虽然目前 808 植物工厂在运营中没有特别的重大问题，但 Shinnippou 擅长不断提高技术和生产力，以实现理想的智能 PFAL。在人力资源方面，Shinnippou 计划雇佣更多的专家进行员工培训、工厂管理、数据分析、产品管理等。在培养过程方面，为 PFAL 确定和选择合适的种子是 Shinnippou 最感兴趣的问题之一。

Shinnippou 正计划开发它的第三座 808 植物工厂——一座智能 808 植物工厂，Shinnippou 的目标是应用人工智能，最大限度地利用它的大数据、完全自动化系统和表型分析技术（phenotyping technology），同时利用它在操作技术方面的专业知识。Shinnippou 未来的目标包括建立大型的智能 808 植物工厂，并在国际范围内扩展智能 808 植物工厂系统。

29.3 2018 年在日本建成的新的 PFAL——Spread 植物工厂

29.3.1 概况

Spread 公司（www.spread.co.jp/en, http://technofarm.com/innovation/；以下简称“Spread”）是世界上为数不多的拥有十多年大型 PFAL 商业化运营历史的公司之一。Spread 于 2008 年在日本京都府建立了第一座 PFAL，每天生产约 21 000 株绿叶蔬菜。2017 年，Spread 开始建设第二座 PFAL，即 Techno Farm Keihanna，这是一台大型自动化设施（图 29.9），其日生产能力为 30 000 颗生菜。

图 29.9 Spread 的第二个 PFAL——Techno Farm Keihanna 外观

Spread 的使命是为后代创造一个可持续发展的社会。它实现可持续农业的方法基于以下三个原则：①社会性质：具备持续稳定生产安全食品的能力；②经济状况：具备作为可持续业务获得稳定收益的能力；③环境可持续性：具备保护资源和地球环境的能力。

基于这些原则，Spread 致力于将 PFAL 项目作为可持续农业模式之一，通过引入最先进的技术和实现创新，使世界任何地方的任何人都能稳定地生产高质量且营养丰富的食品，以及建立“粮食基础设施”而使所有人都能获得平等和公平的食品供应。Spread 的目标是在全球范围内扩大 PFAL 业务，从而使可持续农业实现传承。

29.3.2 历史和技术背景

Spread 是由 Trade 集团公司（现为 Earthside 集团公司）于 2006 年创立的，该公司是一家生鲜农产品的配送/物流公司。在日常处理蔬菜的过程中，该公司面临着日本新出现的农业问题：农民老龄化、后继者短缺、天气异常等。于是，该公司开始担心日本农业生产能力的潜在下降。此外，考虑到人口增长、水和其他资源短缺以及环境负荷增加等全球性挑战，该公司认为有必要制订解决方案以确保未来的食品供应。因此，为了创造一种更高产且更环保的新型农业系统，该公司创立了 Spread，并开始了其 PFAL 运营，以稳定生产不受天气影响的蔬菜。

29.3.3 基本特点和运营模式

SPREAD 的商业范围包括运营大型 PFAL、销售在 PFAL 中种植的产品以及扩大各种合作伙伴关系，以在国际上建立它的 PFAL。最近，基于在该领域 10 年的实践经验，Spread 开发了一套被命名为 Techno Farm 的新 PFAL 系统。

Spread 的主要特点之一是其从生产到销售、促销和品牌推广等被持续应用的综合活力。此外，利用集团旗下专门经营蔬菜的物流公司的优势，Spread 已经成功通过全国范围内的冷链运送产品，同时根据零售商的需求以一种高效且性价比高的方式灵活调整规模。

在销售方式方面，Spread 从一开始就积极推动销售活动，如店内品尝销售，并在消费者意识不强的情况下，直接向消费者展示 PFAL 种植蔬菜的优点。它有一个内部设计团队，可以设计包装和项目来推广它的“Vegetus”品牌。由于这些持续的努力，Spread 目前在全国约 2 400 家超市销售它的产品。

29.3.4 主要作物及产品种类

Spread 主要种植 4 种叶用生菜：褶边生菜（frill lettuce）、褶叶生菜（pleated lettuce）、长叶生菜（romaine lettuce）和流苏生菜（fringe lettuce）。这些产品主

要以“Vegetus”品牌被包装和运输给超市和零售商（图 29.10）。截至 2018 年，Spread 的产品零售价约为 198 日元/包。

图 29.10　Spread 带有“Vegetus”品牌名称的产品

29.3.5　Spread 的 PFAL 概况

如前所述，Spread 自 2008 年以来一直在京都府亀冈市运营它的第一座 PFAL，日产能为 2 000 kg 生菜（每年生产 770 万颗生菜）。2018 年 11 月初，Spread 正式宣布从第二座 PFAL——Techno Farm Keihanna——装运第一批产品，这是位于京都府木津川市的大型自动化设施，也是第一座实施 Techno Farm 系统的设施（Spread，2018a）。如表 29.2 所示，Techno Farm Keihanna 的建筑面积为 3 950 m^2，位于一栋两层钢结构建筑中，日产生菜 3 000 kg，是其第一座 PFAL 的 1.5 倍。

表 29.2　Spread 的 PFAL 基本情况

项目类别	基本情况
植物工厂名称	PFAL1：Kameoka Plant PFAL2：Techno Farm Keihanna
所在位置	PFAL1：日本京都府亀冈市 PFAL2：日本京都府木津川市

续表

项目类别		基本情况
初始销售时间		PFAL1：2008 年 4 月 PFAL2：2018 年 11 月
占地面积		PFAL1：4 780 m^2 PFAL2：11 550 m^2
建筑面积		PFAL1：2 868 m^2 PFAL2：3 950 m^2
日生产能力		PFAL1：21 000 颗生菜（2 000 kg） PFAL2：30 000 颗生菜（计划中）
运行率		PFAL1：100% PFAL2：未知
栽培室	栽培面积	PFAL1：25 200 m^2 PFAL2：未知
	室内净高	PFAL1：16 m（建筑高度） PFAL2：未知
	栽培架数和层数	PFAL1：28 套栽培架，其中 12 层和 16 层的各占一半 PFAL2：未知
	栽培床	PFAL1：DFT
	光源	PFAL1：荧光灯及 LED 灯 PFAL2：LED 灯
无根产品		是
自动化程度		PFAL1——人工：播种、移栽、收获；自动化：包装； PFAL2——播种、移栽、收获（仅用于移动栽培板。切割过程无自动化）计划实现自动化

Techno Farm Keihanna的主要特点之一是其自动化设施。Spread打算在从幼苗到收获的整个种植过程中利用自动化技术，因为在这些过程中人的工作量特别大。具体来说，Techno Farm Keihanna使用机械臂进行移栽，使用堆垛起重机自动将栽培板在栽培架上进行移动（图29.11）。然而，这个自动化系统不包括收获期间的切割过程。

图29.11 用于自动装载栽培板的堆垛起重机

29.3.6 技术特点

在过去10年的大型环境控制设施运营过程中，Spread积累了提高劳动效率的专业知识，包括改进工作流程。因此，Spread在龟冈市的PFAL实现了97%的产品比值（product ratio）。针对PFAL运营的仔细规划，最初是通过计算市场上可接受的零售价格、生产成本、工厂的可行数量和规模，以及Spread在集团公司分销新鲜农产品方面的商业专业知识等进行的。Spread的Techno Farm Keihanna的技术特色包括自动化种植技术、环境控制技术、水循环技术、物联网/人工智能技术。

采用自动化种植技术能够节省人工、保持栽培室无人值守以及改善卫生条件。此外，由于不需要人员的工作空间或栽培架之间的通道，所以可以更密集地放置每个栽培架，从而提高生产率（即单位面积的效率）。在物联网/人工智能技术方面，Spread 计划开发一套系统以实现先进的生产管理，包括根据传感器收集的栽培数据进行最佳栽培条件下的产量预测。2018 年 10 月，Spread 宣布与 NTT Comware 公司合作，以便共同为 Techno Farm Keihanna 开发 IT 管理平台（Spread，2018c）。

29.3.7 面临挑战

为了扩大在国内商品市场的分销量，Spread 打算在保持高质量的同时降低成本。在 PFAL 中种植的生菜通常比田间种植的生菜要贵 2 ~ 3 倍，具体取决于季节和田间种植产品的市场价格。鉴于此，Spread 计划利用大规模的 PFAL 来大量生产以降低成本。此外，对于全球市场，Spread 认为在每个目标地区提高市场对 PFAL 种植的产品的好处的认识是重要的。近年来，由于 PFAL 在环境、社会、治理和可持续农业方面受到越来越多的关注，所以 Spread 的长期目标是通过利用可再生能源以及研究新的栽培基质和包装材料等新方法和新材料来促进 PFAL 的可持续性。

29.3.8 未来计划

虽然 Spread 目前的主要市场是日本，但它计划向北美、欧洲、中东等全球市场扩张。至于研发方面，除了一般技术开发，它的目标是开发适合更多叶类蔬菜种类的栽培技术，并根据本地市场的需要开发产品。

Spread 将与国内外合作伙伴携手合作，以共同推动 Techno Farm Keihanna 的发展。为了实现国内和全球扩张，Spread 的目标是通过了解每个合作伙伴的需求并结合它们的共同目标来开发多种合作模式。Spread 的合作模式包括特许经营模式和所有权模式。Spread 计划到 2025 年，其在日本的生菜产量达到每天 50 万颗，从长远来看，它的目标是在世界多个地方建立 PFAL，以构筑食品基础设施。

29.4 在日本开发的新PFAL系统——PlantX

29.4.1 概况

PlantX公司（http://www.plantx.co.jp/；以下简称“PlantX”）是一家成立于2014年的风险投资公司，位于日本千叶县柏市，专注于提供与PFAL相关的技术和服务。PlantX最初开发了一种植物生产过程管理系统——SAIBAIX，然后使其专有的栽培系统模块——栽培机（Culture Machine）实现商业化运营（图29.12）。

图29.12 PlantX的栽培系统模块（栽培机）外观图

PFAL通过在密闭空间中精确控制的栽培环境，使PlantX能够稳定地以最少的资源、能源和污染物排放而稳定地生产出最高产量和最高质量的植株。随着全球范围内与农业相关的问题日益严重，如水资源短缺、农地退化和荒漠化、农民比例下降、异常天气导致生产不稳定等，PFAL作为一种新的生产方式正在引起全世界的关注。此外，通过开发更多的高价值植物，PFAL有望被用于医药和化妆品等多个领域。

然而，当前仍然存在需要应对的实际技术挑战，包括更精确的环境控制和具有更高RUE的过程管理。通过应对这些挑战，PlantX旨在最大限度地发挥PFAL的潜在可能性，并增加其在全球范围内的使用，最终为粮食和农业创造新的价值。

29.4.2 历史和技术背景

PlantX 旨在建立应用工业工厂技术的 PFAL 生产技术。创始成员包括与主要制造商合作开发医疗设备的电气/电子工程师，以及为工业工厂开发过程控制系统的信息技术工程师。

通过在日本运营植物生产过程管理系统和为其他大型 PFAL 提供咨询，PlantX 迅速提高了产量（根据 PlantX 的数据，在一个例子中产量在 4 个月内翻了一番）。此外，来自汽车制造业的工程师加入了 PlantX，以开发专有的栽培模块系统。

PlantX 目前的主要业务是销售自己的软件和硬件系统，并提供咨询服务，包括业务规划、PFAL 设计和运营支持。由于 PlantX 的植物生产过程管理系统是一个基于云的平台，所以它的客户能够不断获得最新的栽培技术。

29.4.3 技术特点

迄今为止，PlantX 的植物生产过程管理系统（SAIBAIX）和栽培系统模块（栽培机）正在被进行内部开发，以实现商业化。它们的特性如下所述。

29.4.3.1 植物生产过程管理系统（SAIBAIX）

植物生产过程管理系统由传感器、软件和控制器组成，可提供传感器测量值、成本指标值、植物生长指标值的实时显示功能和报警功能（图 29.13）。除了栽培环境状态变量（温度、湿度、CO_2 浓度、营养液中离子浓度等），该系统还可以监测速率变量（如光合速率、营养液离子吸收速率、水分吸收速率等），并几乎实时评估 RUE（Kozai，2018）。PlantX 认为 PFAL 的价值来自植物的生长。因此，控制植物生长的系统是必不可少的。

29.4.3.2 栽培系统模块（栽培机）

栽培系统模块的独特之处在于，栽培系统采用隔热密封板来单独密封每个装置。由于它是一个独立的系统模块，所以每个系统可以单独控制每一层的环境，如光、空气、水等。此外，在栽培系统模块内部还安装了 LED 灯、营养液循环、空调机等各种控制装置模块，这大大提高了栽培系统模块的可控性。预计这种可扩展的栽培系统模块适用于 PFAL 的大规模生产或作为试验设备。栽培系统模块

图 29.13　植物生产过程管理系统（SAIBAIX）的多台监视器

有望在实现可重现性和可扩展性的同时展示高性能。S 形栽培机的尺寸是 1.8 m（宽）×7.7 m（长）×3 m（高）（PlantX，2018）。它由 4 个栽培层组成，每层间距为 0.5 ~ 0.6 m。它采用 NFT 培养植物，并对营养液进行循环利用。目前所采用的栽培基质为聚氨酯泡沫方块。它利用自动运输系统来移动栽培板。

29.4.4　未来计划

PlantX 的目标是首先在日本积累 PFAL 建设和运营方面的经验，然后在未来向包括北美在内的海外扩张。未来，PlantX 计划继续设计、运营和验证它的系统性能，尤其是在大规模 PFAL 中。具体来说，PlantX 正在开发一种更大规模的栽培机，即一种长度为 20 m、高度为 6 m 的系统。

PlantX 计划进一步开发植物生产过程管理系统和栽培系统模块，针对更广泛的作物品种，确定环境控制的最终设定值。它的目标是在未来对数据与软件中安装的生长模型、人工智能和表型一起分析，以最大限度地优化栽培效果。

29.5　结论

面向下一代，日本 PFAL 的第四次运动将增加机器学习、育种技术和其他动态技术的使用。自 2017 年以来，人们在日本千叶县开展了关于 PFAL 的人工智能和基于表型的环境控制和育种研究项目，同时开发了一种新的栽培系统模块（Kozai，2018）。预计一些商业 PFAL 正准备积极利用表型分型技术，同时从商业

PFAL 的运行中产生高质量的数据。人们结合 PFAL 行业内的合作和知识共享，在日本实施了一项增长计划，致力于提高植物的生产力和稳定性，并在技术和经济上实现可持续的下一代智能 PFAL。

参 考 文 献

Kozai, T., Fujiwara, K., Runkle, E. (Eds.), 2016. LED Lighting for Urban Agriculture. Springer, Singapore, 454 pp.

Kozai, T., 2018. Smart Plant Factory. Springer, 456 pp.

PlantX, 2018. In: "Features of Culture Machine with New Design Concept and Future Direction (in Japanese)" Lecture at 125th Workshop at Japan Plant Factory Association, November 14, 2018, Chiba, Japan.

Shinnippou, 2018. In: Case Study of Commercial Large-Scale PFAL, 808FACTORY, lecture, Lecture at Five-Day Introductory Training Course on Plant Factory with Artificial Lighting (PFAL) at Japan Plant Factory Association, October 2, 2018, Chiba, Japan.

Spread, 2018a. "Techno Farm Keihanna", the Largest Automated Vertical Farm in the World, to Start Shipping its Products. Retrieved November 3, 2018, from. http://www.spread.co.jp/en/files/news_20181101en.pdf.

Spread, 2018b. Technology, the Kameoka Plant's Performance. Retrieved March 5, 2019 from. http://www.spread.co.jp/en/technology/.

Spread, 2018c. Spread and NTT COMWARE Partner to Co-Develop DevOps IT Platform for Techno Farm™, Next-Generation Indoor Vertical Farming. Retrieved March 5, 2019, from. http://www.spread.co.jp/en/files/news_20181016en.pdf.

第30章
中国台湾地区的典型 PFAL

方伟（Wei Fang）
（中国台湾台湾大学生物－工业机械工程系受控环境农业卓越中心）

30.1 前言

为了生产即食的（ready－to－eat，RTE）和即可烹调的（ready－to－cook，RTC）绿叶蔬菜，需要使PFAL保持与标准洁净室相同的条件，即在正常情况下需要为其配备以下“必要的五个（E5）”项目：环氧树脂地板、气密隔热的屋顶和墙壁、空气淋浴、空调机及 CO_2 富集系统。

30.2 中国台湾地区有代表性的 PFAL

截至2019年，136家从事PFAL研究和（或）业务的机构中，大多数都配备了上述E5项目。在这些机构中，有3家公司具有截然不同的运营模式：Cal－Com生物公司、Glonacal绿色技术公司和Tingmao农业生物技术公司。

中国台湾地区最大的植物工厂是Yasai实验室（Yasai Lab）的植物工厂，它使用灯具，但并非一座PFAL。由于不同的设计理念，在该植物工厂中并未使用E5项目。Yasai实验室的植物工厂专注于生产清洗后食用（eat－after－wash，

EAW）和清洗后烹饪（cook - after - wash，CAW）的绿叶蔬菜，这在后面的部分予以介绍。

30.2.1 Cal - Com 生物公司

新金宝集团（New Kinpo Group）下属的 Cal - Com 生物公司（以下简称“Cal - Com”）只在两个地方为会员生产绿叶蔬菜和药材。它的第一座和第二座 PFAL 的日产量分别为 100 棵和 1 000 棵植株（图 30.1）。

Cal - Com 的独特之处在于它是中国台湾地区唯一一家通过 ISO 9001 和ISO 22000 认证的 PFAL 公司。该公司还使用了内部开发的播种机器人和半自动包装机。

（a）

（b）

图 30.1 Cal - Com 的第一座 PFAL 和第二座 PFAL

（a）第一座 PFAL；（b）第二座 PFAL

30.2.2 Glonacal 绿色技术公司

除了承接 PFAL 建筑/咨询业务，Glonacal 绿色技术公司（以下简称“Glonacal”）

还生产绿叶蔬菜，以销售给当地的四星级和五星级餐厅。演示操作室的产量约为 400 株 · d^{-1} [图 30.2 (a)]。图 30.2 (b) 所示为演示操作室的一扇窗户，在其中可以看到一个带有可调节吊绳的装灯框架。利用这些吊绳可以手动调节光源与植物之间的距离。

该公司的独特之处在于，它拥有可移动灯具安装夹具的专利。必要时可以在水平或垂直方向上移动灯具。此外，该公司的专利集成了设计处理生产系统、人工光照、气流运动、光周期和营养物质的控制，以及整个环境因素的测量。每个工作台都是一个独立的单元，这不仅消除了交叉污染的风险，而且允许租赁设备。独立式设计意味着在地板上或工作台之间没有管道或电线，这样便于清洁地板和使用推车运输物品。

(a)

(b)

图 30.2 Glonacal 的演示操作室和演示操作室的一扇窗户

(a) 演示操作室；(b) 演示操作室的一扇窗户

30.2.3 Tingmao 农业生物技术公司

Tingmao 农业生物技术公司（以下简称“Tingmao”）拥有一个大规模生产中心 [建筑面积约为 3 300 m^2，图 30.3 (a)] 和 14 家“美丽绿色厨房” (Nice Green Kitchen) 餐厅，并在其中 6 家餐厅设有栽培工作台和一间小规模蔬菜生产演示室 (132 m^2) [图 30.3 (b) 和 (c)]。

该公司的独特之处在于，其产品的销售渠道多种多样，包括：①面向公众和会员的网站；②会员连锁餐厅；③与瑜伽俱乐部等其他与健康有关的组织交换会员资格；④以植物工厂中种植的蔬菜作为添加成分开发的各种加工产品系列。

这些以蔬菜为原料的加工产品可分为以下三类：①健康食品补充剂，如蔬菜粉和浓缩药片，以及含有蔬菜成分的面条、面包、蛋卷和冰淇淋；②皮肤护理产品，如用于皮肤、头发和头皮的肥皂以及面膜；③“绿色拿铁”（green latte）饮料，可以使之与各种水果、坚果和药草混合，以产生不同的味道和风味。该种独特的产品在生产后应被立即冷冻，而消费者需要 30 min 解冻它。据称这款产品出人意料地成了畅销产品。

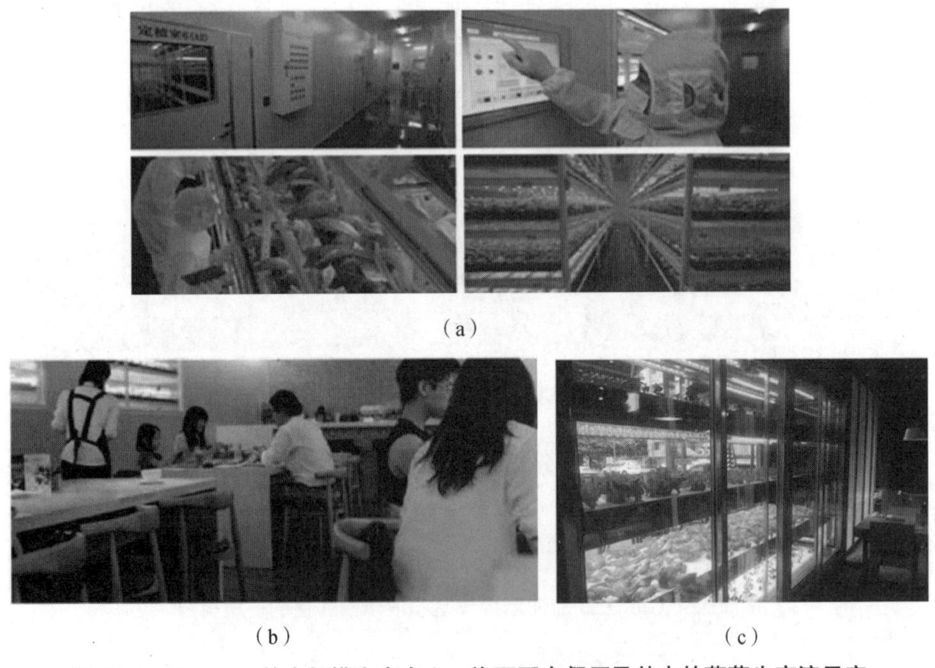

(a)

(b) (c)

图 30.3 Tingmao 的大规模生产中心、旗下配套餐厅及其中的蔬菜生产演示室

(a) 大规模生产中心；(b) 一家“美丽绿色厨房”餐厅；

(c) 蔬菜生产演示室

30.2.4 温室内的 PFAL 建筑

在中国台湾地区，大多数 PFAL 都配备了如前所述的 E5 项目，只有两个例外：Lee - Pin 公司的植物工厂和 Yasai 实验室。关于 Yasai 实验室的详细情况将在下一节予以介绍。Lee - Pin 公司的植物工厂利用排水沟连接的温室作为植物工厂的外壳，内部具有风扇、屋顶通风口和可伸缩的内部遮阳帘（从而能够阻挡多余的阳光）。Lee - Pin 公司的植物工厂位于中国台湾北部丹绥（Dan - Sui）地区的一片稻田内，如图 30.4（a）所示。

目前，Lee – Pin 公司的植物工厂的月产量约为 5 000 kg，主要销售给附近的社区居民。在该植物工厂中配备有 12 排栽培架，每排长 15 m，每个栽培架包含 6 层。最上层照射阳光，而在下面的 5 层均采用人工光。温室内部为环氧树脂地板，如图 30.4（b）所示。带空调机系统的种苗生产区和工作区位于温室前端的固定阴影区，如图 30.4 所示。

（a）

（b）

图 30.4　中国台湾地区 Lee – Pin 公司位于稻田内的植物工厂外观图和内视图

（a）外观图；（b）内视图

30.3　中国台湾地区最大的植物工厂

Yasai 实验室将一座工业工厂改造成它的植物工厂外壳。它是目前中国台湾地区最大的带灯的植物工厂（但不是 PFAL），就全天候生产而言，它可能是世界上最大的。该植物工厂并没有装备 E5 项目；采用衬垫（pad）和风扇系统代替空调机进行冷却，从而将生产限制在季节性作物上，并且室内湿度通常很高，因此导致其中的作物与 PFAL 中的作物相比生长速度较慢。

该植物工厂生产 CAW 和 EAW 型叶菜，通过超市渠道销售。与 PFAL 公司（500~2 000 元新台币 · kg^{-1}）（截至 2018 年，1 美元 =30 元新台币）相比，其策略是以最低价格（200 元新台币 · kg^{-1}）销售。以如此低的价格，几乎不可能收回成本。由于价格是消费者最关心的问题，所以这种低价的无农药产品极具吸引力和竞争力。

Yasai 实验室的植物工厂的尺寸是 60 m × 30 m × 8 m。栽培架的总高度为 7 m，包括 6 个 16 层的育苗架和 31 个 10 层的成熟植株生产架。在全面运行时，该设施可同时处理 180 万株植物，日产量约为 2 500 kg，每天可收获 6 万株植物。

如图 30.5（a）的上部所示，Yasai 实验室的植物工厂采用的是粉色 LED 灯板。可以使该灯板进行水平移动，从而能够为所有作物提供最多 12 h 的光照。该植物工厂采用了几种类型的自动设备，例如用于包衣种子的播种机和移栽机，如图 30.5（a）的底部所示。用于使栽培板垂直和水平移动的传送带如图 30.5（b）所示。该植物工厂还拥有切根机和压根机，以减小废物的大小。不过，它并未使用自动或半自动包装机。

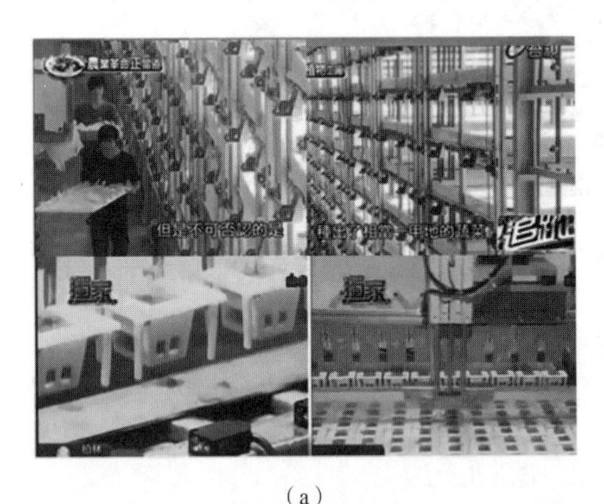

（a）

（b）

图 30.5 Yasai 实验室的植物工厂的光照栽培架和正在运行的移栽装置（a）及在垂直和水平方向上自动移动的栽培板（b）

不幸的是，由于商业模式错误和相关硬件的工程设计不佳，Yasai 实验室已经倒闭。前负责人创立了另一家公司“元显农业生物科技公司”（Yuan Hsien

Agri－Bio Science and Technology Corp.），经营着中国台湾地区北部桃园国际机场附近的 YesHealth 智慧农场（YesHealth iFarm，以下简称“YesHealth”）。YesHealth 是中国台湾地区最大的植物工厂。其设计与 Yasai 实验室的植物工厂几乎完全相同，即仍然使用衬垫和风扇系统进行冷却，在栽培区没有空调机。浮动栽培板的垂直运送也相同，如图 30.6（a）所示。前来 YesHealth 的参观者可以看到现场收获和包装操作，如图 30.6（b）所示。

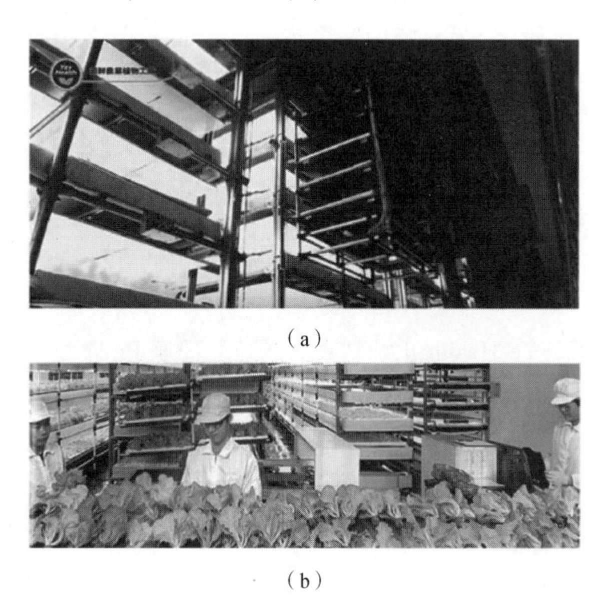

（a）

（b）

图 30.6　YesHealth 浮动栽培板的垂直运输（a）及植株现场的收割和包装操作过程（b）

然而，Yasai 实验室的植物工厂和 YesHealth 仍具有 3 个主要区别，具体如下。

首先，YesHealth 在其水培系统中使用有机液肥而不是化肥。根据中国台湾地区的规定，该公司不能将其产品标识为有机产品，但这并没有阻止消费者，只要保证产品不含杀虫剂、除草剂和重金属，他们就会对产品感到满意。对消费者而言，安全问题比有机食品更重要。

其次，YesHealth 在营养液中加入纳米气泡（nanobubble），以提高 DO。采用 DFT，如果根区完全淹没在营养液中，则很容易遇到低溶解氧的情况，从而对植物造成胁迫。据介绍，纳米气泡的应用可以有效防止溶解氧不足的问题。

再次，YesHealth 经营着一家提供简单膳食的餐厅和一个销售部门，以向游客销售它的产品。“iPaleo”餐厅位于生产现场旁边，而“i购物”中心（“iShopping”Center）靠近设施出口。这种差异吸引了公共媒体和消费者，使YesHealth迅速出名，让消费者了解植物工厂及其产品的优点，而无须该公司专门进行宣传。开设一家餐厅，邀请消费者参观现场，让孩子们进入生产现场，体验几个小时的“i-农民”（i-farmer）生活，是中国台湾地区大型PFAL流行的商业模式。到目前为止，这项业务看起来很有前景，并正在吸引风险投资。该公司帮助富士康（Foxconn，另一家中国台湾地区的企业）在中国大陆深圳建造了一座PFAL，于2018年5月完工。该座PFAL的占地面积为5 000 m^2，日产蔬菜2 500 kg。育苗架有16层，成熟植株生产架有14层。其建筑面积在中国可能不是最大的，但日产量是最大的。三安生物（SananBio）的PFAL位于中国福建省安溪县，占地面积为10 000 m^2，是富士康PFAL的2倍，但其日产量只有1 500 kg，是富士康的60%。其主要原因可能是三安生物的PFAL的每副栽培架只有6层。另外，据新闻报道，YesHealth正计划在英国建立一座PFAL。

第31章
下一代 PFAL 面临的挑战

古在丰树[1]（Toyoki Kozai）；钮根花[2]（Genhua Niu）
（[1] 日本千叶县柏市千叶大学日本植物工厂协会暨环境、
健康与大田科学中心；
[2] 美国得克萨斯农工大学得克萨斯达拉斯 AgriLife 研究中心）

31.1 前言

PFAL 技术是多学科的，而且 PFAL 为植物栽培提供了独特的环境。尽管基础科学和技术是相同的，但大部分 PFAL 技术与园艺和农业中使用的技术不同。因此，需要为 PFAL 技术的发展提供新的思路。

本章介绍了这些想法的例子，包括向上光照系统、绿色 LED 灯的使用、蔬菜育种、适合 PFAL 的药用植物、种子繁殖、一种根系受限制的水培系统、全年开花生产的浆果、PFAL 中自然能源的使用以及大数据和数据挖掘。下面所介绍的想法旨在鼓励下一代科学家用新的想法和新的方法来处理传统的园艺技术。

31.2 光照系统

31.2.1 向上光照

假设所有叶片受 PPFD 影响的光合曲线都相同，那么当整个叶片表面吸收的光能相等时，整株植物的 NPR 通常最高。

当太阳能或人工光能向下输送到一个密集的植物群落时，大部分光能，尤其是红色和蓝色光能，被上部叶片吸收，而到达下部叶片的 PPFD 往往几乎等于或低于光补偿点，因此下部叶片的 NRP 等于或低于 0。这就是为什么在密集的植物群落中下部叶片经常变黄、萎缩或死亡。在这种低 PPFD 条件下，较低的叶片往往表现出低光饱和强度这一遮阴叶片的特征。

为了缓解光能在上部和下部叶片上的不均匀垂直分布，在冬季以及阴天或雨天，使用 LED 灯的间作（intercrop）或侧向光照越来越受番茄和玫瑰等温室作物的欢迎，以便为下部叶片提供更多光能。另外，人们对光自养植物的微繁殖也进行了侧向光照试验（Kozai，et al.，1992）。

在 PFAL 中，利用安装在栽培板上的 LED 灯向上光照，能够向绿叶植物的下部叶片提供更多光能，这应该比间作光照更有益（Zhang，et al.，2015；Kozai，et al.，2016）。在 PFAL 中，未被下部叶片吸收的向上照射的光被上部叶片吸收，或者通过安装在植物冠层上方的光反射器向下反射回到植物群落，以最大限度地减少 LED 灯发出的向上光能的损失（图 31.1；Kozai，2012）。然而，向上光照系统可能在一定程度上改变植物的形态、生理和解剖学，并可能带来新的研究课题和应用方向。目前，人们正在期待专门为 PFAL 开发的创新光照系统。

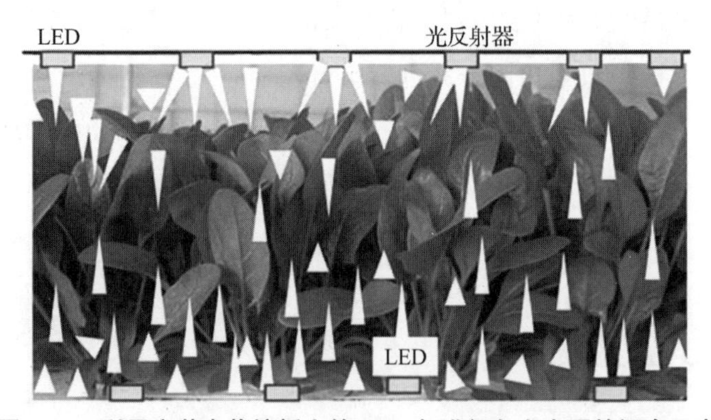

图 31.1 利用安装在栽培板上的 LED 灯进行向上光照的概念示意

（在 PFAL 中，未被下部叶片吸收的向上照射的光被上部叶片吸收，或者通过安装在植物冠层上方的光反射器向下反射回到植物群落，以最大限度地减少 LED 灯发出的向上光能的损失）

31.2.2　使用绿色 LED 灯

叶片的 NPR 与 PPFD 直接相关，而与 PAR 能量通量密度无关（第 9～13 章）。人们常说，在 PFAL 中，红光（波长：600～700 nm）对促进植物光合作用最有效，但对于给定的电能消耗量，一些蓝光（400～500 nm）主要由于光形态和（或）植物化学的原因而是必需的。这是因为一个光子所包含的光能与波长成反比。因此，每个蓝色光子的光能是每个红色光子的 1.2（=600/500）～1.75（=700/400）倍。

众所周知，悬浮在液体中的一薄层叶绿素可以很好地吸收红色和蓝色光子，但很少或不吸收绿色光子。此外，单片绿叶吸收约 50%、反射约 20%、透射约 30% 的绿色光子。这些数字分别代表一薄层叶绿素和一片叶子，而不是整个植物群落。

当植物密集时，大部分由上部叶片透射的绿色光子会被下部叶片吸收。在 PFAL 中，被叶片向上反射的绿色光子再次被光反射器向下反射回到植物群落中，并被叶片吸收。因此，LED 灯发出的大多数绿色光子在垂直方向上比红色和蓝色光子能够更均匀地被植物群落吸收，因为几乎所有红色和蓝色光子都被上部叶片吸收，所以它们既不会被传递到下部叶片，也不会被向上反射（图 31.2；Kozai，2012）。

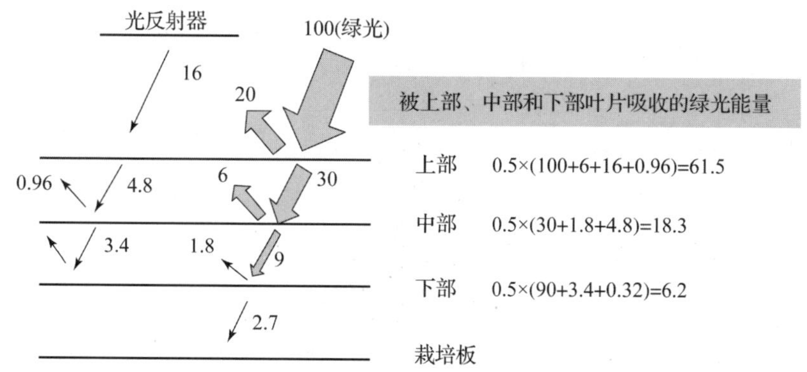

图 31.2　显示上部、中部和下部水平绿叶透射和反射的绿光能量百分比示意

（图中还给出了上部、中部和下部叶片吸收的总绿光能量。红光和蓝光能量被上部叶片吸收，而中部和下部叶片几乎没有接收到红光或蓝光能量。假设水平叶片对绿光能量的反射、透射和吸收百分比分别为 20%、30% 和 50%）

由于最近绿色 LED 灯在交通信号灯等方面的广泛应用以及白色 LED 灯在办公室和家庭照明方面的广泛应用，绿色和白色 LED 灯的性价比已得到很大提高，因此，绿色 LED 灯和具有 25%~40% 绿光的白色 LED 灯可能对 PFAL 中的密集植物群落有用（Kim，et al.，2004；Johkan，et al.，2012）。

31.2.3 LED 灯的布局

一盏 LED 灯由许多 LED 芯片组成（大约 0.3 mm^2，0.1~0.3 mm 厚），一个 LED 芯片由许多 LED 元件组成。除了植物冠层水平的光合光子发射效率、光谱分布和 PPFD 以及 LED 灯（类似荧光灯管或不同尺寸的板）中 LED 芯片的布局，在利用 LED 设计 LED 灯和照明系统时，需要考虑的重要因素如下：①塑料覆盖层的光学/化学特性和 3－D 形状；②被封装的荧光物质和光子发射的方向性；③散热功能。LED 灯的阵列设计会影响 2－D 光质量在 0.1 mm 尺度的叶片上的分布（Kozai，et al.，2016）。这种微尺度的不均匀分布可能导致叶片水肿（Mori and Takatsuji，2013）。将 LED 灯用于 PFAL 的光照系统技术仍处于起步阶段，有望取得更大的进展。

31.3 育种和种子繁殖

31.3.1 适合 PFAL 的蔬菜种类

大田和温室种植作物最重要的遗传特征是它们对病原体、昆虫和环境胁迫（如高/低温、干/湿土壤/空气、盐分、有毒重金属积累、大量/微量营养元素缺乏/过剩等）引起的疾病的耐受性。

即使作物在严格规定的条件下能够提供高产量和高质量，种植者也不会想在商业上种植任何对疾病或环境胁迫没有耐性的作物。然而，这种高产、优质且耐受性低的作物适合在 PFAL 中生长，因为在 PFAL 中生长的作物对任何由空气传播的病原体或由环境胁迫引起的疾病或环境胁迫几乎不需要耐受性（尽管用营养液培养床可能很难消除所有病原体）。

大多数育种家和育种科学家可能无法想象，仅通过从作物中去除与耐受性相关的基因，就可以培育出一个具有高生长率和高质量的新品种。然而，这种“不切实际的”育种方法从未被尝试过，并可能导致在育种和遗传学方面出现一个新的领域。另外，在作物育种的悠久历史中，由于对疾病和/或环境胁迫的耐受性低，许多专注于高产且优质作物的育种试验均以失败告终。然而，这种育种方法可被用于 PFAL 的生产（Kozai，2018）。

31.3.2 利用 PFAL 进行种子繁殖和育种

目前，主要在发展中国家的高原地区每年进行一次商业种子繁殖，那里的气候通常有利于种子繁殖，劳动力成本相对较低，并且可以避免意外植物授粉。然而，这些地区的气候和天气越来越多变，且劳动力成本不断上升，同时社会基础设施有时不稳定。

许多一年生植物可以在花芽发育后的几个月内开花和授粉。花芽形成、开花和授粉的成功在很大程度上受环境的影响，尤其是光照（光周期、光质和光照强度）和温度。因此，通过对种子繁殖进行最佳环境控制，在 PFAL 中许多一年生植物的种子每年可被收获 3 ~ 4 次。该方法可用于一年生草本的种子繁殖和育种，也可以每天或每周进行播种，大约 3 个月后，开始每天或每周收获种子。

31.3.3 药用植物

近年来，越来越多的人对天然药物、化妆品、保健品、食品添加剂等提出了要求。总的来说，现有的药用植物培育工作不如园艺和农作物的培育工作先进。某个品种的遗传特征在植物群落中通常是多种多样的，因此药用成分（次级代谢产物）的浓度存在很大差异。事实上，许多商业上使用的药用植物仍然是野生的，并在其自然栖息地收获——尽管种植者通过视觉观察选择了一些具有较好遗传性状的植物，然后进行栽培。换句话说，大多数药用植物并不是在分子生物学等现代科学的基础上培育的。这就是成本高昂的优良母本植物的无性繁殖优于其种子有性繁殖的原因之一。

药用成分的浓度和产量在很大程度上受环境的影响，因此，每年很难获得高产且优质的药用植物。另外，药用植物单位干重的商业价值要远高于叶类蔬菜。因此，如果能培育出一种优质且高产的药用植物，将其注册为新品种，并种植在受控环境条件下，则这可能是一个很好的商机。

就药用植物而言，必须以较快的生长速度对其进行栽培，直到接近栽培周期的末期，然后在收获的前几天提供环境胁迫，以便大幅提高药用成分的产量。需要注意的是，当在 PFAL 中栽培时，可以同时使用传统根部药用植物（如山葵和当归）的地上部分和根部。

31.4 高效栽培方法

31.4.1 根质量受限的栽培系统

植物根系的主要功能是吸收水分、无机肥料和溶解氧。根系的其他次要功能如下：①支撑植物的地上部分；②与微生物共生；③形成病原体感染的屏障；④生产植物激素，如细胞分裂素；⑤有机酸向根区浸出。

在 PFAL 中，电能被用来生产植物，包括根部。因此，如果根系不能出售，则在不影响地上部分生长的情况下，必须尽量减小根系的质量。

在栽培床中，随着植物地上部分的生长，植物根系需要越来越多的水、肥料和溶解氧。因此，营养液的流速和/或浓度必须随着植物的生长而增加。另外，随着根系的生长，营养液在根系周围的流速有降低的趋势，这是由于栽培床对营养液流动的阻力增加。考虑到这种权衡，需要开发一种不降低根系周围流速的溶液循环系统的新型栽培床，以促进具有最小根质量的植物地上部分的生长速度。

31.4.2 常花浆果和果蔬生产

在 PFAL 中采用常花品种（ever - flowering cultivar）全年生产草莓、樱桃和迷你番茄等植物的果实引起了许多人的研究兴趣，并可能成为一种全球商机。这项业务是由一家日本公司在2013年开始的，世界上还有许多其他团体一直在进行这一课题的试验研究。

在北美，蓝莓（*Vaccinium* spp.）植株的繁殖和移栽苗生产已被商业化（第22章第5节）。Aung等人（2014）证实，通过露天场地、塑料房屋/温室和带有人工光照的受控环境室的组合，全年（包括淡季）连续生产蓝莓是可能的。由于蓝莓植株可以全年开花，所以可以全年生产蓝莓果实（Ogiwara and Arie，2010）。同样，也可以使山莓和黑莓等植物在PFAL中开花，并使之全年都能结出果实。

31.5 带有太阳能电池的PFAL

为什么在具有免费太阳能的温室之外还需要PFAL来种植叶类蔬菜？要回答这个经常被问到的问题，必须考虑以下三点：①PFAL、温室和露天场地之间的LUE存在很大差异；②太阳能的可用性在很大程度上取决于一天中不同的时间、天气、季节和位置；③在温室中有效利用免费太阳能的成本很高，因为需要控制其他环境因素。第3章和第2章已经分别给出了上述第①点和第②点的答案，而第③点的答案与第②点的答案相关，在这里给出。

在大田，很难在冬天有效利用太阳能来种植植物，因为这时温度通常太低，PAR通量也通常太低，因为其白天比夏天要短得多。为了在寒冷的冬天在温室中有效利用免费的太阳能，必须将温室加热，但这很昂贵。为了降低加热成本，需要安装隔热屏（thermal screen），而这本身会产生成本。为了提高冬季作物的产量和质量，可能需要承担安装补充系统而产生的额外成本，而在炎热的夏季，则需要承担由于通风、遮阳和/或蒸发冷却而产生的成本。如果温室在冬季和/或夏季只是空置，则每年的折旧成本会很高。总之，外部太阳能的不足、过剩和不可控是限制植物生产经济盈利能力的主要因素。这种限制就是在非常寒冷和非常炎热的地区，即使PFAL消耗大量电力，也可以在PFAL中商业生产绿叶蔬菜的原因之一。

通过利用光伏（PV）电池发电而将太阳能用于PFAL运行是否可行？直观地

说，利用太阳能通过光伏电池产生电能，将多余的电能储存在电池中，然后利用 LED 灯将其转化为人工光能而在 PFAL 中种植植物，这似乎是不合理的。

在 PFAL、冬季供暖的温室和大田，被固定在植物中的太阳辐射能转化为化学能的百分比可以估算如下。光伏电池从太阳能到电能的转化率最高为 20%~40%，而 LED 灯从电能到 PAR 的转化率最多为 30%~40%，PAR 转化为植物固定的化学能的转化率为 2%~4%。将所有这些因素相乘，则光能利用率或太阳能到化学能的转化率最高为 0.12%（0.2×0.3×0.02×100）~0.64%（0.4×0.4×0.04×100）。

另外，PAR 与太阳辐射能的百分比不超过 50%，植物可用部分从 PAR 到化学能的年平均转化百分比粗略估计在大田中约为 0.10%，而在加热温室中为 1.0%~1.7%（Kozai，2013）。因此，在可利用植物中，从太阳能到化学能的总转化率在大田中约为 0.05%（=0.5×0.001），而在温室中为 0.5%（0.5×0.01）~0.85%（0.5×0.017）。因此，这些百分比在 PFAL 和温室中并未出现显著差异。即使在干旱和/或炎热的地区，现在下结论说在 PFAL 中采用光伏电池来利用太阳能根本不可行还为时尚早。在寒冷地区将风能和地热能用于带有光伏电池的 PFAL 也是一个有趣的挑战。值得注意的是，PFAL 的单位土地面积产量分别是温室和大田的 10 倍和 100 倍左右。

在 PFAL 研发中所面临的其他具有挑战性的问题包括：①带设施的创新建筑结构的设计与施工；②利用大数据进行数据挖掘；③开发自学教育项目；④将 PFAL 用于月球上的农业；⑤开发关于 PFAL 设计、测量、控制和管理的国际指南；⑥利用最少的资源开发最优的环境控制系统；⑦引入分子生物学来育种和解决植物的烧边等生理障碍；⑧灵活自动化处理植物和用品，以及清洁培养室；⑨为在 PFAL 中栽培的植物创造新市场，如抽穗前收获的结球叶菜、叶/芽美味的迷你胡萝卜和迷你萝卜等，以及富含矿物质的叶菜；⑩开发 PFAL 的服务设计；⑪研究 PFAL 与其他生物/非生物系统的连接关系；⑫通过环境控制提高植物功能成分的浓度和组成；⑬培育适合 PFAL 的矮化植物；⑭开发表型分析单元（phenotyping unit）（Kozai，2018）。

参 考 文 献

Aung, T., Muramatsu, Y., Horiuchi, N., Che, J., Mochizuki, Y., Ogiwara, I., 2014. Plant growth and fruit quality of blueberry in a controlled room under artificial light. J. Jpn. Soc. Hortic. Sci. 83 (4), 273–281.

Johkan, M., Shoji, K., Goto, F., Hashida, S., Yoshida, Y., 2012. Effect of green light wavelength and intensity on photomorphogenesis and photosynthesis in *Lactuca sativa* L. Environ. Exp. Bot. 75, 128–133.

Kim, H.H., Golins, G.D., Wheeler, R.M., Sager, J., 2004. Green light supplementation for enhanced lettuce growth under red- and blue-light-emitting diodes. HortScience 39 (7), 1617–1622.

Kozai, T., 2012. Plant Factory with Artificial Light (Written in Japanese: Jinkoko-gata shokubutsu kojo). Ohmsya Pub, p. 227.

Kozai, T., 2013. Resource use efficiency of closed plant production system with artificial light: concept, estimation and application to plant factory. Proc. Jpn. Acad. Ser. B 89, 447–461.

Kozai, T., Fujiwara, K., Runkle, E. (Eds.), 2016. LED Lighting for Urban Agriculture. Springer, 454 pp.

Kozai, T. (Ed.), 2018. Smart Plant Factory: The Next Generation Indoor Vertical Farms. Springer.

Kozai, T., Kino, S., Jeong, B.R., Hayashi, M., Kinowaki, M., Ochiai, M., Mori, K., 1992. A sideward lighting system using diffusive optical fibers for production of vigorous micropropagated plantlets. Acta Hortic. 319, 237–242.

Mori, Y., Takatsuji, M., 2013. How to Design and Build Plant Factories with LEDs (Written in Japanese: LED shokubutsu kojo no tachiagekata susumekata). Nikkan Kogyo Pub, p. 171.

Ogiwara, I., Arie, T., 2010. Development on year round production method of blueberry fruits in plant factory with artificial four seasons. In: Nikkei, B.P., Institute, C., Monozukuri, N. (Eds.), Plant Factory Encyclopedia (Written in Japanese: Shokubutsu kojo taizen). Nikkei Business Publications, Inc., Tokyo, pp. 40–46.

Zhang, G., Shen, S., Takagaki, M., Kozai, T., Yamori, W., 2015. Supplemental upward lighting from underneath to obtain higher marketable lettuce (*Lactuca sativa*) leaf fresh weight by retarding senescence of outer leaves. Front. Plant Sci. 16, 1–9.

第 32 章
PFAL 的资源节约与消耗特征

古在丰树[1]（Toyoki Kozai）；钮根花[2]（Genhua Niu）
（[1] 日本千叶县柏市千叶大学日本植物工厂协会暨环境、
健康与科学中心；
[2] 美国得克萨斯农工大学得克萨斯达拉斯 AgriLife 研究中心）

本章总结了 PFAL 的资源节约和资源消耗特点，以此作为结论，因为资源是决定 PFAL 的机遇和挑战的最重要因素。PFAL 由隔热良好和高度密封的结构组成，包含多层栽培架，带有光照和水培单元、CO_2 供应单元、空调机（或热泵）和控制单元。

32.1　PFAL 在城市地区的作用

除食品生产外，PFAL 作为农业的一种形式，还在环境、社会和文化方面发挥作用，如第 2 章所述。预计 PFAL 将成为城市地区的一个关键组成部分，以帮助缓解以下的局部和全球问题。

（1）气候变化（全球变暖）、病虫害、自然灾害（大风、暴雨、洪水、干旱等），以及由此导致的作物产量和质量的脆弱性。

（2）城市居住人口增加。

（3）对本地生产和食品安全的需求增加。

(4) 对新鲜食品、营养食品、保健功能食品和/或更高生活质量的需求不断增加。

(5) 灌溉用水和化石燃料日益短缺和/或价格上涨。

(6) 农民老龄化导致涉农人口减少。

(7) 城市化、土壤污染、土壤表层盐分积累等导致耕地面积减小。

(8) 居住在城市地区的人们种植植物或生产食品的机会减少。

32.2 在城市地区利用 PFAL 生产新鲜蔬菜的好处

在城市地区利用 PFAL 生产新鲜蔬菜的好处包括以下 9 个方面。

(1) 与大田农业相比，通过采用多层栽培、最优环境控制、病虫害的最小化损失等方法，无论天气和季节，单位土地面积的年生产能力都被提高了 100 倍以上。生产新鲜食品不需要大面积的土地。

(2) PFAL 可被建在阴影和/或未使用的区域，如建筑物中的空地，甚至地下室，因为它既不需要土壤，也不需要阳光。

(3) 生产和消费地点之间的距离被最小化，从而减少了燃料消耗量、CO_2 排放量和食品的交通运输量。

(4) 城市居民能够以廉价享用新鲜食品。

(5) 减少了运输过程中新鲜农产品和/或用于冷藏农产品所需燃料的损失。

(6) 为包括老年人和残疾人在内的广泛人群创造舒适环境中的安全、愉快和轻松的工作机会。

(7) 城市地区产生的废水、蔬菜废弃物和 CO_2 经过适当处理后，可以作为 PFAL 中植物生长的必要资源（水、CO_2 和肥料）而被再利用。余热能可被用于冬季温室供暖和其他用途。

(8) 可将 PFAL 与水产养殖、蘑菇养殖和发酵系统等结合，以相互高效利用各自的废物作为资源。

(9) 与白天相比，可以使用夜间的剩余电力供应。Kozai（2018）介绍过 PFAL 的其他好处。

32.3 PFAL 的资源节约特点

与温室相比，PFAL 可以大大减少高质量植物生产所需的电力以外的资源消耗。与温室相比，PFAL 节省的资源百分比如下。

（1）保持培养室清洁和无虫害，可减少 100% 的农药使用量。

（2）通过回收植物叶片蒸腾并在空调机冷却板处冷凝成液态水的水蒸气，将耗水量减少 95%。

（3）由于单位土地面积年生产能力提高了 10 倍以上（与大田相比，年生产能力提高 100 倍以上），从而使土地面积比温室减小了 90%。

（4）无论天气和季节如何，通过准确和优化的环境控制，能够将产量和质量的变化减少 90%。

（5）在循环营养液很少排放的情况下，通过回收利用将肥料消耗量减少 50%。

（6）通过优化培养系统布局、有组织的操作、自动化和减少植物的生理障碍，单位产量可缩短 50%~70% 的劳动时间。

（7）通过减少农产品的物理、化学和生物损害造成的损失，可减少 10%~30% 的植物残留物。

关于这些百分比的试验证据和理论解释在本书的相关章节中已经给出。然而，要实现 PFAL 的更广泛应用则需要更严格的试验证据和更深入的理论解释。

32.4 用电量和初始投资降低的可能途径

关于下一代 PFAL 的主要任务如下。

（1）通过改进光照系统等来降低每千克农产品的光照和空调机用电量。

（2）减少初始资源使用量和金融投资额度。

（3）利用太阳能、风能、生物质能和地热能发电，并通过使用电池最有效地利用电力。

32.5 电力消耗的减少途径

目前，生产 1 kg 可销售的新鲜生菜大约需要消耗 7~10 kW·h（25~36 MJ）的电能。在不久的将来，通过采取以下措施这种电力消耗可被减少 50%（4~5 kW·h/1 kg 鲜重）（Kozai，et al. 2016）。

（1）利用具有最佳光质、光照周期和光照时间表的 LED 灯。

（2）利用精心设计的带有光反射器的光照系统，以最大限度地提高植株叶片接收的光能与光源发出的光能的比例，并为所有叶片表面提供均匀的光照。

（3）优化温度、CO_2 浓度和养分供应的控制，以在给定的电能消耗下最大限度地促进植物的光合作用、生长和干物质生产。

（4）优化移植时间表或自动间距大小，以最大限度地提高栽培板上的种植密度。

（5）最大化植物可销售部分的百分比（即最小化植物残留物）。

这些说法是基于电能转化为碳水化合物的效率。通过进行环境控制和适当选择用于生产本书所述的次级代谢产物的品种，可以进一步提高每千克农产品或每千瓦时（焦耳）电能的经济价值。

32.6 初始资源投入

在 PFAL 建造中，水泥和钢铁是需要大幅减少消耗的两种主要材料，因为在生产和建造 PFAL 的过程中需要消耗大量的能量和排放大量的 CO_2。木材可能是部分 PFAL 的替代材料。

32.7 生产率和质量提高预期

现有 PFAL 的单位土地面积叶菜的年产量是大田的 100 倍以上。新一代 PFAL 的年生产能力将提高 200 倍，并获得由更高的质量所带来的更高的经济价值。Kozai 等人（2019）详细讨论了日本 PFAL 的资源和货币生产率（monetary productivity）。

32.8 应对停电措施

在 PFAL 中，意外电气故障约 10 h 所导致的停电不会显著影响植物生长。一般来说，PFAL 中的植物每天能接收 15～16 h 的光照。如果停电导致一个光周期只有 10 h，那么接下来的光周期可被延长到 20 h 左右。

此外，由于 PFAL 的隔热性和密闭性好，所以，如果所有的灯和空调机都关闭，则栽培室内的空气温度会随着室外空气温度的变化而缓慢变化。这样，即使外界温度极高或极低，植物的生长在半天左右的时间内也不会受到影响。然而，应在 PFAL 中安装备用系统，以运行营养液循环泵。

32.9 挑战

如第 30 章所述，PFAL 中关于 RUE 的具有挑战性的问题如下。

(1) 改进光照系统：①向上光照；②绿色 LED 灯的使用；③LED 芯片在 LED 灯中的布局。

(2) 育种和种子繁殖：①对适合 PFAL 的蔬菜进行选择和育种；②利用 PFAL 进行种子繁殖；③利用 PFAL 进行育种。

(3) 实现次级代谢产物高效生产的药用和/或功能植物的选择、育种和环境控制。

(4) 通过基因的瞬时表达方法（transient expression method）生产药物。

(5) 开发一种限制根系质量的新栽培系统，提高可售部分质量占植株总质量的比例。

(6) 促进 PFAL 中常年开花的草莓、蓝莓和其他浆果生产。

(7) 带有太阳能电池（配有或不配有储能电池）的 PFAL 与其他自然能源系统实现联网。

(8) 促进膏、酱汁、腌菜、果汁、化妆品、香精等加工食品原料的生产。

(9) 将 PFAL 纳入生态城市规划与管理范围。

(10) 开发用于教育、自学和作为爱好的微型、迷你型和小型 PFAL。

（11）进行环境和遗传对功能成分和生理现象影响的生化和分子生物学分析，并研究其在育种和环境控制中的应用。

（12）利用从 PFAL 系统获取的大数据进行数据挖掘。

（13）将信息通信技术引入 PFAL。

（14）进行植物性状无创测量的表型分析单元的开发（Kozai，2018）。

为了节省 PFAL 中的资源，可能还有许多其他问题需要解决。为了提高社会的弹性和可持续性，需要更为多样化的植物生产系统，包括大田和温室。PFAL 就是这样一种植物生产系统。

本书强调了 PFAL 在城市地区的实用性。然而，PFAL 也可被用于使用可再生能源供电的农村和当地。只要有电力供应，PFAL 还可被用于各种用途，例如在植物因恶劣天气、缺水和土壤退化等条件而无法生长的地方。

最后，必须将当前 PFAL 的技术和成本与未来 5 年、10 年以及 20 年后的 PFAL 区分开来。然而，PFAL 的研究、技术、运营和应用才刚刚起步，它会迅速发展，并将提供更多机遇和挑战。另外，未来将引入人工智能、物联网、生物信息学、组学（代谢基因组学、蛋白质组学、基因组学、表型学）、机器人学、计算机网络和数据仓库（data warehouse）等最新先进技术，以开发下一代智能型 PFAL（Kozai，2018）。

参考文献

Kozai, T., Fujiwara, K., Runkle, E. (Eds.), 2016. LED Lighting for Urban Agriculture. Springer, 454 pages.
Kozai, T. (Ed.), 2018. Smart Plant Factory: The Next Generation Indoor Vertical Farms. Springer.
Kozai, T., Uraisami, K., Kai, K., Hayashi, E., 2019. Some thoughts on productivity indexes of plant factory with artificial lighting (PFAL). Proceedings of International symposium on environment control technology for value-added plant production, Aug. 28–30. Beijing, China. 29 pages.

索　引

A ~ B

C

D

F

G

H

J

K

L

M

N

O ~ P

Q

R

S

T

W

X

Y

（王彦祥、张若舒 编制）

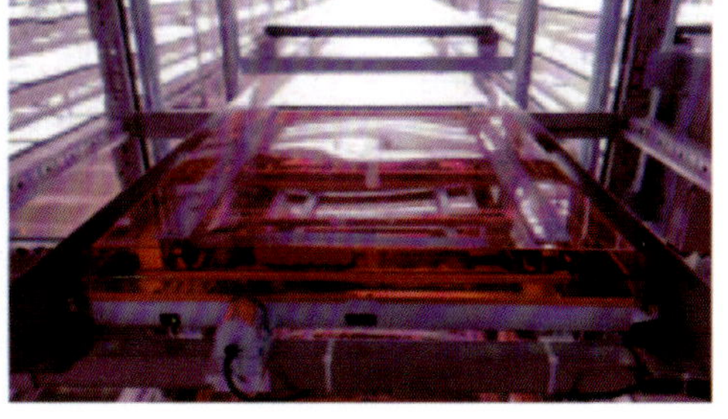

（a）　　　　　　　　　　（b）

图 26.3　多级栽培架及穿梭机器人

（a）多级栽培架；（b）穿梭机器人

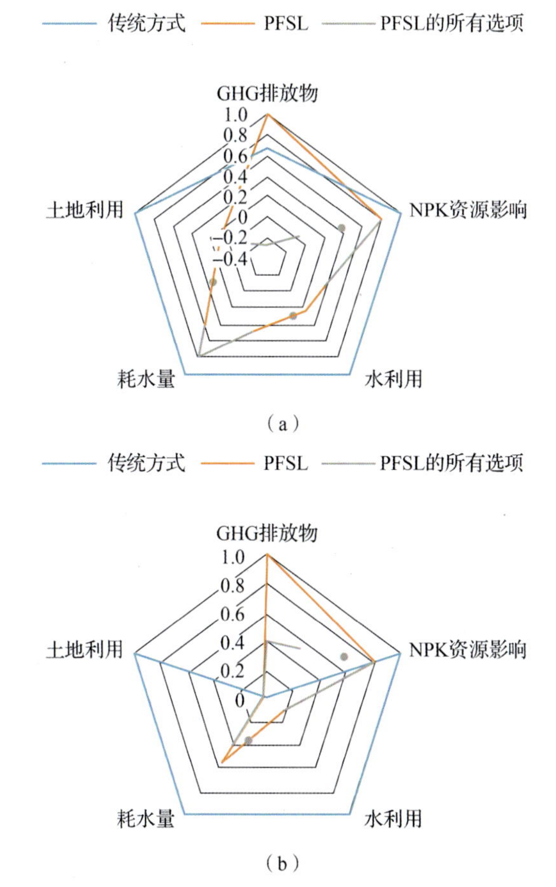

图 27.5　LCA 案例研究中的结果示例显示为 ChibaU_PF 的“基本情况”和“所有选项”的指数雷达图

（a）PFSL；（b）PFAL

（其值相对于设置为 1 的指标的最大值被进行了标准化）